WORK WORK WORK WORK

SHOP SHOP SHOP SHO

WORK WORK WORK WORK

SHOP SHOP SHOP SHO

WORK WORK WORK WORK

SHOP SHOP SHOP SHO

WORK WORK WORK WORK

SHOP SHOP SHOP SHO

WORK WORK WORK WORK

SHOP SHOP SHOP SHO

WORK WORK WORK WORK

SHOP SHOP SHOP SHO

WORK WORK WORK WORK

SHOP SHOP SHOP SHO

WORK WORK WORK WORK

西餐烹饪基础

［法］蒂埃里·莫林宁戈　著
沈默　译

中国轻工业出版社

图书在版编目（CIP）数据

西餐烹饪基础 /（法）蒂埃里·莫林宁戈（Thierry Molinengo）著；沈默译. —北京：中国轻工业出版社，2021.11

书名原文：Workshop

ISBN 978-7-5184-3455-8

Ⅰ. ①西… Ⅱ. ①蒂… ②沈… Ⅲ. ①西式菜肴—烹饪 Ⅳ. ①TS972.118

中国版本图书馆CIP数据核字（2021）第058521号

责任编辑：方晓艳　贺晓琴　　责任终审：白　洁　　整体设计：锋尚设计

策划编辑：史祖福　　　　　　责任校对：晋　洁　　责任监印：张　可

出版发行：中国轻工业出版社（北京东长安街6号，邮编：100740）

印　　刷：鸿博昊天科技有限公司

经　　销：各地新华书店

版　　次：2021年11月第1版第1次印刷

开　　本：889 × 1194　1/16　印张：48.25

字　　数：772千字

书　　号：ISBN 978-7-5184-3455-8　定价：398.00元

邮购电话：010-65241695

发行电话：010-85119835　传真：85113293

网　　址：http://www.chlip.com.cn

Email：club@chlip.com.cn

如发现图书残缺请与我社邮购联系调换

180786S1X101ZYW

译者序

本书是法国厨师蒂埃里·莫林宁戈先生多年来的西餐烹饪教材合集，能够为餐饮从业者提供西餐食材、烹饪技术和菜品创意的参考，也可以解答广大美食爱好者最关心的三个问题：能吃吗？好吃吗？怎么吃？

全书共分为五个部分：肉类、水产类、蔬菜、水果和摆盘。书中的食材及工具内容翔实、制作流程图文并茂，拓展了读者阅读和实操的自由度。对美的热爱与追求是作者全书的核心要义。当您翻开这本书，请保持对美食的热情，从您最感兴趣的部分开始阅读。

作者见识广博、文笔诙谐，字里行间常见历史典故及谐音幽默。为保留原文趣味，弥补语言和文化背景差异造成的理解困难，此类内容多采用直译并附注释说明。

在餐饮类的翻译资料中，常见多种版本的中文译名，为避免混淆，本书中部分词汇（如地理产地、食材品种、传统菜肴等）备注原文，以便读者日常查阅对照。

美味的食材是自然的馈赠，尊重自然的理念贯串全书。本书中所列的食材多为法国市场上的常见品类，其时令和采购建议也多遵循法国的市场规律。在此提醒读者，在实际应用时，请结合所在地的实际情况。同时，愿我们共同努力，维护生态可持续发展。

对于大多数读者而言，本书可作为辨识食材、烹饪西餐的实用工具书。若读者以此书为契机，在提升技能之余，去了解和探索另一种文化，那将是译者莫大的荣幸。

本书邀请了第45届、46届世界技能大赛烹饪（西餐）项目中国教练、宁波古林职业高级中学邵泽东担任审稿人，对书中涉及的专业知识进行了审定。译者能力所限，书中若有疏漏之处，尚祈读者不吝指正。

沈默

2021年1月于北京

主厨简介

蒂埃里·莫林宁戈

蒂埃里·莫林宁戈是谁

在顶级厨师辉煌的职业生涯中，我们常常会发现其孩童时期的印记；蒂埃里·莫林宁戈的童年一定尽享各种美味佳肴！

他对烹饪的热爱最早来自家中的女人们，祖母、母亲和阿姨围绕在他的身边。这个小男孩非同寻常，他愿意静坐几个小时来参与烹饪，不久，他的厨艺便赢得了家人的赞许。

蒂埃里16岁时，想成为一名专业的厨师。这绝非易事，但此时奇迹发生了。

由于对烹饪的热爱，蒂埃里不久就找到了工作。完全是因为热爱！

熠熠星光……

在摩纳哥巴黎饭店（I'Hôtel de Paris）的厨房中，蒂埃里·莫林宁戈成为主厨，并因其细腻精致的烹饪技艺而广受好评。而后他前往英国工作。更准确地说，是在米其林二星厨师雷蒙德·布兰克（Raymond Blanc）的厨房中工作了一年有余。

之后他抵达旧金山，在耶利米·托尔（Jeremiah Tower）的星星餐厅（Stars）工作。此后他回到法国，在里昂和尼斯停留一段时间后，他加入了名厨盖伊·马丁（Guy Martin）位于巴黎的大维富餐厅（Grand Véfour）。巴黎是爱情和时尚之都，当然也是美食之都。他们的合作不久便令餐厅声名大噪。

当然是为了传承……

蒂埃里·莫林宁戈具有艺术家的敏感，同时也乐于分享他的知识。为向后辈，以及那些对美感和美好事物的追求者传承技艺，他写下了这本书。精美的书页中写满了创意、食谱、经典菜肴和基本技巧，会令您的烹饪水平大幅提升。

在本书中，蒂埃里竭尽所学分享了肉类、水产类、蔬菜和水果等各种知识。书中的食谱新颖，考虑到购买这本书的人也许是初学者，蒂埃里在书中提供了简易的烹饪建议和实用的制作技巧。

声明：烹饪绝不仅仅是做饭而已。

目录

肉类

水产类

基本技巧

食谱

蔬菜

蔬菜常用工具及概述

蔬菜

基本技巧

食谱

水果

水果常用工具及概述

水果

基本技巧

食谱

摆盘

摆盘常用工具及概述

摆盘

肉类

制备·切割·烹饪

36 种技巧·700 个步骤

我很乐意向您传授制备、绑扎、剔骨、剔筋、填馅、切肉的基本技巧。一名专业的肉铺手艺人需要丰富的知识以及日积月累习得的灵活技巧，而我认为，重要的是一个人能够在自己的厨房处理自己所选择的肉。即便是初学者，也可以不必担心切割环节，从而独立制作一只烤鸡或一条烤羊腿！烹饪爱好者们喜欢用创意菜或私房菜为自己的餐桌增色。而那些出于健康需要或有个人信仰的人则希望控制食物的来源和品质，例如了解香肠的制作方法。

为圆满完成制备和烹饪，本书配图中包含处理动作，以及建议、说明。这些信息可以使您了解不同种类的肉，并依据其质量及其软嫩和多汁的程度进行选购。

厨艺重在分享，而非业内人士的秘籍。做出美妙的甜瓜肉卷或盐焗鸡是大厨的手艺，当您让这些菜肴上桌时，也可以说一句：“这是我做的！”

祝您阅读愉快，放心切肉！

肉类常用工具及概述

常用工具介绍

刀是完成制备工作和获得烹饪乐趣的根本要素。

选择时，必须先将刀握在手中，感受连续使用的感觉，并不能有沉重感。刀片必须由不锈钢制成，并具有良好的锋利度和柔韧性。

当您握住刀柄，必须兼顾灵活与牢固，使刀片能够忠实地跟随您的动作和手势。

不要将食指放在刀片背面，这样难以紧握刀柄，容易导致刀片在切割过程中发生意外。

避免让手和刀柄沾上水和油脂。

在每次使用后，需要用热水和杀菌产品将刀进行清洗，然后用高温的清水冲洗（最低65℃）。需从刀背至刀刃的方向擦拭刀片，磨刀时，应打磨刀刃外侧。请勿将刀放在抽屉中，以防止刀片出现缺口或使刀片尖端变弯。

请使用带凹槽的坚硬钢制磨刀器，每周至少磨刀一次。

各类刀具

烹饪中所使用的每种刀具均具有特定形状的刀片、手柄以及适用尺寸。

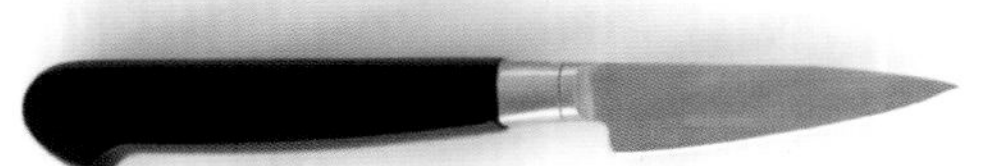

小刀

小刀可用于各类切割，由于其体型小巧，适宜用于精细切割。

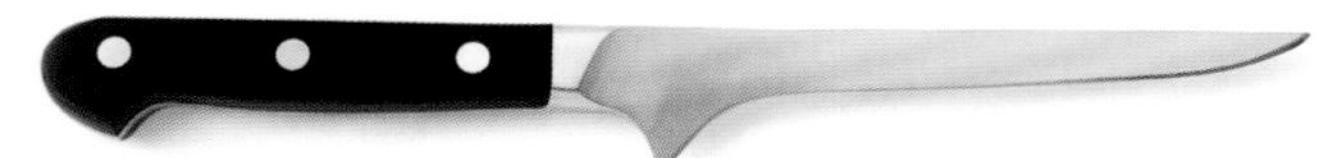

剔骨刀

剔骨刀用于剔骨，但因其灵活的刀刃和刀尖，也用于剔除筋膜和脂肪。

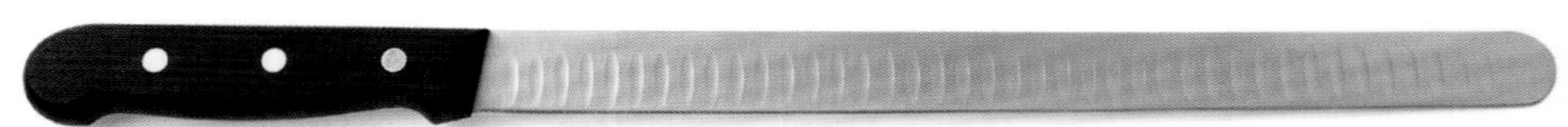

切片刀

切片刀适宜切割生肉片或极薄的熟肉片。

厨师刀

厨师刀是具有长而宽的刀片及厚实手柄的多功能刀，可完成切割、剁肉、分段、切片。

其他烹饪必备工具

案板

为操作舒适，请在宽敞处放置案板。

固定小建议：可在案板下方垫一块湿布或湿纸巾。

厨用线

绑扎线

厨用针

厨用纸

叉子

刷子

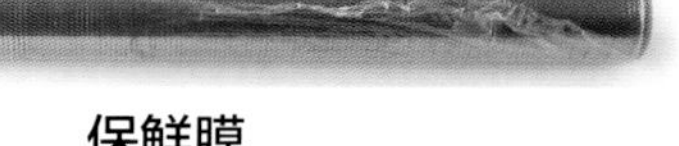

保鲜膜

铝箔

肉类概述

烹饪建议

在烹饪过程中，需要在肉片上浇汁，使肉的表面产生焦糖化反应，以增添香味，同时也可防止水分流失。

我个人倾向在烹饪前撒细盐，在烹饪后撒一点盐花和现磨胡椒加以点缀。但是对于架烤的烤肉，我会在烹饪前添加细盐和味道浓烈的胡椒。

炉烤时，如果需要在烹饪中途翻转，最好不要将烤肉刺穿。这会令肉汁流失，使烤肉变干。

为成功完成烹饪，要选择规格适宜的容器。

烤箱需要提前预热。

在制备前约20分钟将肉从冰箱中取出，以避免突然加热使肉瞬间过热。这样做可将肉加热至三分或七分熟而中心部分仍为生肉，但却保持温热。

始终将烤肉或煎肉放置在铝箔下。这一不可忽略的步骤可使肉质松弛，并令肉汁分布至纤维中。

烹饪温度

建议始终使用中心温度探针：

- 二分至三分熟（SAIGNANT）：45℃至55℃
- 五分至七分熟（A POINT）：55℃至60℃
- 全熟（BIEN CUIT）：65℃

烤箱烹饪

如烘烤温度为180℃

烤猪肉：每千克20分钟

烤小牛肉：每千克15分钟

烤牛肉：每千克15至20分钟

烤羊肉：带骨每千克35分钟

烤家禽：每1.3千克1小时

炖和煮

牛肉

牛肩瘦肉、牛肩胛肉、牛前臀肉、牛臀肉、牛腿肉、牛腩或牛上脑：每千克1小时

牛尾、牛头肉、心脏：每千克1小时30分钟至2小时

小牛肉

蹄、小牛软肋：每千克1小时30分钟

羊肉

羊颈肉、羊胸肉、羊肩肉：每千克40至45分钟

猪肉

猪头肉：每千克1小时

鸡肉

现存的鸡有300多个品种，包括43种法国鸡。其中一些品种自几个世纪以来负有盛名，成为地方的象征和独特风味的典型代表。它们显然与集约化生产的鸡之间没有可比性。历史最悠久、名气也最大的无疑是布雷斯鸡（la poularde de Bresse）。还有独特的黑松鸡（la géline de Touraine）、雷恩咕咕鸡（la coucou de Rennes）、马朗鸡（la Marans）、贵妃鸡（la Houdan）、沙朗黑鸡（la noire de Challans）……它们的繁育有利于生态多样性，也同时丰富了法国的资源。这些鸡的用途有所不同：产蛋或肉用。其中一部分二者兼顾。

但鸡的品种不能决定一切。由于环境和饲养方式的区别，鸡肉在味道和营养上存在很大差异。

“农场”（fermier）一词用于户外养殖（笼舍之外的场地）或放养（无笼舍的场地），以及本地销售的少量产品。其饲料中包含若干谷物，并添加用以补充植物蛋白的豌豆或大豆。

饲料决定了鸡肉的颜色：

- 白色鸡肉：所喂饲料为小麦。
- 黄色鸡肉：所喂饲料为玉米，鸡肉中包含其花青素和天然色素。

实践技巧

鸡肉笔记

鸡（poulet）为在性成熟前上市的小公鸡。

公鸡（coq）为成熟公鸡。

童子鸡（coquelet）为650克以下的鸡。

母鸡（poule）初期用于产蛋，之后用于肉食。

阉鸡（chapon）是一种在性成熟前被阉割并自由放养八个月，然后根据其饲养记录笼养一个月的公鸡。这种育肥方法将使鸡生长出细腻并富含油脂的非凡鸡肉。推而广之，该饲养过程也适用于其他家禽，如珍珠鸡。

阉母鸡（poularde）指雌性阉鸡，但饲养时间较短，五个月放养，一个月笼养。

4种上市产品

标准产品

鸡的生长迅速，对鸡舍规格无限制（可达2000平方米），养殖密度为每平方米20至25只，生长期35至40天，100%素食喂养并添加矿物质和维生素。目的是在价格可被消费者接受的前提下提供产品。

认证产品

鸡的生长期适中，对鸡笼规格无限制（可达2000平方米），养殖密度为每平方米18只，生长期不少于51天，100%素食喂养并添加65%以上的谷物。依照生产者制定的规范进行饲养，并由官方组织进行监控以确保质量。

红标产品

鸡的生长期长，户外养殖或自由放养，养殖密度为每平方米11只，生长期81至110天，100%素食喂养并添加75%以上的谷物。它是农场卓越品质的保证。

有机产品

鸡的生长期长，户外养殖或自由放养，养殖密度为每平方米10只鸡，生长期81天以上，100%素食喂养并添加65%以上的谷物，饲料中90%以上的成分经过法国有机农业认证标识（AB）。其优质育种过程环保，杜绝合成化学品。

烹饪方法

鸡肉适合各种烹饪方法，可烤、炖、炒、煮、煎。为更好地保护其营养，建议将鸡肉用铝箔或盐包裹蒸熟。鸡肉从不用于生食。

储存

整只生鸡可在冰箱中保存2至3天。熟鸡可保存3至4天。

蒂埃里的建议

对我而言，禽类是烹饪佳肴的好选择。价格低廉，又能登上大雅之堂。法国美食家萨瓦兰（Brillat-Savarin）说过，火鸡是新世界给旧世界的最美礼物之一。

对于鸡肉的选择，建议您阅读产品标签并选择红标认证（Label Rouge）鸡、布雷斯鸡、法国原产地命名保护认证标识（AOC）鸡、法国有机农业认证标识（AB）鸡或自养活鸡。请将家禽放在0℃至4℃之间冷藏储存。在烹饪鸡肉前，先将鸡伸展，燎净羽毛，如有必要，进行清膛并绑扎。

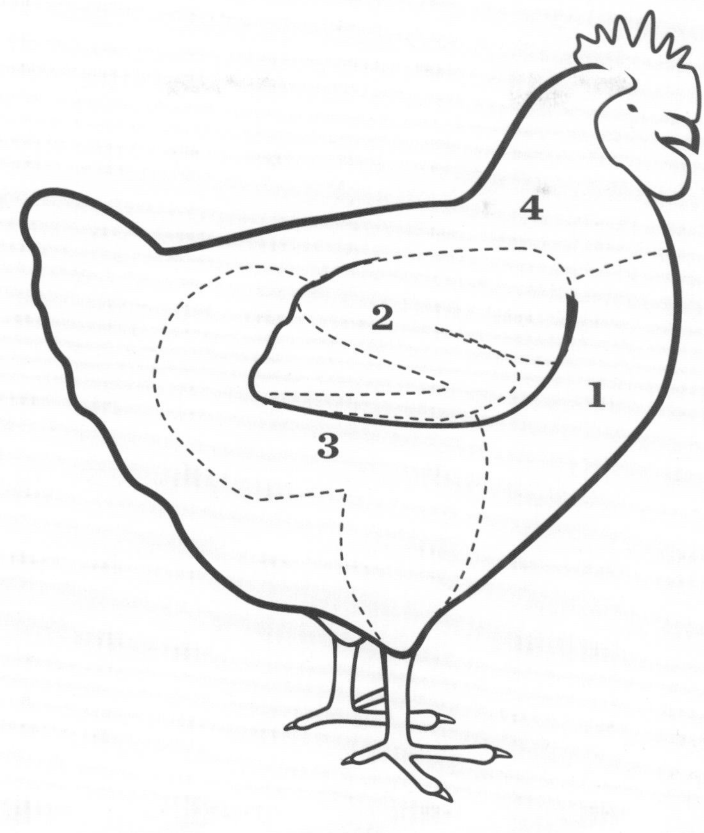

1

鸡胸处的肉

鸡胸（Filet）：大块的胸部肉通常称为鸡胸（le blanc）。

鸡小胸（Aiguillette）：从鸡大胸内侧横向切下的薄片。

鸡柳（Escalope）：去掉鸡皮的鸡胸片。

鸡里脊（Filet mignon）：位于鸡胸腔内侧的鸡肉。

至尊鸡肉（Suprême）：带鸡皮的鸡胸和翅根。

2

鸡翅处的肉

鸡翅（Aile）：翅中和翅尖。

翅中（Aileron）：鸡翅的中间一段。

翅根（Manchon）：鸡翅的根部一段。

3

鸡腿处的肉

带骨鸡腿（Osso buco de poulet）：带骨鸡腿片。

鸡腿（Cuisse）：鸡大腿和鸡小腿。

鸡大腿（Haut de cuisse）：鸡腿的上半段。

鸡小腿（Pilon）：鸡腿的下半段。

4

其他部位的肉

鸡背部的两个小肉块，又称“牡蛎肉”（Les sot-l'y-laisse）

鸡脖子（Le cou）

鸡杂（Les abats）

鸡爪（Les pattes）

鸡冠 （La crête）

切分生鸡

为避免在鸡架上留下鸡肉，切割生鸡需要一定的技巧。需要使用锋利的刀。您可以搭配一些蔬菜和香料，用切下的鸡架来煮汤。

工具

⊙ 厨师刀
⊙ 厨用针
⊙ 厨用线

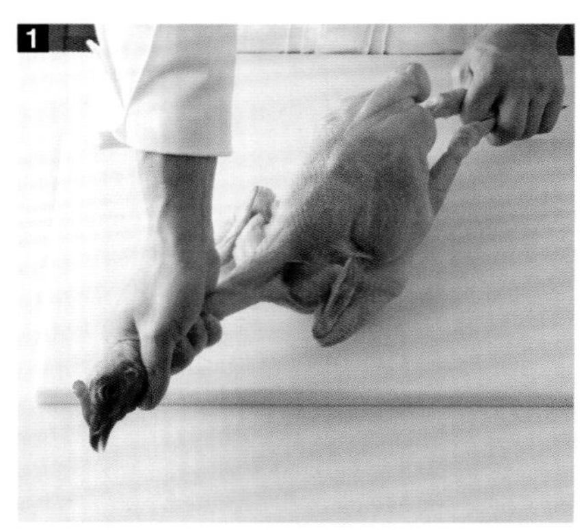

1 将鸡肉放在案板上，拉伸颈部和腿部以松弛鸡肉。

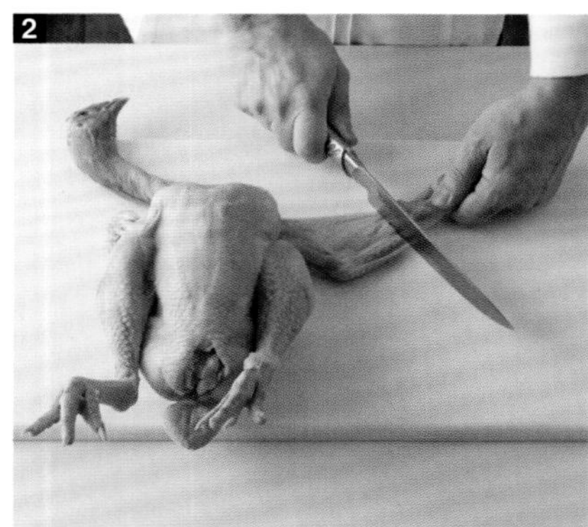

2 用厨师刀切掉鸡翅翅尖。

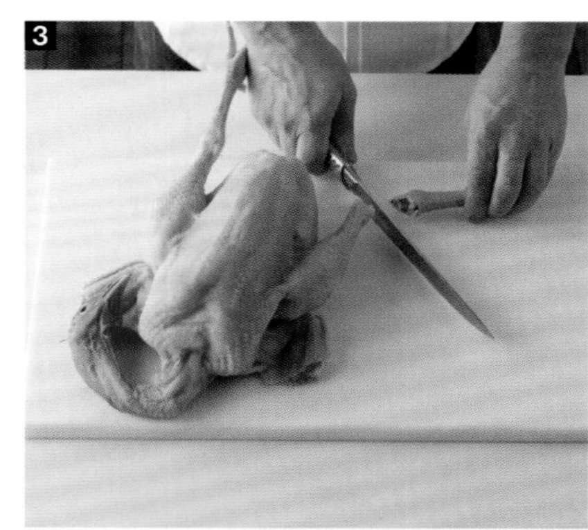

3 切掉鸡爪。

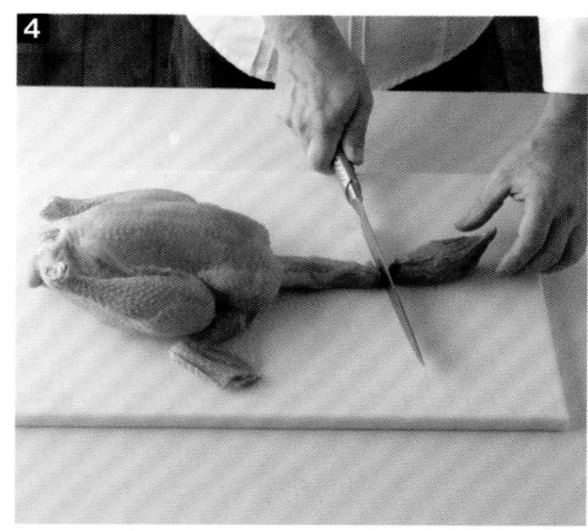

4 切掉鸡头。

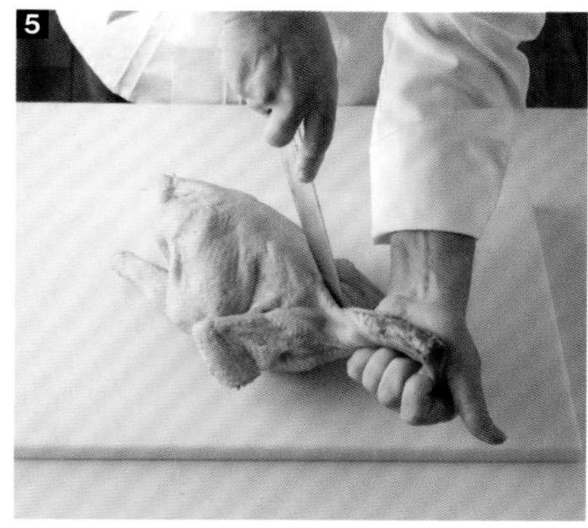

5 拉紧颈部鸡皮进行切割。

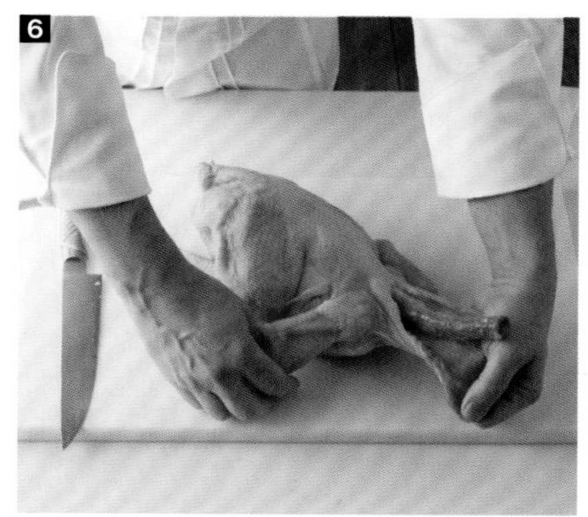

6 分开皮肉并将其剥离。

7 用食指找到食管、肺和内脏，并将它们扯下来。

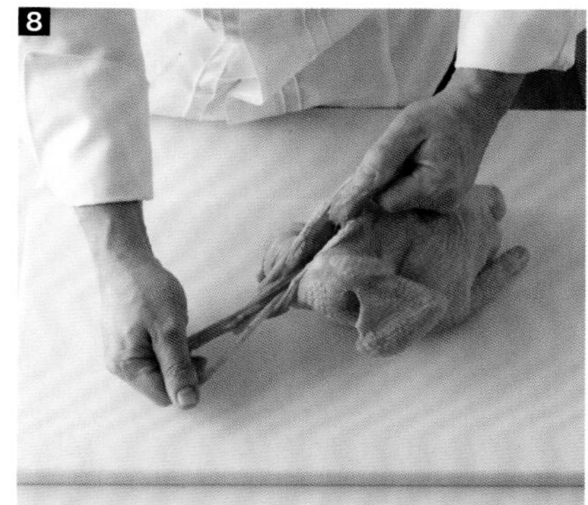

8 取出食管。

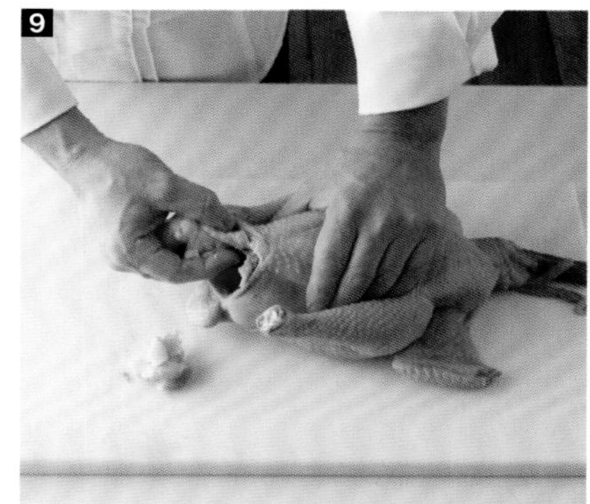

9 10 11 翻转鸡肉，去除尾部的脂肪。用手抓住肺和内脏，小心取出。

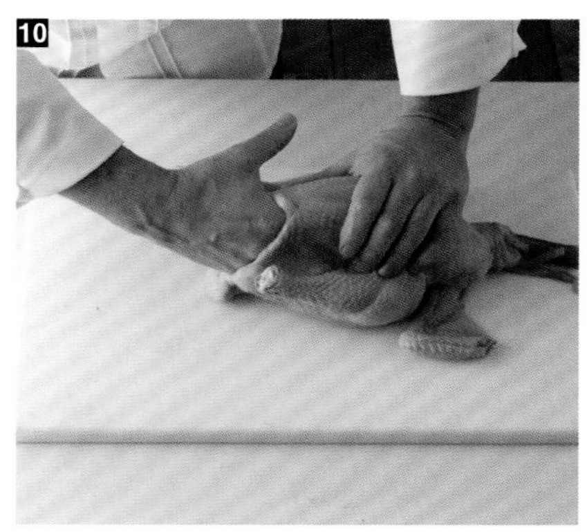

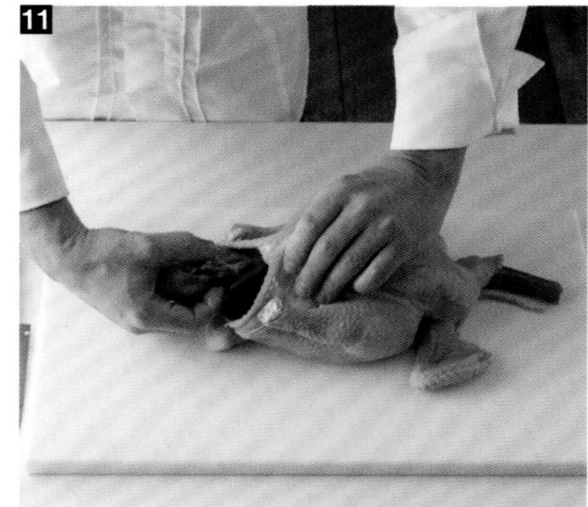

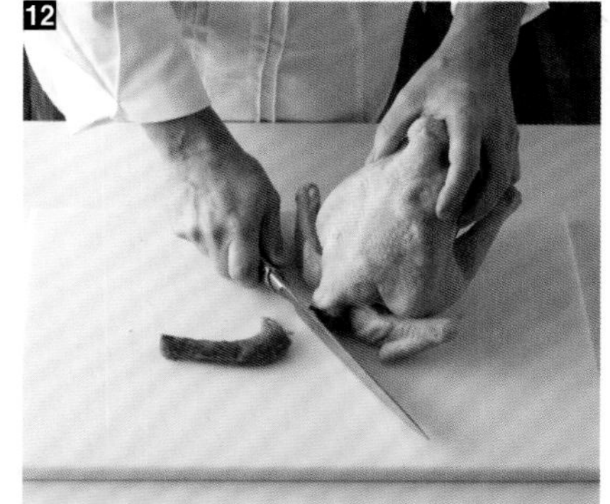

12 切掉脖子。

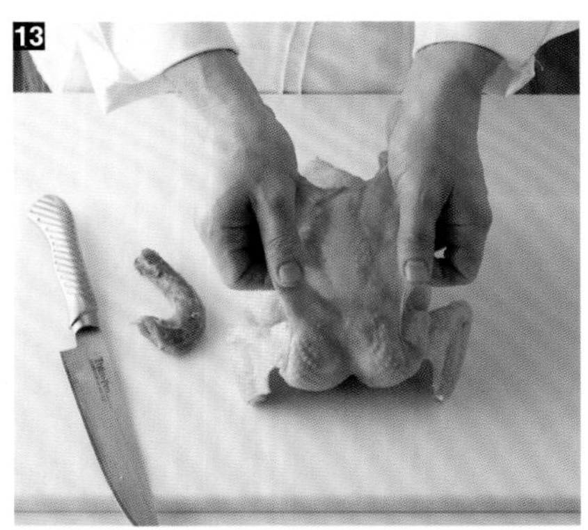
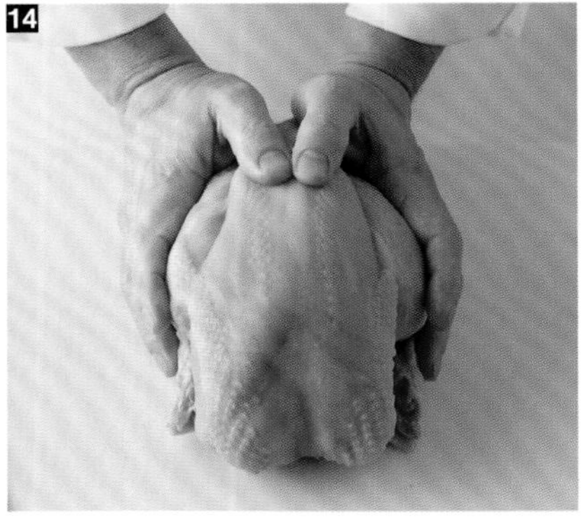
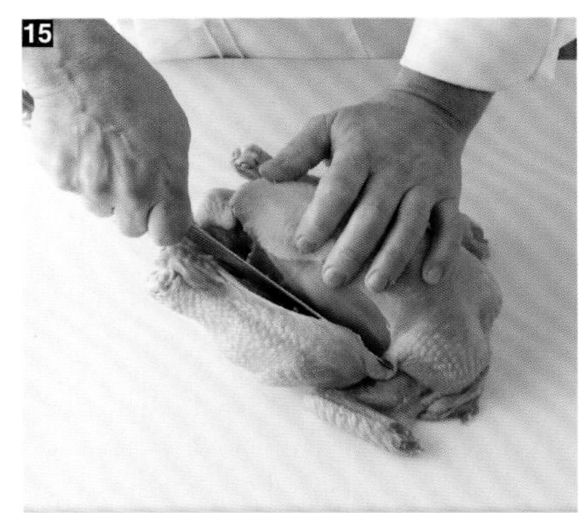

13 14 此时，如果想烤鸡肉，只需拉伸颈部皮肤并将其折叠在背部。再用针线绑扎好鸡肉。

15 沿骨架切开至尊鸡肉部分。

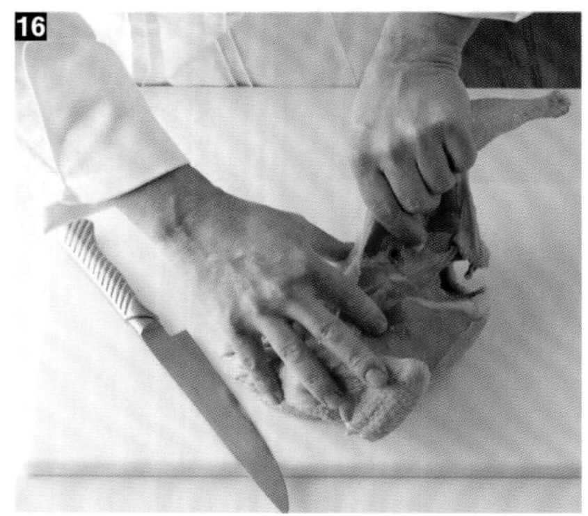
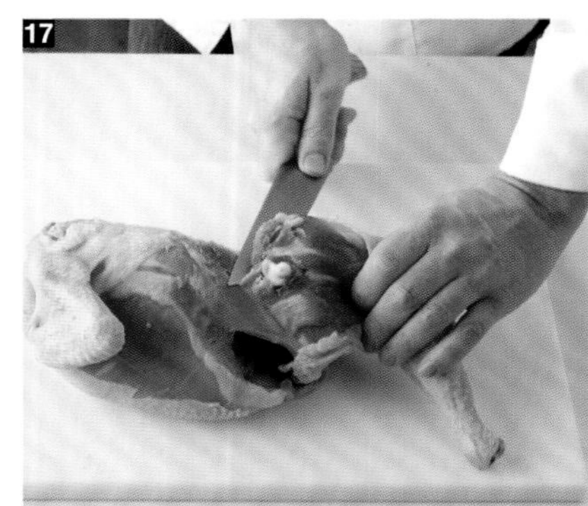
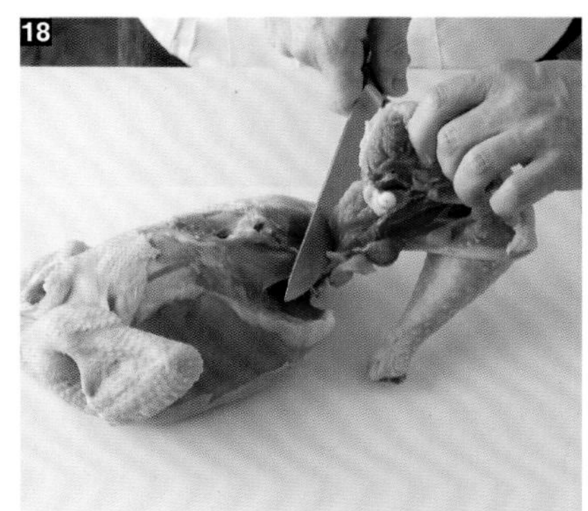

16 17 18 19 切下关节，一直切到“牡蛎肉”处。

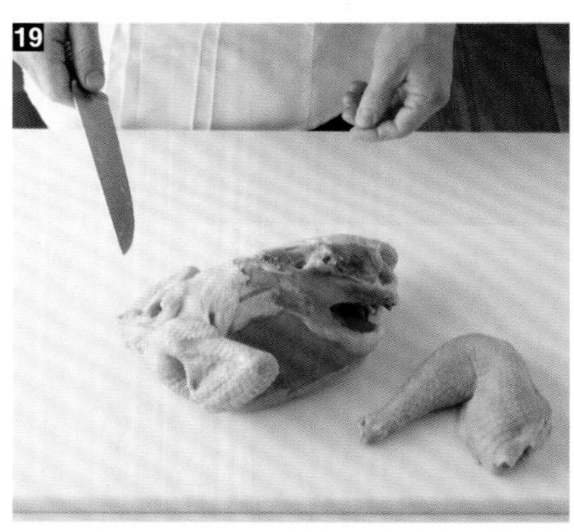
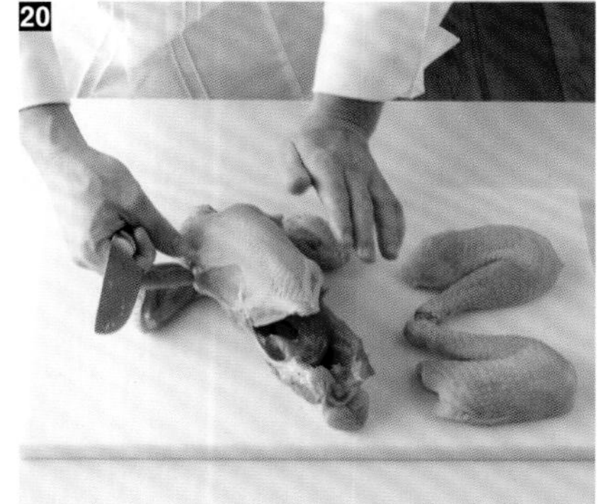

20 切另一只鸡腿。

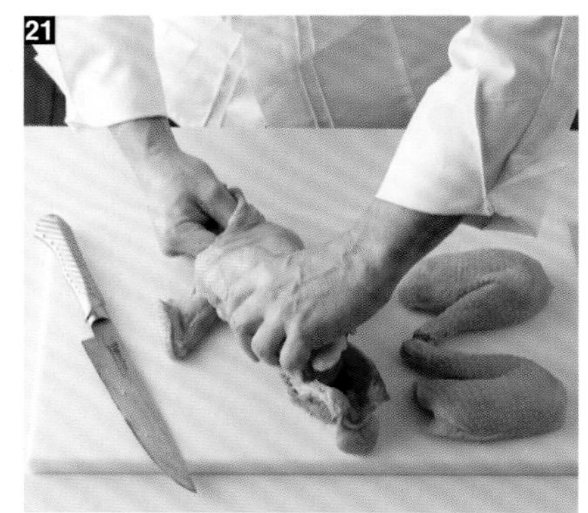

21 22 用一只手握住鸡的背部，另一只手取下胸骨。

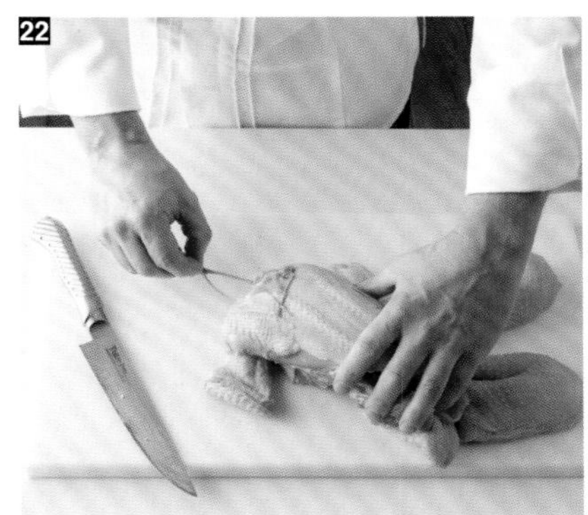

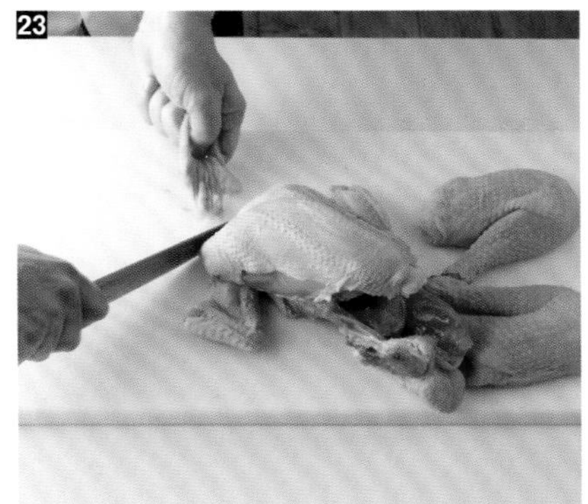

23 切掉多余的皮。

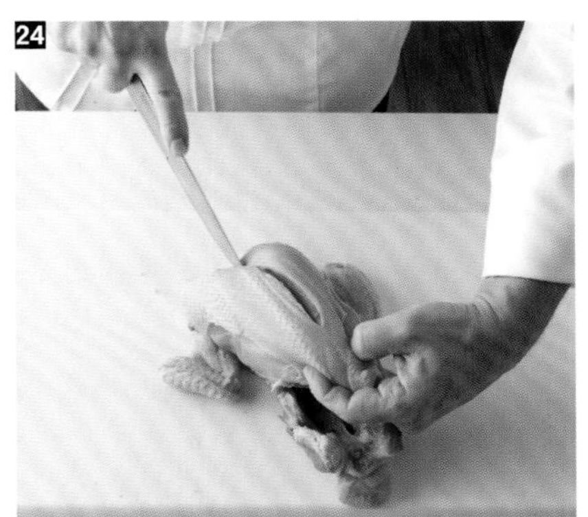

24 抬起至尊鸡肉，拉伸背部两侧的皮肤。沿着软骨滑动刀。

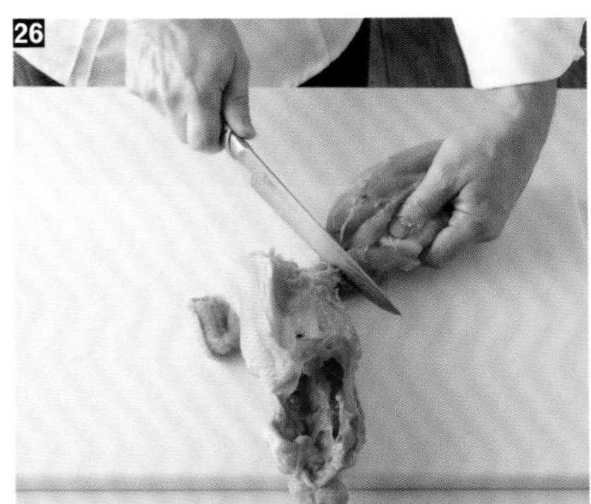

25 **26** 从鸡架至关节滑动刀片，切下至尊鸡肉。

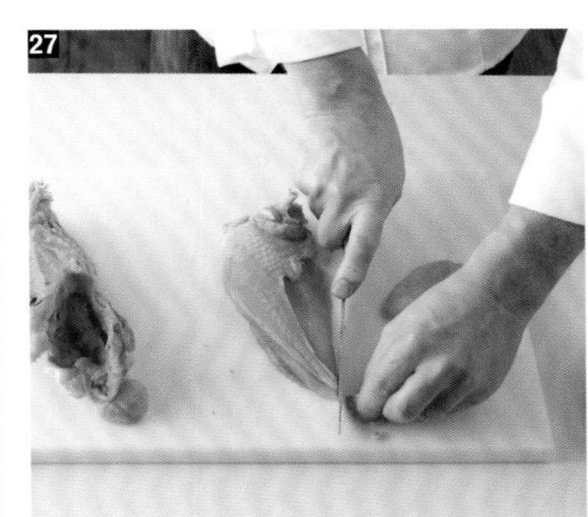

27 切下鸡翅。

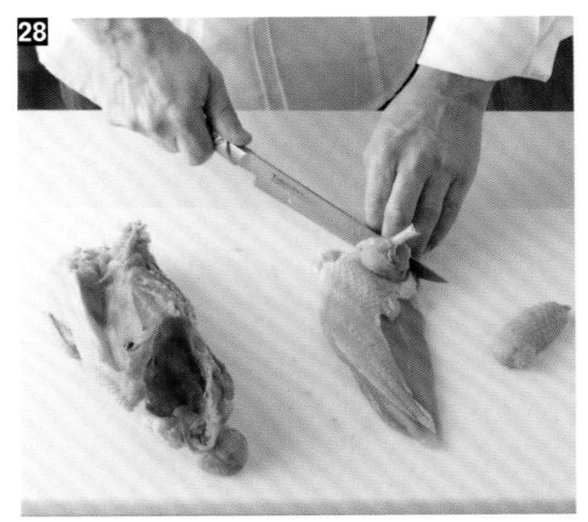

28 卷起骨头上的肉使至尊鸡肉更适宜摆盘。去掉多余的皮和脂肪。用同样的方式处理另一面。

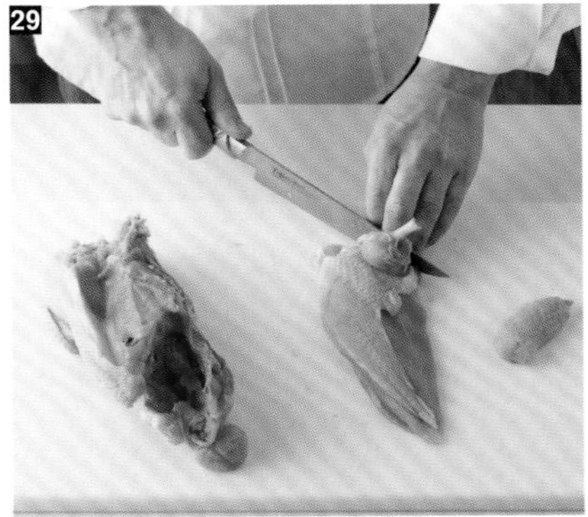

29 用鸡架煮汤。

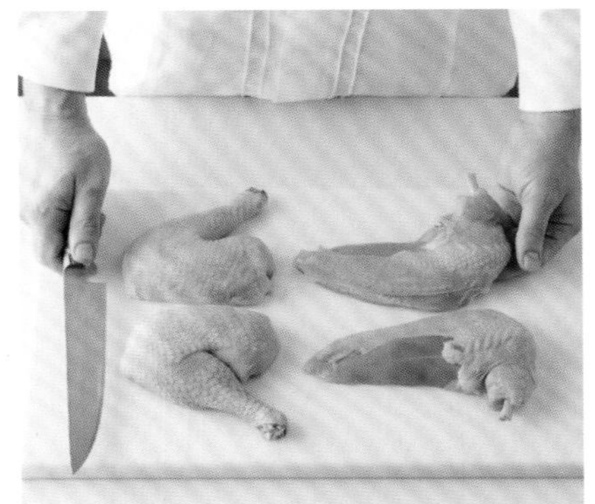

切分烤鸡

在案板下面铺一块湿抹布，以防止案板移动。务必检查刀刃并在磨刀石上来回打磨几下，令厨师刀足够锋利。切割熟鸡十分容易。在进行过程中，遇到的唯一阻力位于关节处，可用手掌压住刀背来完成切分。

工具

- ⊙ 烤叉
- ⊙ 湿毛巾
- ⊙ 厨师刀
- ⊙ 汤勺

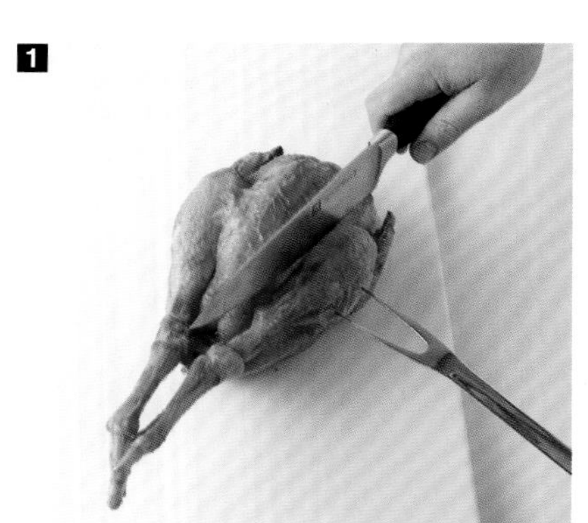

1 将烤鸡放在案板上。将烤叉刺入鸡大腿，稳住烤鸡，然后用厨师刀切开至尊鸡肉和大腿之间的肉。

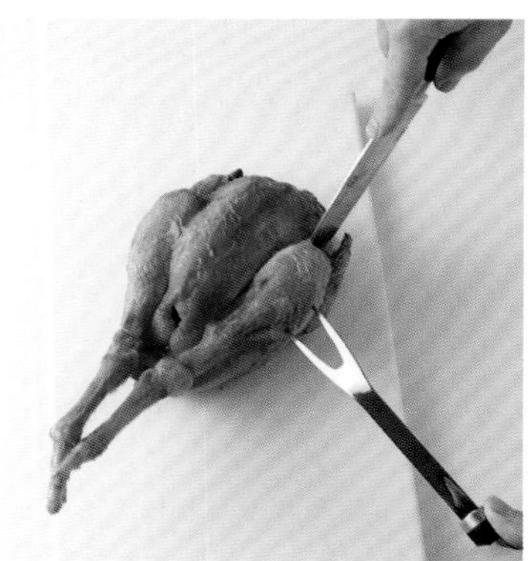

2 沿着边线切开。

3 用烤叉向外分开鸡腿。

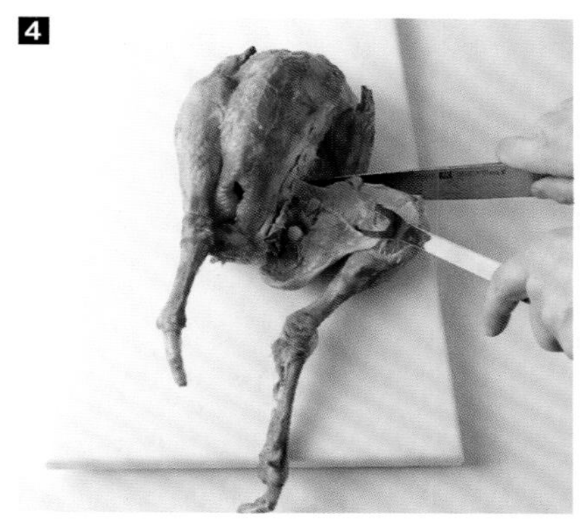

4 切开关节。

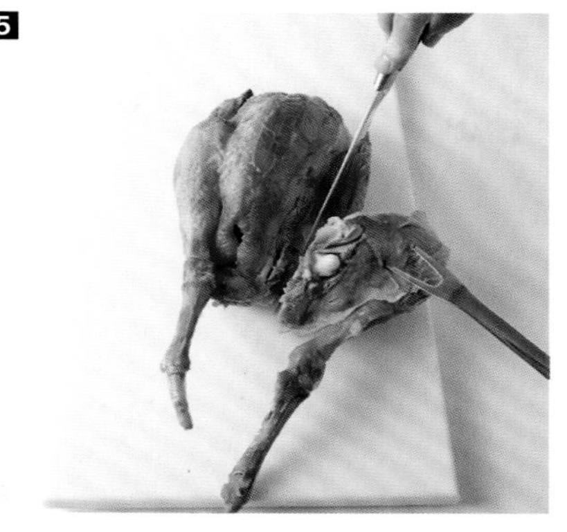

5 切断软骨关节，切开鸡大腿。

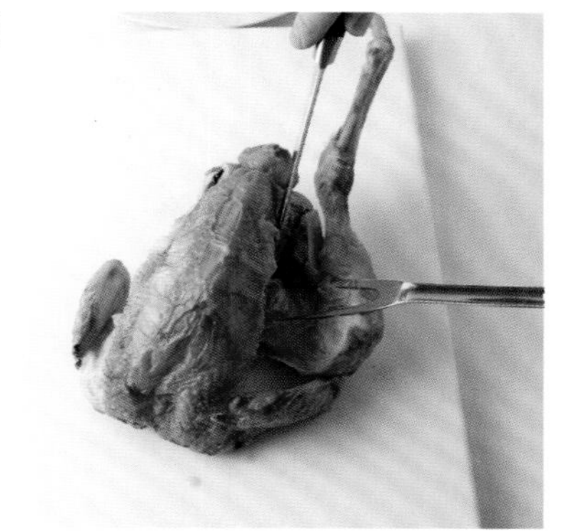

6 将鸡肉放在案板上，用同样方式处理另一只鸡腿。

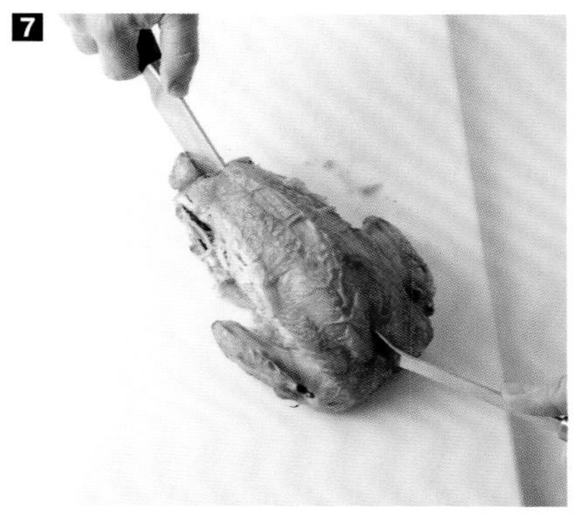

7 将刀置于鸡胸下方，以便在插入烤叉时固定鸡肉。

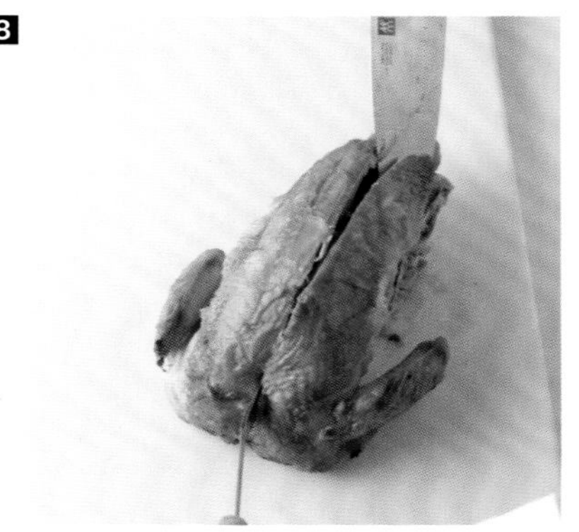

8 沿着胸骨垂直切至软骨，切开至尊鸡肉。

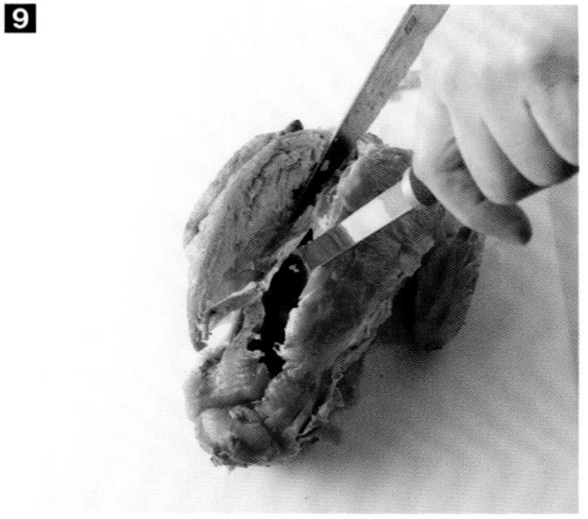

9 沿胸骨至鸡翅小心切下鸡肉。

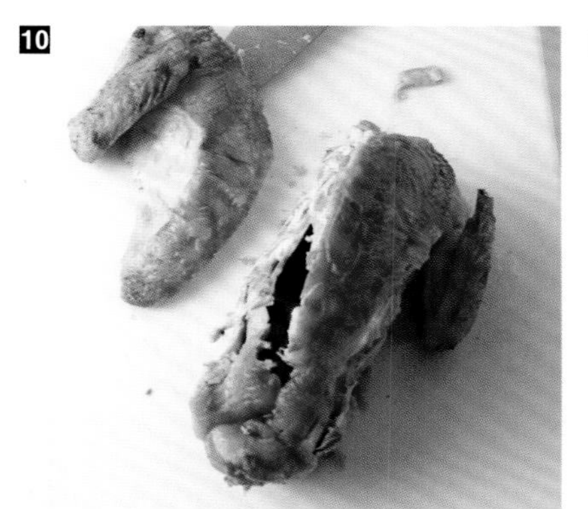

10 取下了鸡胸和鸡翅组合而成的至尊鸡肉。

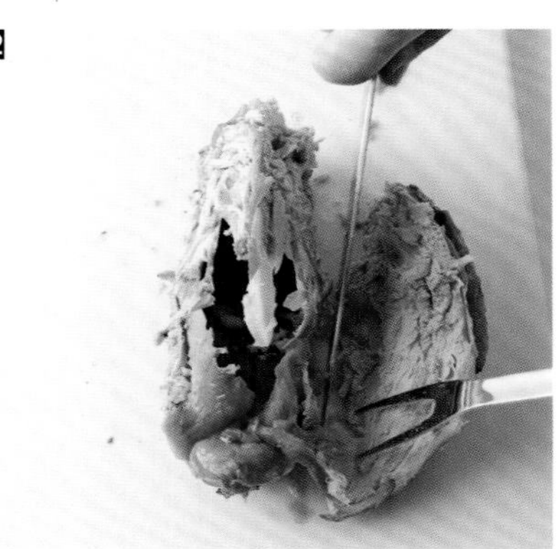

11 12 用同样的方法处理另一面。

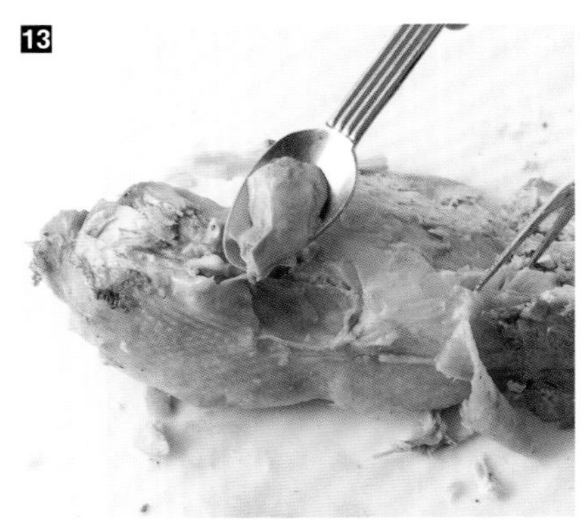

13 旋转烤鸡，用汤匙取下“牡蛎肉”。

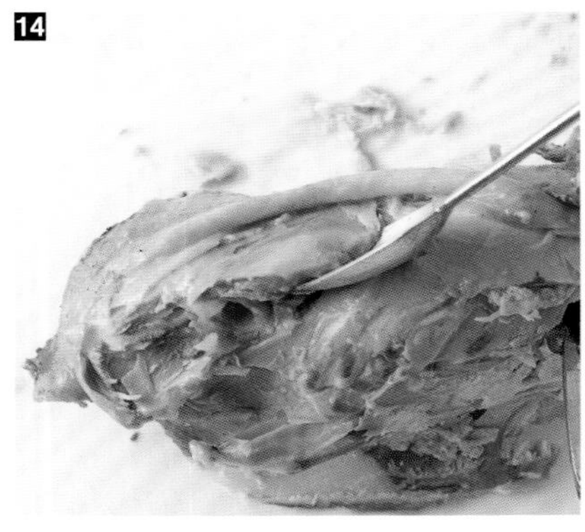

14 取下第二个“牡蛎肉”。

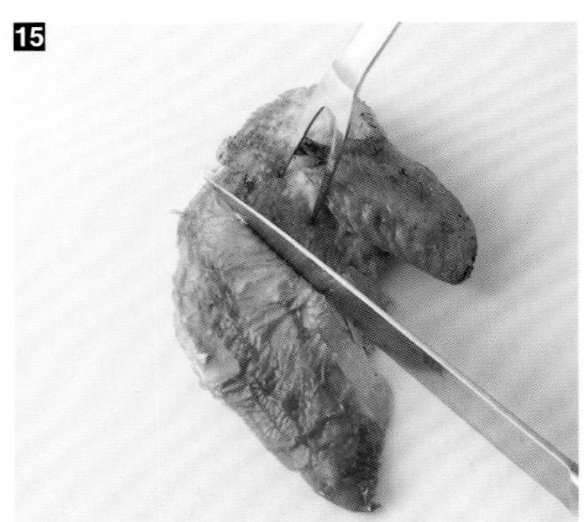

15 将至尊鸡肉一分为二，分开鸡胸和鸡翅。

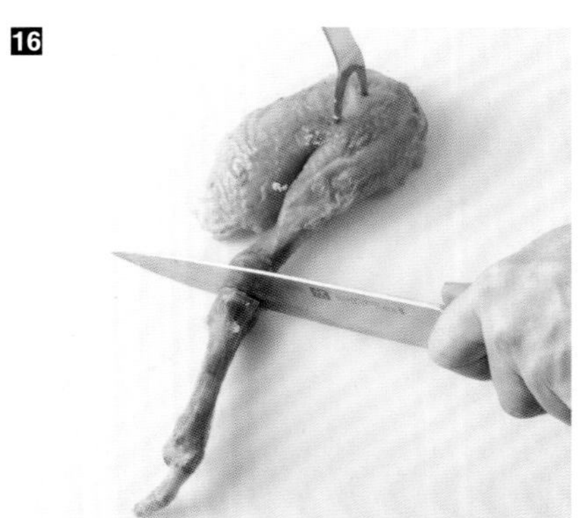

16 平放鸡腿，分离鸡爪。

17 将刀置于鸡大腿和鸡小腿之间，切开关节软骨。

制备蛤蟆鸡

这种切法正如它的名字一样，能将一只鸡变成一只压扁的蛤蟆。经此方法处理的鸡可以整只进行烧烤，并能很好地入味。

工具

⊙ 厨师刀　　⊙ 剔骨刀

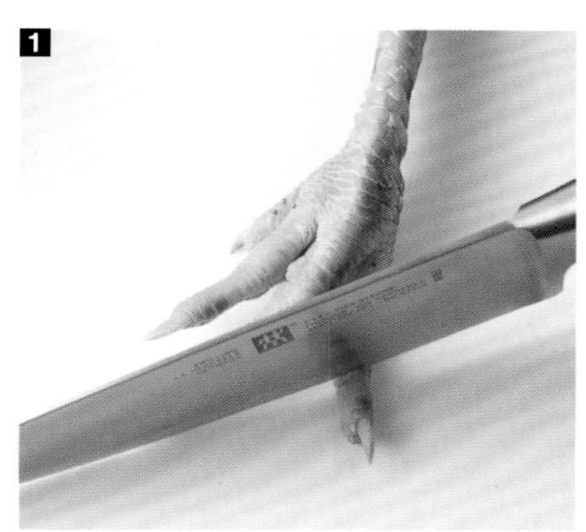

1 将生鸡放在案板上，用厨师刀切掉鸡爪的第一个指节。

2 清理鸡爪，并用相同的方式处理另一只鸡爪。

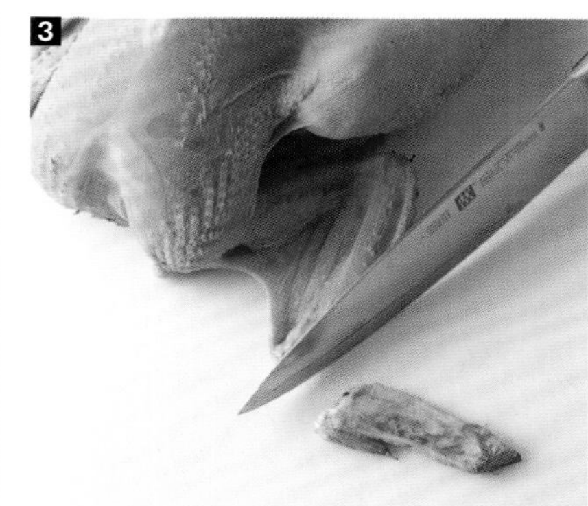

3 分开鸡翅并用刀切掉翅尖。

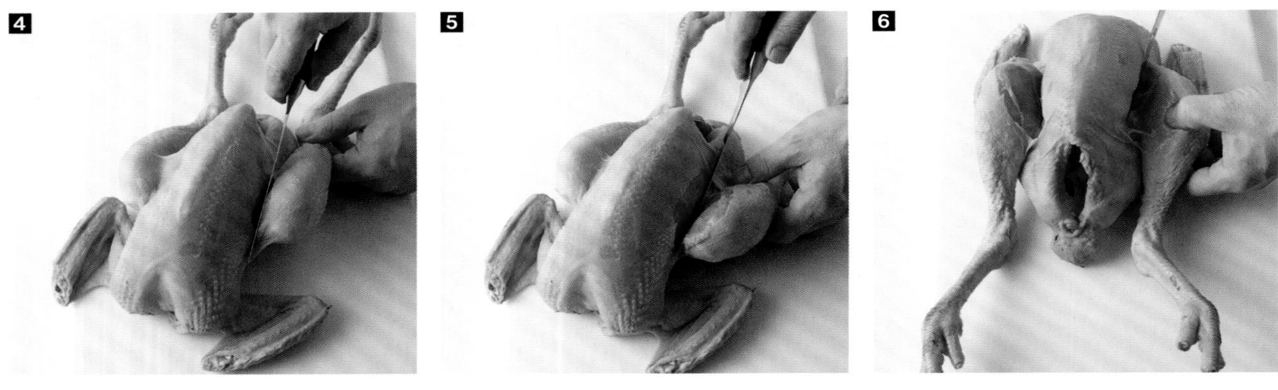

4 **5** 用一只手分开鸡腿，然后用剔骨刀轻柔地切开鸡皮而不切到鸡肉。

6 用相同的方式处理另一只鸡腿。

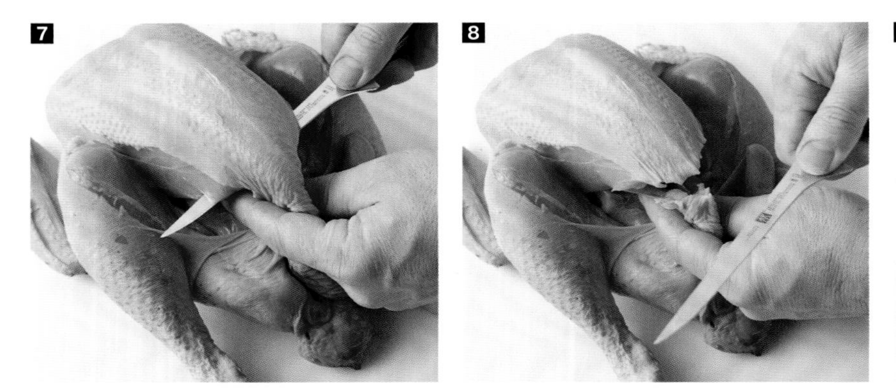

7 捏住胸腔末端，抓紧，然后用刀片在鸡胸和软骨之间滑动。

8 切除外部多余的鸡皮和脂肪。

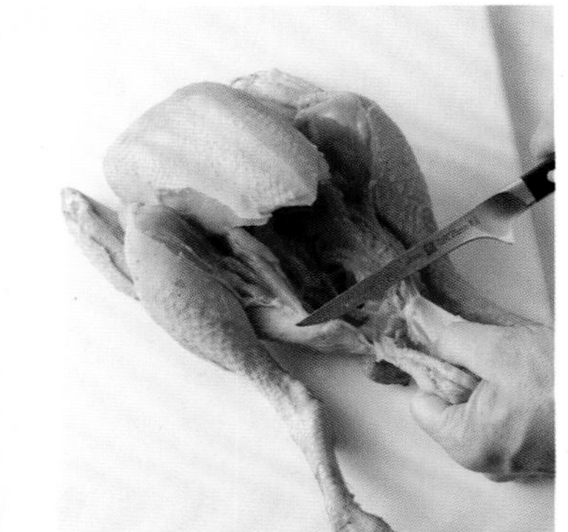

9 切除下半部分多余的鸡皮和脂肪。

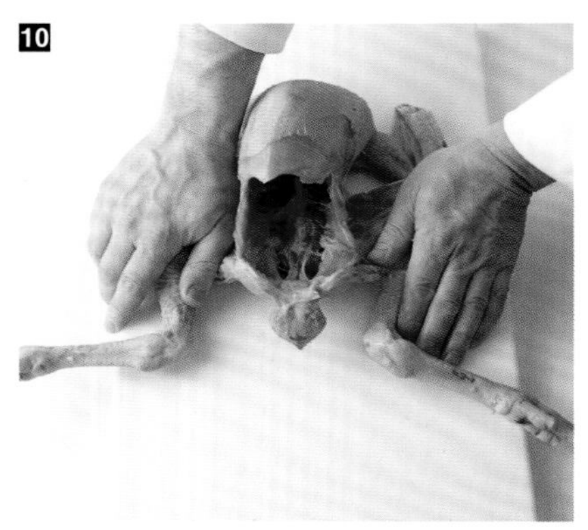

10 将鸡重新放在案板上，并用手施加压力，将鸡大腿扩张到最大限度。

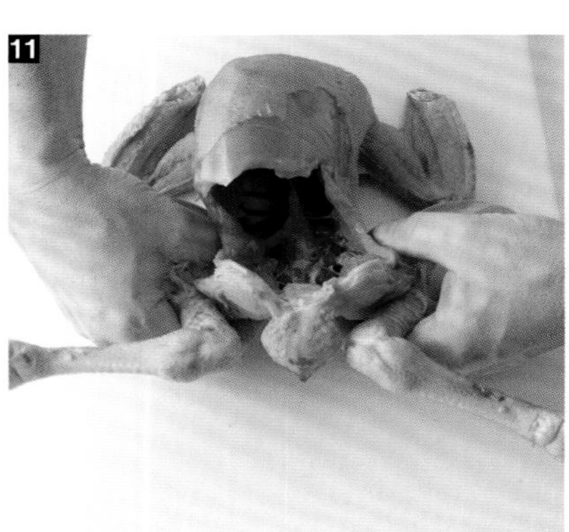

11 掰开关节。

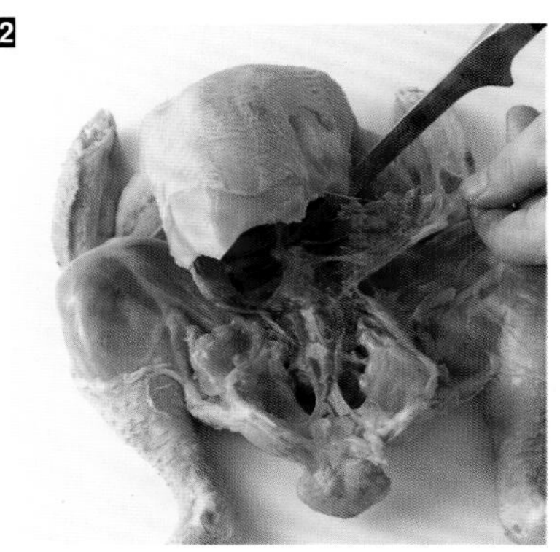

12 用刀切开鸡胸廓，取下肋骨。

13

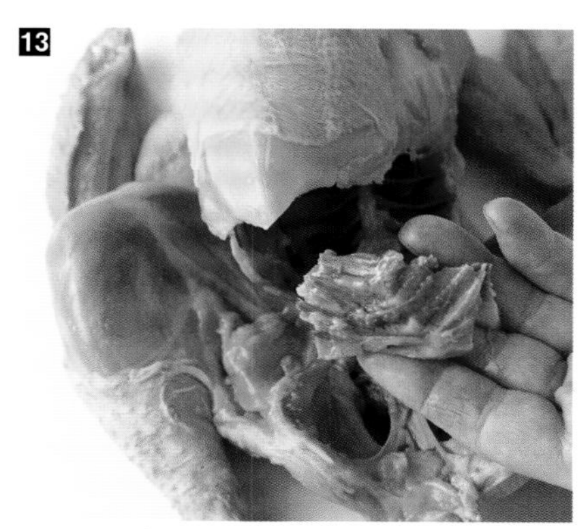

14

15

13 14 用同样的方式处理另一面。

15 16 将一只手放在脊骨上，另一只手向下按，使鸡的上半部分完全展平。

16

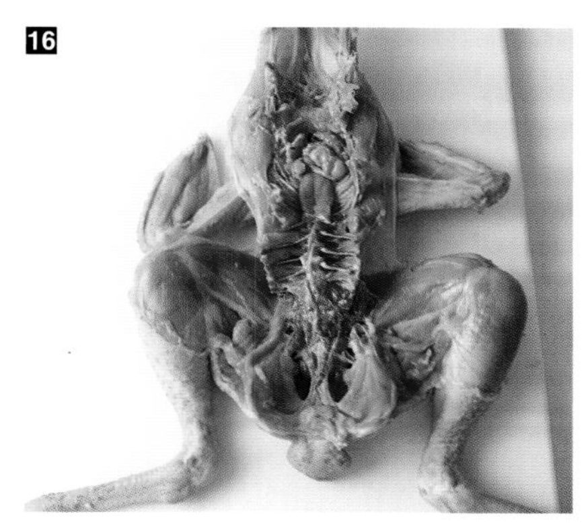

制备鸡肉卷

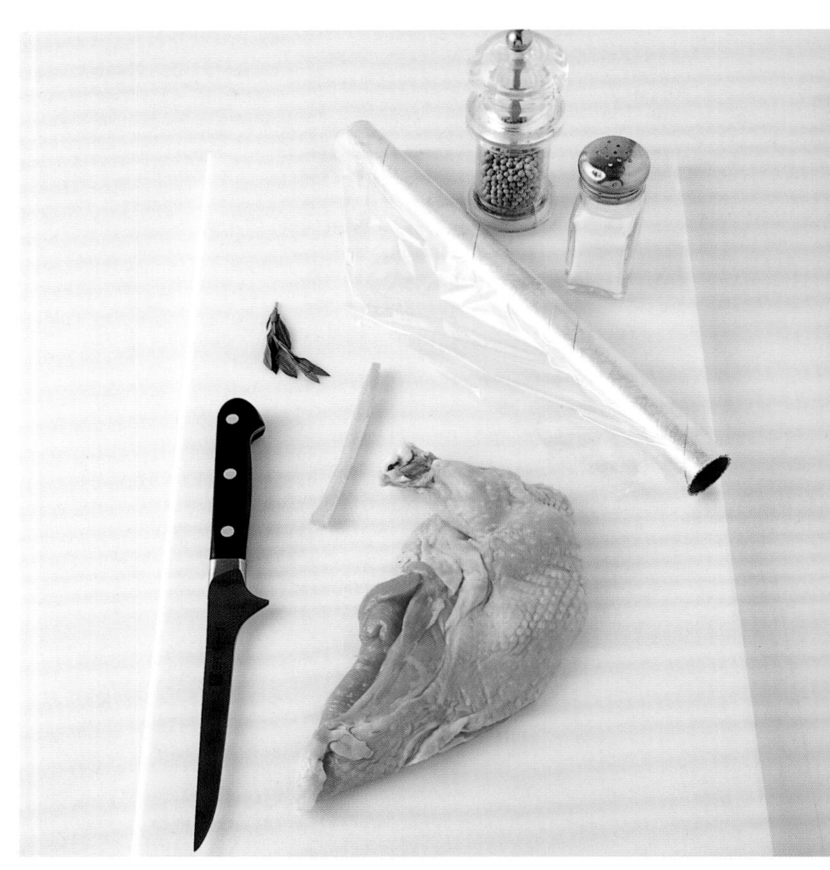

使用烤箱专用保鲜膜，让鸡肉卷在65℃的肉汤中煮30分钟。也可将140克的鸡肉卷放在100℃蒸汽中蒸制15分钟。去除保鲜膜后，可用少许黄油或食用油将鸡肉卷在平底锅中煎黄。

配料

- ⊙ 至尊鸡肉
- ⊙ 馅料
- ⊙ 香料
- ⊙ 盐
- ⊙ 胡椒

工具

- ⊙ 剔骨刀
- ⊙ 保鲜膜

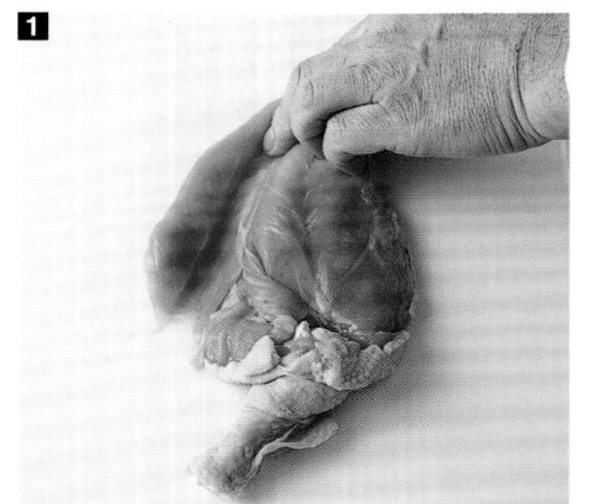

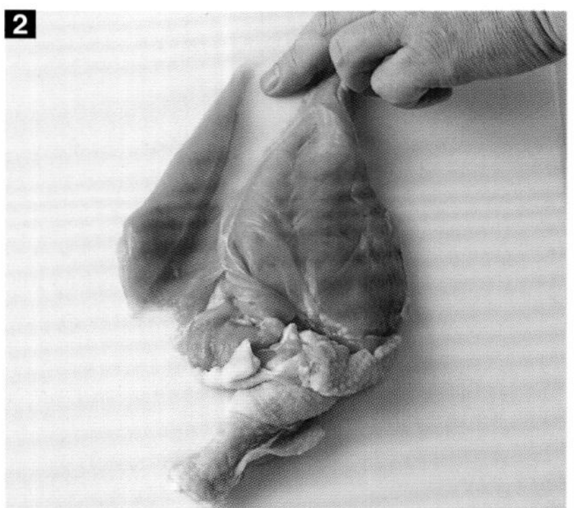

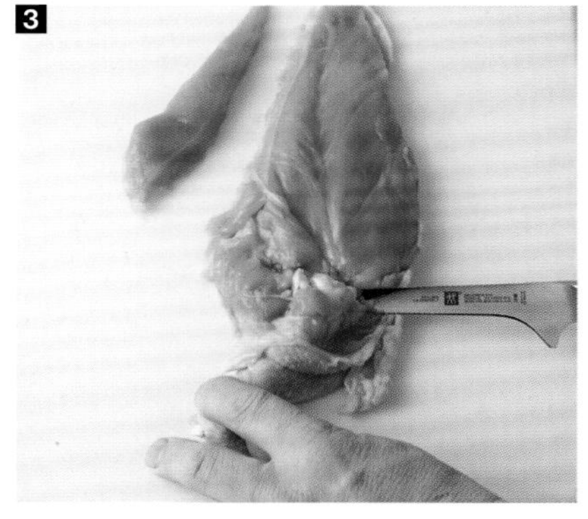

1 2 将至尊鸡肉放在案板上。旋转鸡肉，用食指按住上方，分割鸡小胸。

3 4 用剔骨刀小心地切开关节，尽可能保留至尊鸡肉上的鸡胸部分。

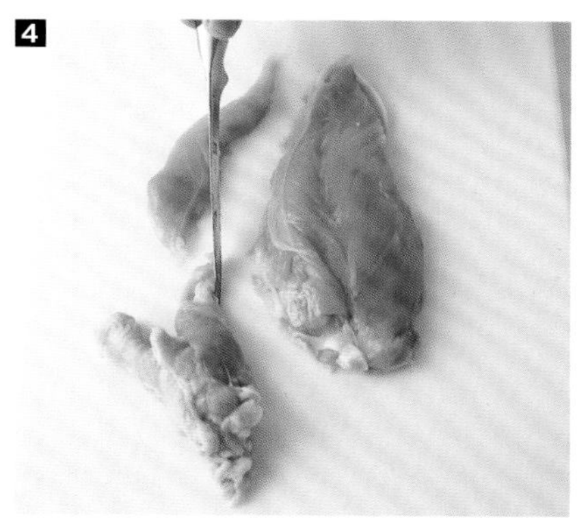

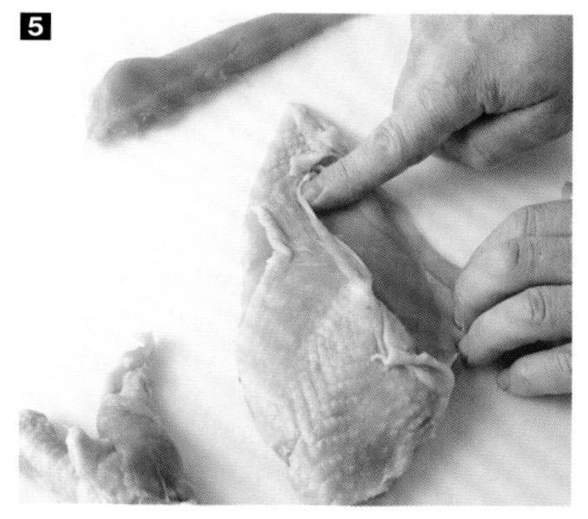

5 翻转至尊鸡肉，将食指轻轻伸入鸡皮中，分离鸡肉与鸡皮。

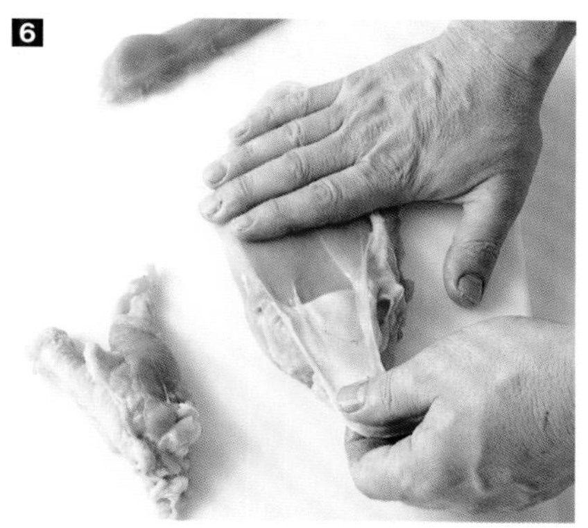

6 7 8 当鸡皮分开一半时，可用一只手固定住至尊鸡肉，用另一只手小心拉开鸡皮。

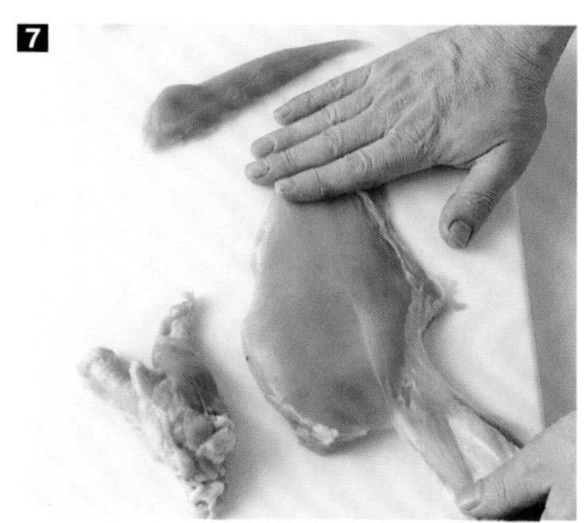

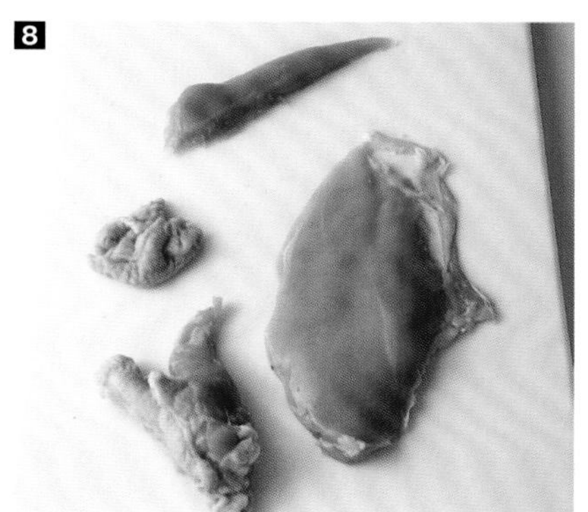

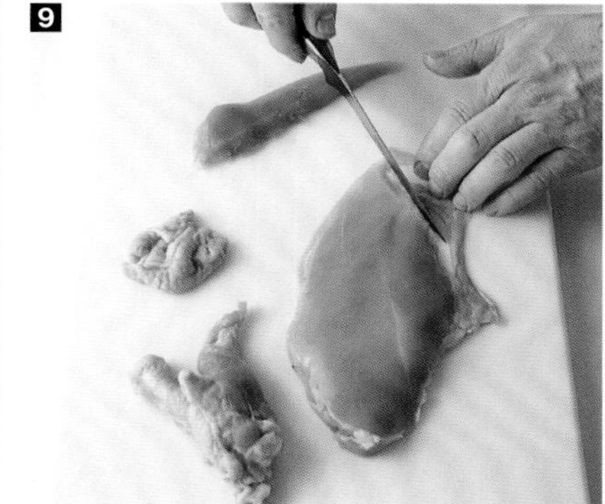

9 去除多余的脂肪。

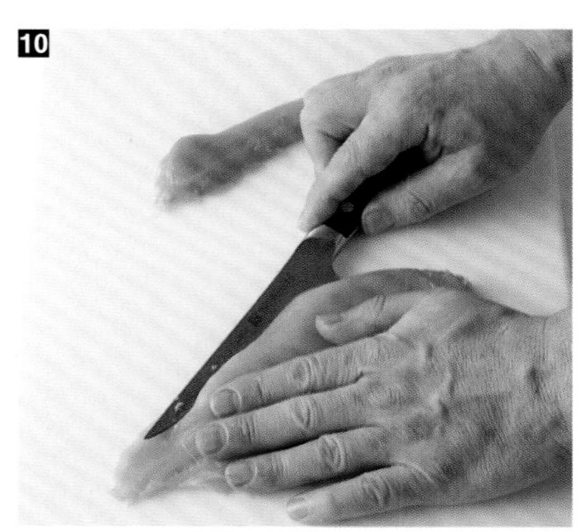

10 请用手掌放平按住鸡肉，刀子平置。将刀片推进至尊鸡肉最厚的部分，同时用另一只手施加压力，以方便刀具通过。切开至尊鸡肉，使之成为荷包状。

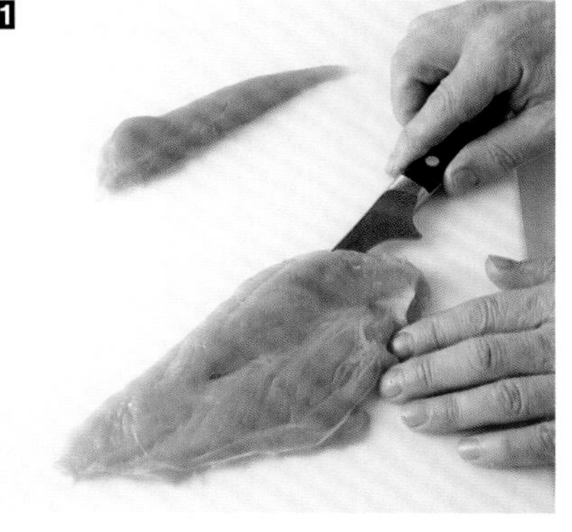

11 12 切到一半处，至尊鸡肉呈荷包状。

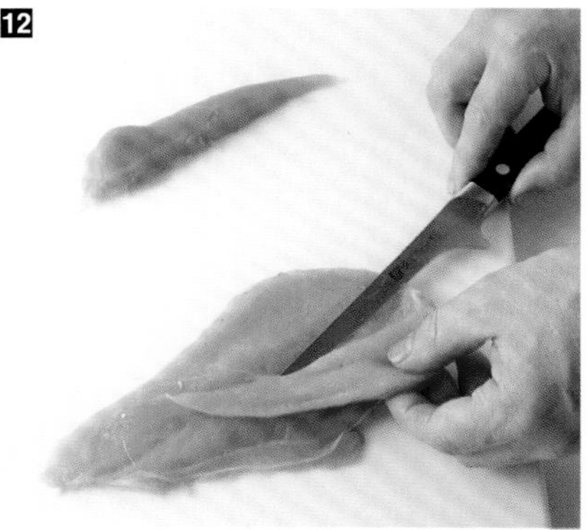

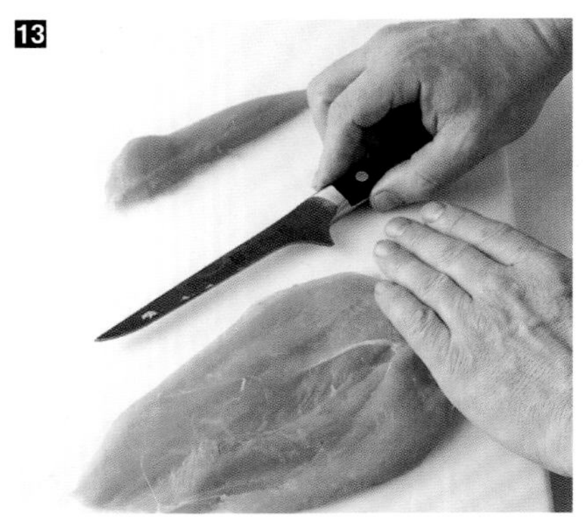

13 用手轻拍鸡肉，使其表面均匀。

14 根据所选择的菜品，调味、调馅和添加香料。

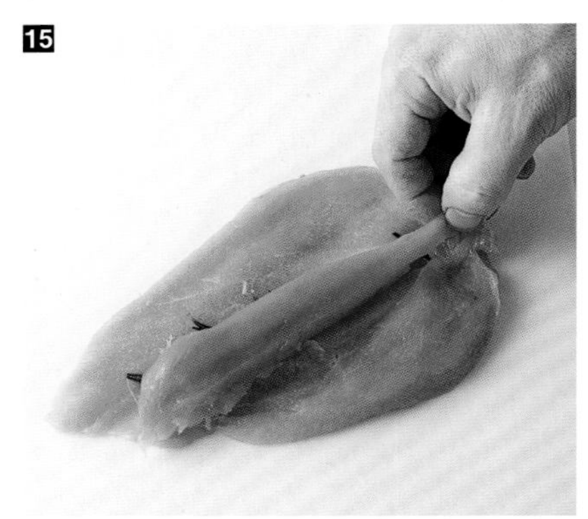

15 将鸡小胸的尖端置于最厚的位置，以便良好地分配鸡肉密度。

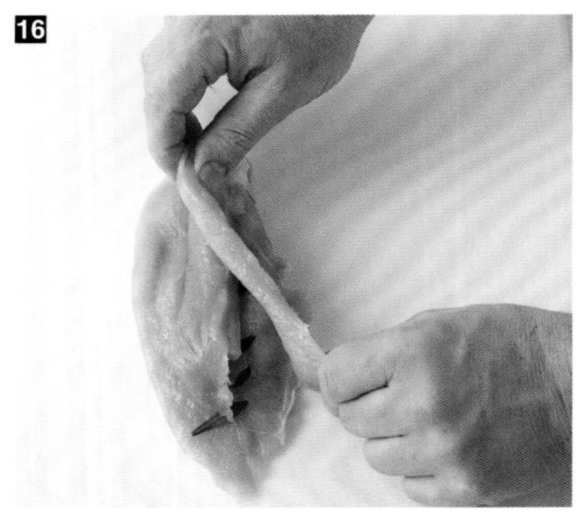

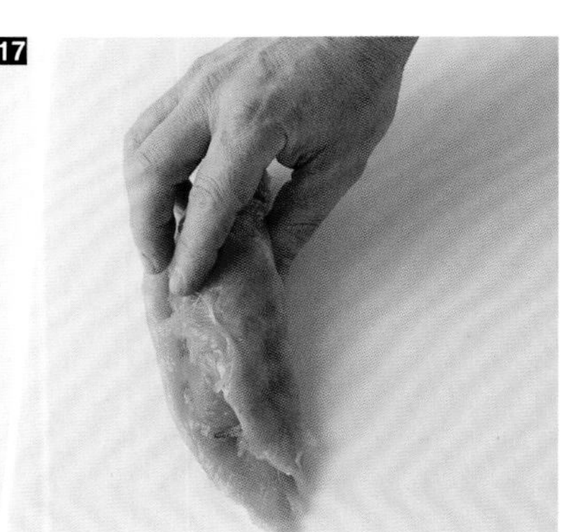

16 17 18 轻轻包裹成肉卷。

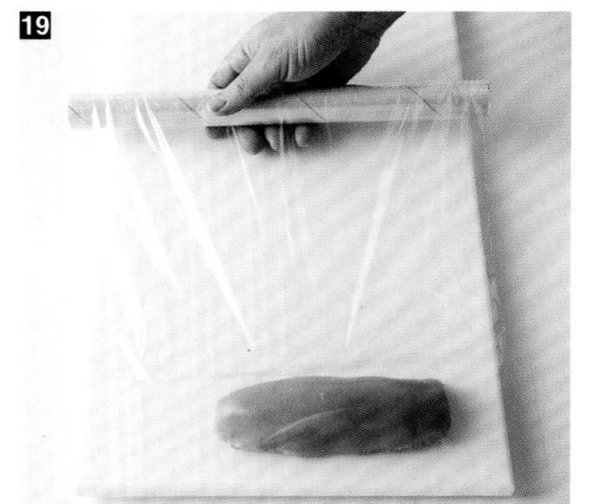

19 将肉卷放在一大张保鲜膜上。

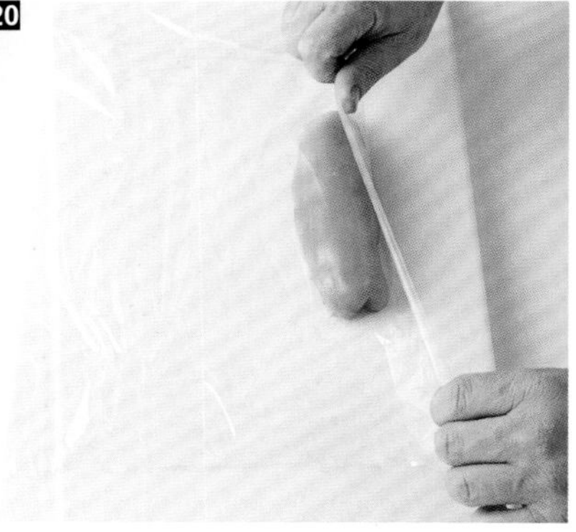

20 卷起肉卷。

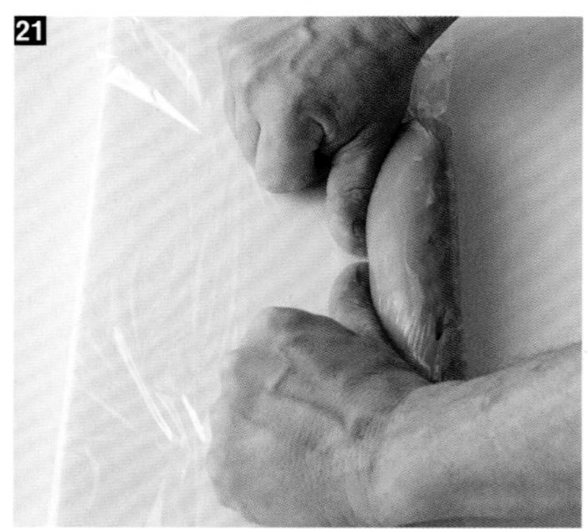

21 滑动拇指使保鲜膜更好地包紧。

22

23

24

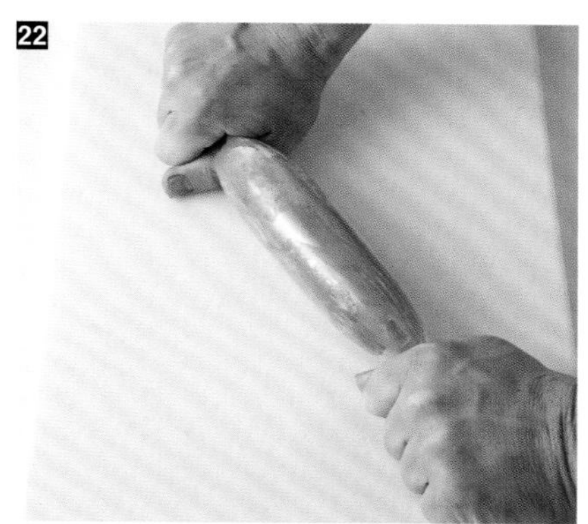

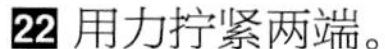

22 用力拧紧两端。

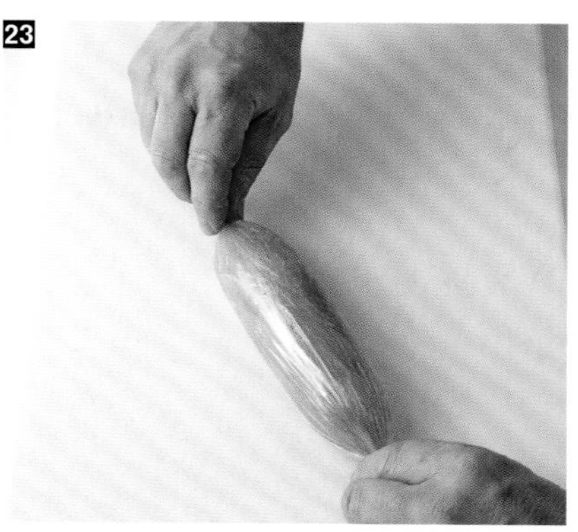

23 在案板上反复滚动几次，使其呈圆柱形。

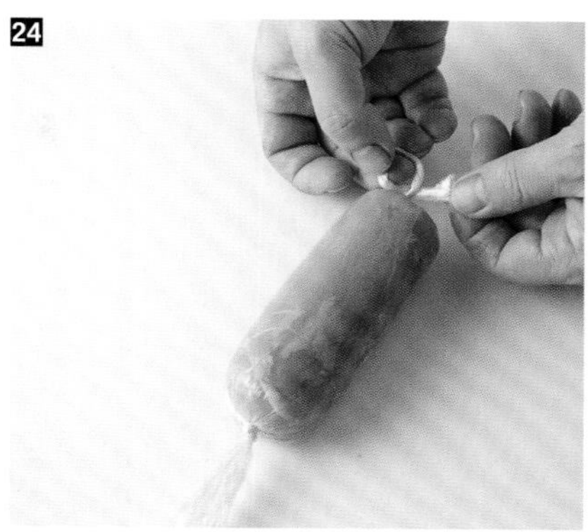

24 将两端打结系紧。

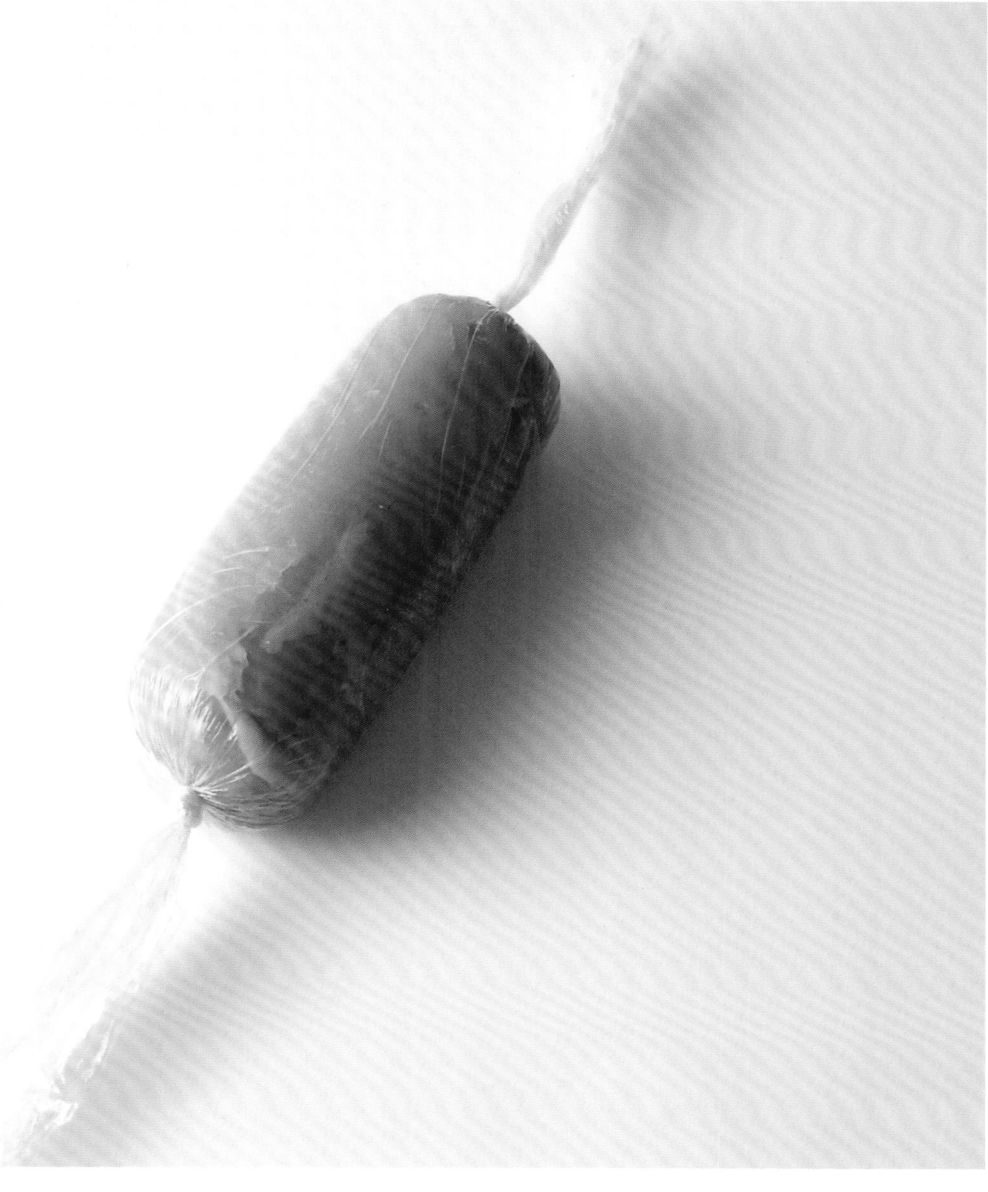

制备意式煎肉火腿卷

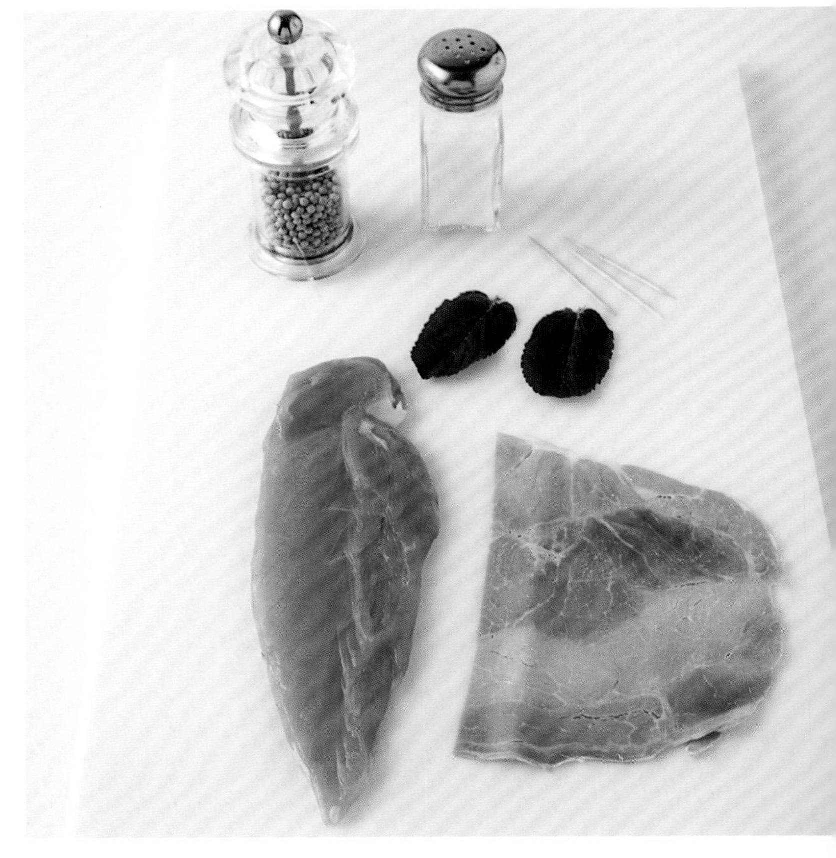

在传统做法中，意式煎肉火腿卷（saltimbocca）使用小牛肉排、一片烟熏火腿和一片鼠尾草叶。也可以根据自己的口味，发挥想象力改写配方，如使用火鸡鸡胸肉、奶酪……

用锋利的刀切薄鸡肉，也可以用厨用绳或网膜使肉卷定型。

配料

- ⊙ 鸡胸肉
- ⊙ 白火腿或烟熏火腿
- ⊙ 香叶
- ⊙ 盐
- ⊙ 胡椒

工具

- ⊙ 厨师刀
- ⊙ 牙签

烹饪建议

用少许橄榄油将火腿卷在平底锅中煎黄。

1

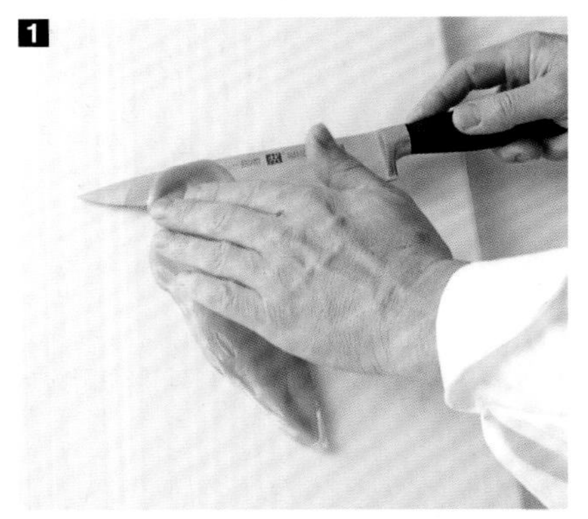

2

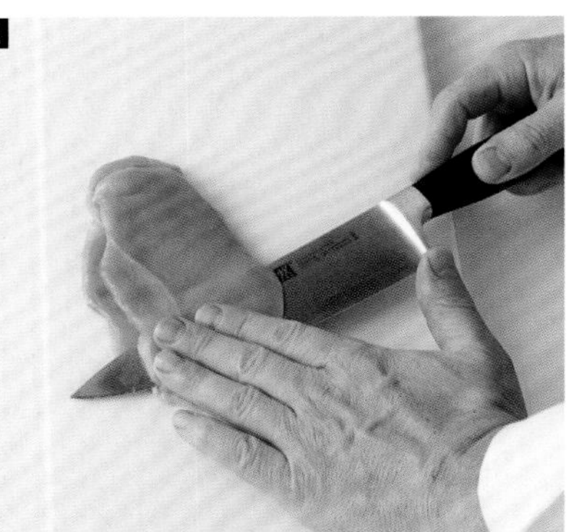

3

1 2 用指尖按住肉体，略施压力。沿着鸡胸行进厨师刀，切开鸡柳。

3 取下一块鸡柳。

4

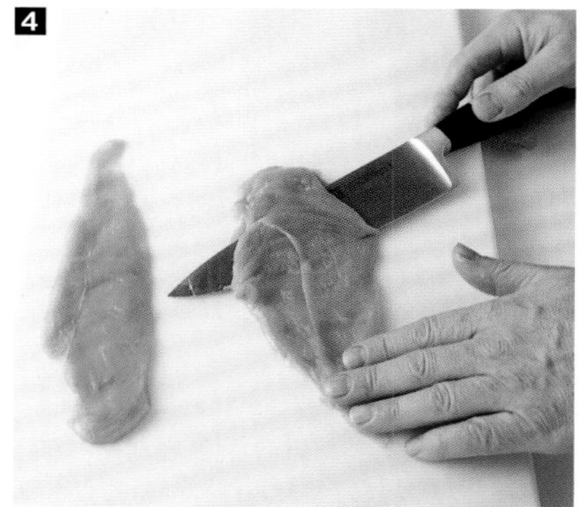

5

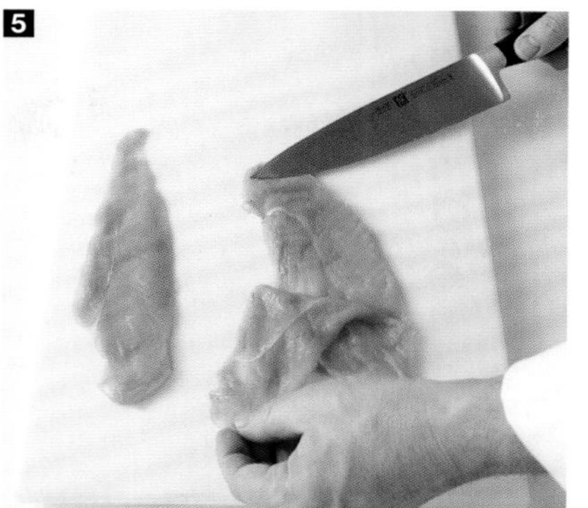

6

4 5 重复此过程取下第二块鸡柳。

6 用刀片平拍鸡肉表面，以打破纤维，避免其在烹饪过程中收缩。

7

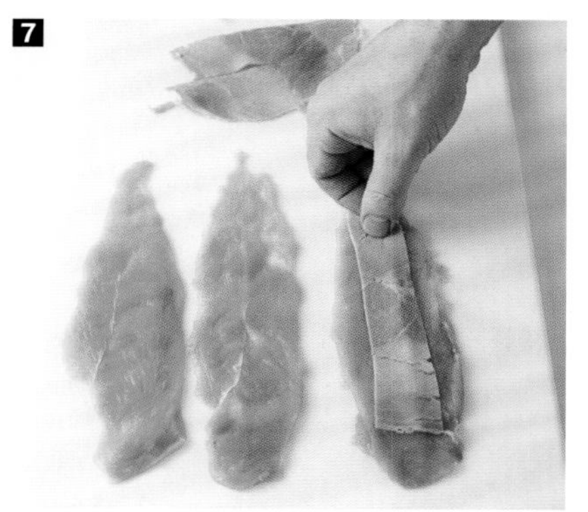

8

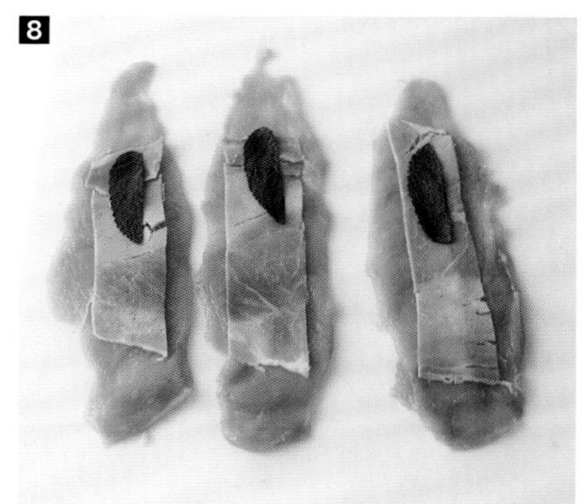

9

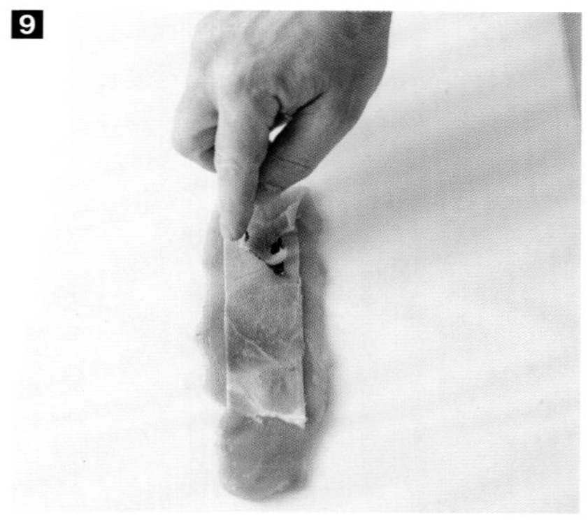

7 放置一片火腿。

8 放置一片香叶并调味。

9 折叠鸡肉尖端。

10

11

12

10 11 整个卷起。

12 用牙签固定。

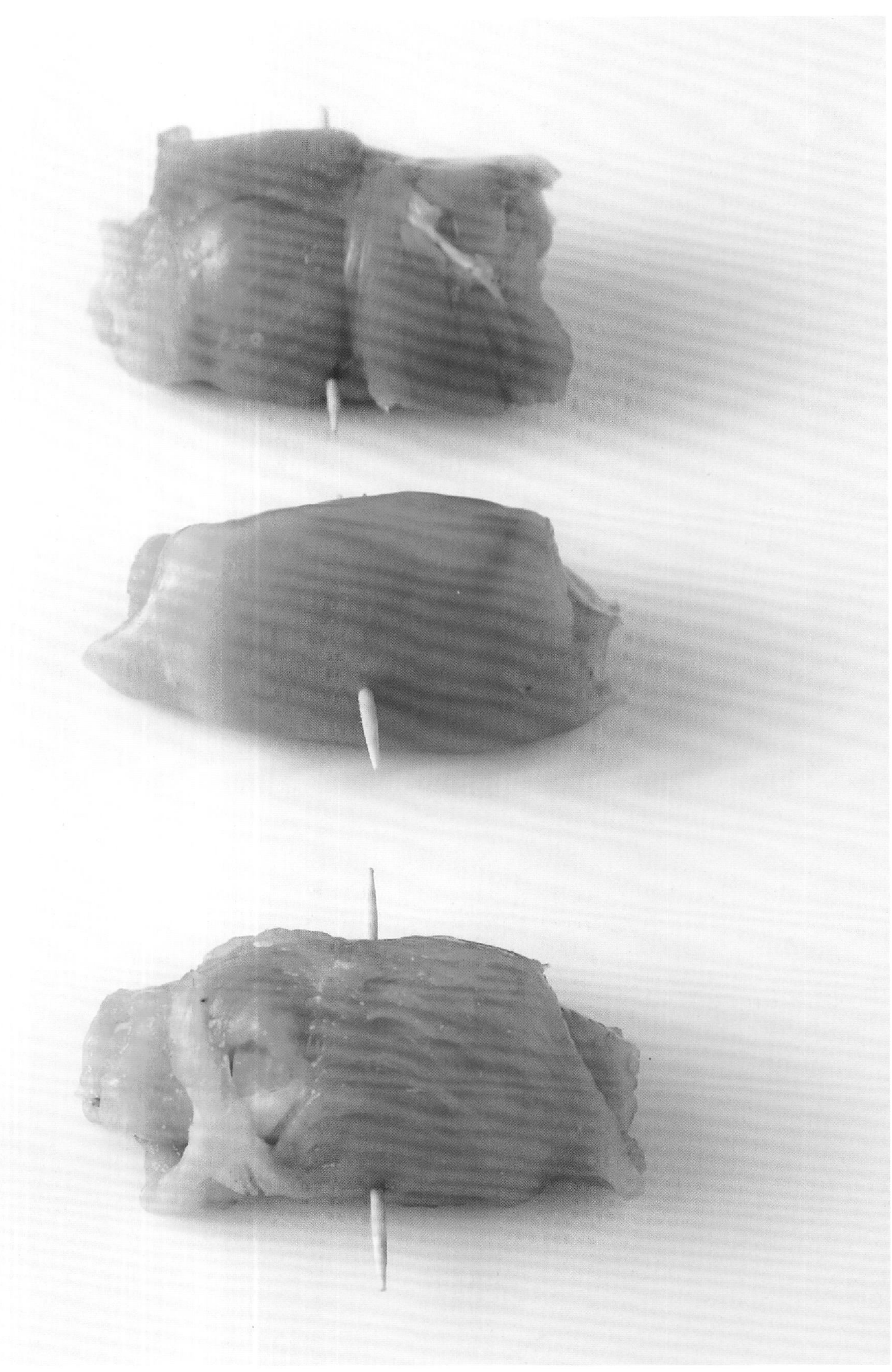

制备酿馅鸡翅

这是令禽类廉价部位增值的好办法。可将剔出的肉与蔬菜、洋葱、蘑菇、胡萝卜以及所选择的香料混合成为馅料。

配料

- ⊙ 馅料
- ⊙ 鸡翅

工具

- ⊙ 小刀
- ⊙ 填充袋
- ⊙ 厨师刀

烹饪建议

将酿了馅的鸡翅在小锅中煎至金黄，然后加上盖子继续煎约30分钟。

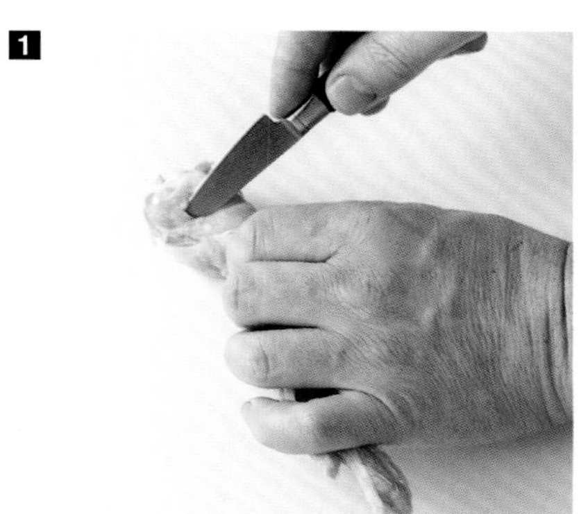

1 用小刀的刀尖向外剔骨以避免刺破鸡皮。

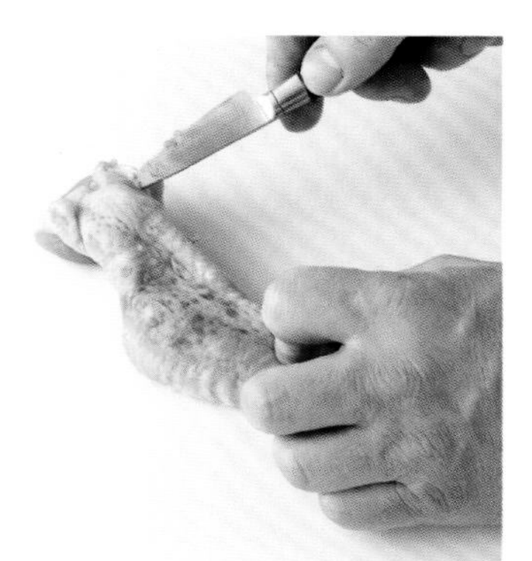

2 分离关节的上端。

3 去除连接鸡皮的筋。

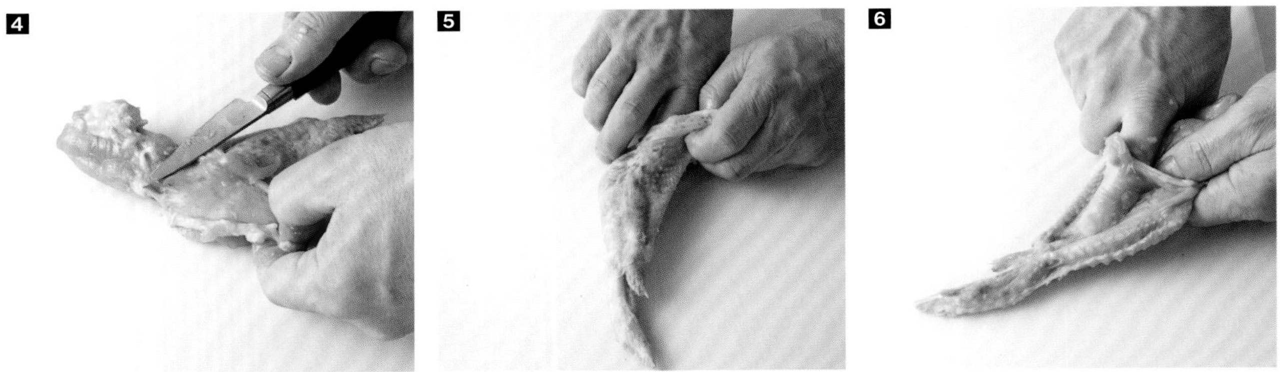

4 去除其他的肉筋，刀刃始终向外。

5 6 7 用食指围绕关节旋转，滑动食指以剥离整个表皮。

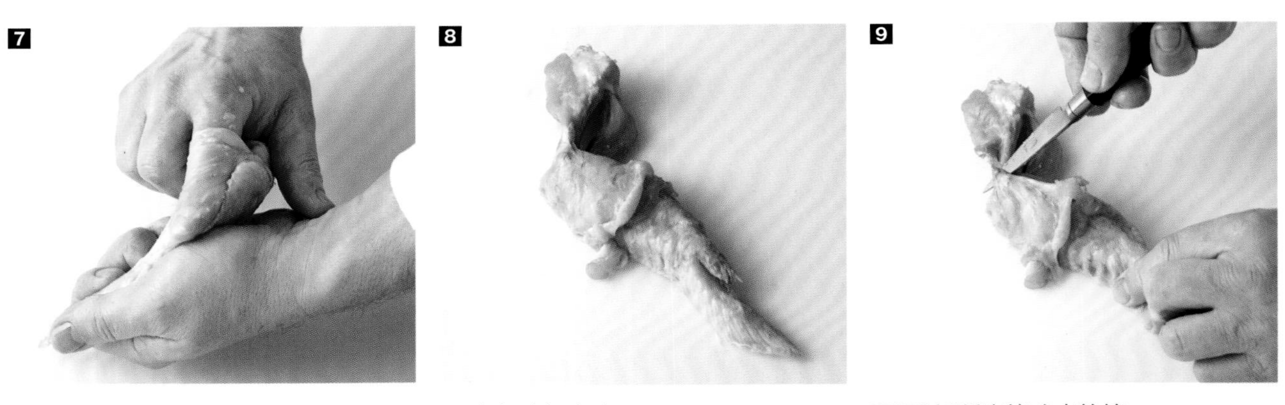

8 卷起鸡翅上皮。

9 10 切断连接鸡皮的筋。

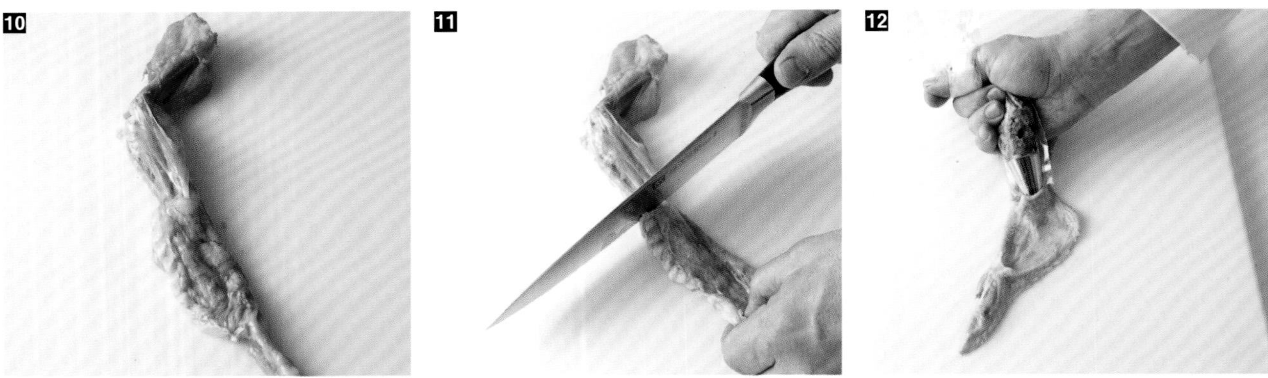

11 用厨师刀的刀刃后端将鸡翅上部分开。用小刀的刀尖分离鸡肉并切碎，将其添加到馅料中。

12 使用填充袋为鸡翅填馅。

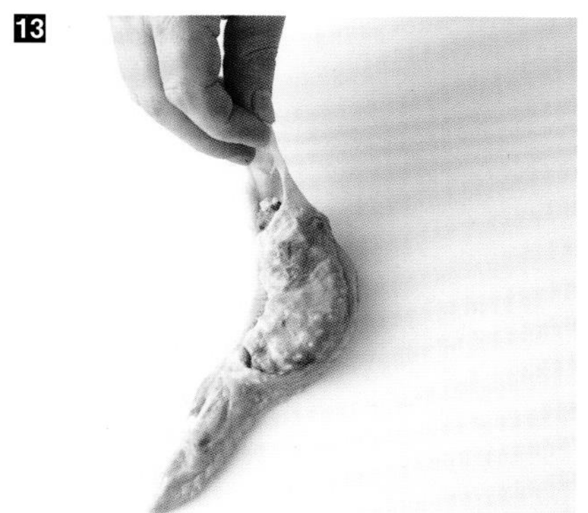

13 折叠鸡皮为鸡翅封口。

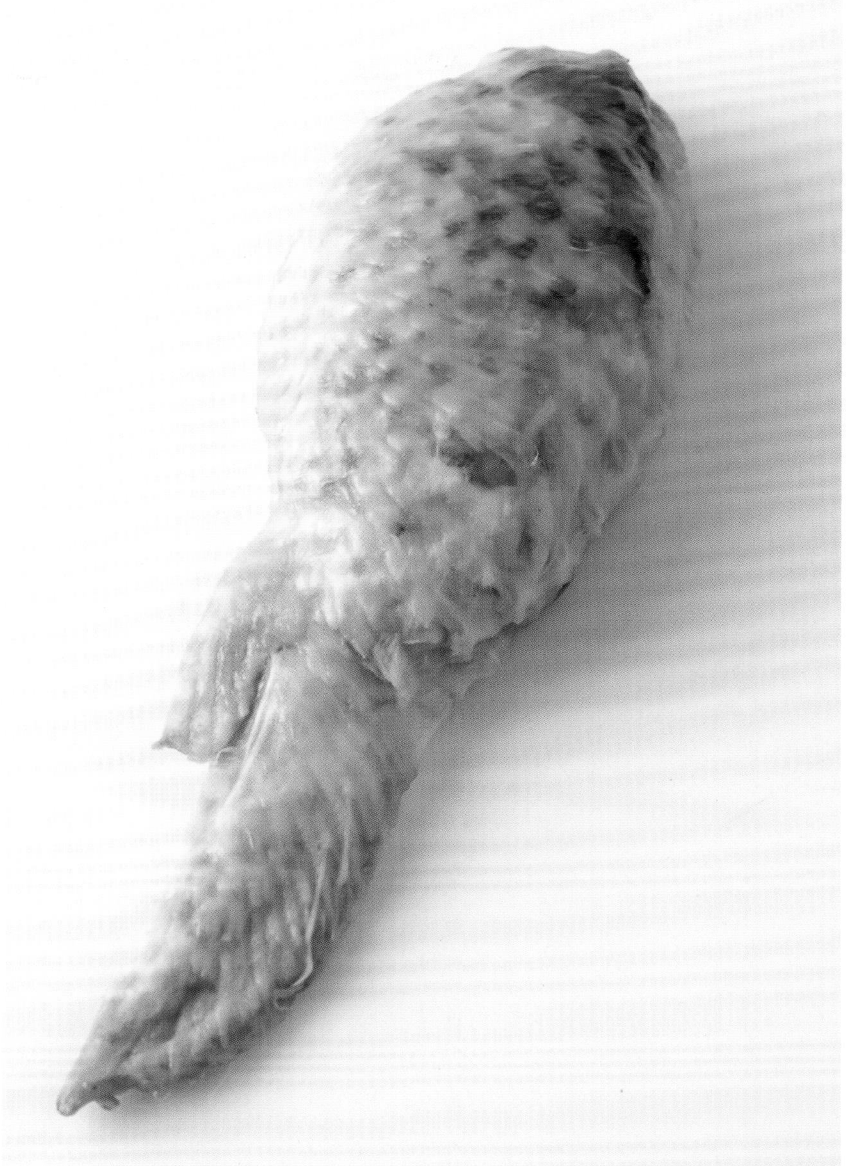

其他家禽肉

家禽肉笔记

家禽包括所有饲养或家养的用于食肉和产蛋的鸟类。

在这一鸟类饲养谱系中，主要品种有：

- 鸭子
- 火鸡
- 鹅
- 珍珠鸡
- 鹌鹑
- 野鸡
- 鸽子

这一领域也扩张到了野味，如松鸡和山鹬，以及一些新物种，如鸵鸟。

其饲养过程的质量采用了与鸡肉相同的标准（请参见第20页）。

鸭子

鸭子的品种由其产品决定：鸭蛋、鸭肝（译者注：即法国鹅肝）或鸭肉。巴巴里鸭（Barbarie）是法国产量最高的肉鸭，生长期为10至12周。

为了进行品质分类，我们采用了与鸡肉相同的标准，包括标准产品、认证产品、有机产品，以及用于沙朗（Challans）农场、卢埃（Loué）农场和昂斯尼（Ancenis）农场的红标产品。

珍珠鸡

原产于非洲，自14世纪开始引入法国，但它的大规模饲养始于20世纪60年代家禽业的发展。

与鸡肉和鸭肉类似，我们根据其生产方式进行认证，从标准认证到红标认证。

近年来，珍珠鸡的产量大幅增加。

鹌鹑

畜牧鹌鹑（coturniculture）是养殖的日本鹌鹑。它原产于日本，是用于产蛋和食肉的家养物种。

它8至10周长到成熟体重，已拥有越来越多的认证标签，其中包括红标认证。

实践技巧

制备盐焗童子鸡

为使菜品芳香四溢，可以在盐中加入30%的香料：茴香、香菜、海藻……1.4千克的家禽需使用2千克盐和3个蛋清，在预热至180℃的烤箱中烹饪2小时。请使用温度探测器检验烹饪温度：中心温度为75℃。在切割前静置15分钟。这种烹饪方法令禽肉极为鲜嫩。

配料

- ⊙ 童子鸡
- ⊙ 香料
- ⊙ 鸡蛋
- ⊙ 胡椒
- ⊙ 洋葱
- ⊙ 粗盐
- ⊙ 土豆或柠檬

工具

- ⊙ 锯齿小刀
- ⊙ 刷子
- ⊙ 烤叉

1 将粗粒碎胡椒与粗盐混合。

2 将蛋清轻轻打散倒入。

3 拌匀。盐糊必须湿润可塑。

4 将香料和洋葱放入童子鸡内部。

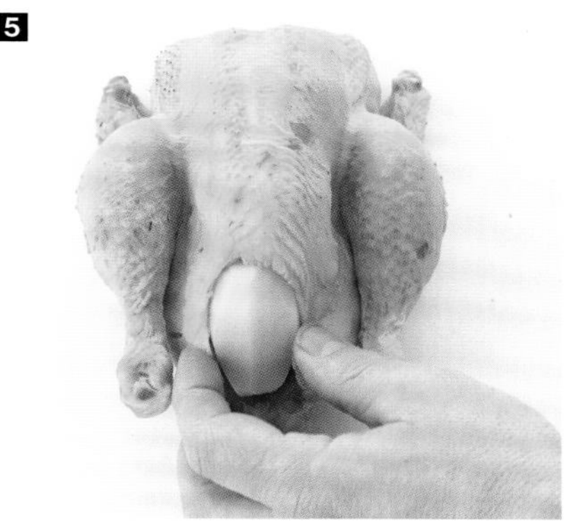

5 用土豆或柠檬堵住开口，使盐不会渗透进去。

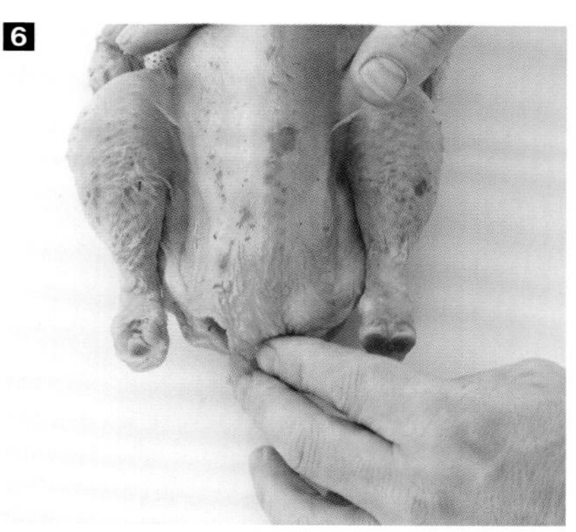

6 将鸡皮盖在土豆上。

7 将半数盐糊铺满盘子底部。

8 将童子鸡放在盘中，并用盐糊没过鸡腿末端，将其完全盖上。

9 用双手使盐糊贴合。

10 开始烹饪童子鸡。

11 离开烤箱时，用烤叉刺穿鸡肉以固定住童子鸡，然后用刀子从侧面切开。

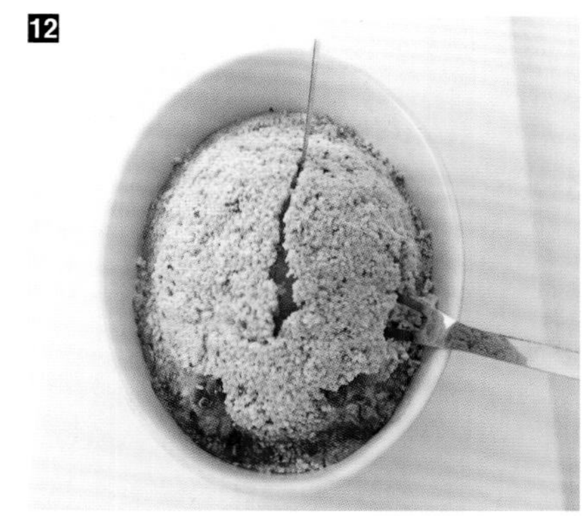

12 沿着软骨切开盐壳。

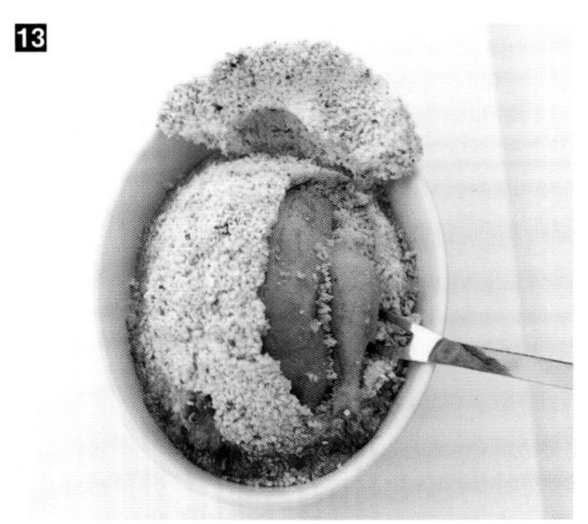

13 剥离部分盐壳。

14 用相同的方式继续剥离盐壳的剩余部分。用刷子扫除多余的盐。

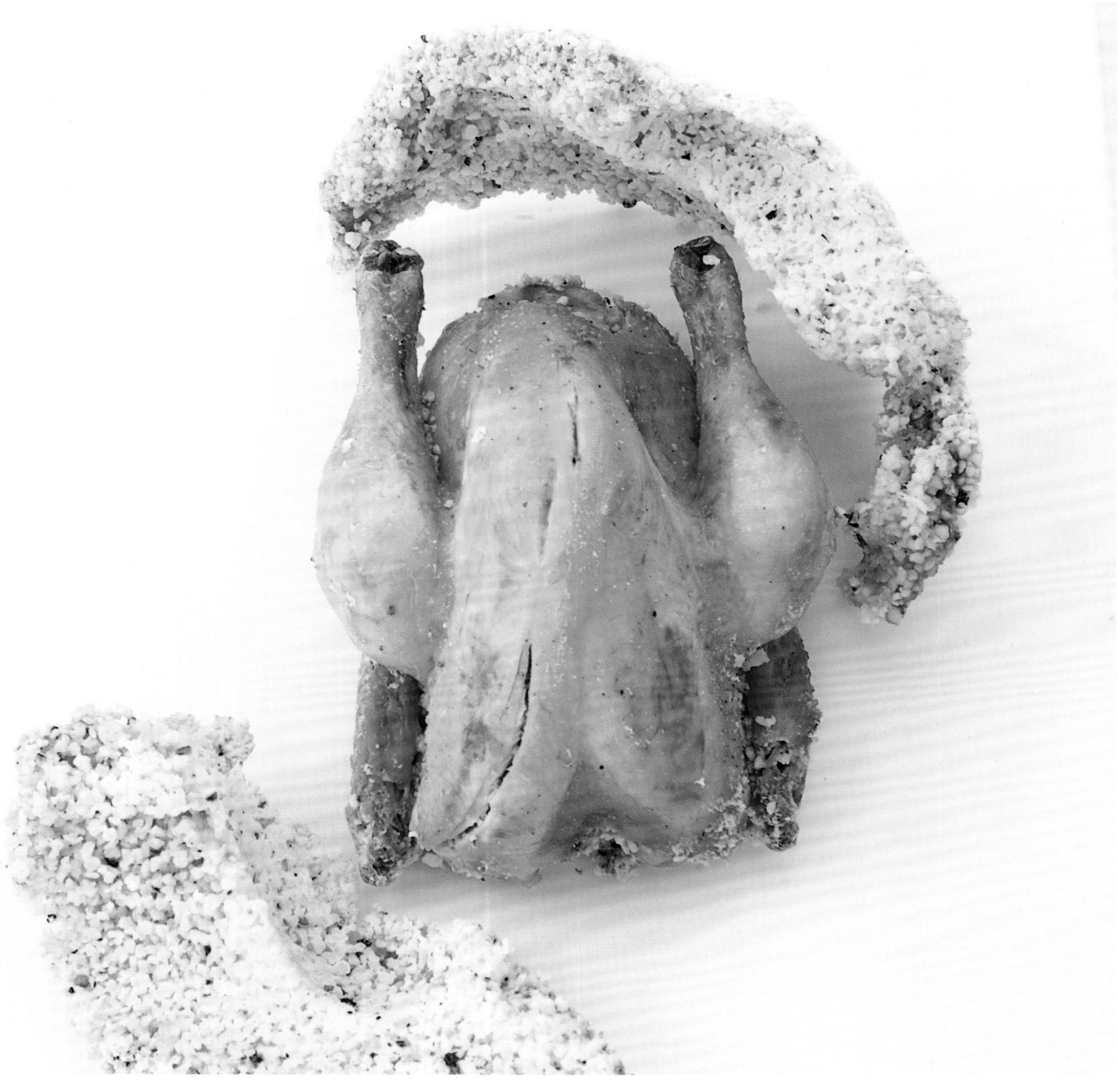

制备酿馅珍珠鸡

这种技巧适用于所有禽类。由于禽类表皮易撕裂，所以在完成过程中必须小心轻柔。使用不同馅料可令这道菜口感更滑腻，味道更丰富：细肉馅、香料酱、诺曼底奶酪、法式蘑菇泥或松露薄片。

配料

- 珍珠鸡
- 馅料
- 香料
- 盐
- 胡椒

工具

- 小刀
- 填充袋
- 厨用针
- 绑扎线

烹饪建议

通常将珍珠鸡在烤箱中炙烤约1小时15分钟。

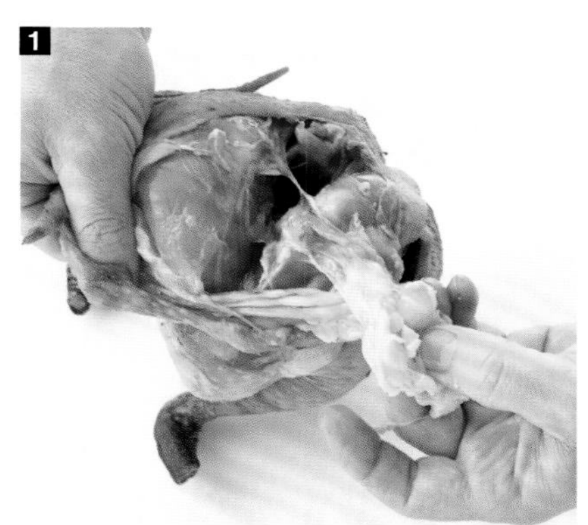

1 去除珍珠鸡背部的油脂。

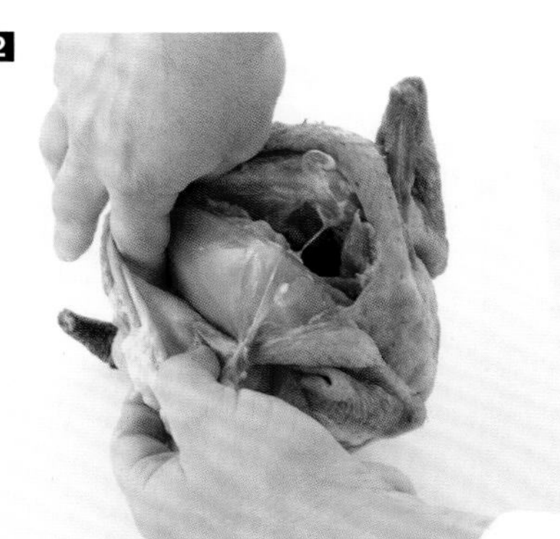

2 用食指在鸡皮间轻轻滑动，小心不要撕破鸡皮。

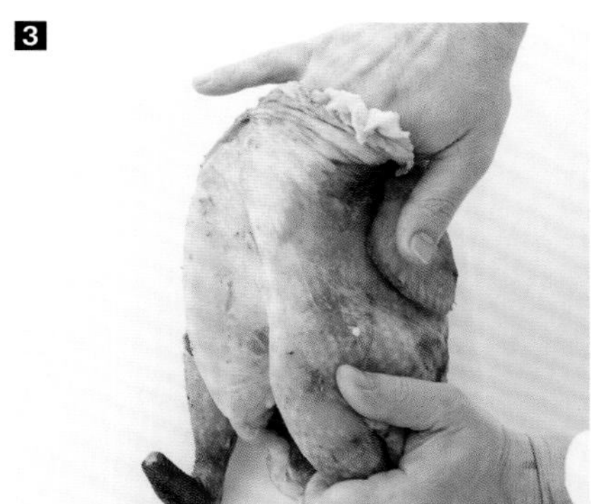

3 **4** 按步骤取下至尊鸡肉。

4

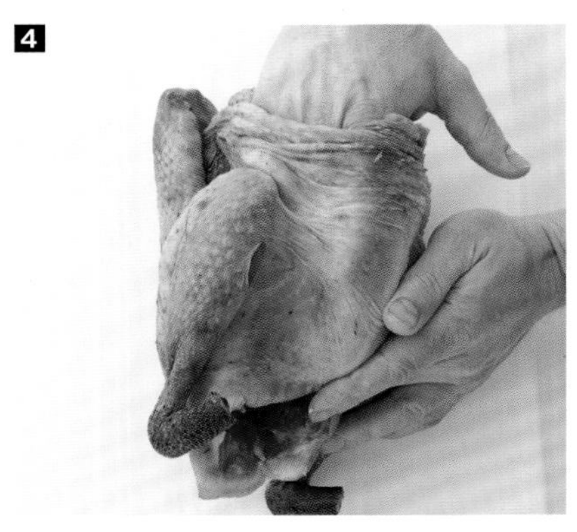

5

5 滑动将鸡皮剥至软骨下方。

6

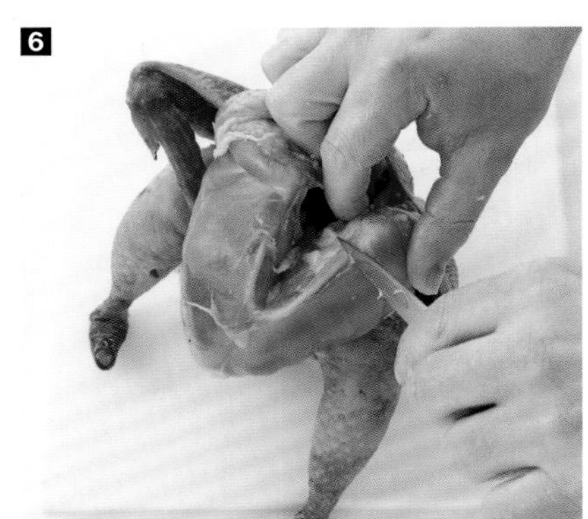

6 用小刀刮掉胸骨。

7

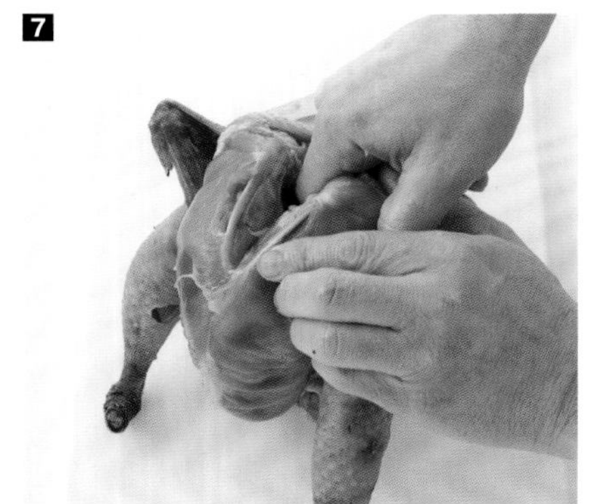

7 滑动食指取下胸骨上的肉。

8

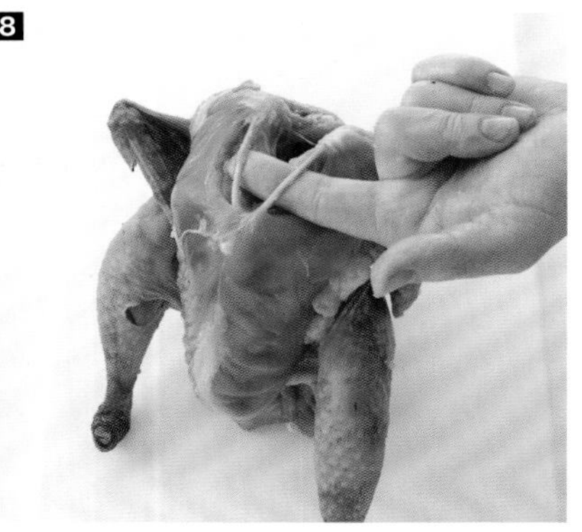

9

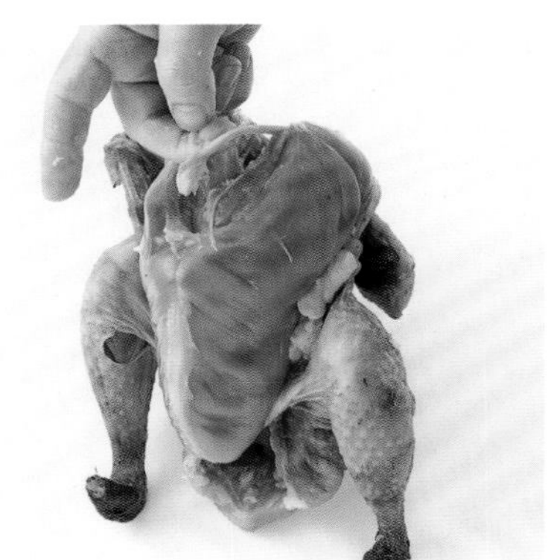

8 9 用手指挤压以取下胸骨。

10

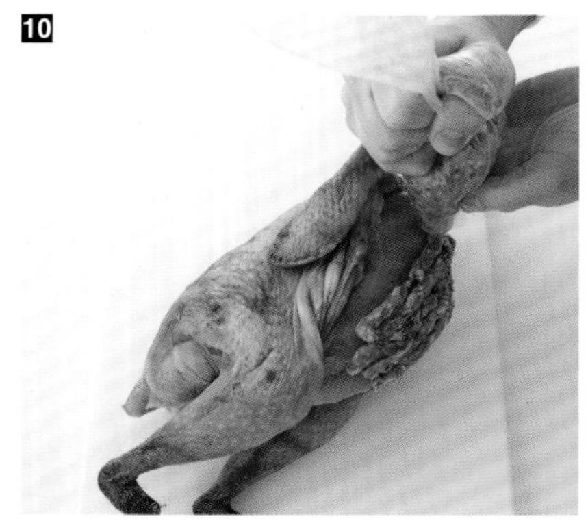

10 用填充袋将馅料填充至尊鸡肉部分。

11

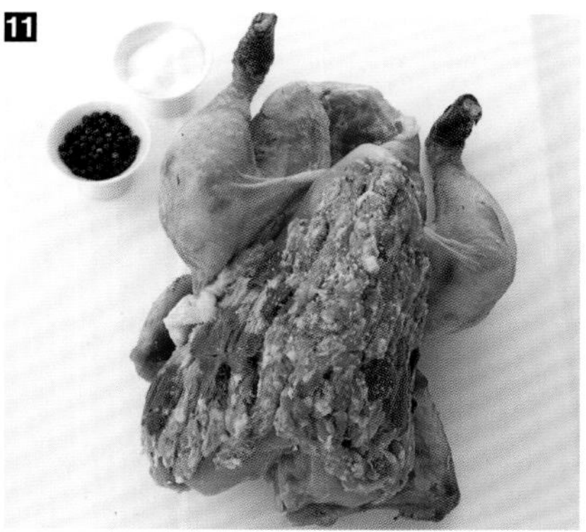

11 添加盐、胡椒和香料。

12

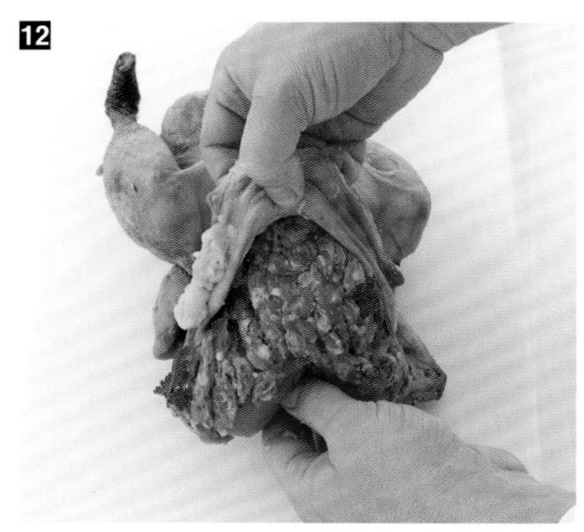

12 13 整理鸡皮，放在鸡的下端，以将其封闭。

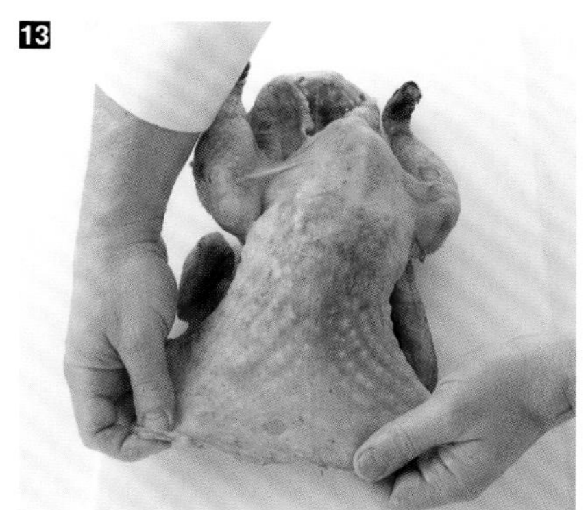

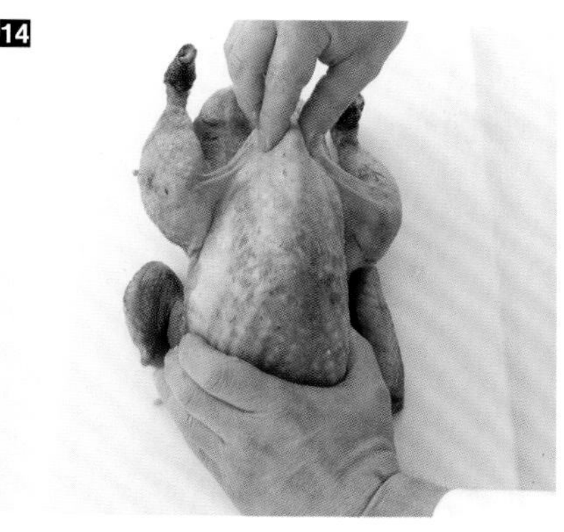

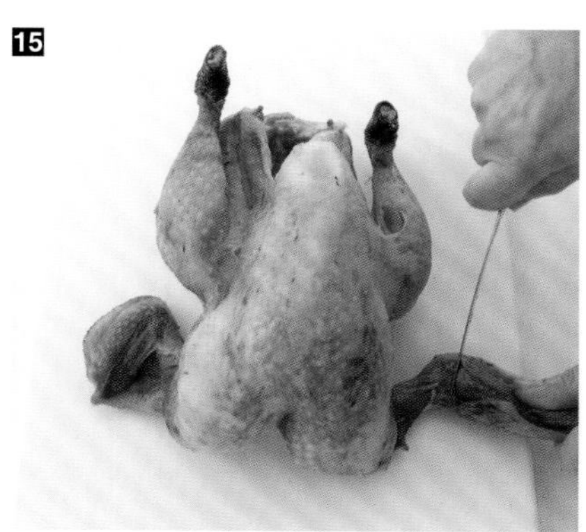

14 用双手小心地整理珍珠鸡的背部，令馅料贴合鸡身。

15 剪掉翅膀。

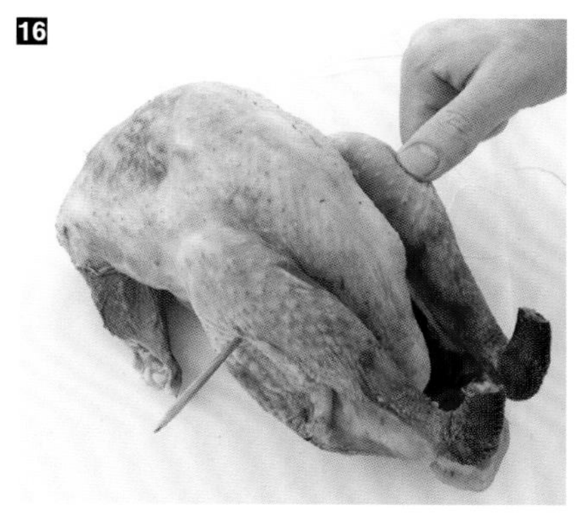

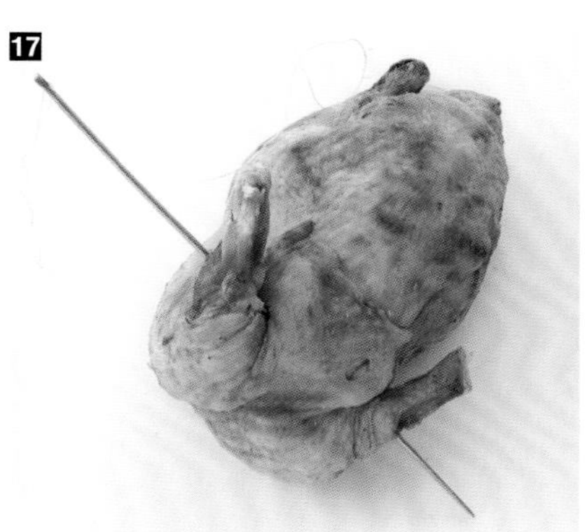

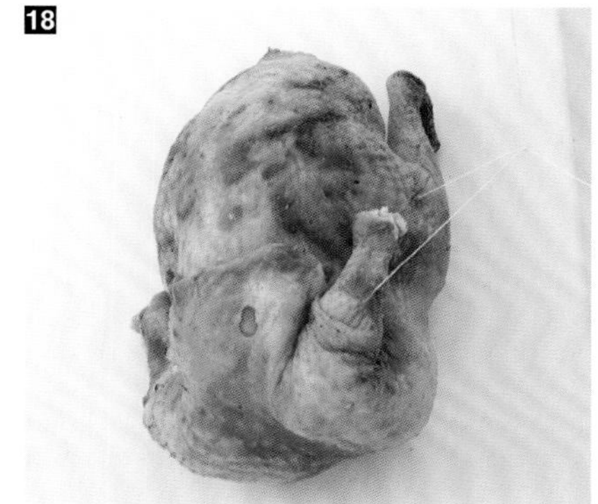

16 用针横穿珍珠鸡的大腿和小腿，以便在烹饪过程中保持良好状态。

17 对翅膀部分进行同样操作。

18 19 在侧面打结。

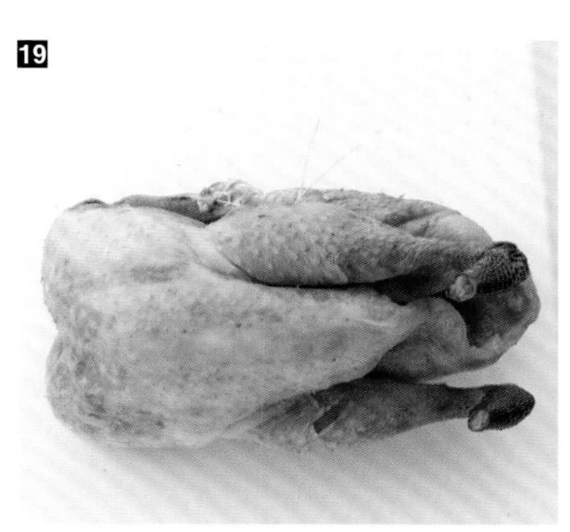

切分鸭胸

在开始切割之前需磨刀。不要丢弃骨架，用它来煮汤或制作酱汁。

工具

⊙ 剔骨刀　　⊙ 厨师刀

烹饪建议

烹饪鸭胸应先在无油的平底锅高温加热。将鸭皮一侧放在平底锅上，让油脂烤化。当鸭皮呈金黄色（约6分钟），翻面并继续烹饪1至2分钟。在切割之前，让鸭胸离火在铝箔上静置5分钟。

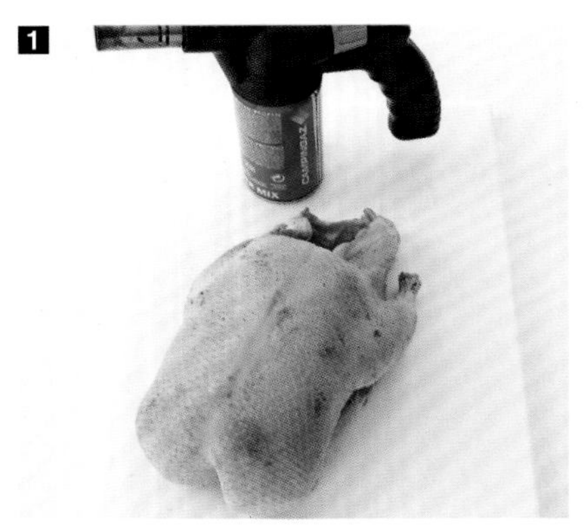

1 用火焰燎过鸭皮使其收紧并杀灭细菌。

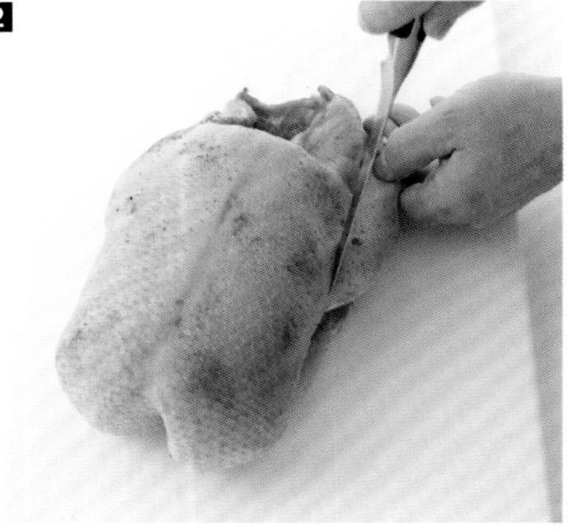

2 切割鸭腿周围的脂肪，不要用剔骨刀接触鸭肉。

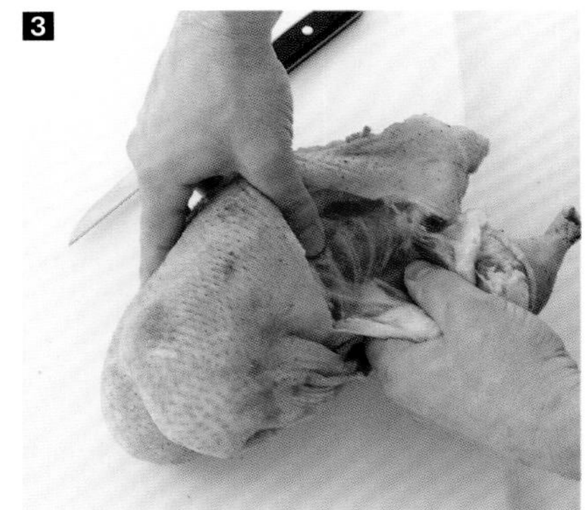

3 用手分离。

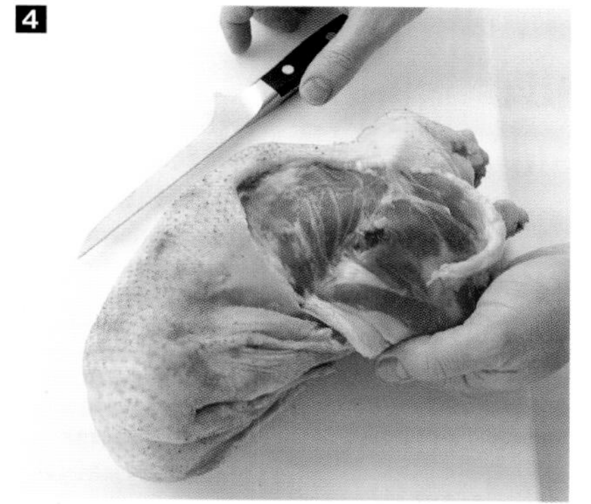

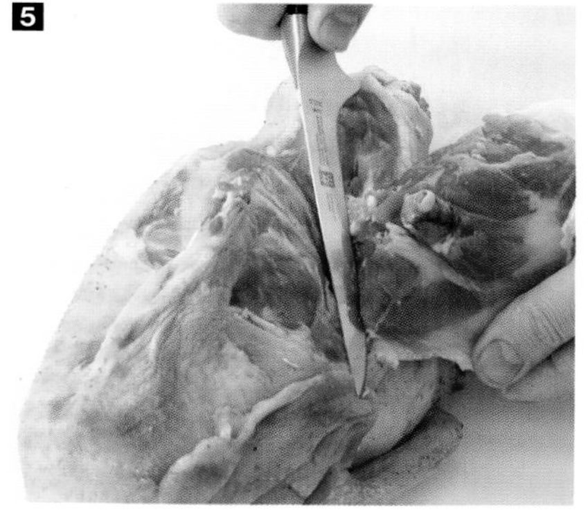

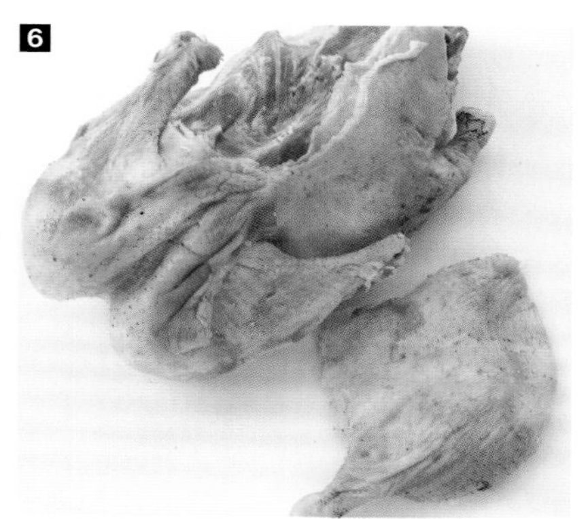

4 将鸭腿从骨架上取下。

5 6 切割鸭腿直至胸骨。

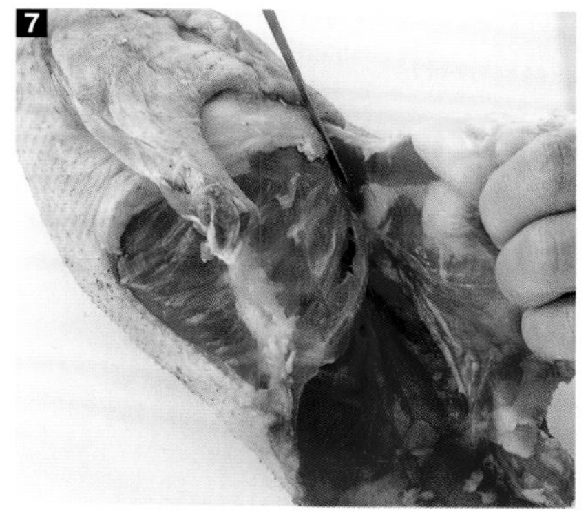

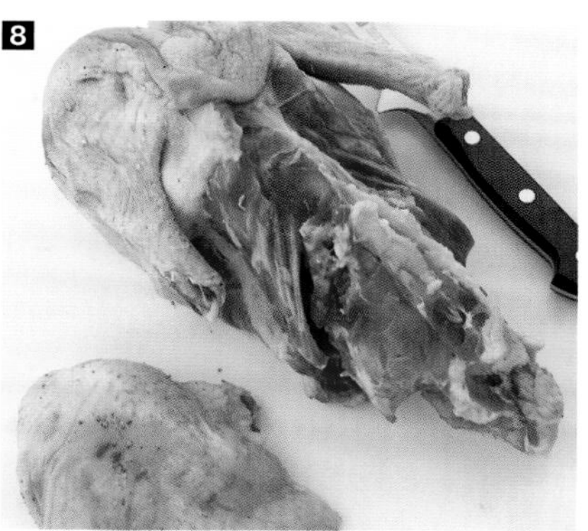

7 8 用同样的方式处理另一条鸭腿。

9 10 将鸭子翻面，并顺着软骨分离鸭肉。

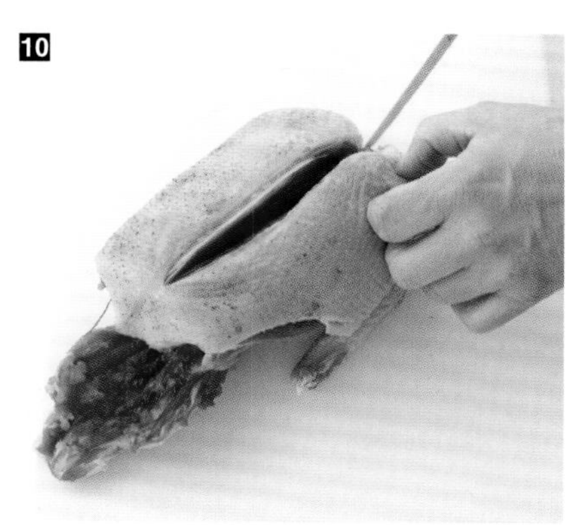

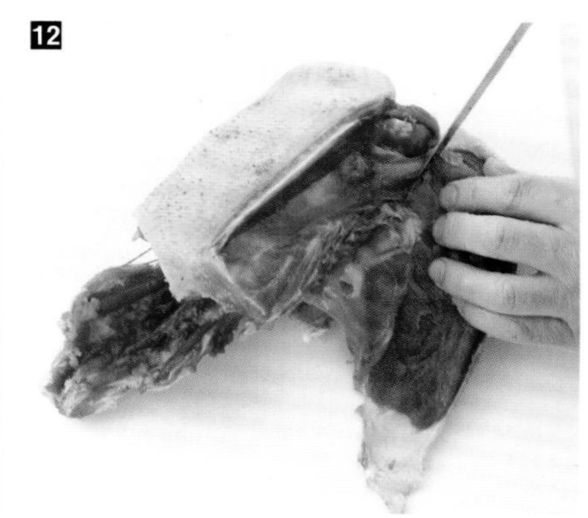

11 沿软骨滑动刀片，分离鸭胸。

12 然后切至胸骨。

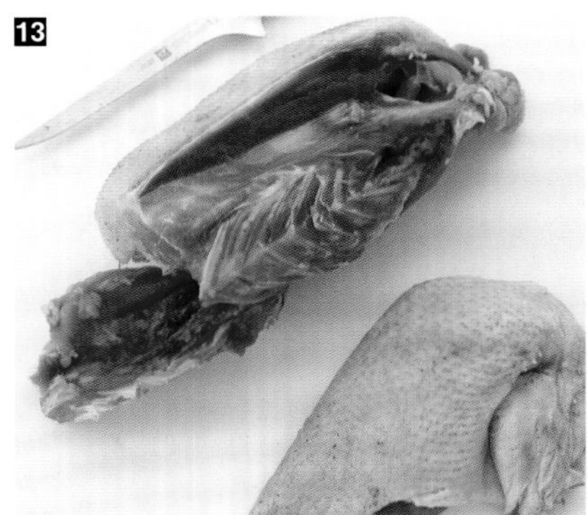

13 切下鸭胸。

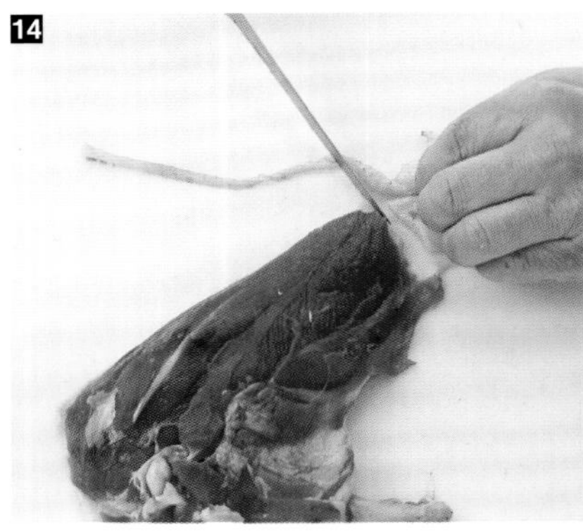

14 去除多余的脂肪。

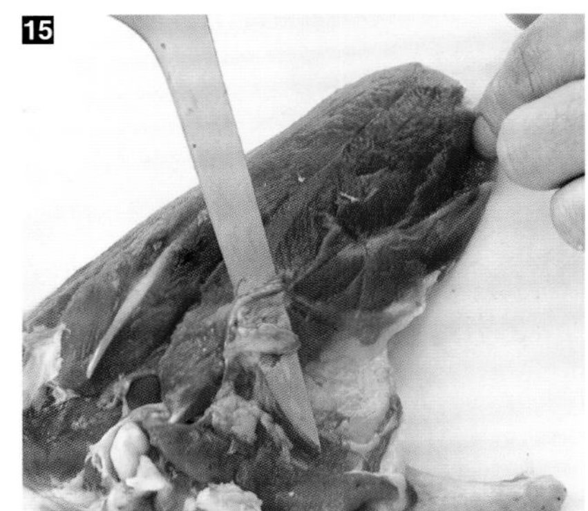

15 去除肉筋。

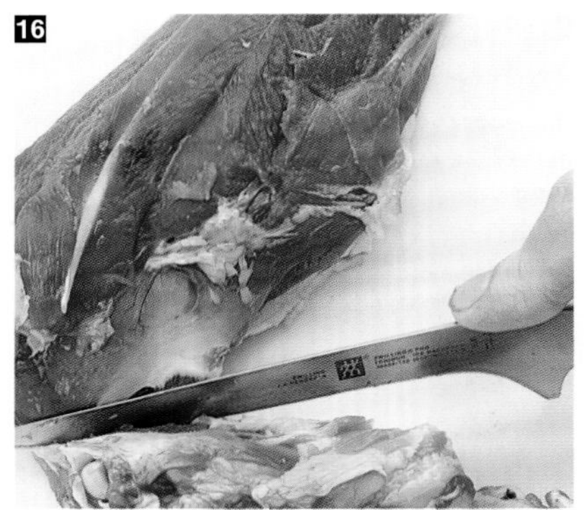

16 切掉鸭胸的翅膀部分。

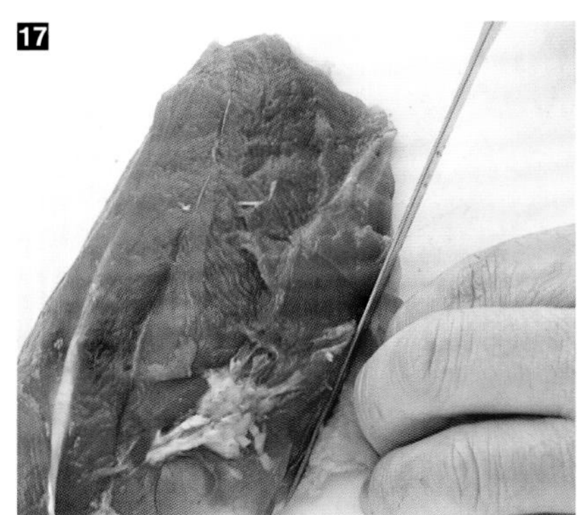

17 切掉多余的皮。

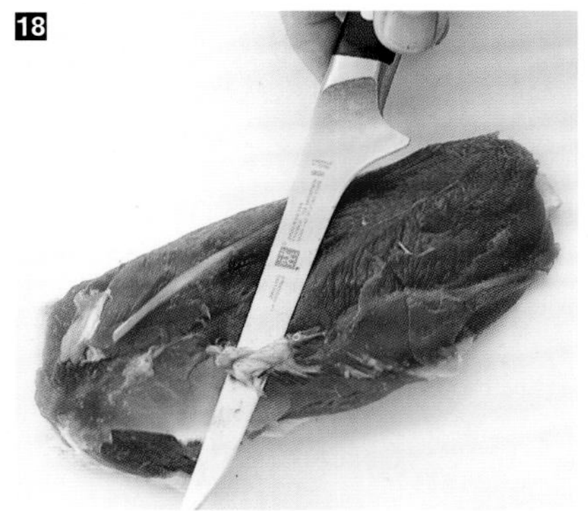

18 19 20 整理鸭胸：切掉筋和脂肪，小心避免切掉鸭肉。

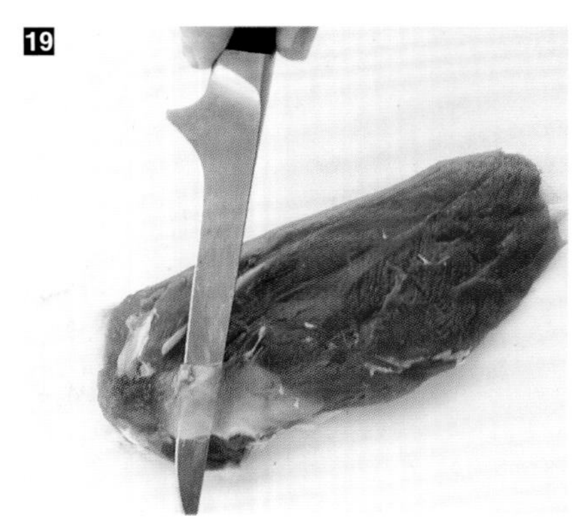

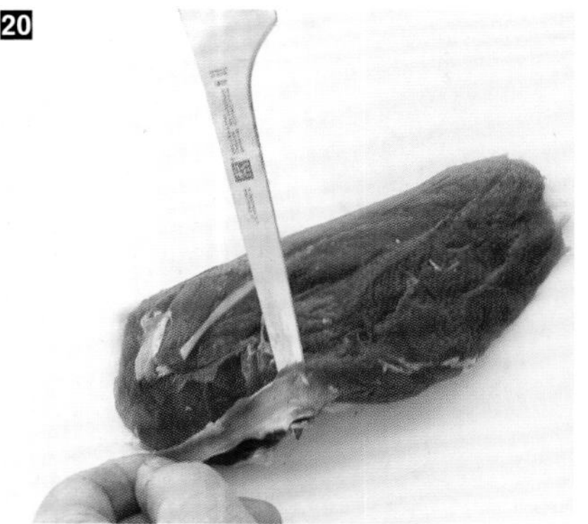

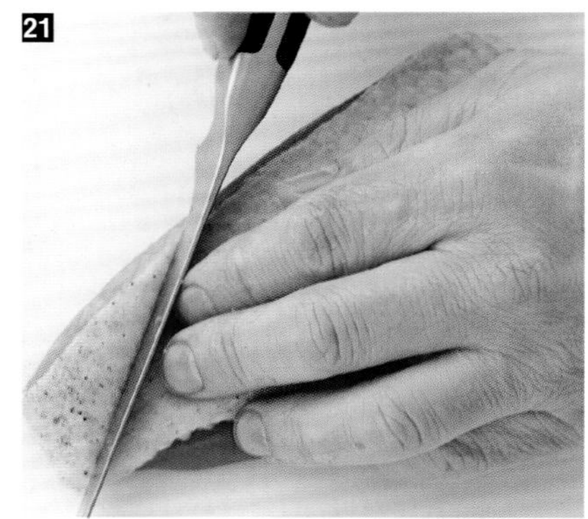

21 翻转鸭胸并划出相距约1厘米的对角线。

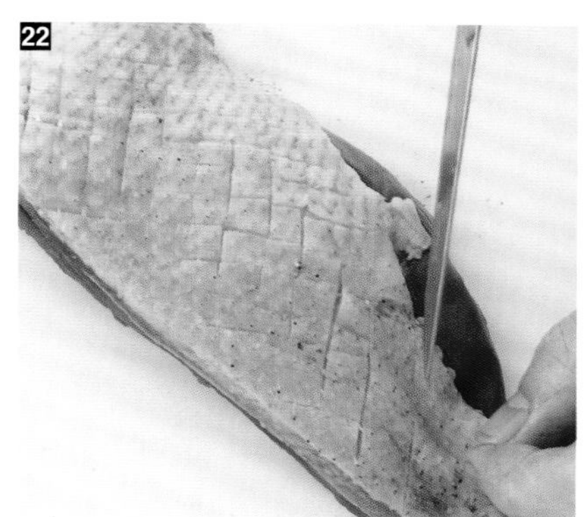
22 划出另一面的对角线。

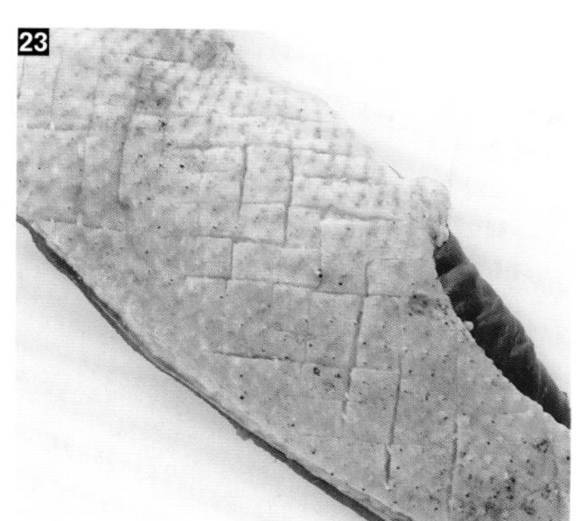
23 这些切口能使脂肪烤化在锅里，无须添油即可烹饪。鸭胸可以准备下锅了。

横切

24 放置做好的鸭胸。

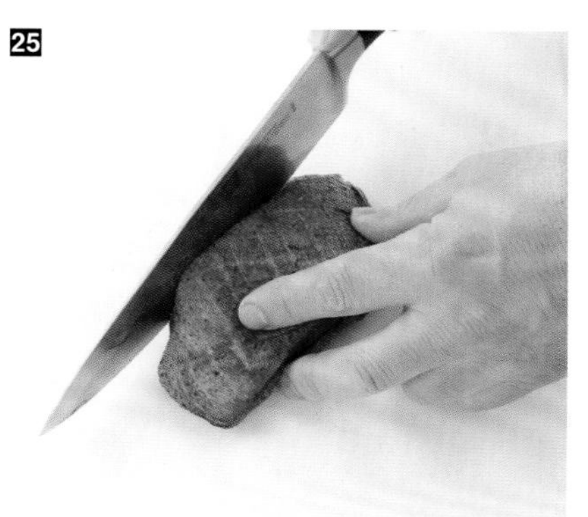
25 用厨师刀切掉边缘，以便在盘子上放稳。

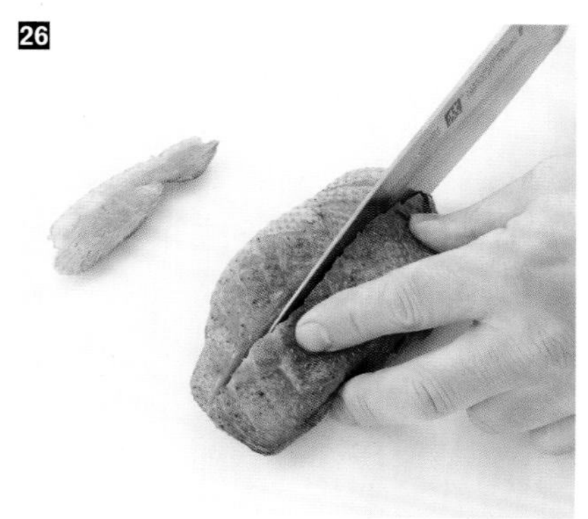
26 将鸭胸切成两半。

27 28 切开另一侧的边缘。

29 将两块鸭胸置于盘上，将其中一块的鸭皮贴在另一块的鸭肉上。

纵切

30

30 放置做好的鸭胸。

31

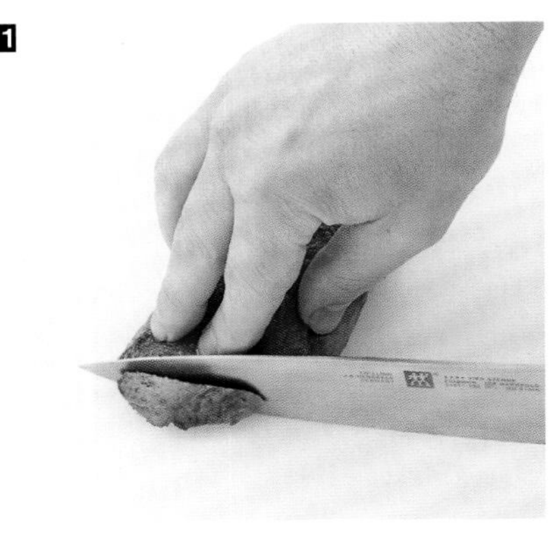

31 用厨师刀切掉边缘。

32

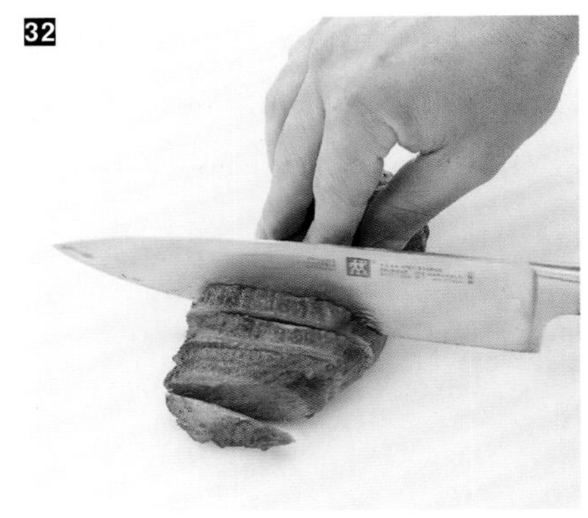

32 33 略微倾斜将鸭胸切成约1厘米厚的肉片。

33

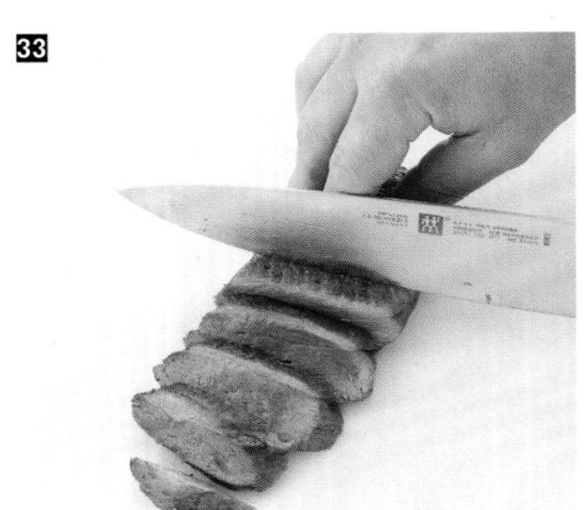

34

34 将肉片呈扇形摆放在盘中。

制备酿馅鹌鹑

必须小心谨慎，避免锋利的刀尖刺穿鹌鹑肉。每只鹌鹑需要大约80克馅料。鹌鹑骨架可用于制作调味汁。

配料

⊙ 鹌鹑　⊙ 馅料

工具

⊙ 剔骨刀　⊙ 厨用线

烹饪建议

将酿好的鹌鹑放入锅中，浇上白葡萄酒。加入香料、干果、杏干、葡萄干，加盖煮15分钟。

1 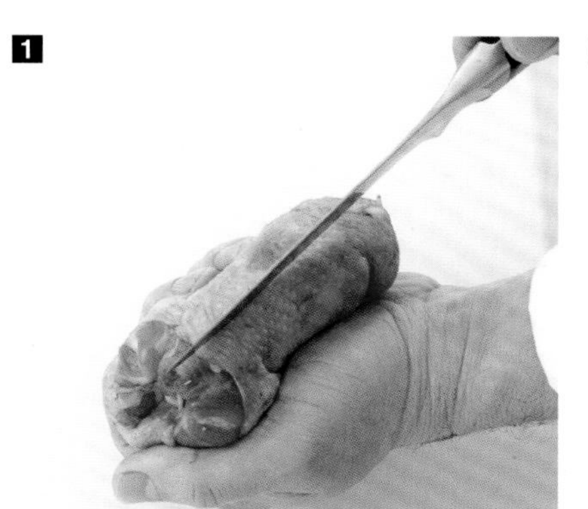

2 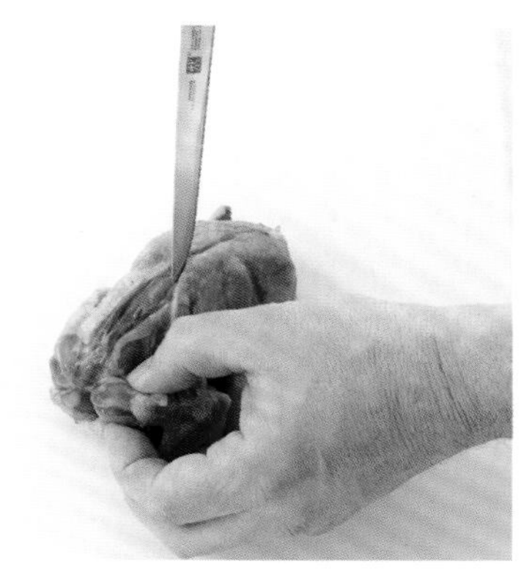

3 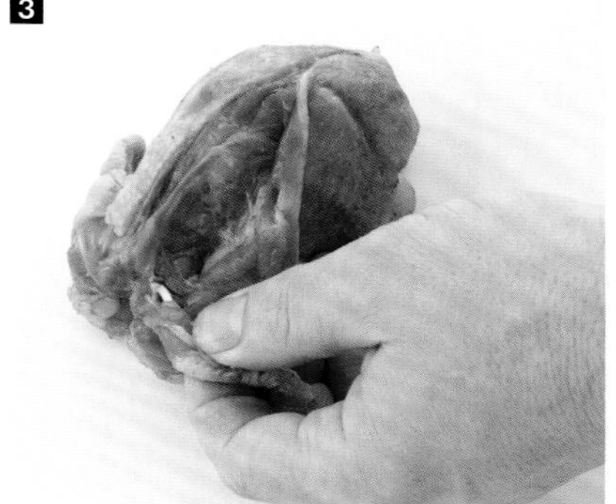

1 用一只手握住鹌鹑，拉紧皮肤，用剔骨刀划开脊柱。

2 3 将肉剥离骨架。

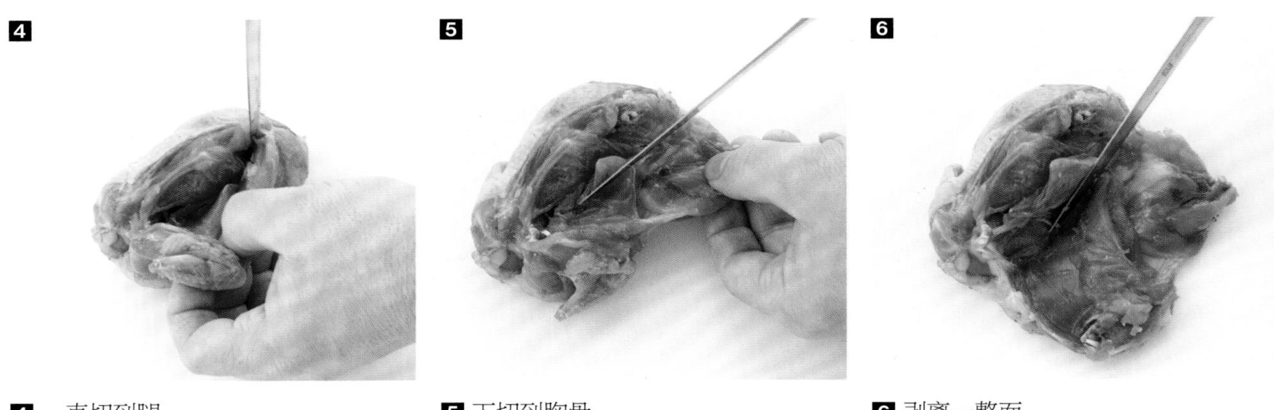

4 一直切到腿。 5 下切到胸骨。 6 剥离一整面。

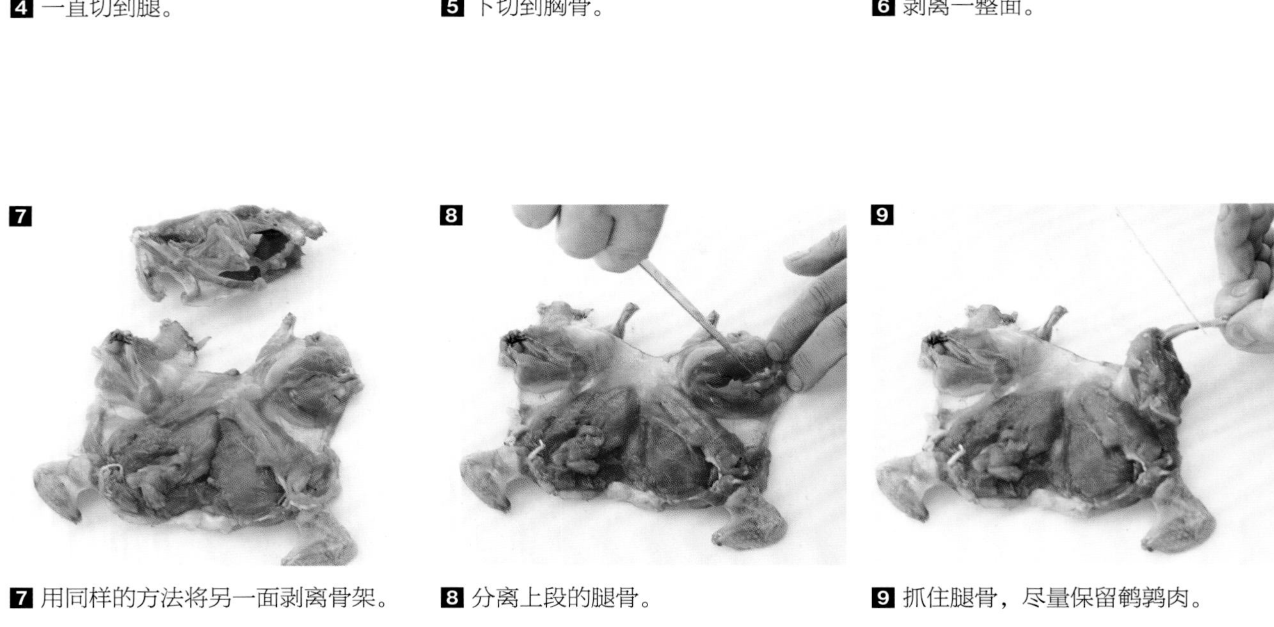

7 用同样的方法将另一面剥离骨架。 8 分离上段的腿骨。 9 抓住腿骨，尽量保留鹌鹑肉。

10 从关节处切割大腿骨。 11 将填料放在中心位置。 12 将一边叠在馅料上。

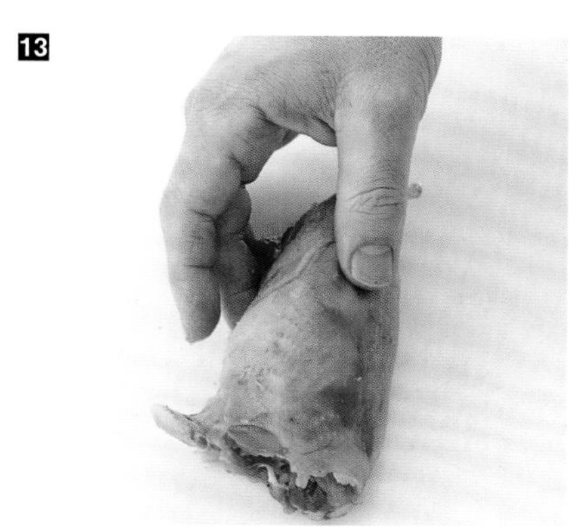

13 卷起另一边。

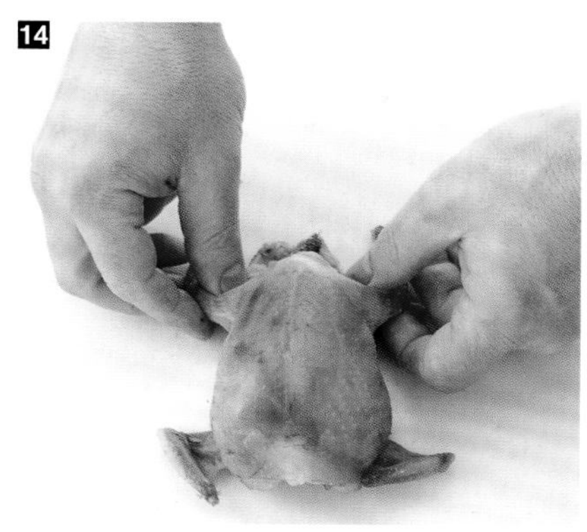

14 用手摆放鹌鹑。

15 用薄片肥肉包裹住鹌鹑的中心。

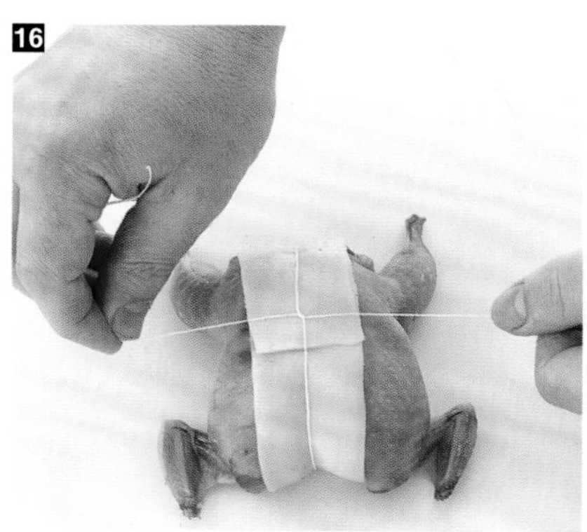

16 17 用绳子捆扎好，以便在烹饪过程中定型。

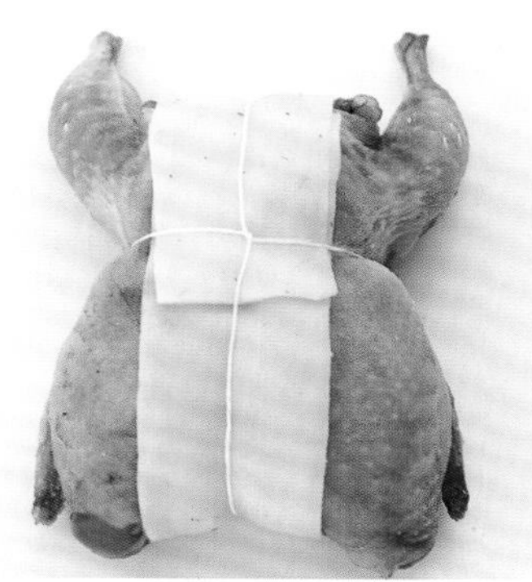

牛肉

牛肉笔记

法定的命名系统可以告诉消费者。

牛的产地

即牛的原产国、成长国和屠宰国。

牛的类型

即牛的年龄和性别。

牛的品种

即肉牛、奶牛或混合品种。

牛（boeuf）一词可以指：

母牛犊（Une génisse）

从未产犊的母牛，屠宰时不足30个月。

小母牛（Une jeune vache）

5岁以下已产犊的母牛。

母牛（Une vache adulte）

已产犊并在6至8岁屠宰的母牛。

公牛犊或小公牛（Un jeune bovin ou taurillon）

15至18个月间未被阉割的公牛。

公牛（Un taureau）

2岁以上未被阉割的公牛。

牛（Un boeuf）

在24至30个月间已被阉割的公牛。

牛肉的质量取决于多种因素：年龄、品种、育种方法、屠宰条件，以及肉铺为保持牛肉芳香、多汁、柔软的风味而选择的熟成和制备方法。

法国牛的种类丰富，大约有25种牛，其中11种为肉用品种，即专为产肉而饲养。肉牛分为三类：

传统型，如利摩日牛（la limousine）、阿基坦金牛（la blonde d'Aquitaine）或夏洛莱牛（la blonde de la charolaise）。

地域型，如帕特奈斯牛（parthenaise）。

原生型，如沙雷尔斯（la Salers）或奥布拉克牛（l'Aubrac）。现有许多牛肉已运用的产地标志来证明其育种质量或品种的独特性：法国牛肉（VBF）、法国原产地命名保护认证标识（AOC）、欧盟地理标志保护认证标识（IGP）、原产地保护标识（PDO）、红标认证（Label Rouge）、法国有机农业认证标识（AB）。这些认证能够帮助消费者进行选择，但如果肉铺老板了解牛的成长与屠宰过程，这些认证并非必要。

实践技巧

各部位对应的烹饪方法

您所选择的牛肉部位适合以下烹饪方法。

煎、炉烤或架烤

快速烹饪的高处肉：里脊或菲力、肋眼肉、牛腿心、牛肋排肉、中段牛肋排、上腰或西冷、牛臀肉、牛腿内侧肥肉和瘦肉。

炖

中部肉：牛前背肉、牛腿心、牛前臀肉、牛排用牛腰肉、火锅用牛腰肉、牛短肋外侧肉、牛短肋内侧肉、牛肩肉。

煮

需要长时间烹饪的低处肉：牛棒骨、腱子肉、牛腩、牛软肋、牛胸中段肉、牛胸底部肥肉、牛颈肉。

储存

根据肉块大小，肉铺用蜡纸包好的肉块在冰箱中可存放2至3天。但是，肉碎和生牛肉片必须当天食用。

蒂埃里的建议

为获得良好的烹饪效果，请选择适宜的烹饪方法并在烹饪前于室温条件下静置15分钟。

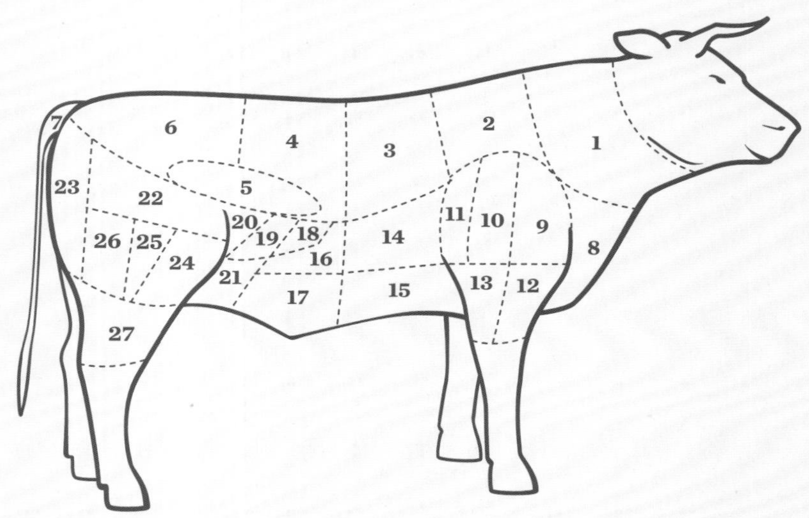

1 牛颈肉（Collier）
2 牛上脑（Basses côtes）
3 肋排和肋眼肉（Côtes et entrecôtes）
4 上腰、西冷（Faux-filet）
5 里脊、菲力（Filet）
6 牛臀肉（Rumsteck）
7 牛尾（Queue）
8 牛胸肉（Poitrine）
9 牛排用牛肩前部肉（Jumeau à bifteck）
10 牛肩肉（Paleron）
11 牛排用牛肩后部肉（Macreuse à bifteck）
12 火锅用牛肩前部肉（Jumeau à pot-au-feu）
13 火锅用牛肩后部肉（Macreuse à pot-au-feu）
14 牛短肋（Plat de côtes）
15 牛软肋和牛胸肉（Tendron et milieu de poitrine）
16 牛腹部嫩肉（Bavette de flanchet）
17 牛腩（Flanchet）
18 牛腹部靠近大腿内侧肉（Hampe）
19 膈腹肌肉（Onglet）
20 前臀肉（Aiguillette baronne）
21 牛腰部嫩肉（Bavette d'aloyau）
22 牛腿内侧肌肉（Tende de tranche, poire et merlan）
23 牛股肉（Rond de gîte）
24 牛腿内侧肉（Plat de tranche, rond de tranche,mouvant）
25 嫩牛腿肉（Araignée）
26 牛腿心（Gîte à la noix）
27 腱子肉（Gîte）

切生牛肉片

取一块富含胶原蛋白的牛股肉。在切割前将其放入冰箱冷藏，低温会破坏牛肉纤维并使牛肉更柔软、更容易切割。不要将煮熟的肉片冷藏保存。切割时要逆纤维方向切割。

将生牛肉片与巴马干酪刨花、芝麻菜叶摆盘。淋上橄榄油，撒上少许盐花和一点胡椒。牛肉片的氧化速度很快，需尽快食用。

配料

- 牛股肉
- 巴马干酪刨花
- 芝麻菜
- 橄榄油
- 盐花
- 胡椒

工具

- 保鲜膜
- 切片刀
- 烘焙纸
- 杯子

1

1 用保鲜膜将牛肉覆盖。

2

2 将其放入冰箱冷藏15分钟。

3

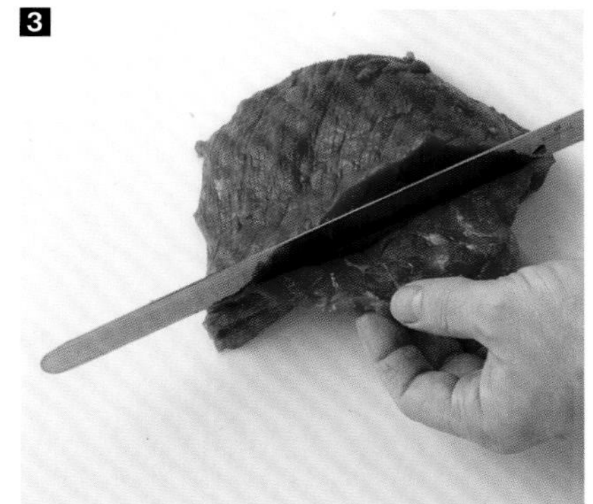

3 4 5 用切片刀尽可能切薄片，不要来回移动刀片，而是用拉刀切的方法切片。

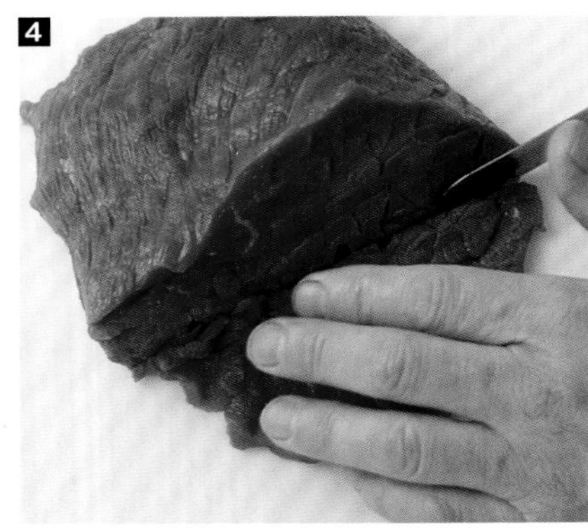

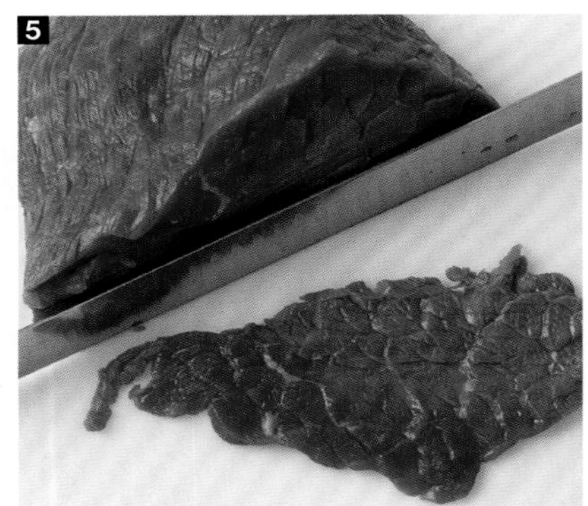

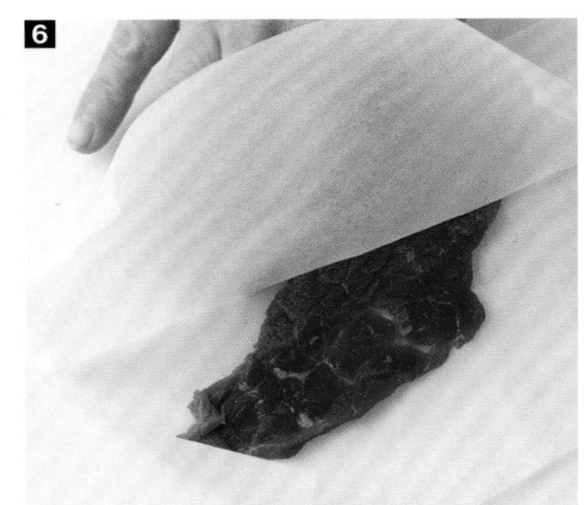

6 将牛肉片放在两张厨用纸之间。

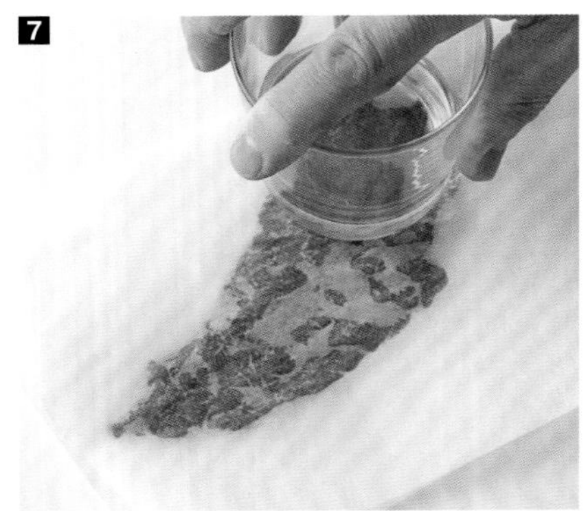

7 可使用玻璃杯在肉片表面敲击以精制和软化肉片。

制备鞑靼牛肉

制作鞑靼牛肉需准备一块牛里脊肉，用干净的双手进行制备，并在冷藏后迅速食用。将牛肉碎与油、蛋黄、芥末、番茄酱、喼汁（辣酱油）、欧芹碎、腌黄瓜和葱末混合。用盐和胡椒调味，冷藏降温后上桌。

配料

⊙ 牛里脊肉

工具

⊙ 剔骨刀

⊙ 厨师刀

1 用剔骨刀逆纤维方向切下第一片5毫米厚的切片。

2 用刀继续拉切肉片，切勿前后移动锯下肉片。

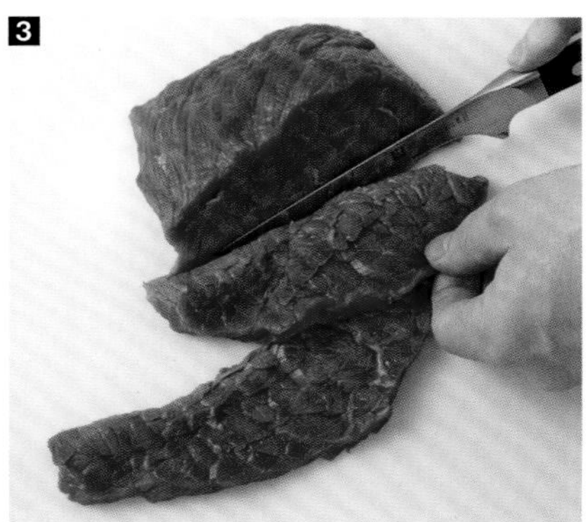

3 切下几片5毫米厚的肉片。

4

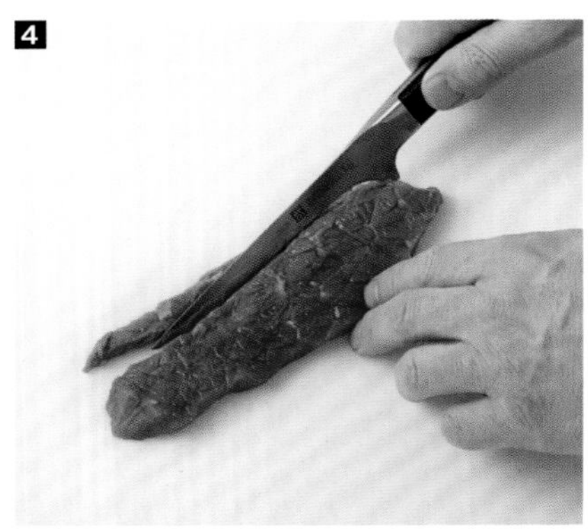

5

6

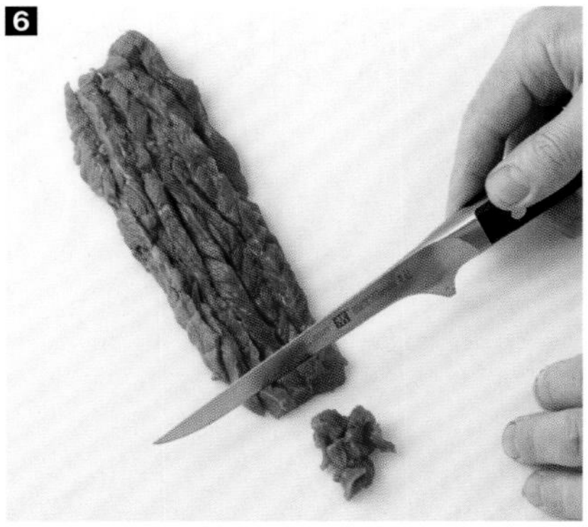

4 **5** 将每片肉切成条状。

6 **7** 将肉条聚拢，切成5毫米见方的肉丁。

7

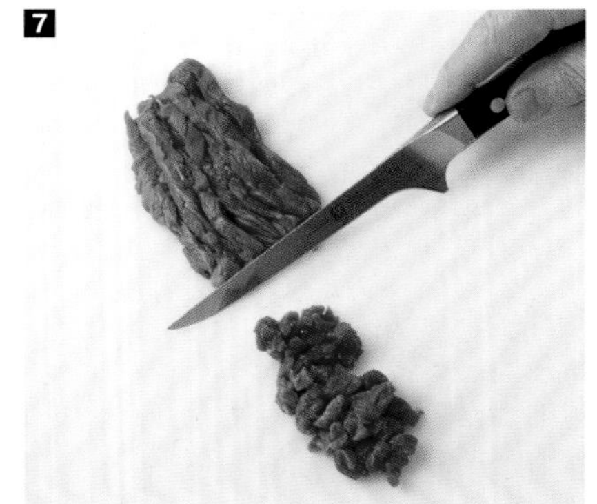

8

9

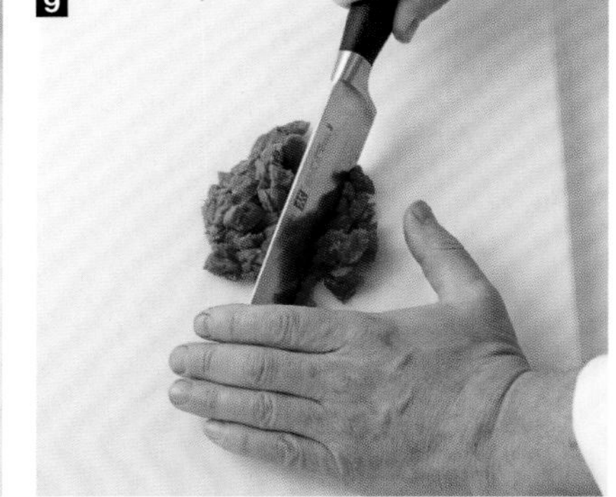

8 **9** **10** 取一把厨师刀，将一只手放在手柄上，另一只手放在刀尖上，大致切碎肉块。这样能够破坏牛肉纤维，使牛肉软嫩。

10

制备酿馅牛肉卷

制备过程必须迅速以防止网膜变干。
建议选择牛腿内侧肉或牛后腿肉切片。

配料

- ⊙ 牛腿内侧肉或牛后腿肉
- ⊙ 烟熏培根切片
- ⊙ 馅料
- ⊙ 网膜
- ⊙ 大蒜

工具

- ⊙ 厨用线

烹饪建议

用平底锅加少许油脂将酿馅牛肉卷煎黄，添加水、白葡萄酒或红葡萄酒，然后加入洋葱、番茄和香料，大约煮12分钟。

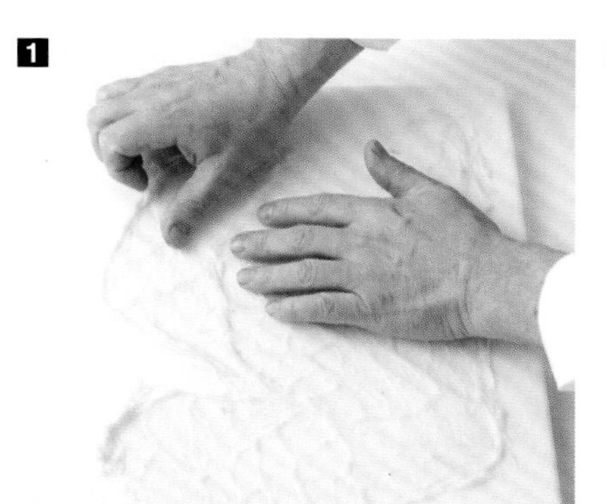

1 将网膜铺在工作台上。

2 在网膜上放一片生牛肉。

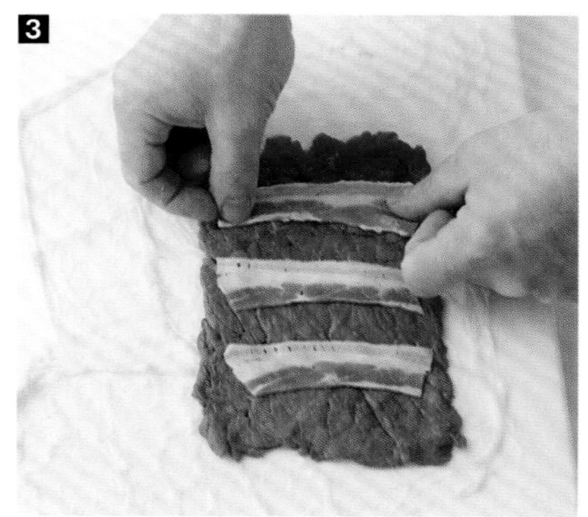

3 放三片烟熏培根。

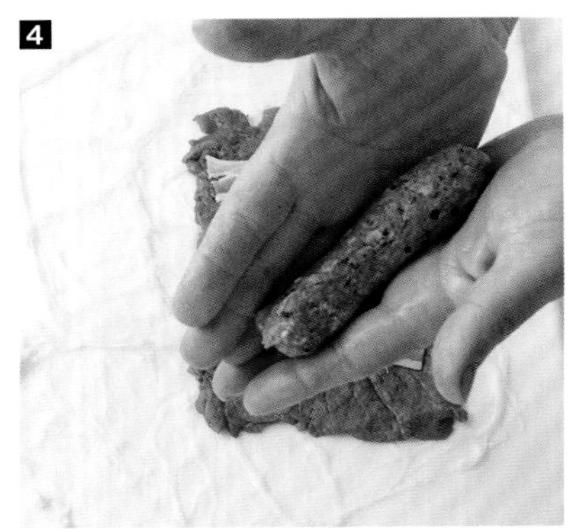

4 将细馅料做成肉肠状。

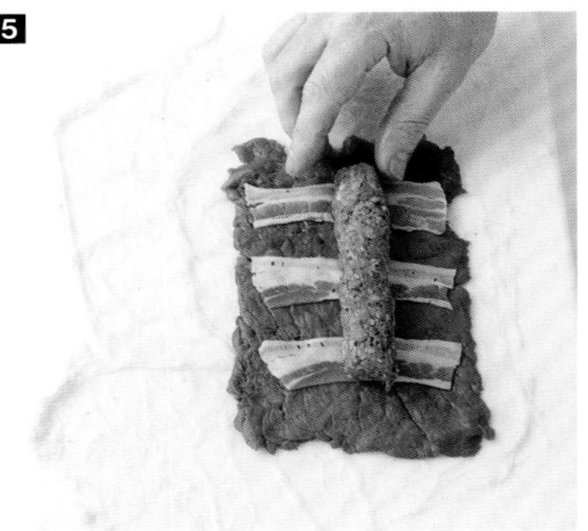

5 将其放在中心。

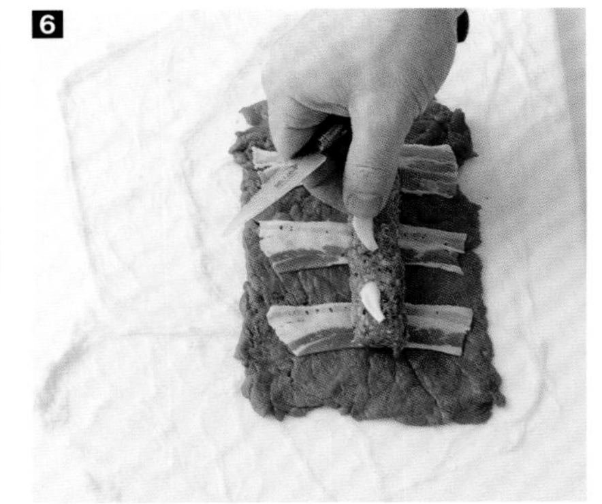

6 放2至3瓣大蒜。

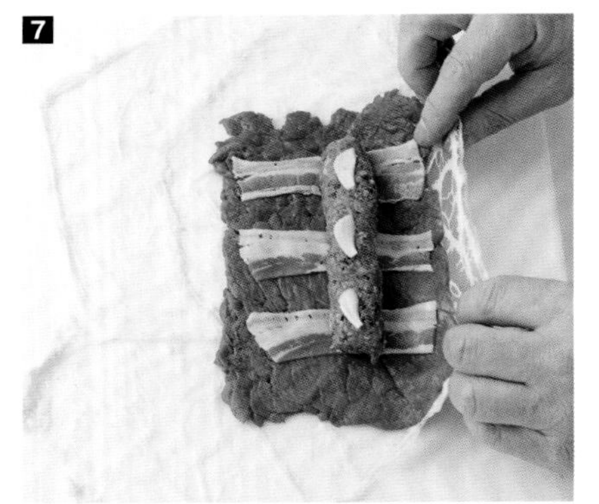

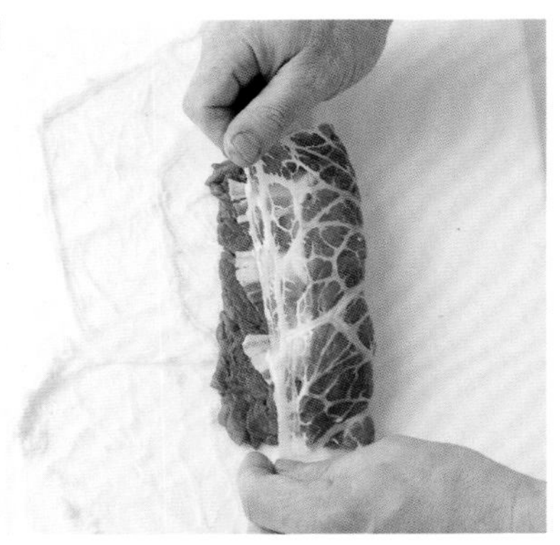

7 8 用双手使网膜包裹制物。

9 小心地用两个拇指拧紧卷肉卷底部。

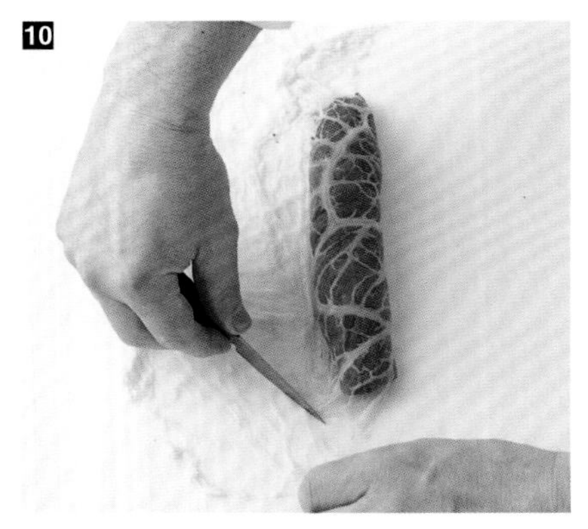

10 切掉多余的网膜。

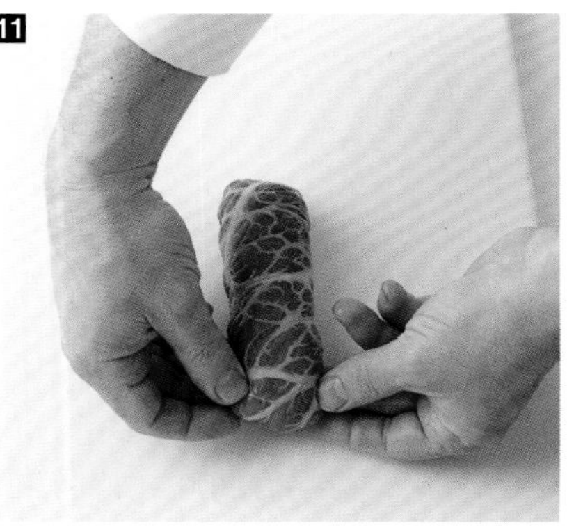

11 叠好边缘令肉卷成形。

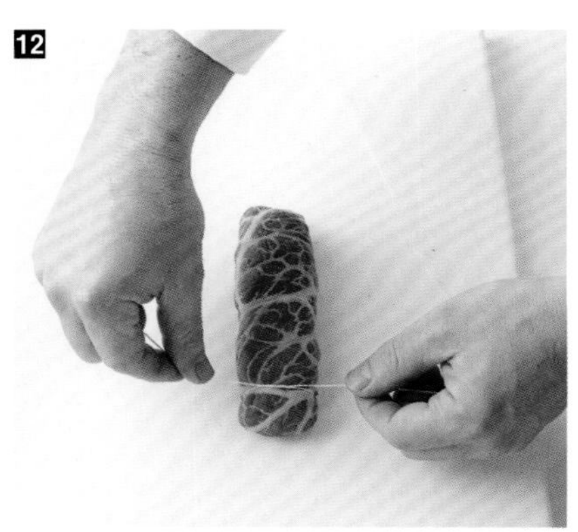

12 取一卷厨用线，在肉卷的一端打结。

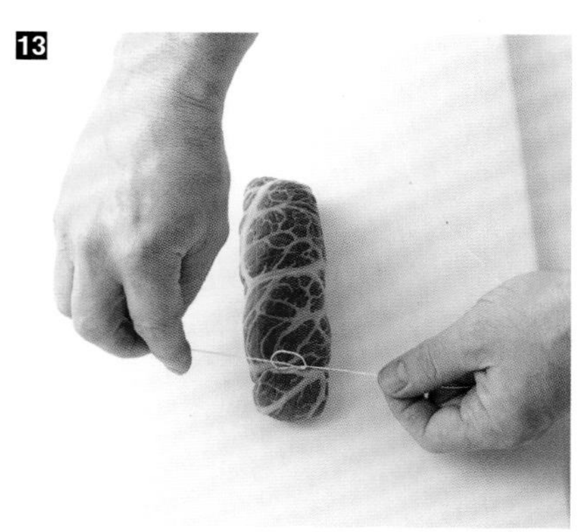

13 再打一个结。

14 拉直厨用线用以测量肉卷长度。

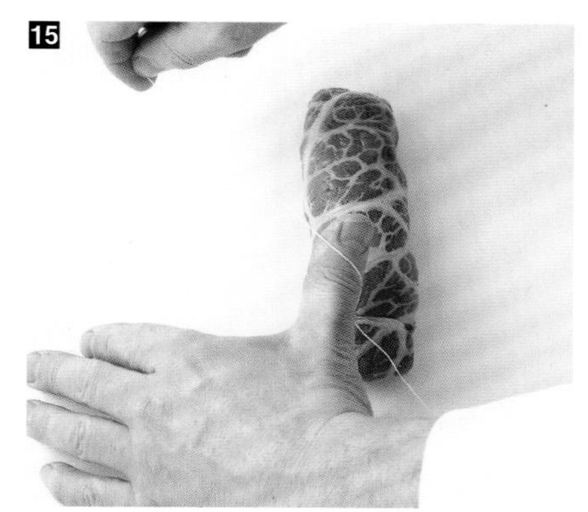

15 将绳子在拇指上做一个圆圈。

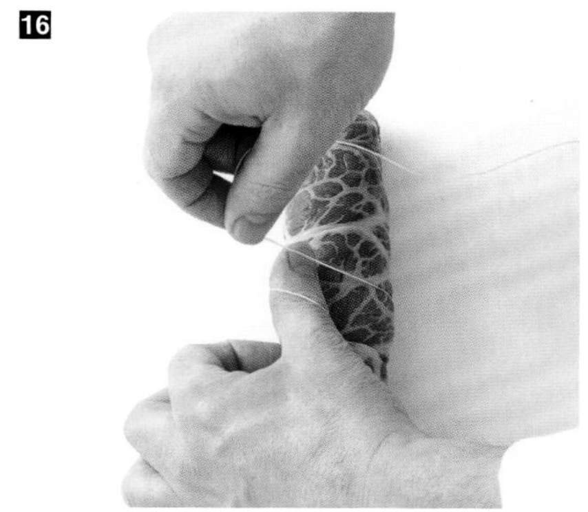

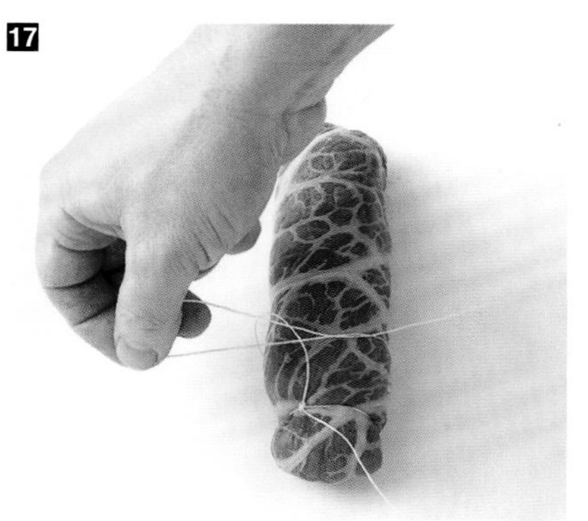

16 17 将绳子的其余部分绕到肉卷下方并穿过这个圆圈。

18

18 向外拉紧厨用线。

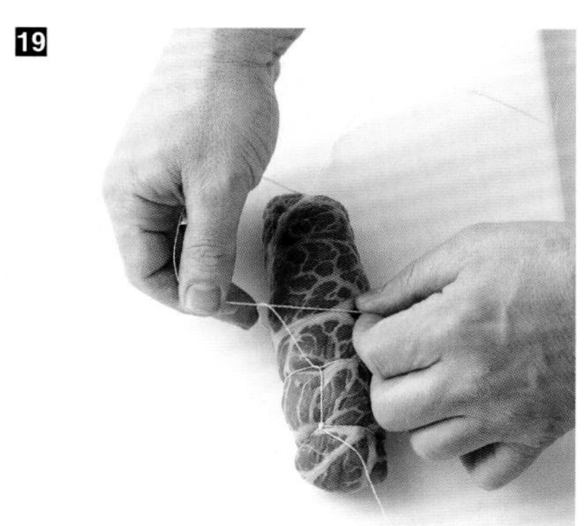

19 然后向相反的方向将厨用线收紧在肉卷周围。

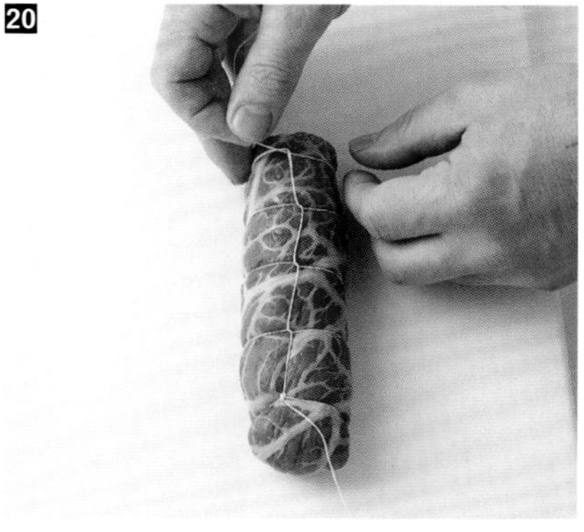

20 重复此项操作。

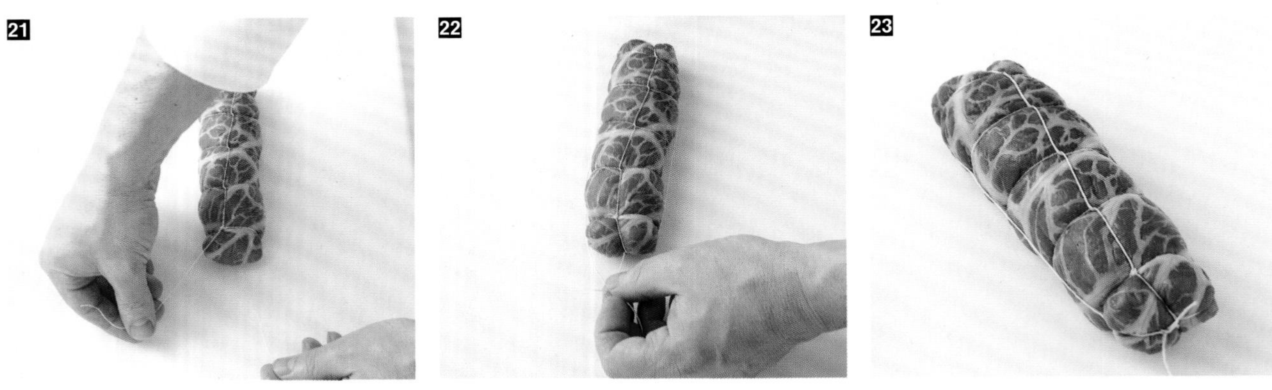

21 22 23 最后在末端打结。

切分烤牛肉

切勿在切割过程中用叉子刺烤肉，这样会导致肉汁流出并令牛排不再柔软。

配料

- ⊙ 烤肉
- ⊙ 蒜瓣
- ⊙ 黄油
- ⊙ 香料
- ⊙ 盐

工具

- ⊙ 砂锅
- ⊙ 烤盘
- ⊙ 小刀
- ⊙ 厨师刀
- ⊙ 叉子
- ⊙ 汤匙
- ⊙ 铝箔纸

烹饪建议

需先用橄榄油将整块肉煎至表面结皮，然后在预热至200℃的烤箱中烤制，1.2千克的烤肉需烹饪18分钟。将出炉的烤肉放置在锡纸上。烤肉上桌时，在酱汁中加一些新鲜黄油。

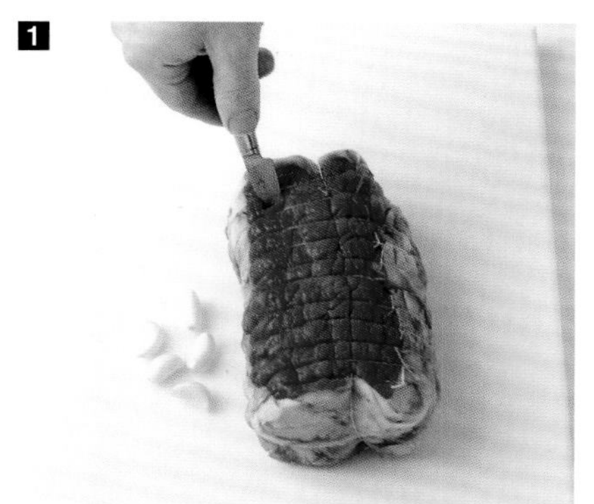

1 用小刀切开烤肉。

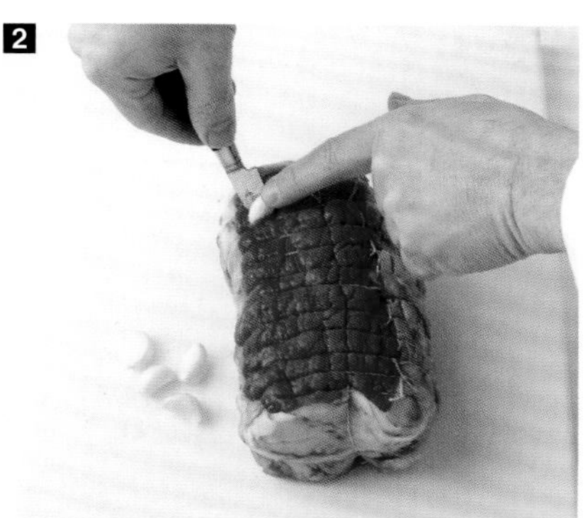

2 在里面放一瓣大蒜。

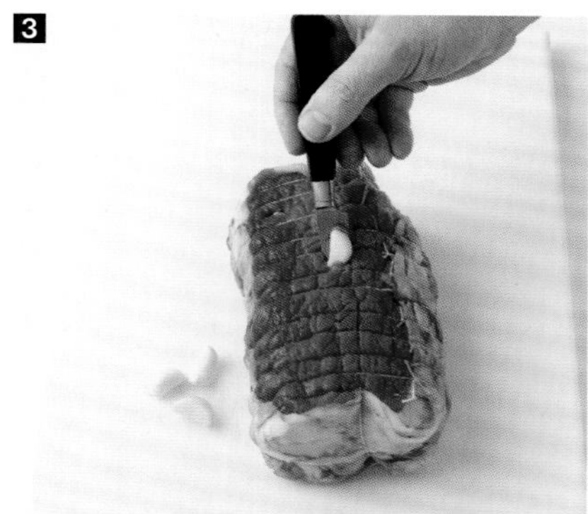

3 在烤肉里放几瓣大蒜。

4 用一点油在平底锅中将烤肉的各面煎黄，形成硬皮。将其放入放有香料和盐的无油烤箱中，然后继续烘烤。

5 **6** 拿出烤箱后，将烤肉放在砧板上，取下厨用线。

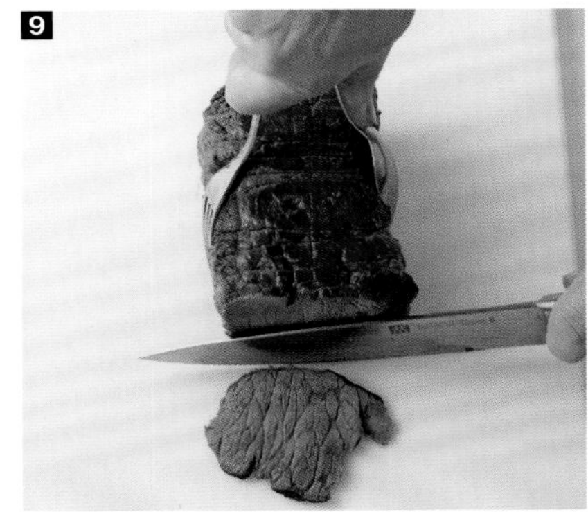

7 取下包烤肉的肥肉薄片。

8 用一只手抓住一把叉子和一把汤匙，并在切割时夹紧烤肉。

9 用厨师刀切下第一片。

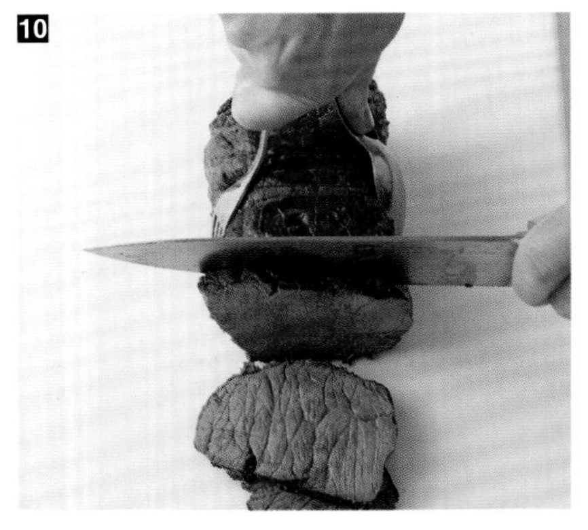

10 用拉刀切的方法切肉片，不能用锯切。

制备腓力牛排

人均食用量为180克牛里脊。

配料

⊙ 牛里脊肉　　⊙ 熏肉

工具

⊙ 小刀　　⊙ 厨用线

烹饪建议

用一点橄榄油煎腓力牛排的边，根据牛排厚度，每侧约煎2分钟。之后持续浇黄油，直至可以食用。

1

2

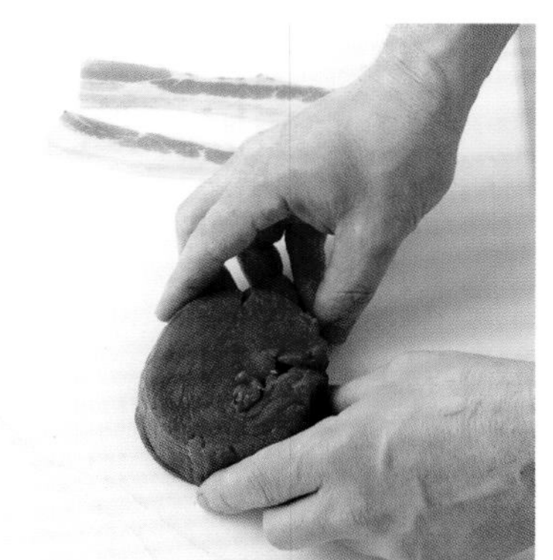

3

1 使用小刀，通过去除脂肪和神经来整理肉块。

2 **3** 用双手将牛肉块整理成腓力牛排的形状。

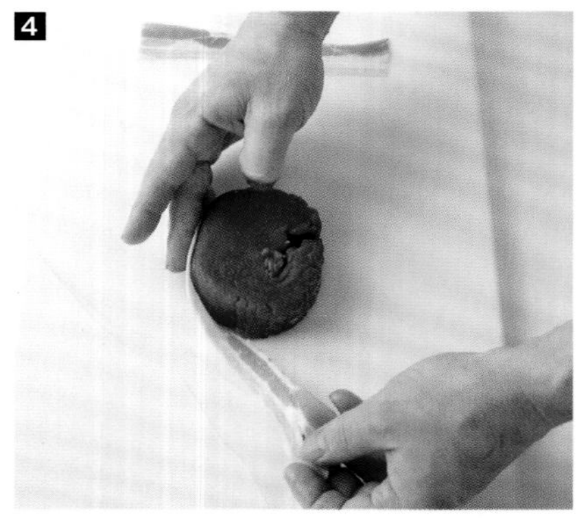

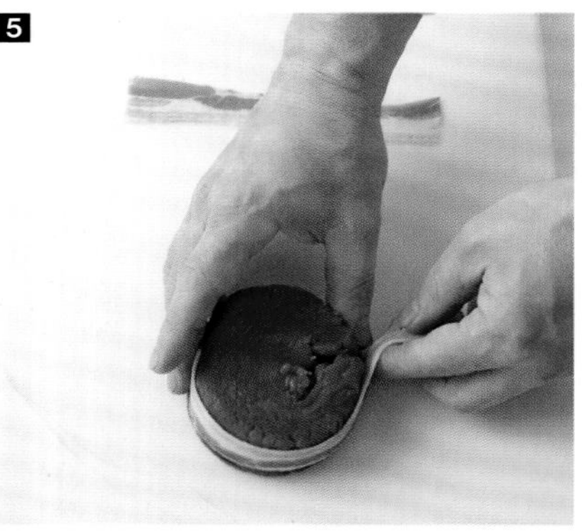

4 5 取一片熏制的胸脯肉。用肉片包好腓力牛排。

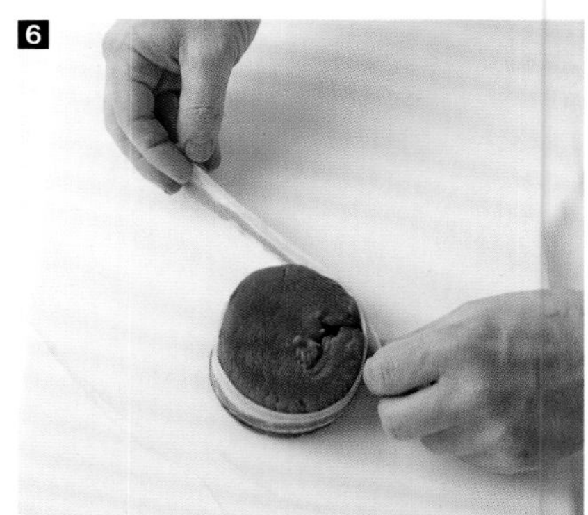

6 继续包上第二片。

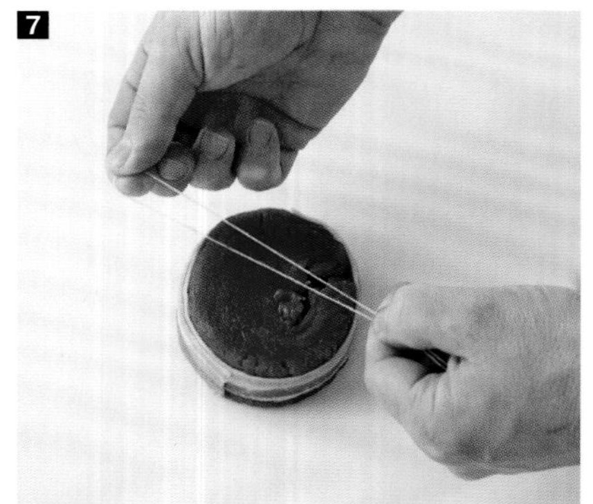

7 取双倍长度的厨用线。

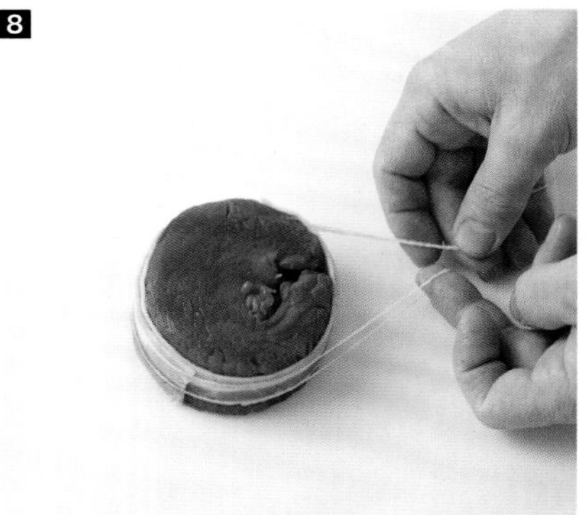

8 从中间位置环绕腓力牛排。

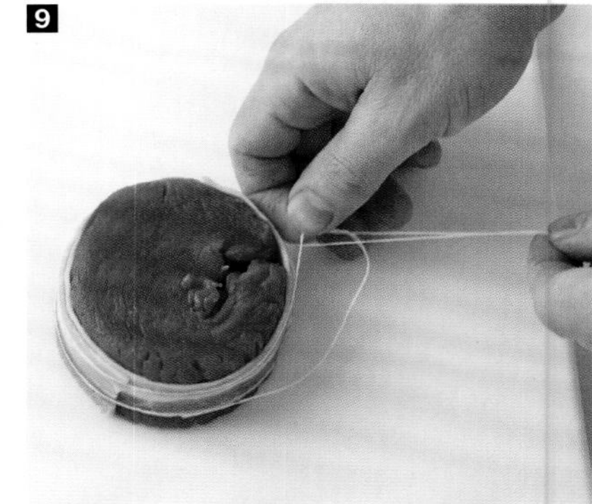

9 将厨用线的末端穿过圆圈。

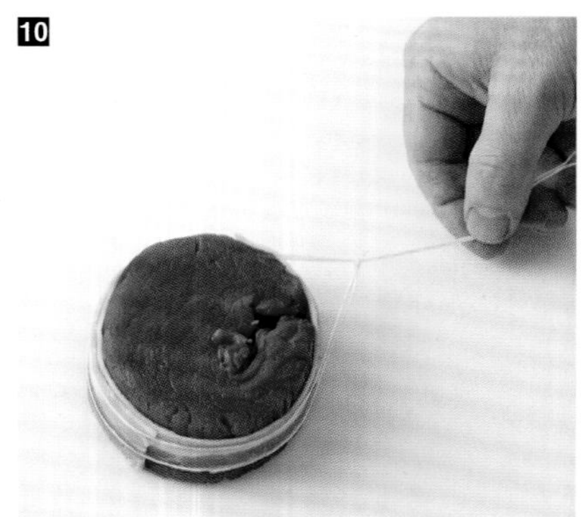

10 拉紧绳子。

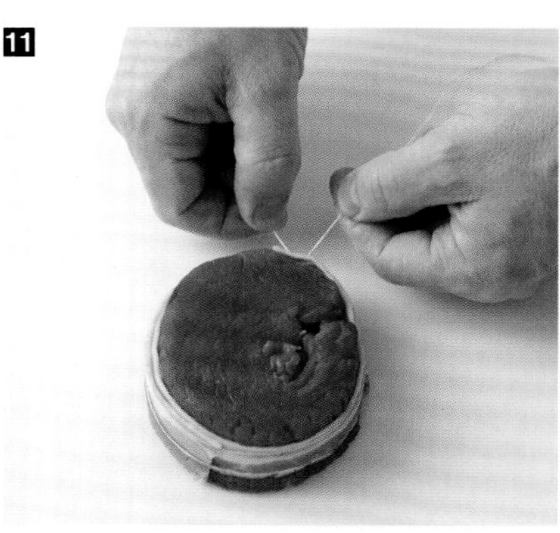

11 将绳子打个结。

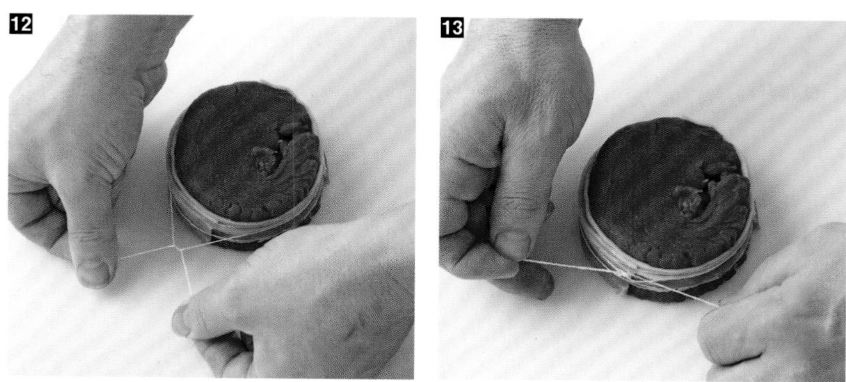

12 13 分开绳子，转向并打第二个结。腓力牛排准备就绪。

切分牛排

淡黄色脂肪是优质牛肉的标志。深黄色和粗脂肪浮渣表明动物在繁殖和屠宰过程中十分紧张。

工具

⊙ 剔骨刀　　⊙ 切片刀

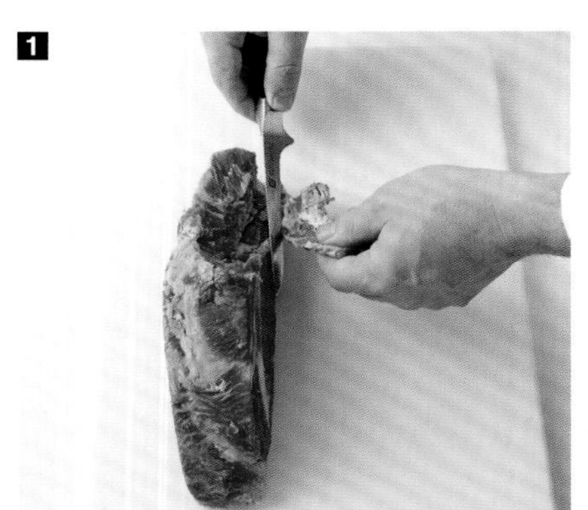

1 用剔骨刀剔除肋排上多余的脂肪。

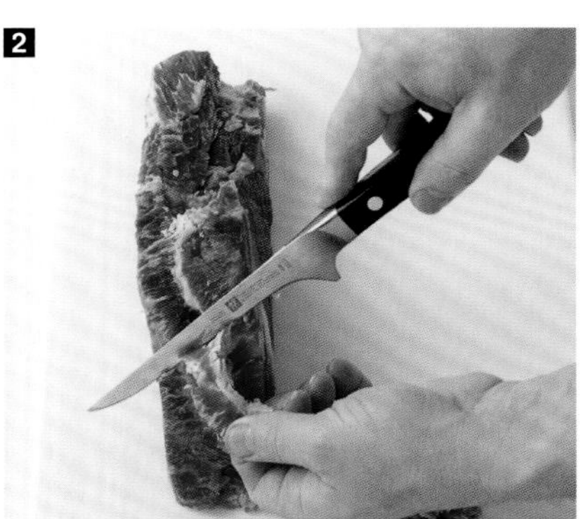

2 尽可能保留肋排上的肉。

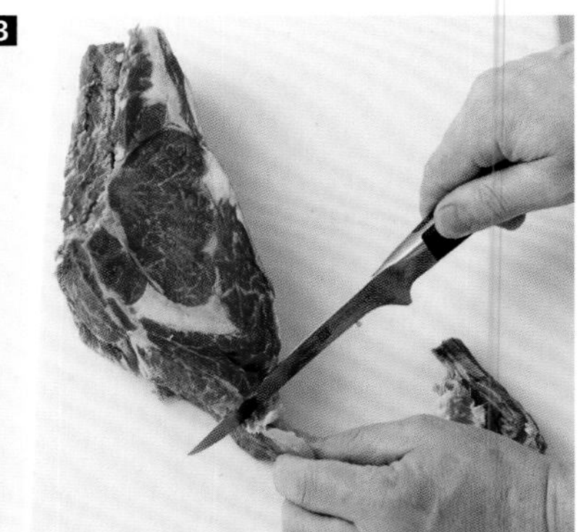

3 初步处理完成。

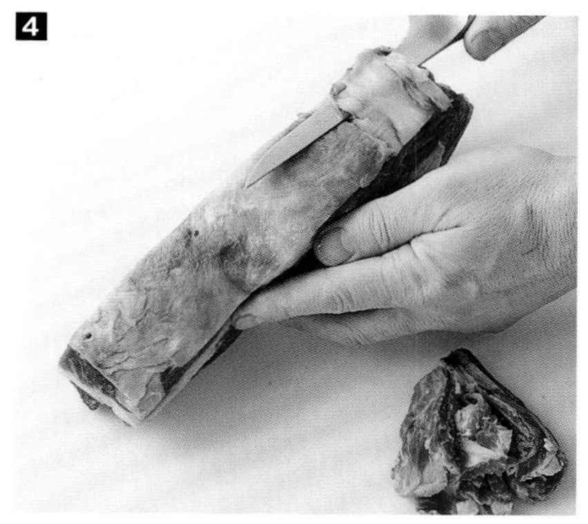

4 去除上部的神经，但保留脂肪部分，这部分是肉的味道来源。

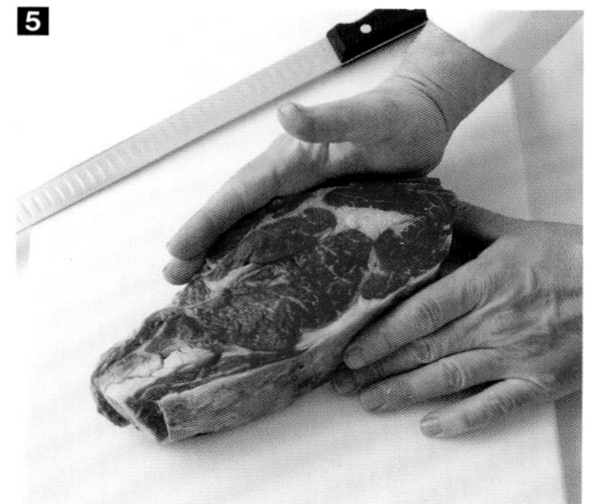

5 用手整理肋眼肉。

6 用切片刀将其切成两半。

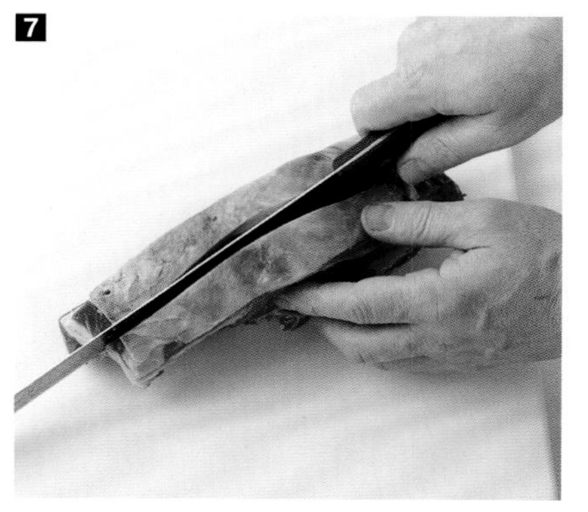

7 朝自身方向拉动刀片。当拉到尽头，需抬起刀片重新定位并继续切割。

8 不要来回反复切割。

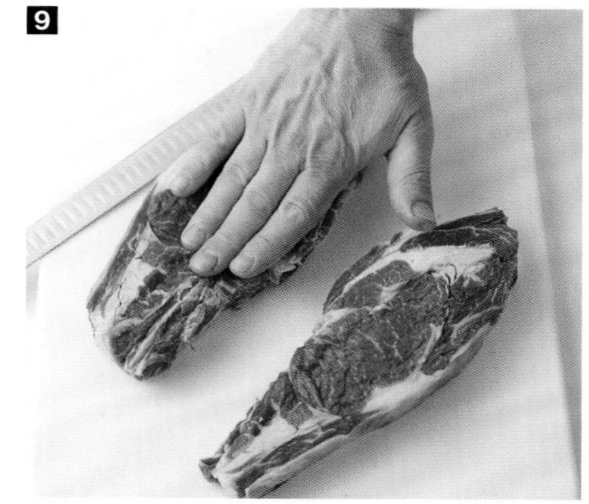

9 用手压平牛排使其成形，以防止它们在烹饪时收缩。

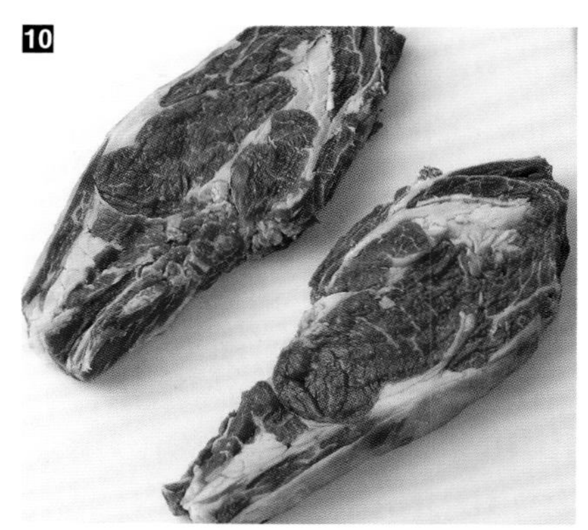

10 牛排可以下锅了。

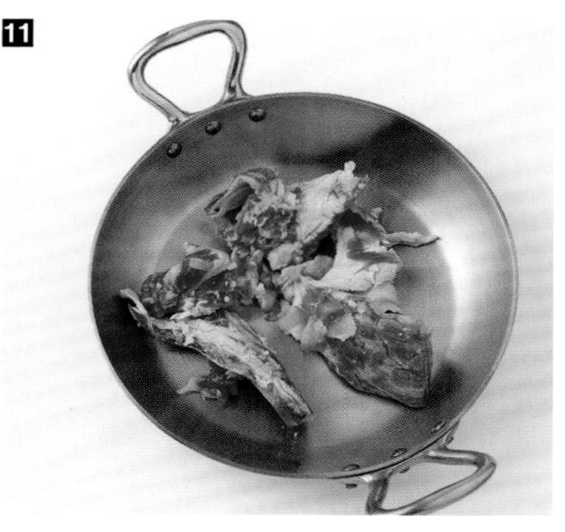

11 **12** 用切掉的边角料制作酱汁（请参见蒂埃里的建议，见第70页）。

制备牛肋排

肋排适宜烧烤或煎烧。在烧烤的过程中，可预先添加盐和胡椒入味。而在煎烧过程中放盐，主要为了避免胡椒的苦味发散出来。还可以使用香料腌制牛肉，如迷迭香、柠檬百里香或其他香料。

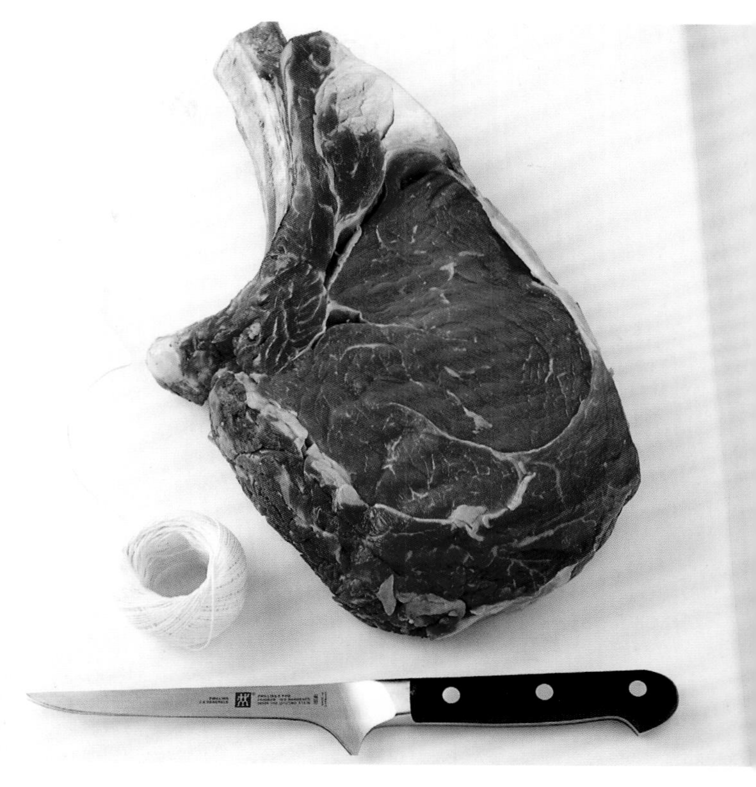

工具

- ⊙ 剔骨刀
- ⊙ 厨用线
- ⊙ 小刀

烹饪建议

将1千克的牛排，煎至二至三分熟，需要15至20分钟。

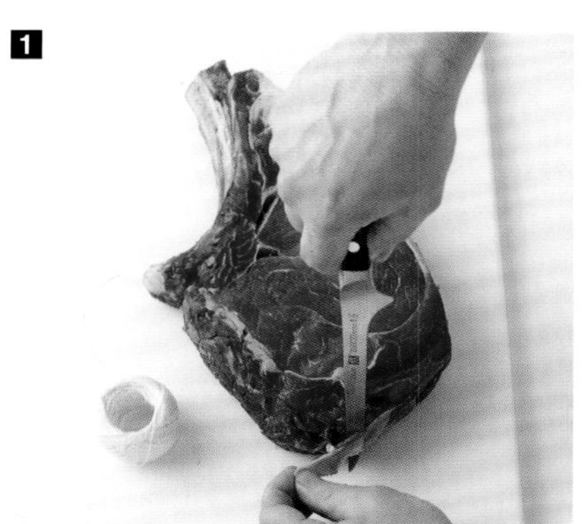

1 用剔骨刀剔除筋膜，注意不要带出太多牛肉。

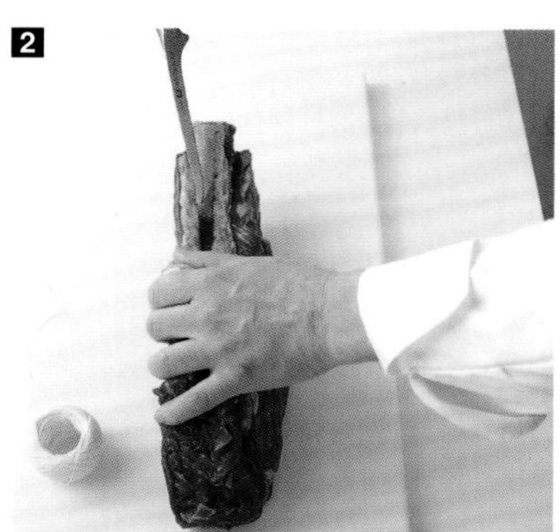

2 在骨头上做出切口。

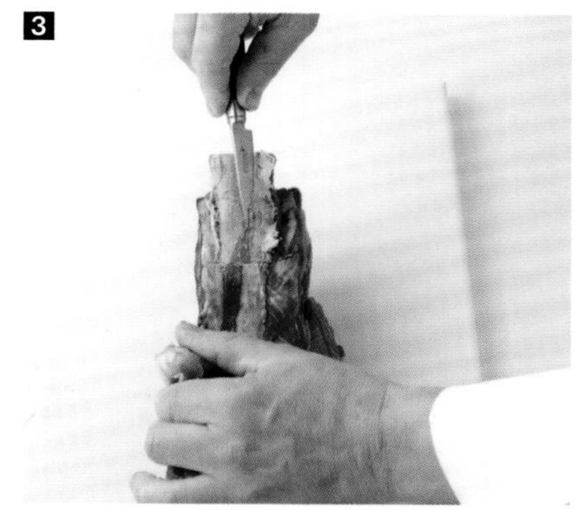

3 用小刀刮去骨头上的薄膜。这样骨头在烹饪过程中会保持白色。

4

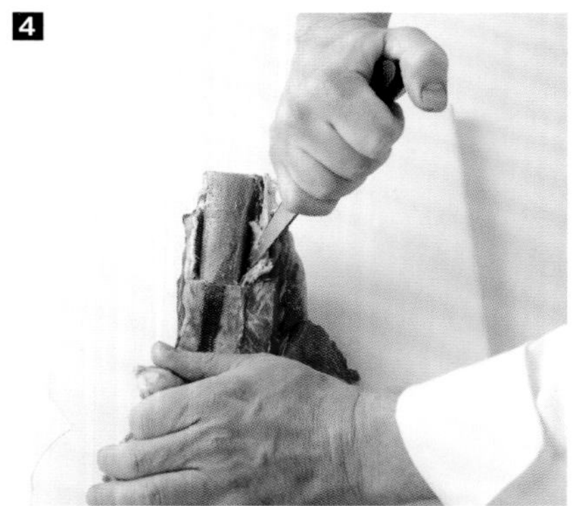

5

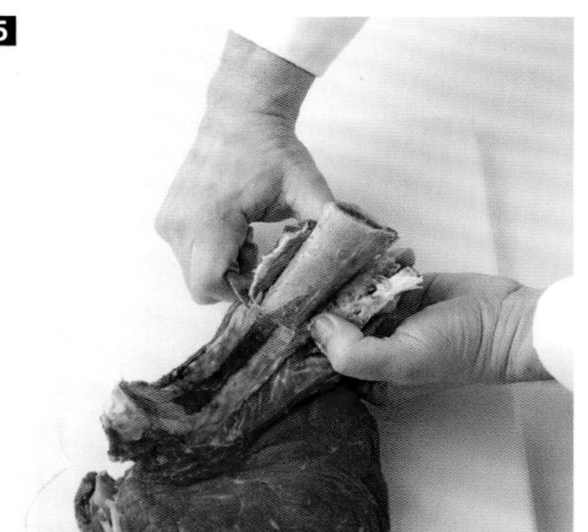

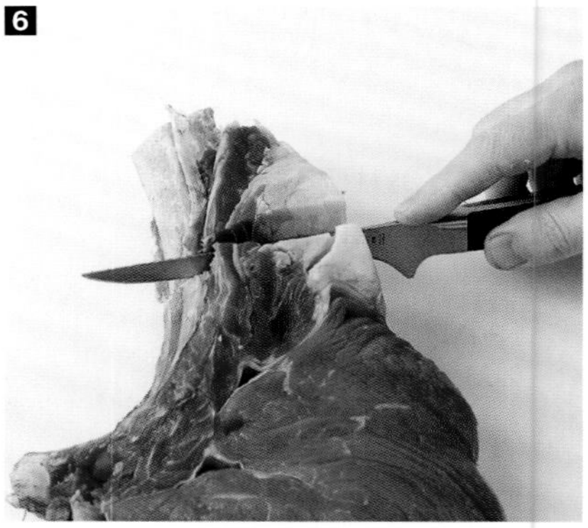

6

4 5 剥离薄膜以露出骨头。

6 绕着骨头切掉3厘米长的肉。

7

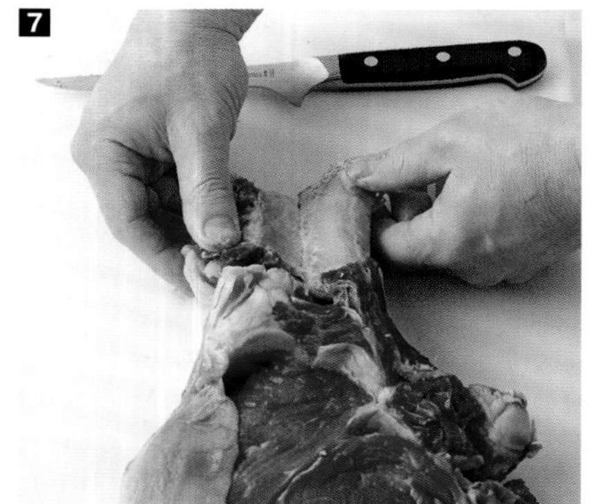

8

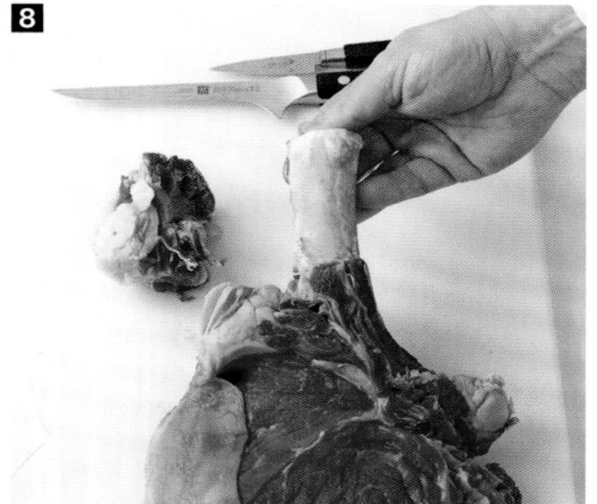

9

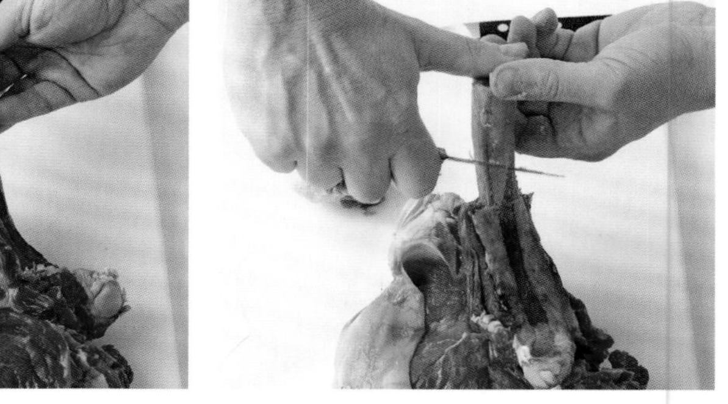

7 8 用小刀完全整理出骨头。用切掉的边角料制作酱汁（请参见蒂埃里的建议，见第70页）。

9 用小刀再次清理骨头。

10

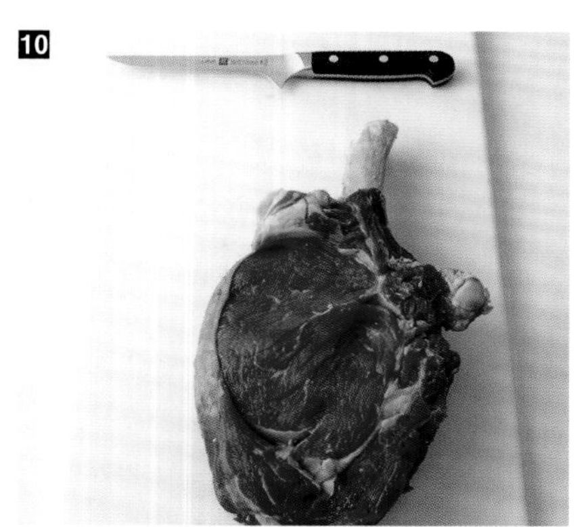

11

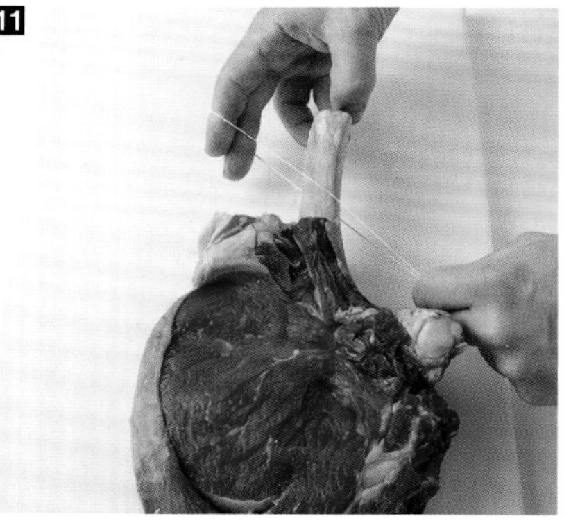

12

10 肋排整理完毕。

11 取一根2米长的厨用线，将它固定到骨头周围。

12 13 围着整块肋排绕圈。

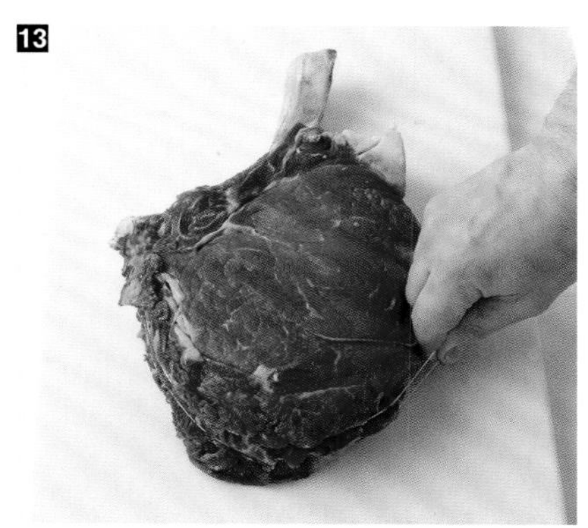

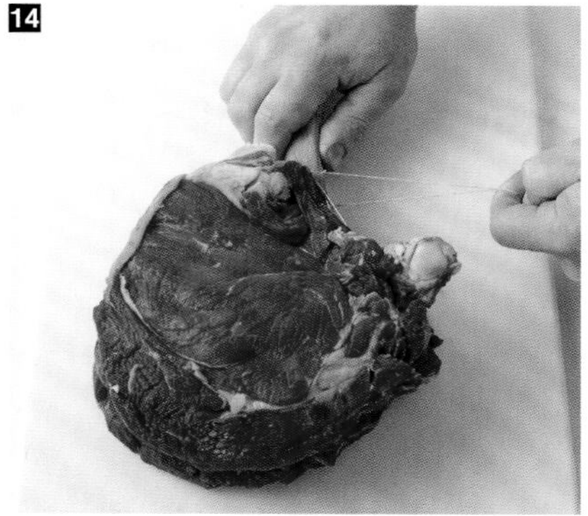

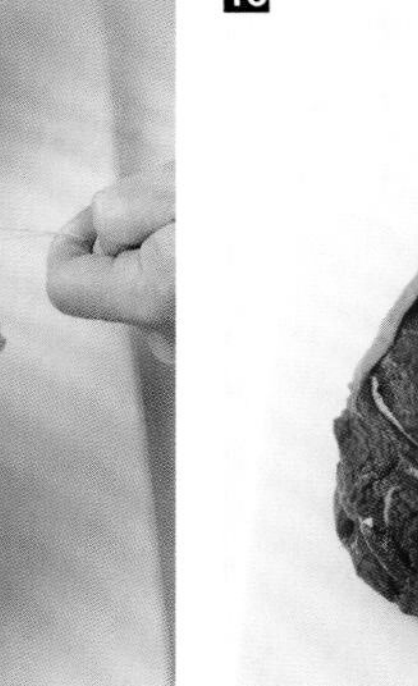

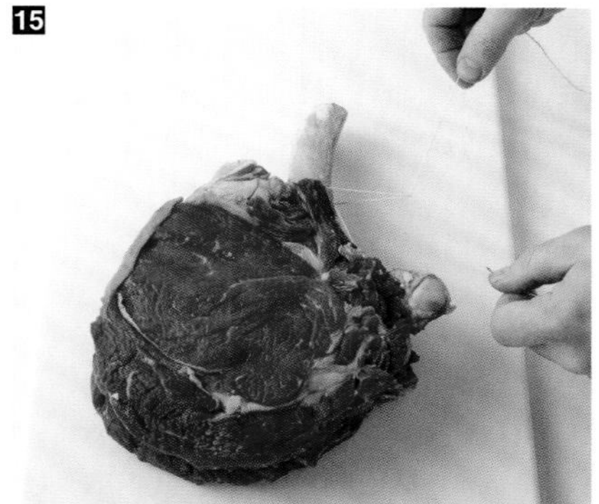

14 拉紧线以保持肋排的形状。

15 16 绕着骨头打结。

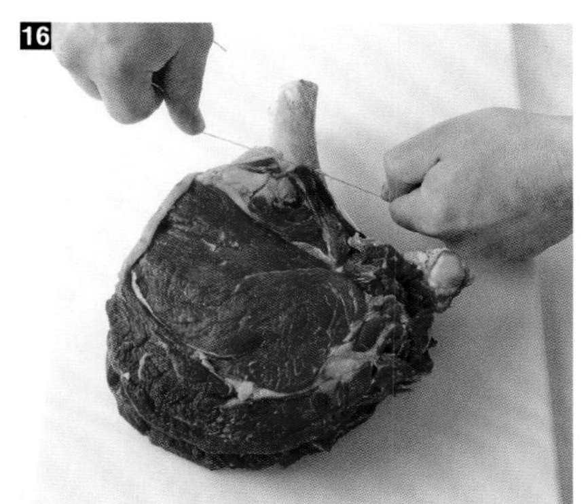

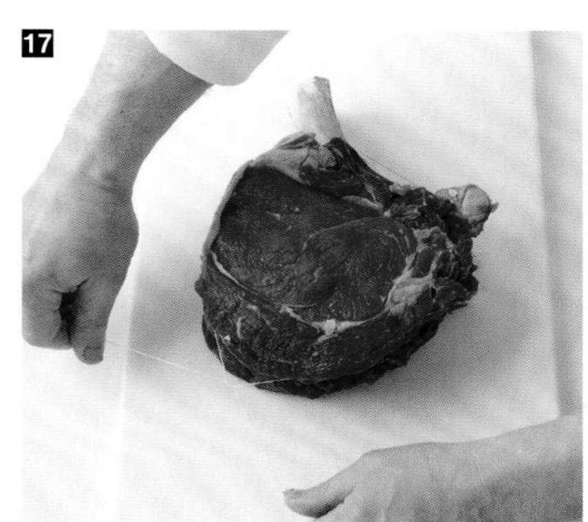

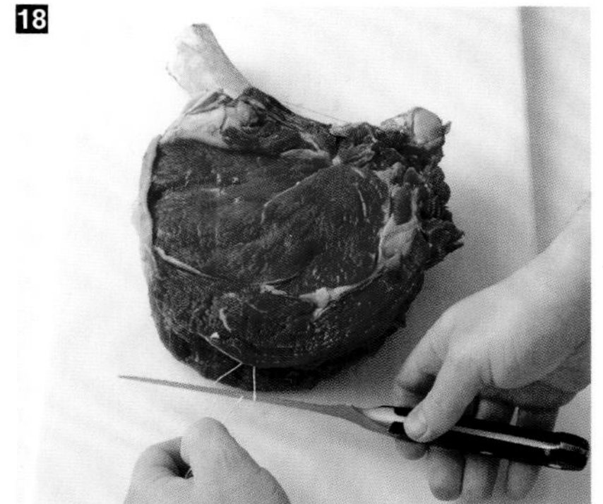

17 将线绕一个圈。

18 在后方打结。

小牛肉

小牛肉笔记

小牛（veau）是指雄性或雌性牛犊。小牛在只喝奶的时期称为乳牛（lait），断奶后称为小牛（broutard）。

如果说肉的质量取决于品种、小规模或集约化的养殖条件，那么饲料就是其中必不可少的组成部分。

“母乳喂养”（élevé sous la mère）的认证名称证明小牛在消化系统转为反刍和消化植物纤维之前长达至少3个月的时间中，完全由母乳喂养。传统肉铺使用乳制品饲养，至5个月后屠宰。

断奶后，小牛开始食用草场牧草或饲料，在6至8个月间被屠宰。

草场牧草和饲料导致肉的颜色大相径庭，这是其饲养特征，也令小牛肉的口感具有显著差异。小牛肉的颜色分为五类：

白色/极浅粉色/浅粉色/粉色/红色

在法国的许多地区已推广了育种分类和红标认证，欧盟地理标志保护认证标识（IGP）或法国有机农业认证标识（AB）以及证明饲养、饲料、选种和屠宰条件的各类认证：

比利斯粉红小牛肉 Veau rosé des Pyrénées

（阿基坦地区Aquitaine）

红标韦代卢小牛肉 Veau Védélou Label Rouge

（奥弗涅地区Auvergne）

布列塔尼和科努瓦耶小牛肉标签 Veau Bretanin et veau de Cornouaille Label

红色Rouge

（布列塔尼地区Bretagne）

科西嘉小牛肉 Veau corse

（科西嘉地区Corse）

利木赞小牛肉欧盟地理标志保护认证标识 Veau du Limousin IGP

洛拉盖农场小牛肉红标认证 Veau fermier du Lauragais Label Rouge

（朗多克-鲁西雍地区Languedoc-Roussillon）

阿韦龙和黑麦地区小牛肉欧盟地理标志保护认证标识 Veau d’Aveyron et du Ségala IGP

（中比利牛斯地区Midi-Pyrénées）

布列塔尼小牛肉红标认证 Veau Bretanin Label Rouge

（卢瓦尔河地区Pays de la Loire）

韦代卢小牛肉红标认证 Veau Védélou Label Rouge

（罗纳-阿尔卑斯地区Rhône-Alpes）

实践技巧

各部位对应的烹饪方法

炉烤

小牛臀肉、小牛后臀肉、小牛腰肉、小牛肩肉。

煎

小牛腿肉、小牛腿后部肉、小牛腿前部肉、小牛内里脊肉、小牛胸肉、小牛肉块。

架烤

黄油柠檬调味牛肉片、薄牛肉片、小牛肋排、小牛肉饼。

炖

小牛肘、小牛肉片，小牛肉菜卷、小牛软肋、小牛颈肉、小牛腹部肉。

煮

小牛肘、小牛前腿肉、小牛颈肉、小牛胸肉、小牛软肋。

煨

小牛肩肉、小牛肘、小牛腹部肉、小牛颈肉、小牛软肋。

储存

所有牛肉部位均需冷藏保存在冰箱最冷的位置，温度为0℃～4℃。无论牛肉以何种类型包装，均需保留其原始包装：用肉铺石蜡纸包裹或放置于大包装盒中。新鲜牛肉要在3至4天内食用。碎肉必须在购买后12小时内食用。

不要忘记在烹饪前15分钟取出肉，使其恢复至室温，从而避免急速加热影响肉质的软嫩。

冷冻

将肉块放入特制的冷冻袋中时，需确保双手清洁干净。牛肉可以在冰箱中保存6个月。相较于使用烹饪明火解冻，更推荐在冰箱冷藏室中，故在用保鲜膜包裹的盘子中逐渐解冻。

蒂埃里的建议

小牛肉适宜多种烹饪方式，可以以牛肉片的形式生食。不要忘记小牛杂、小牛胸腺、牛肝和牛肾……

请勿使用猛火，更推荐采用温和的烹饪方式。小牛肉十分细腻，可在烹饪过程中加水以防止小牛肉变干。

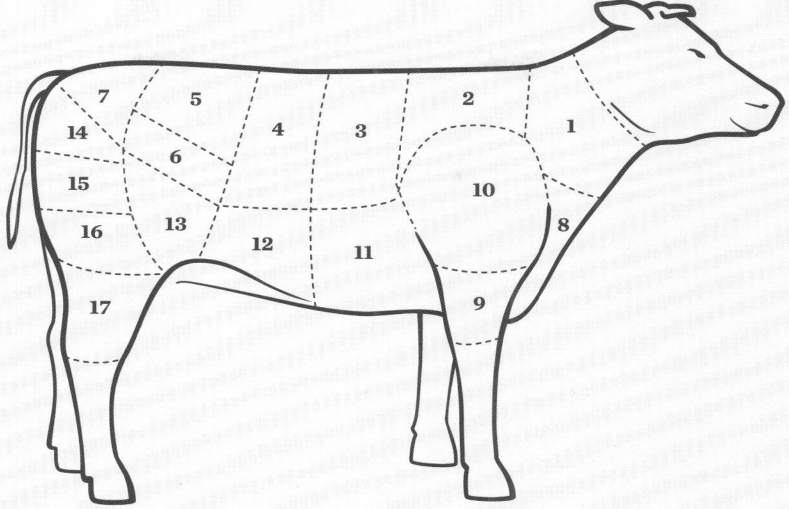

1 牛颈肉（Collier）
2 小牛上脑（Côtes découvertes）
3 小牛肋眼肉（Côtes secondes）
4 小牛上腰（Côtes premières）
5 小牛腰肉和肋排肉（Longe et côte filet）
6 小牛里脊（Filet）
7 小牛臀肉（Quasi）
8 小牛胸（Poitrine）
9 小牛前腿肉（Jarret avant）
10 小牛肩肉（Épaule）
11 小牛前肋（Haut de côte, plat de côte）
12 小牛软肋（Tendron）
13 牛腩（Flanchet）
14 小牛腿肉（Noix）
15 小牛后腿前部肉（Noix pâtissière）
16 小牛后腿后部肉（Sous-noix）
17 小牛后腿肉（Jarret arrière）

制备小牛上腰

在制备小牛肉时，去除的所有碎肉都称为边角料（parure）。这些碎肉是制作酱汁的原材料。用油在平底锅中将碎肉煎黄，用少许黄油使之焦糖化，加入香料和蔬菜。用白葡萄酒或红葡萄酒溶化锅底的焦糖浆，用细漏斗过滤，使之减少至四分之三，而后加入冷黄油使其酯化。

配料

- ⊙ 碎肉
- ⊙ 蔬菜
- ⊙ 白葡萄酒
- ⊙ 水
- ⊙ 香料
- ⊙ 盐
- ⊙ 胡椒

工具

- ⊙ 剔骨刀
- ⊙ 小刀
- ⊙ 厨用线

烹饪建议

用少许油将肋骨煎黄后放入烤箱烘烤。质量-时间烹饪换算表，请参见第4页。

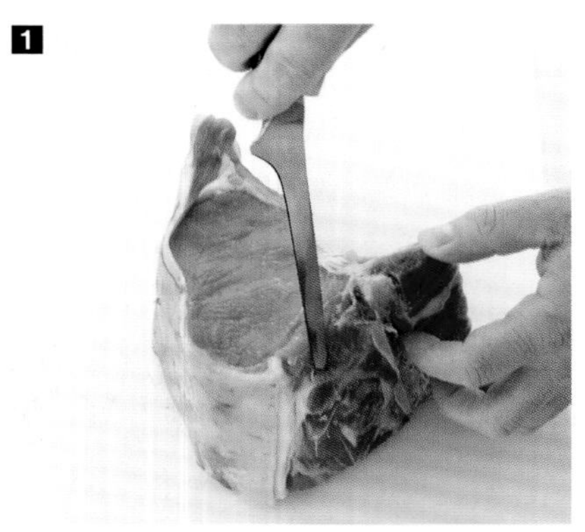

1 将剔骨刀片刺入肋骨的骨头和肉之间以进行分割。

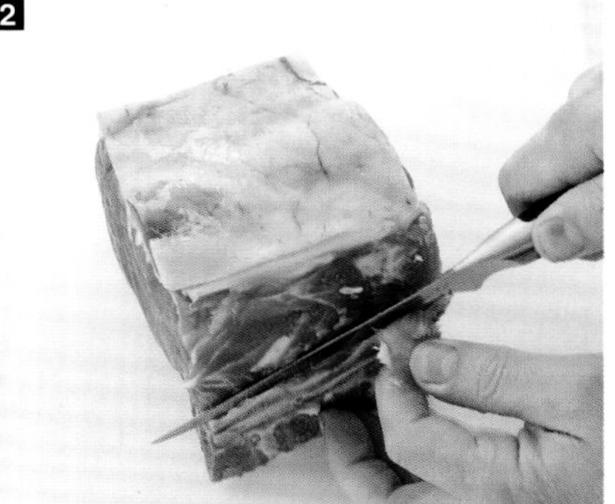

2 沿脊骨垂直切开。

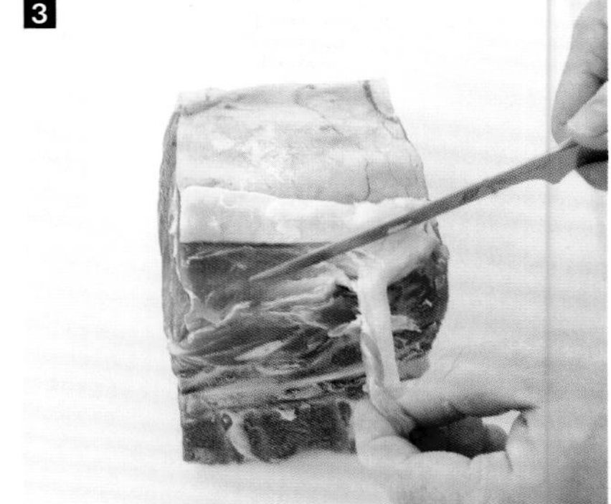

3 剔除筋膜。

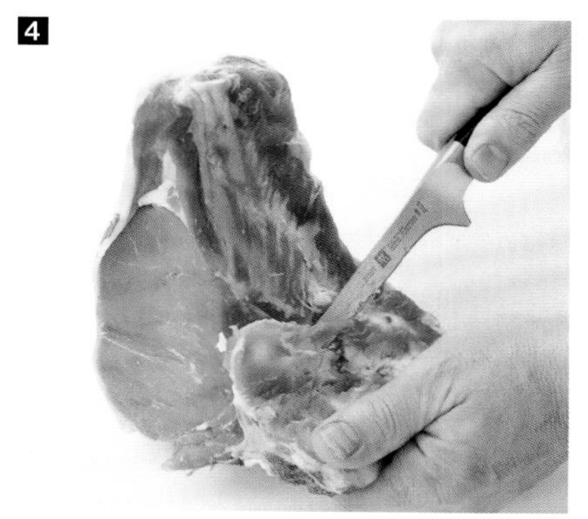

4 翻转牛肋以切掉小牛肉上的骨头。

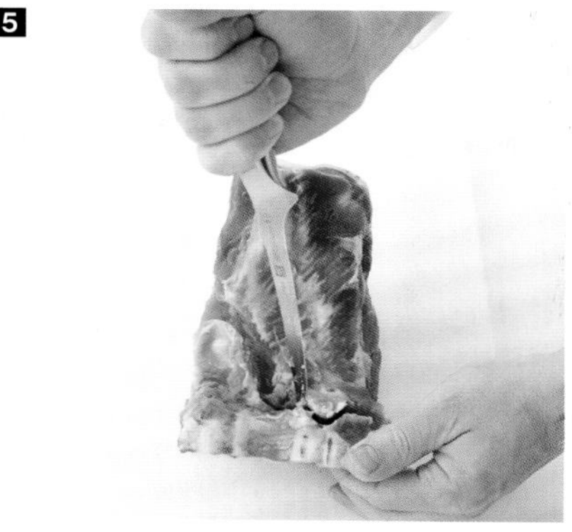

5 用剔骨刀的尖端在肋骨和脊骨的接缝处切开关节。

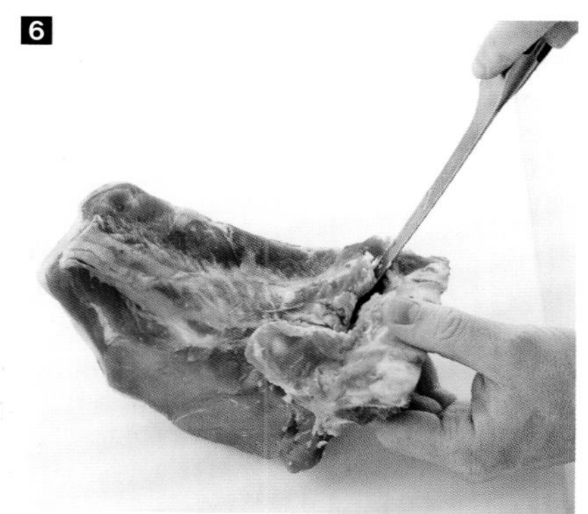

6 沿着关节继续切割。

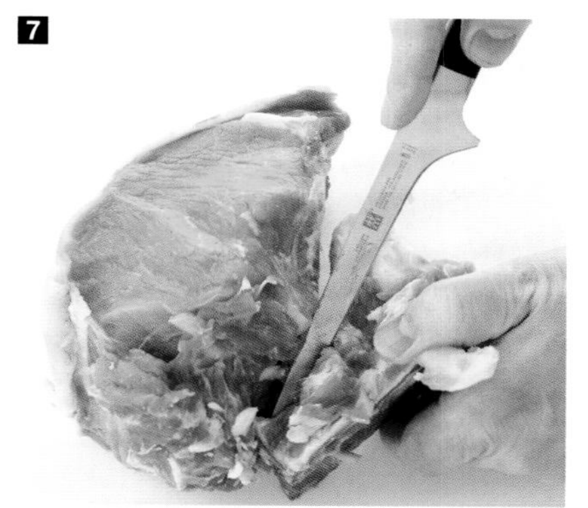

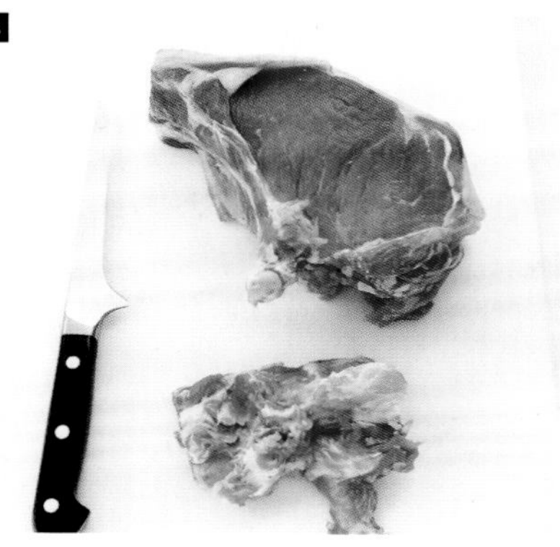

7 8 从脊骨的肉上取下骨头。

9 10 用小刀从牛肉上分开骨头。

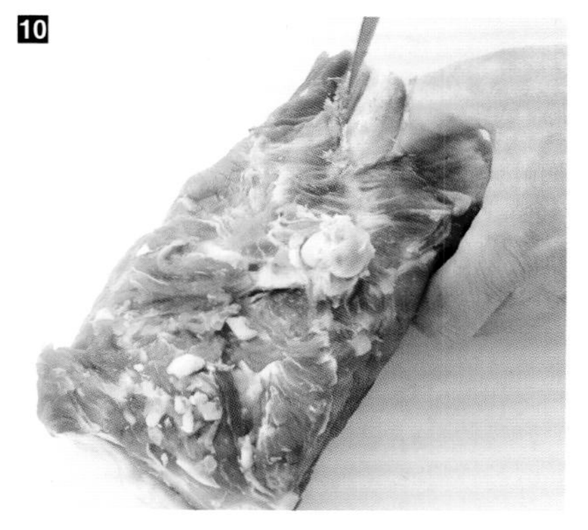

11 用手指顶出骨头。

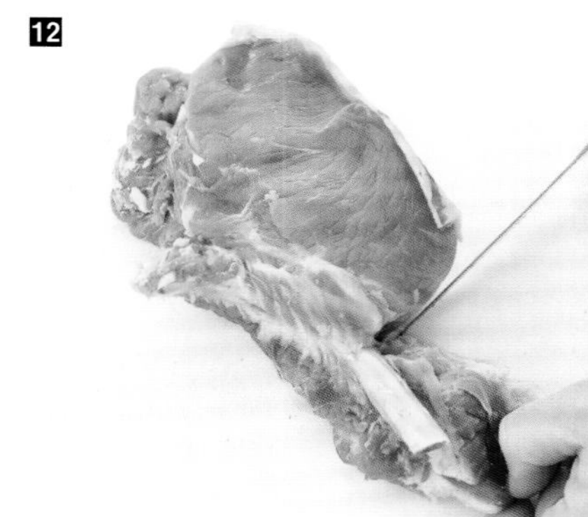

12 剔除骨头周围多余的脂肪形成套筒状。保留切下的肉，用来制作酱汁。

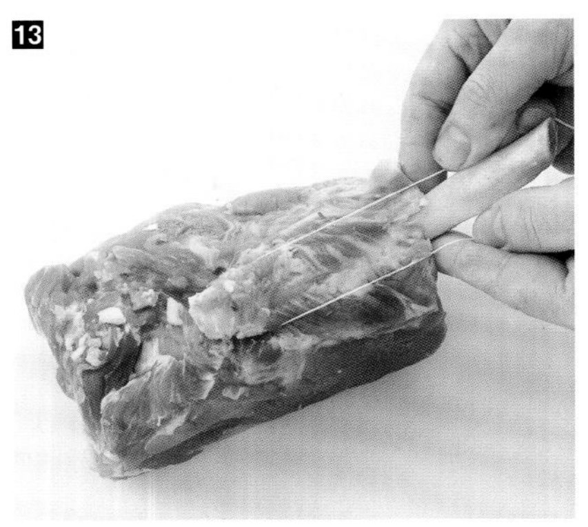

13 将厨用线圈固定至骨头下方。

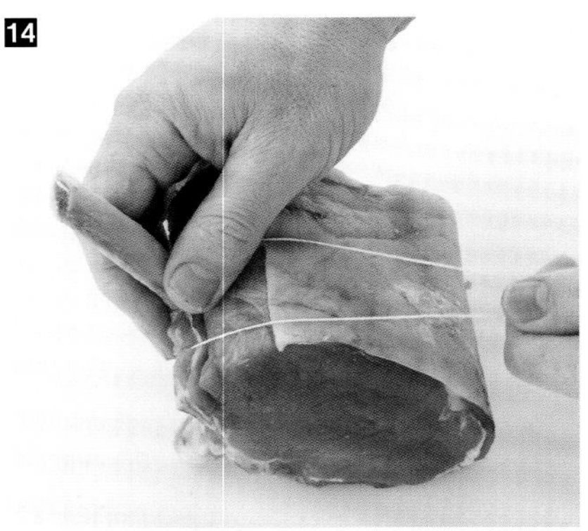

14 绕着肋骨转一圈。

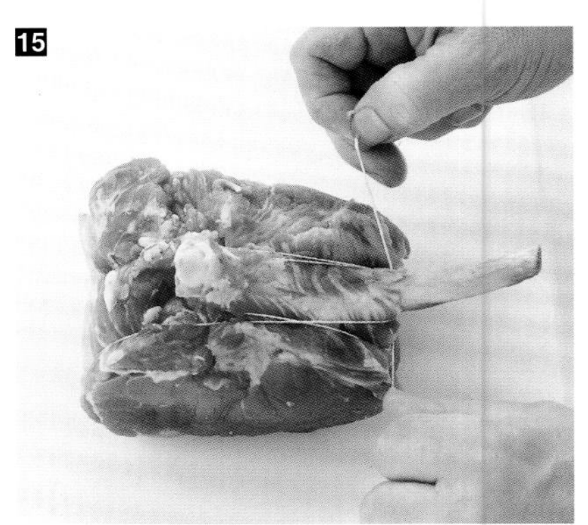

15 在套筒状骨头的底部打结。

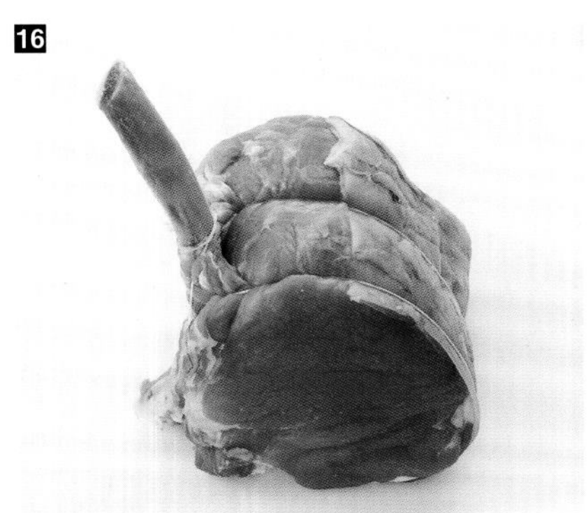

16 肋排制备完毕。

17 用切下的肉、胡萝卜和香料制作酱汁。

18 做好的酱汁需进行过滤。

制作蓝带法式肉卷

蓝带法式肉卷多种多样。您可以使用猪肉或鸡肉片，使用艾门塔尔奶酪（Emmental）、伊顿干酪（Edam）或米摩雷特奶酪（Mimolette），也可使用烟熏火腿而不是白火腿，并用粗玉米粉、香料或碾碎的谷物替代面包屑。

配料

- ⊙ 牛肉片
- ⊙ 奶酪
- ⊙ 火腿
- ⊙ 面粉
- ⊙ 鸡蛋
- ⊙ 面包屑
- ⊙ 盐
- ⊙ 胡椒

工具

- ⊙ 铁圈
- ⊙ 剔骨刀

烹饪建议

用油将蓝带法式肉卷的每一面煎约3分钟，以完美上色。

1 备好食材，用盐和胡椒腌制肉片。

2 将一片奶酪放在肉片的上半部，然后盖上一片火腿。

3 放上第二片奶酪，然后折叠肉片的下半部。

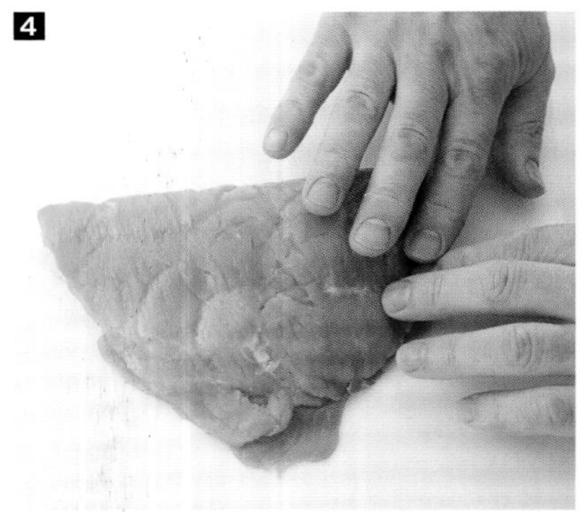

4 用手按紧边缘。

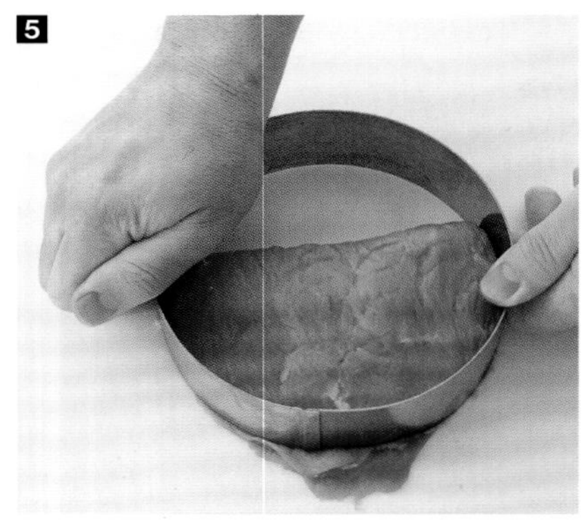

5 将铁圈放置在肉片上，然后用力按压。

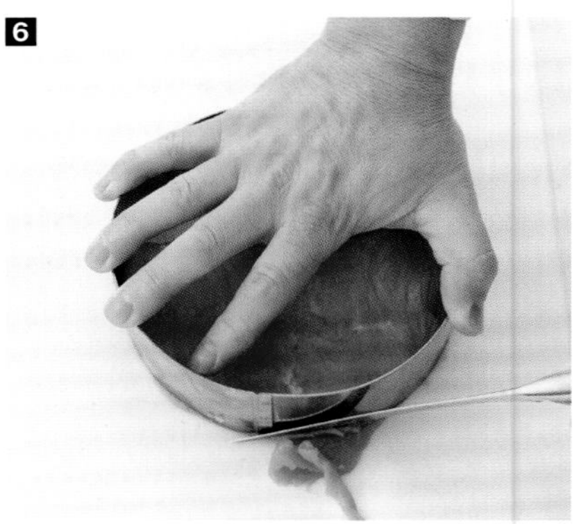

6 用剔骨刀切掉多余的肉，使蓝带法式肉卷边缘整齐。

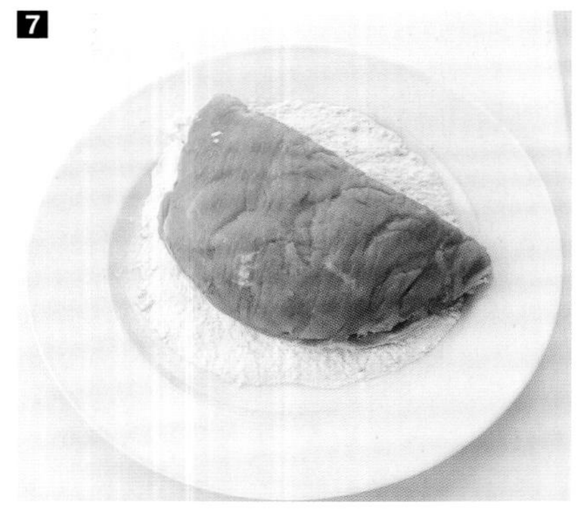

7 把它放在一盘面粉上沾匀面料。

8 将肉卷翻面继续沾匀面粉。

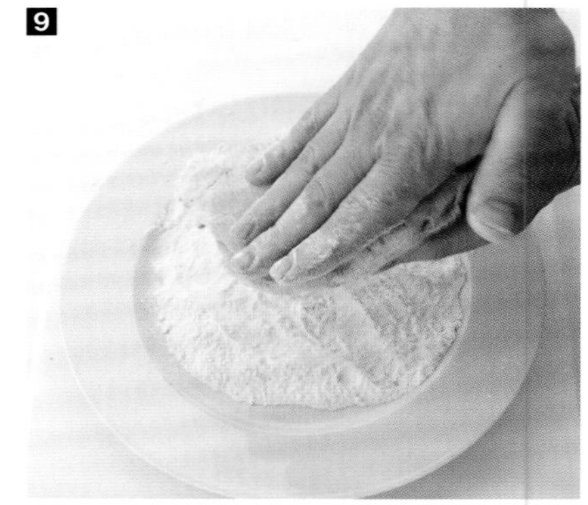

9 用手拍去多余的面粉。

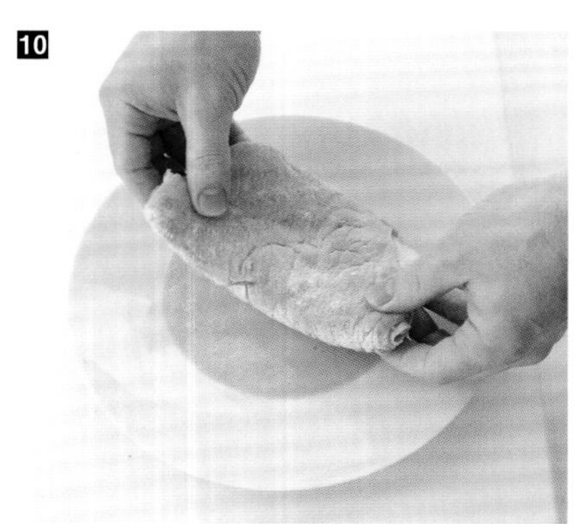

10 将其放在盛有蛋液的盘子上。

11 两面蘸匀蛋液。

12 将其放在盛有面包屑的盘子上，两面沾上面包屑。如有必要，可将此步骤重复两次。

制作煎肉卷

您可以从肉铺买细肉馅，或者为使肉卷更有个性可以亲自制作馅料：切碎的小牛肉、牛杂、香料、干果……

配料

- ⊙ 牛肉片
- ⊙ 馅料
- ⊙ 薄片肥肉
- ⊙ 盐
- ⊙ 胡椒

工具

- ⊙ 厨用线

烹饪建议

将肉卷放在平底锅中煎黄，加入白葡萄酒、香料、蔬菜和少许水，加盖煮大约12分钟。

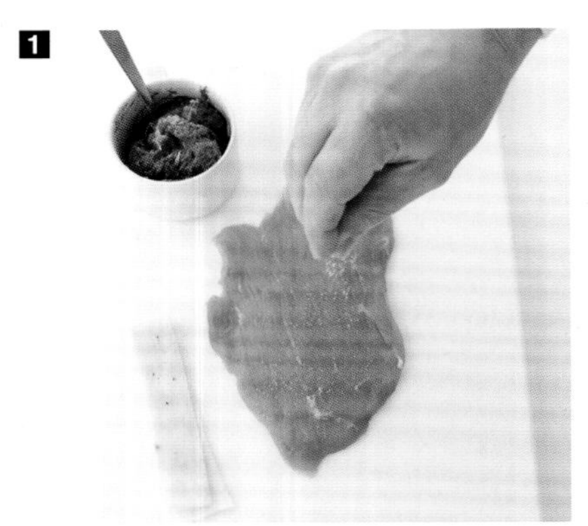

1 备好食材，用盐和胡椒腌制肉片。

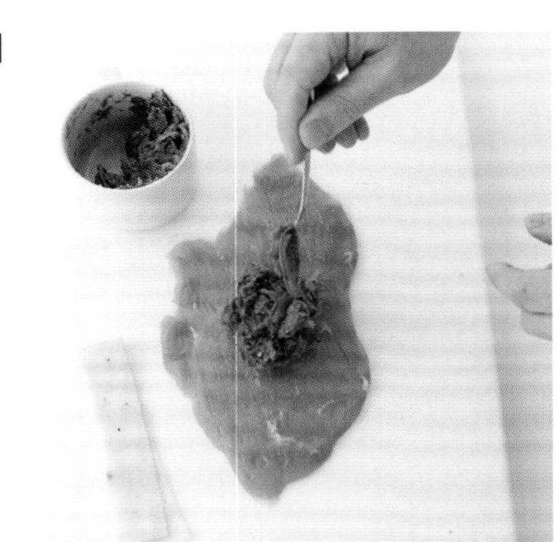

2 在中心处放一个馅料球。

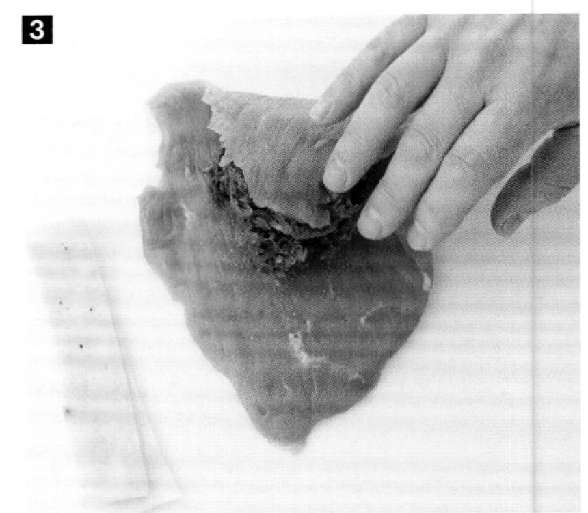

3 将肉片向中心折叠。

4 重复此步骤。

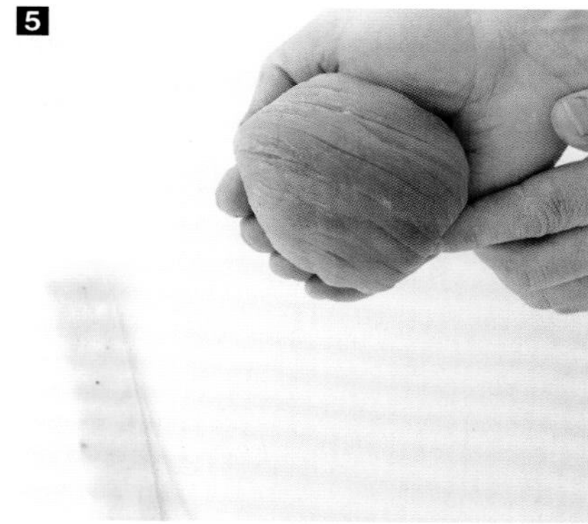

5 将肉卷在手掌中做成一个球。

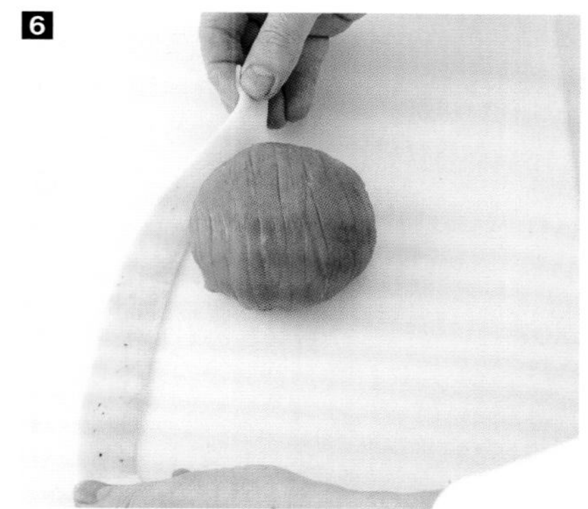

6 7 用薄片肥肉围住肉卷。

8 用厨用线扎紧肉卷将其定型。

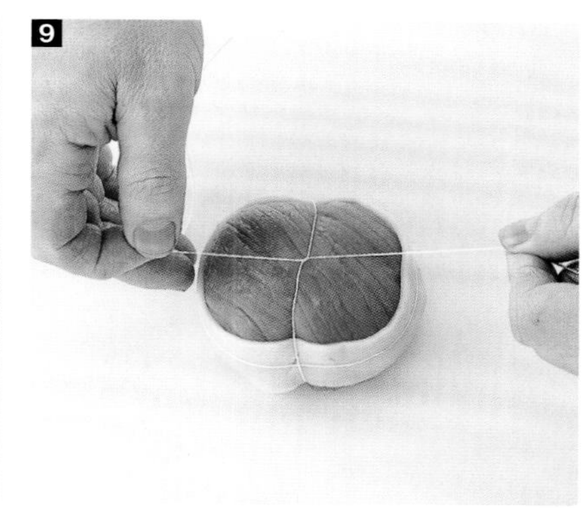

9 在肉卷下方留一大段厨用线，向肉卷上方缠绕前，于中心处交叉。

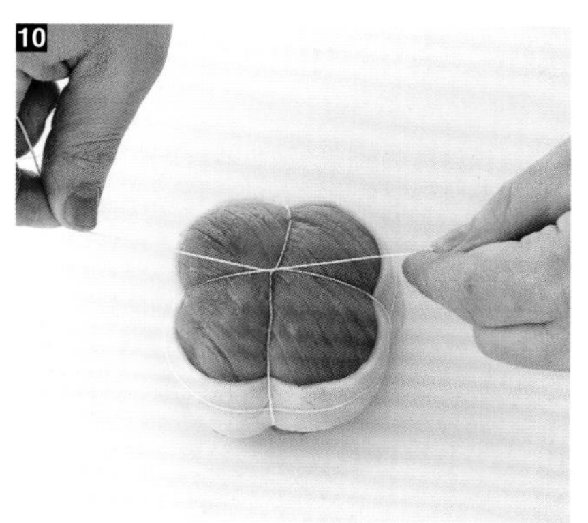

10 变换位置重复几次形成瓜形。

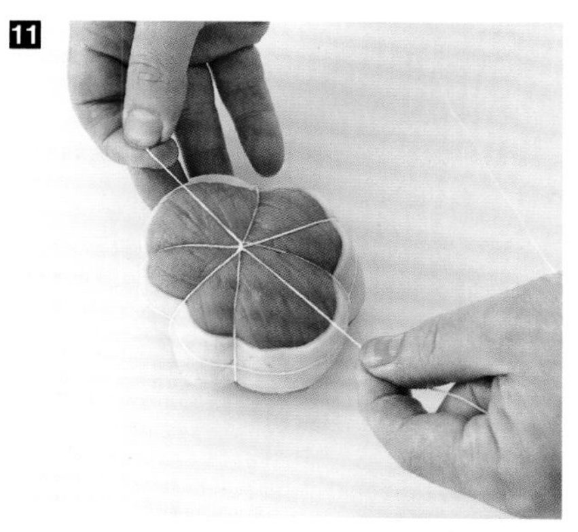

11 打结并剪掉多余的厨用线。

制备小牛肉饼

您也可以使用牛柳或猪柳制作这种肉饼。

配料

- ⊙ 小牛肉
- ⊙ 猪五花肉

工具

- ⊙ 剔骨刀
- ⊙ 厨用线

烹饪建议

每个肉饼重约80克。在热油炸锅中每面加热约2分钟，进行烹饪。

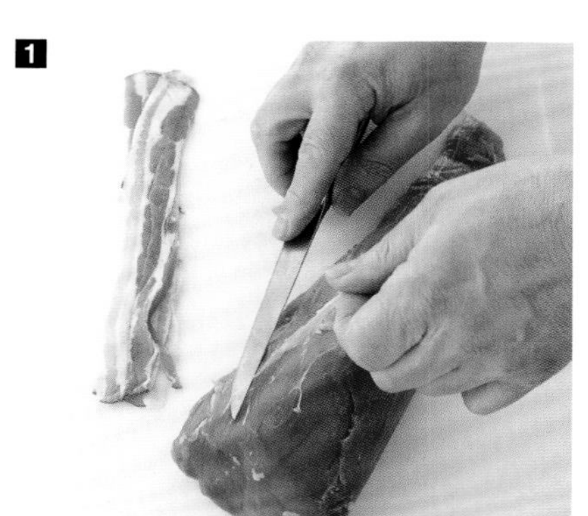

1 用剔骨刀的尖端尽可能剔掉肥肉。

2 切成约3厘米厚的肉片。

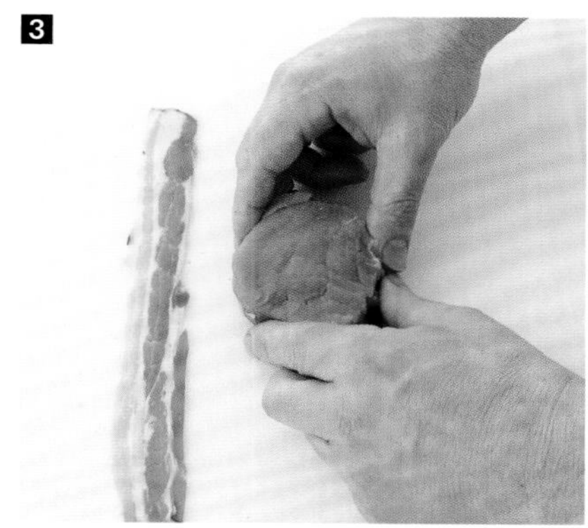

3 用手指将肉片整理成圆形。

4

5

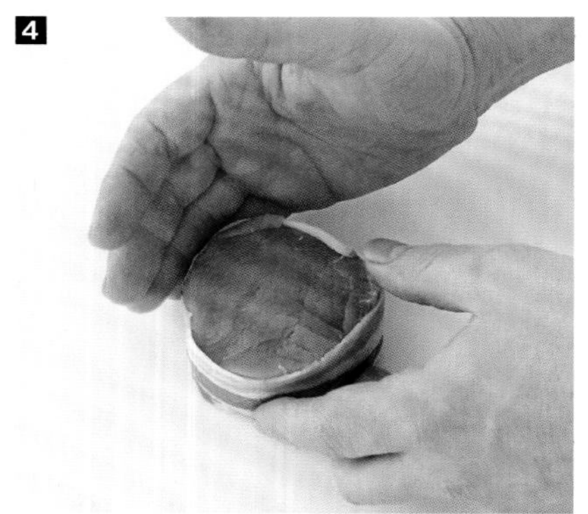

4 用一片五花肉环绕牛肉片。

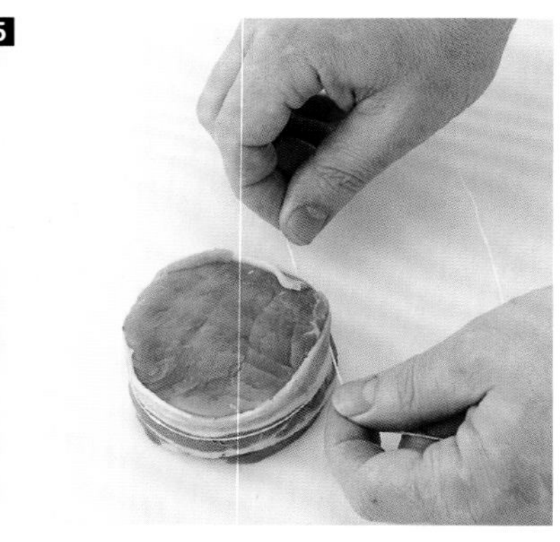

5 用厨用线将其扎紧。打结使小牛肉饼定型。

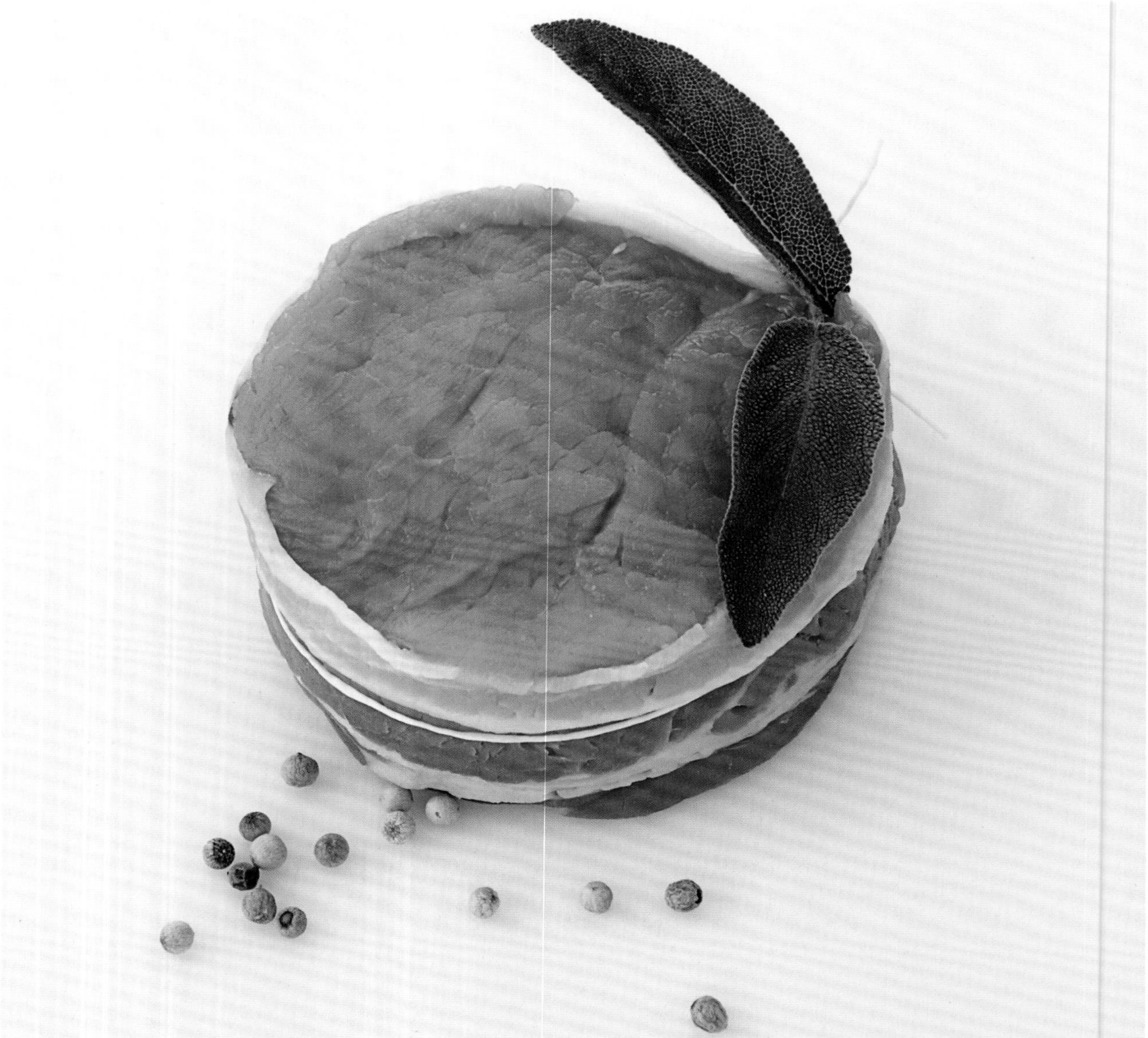

制备牛腰

内脏的保质期很短。牛腰不能泡在血水中，应将其保存在油脂中以防止其干燥。牛腰必须气味宜人，外观有光泽且不黏手。

工具

⊙ 剔骨刀　　⊙ 小刀

烹饪建议

将牛腰制备完毕后，只需在平底锅中加黄油用旺火加热6分钟，然后加入一点传统芥末和鲜奶油即可。需要注意的是，过度烹饪会使牛腰变硬。

1
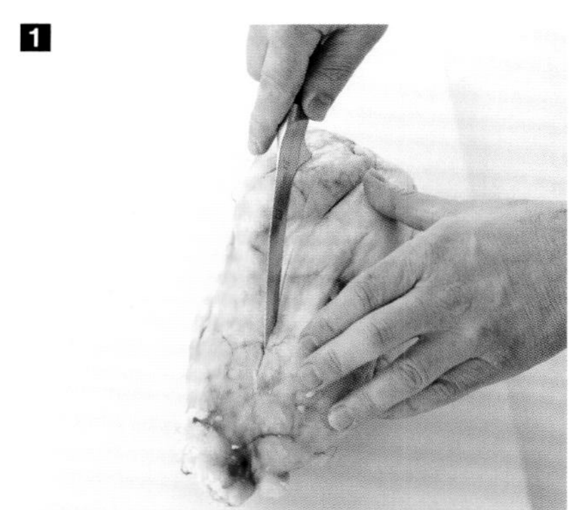

2
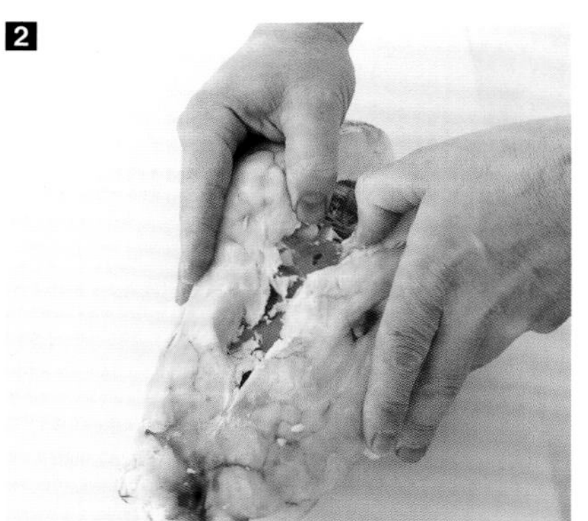

3
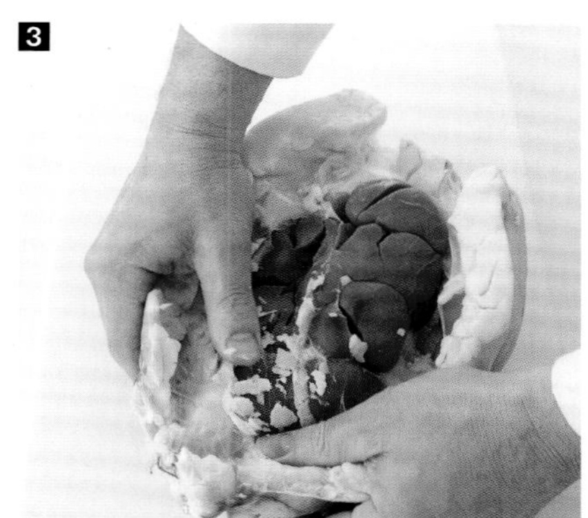

1 用剔骨刀在中心的脂肪处切开。

2 3 4 用双手逐渐分开牛腰周围的脂肪。

4

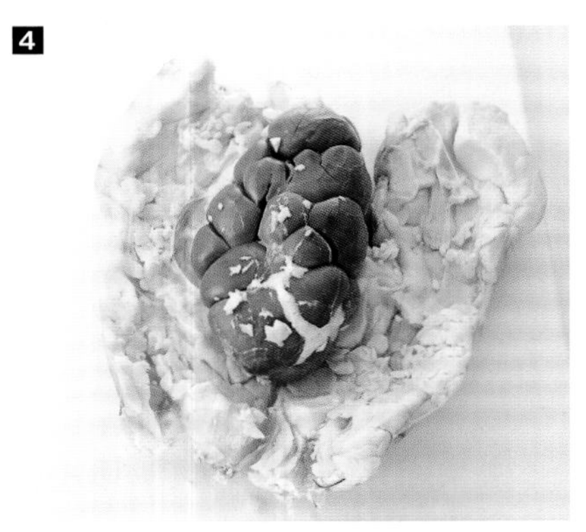

5

5 去掉若干残留脂肪。

6

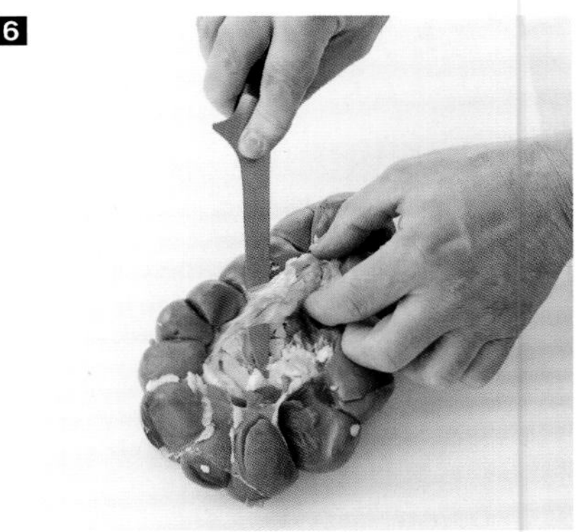

6 将牛腰翻面，粗略去掉大块脂肪。

7

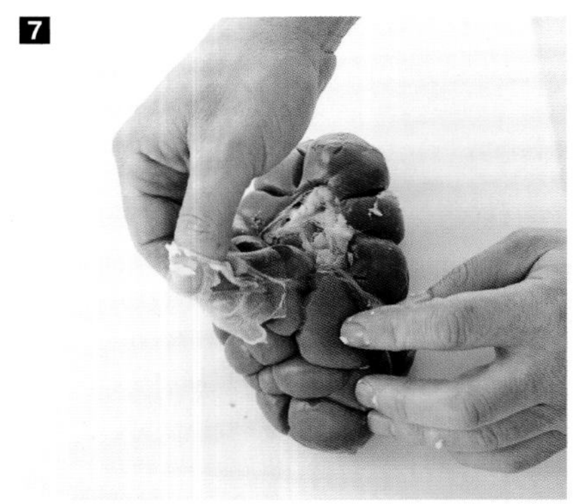

8

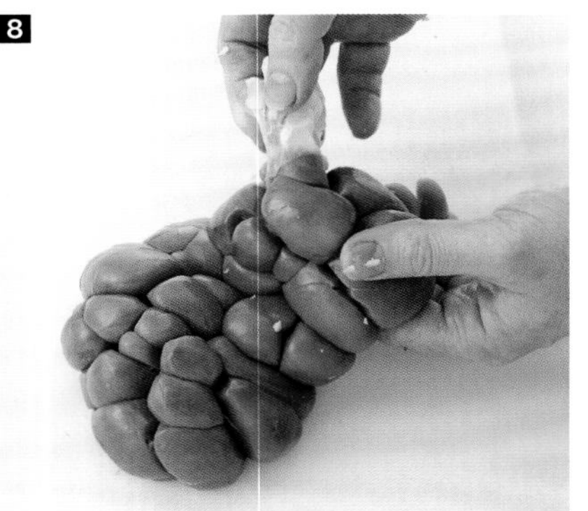

7 8 用小刀的刀尖划开透明薄膜并将其取下。

9

9 将牛腰一分为二。

10

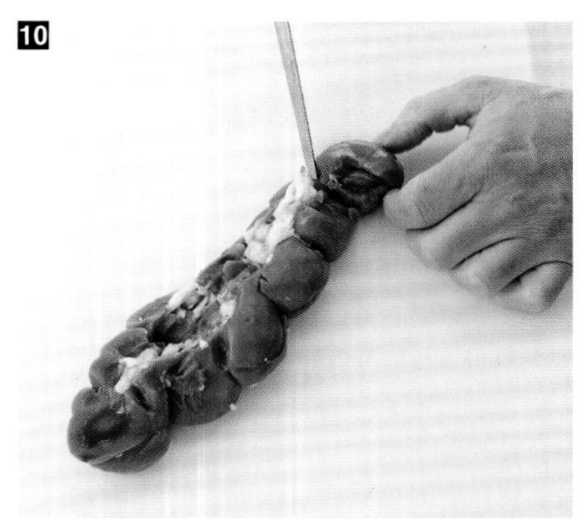

11

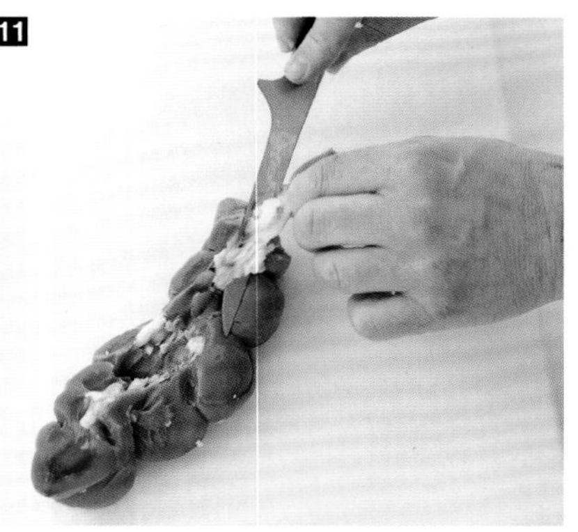

12

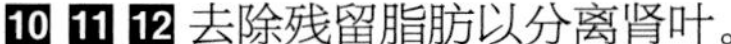

10 11 12 去除残留脂肪以分离肾叶。

13 牛腰制备完毕。

制作欧洛夫烤小牛肉

制作五片欧洛夫烤小牛肉需要1千克烤牛肉。

请选择小牛腿肉、牛腿内侧肉或牛股肉。

配料

- ⊙ 小牛腿肉
- ⊙ 牛腿内侧肉或牛股肉
- ⊙ 五花肉
- ⊙ 奶酪

工具

- ⊙ 剔骨刀
- ⊙ 厨用线

烹饪建议

在预热至180℃的烤箱中烘烤约20分钟。

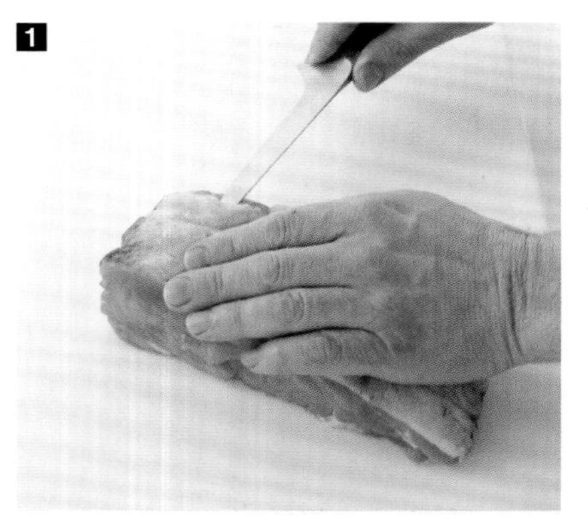

1 将剔骨刀片在脂肪和肉之间行刀。

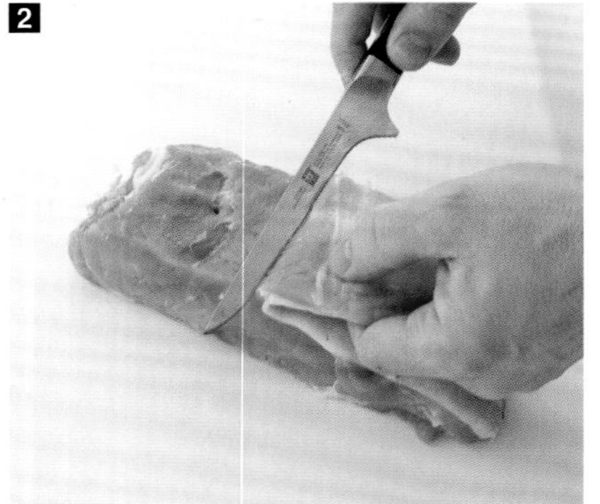

2 用一只手拉住肉条，同时用另一只手令刀刃贴着牛肉滑动。

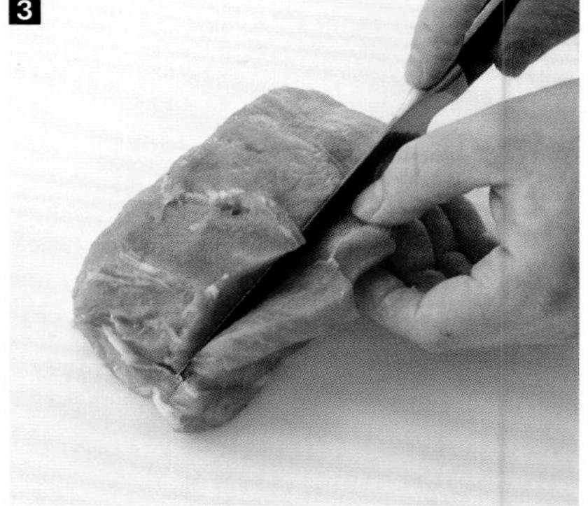

3 **4** 不要用刀片锯切肉片，而应使用拉切的方法，切好第一片牛肉，请勿将其切断。

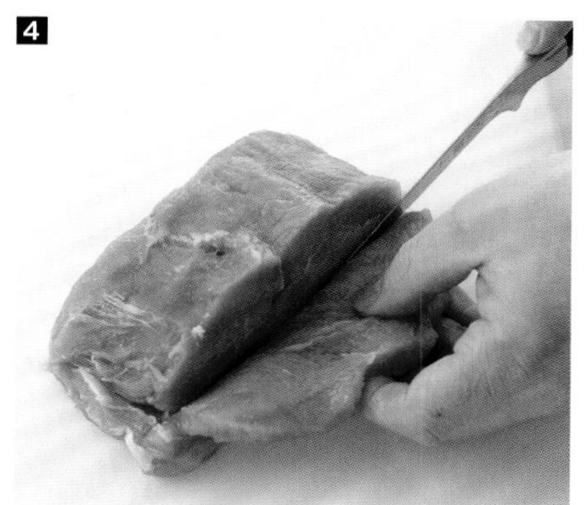

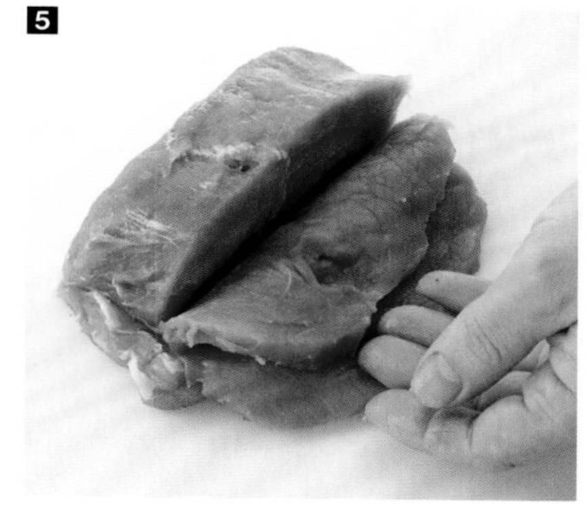

5 6 重复上述步骤。

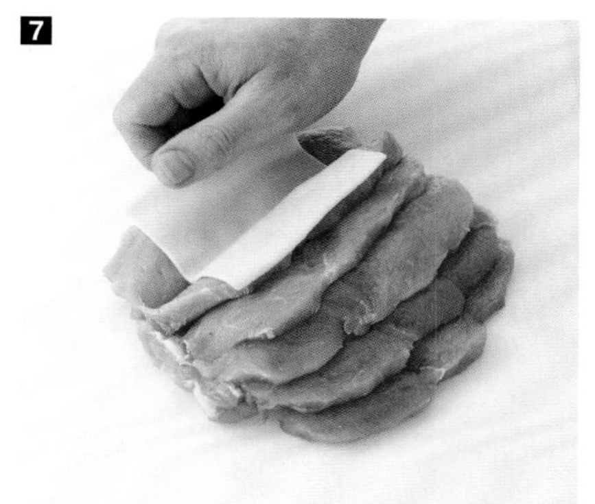

7 在两片牛肉之间放一片奶酪。

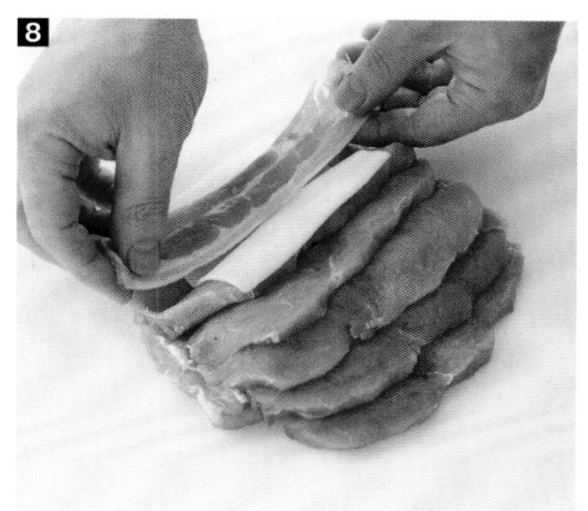

8 将一片培根放在奶酪片的中间并将奶酪片折叠。

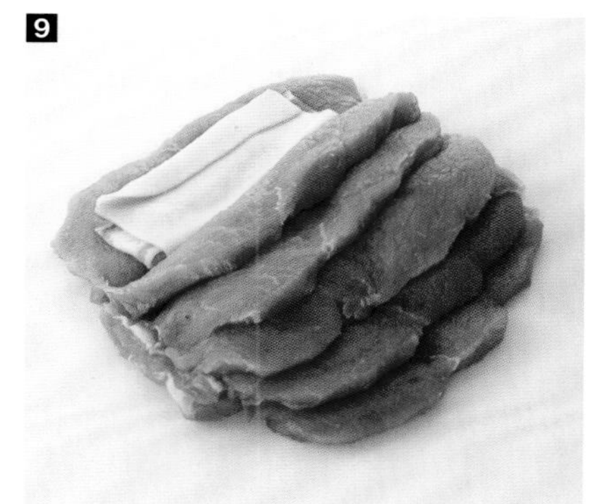

9 叠好奶酪片。

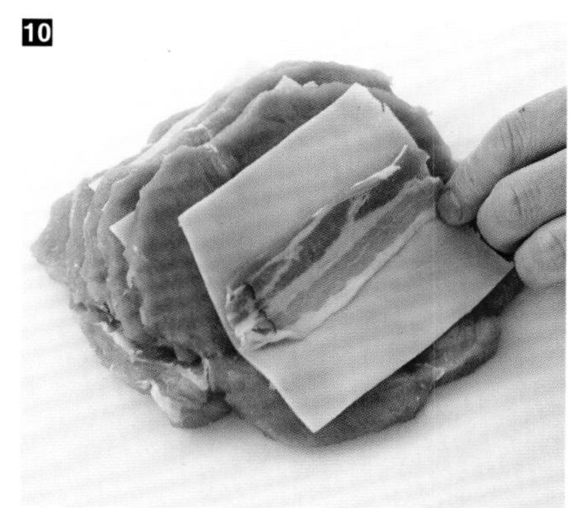

10 在其他切片处重复以上步骤。

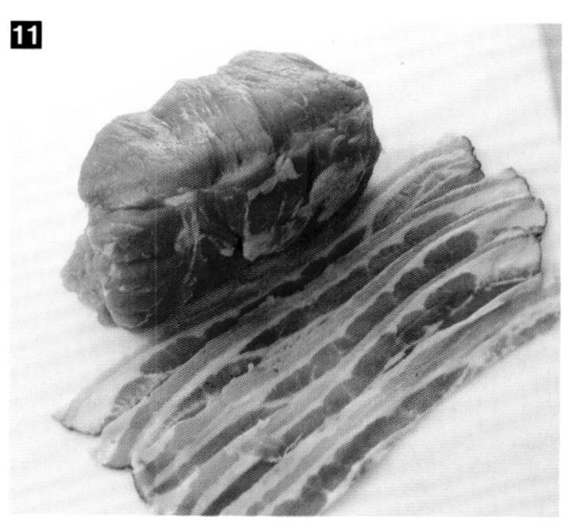

11 将五花肉交叠放置在料理台上。

12 将烤肉放在上面。

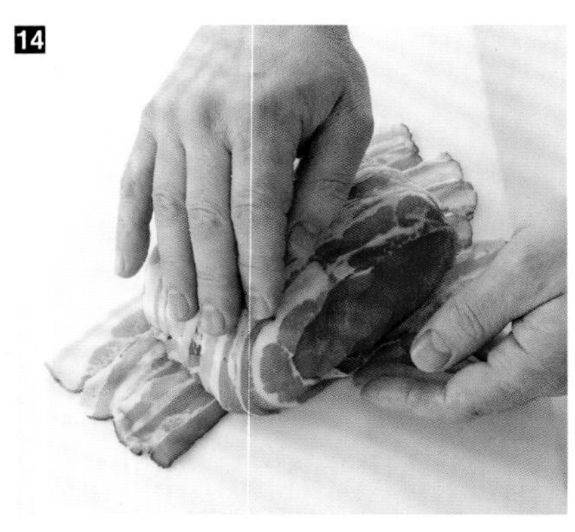

13 在烤肉上盖上五花肉片。

14 15 将五花肉压在烤肉下方并用手按压使其粘好。

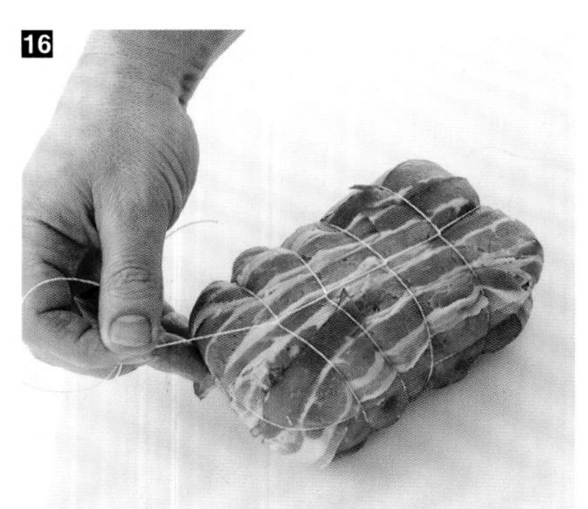

16 采用与酿馅牛肉卷相同的方法烤制烤肉（请参见第51～54页）。

猪肉

猪肉笔记

猪从头到尾都是宝。

自古以来，法国的每个地区都养猪，并充分利用猪肉。像农场鸡一样，猪一直饲养在农场，以人类的厨余剩饭为食，进而用猪肉、肉制品和猪油喂养人类。

猪的分类

不足2个月的小猪，无论雌雄，都被称为小猪崽（Le porcelet petit）。生长5周为乳猪（Le cochon de lait porcelet）。小母猪（La cochette femelle）是指从未繁育的母猪。母猪（La truie femelle）是指已繁育的母猪。公猪（Le verrat mâle）是指用于繁育的种猪。肉用猪（Le porc charcutier）无论雌雄均为肉用。

猪肉的质量取决于两点：猪的品种及其饲养方式。其中包括三种饲养方式：格栅圈养、草垛圈养、露天饲养，95%的法国产猪肉来自条件卫生的集约化大型农场。为实现盈利最大化，猪在饲养过程中被分为两类，一类交给配种员；另一类交给饲养员。农场猪与广阔土地的接触以及良好的生活环境令它在最佳条件下生长，也使其肉质更具风味。请仔细查看标签，因为法国有机农业认证标识（AB）或红标认证（Label Rouge）标签并不能证明猪是在露天饲养的。而部分地区以其土特产品种的猪闻名于世，如科西嘉猪（le porc corse）、加斯孔猪（le porc gascon）、巴斯克猪（le porc basque）和利穆赞猪（le porc limousin）。

实践技巧

各部位对应的烹饪方法

炉烤

猪前肋排、猪脊骨、猪肩肉、猪里脊、猪内里脊。

煎

烤猪肋排、猪内里脊、猪中肋排。

架烤

培根、里脊排、猪前肋排、猪中肋排、猪脚。

炖

猪肋排、猪肘。

煮

猪脊骨、猪肩肉、猪肘、猪肩肘肉、猪脚、猪肋条。

煨

猪脊骨、猪肩肉。

储存

所有猪肉部位均需冷藏保存在冰箱最冷的位置，温度为0℃～4℃。无论猪肉是以何种类型包装，均需保留其原始包装：用肉铺石蜡纸包裹或放置于大包装盒中。新鲜猪肉要在3至4天内食用。碎肉必须在购买后12小时内食用。

切记在烹饪前15分钟取出肉，使其恢复至室温，从而避免因急速加热而影响肉质的软嫩。

冷冻

将肉块放入特制的冷冻袋中时，需确保双手清洁干净。猪肉可以在冰箱中保存6个月。相较于使用烹饪明火解冻，更推荐在冰箱冷藏室中，在保鲜膜包裹的盘子中逐渐解冻。

蒂埃里的建议

猪肉的制备方法五花八门。除了其他肉类常见的传统烹饪方法外，还可以熏制、裹面包屑、腌制和烘干。这种动物的所有部位都有用，这也是猪长期作为家畜饲养的原因。注意：法语中的猪（le cochon）表示猪这一物种、猪肉（指常规概念中的猪肉）和其他猪肉，并未对这些不同部位的品质进行分类。

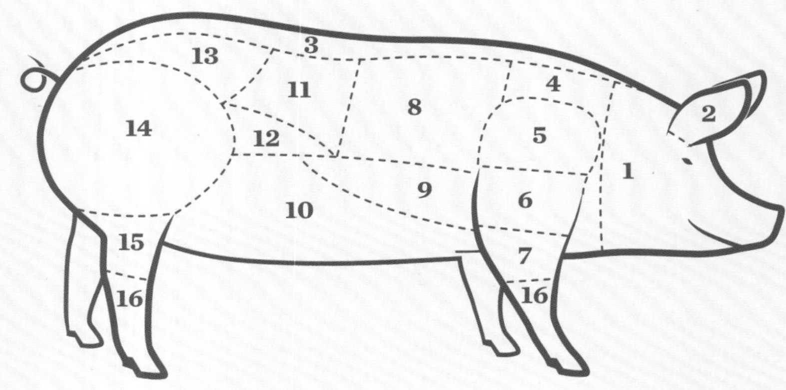

1 猪头肉（Tête）
2 猪耳朵（Oreilles）
3 猪肥膘（Lard gras）
4 猪脊骨肉（Échine）
5 猪短肋（Plat de côte）
6 猪肩肉（Épaule）
7 猪前腿（Jarret avant）
8 猪肋排（Carré de côtes）
9 猪肋条（Travers）
10 猪胸肉（Poitrine）
11 猪中部里脊（Milieu de filet）
12 猪内里脊（Filet mignon）
13 猪后臀里脊（Pointe de filet）
14 猪肘（Jambon）
15 猪后腿（Jarret arrière）
16 猪脚（Pieds）

制作猪肉香肠

香肠通常用猪颈肉、猪油和猪脊骨肉制成。但也可以让禽肉、鸭胸肉、火鸡胸肉和鸡胸肉，配合香料调味，组成少油而个性化的菜谱。注意肠衣的质量和清洁。在制作香肠前，先将肉馅充分冷藏，以防止脂肪熔化在绞肉机的螺旋刀片上。

配料

- 猪脊骨肉
- 猪肥膘
- 猪颈肉
- 肠衣
- 加醋的水
- 香芹
- 香料
- 盐
- 胡椒

工具

- 剔骨刀
- 填压器
- 装有灌香肠套筒组件的绞肉机

1 用剔骨刀将猪脊骨肉切成方块。

2 切下猪皮。

3 将肥膘切成方块。

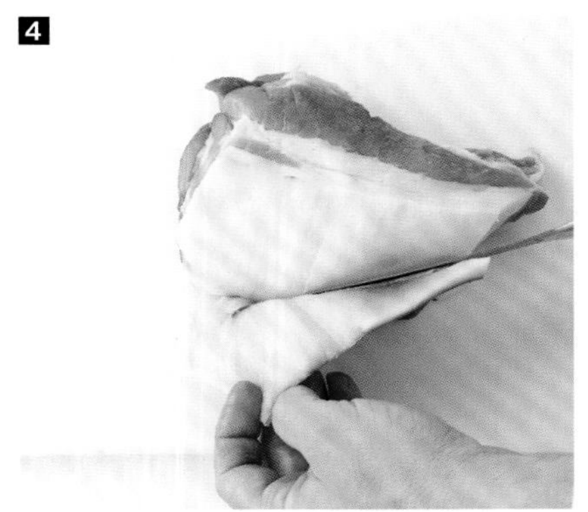

4 切下猪颈肉外皮。

5 将猪颈肉切成方块。

6 将盐、胡椒和复合香料撒在肉块上。

7 将调料、香料和肉块拌匀进行腌制，静置冷藏6小时。

8 将肠衣浸入冷水中。

9 将肠衣的一端套在填压器上。

10 倒入1升含10％食醋的水对肠衣内部进行清洁处理。

11 将整个肠衣套在填压器上。

12 将其放在水中以防止肠衣干燥。

13 将腌制好的肉块放在绞肉机的进肉托盘上。

14 使用推动器将肉块推进料斗中。

15 最后加一点香菜放入料斗中，以确保绞肉机中没有残留猪肉。

16 将碎肉放回托盘上，然后将填压器装在绞肉机上。

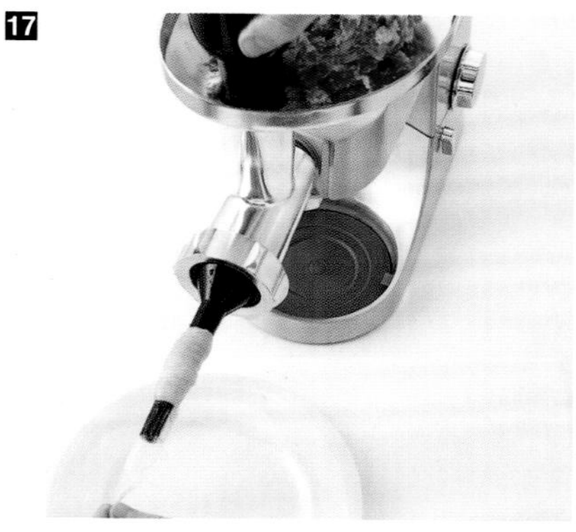

17 抓住肠衣末端，同时将肉推入料斗。

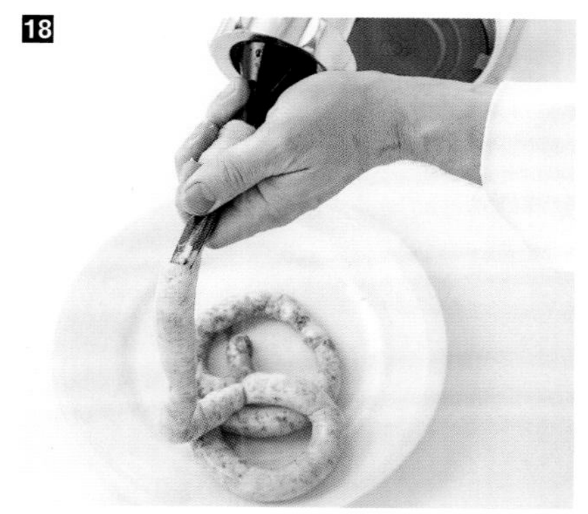

18 在填料过程中，用手展开肠衣。

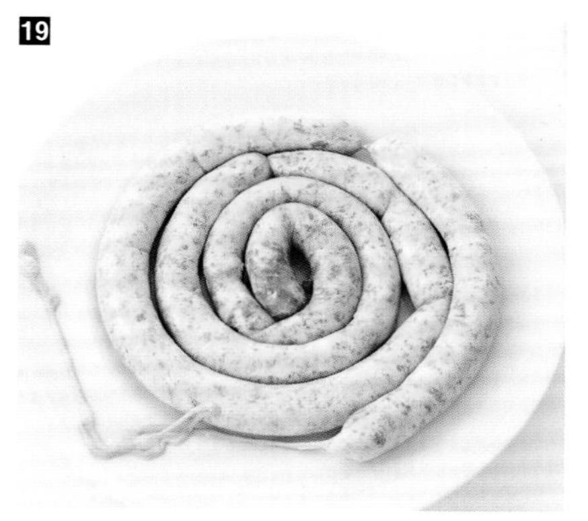

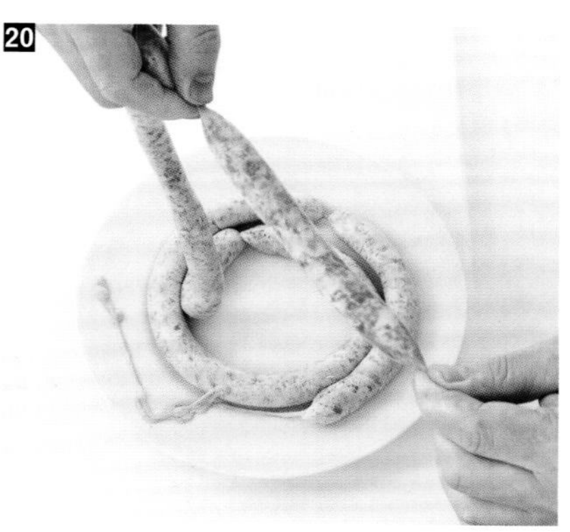

19 20 为将香肠分节，需弄湿双手并捏住所需的长度。

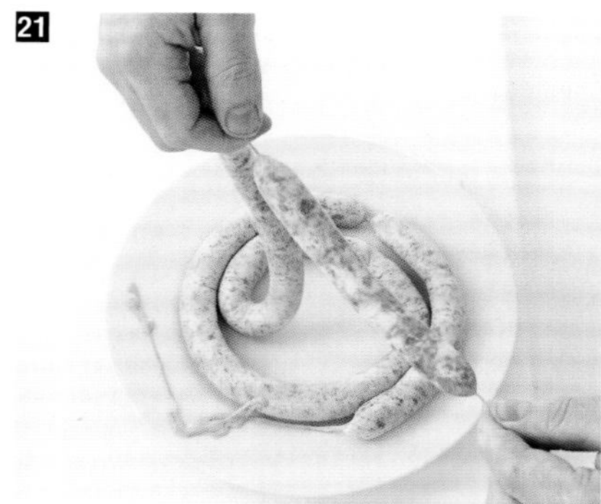

21 扭转数次使其分节。请勿制作可能爆裂的香肠节。

制备法式猪肉菜团

法式猪肉菜团（caillette）是香肠的雏形，从前是在杀猪时制备的。每家都拥有值得骄傲的顶级菜谱。这道菜的基础配料是肉、猪肥膘和猪肝。可以添加菠菜或君荙菜叶，在常温或加热食用。

配料

- ⊙ 猪肝
- ⊙ 猪肥膘
- ⊙ 网膜
- ⊙ 菠菜
- ⊙ 洋葱
- ⊙ 小葱
- ⊙ 蒜瓣
- ⊙ 香料
- ⊙ 白葡萄酒
- ⊙ 盐
- ⊙ 胡椒

工具

- ⊙ 剔骨刀
- ⊙ 绞肉机
- ⊙ 小刀
- ⊙ 烤盘

1 将菠菜煮熟。用剔骨刀将猪肝和猪肥膘切碎。

2 将猪肝、猪肥膘、洋葱、小葱和蒜瓣放入绞肉机的食物托盘中。

3 将肉推入料斗。

4 继续将煮熟的菠菜推入料斗。

5 在馅料中添加香料，冲洗网膜。

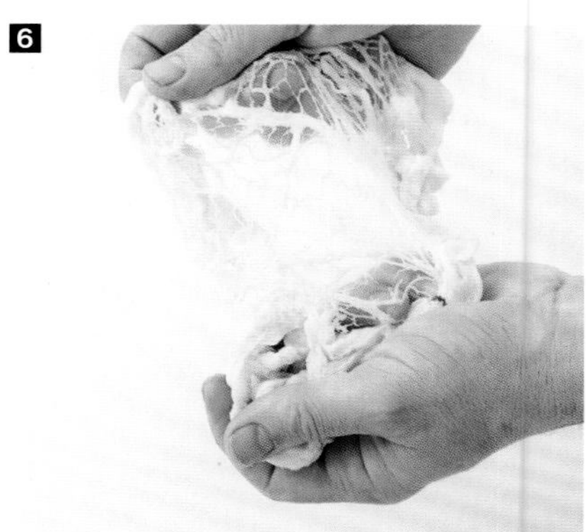

6 小心地将网膜铺在案板上。

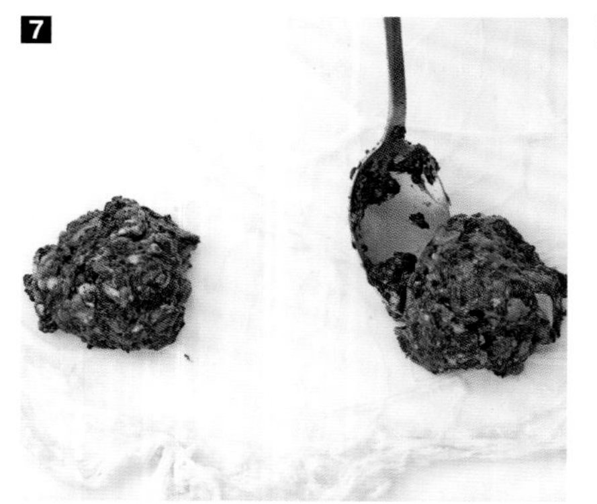

7 8 在网膜上放置小团馅料，并彼此间隔。

9 用小块网膜盖住每一个馅料团。

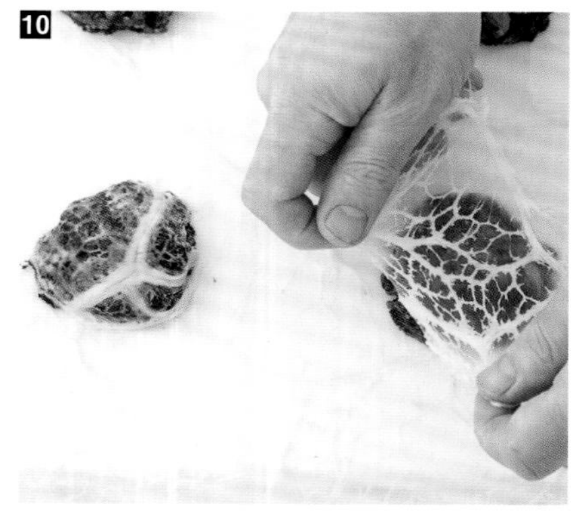

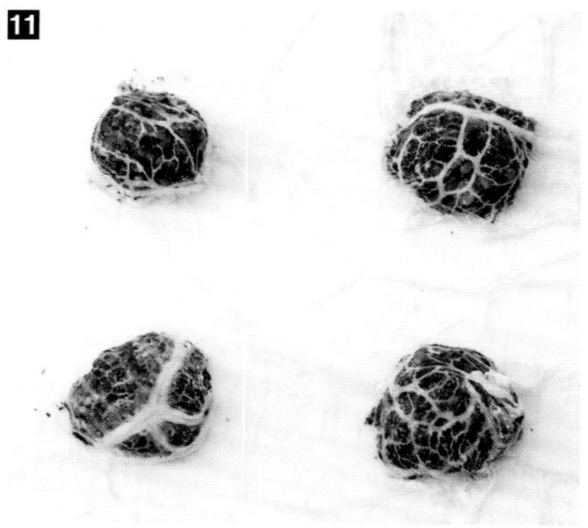

10 11 做成一个个小球。

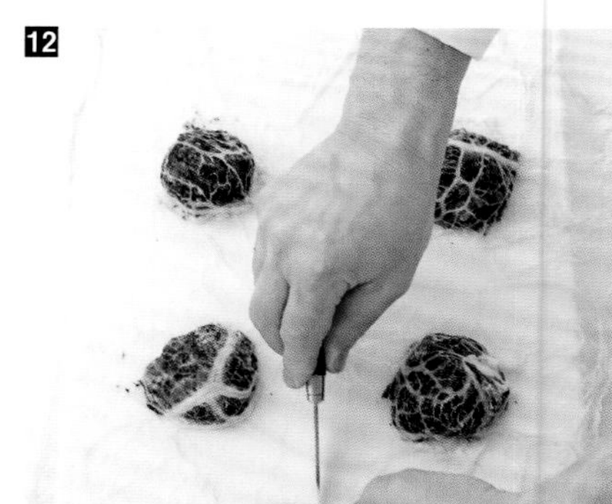

12 用小刀将每个馅料团周边的网膜切开。

13

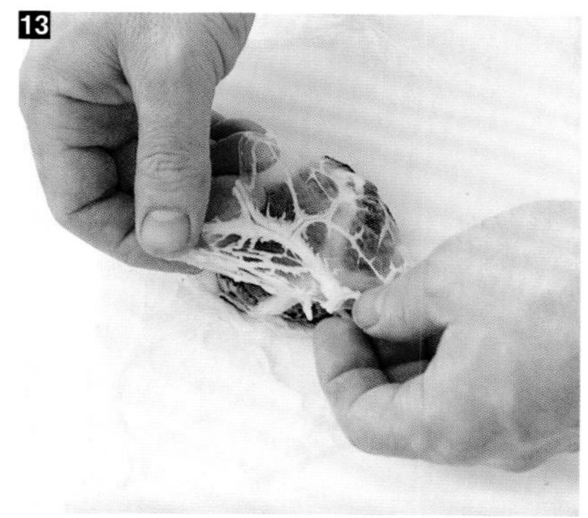

14

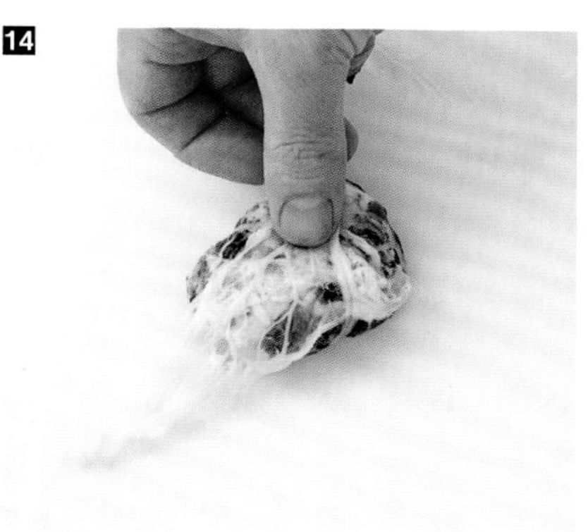

15

13 14 折叠网膜使其形成球状。

15 将法式猪肉菜团放入烤盘中并添加香料和白葡萄酒。

16

16 在预热至180℃的烤箱中烘烤40分钟。

制作法式肉酱

在制作法式肉酱时，将肉在网膜上松散平铺，使其在填充时保持松软。这种操作可以避免撕破网膜。

配料

- ⊙ 猪里脊
- ⊙ 猪肥膘
- ⊙ 鹅肝
- ⊙ 网膜
- ⊙ 香料
- ⊙ 盐
- ⊙ 胡椒

工具

- ⊙ 陶锅
- ⊙ 绞肉机
- ⊙ 汤匙
- ⊙ 剔骨刀
- ⊙ 小刀

烹饪建议

将法式肉酱置于炖锅中，加盖，放置在预热至180℃的烤箱中进行烘烤。在烘烤结束前10分钟，将锅盖取下，以给烤肉酱上色。500克法式烤肉酱需烹饪约40分钟。在品尝前，需静置12小时。

1

1 用剔骨刀将猪里脊肉、猪肥膘和猪肝切成大块，放在绞肉机的食物托盘上。

2

2 将肉块推入料斗。

3

3 撒上盐和胡椒调味。

4 用冷水冲洗网膜。

5 将网膜放置在陶锅中。

6 将碎肉倒入陶锅。

7 用勺子的背面将碎肉夯实，令边缘形成曲面。

8 折叠部分网膜。

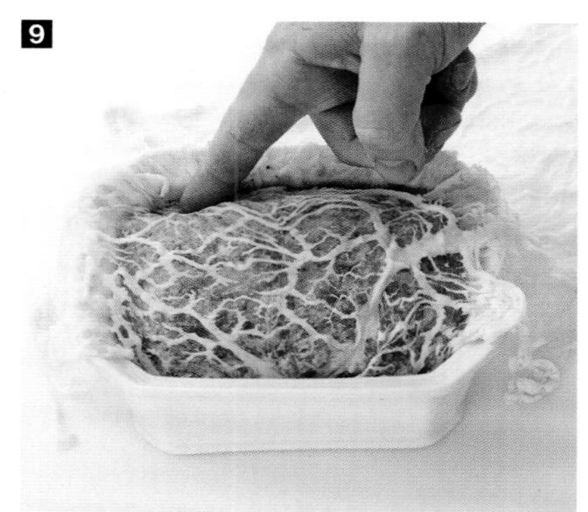

9 用食指将网膜塞入陶锅边缘。

10 加入香料进行装饰。

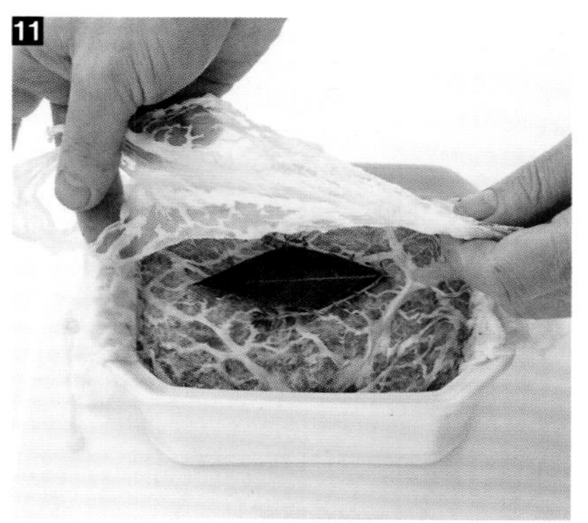

11 盖上另一半网膜。

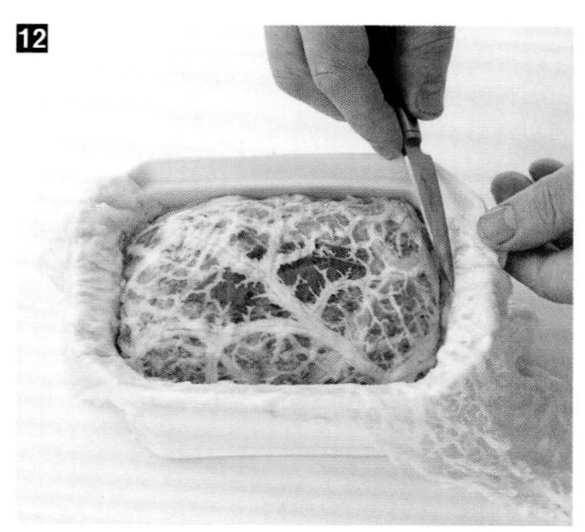

12 用小刀切掉多余的网膜。

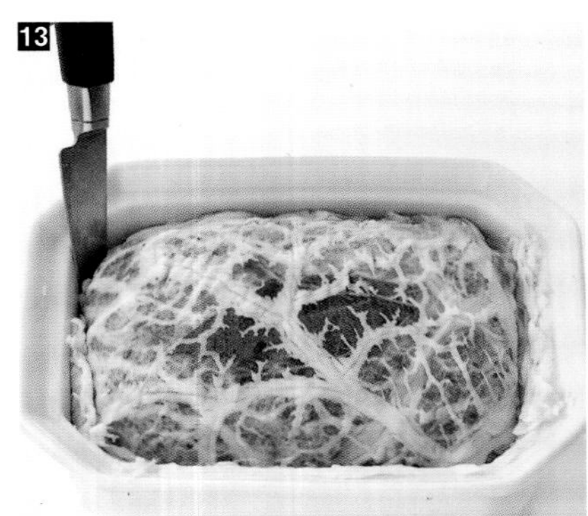

13 用刀片在陶锅壁上滑动以塞回网膜。

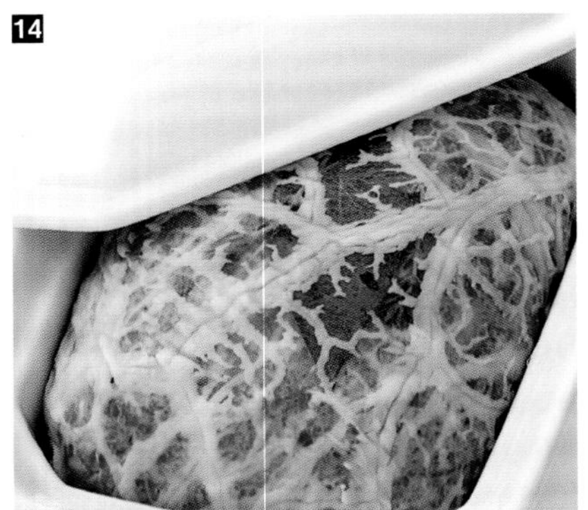

14 法式肉酱制备完毕。

制备猪肋排

在切掉猪皮后，可以将脂肪留在猪肋排上，脂肪会令猪肉醇厚浓香。

工具

- ⊙ 剔骨刀
- ⊙ 厨用线
- ⊙ 小刀

烹饪建议

1千克猪肉需在预热至150℃的烤箱中烹饪40分钟，然后在烤架下烘烤几分钟。

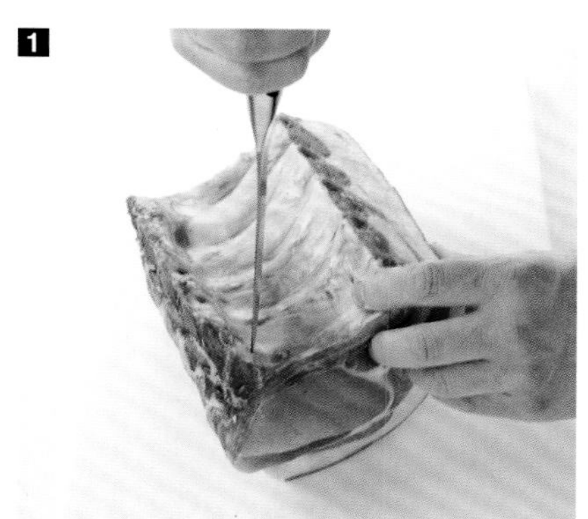

1 **2** 用剔骨刀的刀尖在软骨处切，使其与底部脱离。

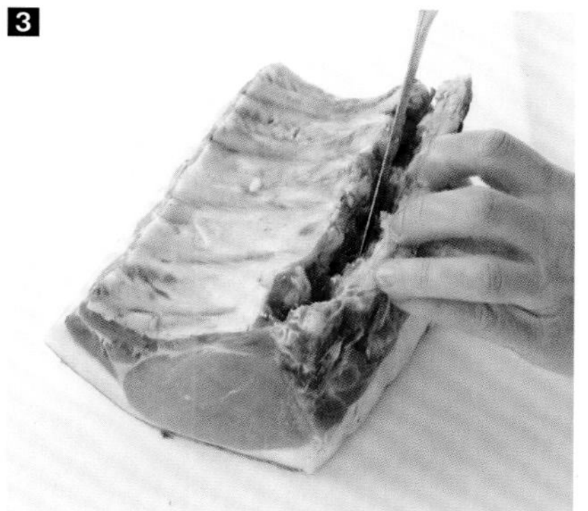

3 **4** 用拉刀的方法进行切割，令其与骨骼部分逐步分开。

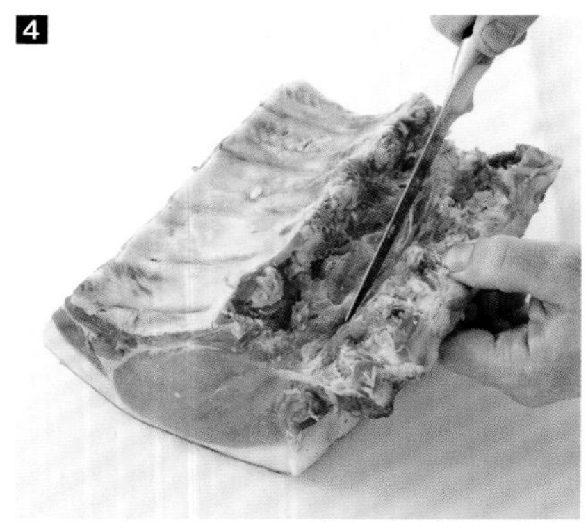

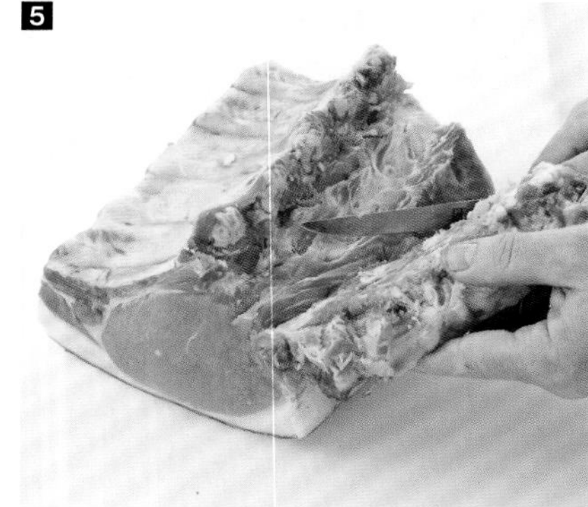

5 6 切下这一部分。

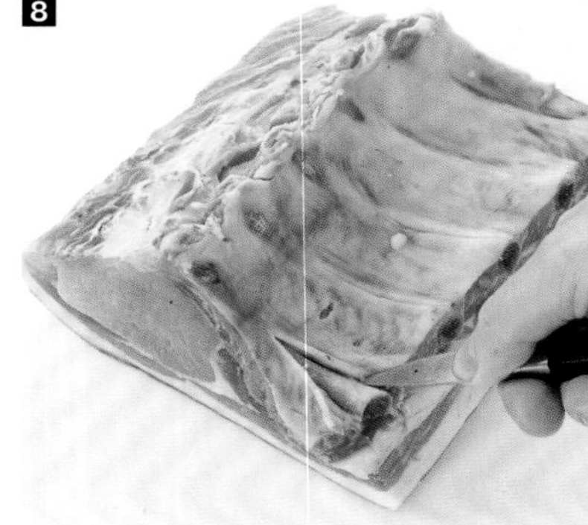

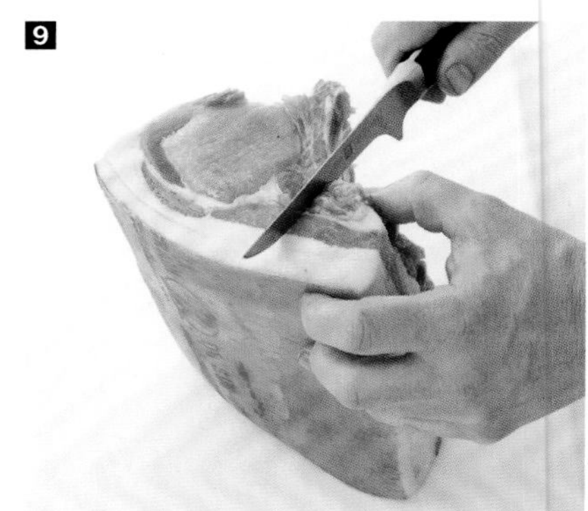

7 8 用剔骨刀的刀尖沿肋骨切开。

9 翻转肋排并用刀从顶部切至腰部肋骨。

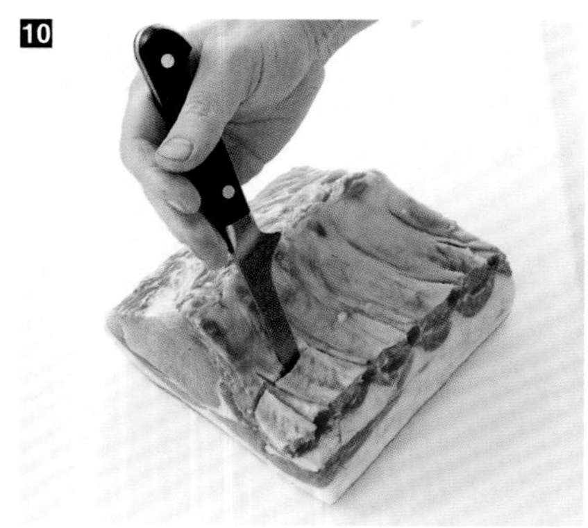

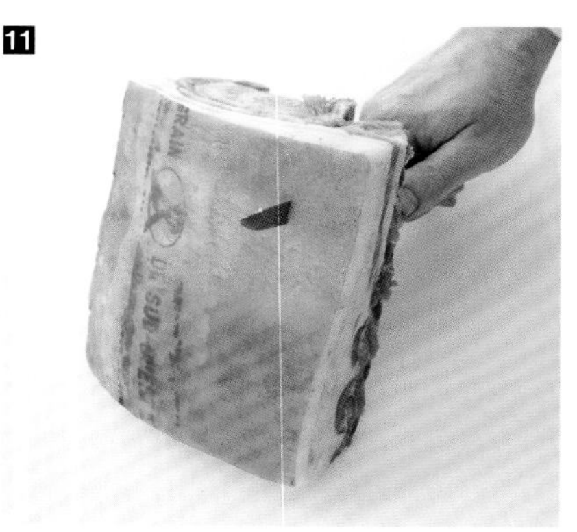

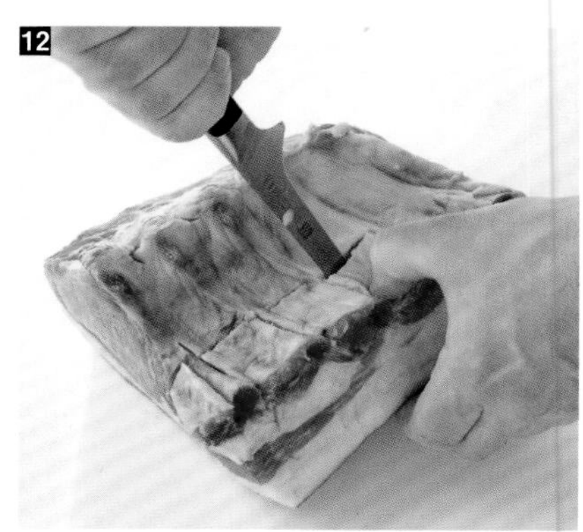

10 翻转肋排并对另一面重复相同步骤。

11 12 沿着猪肋排切割。

13

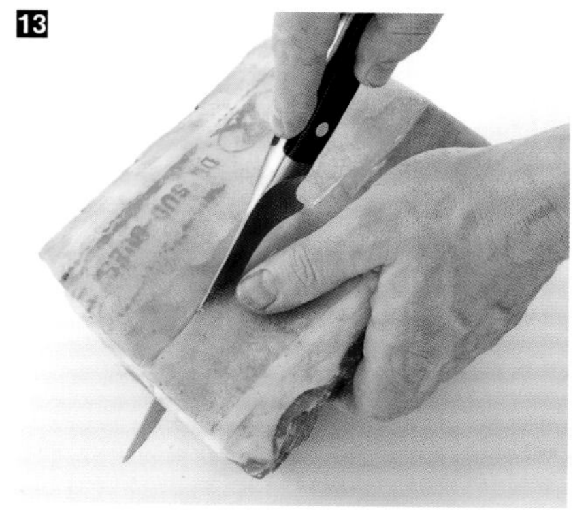

14

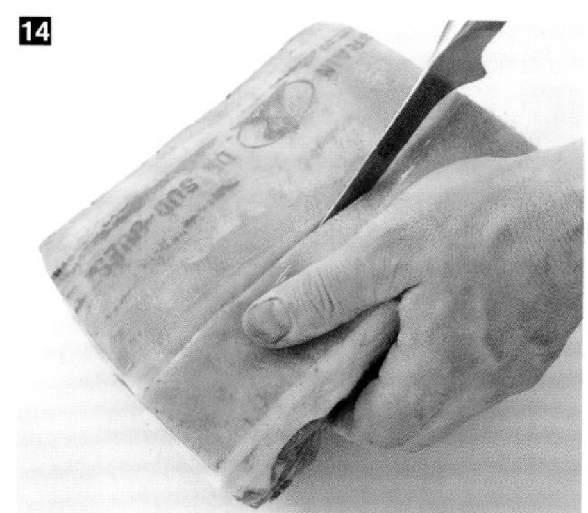

15

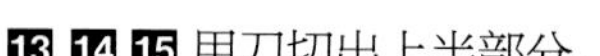

13 14 15 用刀切出上半部分。

16

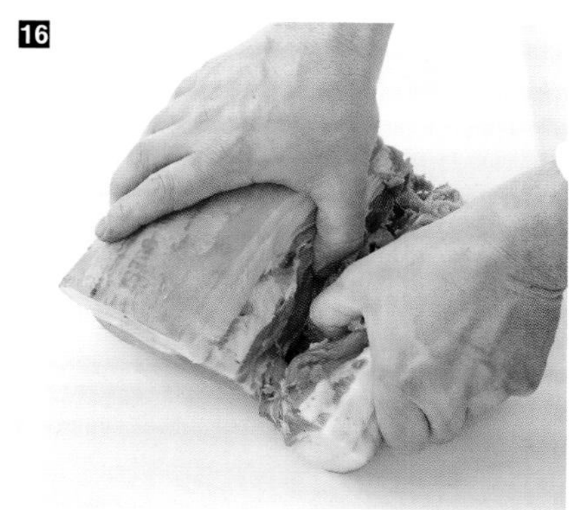

17

16 17 用手分开两个部分。

18 19 用小刀将骨头刮净，使其在烹饪时保持白色。

19

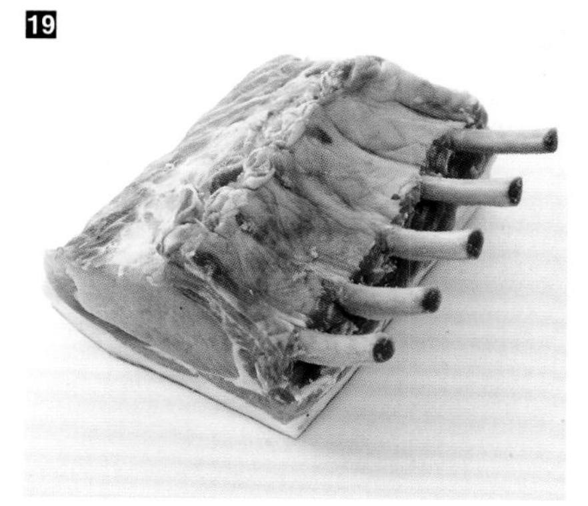

20

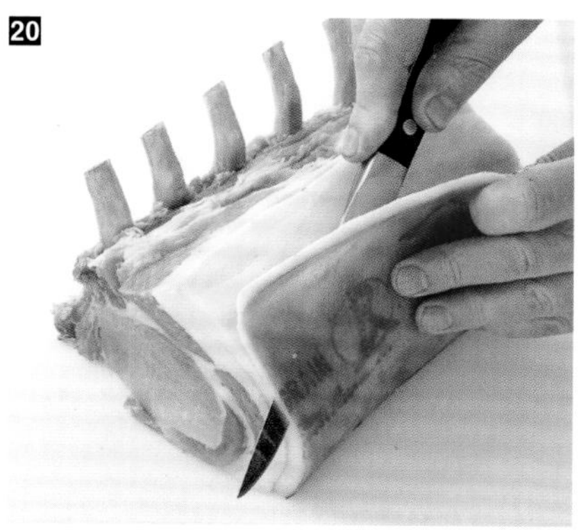

21

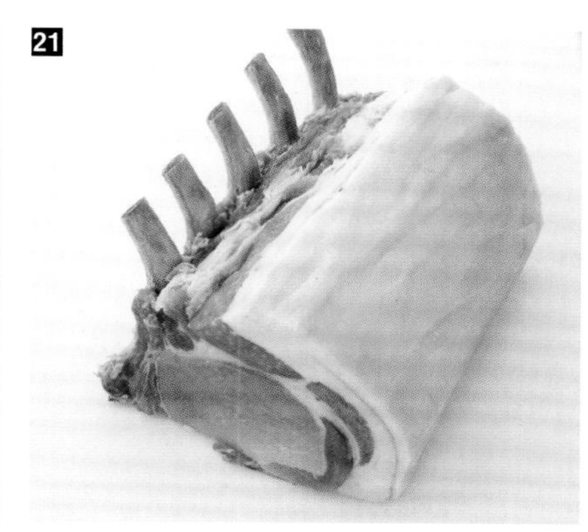

20 21 切下猪皮。

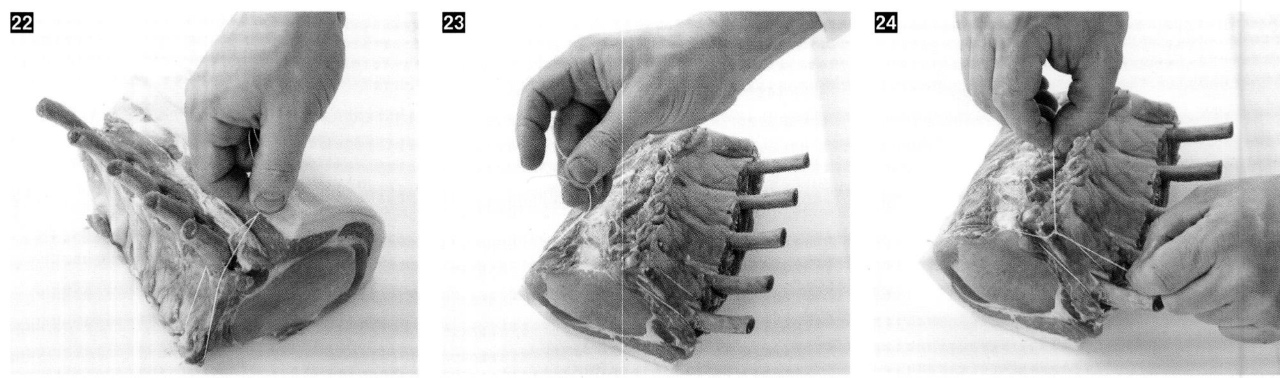

22 将厨用线绕过肋骨下端。

23 24 在打结前将厨用线在猪肋排上反复缠绕，在整个猪肋排上重复此步骤。

切割猪肋排

工具

⊙ 剔骨刀

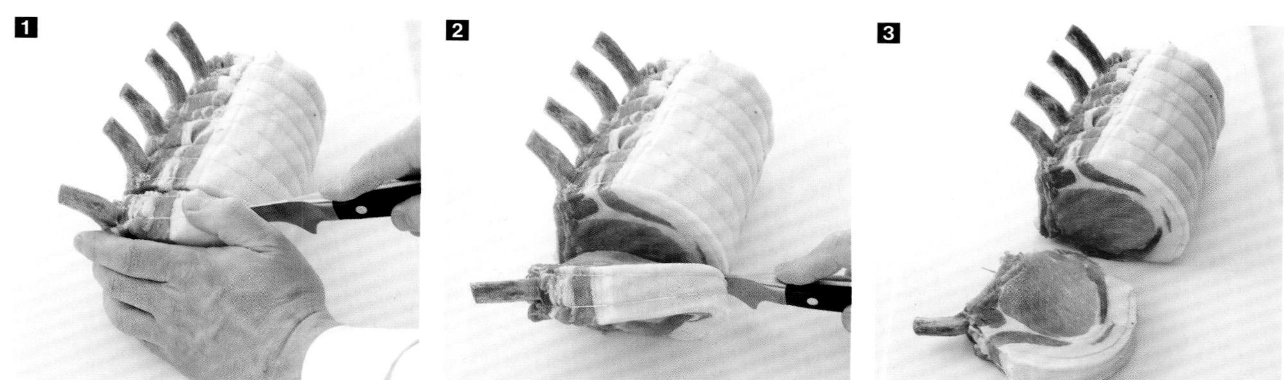

1 用一只手按住猪肋排，然后在两根厨用线之间下刀。

2 3 不要来回移动刀片，始终使用拉刀的方式进行切割。

羊肉

羊肉笔记

区分法国三十余个品种的羊并非易事，这些羊饲养于不同的地区，因而赋予羊肉颇具典型风格的各种味道。

羔羊是指不足12个月的公羊或母羊。乳羊（lait）指饲养过程中只喂奶，在断奶前被屠宰。小羊（broutard）指在断奶后饲养一段时间，在4至12个月时被屠宰。超过12个月被称为羊（mouton）。这时的羊味道更明显，肉质降级不再细嫩，价格也随之降低。

有许多用于保证羊肉质量和产地的认证标签：

- 法国原产地命名保护认证标识（AOC）证明羊肉产自规定区域：索姆海滨牧场羊（pré-salé de la baie de Somme）、圣米歇尔山海滨牧场羊（pré-salé du Mont Saint-Michel）和巴雷日-加瓦尔尼绵羊（mouton de Barèges-Gavarnie）。
- 欧盟地理标志保护认证标识（IGP）证明羊肉的产地名称：普瓦图-夏朗德羊肉（l'agneau de Poitou-Charentes）、洛泽尔羊肉（l'agneau de Lozère）和利穆赞羊肉（l'agneau de Limousin）。
- 红标认证（Le Label Rouge）用于保证羊肉的优质口感：波拉克羊肉（l'agneau de Pauillac）锡斯特龙羊肉（l'agneau de Sisteron）、比利牛斯乳羊肉（l'agneau de lait des Pyrénées）、凯吕西农场羊肉（l'agneau fermier du Quercy）。
- 法国有机农业认证标识（AB）证明羊肉的生产方式符合有机农业的规定标准。
- “本土羊肉”认证标识（Agneau de nos terroirs）是生产者对优质羊肉的承诺，这些羊肉被认证、筛选、追踪、标记和监管。

饲料对于动物肉质的味道、鲜嫩和多汁程度具有根本影响。仅依靠母乳喂养的比利牛斯奶羊肉质软嫩，由于在广袤的原野上嬉戏跳跃，令这种羊的肌肉紧实，仅覆盖很薄的脂肪。有别于工业化养殖食用复合乳与饲料的乳羊，在含碘沿海牧场或在拥有鲜花和野生香料的牧场放牧的哺乳母羊会赋予羊羔肉独特的香味。

尽管我们全年都能在肉铺买到羊羔肉，但请切记羔羊的时令。2月至4月是春天的乳羊肉，4月入夏是小羊肉。因此，在宗教节日——复活节时将羊肉置于我们餐桌的聚光灯下并非巧合（欧洲有复活节吃羊肉的传统）。

实践技巧

各部位对应的烹饪方法

炉烤

羊脊、羊肋排、羊肩肉、羊腿。

煎

羊肩肉、羊腿肉片、羊肋排。

架烤

羊腿、羊排。

炖

酿馅羊肩。

煮

羊颈肉、羊前肋、羊胸肉。

煨

羊颈肉、羊肩肉、羊胸肉、羊前肋。

储存

所有羊肉部位均需冷藏保存在冰箱最冷的位置，温度为0℃~4℃。无论羊肉以何种类型包装，均需保留其原始包装：用肉铺石蜡纸包裹或放置于大包装盒中。新鲜羊肉要在3至4天内食用。碎肉必须在购买后12小时内食用。

切记在烹饪前15分钟取出肉，使其恢复至室温，从而避免因急速加热而影响肉质的软嫩。

冷冻

将肉块放入特制的冷冻袋中时，需确保双手清洁干净。羊肉可以在冰箱中保存6个月。相较于使用烹饪明火解冻，更推荐在冰箱冷藏室中，在保鲜膜包裹的盘子中逐渐解冻。

蒂埃里的建议

我最喜欢的部位是羊腿和羊排。我将它们与迷迭香、大蒜和百里香混合，使香气渗透，然后在烤箱中烤制。

当羊肉在三分熟至七分熟时，香味独特，肉质细腻。为保持羊肉柔软和多汁，请勿忽略静置步骤。

请将餐具或盘子加热以防止羊肉片过快降温导致脂肪凝结。

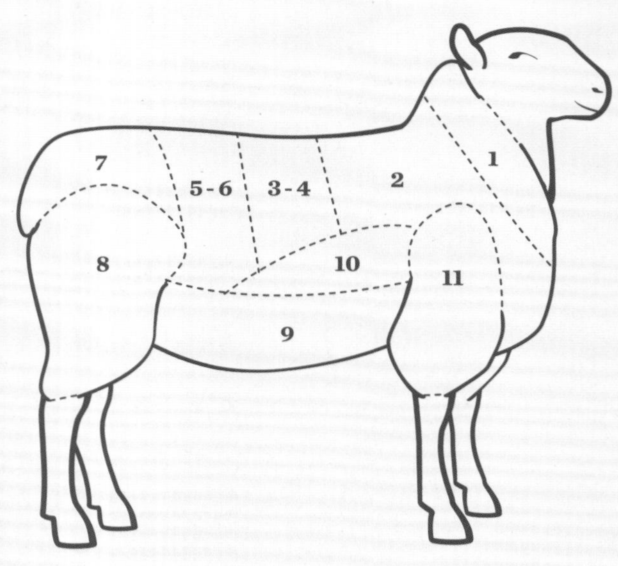

1羊颈肉（Collier）

2 羊上脑（Côtes découvertes）

3-4 羊背部肋排（Côtes premières et secondes）

5-6 羊里脊和里脊肋排（Filet et côte filet）

7 羊脊肉、羊臀肉（Selle）

8 羊腿（Gigot）

9 羊胸肉（Poitrine）

10 羊前肋（Haut de côte）

11 羊肩肉（Épaule）

制备羊脊肉

羊肉是一种肥美的肉，需要细心准备。不要浪费切下的羊肉，可将它们用于制作酱汁。只需将它们放入平底锅中，然后倒入白葡萄酒，加入香草、胡萝卜和洋葱，再添上水，煨30分钟即可。

工具

⊙ 剔骨刀　　⊙ 厨用线

1

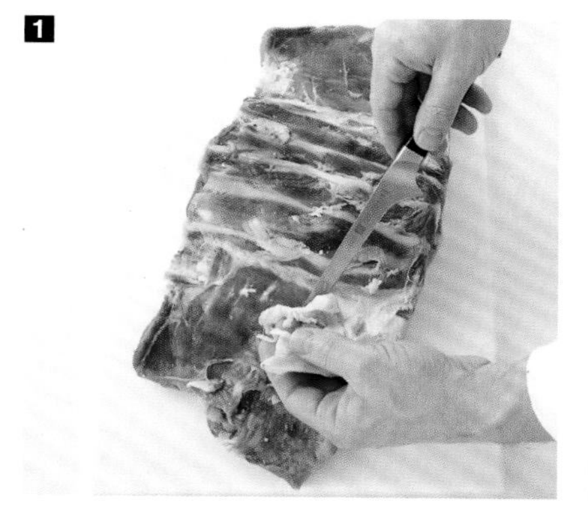

2

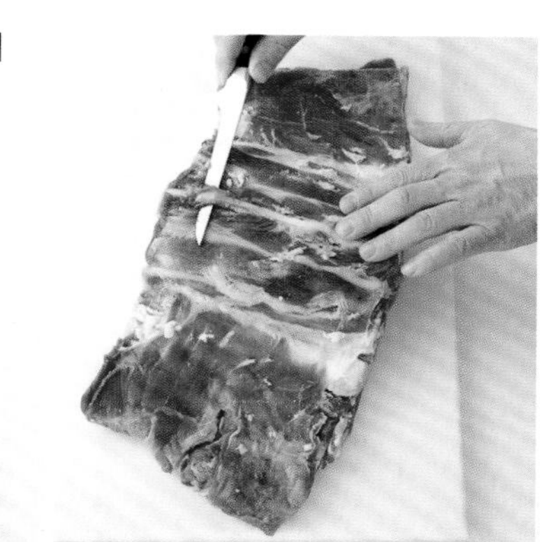

3

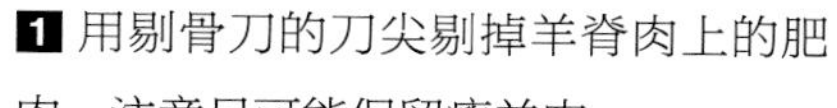

1 用剔骨刀的刀尖剔掉羊脊肉上的肥肉，注意尽可能保留瘦羊肉。

2 3 剔除筋膜。

4

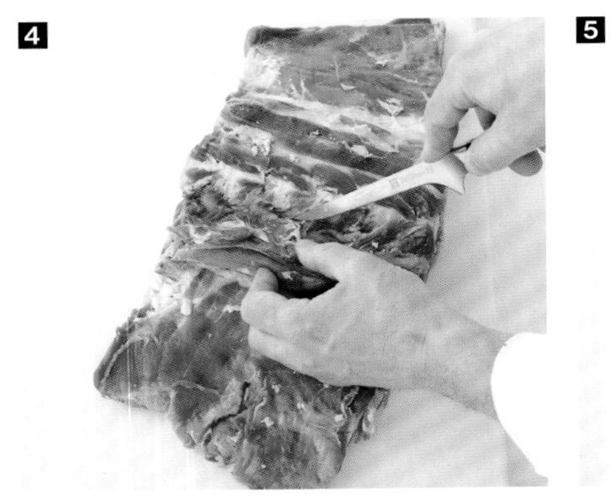

5

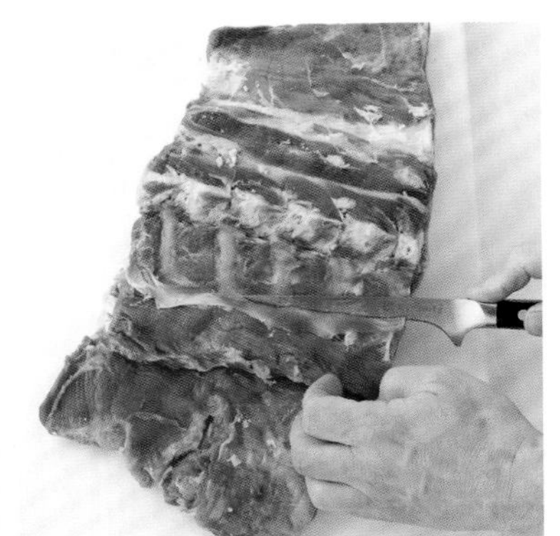

6

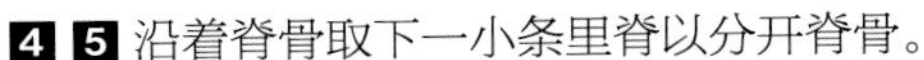

4 5 沿着脊骨取下一小条里脊以分开脊骨。

6 在另一侧重复同样步骤。

7

8

9

7 8 用刀尖沿着脊柱分开羊肉。

9 10 将刀片片入椎骨与羊肉之间。

10

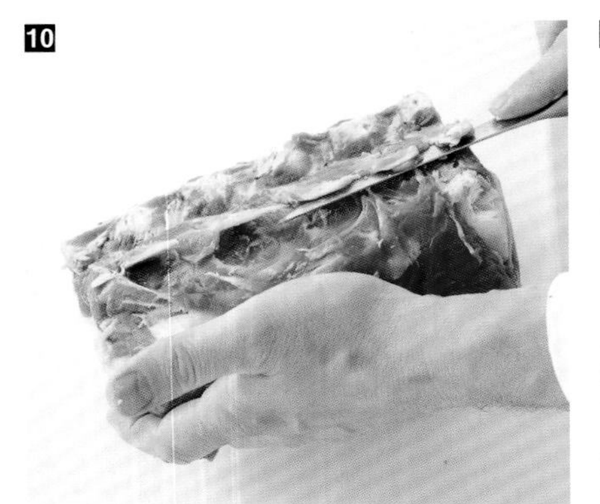

11

12

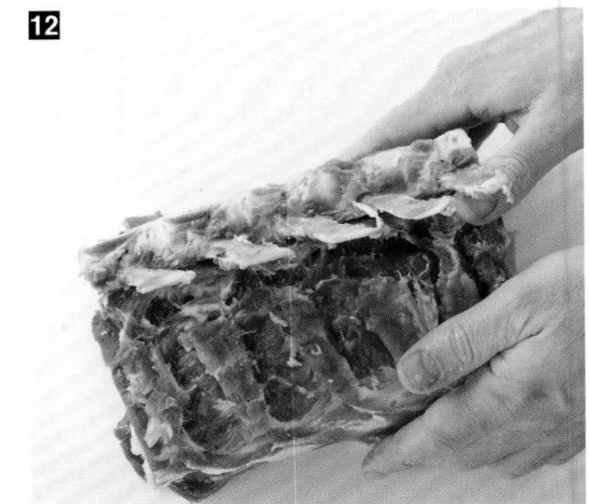

11 用拇指按住，尽可能去除骨头保留羊肉。

12 对另一面重复同样步骤。

13

14

15

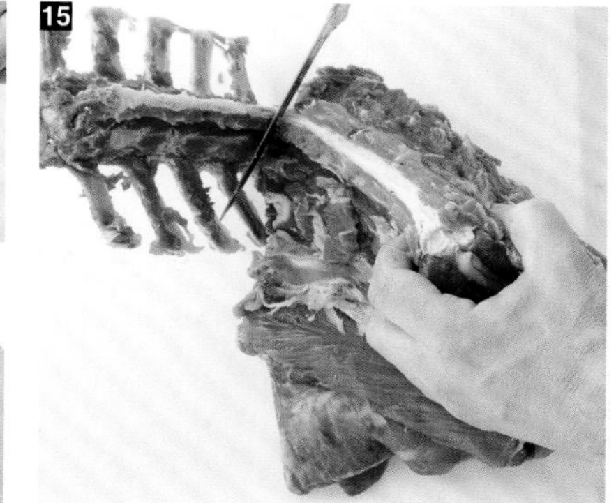

13 14 15 16 在羊肉和脊骨之间轻轻移动刀片，注意不要切开脊柱。

16

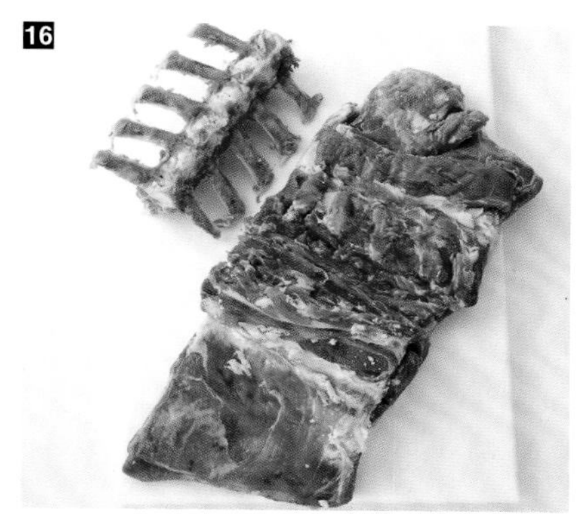

17

18

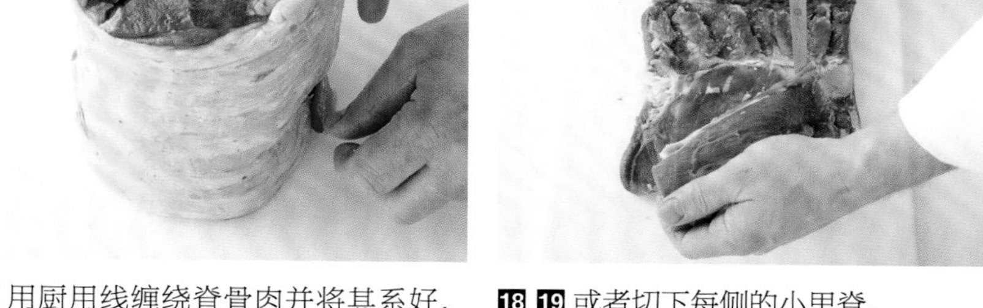

17 用厨用线缠绕脊骨肉并将其系好，即可将羊肉放置在烤箱中烘烤。

18 19 或者切下每侧的小里脊。

19

20

21

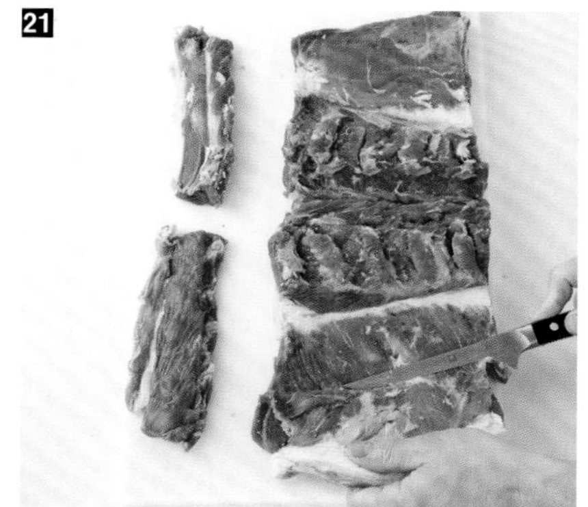

20 21 去除多余的脂肪和外脊肉上的筋膜。

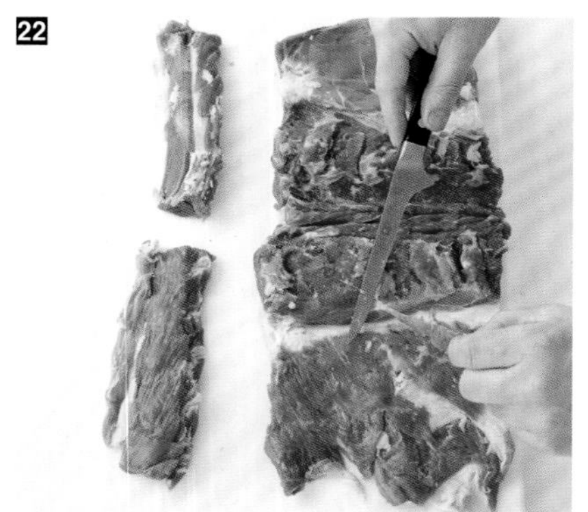

22 去除筋膜和里脊上的脂肪。

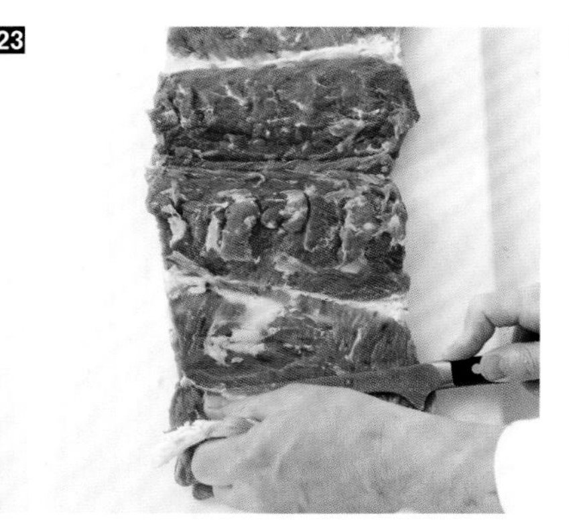

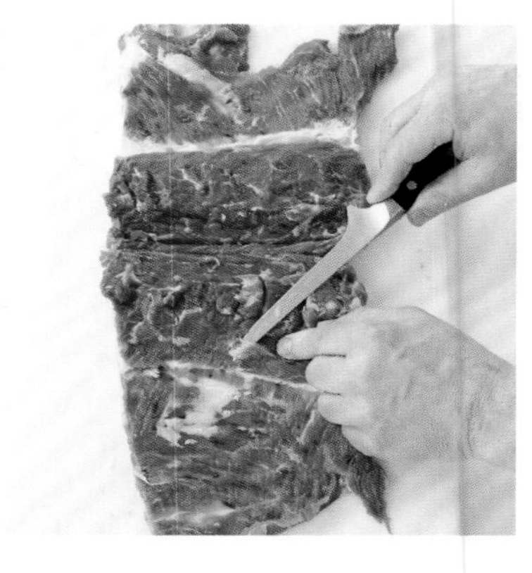

23 24 对另一侧的外脊肉和里脊重复此步骤。

25 将羊脊肉翻面，用小刀整理边缘。

26 27 去除两个小里脊并去掉肉筋。

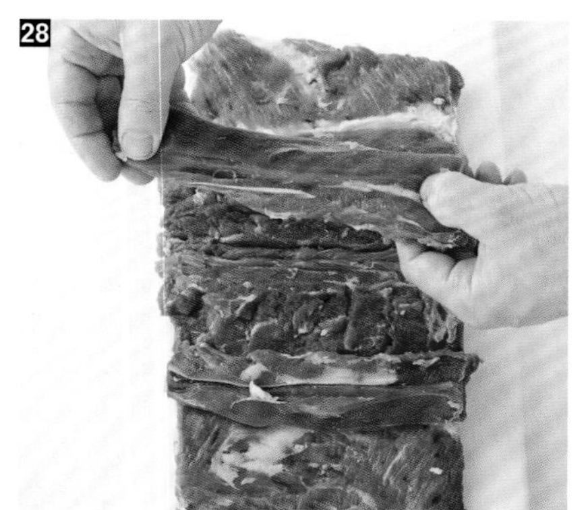

28 然后将它们放在羊脊肉上。

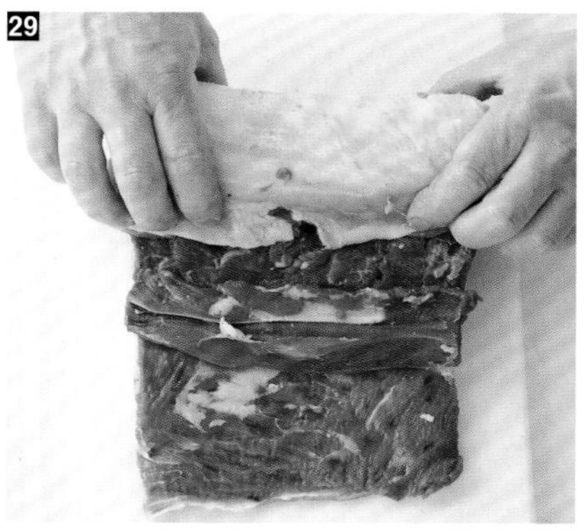

29 用盐和胡椒调味，然后卷起羊脊肉。

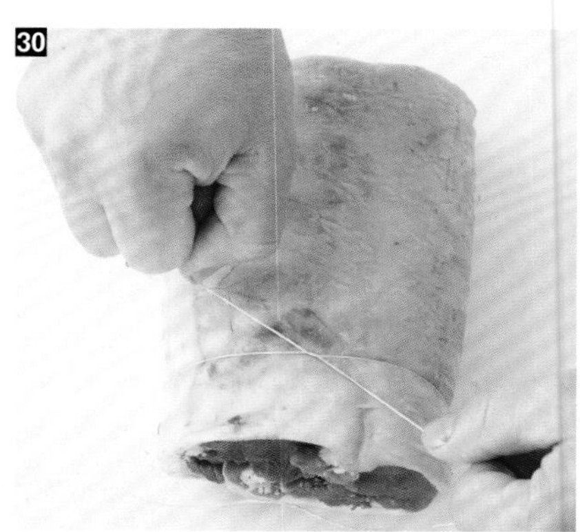

30 31 在烘烤前将其系好。

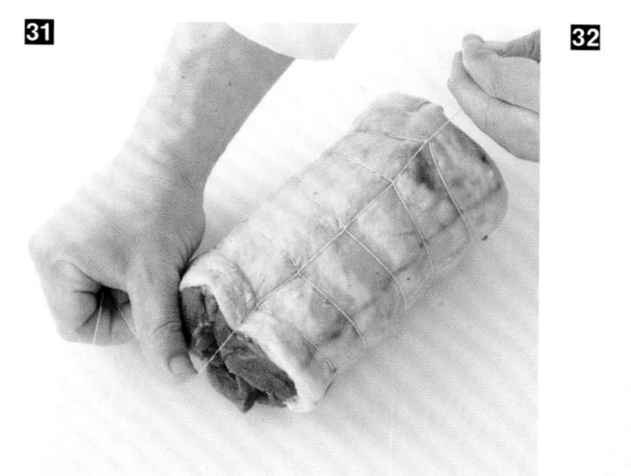

32 用切下的羊肉制作酱汁。

制备带外脊肉小羊排肉

从制备完毕的羊脊肉开始小羊排肉的制备（请参见107页）。

配料

- ⊙ 羊脊肉
- ⊙ 胡椒
- ⊙ 盐

工具

- ⊙ 厨师刀
- ⊙ 厨用线

1 用厨师刀将羊脊肉从里脊处一分为二。

2 去掉多余的脂肪。

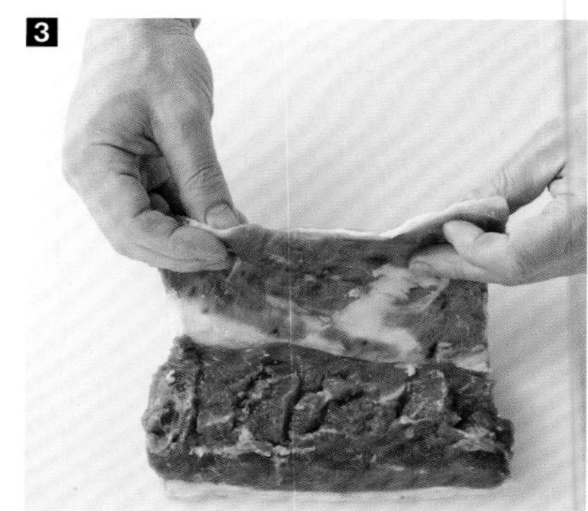

3 **4** 用肉皮盖住肉，在这之前撒上盐和胡椒粉。

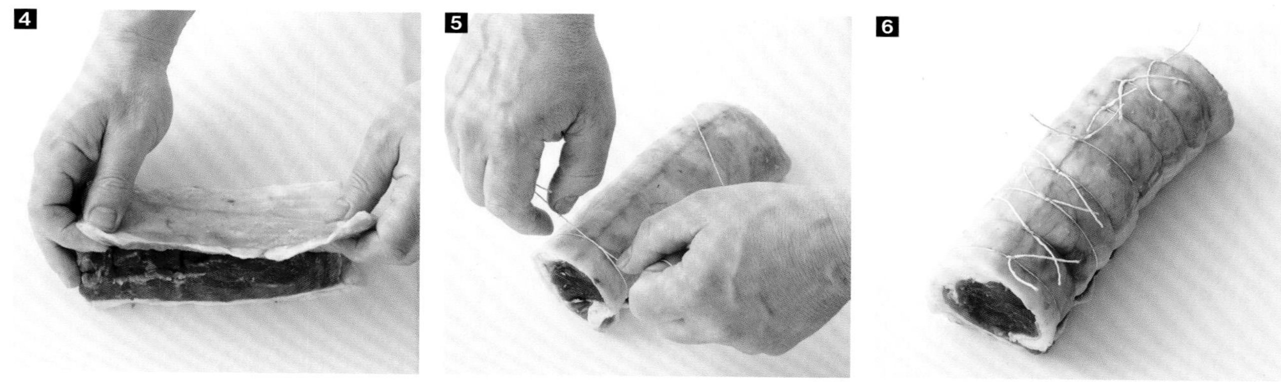

5 6 用厨用线将羊脊肉扎好以固定外脊肉。

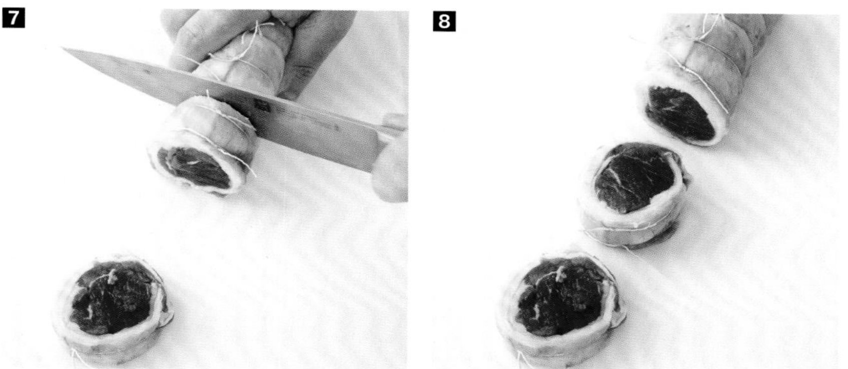

7 8 在厨用线之间切开厚肉片，即成为可以用平底锅煎制的羊排肉。

制备去外脊肉小羊排肉

工具

⊙ 剔骨刀　　⊙ 厨用线

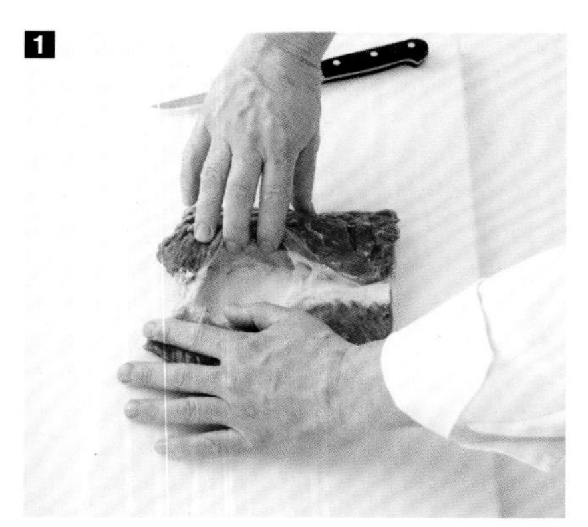

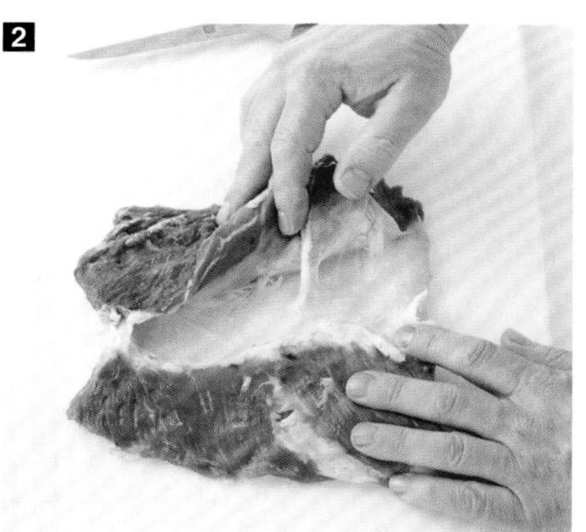

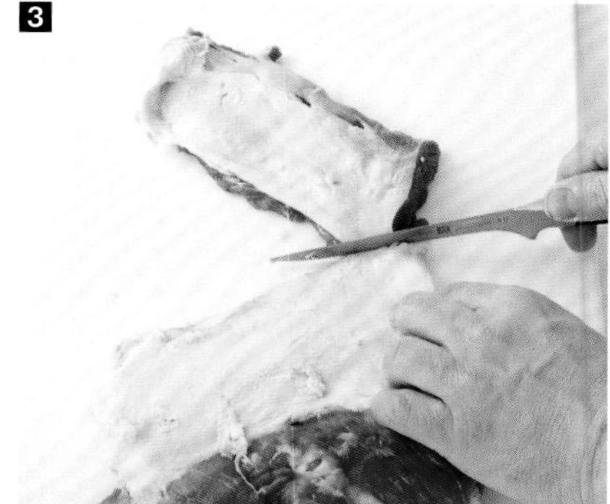

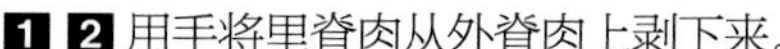

1 **2** 用手将里脊肉从外脊肉上剥下来。

3 如果受到阻力，可用刀进行切割。

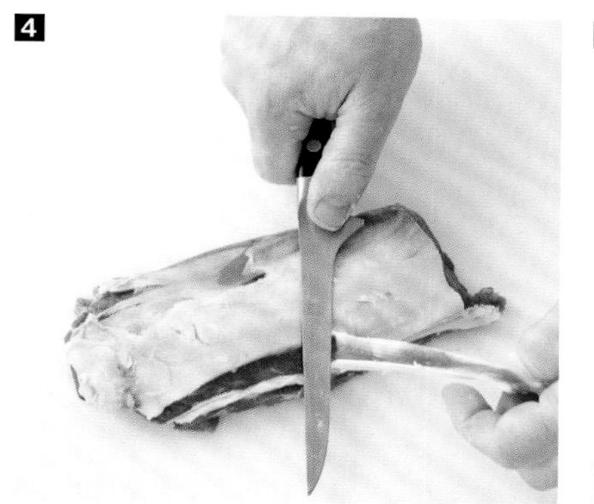

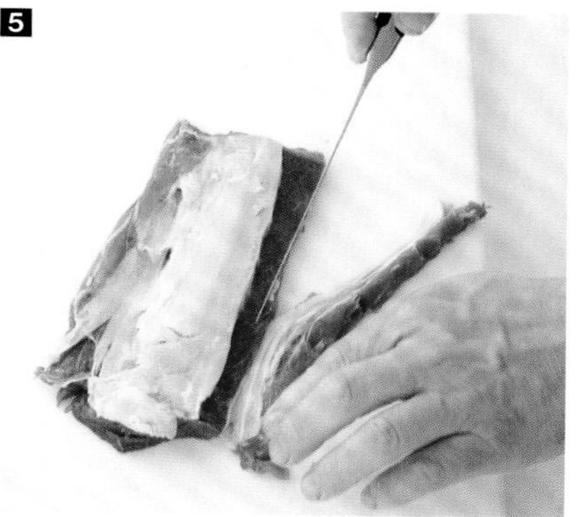

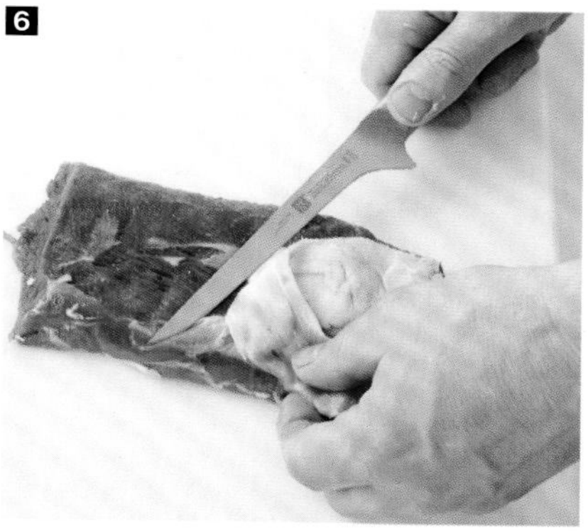

4 5 用剔骨刀剔除肉筋。

6 去除多余的脂肪。

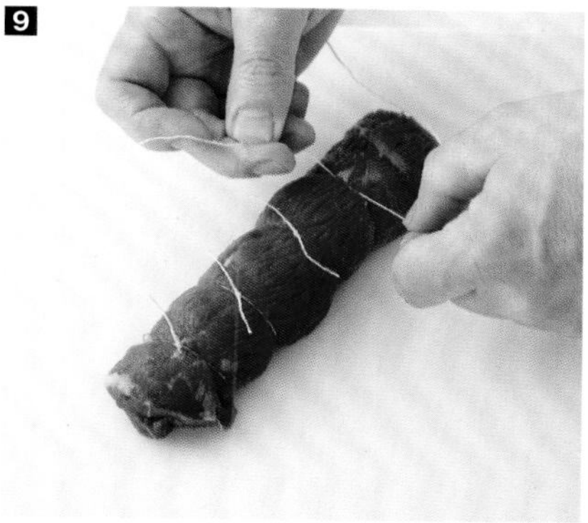

7 8 将小羊排肉卷成卷。

9 用厨用线捆扎小羊排肉。

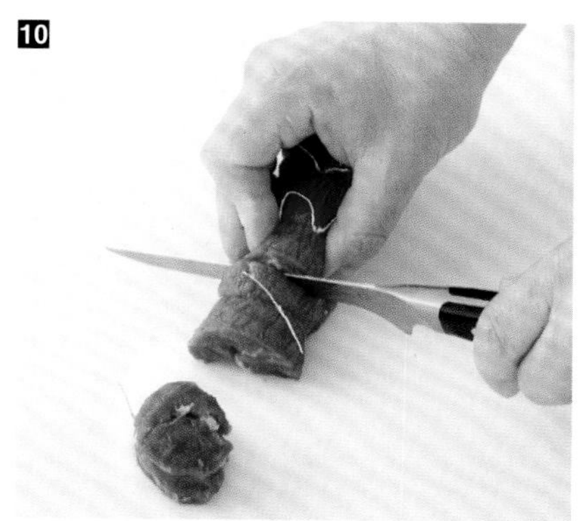

10 在厨用线之间将小羊排肉切成厚片。

制备酿馅羊肩

可以使用添加香料、香草的精细馅料，也可以添加蔬菜：蘑菇、胡萝卜、洋葱……

配料

- ⊙ 羊肩肉
- ⊙ 盐
- ⊙ 馅料
- ⊙ 胡椒

工具

- ⊙ 剔骨刀
- ⊙ 厨用线

烹饪建议

1千克的羊肩肉需要在预热至180℃的烤箱中烹饪约45分钟。在盘子的底部，放上取下的肩胛骨和肱骨，然后将羊肩肉放在上面。这样做可以使酱汁流动。

1

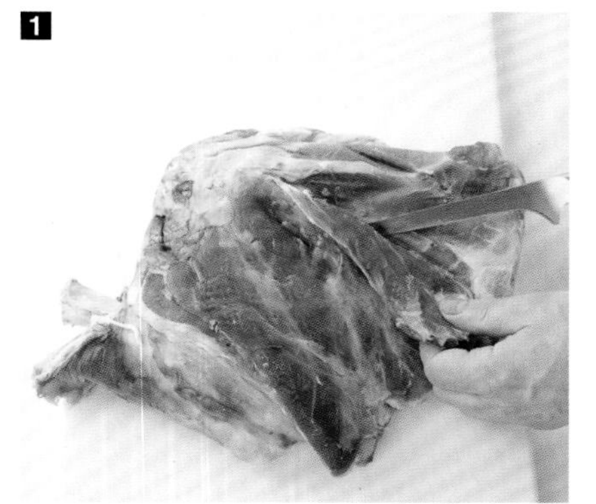

2

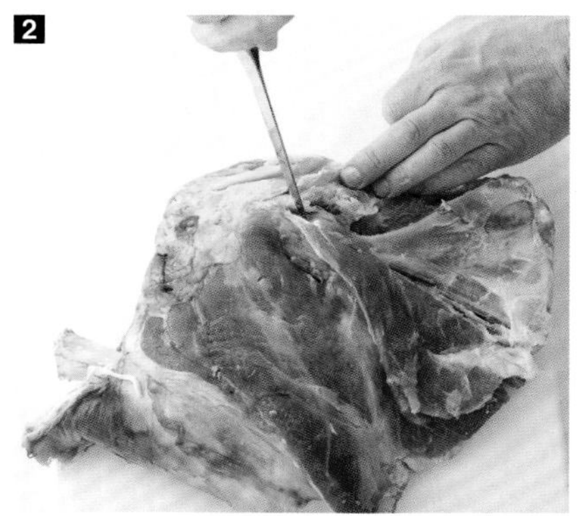

3

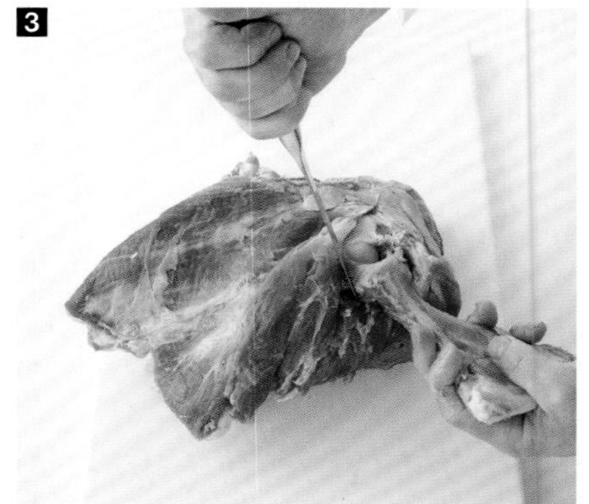

1 2 3 4 用剔骨刀的刀尖分离肩胛骨与羊肩肉。

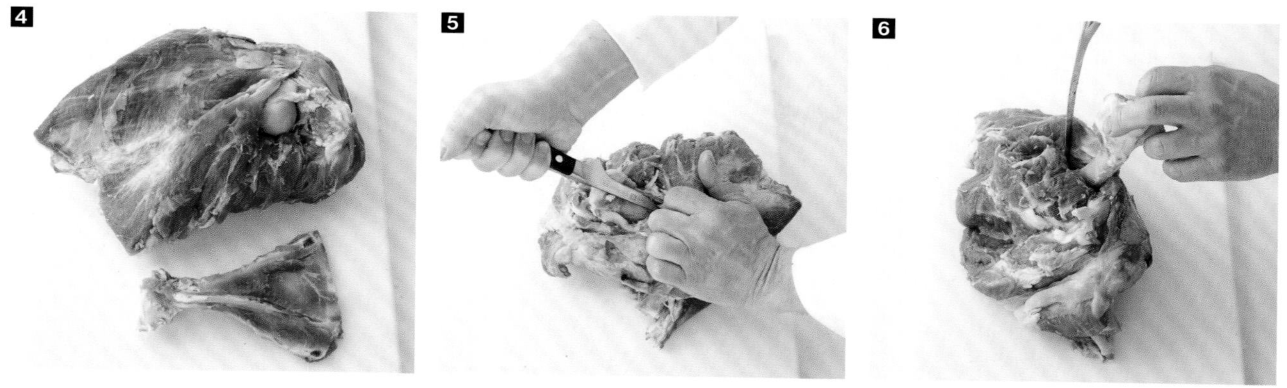

5 6 将剔骨刀的刀尖刺入羊肉和羊骨之间以将其切开。

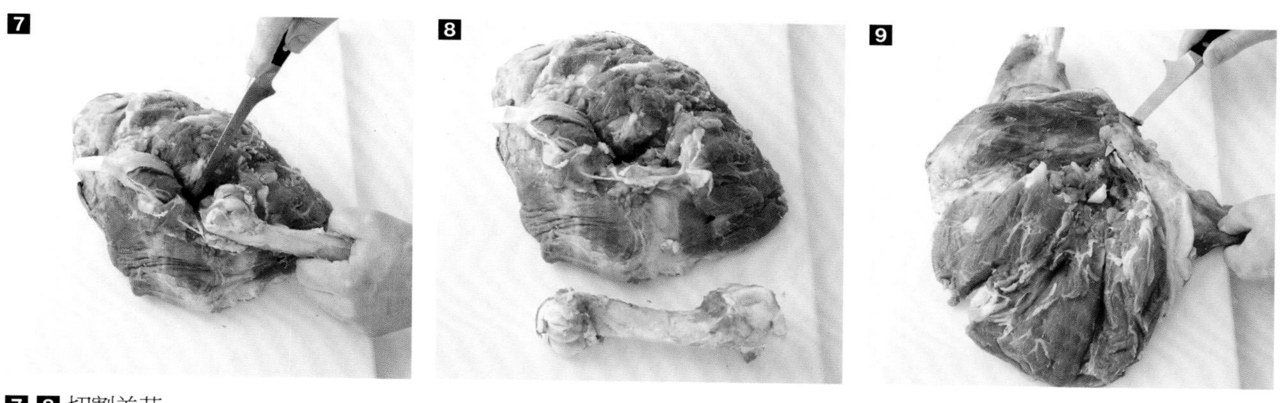

7 8 切割关节。

9 10 去除两侧多余的脂肪。

11 12 在羊肩肉上撒上盐和胡椒。取出肱骨填上馅料。

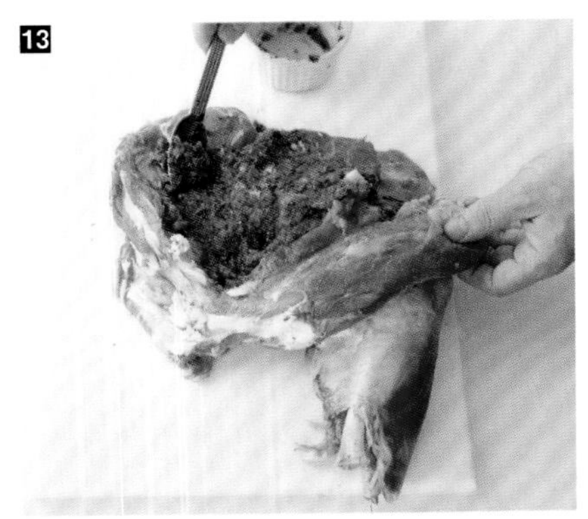

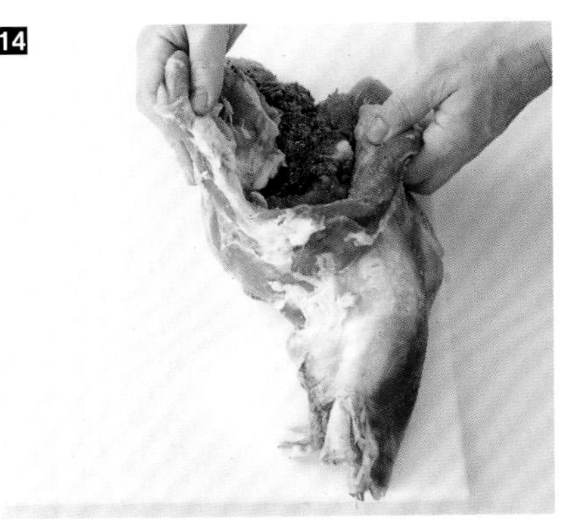

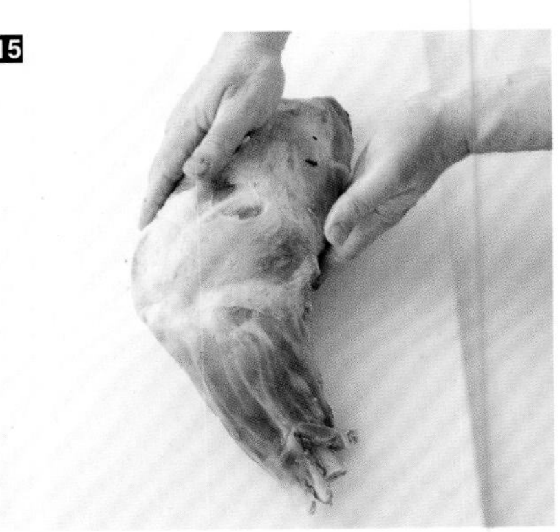

13 然后将羊肩肉放置在案板上，并充分填馅。

14 **15** 折叠两侧使烤肉成形。

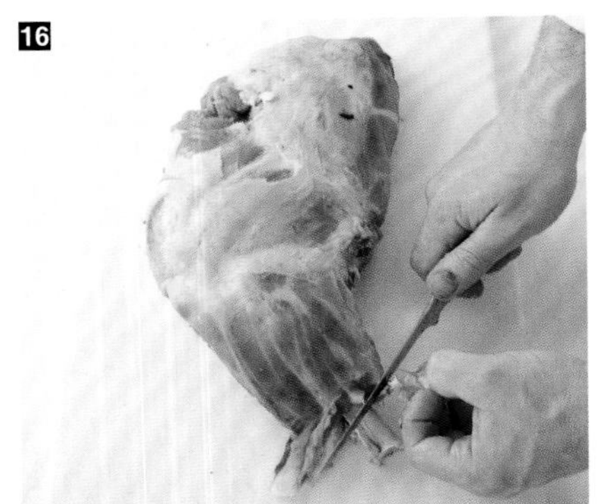

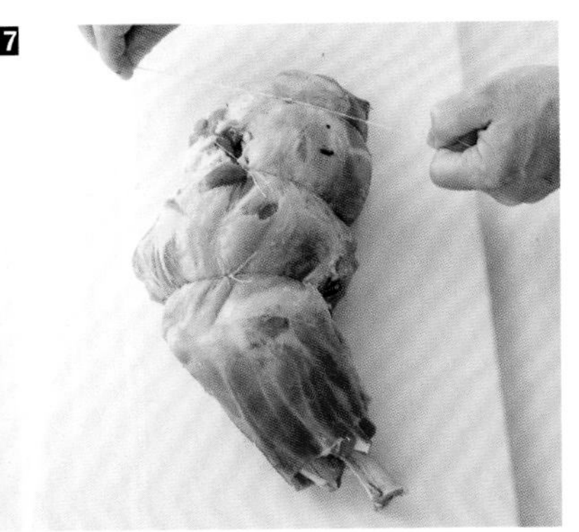

16 切断骨头末端的筋腱。

17 **18** 用厨用线在羊肩上向一个方向缠绕，而后换方向缠绕。这样羊肩肉就制备完成。

制备羊肋排

选择一块带有肋骨的完整羊肋排。骨头切割整齐。羊肉略带红色，不能带有任何脂肪。

工具

⊙ 剔骨刀　　⊙ 小刀

1 用剔骨刀在肋骨两侧划出小切口。

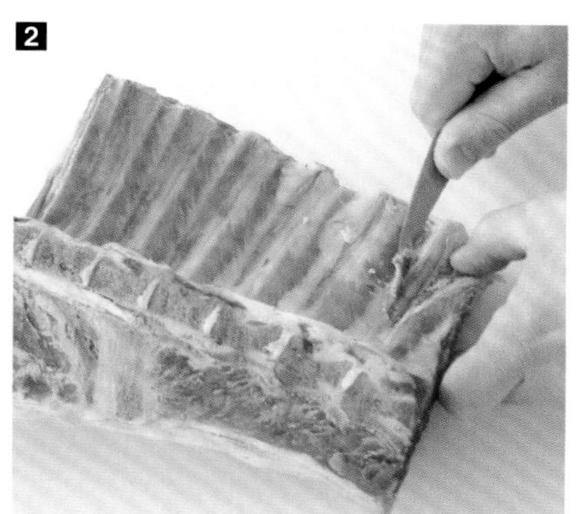

2 用小刀的刀背刮出肋骨。

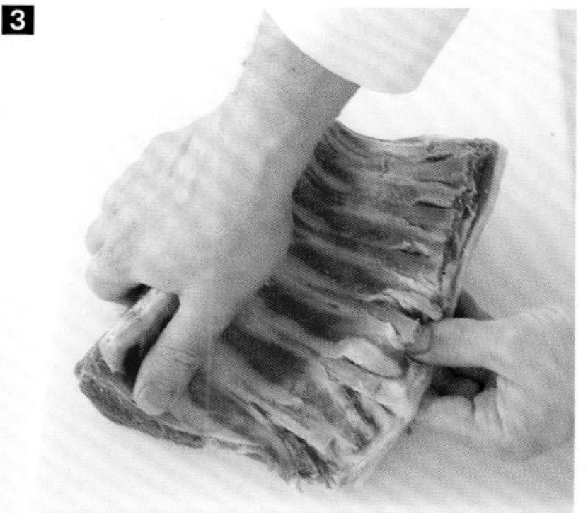

3 用手分开骨头的上半部分。

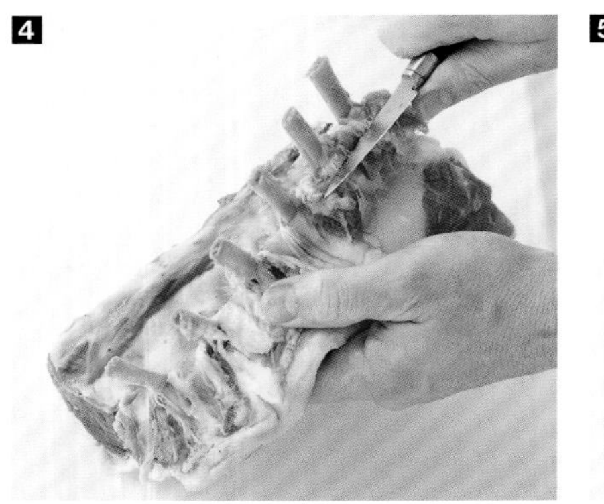

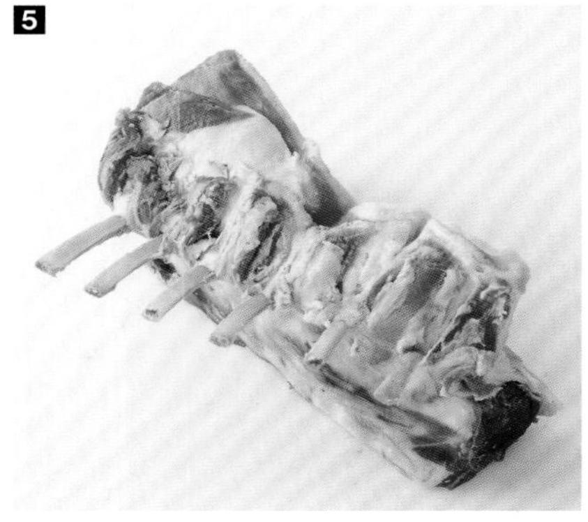

4 5 用小刀刀背刮出骨头，去除白色骨膜，使骨头经烹饪后仍保持白色。

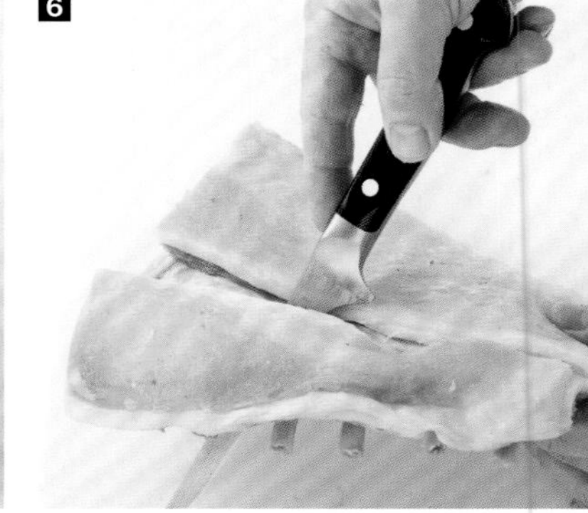

6 将羊肋排翻面，用剔骨刀从背面向上切到肋骨。

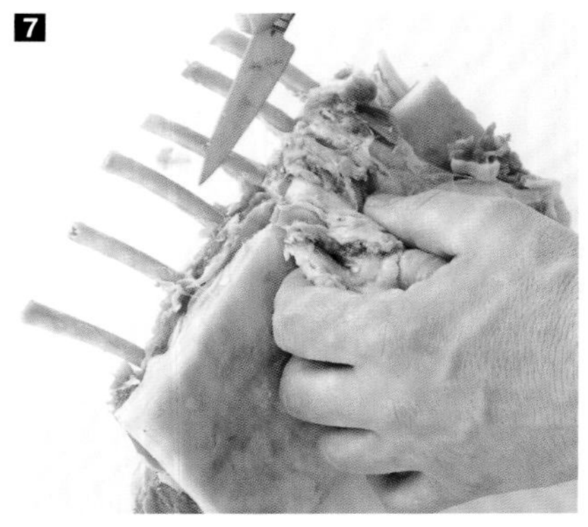

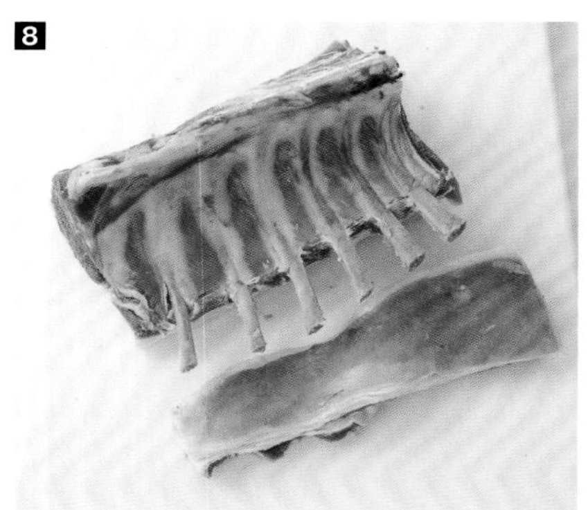

7 8 将小刀的刀片从两肋间穿过，以切下外脊肉。

9 用刀尖划开肋骨和脊柱。

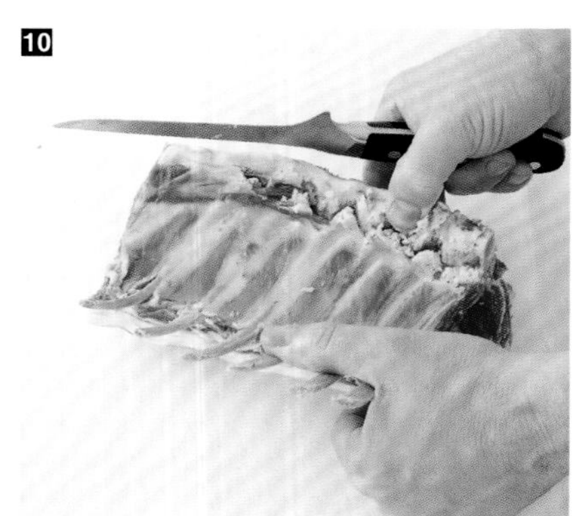

10 用手分开关节。

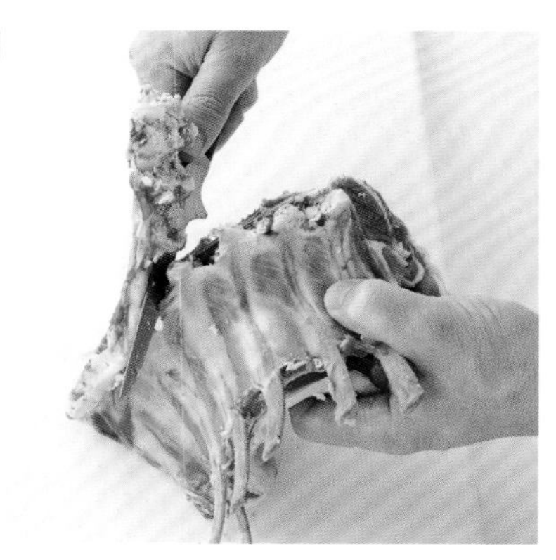

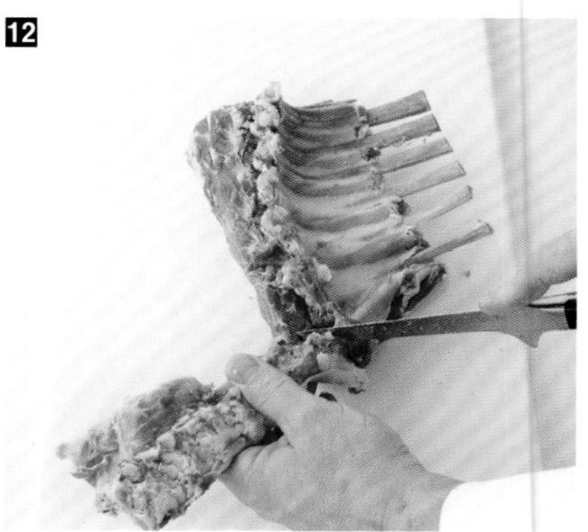

11 12 13 用剔骨刀切割以取下脊柱。

13

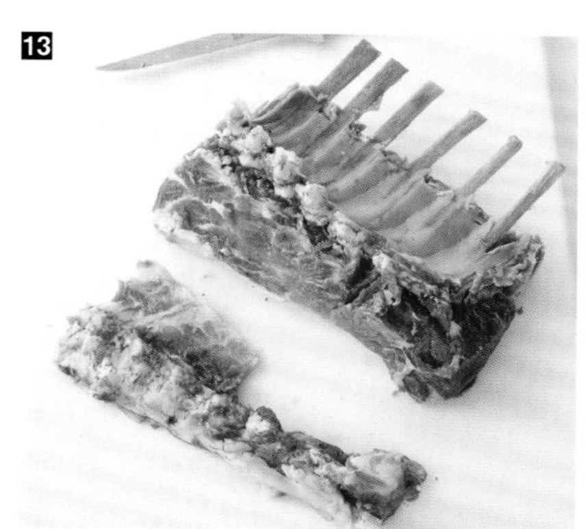

14

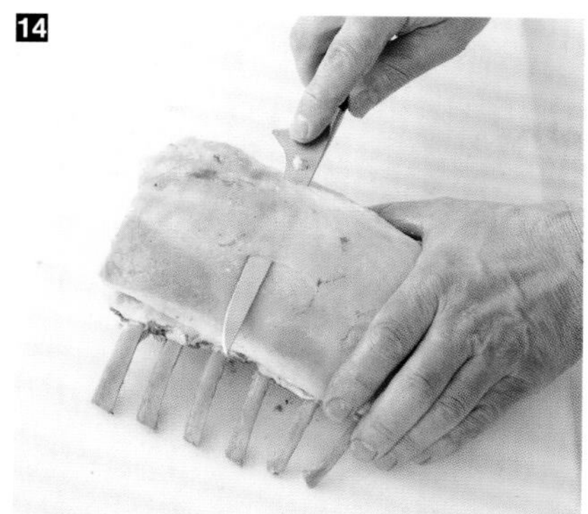

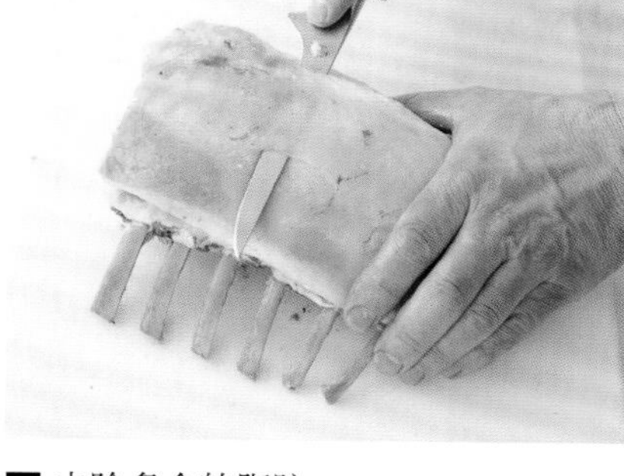

15

14 去除多余的脂肪。

15 16 在脂肪上划出格子形小切口，使脂肪在烹饪过程中可以流出。

16

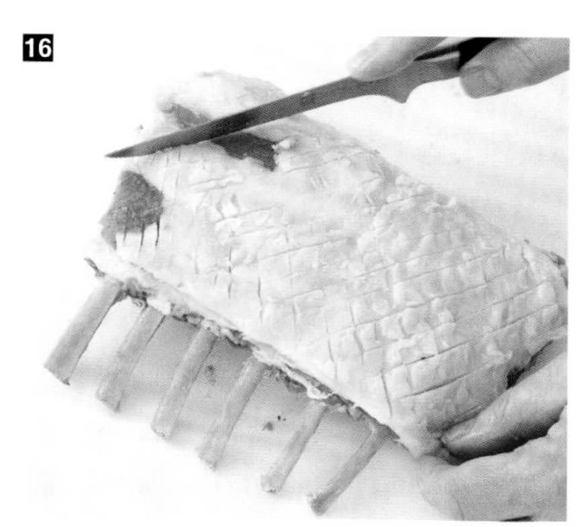

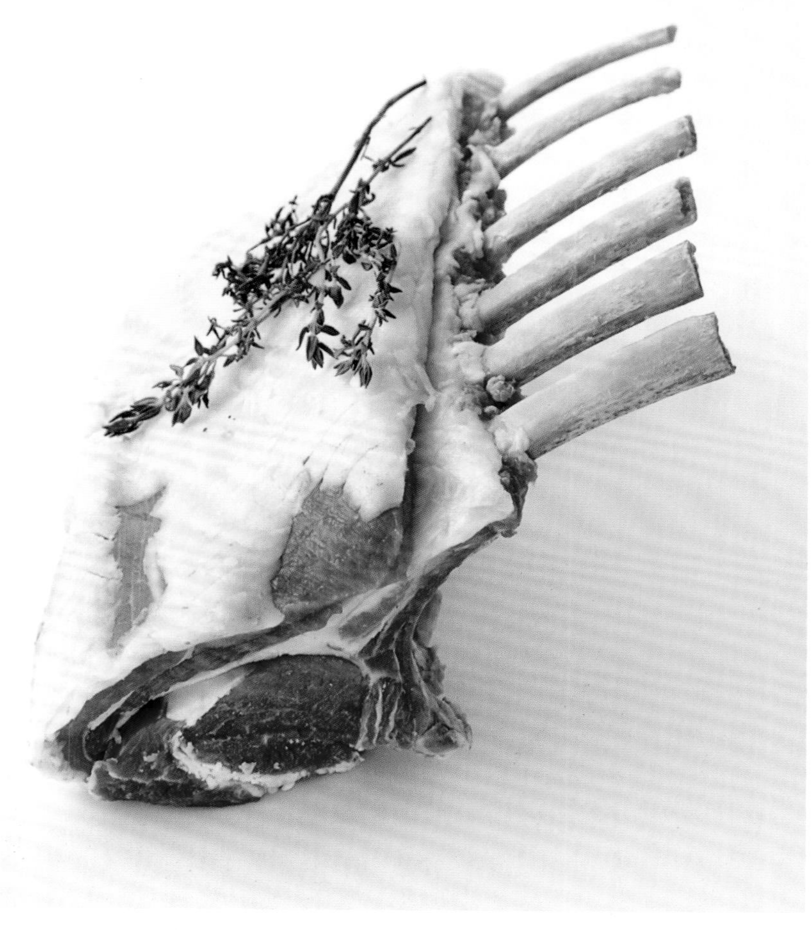

制备皇冠羊排

皇冠羊排由两块带6根肋骨的羊肋排组合而成。

需在预热至200℃的烤箱中烘烤12至15分钟。

工具

⊙ 剔骨刀 ⊙ 厨用线

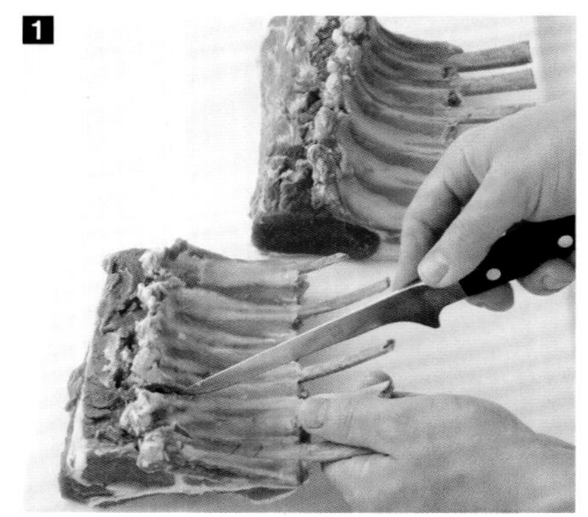

1 用剔骨刀在每根肋骨约2厘米处切出浅切口。

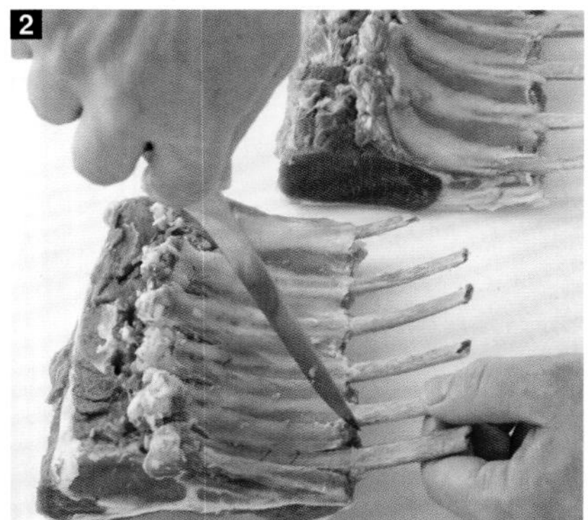

2 在肋骨之间的薄膜处切割1厘米长的切口。

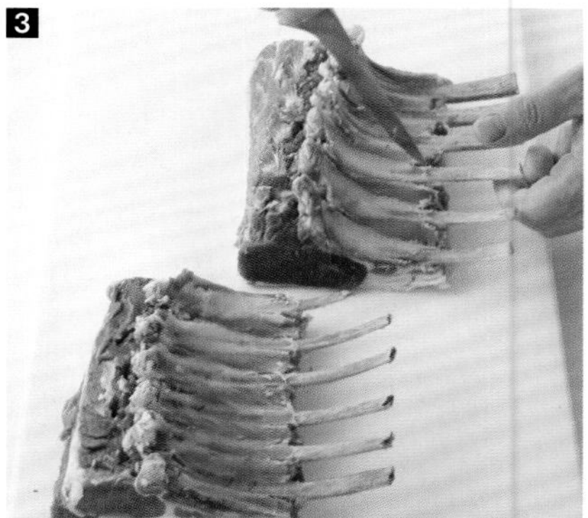

3 在第二根肋骨上重复此步骤。

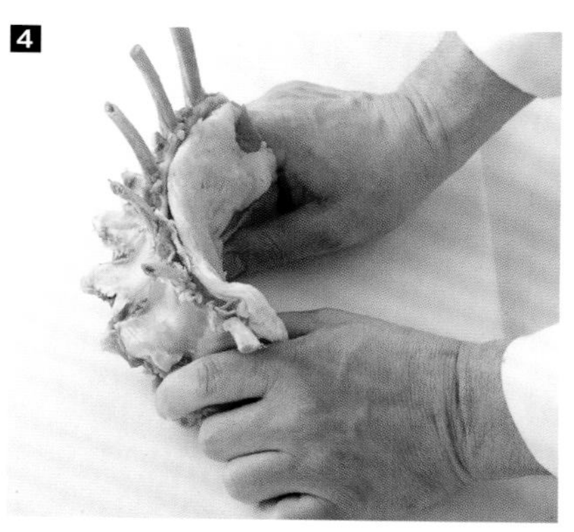

4 抬起羊肋排并用双手施加压力使其变圆。

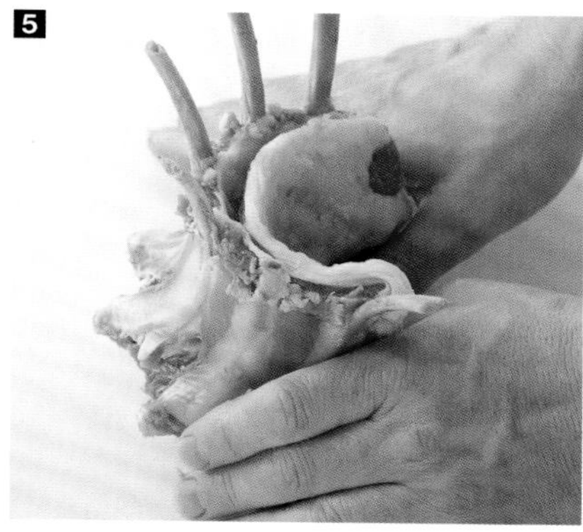

5 在另一块羊肋排上重复此步骤。

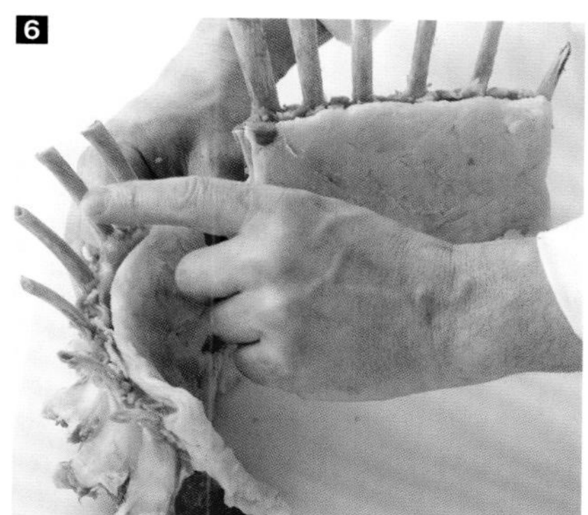

6 整合两块羊肋排。

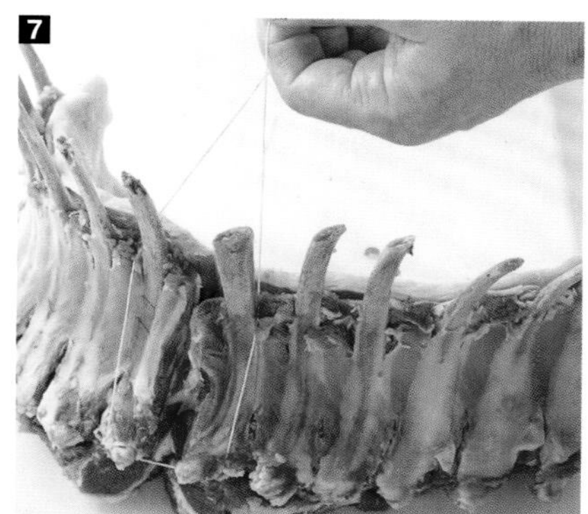

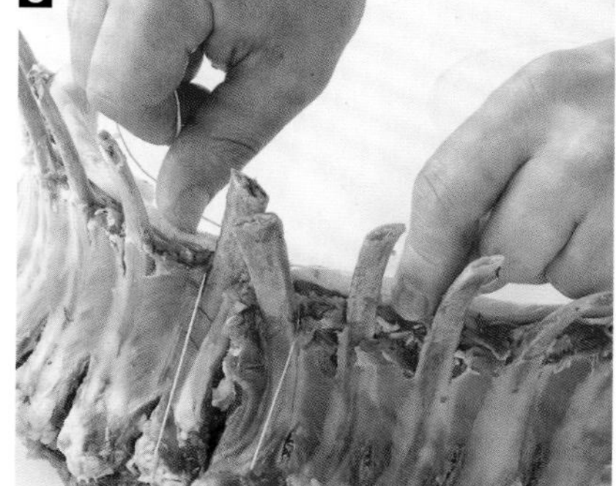

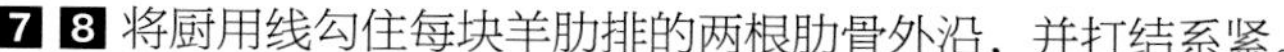

7 8 将厨用线勾住每块羊肋排的两根肋骨外沿，并打结系紧。

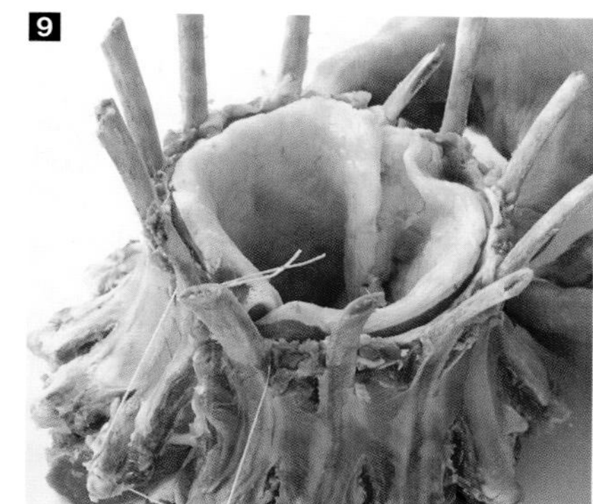

9 将两端靠得更近。

10 用与另一端相同的方式系紧。

切割羊腿

通常为每位客人提供一块羊腿中部肉（souris）、一片羊腿前部肉（noix）和一片羊腿后部肉（sous-noix），让他们品尝羊腿的不同质地和味道。

工具

⊙ 切片刀 ⊙ 剔骨刀

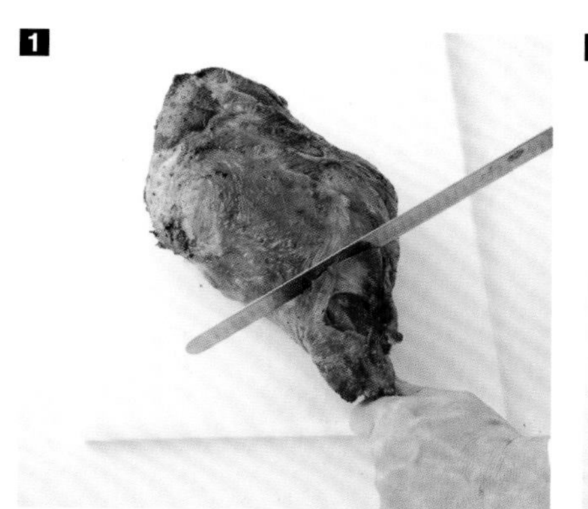

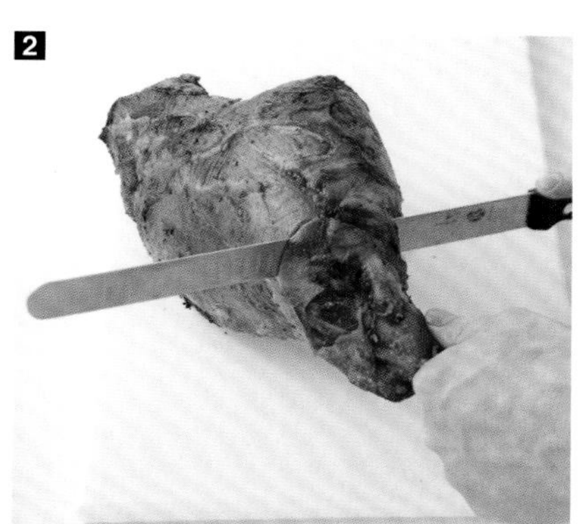

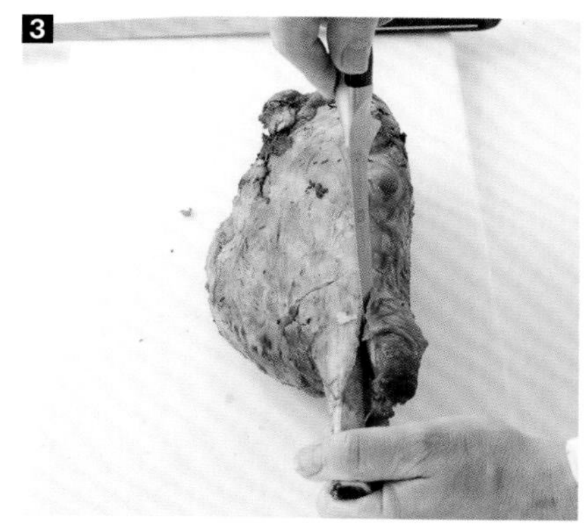

1 2 用一只手抓住羊腿骨，用切片刀切开羊腿中部骨骼周围的区域。

3 4 使用剔骨刀取出骨头并切下羊腿中部肉。

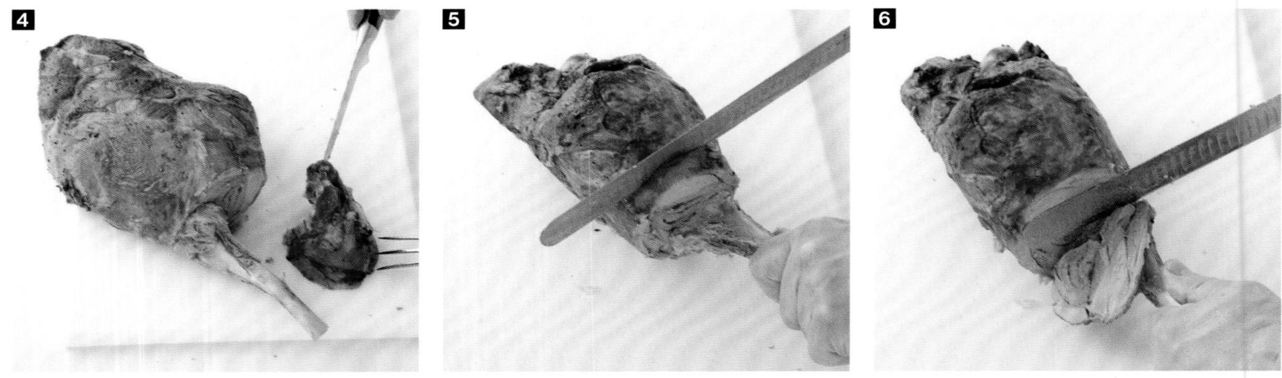

5 6 将羊腿前部（即较圆的一侧）放平，用切片刀切下第一片肉，一直切到骨头。

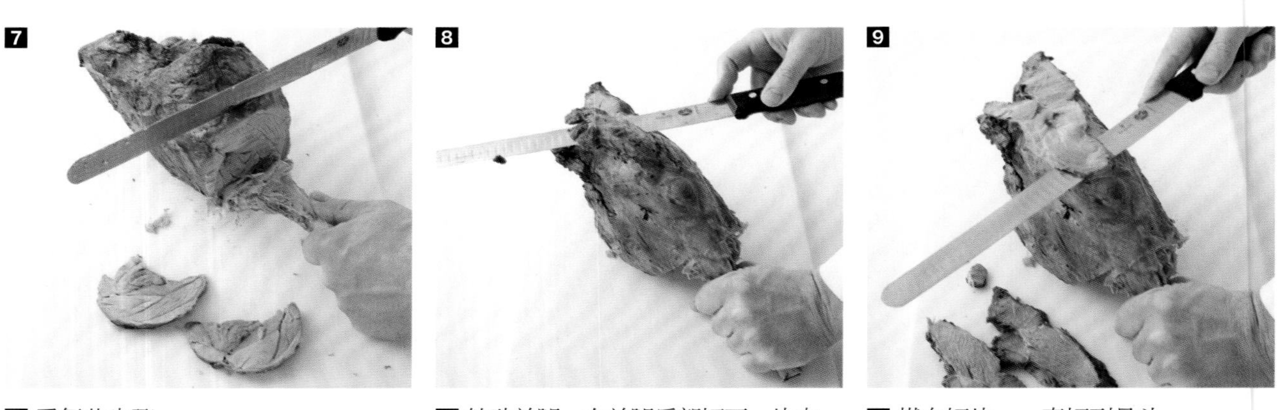

7 重复此步骤。

8 转动羊腿，在羊腿后部切下一片肉。

9 横向切片，一直切到骨头。

制作装饰纸

将骨头包装成袖口状是经典的装饰方法。它能为制备工作增光添彩。为将纸张折叠制成圆筒状，可将其轻轻绕在擀面杖上。

工具

- ⊙ 硫酸纸
- ⊙ 剪刀
- ⊙ 订书机

1 取出一张长方形硫酸纸，然后将其对折。

2 继续对折。

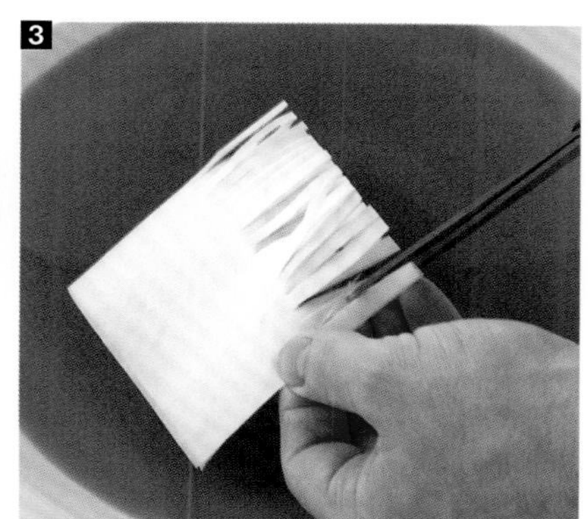

3 在一侧剪开约5毫米宽，3厘米长的带子。

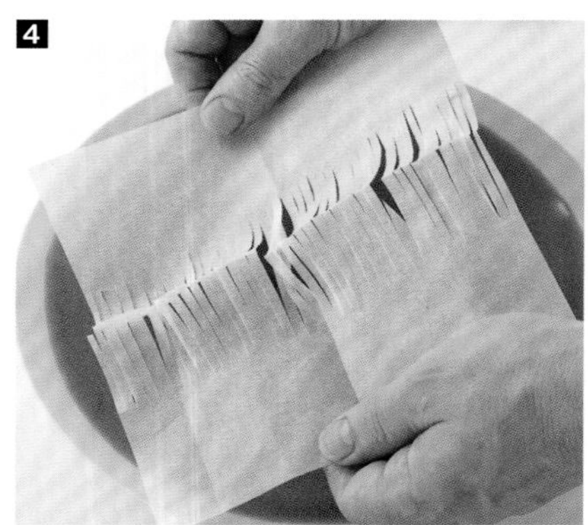

4 展开。

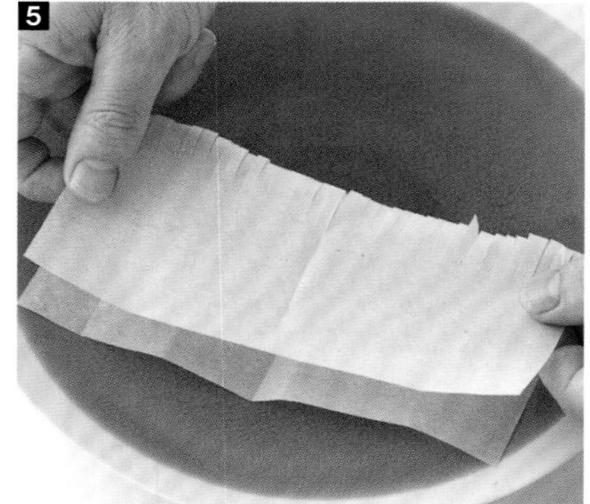

5 向反方向折叠。

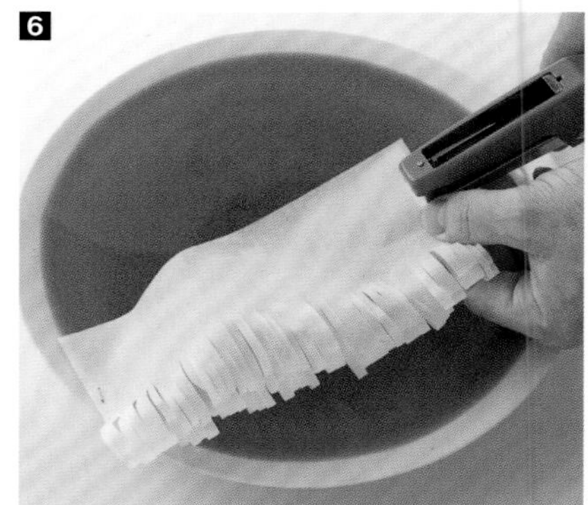

6 将两端装订。

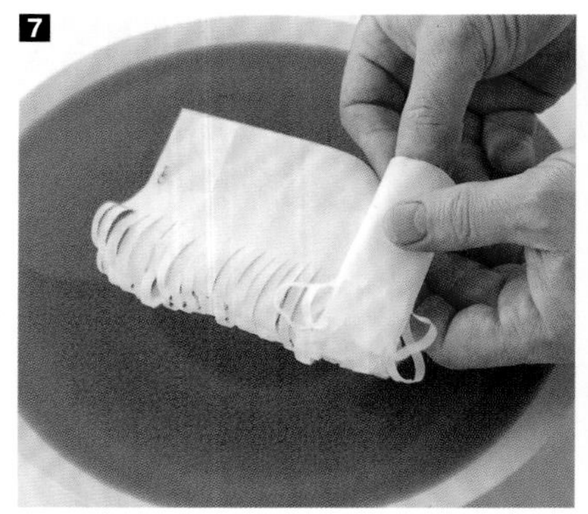

7 将带子卷起来，然后用锡纸将其在底部固定。

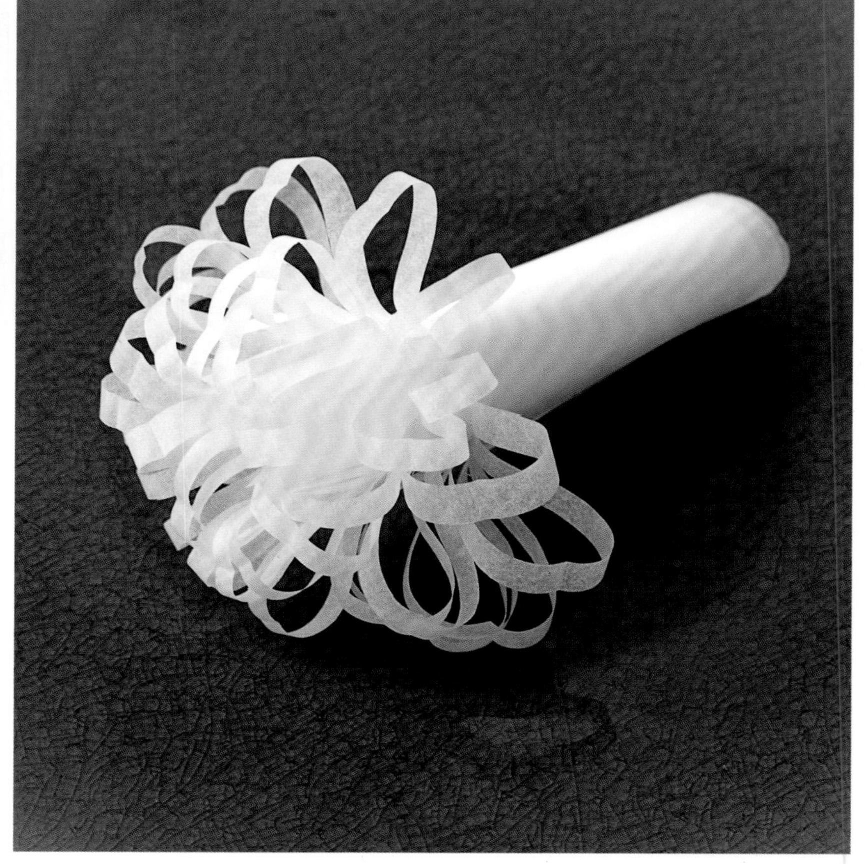

水产类

50 种技巧 · 350 个步骤
包含鱼类、贝类、甲壳类和八腕类

烹饪水产类与我美好的童年时光息息相关：与父亲、兄弟、叔伯一起下海，开始“男人”的旅行，然后在筋疲力尽、腹中空空之时，带着海鳗、鲷鱼、火鱼或章鱼回到母亲身旁。那些适合烧烤、油炸或炖煮的食材，为厨房带来奇妙的滋味，令我们相聚在一起，度过一个个“钓鱼之夜”。喜悦感充斥着我的内心，我惊讶地意识到，这种快乐源自那些海中珍宝，以及它们所带来的美食体验。

大海永远不会离我而去。我甚至通过学习潜水来深入了解它神话般的美丽。这种美丽值得尊重。如今，这一主题与过度捕捞和资源保护问题紧密关联。本章选择了36种市场上常见的鱼类、贝类、甲壳类和八腕类生物。它们的价位不等，但每种都具有独特的吸引力。为使您每周至少吃两次海鲜，我在这一章中分享了我的烹饪技艺，这会令您成为一名内行的消费者，学会制作简单而美味的菜肴，同时了解海鲜的时令和产地。本章结合了烹饪理论与美食技巧，希望能够消除您制备过程中的恐惧。

就这样开始吧！

水产类常用工具及概述

常用工具介绍

鱼骨夹

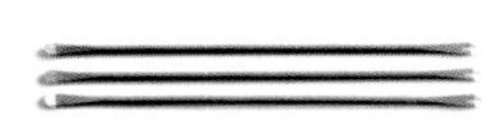

刮勺

用于贝类和甲壳类剔肉。

刀

厨房中使用的每把刀都有特定的刀片和手柄形状。不同尺寸的刀具有相应的用途。

鱼刀

鱼刀的刀片是铆接而成的，刀刃处有锯齿，长达35至40厘米，主要用于大鱼切片。

鱼柳刀

鱼柳刀的刀片非常灵活，长达17至20厘米，可以轻松剔出鱼柳。

去鳞刀

用于去鳞。

牡蛎刀

主要用于牡蛎开壳，根据刀片的长度和灵活度，也可以用于其他贝类开壳。

鱼剪

用抛光钢或不锈钢制成的鱼剪是不可或缺的鱼类制备工具。

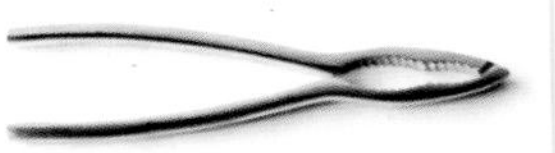

钳子

钳子主要用于夹开甲壳类动物的外壳。

其他常用工具

案板

注意确保万无一失。稳定案板的小技巧：在案板下垫上湿润的抹布或吸水纸。

弯柄刮刀

用于鱼肉易碎的鱼。

烘焙纸

用于包烧。

抹布

用于制备牡蛎。

手套

用于制备海胆。

水产类概述

采购建议

新鲜食材实用标准

新鲜鱼类的判断标准适用于许多不同种类的鱼。它必须散发出海洋的美好气味，略带碘味。鱼身有光泽，鱼肉紧实，鱼鳃潮湿而鲜红，鱼眼清晰明亮而突出。鱼鳞紧贴鱼皮，排泄口紧闭。

建议购买整条鱼，而不是鱼柳。如果您不想亲自制备，请让鱼贩在您面前切出鱼柳。

同样，不要采购已经煮熟的甲壳类或贝类动物。

甲壳类动物必须外壳光亮，鲜活而有力，具有宜人的气味，头部与身体紧密相连，尾巴紧贴在腹部下方。

贝类动物的外壳必须完全紧闭且完好无损。

八腕类的动物应肉质紧实呈珍珠色，外皮有光泽，触手坚韧，气味宜人。

为了维持海洋的生物多样性和保护海洋资源，请遵循时令选择产品，即错过繁殖季节采购，以促进物种延续。

同时也请选购已达成熟尺寸的海洋生物。海产品购买有一些最低标准，请不要购买低于这些标准的海产品。

建议选择本地捕捞的产品。法国拥有漫长的海岸线，可提供多样的产品。这样能够支持人工捕捞，减少运输对鱼品的影响。

选择来自有机供应链水产养殖产品也是不错的选择。

制备建议

鱼类、贝类、八腕类和甲壳类动物易被细菌污染，不易保存。

请遵守基本的卫生规则。向销售者咨询产品的新鲜度和有效期。将它们放在保温袋中。

在购买后请立即将它们冷藏，以免使冷链中断。

请彻底洗净双手、厨房台面和使用过的工具。

烹饪建议

烹饪海鲜可采用多种方法。看起来简单，但必须时刻关注。处理鱼类、贝类或甲壳类动物的肉需要烹饪精准，以保持其质地和味道。

水煮海鲜

将海鲜在大量液体中煮熟，可使用盐水，也可使用高汤。冷水下锅。

鱼汤

2升水、10升白醋、1根胡萝卜、1个洋葱、1支百里香和1片月桂叶。一些胡椒和盐。

在砂锅或双耳盖锅中，将整条鱼或鱼块与所有配料一起冷水下锅。在水煮至冒泡后，一条重2~3千克的鱼需继续煮10分钟。

高汤

准备1千克鱼鳍和鱼骨（鳎目鱼、鳕鱼、鲽鱼、大菱鲆），50克黄油、粗盐，1个葱白，1个洋葱，500毫升水，500毫升白葡萄酒，半个柠檬榨汁和香料。用黄油煎鱼鳍和鱼骨，加入洋葱片，中火加热3分钟，加水煮沸，撇沫。加入白葡萄酒、柠檬汁，开盖煮20至30分钟，直到汤汁减少四分之一。撒盐调味，过滤。高汤适宜用于整鱼、意式烩饭和意大利面。

蒸制

蒸制的好处很多，在保证感官享受的同时远离了肥胖。可在蒸制用水中加入香料，起到调味的作用。

炉烤

用黄油或橄榄油烘烤的菜肴适宜搭配味道浓郁的酿馅。请将鱼放在上层。也可以将加入高汤的鱼放在中层。切记将鱼放在垫有烘焙纸且经过预热的烤箱中。

架烤或烧烤

将擦干的鱼快速沾上腌料。烹饪前在鱼肉上划几刀。大块的鱼肉需要在烤箱中烹饪，以免被点燃。

包烧

将鱼用烘焙纸密封起来。您也可以将鱼肉包裹在卷心菜、生菜或香蕉叶中。 这种烹饪方法适宜烹饪小块的鱼肉或鱼片，可蒸熟或炉烤。

煎炒

适宜处理小块的鱼肉或极薄的鱼片。将黄油或橄榄油倒入平底锅中，大火加热。烹饪时注意翻面，以达到完美的烹饪效果。

裹面油炸

裹面时，请先将鱼浸入咸牛奶中（可选）。将其沥干后，沾上面粉，然后在大量橄榄油和黄油中炸熟。烹饪全程浇油。将油炸物放在吸水纸上。洒上柠檬汁和榛子黄油。

炖烤

炖烤的方法通常适用于大型鱼。用香料垫底，浇上白葡萄酒或红酒，在烤箱中烘烤。烘烤结束后，将熟鱼从盘中取出，将汤汁收汁成糖浆状，用黄油打发。

油炸

油炸适用于小块的鱼肉或鱼柳。先沾上淀粉类的基底：咸牛奶面粉或咸啤酒面粉。也可裹上面糊或英式面包屑。将它们浸入预热至180℃的油炸锅中。烹饪结束后放在吸水纸上，撒盐调味。

生鱼或冷熏鱼

将鱼肉冷冻10至15分钟，以便于切成小块或薄片。选择腌料为鱼肉增香。柠檬汁会让鱼肉变白，应在烹饪结束时使用。配制腌料可使用盐、香草植物、香料、醋或大溪地风格的椰汁。

水产类

鲽鱼

鲽鱼面对大菱鲆就像黄盖鲽遇见了龙利鱼：它是贵族鱼家族中的穷亲戚。它价格低廉却同样美味。相较于大菱鲆，鲽鱼的形状更趋向椭圆，鱼皮着色均匀，能够根据周围的环境改变颜色，以保护自己免受食肉动物侵害。与其他比目鱼相比，鲽鱼的生长速度快，可以达到75厘米，重达8千克，可存活6年。鲽鱼配得上它的名字（译者注：鲽鱼法语名为Barbue，意为有胡子的人）：它背鳍靠近眼睛的辐状鳍条给人留下胡须的印象。

时令

鲽鱼在地中海和大西洋沿岸产量相对丰富。在法国随时有售，但建议在8月至次年3月的最佳时期内购买。

采购

建议选择长度超过35厘米的鱼，这样的鱼已发育成熟。新鲜的鲽鱼背部发亮，腹部发白且略带黏性，鱼鳃鲜红。

储存

将其放在覆盖保鲜膜的盘子中冷藏。请在购买后48小时内食用。可将鱼柳真空冷冻保存。

制备

小心地切下尾巴和鳍，不要损坏鱼肉。可将鲽鱼清膛后切成薄片，然后整只放入烤箱，也可炖、煮或烧烤。鱼柳用黄油煎炸或用铝箔纸包烧时很美味。可将肉搅碎制成鱼肉慕斯或鱼炖锅。鲽鱼可搭配新鲜蔬菜和土豆泥食用。不要使用会掩盖其味道的香料。香草植物、橄榄油或柠檬黄油可以增香提味。

经典菜肴

龙蒿黄油鲽鱼
苹果酒鲽鱼

高眼鲽

这种肉质细腻的比目鱼比它的亲戚大菱鲆更受欢迎。因其价格实惠而成为消耗量最大的几个鱼种之一。通过它白色的腹部，褐色的鱼皮，点缀着橙色豆点的鱼背，生长在同一侧的眼睛，能够轻易辨认出高眼鲽。它的寿命长达50年，可生长至1米宽，重达7千克。如今，它不再能有如此漫长的生长期：捕捞限制捕获物的最小尺寸为27厘米，平均为40厘米。

时令

尽管高眼鲽的繁殖期在12月至次年4月间，但全年均有上市。高眼鲽特别喜欢沙质的海底环境，法国主要在索姆湾和诺曼底海岸进行捕捞。

采购

高眼鲽具有珍珠白色的腹部，略带黏性，明亮的背部和鲜艳的橙色斑点是新鲜的标志。如果您想整条烹饪，请鱼贩清膛，切掉它的尾巴和鳍。否则，片下鱼肉并保留鱼骨以增加菜肴香气。

储存

高眼鲽必须在购买当天食用。等待制备时，可将其放在包装纸中冷藏。高眼鲽可以冷冻保存，但会使鱼肉失去鲜味。

制备

整条放入烤箱烘烤，用香草植物烧烤或炖煮都可彰显高眼鲽的风味。高眼鲽通常烹制鱼柳，在烹饪过程中请保留鱼皮，以防止细嫩的鱼肉散开。煎鱼时请先沾上面粉，然后用黄油在平底锅中煎炒几分钟即可。它还非常适合罐焖，加入鲜奶油会为菜肴赋予浓郁的诺曼底气息。

经典菜肴

苹果酒烤高眼鲽
面拖高眼鲽
炸高眼鲽

鲷鱼

鲷鱼在热带和温带的许多海域大量分布。它的名字有两种拼写（Dorade和Daurade），根据食材等级而有所区别。Daurade鲷鱼是皇家级别的，可通过外形认出它：鱼头上有金色的眉毛，鳃盖骨上有黑色斑点。在法国，身体呈灰色或红色的Daurade可在摊位上购买，它的肉质细嫩，脂肪含量低，是不容错过的美食。

时令

这种近海鱼全年可见，捕捞方式有网捕和钩钓。Daurade鲷鱼的水产养殖产量很大。而地中海出产的粉红色Dorade鲷鱼，建议在9月采购。

采购

鲷鱼主要整鱼出售。灰色和粉红色的Dorade鲷鱼捕获尺寸为23厘米。而Daurade鲷鱼则是20厘米。后者为野生品种，可生长至70厘米，重达6千克。紧实潮湿的鳞片，鲜红色的鳃和明亮的鱼眼是新鲜的标志。请根据需要让鱼贩将鱼清膛处理并切片。

储存

刚采购的鱼应用纸巾擦干，放在覆盖有保鲜膜的盘子中，置于冷藏室下层。生食应在采购当天享用，熟食可保存48小时。去鳞并清膛的鲷鱼非常适合冷冻保存。

制备

烹饪前，必须先将鲷鱼去鳞清膛并切掉鱼鳍。

这种鱼整条都是好食材！将整条鱼放在铺着蔬菜或香草植物的底上，可以在烤箱中、烧烤架上或平底锅中烹饪多种菜肴。鱼柳可烹饪，鱼鳃也可以入菜。生鲷鱼肉可与新鲜芒果丁和香菜碎搭配。在盐焗时请勿去皮。保留鱼头和鱼骨用于制作高汤。鲷鱼肉质细腻，适宜添加香料、香草植物，与橄榄油和柠檬搭配食用。注意把握烹饪时间，以免使鱼肉变干！

经典菜肴

酿馅鲷鱼
普罗旺斯烤鲷鱼
酸橘汁腌鲷鱼
鲷鱼刺身

黄盖鲽

“像黄盖鲽一样平”，这个法语中常见的比喻有时也选用鲽类家族的其他成员，如龙利鱼或高眼鲽。黄盖鲽生性谨慎。它扁平的身体和具有保护作用的颜色使它得以在英吉利海峡和大西洋的沙滩底部生存。黄盖鲽产量丰富，在龙利鱼涨价时，可用黄盖鲽替代。在法国市场上，黄盖鲽常被错认为以下几种鱼：limande commune（普通黄盖鲽）、sole（龙利鱼）、jaune（黄鲽鱼）或du Japon（日本鲽鱼）。更复杂的是，黄盖鲽的名字limande常被当作各种扁平形鱼的统称。但不可否认的是，黄盖鲽的鱼肉中富含奥米伽-3。扁平的黄盖鲽对瘦身大有助益！

时令

黄盖鲽全年有售。11月至次年4月黄盖鲽产量丰富，价格低廉。黄盖鲽属于经济鱼类。

采购

黄盖鲽白色表皮应富有光泽并带有黏液痕迹。市场上的黄盖鲽，平均尺寸为35至45厘米。建议选择最大的，因为切下鱼肉去骨处理会使重量折半。

储存

将黄盖鲽存放在保鲜膜覆盖的盘中冷藏，并在购买当天食用。可抽真空冷冻。

制备

黄盖鲽必须去鳞清膛并去掉鱼鳍，以便在烤箱或煎锅中整个烹饪。如烹饪鱼柳，请去掉鱼皮。黄盖鲽与龙利鱼的烹饪方法相同。唯一缺点是它比龙利鱼刺多。装盘时迅速浇上柠檬、黄油和奶油，否则鱼肉会变干。将鱼肉轻轻搅拌可制作慕斯或蛋奶酥。孩子们喜欢用鱼慕斯佐面包。

经典菜肴

诺曼底黄盖鲽

面拖黄盖鲽

鳐鱼

鳐鱼是比目鱼家族的特殊成员。它有两个翼状鳍，只有软骨没有硬骨头，就像一条被压扁的鱼，它是鲨鱼的近亲。鳐鱼的种类很多，为保护鱼类资源，欧盟仅允许捕捞背棘鳐（la raie bouclée）。捕获物的最小尺寸为36厘米。

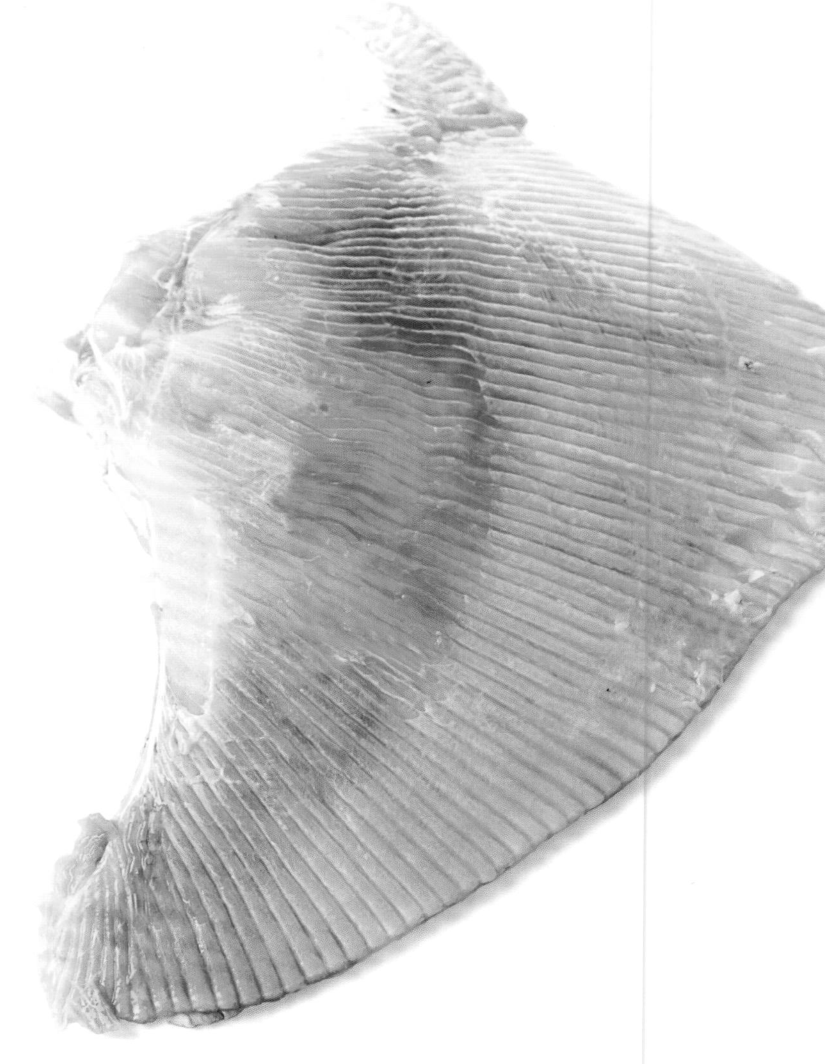

时令

鳐鱼长年有售。它喜欢栖息在浅沙覆盖的海底，捕捞地主要在大西洋沿岸，但在地中海也有鳐鱼的踪迹。

采购

背脊鳐的背上有小刺，市场上主要出售经过切割的鱼翅。请选购多肉且有光泽，带有黏稠鱼皮的鱼翅。

储存

由于鳐鱼没有肾脏，因此会迅速散发出氨水味，在数小时内气味会变得非常明显。将其用包装纸包裹后冷藏，并在购买当日食用。避免冷冻。

制备

无论是整条鳐鱼还是鱼翅，都必须在沸水中煮2分钟。用刀刮去鱼皮，然后再进行10分钟的醋浴。这样可以避免鱼肉散发氨水味。鳐鱼适合多种烹饪方法：煮、蒸、包烧、炉烤或平底锅煎炸。它的肉质细腻，易于与软骨分离，因此剥皮简单。将仍有余温的鳐鱼加入小扁豆、芦笋或土豆制成的沙拉中。加入柠檬汁或几滴雪利酒醋进行调味，可为鳐鱼提味。洒上几滴橄榄油、榛子酱或蛋黄奶油酸辣酱，会凸显鳐鱼的细嫩肉质。鳐鱼可搭配香草醋在锅中炖煮。鳐鱼的肝和鳃也具有独特的风味。

经典菜肴

刺山柑黄油鳐鱼

扁豆鳐鱼沙拉

海鲂

海鲂是一种外形和肉质都令人难忘的鱼。它是真正的海中丑八怪，其腹部两侧有黑色的斑状的装饰，传说圣彼得曾想要将它从水中捞出，这是他留下的手指印……但是由于这种鱼外形丑陋，被立即扔回了海里！这其实是海鲂吓退捕食者的保护纹饰。海鲂因稀少、肉质细嫩，价格高昂而成为贵族鱼种，几乎总能在美食餐厅的菜单上看到它的踪影。但海鲂资源似乎没有受到威胁，没有设定捕捞尺寸限制。海鲂的长度可达到90厘米，重量可达8千克。它在全世界的海洋中广泛分布，是埃尔基（Erquy）和吉尔维尼茨（Guilvinec）港口的特产。

时令

海鲂全年均可捕捞，旺季是4月至9月。请避免在繁殖季购买，根据产地的不同，海鲂的繁殖季节从冬季结束到春季开始。

采购

不要购买小于35厘米的海鲂，它们尚未繁殖。新鲜的海鲂鱼皮呈古铜色的光泽，肉质紧实，气味清新。根据海鲂的大小，可将其切成鱼肉块或鱼柳。

储存

将海鲂放在盘子中，用保鲜膜覆盖，冷藏。请在购买当天食用。

制备

海鲂鱼头硕大，所以很少整条烹饪。无论是切成鱼块还是鱼片，只要能令鱼肉变软，可以使用各种烹饪方法：蒸、煮、煎或烤。请保留鱼皮，以便为菜肴增添风味，同时可以防止鱼肉破碎。海鲂可以和蔬菜一起食用，例如茴香或韭葱。可尝试将海鲂肉丁与香料油及柑橘一起搅拌生食。不要扔掉鱼骨，它可以用来制作高汤。

经典菜肴

马赛鱼汤
奶油蔬菜炖鱼汤

龙利鱼

龙利鱼（Sole）的名字来自拉丁语solea，意为凉鞋。它喜欢栖息于沙质的海底。龙利鱼是一个通用名，涵盖了这个大家族的数十种鱼，难以精准区分。这位海洋公主以其潜于海底的高超技艺吸引了所有人，这成为龙利鱼唯一的共同特点。

时令

在北海、英吉利海峡、大西洋和地中海的海鲜市场上，龙利鱼一年四季有售。龙利鱼的捕捞受到欧盟的严格监控。它的繁殖期从4月至6月，应避免这个季节采购。

采购

龙利鱼的最小捕获尺寸为24厘米，建议选择较大的龙利鱼，以获得美丽的鱼柳。均匀、明亮的色彩，清晰的眼睛及其坚硬的质感是新鲜的标志。

储存

龙利鱼不易保存，请将其放在碎冰上，用烘焙纸覆盖冷藏。购买后48小时内食用。不要冷冻，这会使鱼肉不再细嫩。

制备

可以让鱼贩为其清膛去鳞并剪掉鱼鳍，以便整条烹饪。可在烤箱烘烤，也可在平底锅中，放大量黄油，小火煎炸。无论采用哪种烹饪方法，都要去掉鱼皮。鱼柳也可蒸熟，或裹上少许面粉煎熟。适合搭配新鲜蔬菜和柑橘类水果。可在烹饪汤汁中加入苹果醋，为菜品增添诺曼底的气息。摆盘时，请加上几只虾，少许奶油或柠檬。欣赏它的美味无须太复杂的操作。

经典菜肴

面拖龙利鱼
诺曼底龙利鱼
龙利鱼卷

大菱鲆

钻石形的大菱鲆堪称鱼中贵族，在节日的餐桌上或美食家的餐厅中都有非凡表现。大菱鲆的制备讲究平衡，要搭配高档食材，又不能掩盖鱼肉本身的极致美味。 自20世纪70年代以来，为保护北海、波罗的海、大西洋和地中海的渔业资源，大菱鲆一直是水产养殖的热门物种。因此，市场上的大菱鲆多来自人工养殖，仅有少数为野外捕捞。

时令

野生大菱鲆的繁殖期为3月至8月。因此不要在此期间进行购买。养殖的大菱鲆全年均有上市。

采购

如果标签上没有标明来源，则重量超过2千克的大菱鲆多数为野生鱼。新鲜的大菱鲆略坚硬，带斑点的鱼皮富有光泽，鱼鳃鲜红。最好选择尺寸较大的大菱鲆，因为在制备鱼排的过程中大约会损失约70％。不要将切下来的部分扔掉，这是香味的来源。带有红标的大菱鲆是营养和口感的品质保证。较小尺寸的大菱鲆（Le Turbotin）指重量介于800克和1200克之间的鱼。

储存

将大菱鲆放在覆盖有保鲜膜的盘子中冷藏。在购买后48小时内食用。经真空处理的鱼柳可冷冻保存。

制备

轻轻切掉鱼头和鱼鳍，然后将其清膛。将整条大菱鲆炖或烤，能发挥其最大的优势：鱼骨可赋予其美味的香气。快试试吧！

在去皮后可煎炸、烤、煮或包烧，大菱鲆适宜各种烹饪方法，但要注意，不要让鱼肉变干。

可用香槟浇汁，在特殊的场合可用松露或鱼子酱进行调味。也可采用简单的烹饪方法，用黄油或橄榄油焖烧后搭配菠菜泥。

经典菜肴

大菱鲆配蘑菇

大菱鲆鱼骨

大菱鲆鱼柳辫

鳀鱼

小个子的鳀鱼能组成规模庞大的鱼群! 它生活在全球各大洋中，出现在数百万生物的唇齿间。鳀鱼具有重要的生态价值，是许多鱼类和鸟类的食物保障。更不必说鳀鱼的营养价值（尤其鳀鱼丰富的奥米伽-3），人类一向知道如何在捕鱼季以外的时间长期保存这种小鱼。在地中海地区，可以品尝到新鲜的、罐装的、腌制的、裹面团的或腌渍过的鳀鱼，在法国其他地方的市场上则较少见。科利乌尔鳀鱼（Collioure）享有欧盟地理标志保护认证标识（IGP），昂代伊（Hendaye）和弗雷瑞斯（Fréjus）港也是盛产鳀鱼的港口。我们希望这种远洋鱼类资源能够得到有效保护，无论是在法国，还是在世界其他地方。

时令

在法国，鳀鱼的生长环境位于比斯开湾、地中海或布列塔尼南部，不同生长地的鳀鱼繁殖时间不同。新鲜鳀鱼的最佳购买期是从9月至次年1月。

采购

鳀鱼不易保存，为避免纠纷通常展示在顾客面前。新鲜鳀鱼具有明亮的蓝色鱼皮，敏锐的眼睛和坚硬的质地。最小捕捞尺寸为12厘米，大的鳀鱼可以达到20厘米。如果要进行腌制或烤制，最好选择尺寸最小的鳀鱼。

储存

将鳀鱼存放在覆盖保鲜膜的盘中冷藏，并在购买当天食用。

制备

新鲜时，鳀鱼易碎不易处理。切下鱼头，然后轻轻按压清膛。彻底清洗并晾干。用少许油在锅中轻轻煎制。鳀鱼也可以用柠檬、香草和橄榄油烤制、油炸或腌制。如果您使用盐渍鳀鱼，请记住烹饪前用清水多次冲洗，以便脱盐。鳀鱼是广泛入菜的食材，也被用作调味品，为橄榄酱、意大利面和法式比萨（la pissaladière）带来奇异的风味。

经典菜肴

地中海沙拉
凯撒沙拉
鳀鱼酱

狼鲈

这种海中猎人具有双重身份。在大西洋捕捞的狼鲈被称为鲈鱼（bar），在地中海捕捞的狼鲈则被称为狼鱼（loup）。狼鲈是一种贪婪的鱼类，浮游生物、沙丁鱼、鳀鱼、小型甲壳类动物都在狼鲈的食谱之列，这为狼鲈赋予了独特的地中海风味。狼鲈分为两种：普通狼鲈在法国沿海地区几乎随处可见，而斑点狼鲈主要生活在比斯开湾一带。狼鲈属于较为昂贵的鱼种，长期以来一直是重要的人工养殖鱼种。尽管野生狼鲈价格更高，但味道与养殖狼鲈别无二致。

时令

大西洋的狼鲈在春天进入繁殖期，而地中海的狼鲈则在冬天繁殖。因此，请错过这些时段进行采购，可优先选择在夏季购买。人工养殖的狼鲈一年四季均有出售。建议选择有机认证的产品。

采购

大西洋野生狼鲈的允许捕获尺寸最小为36厘米，地中海的狼鲈最小为25厘米。建议选择40厘米以上的狼鲈，以确保资源可再生。新鲜的狼鲈鱼皮光亮，质地紧实，眼睛明亮，带有清新的海洋气味。

储存

将狼鲈放在盖有烘焙纸的冰上冷藏。在购买当天食用。也可以将整条鱼冷冻或切片冷冻，最好抽真空冷冻，以保持鱼肉的美味。

制备

如烹饪整条狼鲈，必须将其洗净清膛并冲洗干净，然后用吸水纸吸干水分，并小心地除去血渍。根据狼鲈的尺寸大小，可以将其切成鱼柳或鱼块。狼鲈适宜各类的烹饪：烧烤、炉烤、煎炸、水煮或焖蒸。可尝试盐焗狼鲈，以品尝它的质地和味道。狼鲈在切丁或切片生食时也很美味，可放入橄榄油、柠檬汁和香草植物佐味。

经典菜肴

茴香狼鲈

盐焗狼鲈

鳕鱼

鳕鱼是冷水鱼，是受到全世界喜爱的鱼种。它因此被过度捕捞：如果一切如常，鳕鱼将很快面临资源枯竭。在20世纪，这种在纽芬兰水域中盛行一时的物种已经消失了。欧洲各国制定了相应配额并鼓励水产养殖。的确，这种鱼周身都是不错的食材：片状的鱼肉是神圣的。经过腌制、熏制或风干后，这种鱼会更名为鳕鱼（morue）。鳕鱼肝配烤面包十分可口，能够用于制作富含维生素D的珍贵鱼油。鳕鱼子适宜制作鱼子酱。

对于这种海洋中的普通鱼种而言，从大众食材一跃成为美食界的顶级食材经历了奇怪的轨迹。希望鳕鱼的故事不会到此为止。

时令

鳕鱼的繁殖期从3月至5月，为保护资源，最好在6月至次年1月间购买。

采购

不要购买总重少于2千克的鳕鱼，这样的鳕鱼没有时间至少繁殖一次。最好购买鱼背厚实的切片鳕鱼，这样的鳕鱼已经成熟。建议选择通过可持续捕捞所捕获的鳕鱼。鳕鱼的新鲜度反映在鱼肉的亮白程度上。

储存

将鳕鱼放在盘子中，覆盖保鲜膜冷藏。建议在购买当天食用。如不能当天食用，则不要放置超过48小时。

制备

制备盐渍鳕鱼：将鳕鱼在淡水中浸泡12小时，中途换三到四次水。在沸水中煮几分钟，将鱼肉切薄片。可将鱼片与炒土豆一起加入复合沙拉，也可加入蔬菜炖锅。

鳕鱼背：为使煮熟后的鳕鱼肉质地紧实，请将鳕鱼裹上粗盐放在盘中，静置10分钟后洗净，尽快晾干。

鳕鱼适宜许多烹饪方法：烘烤、焖烧、水煮、煎炸或蒸制。鳕鱼可搭配炖菜、咖喱、肉汤、白葡萄酒或椰奶的酱汁。用橄榄油或用面包屑包裹煎炸的鳕鱼适宜搭配香料、辛辣酱汁或西班牙辣味香肠（chorizo）。

经典菜肴

蔬菜鳕鱼
普罗旺斯奶油烙鳕鱼
油炸鳕鱼丸

青鳕

青鳕有黄色和黑色的不同品种。除了形态上明显差异，还可以通过它们的颜色和风味加以分辨。前者是金色的，而后者是深灰色。入菜时，黄色的青鳕肉质紧实呈片状，接近鳕鱼。为保持其质量，青鳕主要为捕捞。黑色的青鳕（也称绿青鳕）是工业捕捞的产物，味道一般，有时被命名为colin。

实际上，由于大量食用，黄色的青鳕已出现资源紧张，为实现平衡，现在更鼓励购买黑色的青鳕。

时令

建议采购错过繁殖期。黑色青鳕繁殖期：4月至12月。黄色色青鳕繁殖期：5月至次年1月。

采购

新鲜度反映在整条鱼的光泽和坚固度以及红色和有光泽的鳃上。对于鱼柳，有光泽的果肉略带桃红。即使最小的要求是30厘米，也最好选择大于65厘米的物体。可以保证鱼至少繁殖了一次。

储存

青鳕可冷藏保存。建议在购买当天食用。也可冷冻保存，建议进行真空包装，以便保持鱼肉的品质。

制备

将整鱼烹饪前仅需剥下鱼肉。注意，黄色青鳕比黑色青鳕刺少，因此更容易剥离。根据青鳕的大小，可以制成鱼柳或鱼块。

如能精确烹饪，各种烹饪方法都适用于青鳕。过度烹饪会使鱼肉变软。用炖煮或快速水煮的方式处理，而后浇汁即可，不需要过度调味即可享用。青鳕适宜与西班牙辣味香肠搭配，获得海陆结合的风味体验。新鲜的青鳕可生食或制成酸橘汁腌鱼。

经典菜肴

海鲜炖锅
香煎青鳕鱼块

鮟鱇鱼

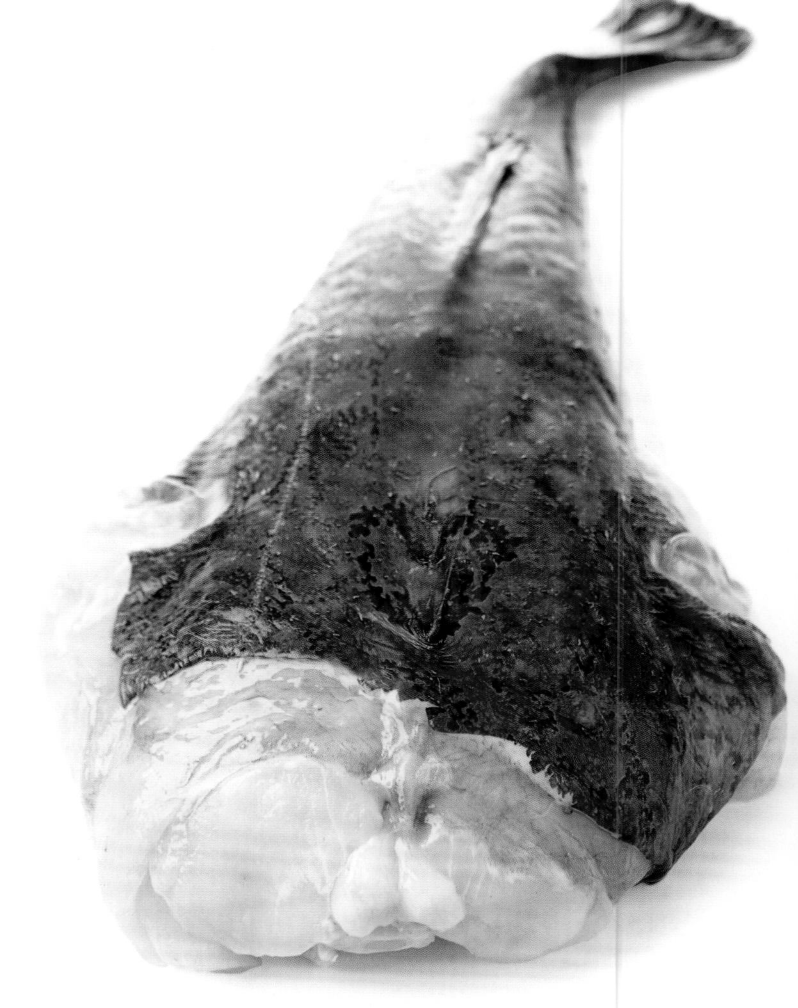

鮟鱇鱼游泳时漾起的波纹十分美丽。市场上出售的鮟鱇鱼尾部法语名为Lotte，而鮟鱇鱼名为Baudroie。请不要与河鱼Lotte混淆（译者注：法语中江鳕名为Lotte，与鮟鱇鱼的尾部同名）。鮟鱇属的鱼有很多品种，更复杂的是，由于鮟鱇鱼令人恐惧的外形和洞穴一般的大嘴，在各地区拥有许多绰号，如“魔鬼鱼”或“海蛤蟆”。从前，被捕获后的鮟鱇鱼会被立即扔回海中，以避免带来厄运。这样的日子早已一去不复返了。如今，它已成为价格昂贵的鱼种。市场上售卖的鮟鱇鱼仅保留其尾部，以免吓退那些还不了解鮟鱇鱼肉美妙滋味的买家。

时令

鮟鱇鱼的性成熟较晚，大约为6或7年，繁殖数量较少。为保护资源，欧盟已经制定了捕捞时间表，最小捕获尺寸为50厘米。建议购买日期为7月至次年1月。

采购

建议选择重量超过700克的鮟鱇鱼尾，这证明鮟鱇鱼已经成熟。鱼肉必须闪亮，呈现美丽的珍珠白色。

储存

将鮟鱇鱼尾放在盘中，覆盖保鲜膜冷藏。建议保留鱼皮，以免鱼肉变干。在购买后48小时内食用。

制备

由于鮟鱇鱼尾已经剔骨，因此制备简易。鱼肉很容易脱落。需小心剥皮，即去除其表皮下的薄膜以防止鱼肉在煮熟时收缩。鮟鱇鱼适宜各种烹饪方法，烘烤、水煮、焖炖或煎炸皆可，但烹饪过程要严格控制以保持其风味和鱼肉的质地。炖鮟鱇鱼非常美味，适宜搭配椰奶等热带风味香料。

经典菜肴

鮟鱇鱼炖锅
咖喱鮟鱇鱼

鲭鱼

鲭鱼是一流的深海鱼！它的身体呈梭状，游动时迅捷而优美：它的背部闪耀着蓝色、绿色和灰色组成的虹彩。鲭鱼分布广泛，通常集中于深海。作为大规模洄游的鱼种，鲭鱼资源受到密切关注。它滋养着如海豹和鲸鱼一类的捕食者，也为人类带来了美食享受。鲭鱼的奥米伽-3含量丰富，肉质肥美，味道浓郁，入菜时需要略带酸味的食材平衡口味，由此产生了专属词汇：鲭鱼醋栗。[译者注：在法语中，鲭鱼醋栗（les groseilles à maquereau）泛指比醋栗更大更甜的浆果。]

时令

鲭鱼全年有售。它的繁殖期从2月至4月，建议在这几个月之外购买。鲭鱼爱好者们偏爱在夏天购买。

采购

选择质地紧实，颜色鲜艳的新鲜鲭鱼。鲭鱼的销售尺寸在20~30厘米之间。更小的鲭鱼被称为幼鲭（lisette）。

储存

鲭鱼必须在购买当天食用，以免鱼肉的质感下降。将其放在盖有保鲜膜的盘子中冷藏。清膛后的鲭鱼适宜冷冻保存。

制备

处理鲭鱼只需要去掉内脏，彻底洗净血迹，然后用纸巾擦干。可以在烤箱中烘烤，也可以调味后在烧烤架上烧烤。您可以剔出鱼柳，腌制后生吃。更传统的做法是，用白葡萄酒腌制。为增添酸味，请将其与番茄、红色浆果或大黄蜜饯搭配食用。烟熏鲭鱼或鲭鱼肉酱罐头全年均可享用。

经典菜肴

鲭鱼肉冻
白葡萄酒鲭鱼
糟鱼

牙鳕

法语中用“炸牙鳕的眼神”来形容年轻恋人相遇时的表情。这道菜的确是法餐的经典之作，令牙鳕的鱼肉酥脆易剥落！牙鳕主要分布于北大西洋和东大西洋冷水中，有时也出现在地中海。它是非常受欢迎的鱼种，满足了使其成为美味佳肴的所有条件：资源丰富、便宜且美味！

时令

牙鳕是冬季鱼，11月至次年3月上市。

采购

牙鳕的鱼皮应有银色和金色的耀眼反光，眼睛清澈、鱼鳃鲜红。最小捕获尺寸为27厘米。这样的牙鳕已经成年，并且至少已经繁殖过一次。

储存

将牙鳕清膛，用保鲜膜覆盖后冷藏。在购买后的24小时内食用。

制备

将牙鳕清膛修整后，放入烤箱或平底锅中彻底煮熟。制作炸牙鳕时，必须捏合牙鳕的头尾两端，以便能够轻松地将其放入炸锅。传统做法是煎炸或裹面包屑油炸。 烹饪应迅速完成。烹饪牙鳕鱼柳时，最好将其鱼皮一侧煎熟，防止鱼肉破碎。牙鳕非常适合制作蛋奶酥、鱼肉慕斯或鱼肉肠。

经典菜肴

炸牙鳕
煎牙鳕
牙鳕慕斯

红鲻鱼

这是一个需要解释说明的高贵鱼种：为它的名字和烹饪方式。红鲻鱼构造特殊：当能见度太低时，嘴下方的口须能够探测和定位食物。它出现在礁石、沙滩或淤泥中，是摊位上最为常见的鱼种，也是非常重要的鱼种。红鲻鱼与魴鮄是不同的鱼种，应有所区分。红鲻鱼自上古时期就被人们所享用，近年来，这种地中海典型鱼种似乎在大西洋的寒冷水域越来越受常见。这也许是适应全球变暖的一种方法？

时令

根据其产地，红鲻鱼繁殖季节从5月持续至7月。为保护资源，建议在8月至次年3月购买。

采购

新鲜的红鲻鱼身体紧实，鱼皮呈橙粉色，富有光泽，瞳孔漆黑。捕捞红鲻鱼没有尺寸限制。建议购买大于18厘米的大西洋红鲻鱼和大于16厘米的地中海红鲻鱼。这样的鱼已经生长成熟。

储存

红鲻鱼的鱼肉不易保存，应在购买后的几个小时内食用。在制备之前，将其放在盖有保鲜膜的盘子中冷藏。

制备

将红鲻鱼清膛，去掉鱼鳃。烧烤或架烤的红鲻鱼无须剥皮。如尺寸较大，也可以取出鱼柳。红鲻鱼通常体积小且肉质细腻，需要在高温下快速烹饪，但它却美味可口，适宜制作布列塔尼鱼汤（cotriade）或马赛鱼汤（bouillabaisse）。

经典菜肴

马赛鱼汤
烤红鲻鱼

沙丁鱼

新鲜的烤沙丁鱼是夏天的标志，而在其他季节，可以享用罐头装的油渍沙丁鱼。沙丁鱼是非常受欢迎的鱼种，它的小尺寸从未阻碍它的销售。相反，由于尺寸较小，我们不必费心将其清膛甚至处理鱼鳍。“像沙丁鱼一样密”，这种表达体现了沙丁鱼的特点。它是一种群居鱼种，夜晚会从深海游到海面寻找食物。冬天主要在海中，而春天通常在海岸。希腊人为这种鱼命名，因为它在撒丁岛沿岸特别丰富。根据沙丁鱼的栖息地，将其分为两种：地中海沙丁鱼和大西洋沿岸沙丁鱼。沙丁鱼富含维生素D和奥米伽-3，在某些捕鱼区仍然资源丰富，并且具有独特的味道，堪称完美的鱼！

时令

沙丁鱼的上市期根据其栖息地有所不同。比斯开湾的沙丁鱼在春季繁殖，而地中海的沙丁鱼在9月至次年5月繁殖。为保护资源，建议在这些时间段之外购买它。

采购

沙丁鱼不易保存，不要选择无头的，无鳞的和鱼身柔软无光泽的沙丁鱼。它必须闻起来气味清新，沙丁鱼没有最小捕捞尺寸要求，建议选择17厘米以上的沙丁鱼，这样的沙丁鱼已经发育成熟并至少繁殖了一次。

储存

将沙丁鱼冷藏，并在购买后的数小时内食用。

制备

沙丁鱼应小心处理，否则可能将鱼肉撕碎。如果选择烧烤沙丁鱼，则无须切片。通常将其清膛处理，在取下鱼头的同时抽出脊骨。您可以在较大的沙丁鱼上剔出鱼柳。较小的沙丁鱼适宜油炸或架烤，以释放出所有风味。较大的沙丁鱼适宜酿馅。除经典菜肴外，沙丁鱼还可以充当辅助食材：炸酱、鱼肉慕斯、蛋糕和鱼汤灯。如果沙丁鱼足够新鲜，也可将其腌制后生食。

经典菜肴

烤沙丁鱼
沙丁鱼肉酱
油浸沙丁鱼

三文鱼

凭借鱼肉和鱼卵的颜色能轻易辨认出三文鱼，它们必须是红色的！海洋和河流的污染、全球变暖、产卵区域的过度捕捞、节日消费都威胁着这个庞大的移民群体。三文鱼在淡水中出生，在海中成长。它凭借本能洄游数千公里至出生的河流产卵。然而，对三文鱼的过度消费导致了野生品种的稀缺。三文鱼是水产养殖领域仅次于虾的产品。如今95%的三文鱼来自养殖，这也是规避对环境影响的替代方案。

时令

养殖三文鱼全年均有上市。大西洋的野生三文鱼在12月和次年1月繁殖。为保护野生资源，应该在这些时间段之外购买。

采购

关于三文鱼的繁殖条件有许多争议。建议选择拥有红标认证或有机农业认证的产品。三文鱼的颜色和味道因其饲料而异，养殖三文鱼的颜色更深。总之，三文鱼应紧实，鳞片和眼睛发亮，散发出令人愉悦的海洋香气。食用鱼柳、鱼肉块或鱼排时，应避免食用白色的脂肪。

储存

将整块或切成薄片的三文鱼放在盘子中，盖上保鲜膜，冷藏储存。在购买后48小时内食用。三文鱼是极少数耐冻的鱼之一。建议真空保存以免冻坏鱼肉。

制备

如整条烹饪，必须将其刮鳞清膛并去掉鱼鳍。根据三文鱼的大小，可切鱼片、鱼肉块或鱼柳。

建议烹饪时保留三文鱼皮，以防止鱼肉散开。

三文鱼适宜用于各类烹饪。烹饪方法简易，能够配合新的灵感：烘烤、烧烤、串烧、水煮、蒸制、油煎均可。三文鱼非常适合用于制作鱼肉炖锅和慕斯酱。如果三文鱼足够新鲜，可以用来制作生鱼片、寿司或盐渍三文鱼。腌制或熏制三文鱼也是不容错过的美味。

经典菜肴

三文鱼肉丁

腌制三文鱼（SAUMON GRAVLAX）

三文鱼肉馅烤饼（KOULIBIAC DE SAUMON）

寿司

金枪鱼

海中王者的金枪鱼迅捷而勇猛，是伟大的迁徙者。凭借其独特的炮弹形状，金枪鱼成群游动，跨越数千千米捕食和繁殖。在世界上记录的13种金枪鱼中，只有两种金枪鱼途经我们的海岸：蓝鳍金枪鱼和白色或长鳍金枪鱼。金枪鱼曾经是丰富渔业资源，在20世纪70年代引发了渔业罐头行业的繁荣。但如今，由于食品工业全球化，特别是寿司和生鱼片的全球化，使金枪鱼捕捞陷入红海！针对85个捕鱼国的国际管理正在组织中，以应对各物种的过度开发。

时令

在繁殖季节之外，购买新鲜长鳍金枪鱼的最佳月份是10月至次年5月。对于蓝鳍金枪鱼，建议选购可持续捕捞的产品。

采购

金枪鱼的大尺寸意味着在市场上出售的金枪鱼总是呈新鲜紧致的大块鱼肉形式。金枪鱼肉应有光泽，没有变干的迹象。

储存

金枪鱼肉应存放在盖有保鲜膜的盘子中冷藏。在购买当天享用。

制备

美味的金枪鱼肉号称“海中肉排”，需要精确细腻的烹饪手法才能防止其鲜美的鱼肉变干。或加入香草、香料和橄榄油进行烤、炖或煎，都将为其赋予美妙的味道。避免使用其他烹饪方法。如果金枪鱼足够新鲜，可以用来制作生鱼片或寿司。将金枪鱼烹饪至半熟，撒上芝麻也是不错的做法。您也可以尝试半干或熏制金枪鱼。

金枪鱼罐头可以制作沙拉、馅饼和挞派。当然，也常被用作开胃小菜。

经典菜肴

金枪鱼肉酱

寿司

金枪鱼小牛肉

鳟鱼

这种三文鱼的近亲曾在河流中大量出现，如今摊位上95%的鳟鱼来自水产养殖。鳟鱼有很多种类，但是最适合养殖的是美国鳟鱼：虹鳟，其表皮为灰绿色，有黑点斑点，侧线上有虹彩反光。原产于法国的法里奥鳟鱼也被养殖，但主要是为了淡水鱼发育和休闲钓鱼。近年来，鳟鱼养殖业一直在与三文鱼竞争，其产品范围逐渐扩大，包含：鱼子、烟熏鱼片、肉酱。享用同属于鲑鱼家族的鳟鱼吧！在支持可持续发展的同时，您将获得精致的美食体验和奥米伽-3。

时令

全年均有上市。

采购

鳟鱼皮闪闪发亮、略带黏性，眼睛发亮而圆润，是新鲜的标志。

储存

鳟鱼可在保鲜膜覆盖的碗中冷藏保存。最好在购买当日（最晚第二天）食用。鳟鱼可长期冷冻。建议真空保存以免冻坏鱼肉。

制备

处理整条新鲜的鳟鱼时，必须将其清膛去鳍。根据其大小，可以将其切片。鳟鱼适宜各类烹饪：炉烤、烧烤、煎炸、炖煮或蒸制。鳟鱼可以外裹酥皮，也可以填满蘑菇馅。如果金枪鱼足够新鲜，可以用来制作生鱼片或寿司。为致敬经典菜肴，请优雅享用杏仁鳟鱼。

经典菜肴

杏仁鳟鱼
面拖鳟鱼
烟熏鳟鱼扁豆沙拉

螃蟹

海洋中有成千上万种螃蟹，我们对螃蟹新品种的探索仍在继续。在法国，渔民可以品尝梭子蟹和其他螃蟹，但市场上仅出售睡蟹（le tourteau，又名面包蟹）和蜘蛛蟹（l'araignée de mer）。这些具有独特外观的十足动物价格低廉，其美味的肉却又适合制成美味佳肴。在品尝它们时，必须要耐心使用钳子！蜘蛛蟹的味道更好，面包蟹厚实的蟹壳不易剥开。螃蟹的资源丰富，具有很高的营养价值，各种螃蟹都是极佳的食材！

时令

法国每年5月至10月可在海边捕捞到螃蟹。为保护螃蟹资源，请等到6月的繁殖季结束后再购买。

采购

建议在购买时选择鲜活的螃蟹而不是已经煮熟的螃蟹。这样可以确保新鲜度和烹饪的精准度。不要购买缺腿的螃蟹。在手里掂量一下，螃蟹应沉重有分量。帝王蟹是最大、最美味但相对昂贵的食材，如果有幸遇到，不妨一试。

储存

烹饪前可将螃蟹冷藏。但请不要拖延太久。最好是在购买后立即处理。为了便于将其浸入锅中，请将螃蟹先冷藏30至40分钟，以使其进入休眠状态。

制备

将螃蟹浸入盐水锅中，可以加百里香、月桂叶或高汤调味，煮约20分钟。沥干水分，放凉。取下蟹钳和蟹腿，揭开蟹壳。用钳子将蟹钳夹碎，然后用叉子挑出蟹肉。将螃蟹切成两半，取出蟹肉。

食用螃蟹可以仅用蛋黄酱调味。蟹肉适合放入沙拉、蛋糕或油酥点心中。搅拌过的蟹肉可制作美式调味酱的基底。如果没有时间给螃蟹剥壳，也可以使用蟹肉罐头。

经典菜肴

螃蟹馅油炸面团或春卷
螃蟹鳄梨木瓜鸡尾酒慕斯

虾

虾是最小的甲壳类食材，但同时也拥有不容小觑的地位，全世界每年要消耗400万吨虾。虾产品来自水产养殖和海洋捕捞，它味道温和、营养价值高，与各种调料和食材搭配都有非凡的表现。

市场上主要出售褐虾（crevette grise）、明虾（bouquet）、红虾（gamba）和虎头虾（crevette géante tigrée）。但是，无论是水产养殖还是海洋捕捞的虾，其生长环境的影响都令人担忧。马达加斯加的有机产品标签是资源保护和支持其经济模式的一个案例。

时令

热带野生和水产养殖的虾全年有售。对于大西洋和北海的褐虾和明虾，最佳购买时间是秋季，这一时段的虾较为肥美。

采购

明虾与褐虾通常是鲜活出售的，市场上能找到活蹦乱跳的虾。不要购买已煮熟的虾。捕捞和烹饪日期通常是随机的。热带捕捞的虾通常以冻品或熟制的形式出售，建议选择质地紧实的虾。

未经冷冻的虾不易保存，应将其放在冰箱中冷藏，并在购买当日食用。

制备

无论是大虾还是小虾，都必须用清水冲洗。褐虾最好在海水中煮熟，立即食用，因为它的肉在变冷过程中会改变味道。它是最小的虾，却具有首屈一指的味道，食用时只需搭配面包和黄油即可。

您可以按照与处理褐虾相同的步骤处理明虾，也可以将其在橄榄油中快速煎炸。撒上一点海盐，是美妙的开胃菜。

处理红虾时，可将其去头后，从背面剪开，去掉黑色的外壳。用清水冲洗干净，然后用纸巾擦干。不要扔掉剪掉的部分，它们可以被用来制作酱汁。虾头中的虾籽通常是酱汁中的美味黏合剂。它适宜采用各种烹饪方法：烤、炒、腌……

经典菜肴

红虾炖锅
葡萄柚鳄梨虾沙拉
面拖虾

龙虾（螯虾）和岩龙虾

这两种甲壳类动物不是同一种，但有三个共同点：都有五对腿，都分为三种，都适宜用于制作节庆菜肴。它们并不总是资源稀缺的奢侈美食。至20世纪初，人们广泛地捕捞龙虾，用于食用、治疗疾病甚至改良土地。甲壳类动物通常偏爱冷水，而龙虾则更喜欢地中海这种水温更高的海域。它的名字来自拉丁语locusta，意为蚂蚱。龙虾肉冻是最难忘的美味！

时令

为了保护龙虾资源，请在8月至次年3月间购买。6月至12月可购买岩龙虾。

采购

选择头部直径大于10厘米的龙虾，这样的龙虾已至少繁殖过一次。

将龙虾握在手中以检查其灵活性，龙虾尾应该卷曲。请注意龙虾不会蜕皮：它的外壳必须坚硬且厚实。

龙虾分为3个品种：美洲或加拿大龙虾、开普敦龙虾和欧洲龙虾。在不列塔尼和英吉利海峡水域中捕获的龙虾最受欢迎。

岩龙虾：选择腿部完好的鲜活岩龙虾。岩龙虾的最小捕捞尺寸为11厘米。

岩龙虾分为3个品种：绿色、粉红色和红色岩龙虾。后者也称为皇家龙虾，在大西洋和地中海海域最为常见。

储存

请购买鲜活的龙虾，以免失望。龙虾不适宜冷冻，需要在购买当天食用。

将法国捕获的龙虾可放在不透气的盒子中，用湿布盖住冷藏，在48小时内食用。

制备

龙虾：将其浸入盐水锅煮3分钟。取下龙虾钳，将龙虾钳煮3至4分钟。将龙虾肠抽出。

岩龙虾：将其放入沸腾的盐水锅中，烹饪时间因其重量而异：500克20分钟，2千克45分钟。

冷热龙虾，都可以搭配蛋黄酱、香草黄油享用。尽管龙虾可以与很多菜搭配食用，但请不要用太多的食材掩盖龙虾肉的精妙味道。最重要的是，不要扔掉龙虾壳。将它们压碎制成高汤或酱料。

经典菜肴

烤龙虾或烤岩龙虾
松露龙虾意式馄饨
蛋黄酱岩龙虾

海螯虾

“我并不是带您去吃海螯虾，而是带您去见一位姑娘。”这是法国非尼斯泰尔省南部对吃海螯虾的描述。海螯虾是该地区是标志性特产，捕获这种龙虾的近亲需要等待其发育成熟，雄海螯虾需等待2年，而雌海螯虾需等待3年。近年来，为限制捕捞配额，法国有关部门在监管选择性捕捞方面做出了很多努力。

时令

海螯虾在夏季的捕获量大，为了保护法国沿岸的资源，最好在11月至次年1月之间购买。

采购

在摊位上可检查海螯虾的鲜活程度。如果闻到氨水气味，请勿购买。最好选择尺寸大于9厘米的虾。

储存

海螯虾非常容易变质，最好在购买后立即煮熟。可将其放在碗中，用湿布盖住，冷藏数小时。

制备

将海螯虾浸入盐水锅中煮制约2分钟。烹饪时长取决于海螯虾的大小和数量。烹饪必须精准而快速，以防止肉质过硬。装盘时，切记卸下其外壳。可与蛋黄酱或柑橘油醋汁搭配享用，不需要添加其他调味品。节庆时，也可将海螯虾制成馄饨，加入汤汁或撒上香料烧烤。新鲜的海螯虾可浇上糖醋汁生食。

经典菜肴

西班牙什锦烩饭（PAELLA）
海螯虾天妇罗

滨螺

散落在海滩的滨螺通常被认为毫无用处。但这种黑色的蜗牛形小贝壳是徒步渔猎爱好者的开胃菜之王。注意不要将其与另外一种外壳带有蓝色斑点的海螺相混淆。市场上出售的滨螺主要是来自英国或法国的养殖滨螺。牡蛎养殖者在牡蛎养殖区上同时养殖滨螺。法国布列塔尼和诺曼底沿海地区的人口增长促进了藻类繁殖，滨螺能够清除养殖区的藻类，同时提供经济回报。

时令

滨螺一年四季均有销售。在7月至次年1月可徒手捡拾滨螺，以保护资源。

采购

滨螺捕捞没有最小尺寸限制，但注意最好选择尺寸在2至3厘米之间的大个儿滨螺，这样我们可以确定其已度过繁殖期。在摊位上，鲜活的滨螺有湿润的螺盖。

储存

像所有贝类一样，滨螺不易保存，因此必须在购买当天制备并食用。如不能当天使用，应将其冷藏保存。烹饪后，不要放置超过24小时。

制备

用冷水将滨螺彻底冲洗干净。徒手拣拾的滨螺需要在盐水（25克/升）中浸泡24小时，使其吐出杂质。滨螺倒入锅中。倒入冷盐水（25克/升）。加入胡椒粉和一束香料。烧开水后关火，静置5分钟，然后再沥干水分。食用时取下螺盖，并用针挑出。

滨螺可以制成开胃菜或搭配黄油吐司。

滨螺加入沙拉可以提鲜，也可加入为鱼类提味的酱汁中。

经典菜肴

蒜泥黄油炖滨螺

海鲜拼盘

蛾螺

蛾螺的外壳呈漂亮的圆锥形，点缀着黄色、绿色和米色组成的花纹，根据其生长区域的不同有许多不同的名字：buccin、calicoco、bavoux、torion、chanteur或ventre sur pied。然而，蛾螺成为人类美食的时间很短。从中世纪到20世纪，蛾螺主要用作诱饵。如今，蛾螺主要生长于大西洋沿岸、英吉利海峡以及格兰维尔湾。法国诺曼底地区渔民很快意识到资源管理的必要性，于是成立了区域委员会。自此，该产品开始享有认证标签。不久，为表彰这些可持续捕捞的前驱者，格兰维尔湾蛾螺获得了地理保护认证标识。

时令

蛾螺在冬季繁殖，在1月达到繁殖高峰。为保护资源，建议在一年中的其他时段购买。

采购

建议选择鲜活而非煮熟的蛾螺。蛾螺不易保存，必须在24小时内烹饪。新鲜的蛾螺散发着海洋的气味，螺盖湿润紧贴。请选择尺寸大于4.5厘米的蛾螺。

储存

蛾螺应在购买后立即煮熟。可将其冷藏，并在24小时内食用。

制备

将蛾螺浸泡在加入盐和醋的冷水中10分钟，然后彻底冲洗，以去除所有残留物。将其倒入锅中，加水覆盖。用盐和胡椒调味。添加一束调味香草。

煮沸后根据蛾螺的大小煮6至10分钟。煮太久会令蛾螺太硬。

蛾螺是制作海鲜拼盘的主要食材，可搭配辣味蛋黄酱。也可加入大蒜欧芹黄油制作的美味煎锅，与意大利面一同上桌。

经典菜肴

蛾螺土豆沙拉
海鲜拼盘

蛤子

蛤子是赶海的乐趣所在。它埋在沙土中，只有在退潮时才能找到它。蛤子体型很小，但是非常美味！它的肉质细腻，能够为酱汁、鱼汤或意大利面提供无与伦比的咸鲜口味。由于对野生蛤子的捕捞，导致这一资源在法国诺曼底和布列塔尼北部海岸出现匮乏。如今，蛤子捕捞受到国家和地方性法规的约束：对捕捞日期、配额、季节和大小都有明确规定，并适用于职业渔民和个人。市场上的蛤子主要为水产养殖。蛤子栖息于养殖场，在潮汐中生产，需要两年的时间才能够拥有带花纹的外壳，达到允许上市销售的3厘米身长。

时令

养殖的蛤子一年四季都可以繁殖。野外的蛤子繁殖期是从3月至7月。为保护资源，建议在这几个月之外捕捞。

采购

选择尺寸3厘米以上的蛤子，这样的蛤子已至少繁殖一次。确保其外壳紧闭，没有破损。

储存

蛤子不易保存，购买后应立即煮熟。可将其冷藏保存几个小时。在购买当天食用。

制备

必须将蛤子在盐水中浸泡数小时，中途换几次水，用清水冲洗干净。养殖蛤子通常在出售前已经过处理。

将蛤子倒入砂锅中，盖上盖子，大火煮熟。烹饪时间视蛤子的数量而定，烹饪过程中需不时搅拌均匀。将蛤子去壳，然后加入搭配鱼类的酱汁中。可将其与培根、大蒜、欧芹和番茄一起快速烤熟，它们将为意大利面或印度香米增添香味。

经典菜肴

面拖蛤子

贝壳意式烩饭

虾夷扇贝

虾夷扇贝在法语中又名圣地亚哥扇贝，因为圣地亚哥-德孔波斯特拉（Saint-Jacques-de-Compostelle）的朝圣者会将这种体型硕大的双壳贝挂在脖子上，同时也用这种扇贝来喝酒、吃饭和乞讨。它是法国海鲜中的珍宝，白色的肉柱周围点缀着珊瑚色的裙边，赋予美食家新的灵感。虾夷扇贝在法餐中享有特殊地位，为有效管理这种资源，实施了严格的捕捞制度。从10月1日到次年的5月15日可捕捞虾夷扇贝，而且根据某些部门的说法，每周仅有2天可捕捞，每天45分钟。在地中海、布列斯特港、基伯龙、圣布里厄湾和诺曼底地区均发现有虾夷扇贝，但只有阿摩尔滨海省（Côtes-d'Armor）的虾夷扇贝享有欧盟地理标志保护认证标识（IGP）。

时令

在繁殖季节之外的10月至次年5月，市场上可见新鲜的虾夷扇贝。冷冻的虾夷扇贝肉全年有售。

采购

虾夷扇贝的最小捕获尺寸为11厘米。

建议选择鲜活的虾夷扇贝。鱼贩将很乐意为您打开扇贝壳。请不要将虾夷扇贝与同一个家族但体型较小的扇贝相混淆。

储存

冷藏保存，并在购买当天食用。虾夷扇贝也适合冷冻保存。

制备

将虾夷扇贝肉快速浸入水中，以除去残留物，然后用吸水纸轻拍吸干水分。虾夷扇贝的肉质细嫩不易保存，需要小心且迅速完成烹饪。只需在倒入黄油或橄榄油的平底锅中煎炸，再撒上海盐，就是绝妙的美味！虾夷扇贝也可以与香料、柑橘类水果、松露类的蘑菇搭配使用。可烘烤或烧烤，也可切片洒上调味油生食。在冰箱中提前冷冻几分钟会更易切片。

经典菜肴

鱼肉香菇酥饼（VOL-AU-VENT）
焗虾夷扇贝
虾夷扇贝刺身

竹蛏

这是一个外形奇特的物种：这种贝壳的外壳特别长，令它拥有了模棱两可的名字（译者注：竹蛏的法语名couteau也有刀的含义）。对孩子们来说，徒手捕捞是一种快乐。竹蛏垂直埋在沙子中，在退潮时会露出一个小气孔，在上面撒些盐就能让这些海中归来的竹蛏显露出来。在竹蛏识破陷阱逃跑之前，必须迅速捉住它。竹蛏在法国市场上颇为少见，它们或被亲自在海岸捕捞的当地美食家享用，或被渔民当作诱捕鲈鱼的饵料。但越来越多的厨师正在重新认识它，并表现出对它美味的兴趣。竹蛏理所应当成为美食领域的第二把刀!

时令

竹蛏的繁殖季在5月。为保护资源，请避免在5月购买或捕捞。

采购

取决于物种，大小在10至15厘米之间变化。在市场上，竹蛏几乎总是成捆出售，以避免其外壳破损，竹蛏壳应显示米色的细纹。

储存

竹蛏像所有贝类一样易碎，最好在购买或捕获后立即食用，如冷藏保存，应在24小时内食用。另外，竹蛏适宜冷冻保存。

制备

竹蛏含有沙子，必须先在盐水中浸泡12小时，中途换几次水，然后用清水冲洗干净。如果竹蛏是新鲜的，可以将其作为原料与柠檬、橄榄油和香草植物一起放在双耳盖锅中，开大火并盖上盖子。之后将其剥壳。竹蛏也适合裹上面包屑用大蒜黄油煎炸或焗烤。

经典菜肴

面拖竹蛏
蒜香欧芹黄油竹蛏

牡蛎

从远古时期至19世纪，生长在法国沿海的野生牡蛎（Ostrea edulis）一直被捕捞和品尝。随着牡蛎资源稀缺，开始出现养殖牡蛎。随后引进了葡萄牙牡蛎，这种牡蛎适应并征服了新养殖地。但后来由于一种牡蛎流行病的蔓延，令所有养殖场无一幸免。一种日本杯状牡蛎逐渐占据了市场，也使法国成为世界上主要的牡蛎生产和消费国。多年来，人们一直担心养殖牡蛎的大量死亡。为了使牡蛎在全年不间断供货，引入了新品种三倍体牡蛎。这种做法仍充满争议。我们希望，这颗凝聚了美味和营养的明珠始终是法国美食的象征。

时令

牡蛎通常在9月至12月出售。从5月至9月中旬是牡蛎的繁殖季，这时所有二倍体牡蛎均为乳白色。为了消除这种不便并扩大销量，引入了三倍体牡蛎。

采购

牡蛎的美味是由产地决定的。马雷讷-奥莱龙（La marennes d’Oléron）牡蛎享有欧盟地理标志保护认证标识（IGP）。

牡蛎的凹陷程度及扁平度按数字分类：

凹陷度：从最小的5号到最大的0号。

扁平度：根据编号和重量估计扁平度。

有的牡蛎是在纯净的黏土基底上养殖的，相较于公海的牡蛎，这些牡蛎具有更多微妙的香气。我们无法辨认出三倍体牡蛎。

储存

将牡蛎放在装有海藻的篮子中，以保持湿度，可在5℃至15℃的温度下放置5天。

在购买5天之内，可将牡蛎用湿布盖好冷藏。建议尽快食用。

制备

将牡蛎放在布上，用牡蛎刀开壳。将牡蛎中的水倒空。

可以直接生食，以品尝其海洋的味道，也可以加入几滴柠檬汁或现磨的胡椒粉。法餐中一直偏爱用牡蛎制作炖锅、煎烤或焗烤，也生食牡蛎肉丁或制成牡蛎肉冻。

经典菜肴

黑麦面包配生蚝

意式蛋黄酱热牡蛎

贻贝

贻贝喜欢群居，它们会附着在各种海中物体上，我们常常能在海水中看到它们。这并不遥远！贻贝养殖发明于13世纪，如今法国已成为仅次于西班牙的欧洲第二大生产国。贻贝生长在六角形的木栅上。圣米歇尔山海湾的贻贝享有原产地明明控制标识。但布列塔尼和诺曼底地区生产的60000吨贻贝不足以满足需求，贻贝的生产主要集中在地中海。为了能够随时提供广受好评的炸薯条配贻贝，从邻国的进口至关重要！

时令

贻贝的生产连续不停，根据生产区域的不同，最佳购买时期从7月延续至12月。

采购

新鲜的贻贝外壳有光泽，无破损，外壳密闭或在接触后即刻闭合。贻贝的最小出售尺寸为4厘米。

储存

购买后立即将其放在用湿布覆盖的碗中冷藏。在48小时内食用。

制备

将贻贝倒入冷水中，去除杂物。然后从壳上取下足丝（像胡须一样的部分）。有些贻贝上带有石灰石碎片。用小刀刮净它们。用清水冲洗后沥干。将贻贝放在双耳锅中，盖上盖子，用大火煮开，中途偶尔搅拌，直至煮熟。贻贝开口显露出美丽的橙色贝肉后，即可对其进行调味。如果要将它们用于其他菜品，请先去壳。煮贻贝的汤汁经过滤后可以用于调味料或其他菜肴中。您可以用白葡萄酒、奶油、香草植物、小香葱或咖喱等香料调味。

贻贝适宜放入意大利调味饭，搭配意大利面、馅料、面包屑或烤面包时也很美味。

经典菜肴

炸贻贝
面拖贻贝
西班牙什锦烩饭

海胆

海胆具有奇异的外观，因而被赋予了许多昵称，例如海中刺猬或海中栗子；海胆的外壳上带有可移动的刺，以保护其珍贵的卵，更常见的是其长生殖腺的外壳：外壳上有5条生殖腺，雌性为黄色，雄性为橙红色。这是一种具有极鲜美的食材，如今已迅速成为厨房中的奢侈品。由于缺乏管理规范、水质下降和偷猎，法国的海胆资源正在减少。在全世界所有海洋中有900种海胆，法国只有主要分布于地中海的紫红色海胆。如今的潜水者徒手捕捞海胆，而在等待可持续捕捞推行的过程中，海胆是否有足够的刺来保护自己的后代？

时令

海胆在春季繁殖，最好在冬天购买海胆。捕捞授权期（配额和期限）根据海岸而不同。

采购

活海胆光亮而潮湿，海胆刺排列整齐。轻轻触摸海胆的刺，它们应该活动。最小捕获尺寸为5厘米。

储存

将海胆放在盘子中，用湿布盖住冷藏，在数小时内食用。

制备

先用小刀、剪刀和手套武装好自己！将刀尖放在海胆的嘴中，然后用力一击将其打开。用剪刀剪下顶部，注意不要损伤舌状的部分（卵）。剧烈摇晃以除去褐色团块。

用小汤匙享受生吃海胆。海胆可赋予酱汁、炒鸡蛋或煎蛋卷无与伦比的味道。它也可以用来制作布丁或充当馅料。

经典菜肴

海胆蒸蛋
奶油海胆

缀锦蛤

欧洲缀锦蛤是布列塔尼地区的特产。但这种备受珍视的资源已变得越来越稀缺。20多年前引进了生长较快的日本缀锦蛤，使之能够在多沙和泥泞的海滩上繁殖。在市场和海滩上常能见到这种日本缀锦蛤。缀锦蛤资源受到当地或国家法规的严格监控和管理。缀锦蛤的肉略带坚果味，营养价值丰富，作家盖菲雷克（Queffélec）曾称之为海中点心。

时令

缀锦蛤的繁殖季节从6月至8月。建议在9月至次年4月间食用。

采购

缀锦蛤允许出售的最小尺寸为4厘米。新鲜的缀锦蛤外壳紧闭。在地中海，它被称为clovisse。

储存

缀锦蛤可放在用湿布覆盖的盘子中冷藏，应在捕捞后72小时内食用。它适宜冷冻，无论是生的还是熟的。

制备

用大量水冲洗并搅拌以去除泥沙。将其在淡盐水中浸泡30分钟。要直接打开蛤，请将刀尖插入壳中的闭壳肌，然后转动刀片。将蛤蒸制10秒钟会更容易打开。

蛤肉可以生食。在布列塔尼地区，生食蛤肉会搭配荞麦面包和咸黄油。

炒蛤通常加入白葡萄酒或苦艾酒，配少许欧芹和洋葱。煮熟，蛤肉作为食材会加入意大利面或意大利调味饭。水煮蛤在起锅时可撒上一些开心果碎。大个的蛤肉可与柑橘黄油一起制成馅料。煮蛤的汤汁可以用于制作酱汁。

经典菜肴

缀锦蛤意面

蛤子酿馅

鱿鱼（枪乌贼）

在法国，有许多种鱿鱼（如calamar、calmar、encornet、supion、chipiron），对于我们来说都一样！这里所说的是同一种软体动物。它们的防御方式都是在逃生时喷出墨汁。除了体内一块钙化的骨片，鱿鱼的全身都是软的。它的大小和颜色各异，但具有一个共同点：鱿鱼资源似乎很丰富。对于那些把鱿鱼作为特色美食的地区而言，这着实是一个好消息。

时令

鱿鱼的繁殖季从12月至次年4月。因此，最佳的购买日期是从5月至11月，这取决于捕捞区：地中海、比斯开湾、大西洋或英吉利海峡。

采购

新鲜的鱿鱼表皮湿润，肉质紧致，散发着海洋气味。请按烹饪需求选择尺寸适宜的鱿鱼。

储存

鱿鱼不易保存，建议将其冷藏并尽快食用。它非常适宜冷冻保存。

制备

将鱿鱼的头与身体分开。抽出中间的软骨，剥去外皮。在眼睛处切下触手。可根据鱿鱼的大小将其切块或整只烹饪。需快速完成烹饪以防止肉质变硬。或者也可用文火慢炖。鱿鱼可制成馅料，或裹上面包屑油炸，也可香煎。鱿鱼适合搭配辣味的酱料：蒜泥蛋黄酱、辣椒番茄酱、蒜香欧芹酱。冷却的鱿鱼可拌入添加了柠檬和茴香的意大利面沙拉，放在意式烩饭中也十分美味。

经典菜肴

鱿鱼馅烤饼
酿馅鱿鱼

章鱼

章鱼为文艺创作提供了许多想象空间：这种奇怪的生物经常出现在文学著作中和电影院中，但很少出现在盘子上。从《海底两万里》到《加勒比海盗》，它挥舞着的触手留下了恐怖的印象，但对其他人而言，章鱼却是有趣的物种：科学家们注意到，章鱼的领悟力极佳。在地中海地区，章鱼被广泛用于炖菜或沙拉。章鱼的颜色和大小因物种而异，长度从5厘米到3米不等。章鱼墨汁的爱好者使全球（尤其是在地中海地区）的章鱼资源濒临匮乏。

时令

章鱼上市期由产地决定，主要取决于当地的捕捞限制规定。

采购

为促进可持续发展，建议购买750克以上的章鱼。新鲜的章鱼表皮有黏液，有光泽的，并散发出海洋气味。

储存

连同购买时的包装一起冷藏。在购买后48小时内食用。章鱼适宜冷冻保存。

制备

将章鱼冲洗干净。切分并切掉头部。轻轻去除墨囊。去掉头部和触手处的外皮。彻底冲洗几次。通常会采用敲打的方式使章鱼肉变嫩。为方便处理，可将章鱼冷冻6小时，之后在室温下解冻，再进行烹饪。将其头部和触手放在锅中，用冷水浸没，加入调料。煮沸后继续加热45分钟。让章鱼在烹饪水中冷却。触手处的皮会更容易剥落。将章鱼切开，然后按需要进行烹饪。可将其炖煮、油炸、烧烤或腌制。也可切片放入沙拉，或在橄榄油、大蒜和香草调料中煎炸，或加入意大利面或意式烩饭。

经典菜肴

章鱼沙拉
章鱼炖肉

乌贼（墨鱼）

乌贼鱿鱼的近亲。由于更加柔软，剥皮后会立刻露出白色的肉。在布列塔尼地区，乌贼被称为morgate，意为潮湿且无味。这种软体动物的特性也体现在它的拉丁语名字sepia，意为墨水，它在自我保护时会喷出黑色的墨汁。乌贼会在交配后死亡，只留下一堆受精卵，它们会喷出墨汁来保护后代。在布列塔尼、诺曼底和比斯开湾地区，这种资源被大量捕捞，捕获量因年份而异，目前不受任何欧洲法规限制。

时令

乌贼在一年中的大多数时间有售，尤其是在秋冬两季。它的捕获量与其繁殖和迁徙洄游密切关联。

采购

建议选择肉厚的乌贼。新鲜的乌贼富有光泽，肉质紧实，散发出海洋的气味。通常在乌贼的身体内能够找到墨囊，也可在高级食材店找到包装好的墨汁。

储存

将乌贼放在碗中，用保鲜膜覆盖冷藏。建议在购买当天食用，最迟不超过48个小时。乌贼非常适宜冷冻保存。

制备

用大量清水将乌贼洗净，然后用吸水纸将其擦干。

一只手拉动乌贼的身体，另一只手握住头部。

用手指在乌贼的体内滑动，以去除内脏和骨骼。注意不要刺破墨囊！从眼睛处切下触手，用力剥去外皮。再冲洗一次。

保留整个乌贼用来制作馅料。可将其切成段、圆环或一分为二，按需烧烤或用平底锅煎炒。请记住用刀将乌贼肉切花刀，以防止其缩回。

烹饪乌贼没有太多技巧：快速煎炒或长时间慢炖，否则乌贼肉会变硬。

乌贼适宜搭配番茄、辣椒、橄榄油、大蒜和柠檬。将乌贼放入椰奶中，加上青柠檬和香料（如生姜、咖喱等）可制成热带美食。

经典菜肴

炖乌贼

酿馅乌贼

乌贼意大利面或意式烩饭

基本技巧

制作高汤

1 原料：1千克鱼鳍和鱼骨（鳎目鱼、鳕鱼、鲽鱼、大菱鲆），50克黄油、粗盐，1个韭葱葱白，1个洋葱，500毫升水，500毫升白葡萄酒，半个柠檬，1束香料。

2 用加有粗盐的黄油将鱼鳍和鱼骨浸渍1小时，然后用冷水冲洗。加入韭葱碎和洋葱碎，煎3分钟。

3 加水烧开，撇去浮沫。加入白葡萄酒、半个柠檬和香料束。转中火，不加盖煮20~30分钟，直至水量减少四分之一，再撒盐。

4 将高汤过滤。用它来烹饪整条鱼、熬汤，制作意大利调味饭或意大利面。可将高汤倒入冰块托盘中冷冻保存，需要时取出调味。

制备全鱼

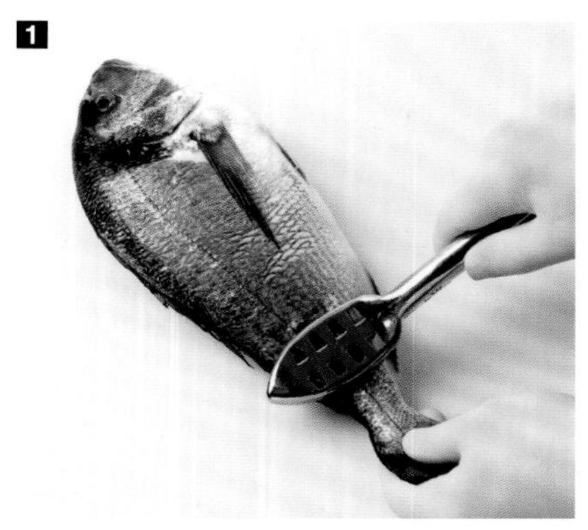

1 用一只手抓住鱼的尾巴，另一只手握住去鳞刀。

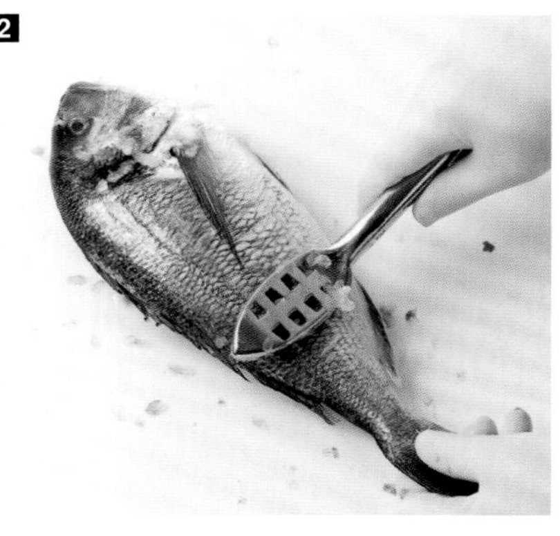

2 从尾部到头部刮擦并反复轻击鱼皮，刮去鱼鳞。对另一面执行同样的操作。

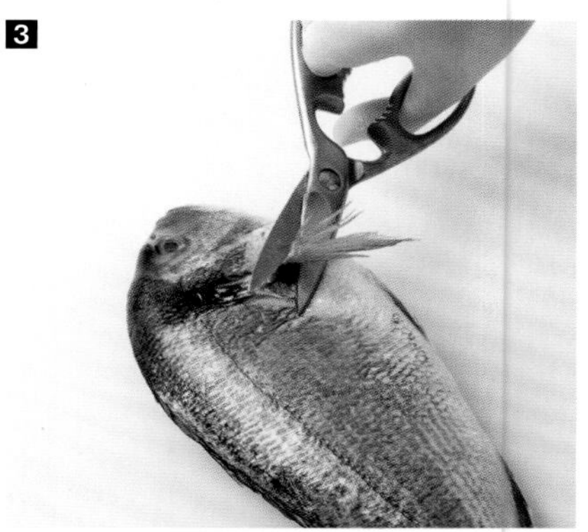

3 去掉鱼鳍，用剪刀剪开胸鳍。

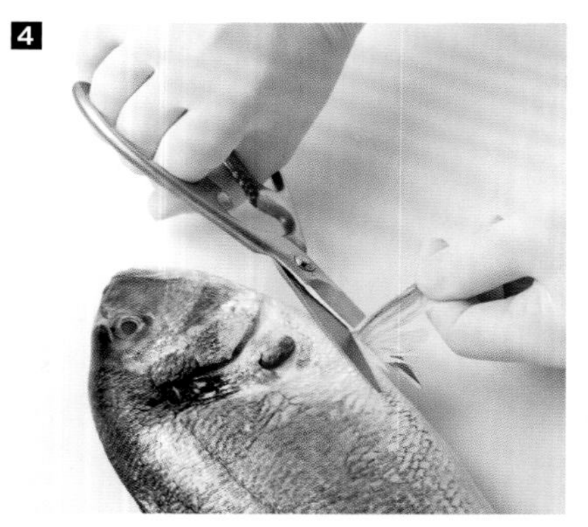

4 5 剪掉腹鳍和臀鳍。

6 7 剪下背鳍。

8 修剪尾鳍。

9 10 用一只手抓住鱼，另一只手从排泄腔到头部剪开鱼腹。

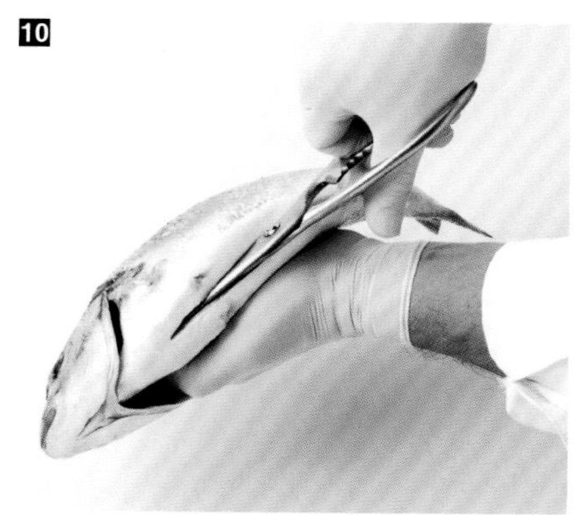

11 去鱼鳃，注意不要损坏鱼头。

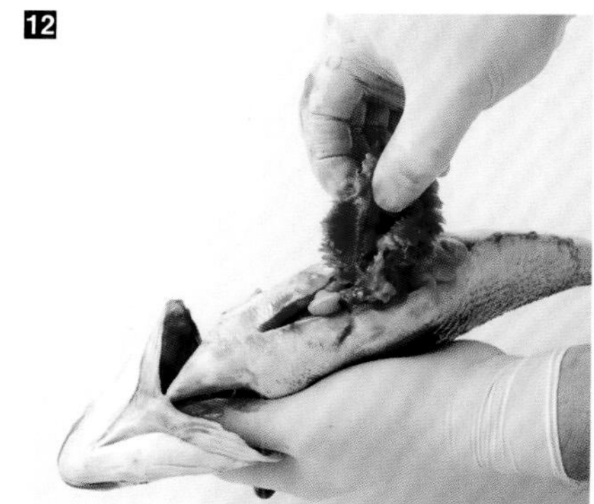

12 小心将鱼清膛。

13 在流动的冷水下将鱼冲洗干净。用勺子从脊骨至边缘刮擦，去除残留血迹。

14 再次冲洗，然后用吸水纸将鱼拍干水分。完成制备的鱼可用于烘烤或烧烤。

制作盐渍鱼

1 原料：1条整鱼（重1.2千克），去皮去鳞并清膛，10克红色浆果，1千克粗盐，2个蛋清。

2 用勺子将粉红色浆果轻轻碾碎过筛，撒在粗盐上。

3 加入蛋清，搅拌均匀。

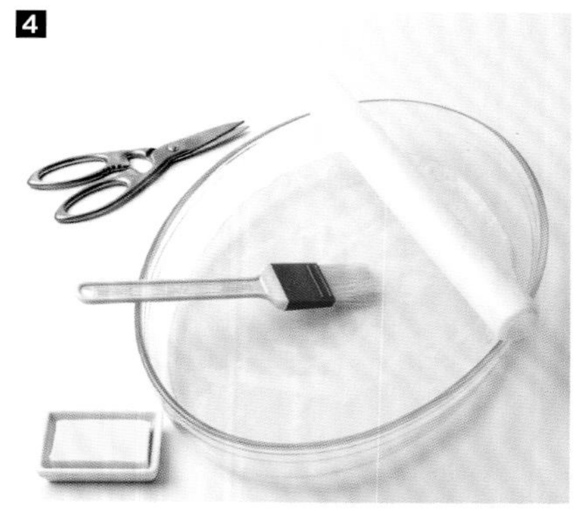

4 在烤盘上涂抹黄油，将等大的烘焙纸垫在盘底。

5 将粗盐混合物铺在盘底。

6 将鱼放在粗盐上。在鱼腹中放入香草植物、土豆或韭葱。

7 小心地将馅料均匀分布，以获得圆圆的腹部。这样可以防止盐进入鱼腹。

8 用粗盐混合物盖好。

9 用粗盐将鱼包好，形成盐壳。在预热至200℃的烤箱中烘烤15分钟。

10

11

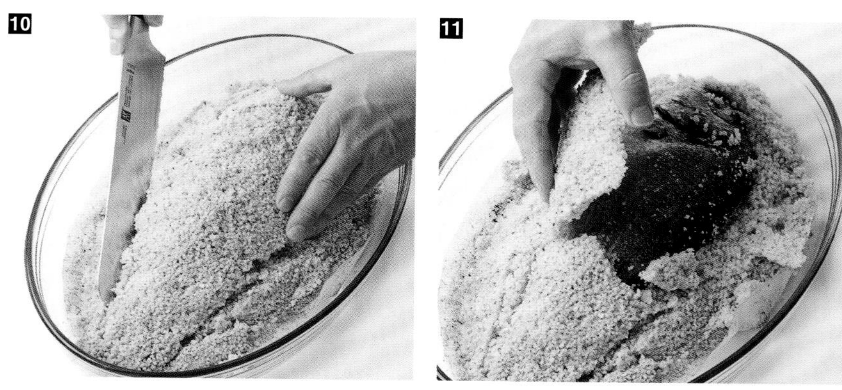

10 从烤箱中取出鱼，用鱼刀切开盐壳。

11 剥开盐壳。

12

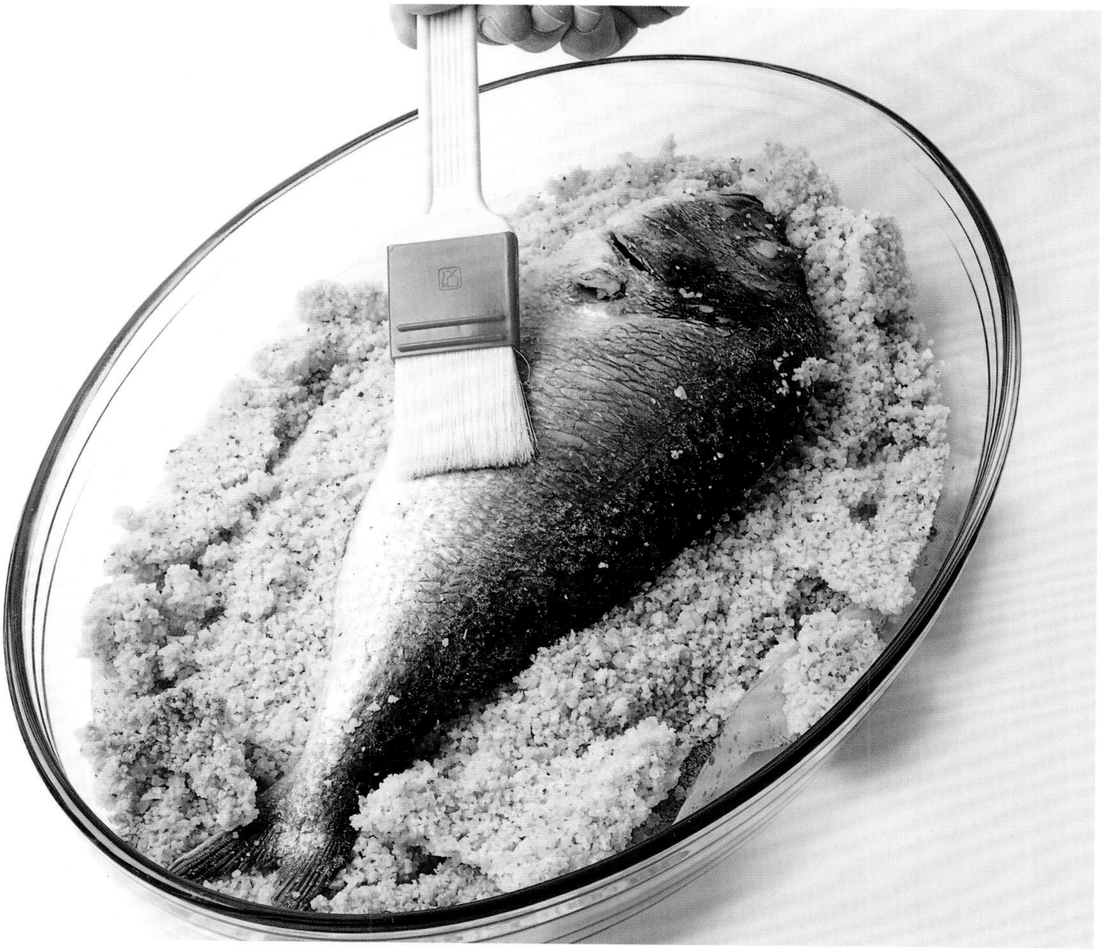

12 用刷子刷净残留的盐粒，即可上桌。

龙利鱼剥皮

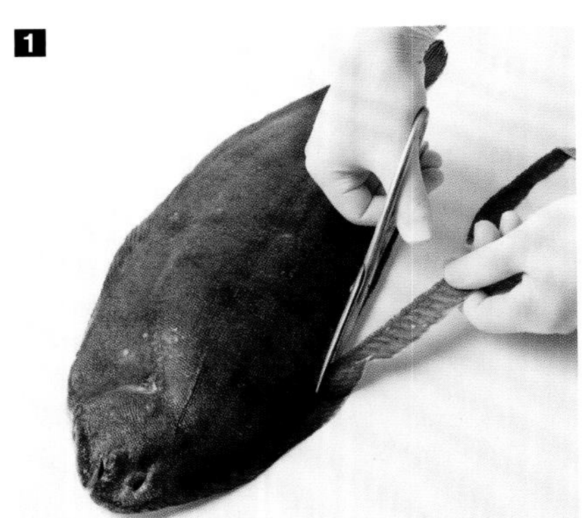

1 用剪刀修剪整条鱼。

2 用小刀切开鱼尾处的鱼皮。

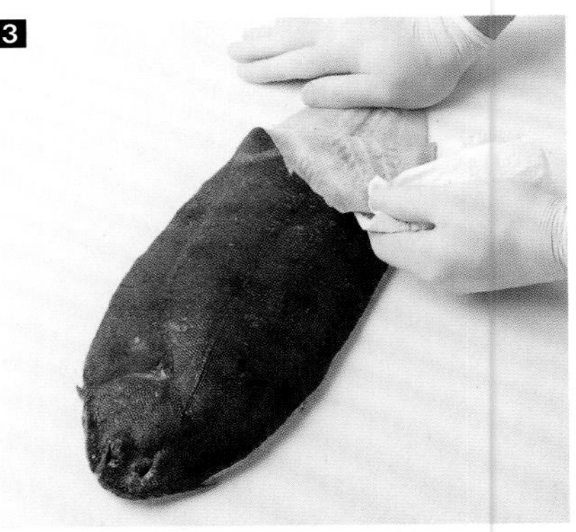

3 从切口处剥开鱼皮。一只手按住鱼尾，另一只手用布或纸巾抓住鱼皮用力拉。

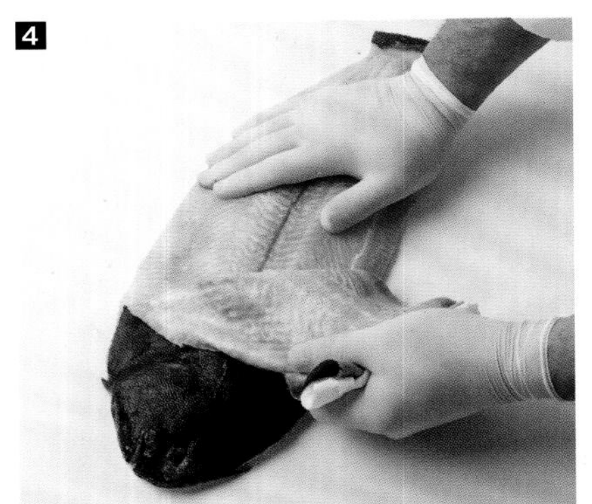

4 将鱼皮拉至鱼头处。

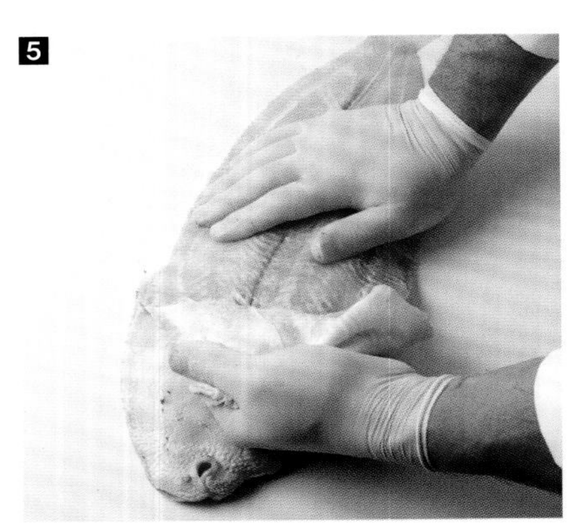

5 对另一侧重复此步骤。

6 将整条鱼去皮，以便裹上面粉。

生鱼柳切分方法

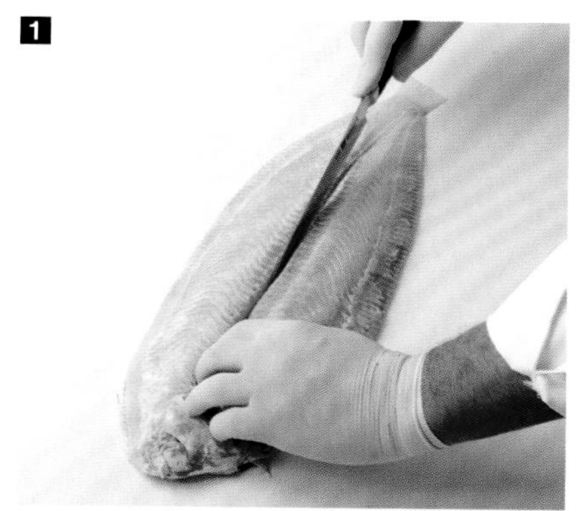

1 用鱼柳切刀沿鱼的脊骨向边缘切。

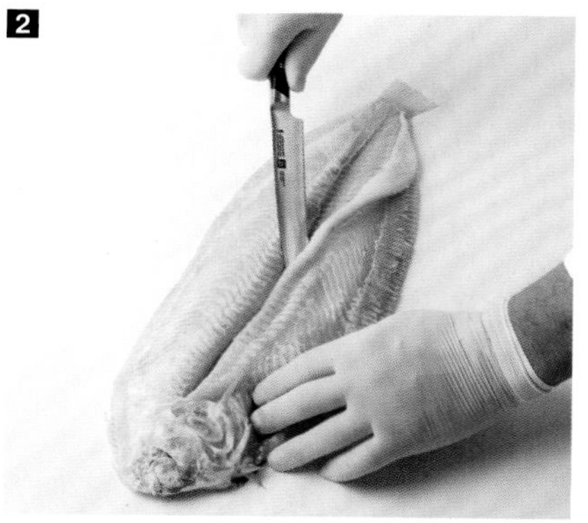

2 按压刀片使其变弯，在鱼肉和鱼骨之间滑动。

3 4 逐渐取下鱼柳。

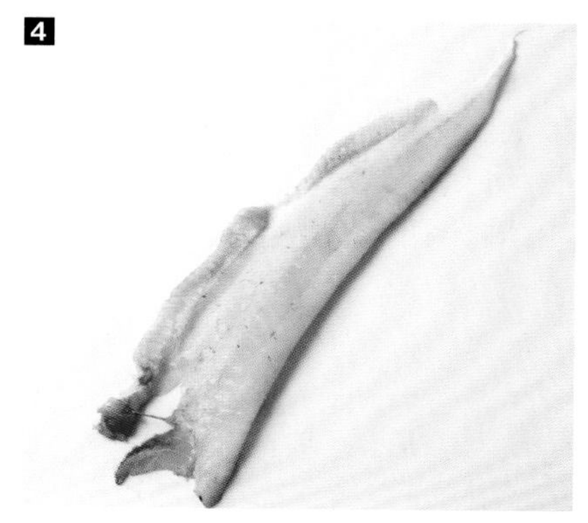

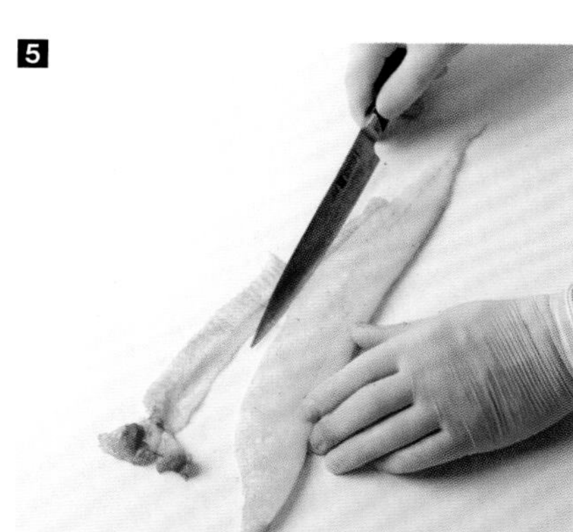

5 切掉边角的碎肉，修整鱼柳。

6 重复此步骤，取下其余3块鱼柳。

熟鱼柳切分方法

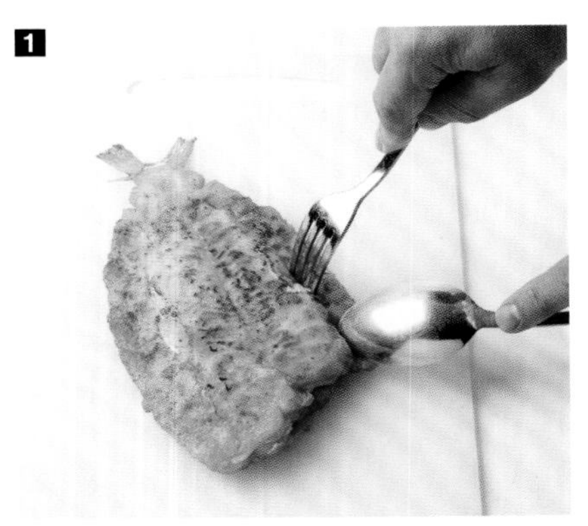

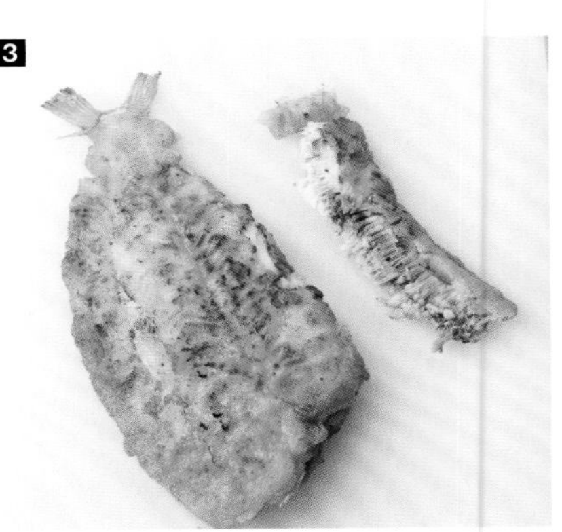

1 在熟制的面拖鱼上，用叉子和勺子去掉鱼柳边缘的小刺。

2 3 用叉子将鱼片固定，并用勺子在侧软骨处滑动。

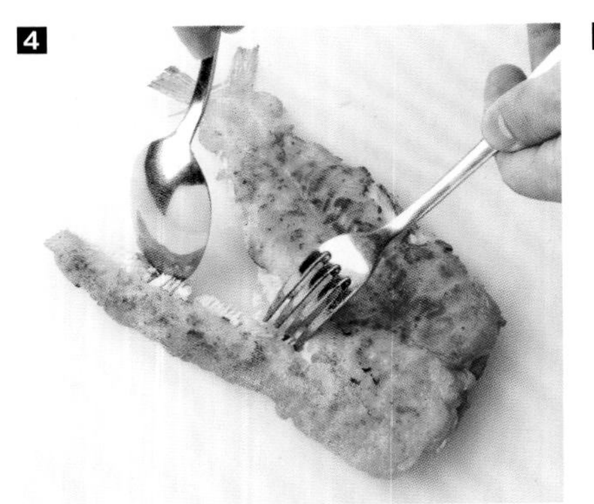

4 5 在另一侧重复此步骤。

6 在脊骨处划开鱼肉，令鱼肉脱离鱼骨。

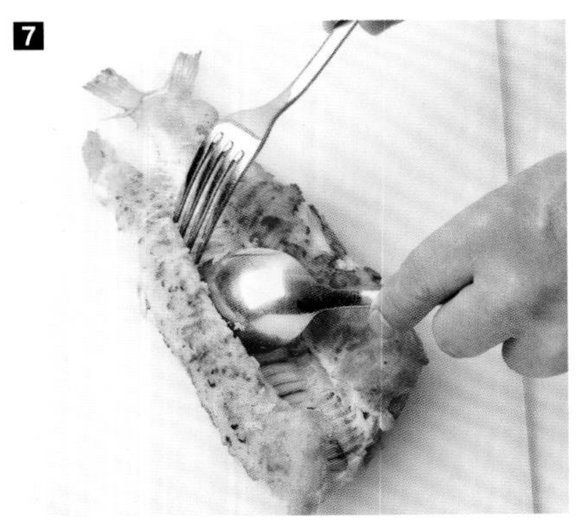

7 8 向外滑动，取下鱼柳部分。

9 对第二片鱼柳重复此步骤。

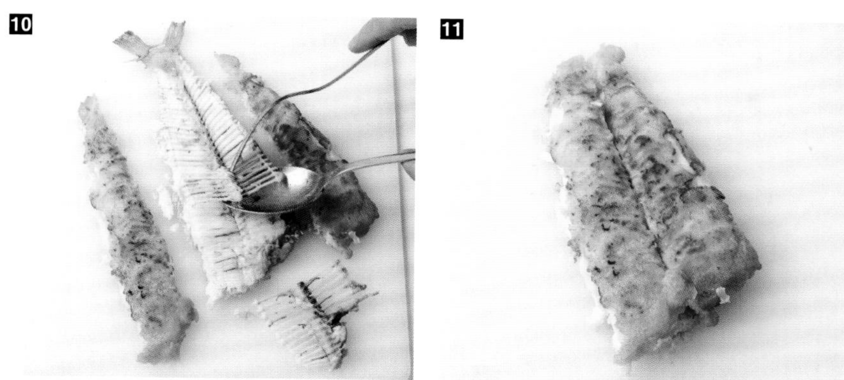

10 提起脊骨，取下剩余2片鱼柳。

11 将鱼柳叠放，组合装盘。

12

12 可用欧芹和柠檬片装饰菜品。

带皮生鱼柳的切分方法

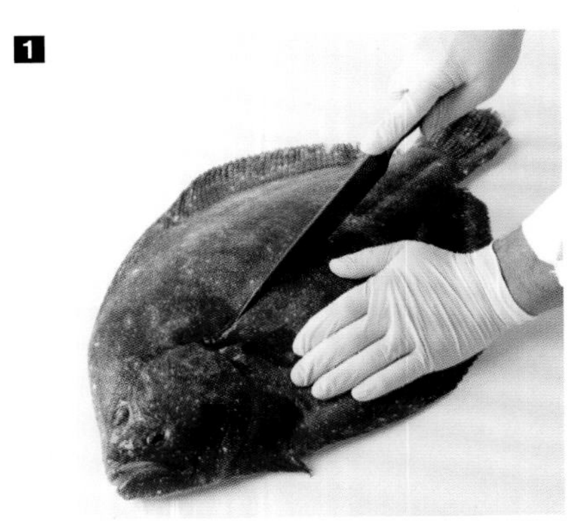

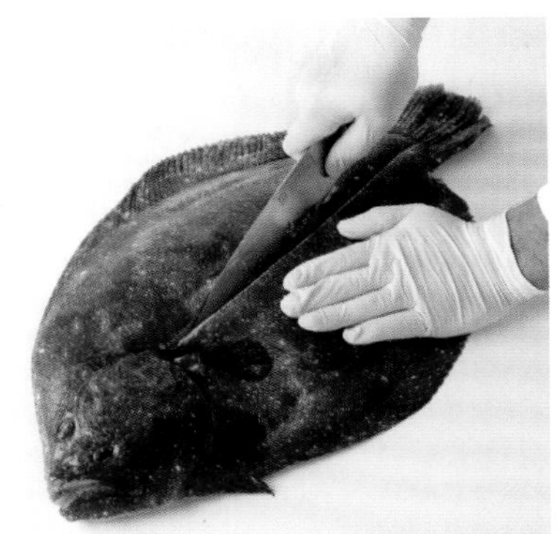

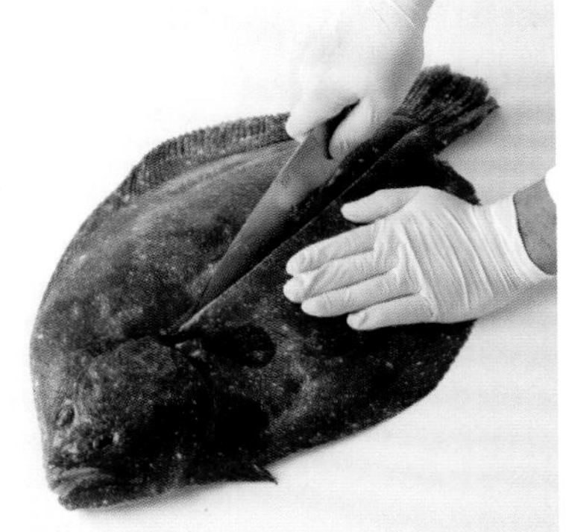

1 2 用刀沿脊骨向边缘切开。

3 用剪刀修剪腹鳍。

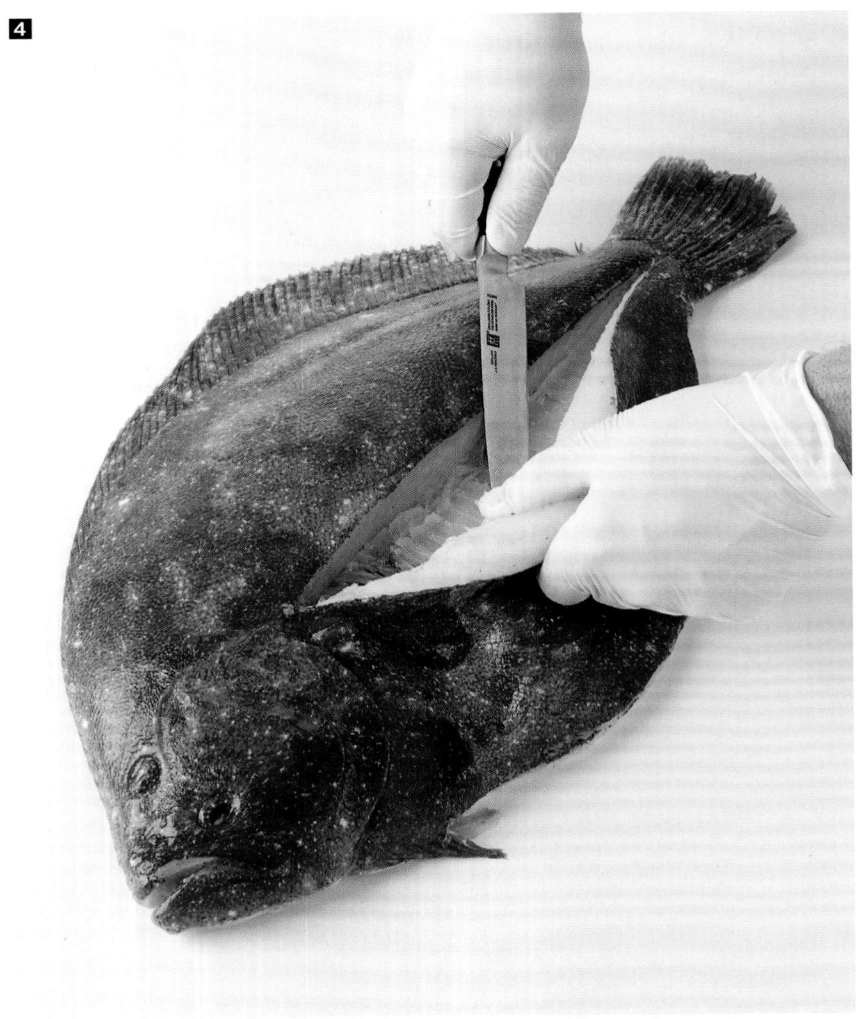

4 用鱼柳切刀在鱼肉和鱼骨间滑动。

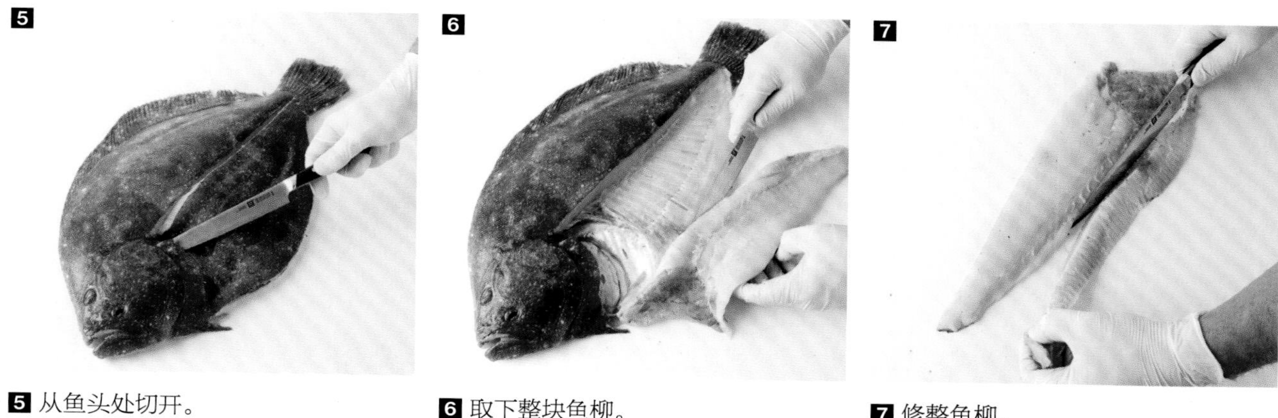

5 从鱼头处切开。

6 取下整块鱼柳。

7 修整鱼柳。

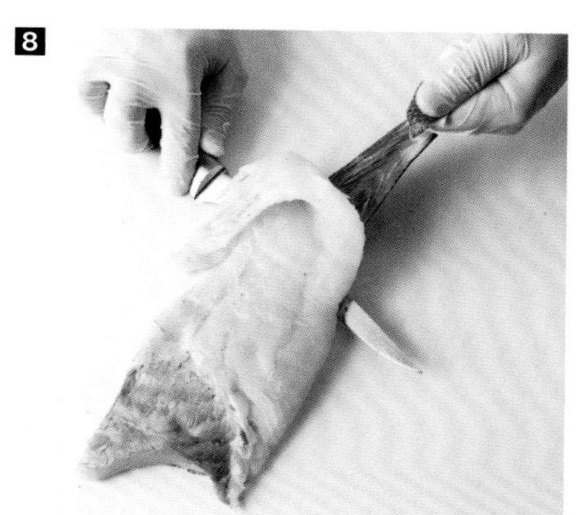

8 在鱼肉和鱼皮之间滑动刀片。一只手抓住鱼皮，并在拉动时左右摆动。在剥离鱼肉的过程中，刀片必须保持固定。

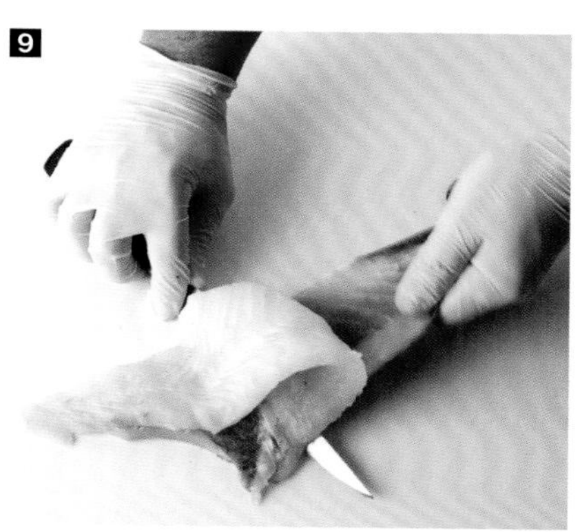

9 重复此动作，直至全部剥下鱼肉。为抓紧鱼皮，可用布垫住。

10 用同样的方法取下其他鱼柳。

制作面拖鱼

1 原料：1片鱼柳、1枚鸡蛋、面粉、面包屑、盐、胡椒。

2 将鱼柳的两面裹上面粉。

3 将鱼柳放入加有胡椒和盐的鸡蛋液中沾匀。

4 沾上面包屑。

5 再次沾上蛋液并裹上面包屑。

6 混合黄油和橄榄油，用中火炸鱼，以获得脆皮面拖鱼。装盘时点缀柠檬块。

制作红浆果海盐三文鱼

1 用鱼骨钳从三文鱼片上取下鱼刺。

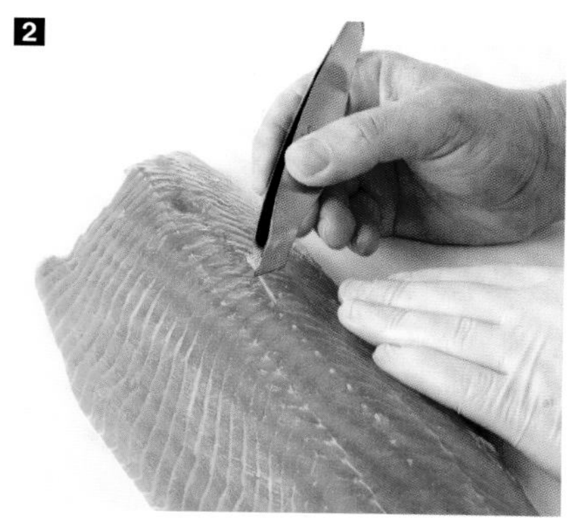

2 从鱼头向鱼尾方向拔出鱼刺，以免撕裂鱼肉。

3 原料：1片新鲜三文鱼柳，2束小茴香，120克细砂糖，160克粗海盐，胡椒和红色浆果。

4 将糖、盐、胡椒、红色浆果和小茴香碎混合搅拌。

5 将混合物铺在盘底。

6 将三文鱼片放在上面。用混合物覆盖。

7 小心地压实并在鱼柳上涂抹均匀。

8 用保鲜膜包裹，静置冷藏24小时。

9 用刷子小心去掉混合物。

10 准备酱汁。将5毫升橄榄油、1茶匙芥末酱、1茶匙蜂蜜、1/2柠檬汁、葱碎和小茴香碎搅拌均匀，呈乳膏状。撒上盐和胡椒。加入少许红色浆果。

11

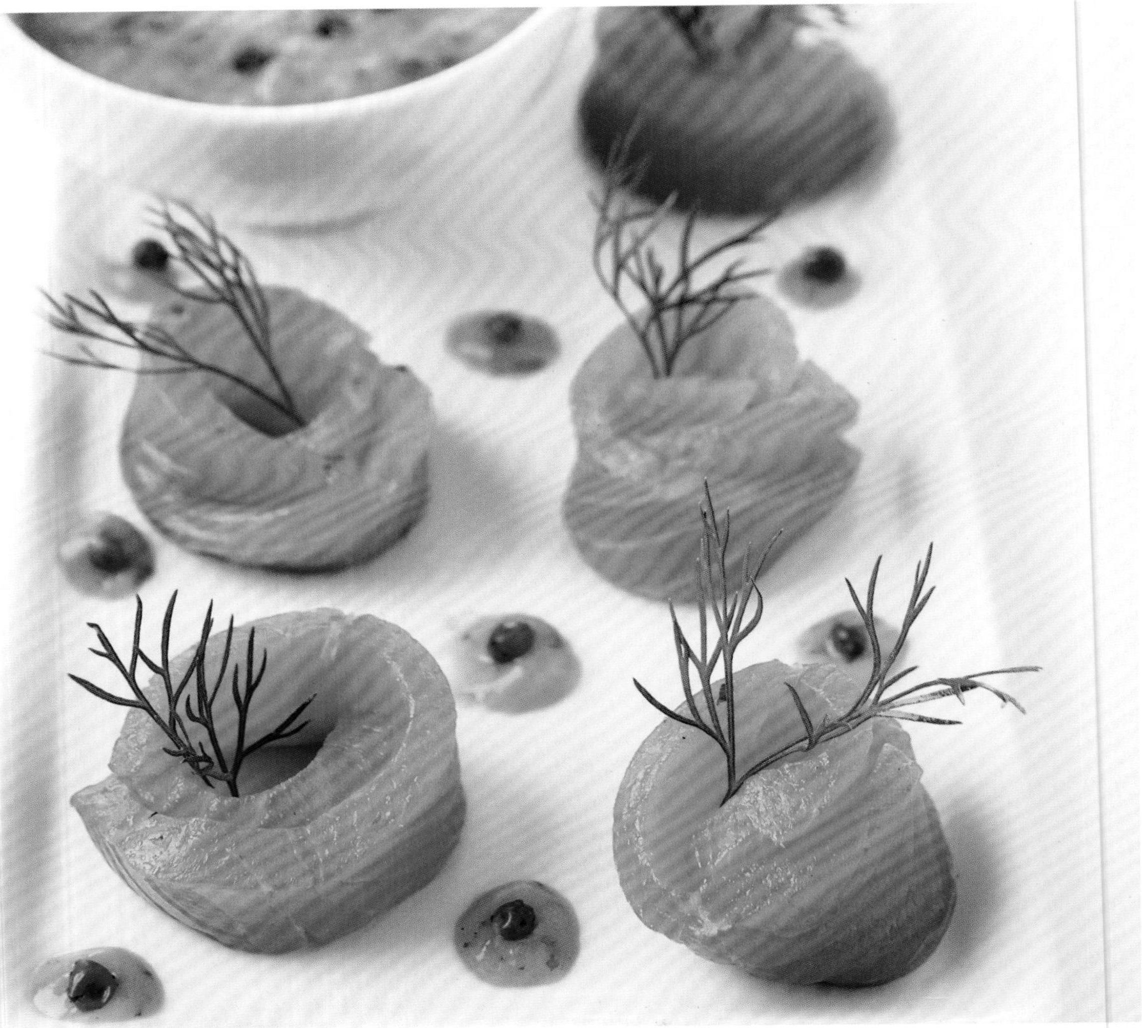

11 将三文鱼切成薄片，用酱汁调味。

制作烟熏三文鱼

1 原料：1片三文鱼柳，调味盐水配料：225克粗盐、450克糖、20克胡椒、4个杜松子、1个洋葱、1根芹菜茎、1束香草植物、1.5升水。

2 将调味盐水煮沸后冷却。

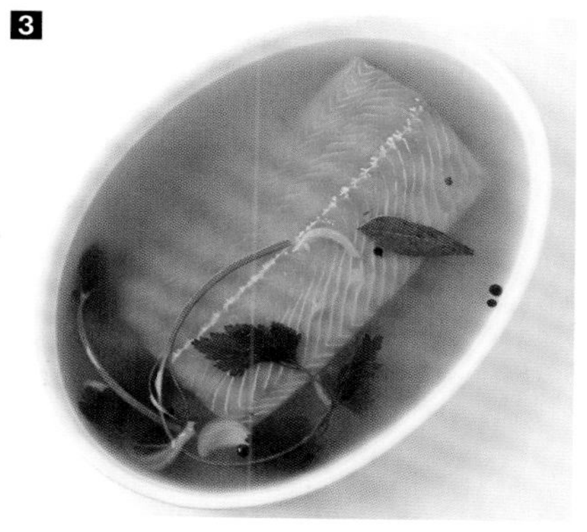

3 去掉三文鱼的鱼骨和鱼皮。将鱼放在盘中。倒入调味盐水，冷藏静置12小时。

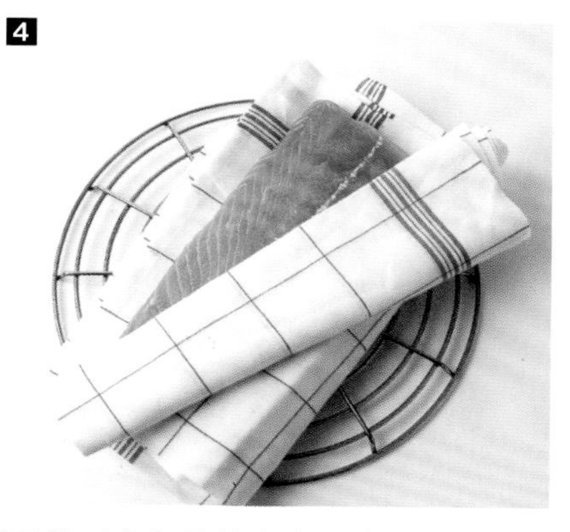

4 将三文鱼从盐水中取出。彻底晾干并用布包好，冷藏24小时。

5 加热烟熏炉。烟熏炉底放置香草植物和木屑：山毛榉、橡木、桦木或葡萄藤。

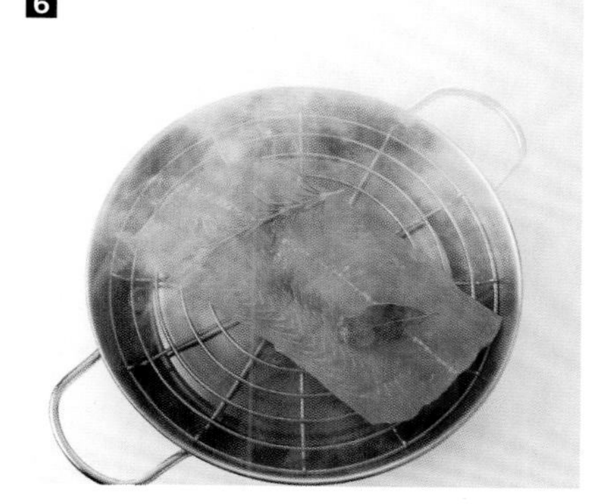

6 冒烟后，用盘子盖住木屑，将三文鱼片放在格栅上，盖上盖子，调到最低火。

7 熏制约20分钟。冷却至室温。将三文鱼片盖上保鲜膜并置于阴凉处，在5天内食用。也可以用此方法熏其他鱼类，如鳕鱼、鳟鱼、鲭鱼……

黄道蟹剥壳

1 将黄道蟹迅速煮熟后，从黄道蟹上取下蟹钳、蟹腿和腹甲。

2 用蟹夹夹开蟹腿处的壳。

3 取下蟹壳，剔出蟹肉。

4 用刮匙剔出每个关节的蟹肉。

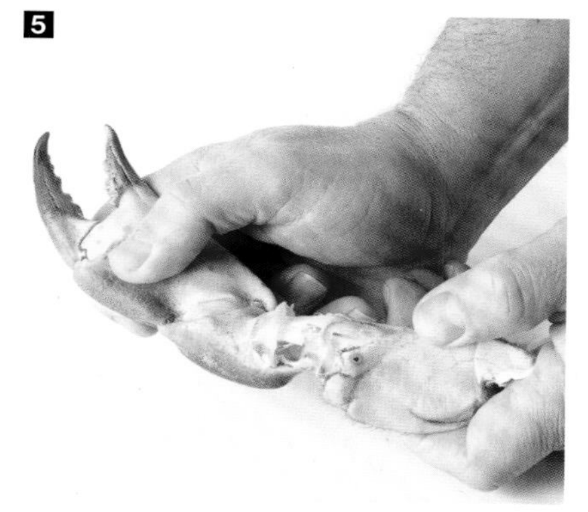

5 6 向两侧拉动，松开蟹钳处的关节。

7 用刮匙取出底部的蟹肉。

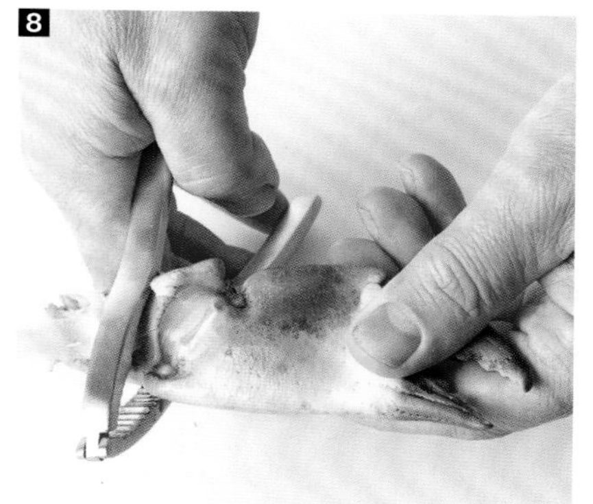

8 用蟹夹夹开关节。

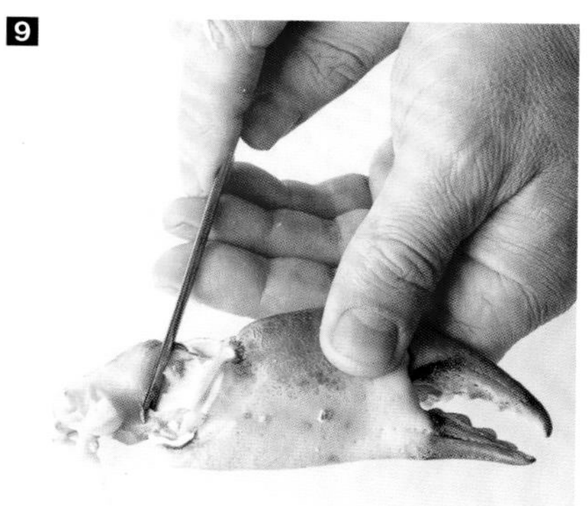

9 用刮匙取出蟹肉。

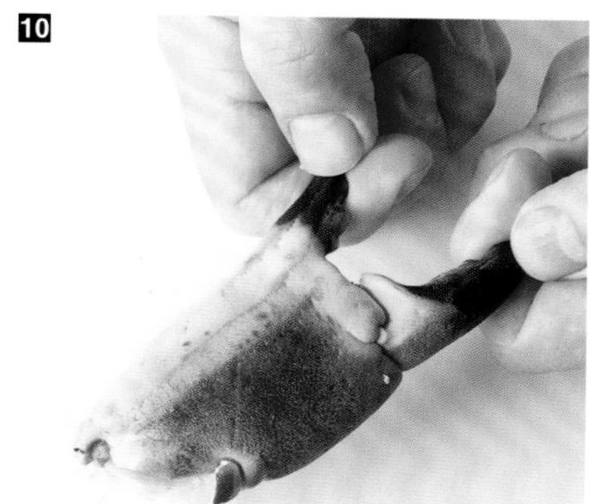

10 用力分开蟹钳。

11 将它们分开。

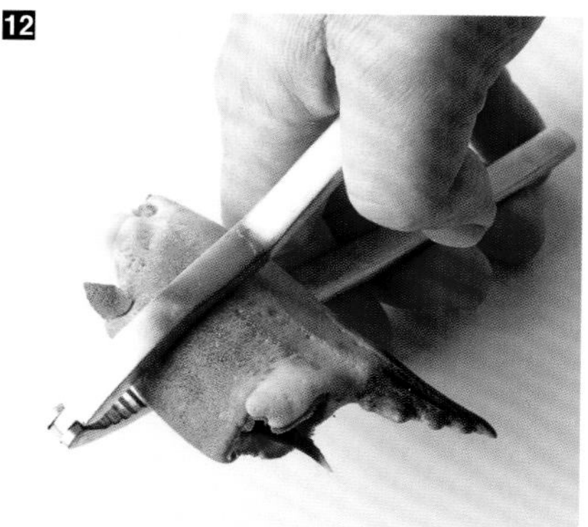

12 用蟹夹夹开外壳。

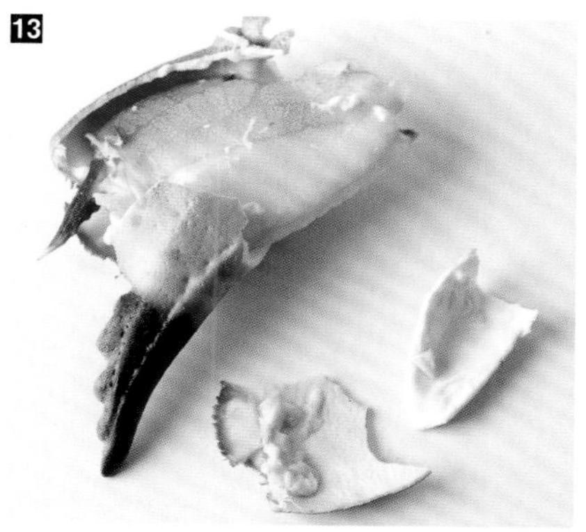

13 取出蟹肉。

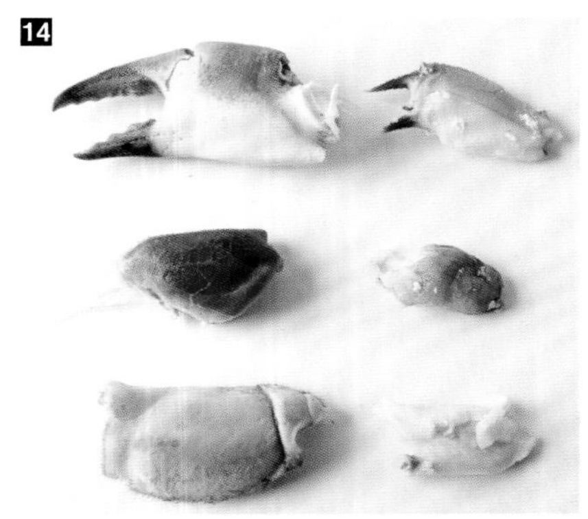

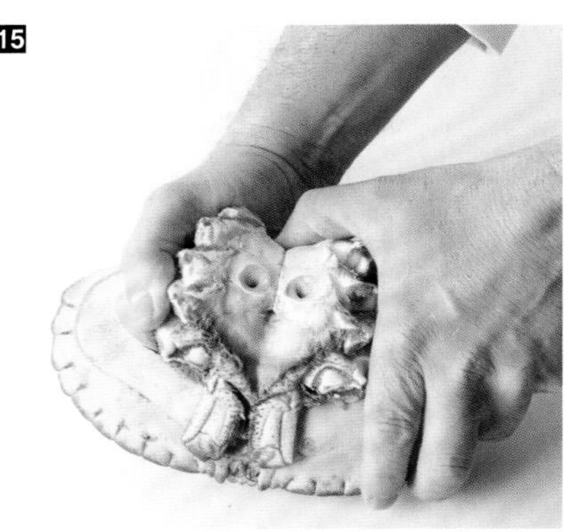

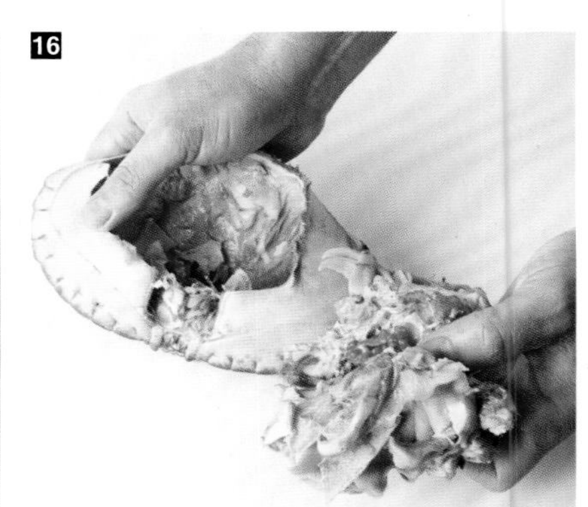

14 对另一个蟹钳重复此步骤。

15 16 用双手分离蟹壳。

17 取下螃蟹的鳃和其他海绵状的部分。

18 用剪刀将螃蟹的身体部分一分为二。

19 20 使用刮匙将蟹黄和蟹肉取出，注意不要弄碎蟹黄。

龙虾剥壳

1

2

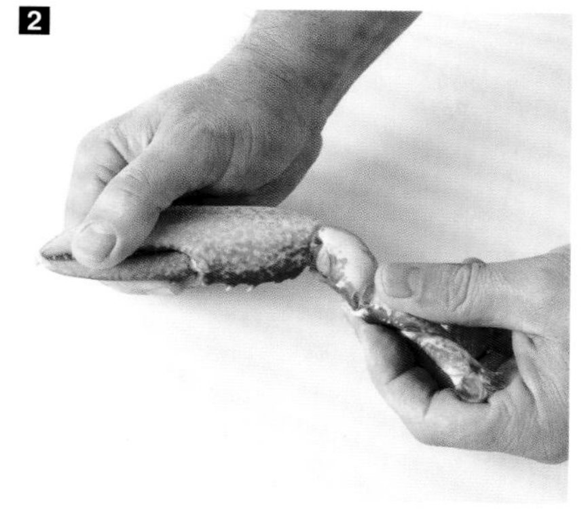

3

1 将龙虾迅速煮熟，取下龙虾钳。

2 3 边旋转边拉开第一个关节。

4

5

6

4 5 轻轻移动钳子的“拇指”，将虾肉从龙虾壳中剥出。

6 用剪刀剪开龙虾钳的外壳。

7

8

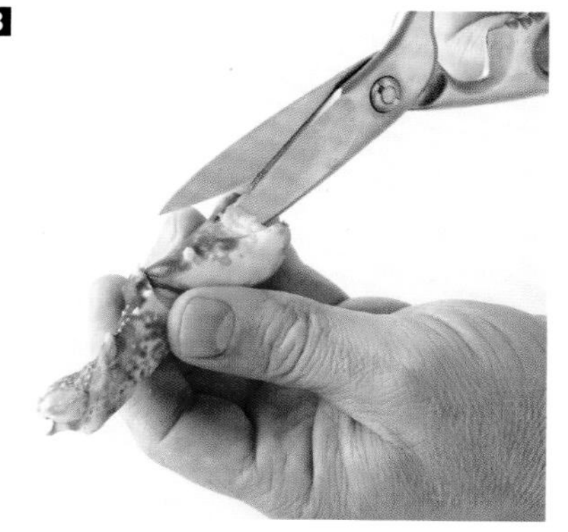

9

7 小心取下外壳，取出龙虾肉。

8 9 用相同的方式处理龙虾腿。

10 快速冲洗并晾干龙虾肉。

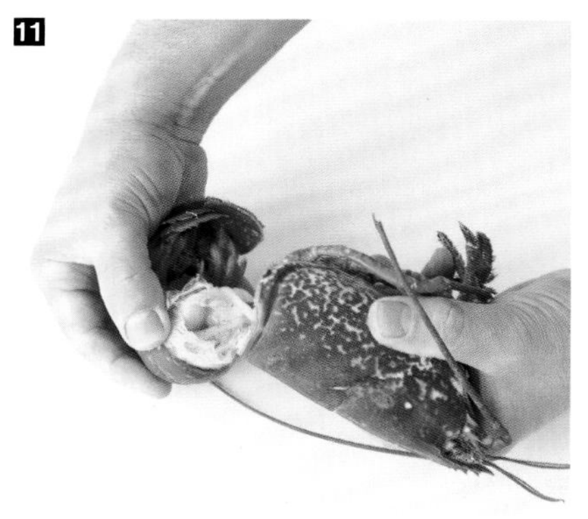

11 拉动龙虾的头部，使其与身体分离。

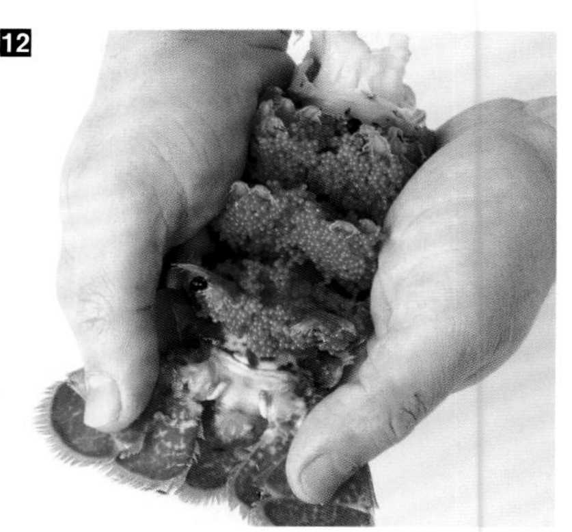

12 用手压住龙虾的身体两侧，分开龙虾壳。

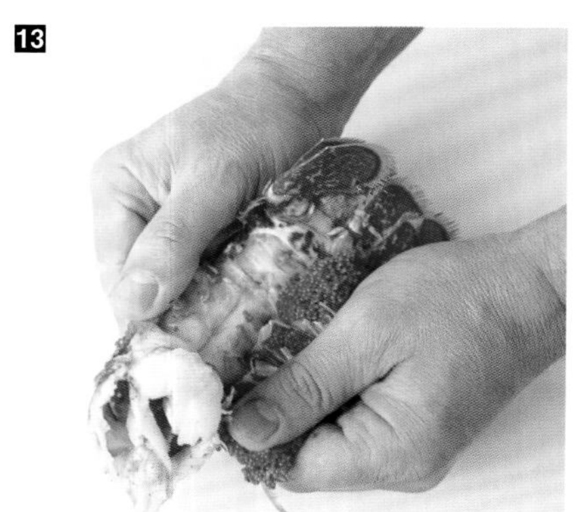

13 取出龙虾肉。

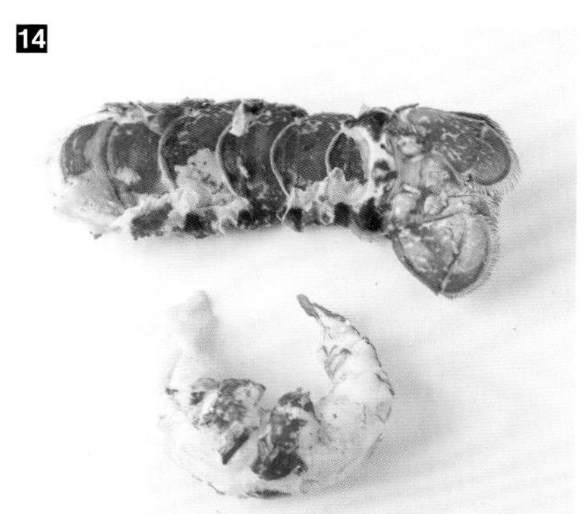

14 将龙虾肉完整取出。

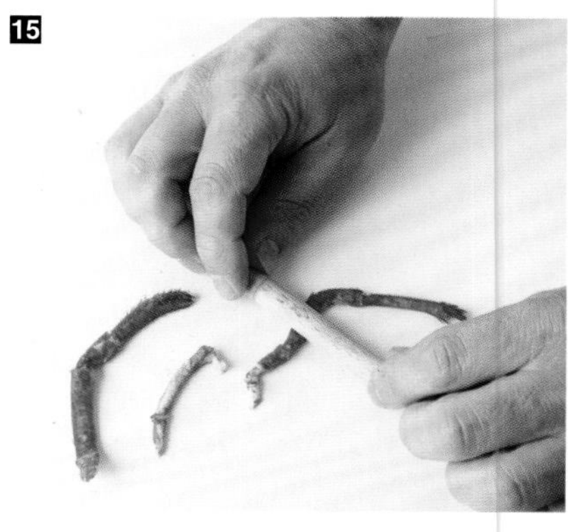

15 用木勺轻压龙虾腿，以抽出龙虾肉。

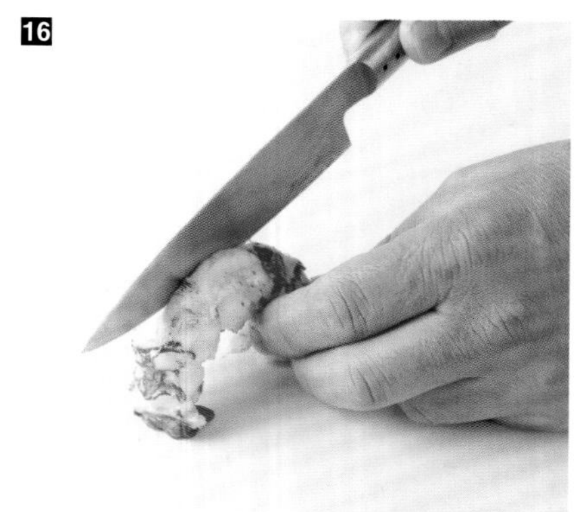

16 17 用刀将龙虾仁切成两半。

18 用刀尖取出龙虾肠。

熟虾剥壳

1

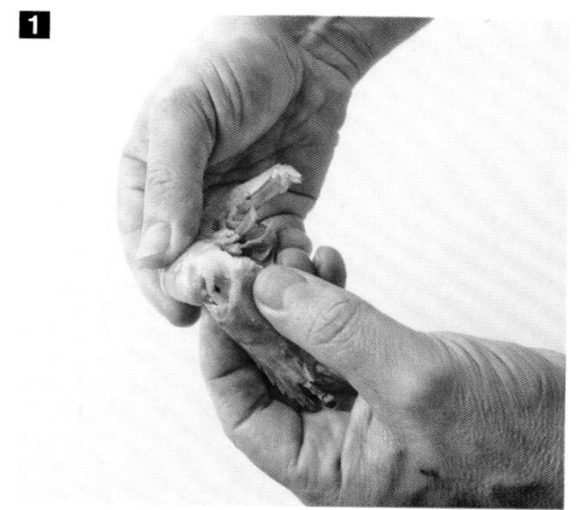

1 将虾头与虾身分开。

2

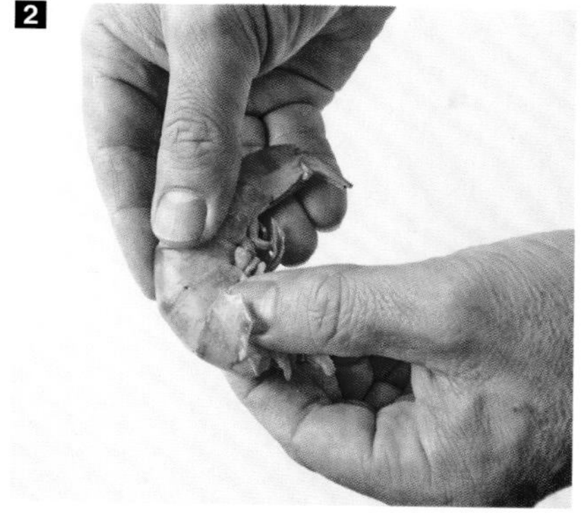

2 将拇指滑到外壳的第一节下方。

3

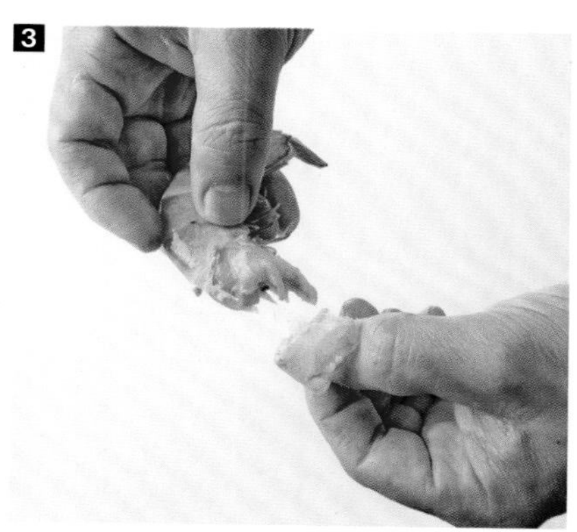

3 拆下第一节虾壳。

4

4 用同样的方法处理其他部分和尾巴。

5

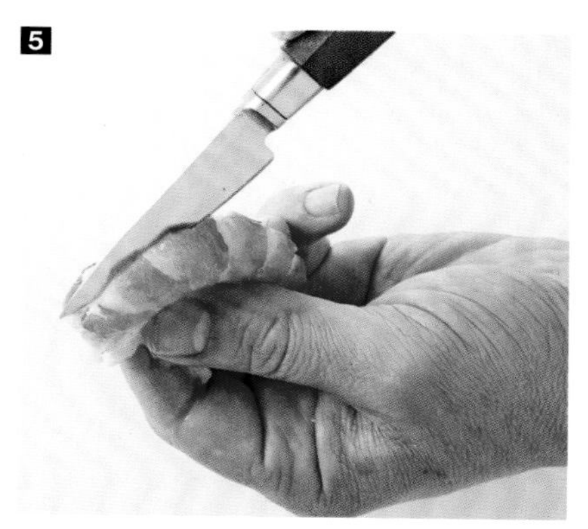

5 用刀切开虾背。

6

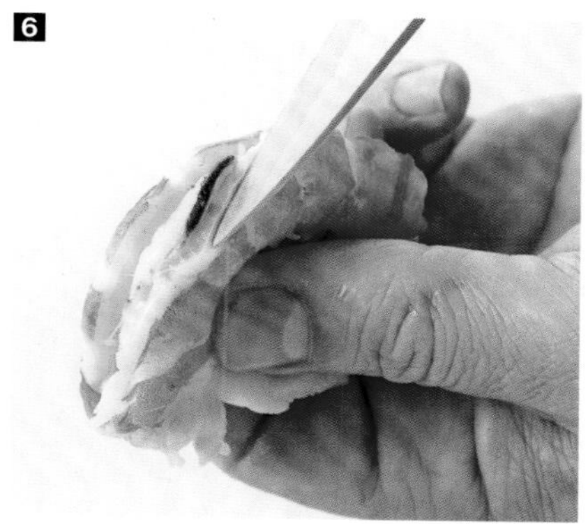

6 去掉虾肠。

7

7 小心地将虾肠取出。

8

8 切掉虾尾，快速冲洗并在吸水纸上擦干水。

生虾剥壳

1 用拇指将第一节虾壳剥开。

2 用同样的方法处理其他部分。

3 4 用牙签取出虾肠。

5 轻轻地将虾肠缠绕在牙签上。

6 制备完成的虾可用于烧烤或炙烤。

食谱

烤海鲂配什锦贝

4 人份

- 1条海鲂
- 300毫升高汤（请参见第132页）
- 10克黄油
- 40毫升橄榄油
- 1根芹菜秆
- 2个番茄
- 1个洋葱
- 2片月桂叶
- 3根香菜
- 200克熟虾
- 8个明虾
- 400克贻贝
- 200克蛤
- 半个柠檬
- 盐
- 胡椒

1 准备食材。

2 去掉海鲂的背鳍。

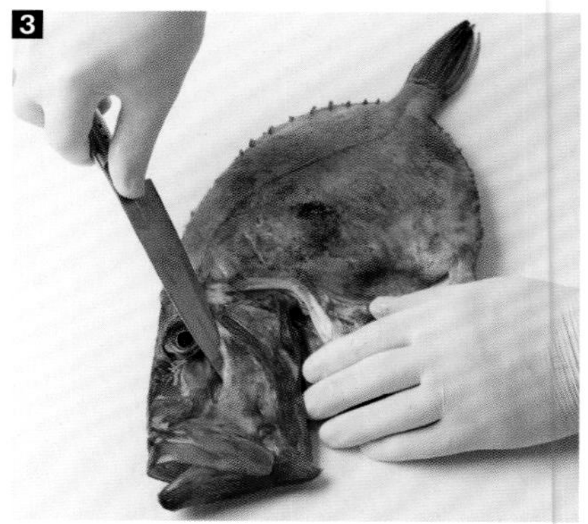

3 切开脸颊处的鱼皮。

4 用小勺取出脸颊肉。

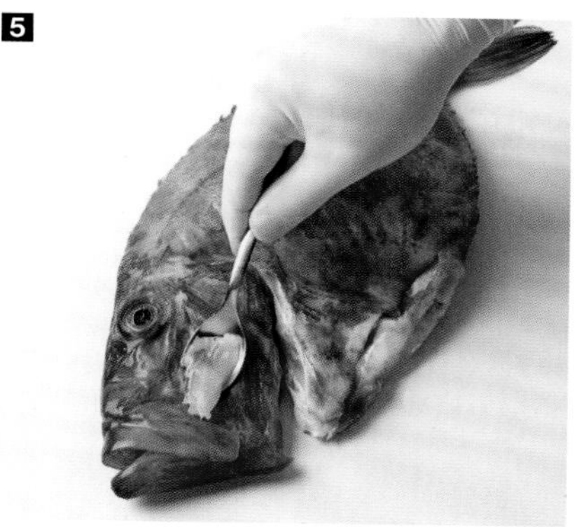

5 用同样的方法处理另一侧。

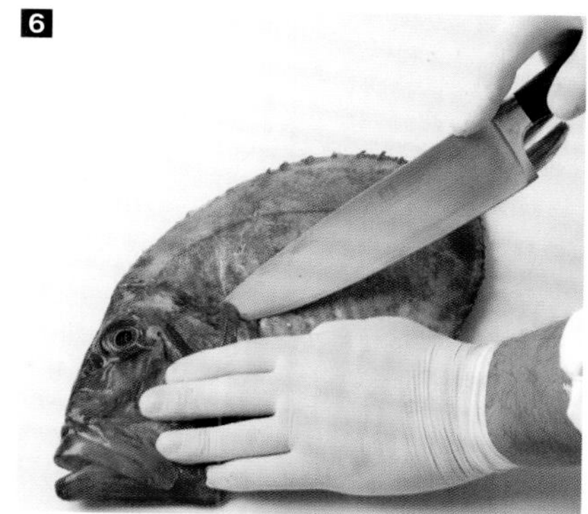

6 切开鱼鳃。

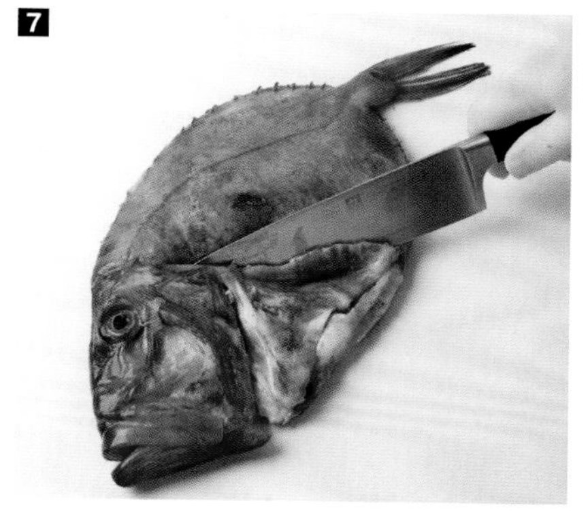

7 用刀沿头部切开，然后沿对角线切至腹部的一半。

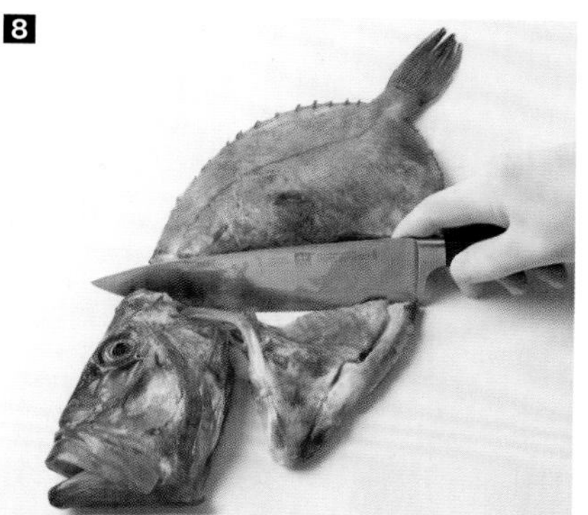

8 9 在另一侧重复以上步骤。拍刀背，将鱼头和鱼身分开。

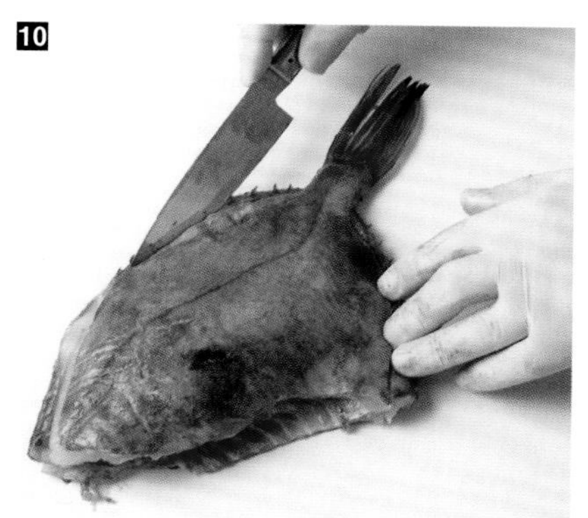

10 沿背部边缘切开，注意不要切下鱼柳。

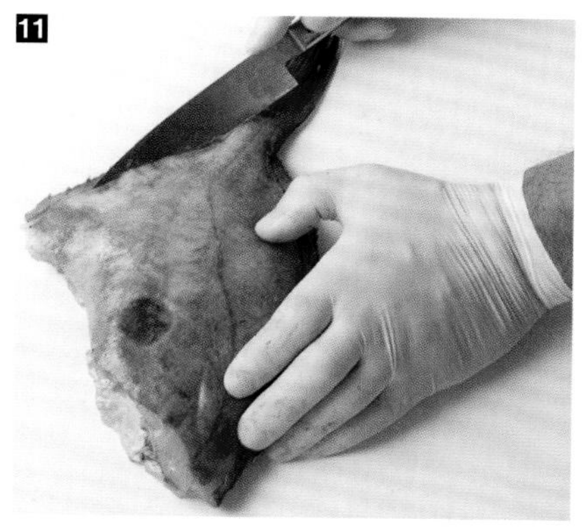

11 在腹侧边缘进行相同的操作。这样可以避免鱼柳在烹饪过程回缩。

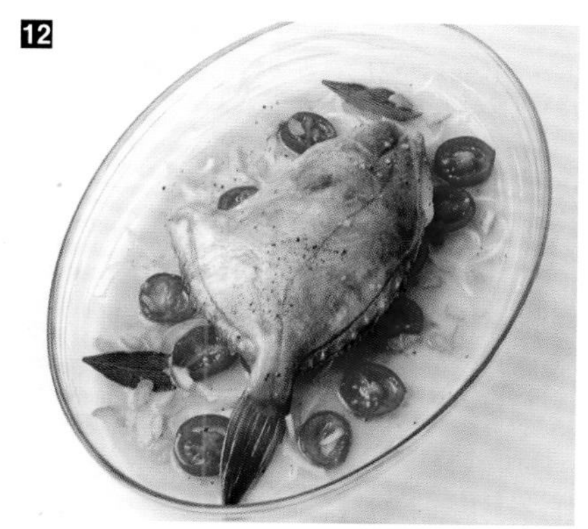

12 在盘子上涂抹黄油。将2毫升橄榄油、洋葱碎、芹菜碎、番茄薄片和月桂叶铺在盘底，放上海鲂。倒入高汤。放入预热至180℃的烤箱中烤15分钟。

13 加入洗净的蛤和贻贝，继续烘烤3分钟。

14 加入去皮的熟虾、明虾和芹菜，继续烘烤2分钟。摆盘，浇上橄榄油和柠檬汁。

黄瓜粉姜生鲷鱼丁

4 人份

- 250克鲷鱼片
- 半根黄瓜
- 1根葱
- 1根胡萝卜
- 80克粉姜
- 盐水
- 20毫升橄榄油
- 1汤匙香醋
- 盐
- 胡椒

1 准备食材。

2 将一半黄瓜切成薄片，另一半切成细丝。将葱和胡萝卜切丁。将鲷鱼切成小方块。将橄榄油和醋搅拌。撒上盐和胡椒。

3 将鲷鱼、葱、胡萝卜和三分之二粉姜，与三分之二油醋汁进行搅拌。将黄瓜细丝与剩余的三分之一姜和油醋汁混合。在盘中画一个圆圈，摆上黄瓜片和黄瓜丝。

香煎高眼鲽

4 人份

- 4片鱼柳
- 1个鳄梨
- 半个柠檬（榨汁）
- 2汤匙鲜奶油
- 2克混合香料与2克橄榄油搅拌制成的香料油
- 100克熟蚕豆
- 150克熟藜麦
- 20毫升橄榄油
- 20克黄油
- 盐
- 胡椒

1 准备食材。

2 将鳄梨果肉、柠檬汁、鲜奶油和10毫升香料油混合。撒上盐和胡椒。用10克黄油重新加热豆类和藜麦。

3 用10克黄油和橄榄油在中火上煎鱼柳，撒上盐和胡椒。将鱼柳放在纸巾上，刷上剩余的香料油，摆盘。

欧芹黄盖鲽卷

4 人份

- 4片黄盖鲽鱼柳
- 一些香菜
- 150克鸡油菌
- 1根葱
- 20个小土豆
- 12个小胡萝卜
- 20毫升橄榄油
- 50克黄油
- 盐
- 胡椒
- 埃斯佩莱特辣椒粉

1 准备食材。

2 将欧芹叶放在鱼片上，撒上盐和胡椒。卷起鱼片，然后用牙签固定。

3 用黄油在烤箱里烤鱼片。将橄榄油中加入葱碎，煎制鸡油菌至变褐，蒸熟土豆和胡萝卜，摆盘，撒上埃斯佩莱特辣椒粉。

蟹肉寿司

4 人份

- 2个剥壳螃蟹肉
- 60克蛋黄酱
- 一些香菜
- 30克粉姜
- 4片紫菜
- 1个鳄梨
- 60克黄色胡萝卜丝
- 60克豆角丝
- 60克熟四季豆
- 盐
- 胡椒

1 准备食材。

2 将蟹肉、蛋黄酱、香菜碎和生姜混合搅拌，加入调味料。

3 将一张紫菜放在保鲜膜上，弄湿。

4 加入少许搅拌物。

5 放4根鳄梨条。

6 加入蔬菜丝和四季豆。

7 8 卷起保鲜膜制成寿司卷。

9 反复卷动，使寿司良好成形。用保鲜膜包紧，冷藏30分钟。将寿司切成段，与酱油一起上桌。

龙利鱼蔬菜卷

4 人份

- 4条龙利鱼柳
- 100克黄色胡萝卜丝
- 100克带荚豆
- 100克葱白
- 100克绿豆芽
- 100克四季豆
- 几片番茄瓣
- 40毫升橄榄油
- 盐
- 胡椒

蒸制水配料

- 1根香葱
- 香草植物调料
- 葱绿

1 准备食材。

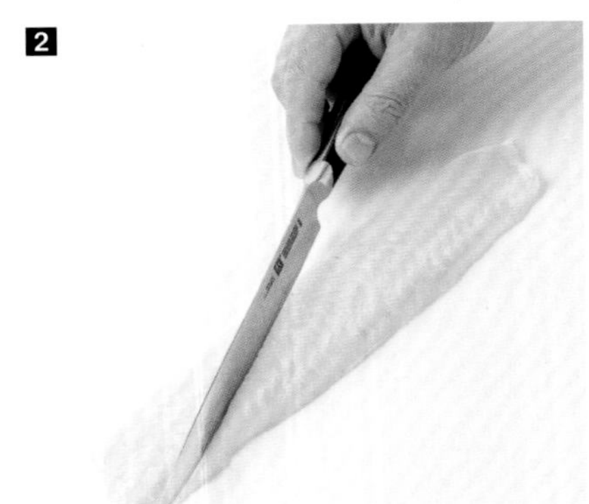

2 在鱼柳上划几刀，以防止其在烹饪过程中收缩。

3 在鱼柳上刷上橄榄油，用盐和胡椒调味，放上蔬菜丝和一些四季豆。

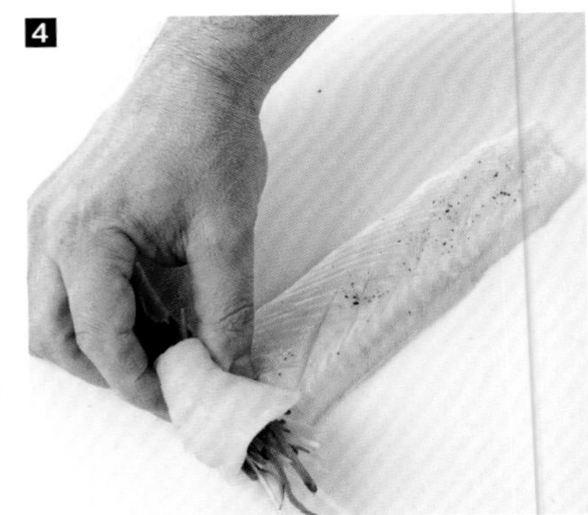

4 用鱼柳卷起蔬菜。

5 用木扦固定。

6 用同样方法制作其他鱼肉卷，与绿豆芽一起放入蒸笼。

7 将蒸制水配料倒入蒸锅底层，倒入1升水。用小火煮20分钟。放上蒸笼，蒸7分钟。与番茄瓣摆盘，洒上少许橄榄油，上桌。

奶油焗鳕鱼

4人份

- 400克鳕鱼
- 500毫升牛奶
- 3片月桂叶
- 1瓣大蒜
- 400克土豆
- 1个洋葱
- 2小支百里香
- 60毫升橄榄油
- 肉豆蔻
- 盐
- 胡椒

1 准备食材。

2 在牛奶中加入2片月桂叶和蒜瓣，加热。放入肉豆蔻、胡椒粉和盐调味。加入鳕鱼。用小火煮8分钟。

3 用去皮的洋葱、百里香和剩余的月桂叶煮土豆。

4 用叉子将土豆去皮捣碎，与牛奶和橄榄油搅拌。晾干，去掉鳕鱼皮和鱼刺，摆盘，可添加一些装饰。

番茄酱汁黄青鳕

4 人份

- 4条黄色青鳕
- 3个红葱头
- 3个番茄
- 一些欧芹和细叶芹
- 百里香
- 月桂叶
- 100毫升干白葡萄酒
- 10毫升高汤
- 500克蒸土豆
- 30毫升橄榄油
- 60克黄油
- 盐
- 胡椒

1 准备食材。

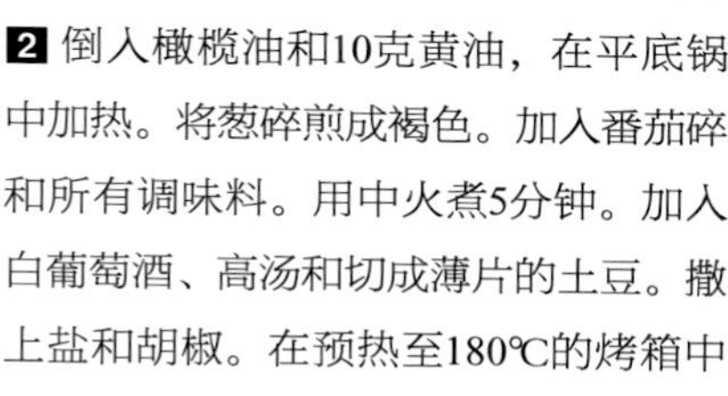

2 倒入橄榄油和10克黄油，在平底锅中加热。将葱碎煎成褐色。加入番茄碎和所有调味料。用中火煮5分钟。加入白葡萄酒、高汤和切成薄片的土豆。撒上盐和胡椒。在预热至180℃的烤箱中烘烤8分钟。

3 将鳕鱼块黄油中煎炸，持续加热4分钟。撒上盐和胡椒。将鳕鱼放入平底锅中，即可上桌。

白豆角炖大菱鲆

4人份

- 4块带骨大菱鲆鱼块
- 1个洋葱
- 1个葱白
- 100毫升干白葡萄酒
- 400克煮熟的白豆角
- 2个番茄
- 200毫升禽类高汤
- 一些盐角草
- 40毫升橄榄油
- 60克半咸黄油
- 盐
- 胡椒

1 准备食材。

2 在平底锅中加热橄榄油。放入洋葱碎和葱白碎，煎至出水。倒入白葡萄酒。加入白豆角、番茄碎，然后加入禽类高汤。煮5分钟，调味。

3 在平底锅中加热黄油。放入大菱鲆鱼块，用小火煎，适度调整火力，直至鱼块上色变软。将鱼块放在炖白豆角铺成的底上。用盐角草进行装饰。

墨鱼意面配西班牙辣味香肠

4 人份

- 1块墨鱼白肉
- 8片西班牙辣味香肠切片
- 8个樱桃番茄
- 1个红葱头
- 200克海菜
- 20毫升橄榄油
- 盐
- 胡椒
- 埃斯佩莱特辣椒粉

1

2

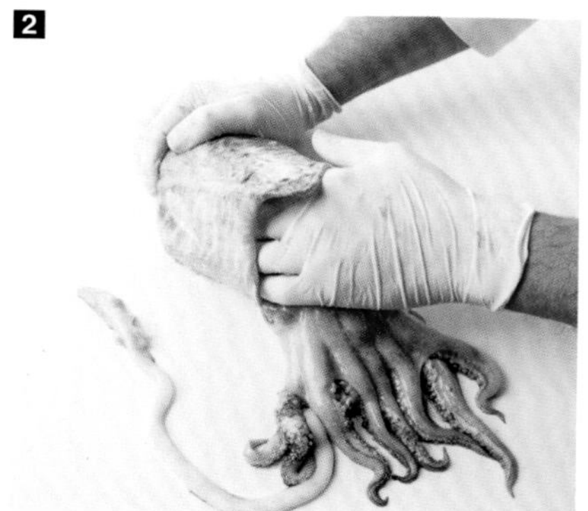

3

1 将洗净晾干的墨鱼放在案板上。

2 3 4 一只手伸入墨鱼体内，以剥离内脏并分开头部。

4

5

6

5 整理，小心地切开墨斗。

6 将墨汁挤在碗中。戴上手套并保护工作台，以免弄脏。

7

7 用少量水稀释墨鱼汁。将其倒入冰格中冷冻。在需要时将其用于意大利面或意大利调味饭。

8

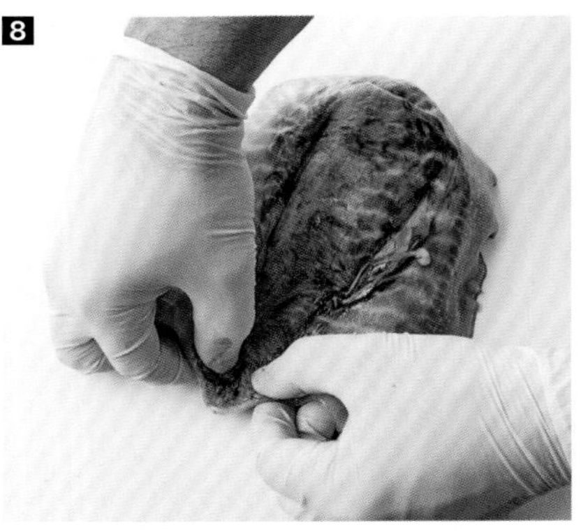

8 拉动墨鱼身体部分，将腔骨移动至末端。

9

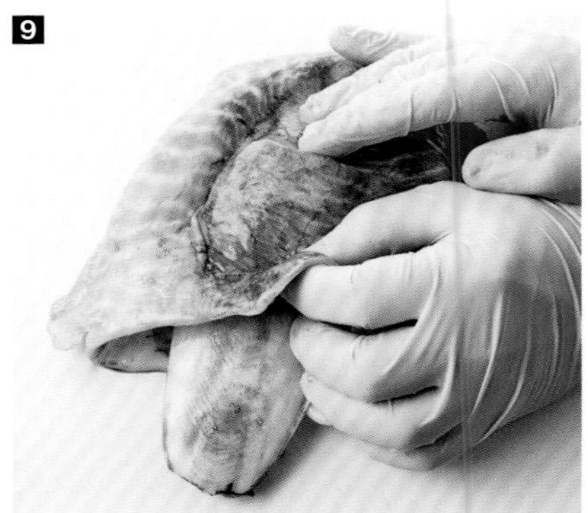

9 10 用一只手将其拽出身体。

10

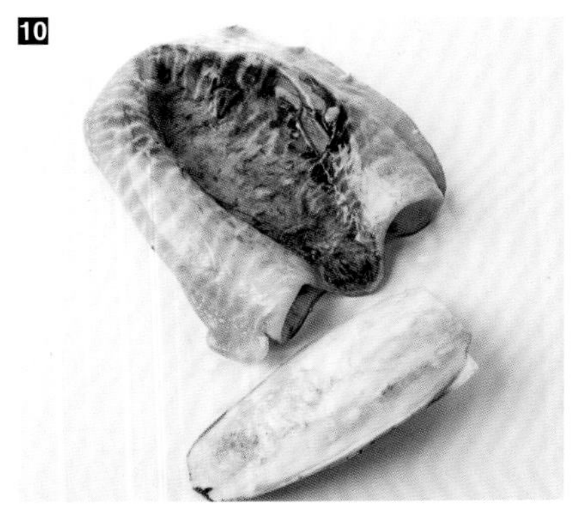

11

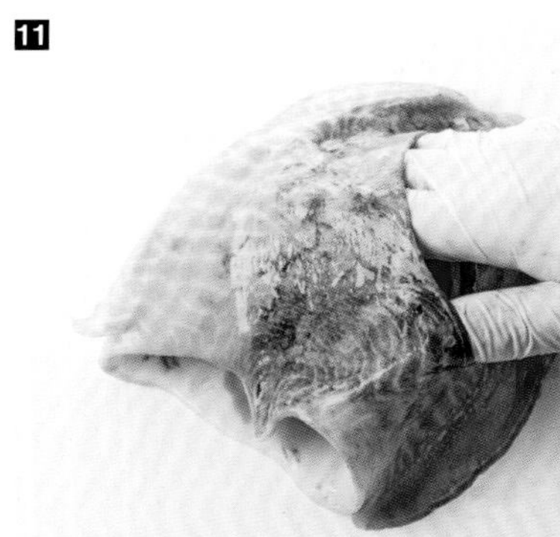

11 在墨鱼皮上切一个口，伸入手指将皮肉分离。

12

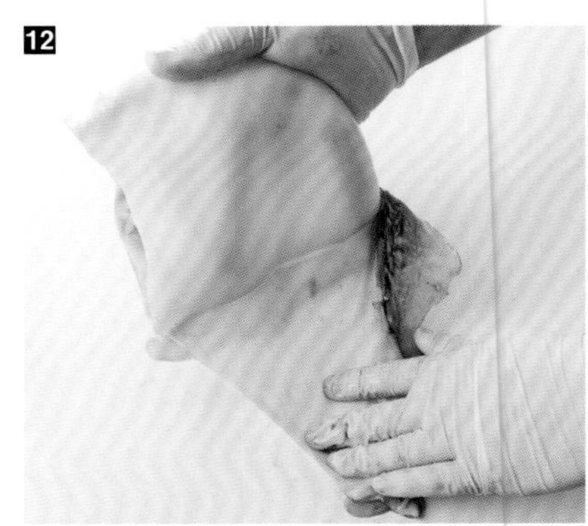

12 去除两侧的皮。

13

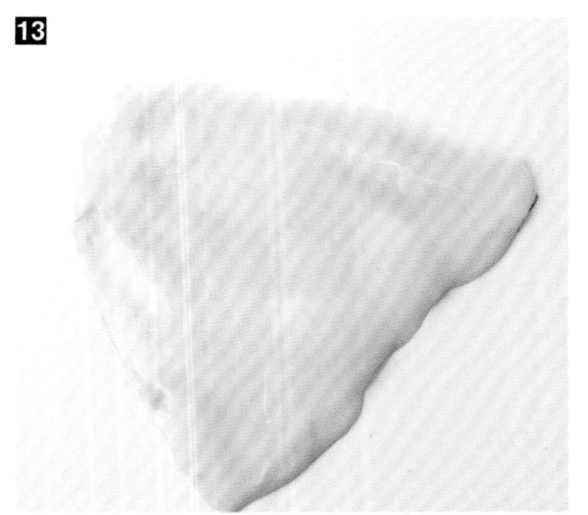

13 清洁并修剪墨鱼肉。

14

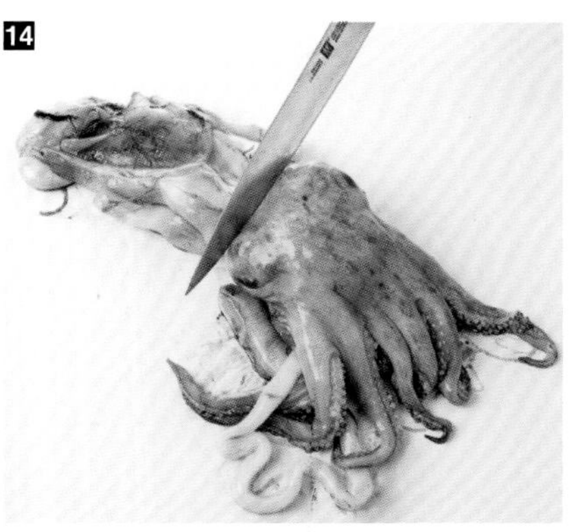

14 用刀从头部的眼睛处切开。

15

15 取下头部去掉眼睛和嘴。

16 用粗盐擦拭头部，以去除残留的沙子并清洁触手。

17 准备食材。1块墨鱼肉、8片辣味香肠、8个樱桃番茄、1个红葱头、200克海菜、20毫升橄榄油、盐、胡椒、埃斯佩莱特辣椒粉。

18 将墨鱼冷藏约1小时，然后用切片器将其切条。

19 将辣味香肠片在平底锅煎香，取出后倒油，煎红葱头，用大火将墨鱼面炒2分钟。加入海菜和香肠，撒上盐和胡椒调味。放入樱桃番茄，撒上埃斯佩莱特辣椒粉。

法式贻贝

4 人份

- 2千克贻贝
- 2个红葱头
- 150毫升干白葡萄酒
- 1束欧芹
- 20毫升橄榄油
- 40克黄油
- 胡椒
- 盐

1 准备食材。

2 取出贻贝，去掉表面的杂质，在冷水盆中边搅拌边冲洗，反复几次。拣出外壳破碎的贻贝。

3 在砂锅中放入红葱头，倒入橄榄油和黄油，用中火加热。放入贻贝和干白葡萄酒，撒上胡椒和盐。盖上锅盖并用高火煮沸，中途搅拌几次。贻贝开口后即为煮熟。放上欧芹点缀。

生食海螯虾

4 人份

- ⊙ 10只海螯虾
- ⊙ 1个煮熟的鸡蛋
- ⊙ 1个柠檬鱼子酱（俗称手指柠檬）
- ⊙ 1个黄柠檬
- ⊙ 30毫升橄榄油
- ⊙ 盐
- ⊙ 胡椒

1 准备食材。

2 剥开煮熟的鸡蛋，将蛋黄和蛋白分别过筛。

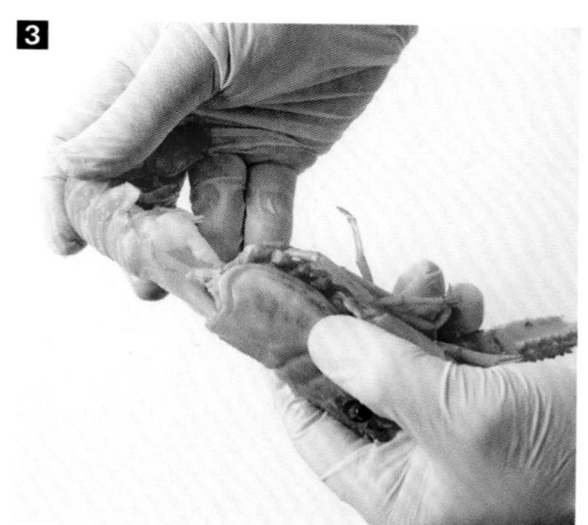

3 将海螯虾去头。

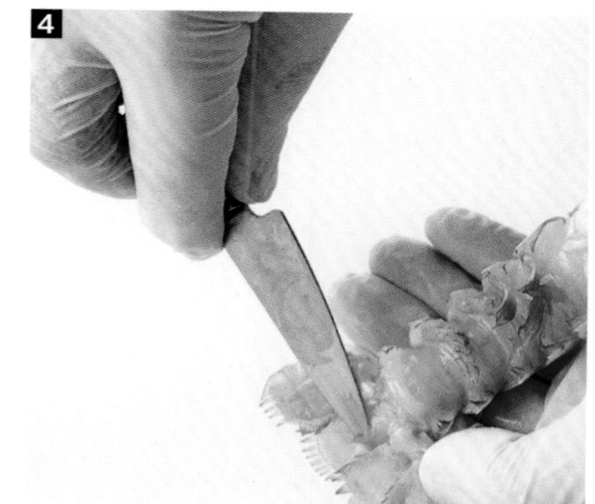

4 用刀尖切开海螯虾的排泄口。

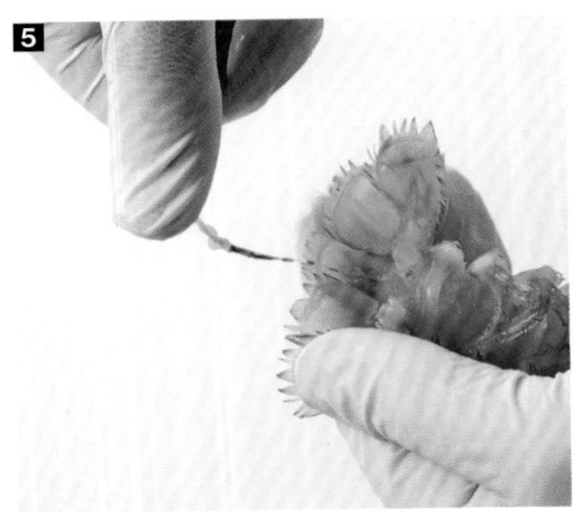

5 轻轻拉动虾肠，取出。

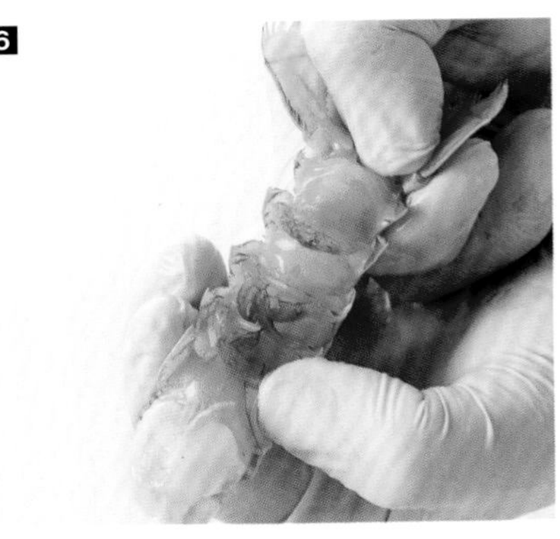

6 按压虾的背甲和尾巴以使其断裂。

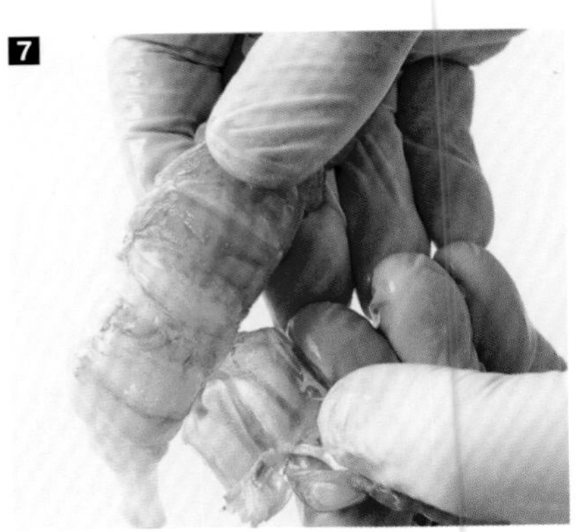

7 8 剥壳。

9 10 将海螯虾切成两半，将它们放在烘焙纸的圆形造型模具中。

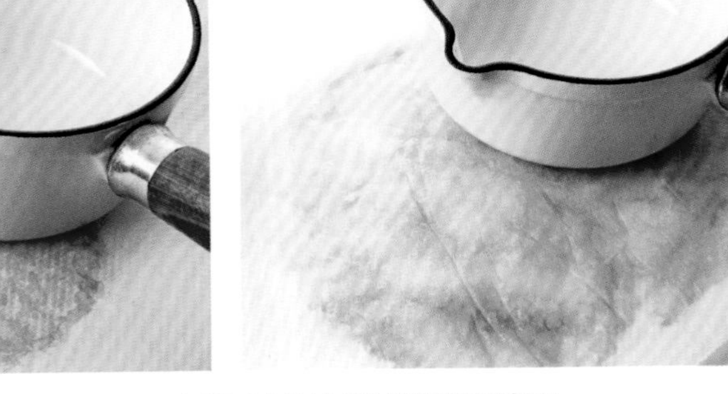

11 12 取走圆圈，盖上烘焙纸。用平底锅反复敲打以使海螯虾变平。

13 将虾片放在盘中。刷上带有盐和胡椒的橄榄油。用蛋黄、蛋白、柠檬鱼子酱及黄柠檬皮摆盘。

烤鲽鱼配蔬菜

4 人份

- 4块鲽鱼肉
- 100克熟蚕豆
- 150克豆芽
- 2根黄色胡萝卜
- 2根橙色胡萝卜
- 10克孜然
- 5克黑种草子
- 几片罗勒叶
- 50毫升橄榄油
- 50克黄油
- 盐
- 胡椒

1 准备食材。

2 将用30克黄油和30毫升橄榄油将鱼块中火加热，煎至良好着色。撒上盐和胡椒。将鱼块放在吸水纸上保温。

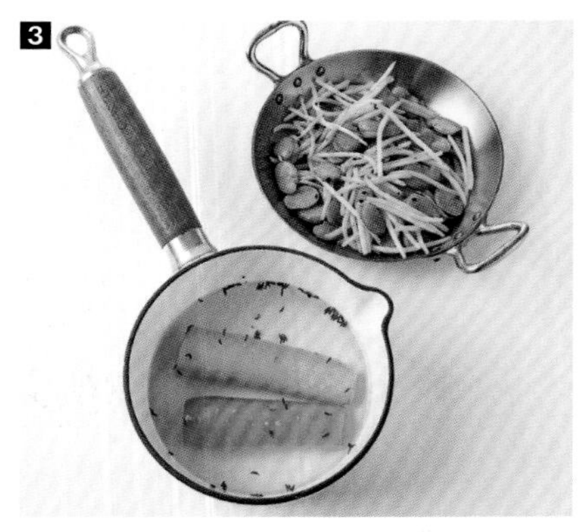

3 用20克黄油和20毫升橄榄油将蚕豆和豆芽快速煎炸。撒上盐和胡椒，在平底锅中放入孜然、黑种草子和去皮的胡萝卜，用小火煮软后，将胡萝卜切成段，摆盘。

鮟鱇鱼辣酱锅

4 人份

- 4片鮟鱇鱼柳
- 75克玉米粉
- 200毫升牛奶
- 180毫升水
- 15粒爆米花
- 200毫升鲜奶油
- 5克辣椒酱
- 4个油渍红辣椒
- 30毫升橄榄油
- 50克黄油
- 肉豆蔻
- 盐
- 胡椒
- 粗盐

1 准备食材。

2 用粗盐包裹鮟鱇鱼片。冷藏6分钟后冲洗干净，在吸水纸上拍干。用牛奶和水煮玉米粉，加入30克黄油，用盐和胡椒调味，撒上肉豆蔻。将鱼肉用造型模具制成三角形，烤至上色。将爆米花用少许油煎黄。

3 在20克黄油和30毫升橄榄油中将鮟鱇鱼块煮4分钟。用盐和胡椒调味，加入奶油和辣椒酱，搅拌。将鮟鱇鱼块切成段，将辣椒成条状，摆盘。

白葡萄酒炖鲭鱼

4 人份

- 4条鲭鱼
- 200毫升高汤
- 1根胡萝卜
- 3个洋葱
- 2小支百里香
- 2片月桂叶
- 400毫升干白葡萄酒
- 1根小茴香
- 1根细叶芹
- 盐
- 胡椒
- 粗盐

1 准备食材。

2 将胡萝卜、洋葱碎、百里香、月桂叶和白葡萄酒用小火炖煮20分钟。用盐和胡椒调味。

3 切下鲭鱼片，用粗盐包裹。冷藏12分钟。冲洗后晾干。将2片鱼肉放在砂锅底部，注入热高汤以没过鱼肉，重复此步骤，直到所有食材用完。撒上小茴香和细叶芹。 冷藏4小时。与烤面包一同上桌。

半熟金枪鱼蔬菜锅

4人份

- 4片金枪鱼柳
- 4瓣大蒜
- 2小支百里香
- 1片月桂叶
- 2根茄子
- 1个洋葱
- 1个红甜椒
- 1个青甜椒
- 1个黄甜椒
- 4个番茄
- 25克刺山柑花蕾浸醋
- 15毫升酒醋
- 半个柠檬
- 100毫升橄榄油
- 盐
- 胡椒

1 准备食材。

2 在砂锅中放入橄榄油、大蒜碎、百里香和月桂叶，加热。加入切成两半的茄子、洋葱碎、辣椒条、切半的番茄，用盐和胡椒调味，煮制约10分钟。加入刺山柑花蕾浸醋，保温。

在热锅中加入橄榄油，将金枪鱼柳的两面迅速煎至变色。挤上柠檬汁，用盐和胡椒调味。将鱼柳切成段，摆盘。

柠檬盐渍沙丁鱼

4 人份

- 16条沙丁鱼
- 1瓣大蒜
- 1个红葱头
- 半个柠檬（榨汁）
- 1束欧芹
- 1个盐渍柠檬
- 20毫升橄榄油
- 盐
- 胡椒

1 准备食材。

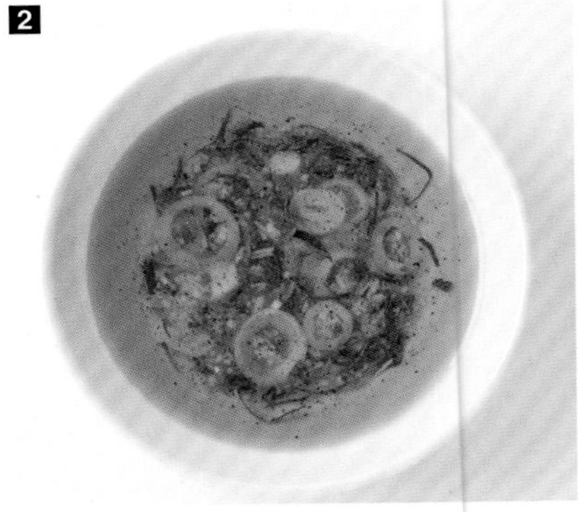

2 准备腌料。将油加热至70℃，放入切碎的大蒜、红葱头、柠檬汁和欧芹碎。用盐和胡椒调味。

3 从沙丁鱼腹部切开，取下鱼肉。用盐和胡椒调味，加入盐、柠檬块和少许欧芹。将沙丁鱼片卷起，用木扦固定。将它们放在盘子里，倒上腌料汁没过沙丁鱼片即可。请在冷藏3小时后食用。

椰浆鱼丸

4 人份

- 500克白鱼片（牙鳕或鲷鱼）
- 1瓣大蒜
- 1束细香葱
- 几片罗勒叶
- 1汤匙玉米淀粉
- 1个鸡蛋
- 2汤匙酱油
- 400毫升椰浆
- 半茶匙红咖喱
- 1茶匙糖
- 2汤匙柠檬汁
- 2汤匙橄榄油
- 盐
- 胡椒

1 准备食材。

2 将鱼片与蒜瓣、细香葱碎、罗勒叶、玉米淀粉、鸡蛋和酱油搅碎。

3 制成鱼丸，冷藏20分钟。

4 在平底锅中加热橄榄油，加入椰浆和咖喱，将水烧开后放入鱼丸，用小火煮5分钟。轻轻将鱼丸翻面，再继续煮5分钟。加入糖和柠檬汁，用盐和胡椒调味。继续煮3分钟，搭配白米饭食用。

柑橘腌虾

4 人份

- 12只明虾
- 2个柠檬
- 1个橙子
- 1个柚子
- 20毫升橄榄油
- 40克芥末酱
- 1个洋葱
- 几根小茴香和细香葱
- 盐
- 胡椒
- 埃斯佩莱特辣椒

1

1 准备食材。

2

2 将柠檬和橙子去皮去梗，切碎。取出橙子、柠檬和柚子瓣，榨汁。将榨好的汁与橄榄油、芥末酱、柚子皮和洋葱碎混合搅拌。将去皮的虾在室温下腌制2小时，摆盘，撒上埃斯佩莱特辣椒粉。

炸牙鳕

4 人份

- 4条牙鳕
- 200克面粉
- 1个鸡蛋
- 400克面包屑

制作酱汁

- 3个煮熟的鸡蛋
- 30克酸黄瓜
- 20克刺山柑
- 1个番茄
- 少许香菜
- 龙蒿
- 细香葱和香叶芹
- 1个红葱头
- 20毫升橄榄油
- 1汤匙芥末
- 盐
- 胡椒

1 准备食材。

2 制备酱汁。将煮熟的鸡蛋、酸黄瓜和刺山柑切碎。将番茄切丁。将调味植物和红葱头切碎。加入橄榄油和芥末搅拌。用盐和胡椒调味。

3 用小刀从鱼背处下刀，切开牙鳕。

4 剔出鱼柳中的鱼刺。

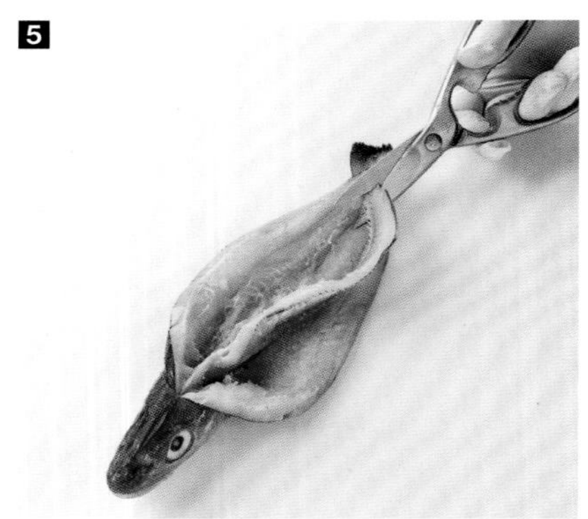

5 用剪刀剪断脊骨。

6 将牙鳕依次沾上面粉、鸡蛋液和面包屑。将其放在170℃的油中煎至金黄色。即可搭配酱汁享用。

梭鱼肉丸

4 人份

- 250克梭鱼肉
- 150克熔化的黄油
- 3个鸡蛋
- 2个蛋清
- 80克鲜奶油
- 盐
- 胡椒

制作汤底

- 250毫升牛奶
- 25克黄油
- 85克面粉

1 准备食材。

2 制作汤底。将牛奶和黄油烧开，加入面粉，用盐和胡椒调味，充分搅拌，然后用小火加热10分钟，中途保持搅拌。然后静置冷却。

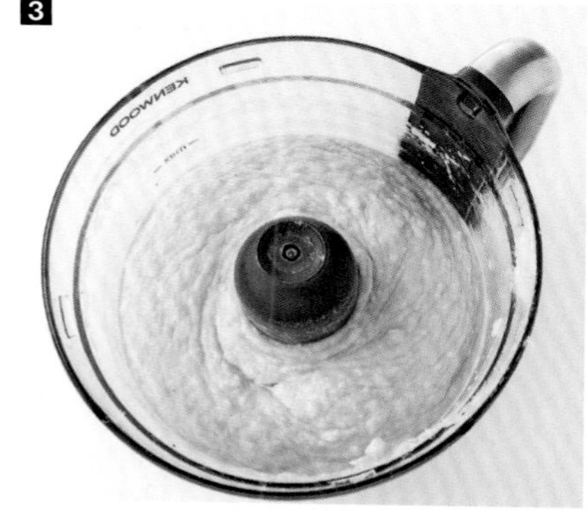

3 将梭鱼肉搅碎，加入面包屑，搅拌，加入熔化的黄油，搅拌。依次加入鸡蛋、蛋清和奶油。冷藏2小时。

4 用2个大汤匙制成鱼丸。在沸腾的盐水中煮6分钟。与南图酱汁（译者注：一种以小龙虾与黄油为主要原料制成的酱汁）或龙虾汤搭配食用。

墨鱼意式水饺

4 人份

- 300克墨鱼
- 一些欧芹
- 1瓣大蒜
- 1个红葱头
- 200克新鲜面团
- 墨鱼汁
- 200毫升液体奶油
- 1/4茶匙咖喱
- 20毫升橄榄油
- 20克黄油
- 盐
- 胡椒

1 准备食材。

2 准备馅料。将欧芹、大蒜碎、红葱头碎和墨鱼圈放入橄榄油和黄油中用大火炒 3分钟。加盐和胡椒调味，沥干水分后，搅碎。

3 将墨鱼汁揉进面团。用造型模具切出饺子皮，在中心放少量馅料。

4 向下折叠，然后使用造型模具轻轻按压封口。折叠两边形成意式饺子。

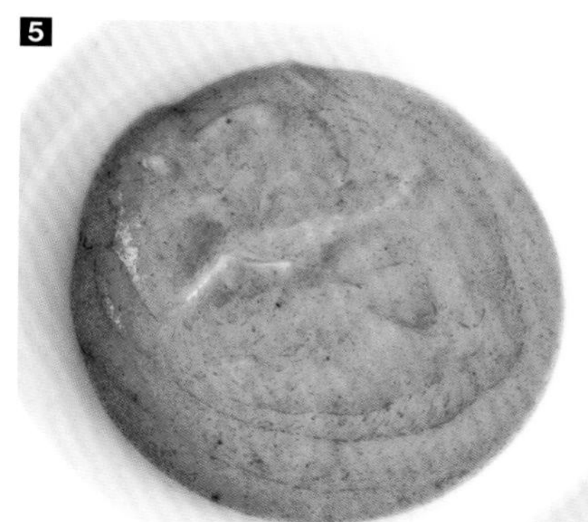

5 制作酱汁。将奶油煮沸，加入咖喱，用盐和胡椒调味。用小火煮5分钟。

6 将饺子放入煮沸的盐水锅中，煮3分钟。捞出沥干。用少许饺子汤调整酱汁浓度，摆盘。

蒜泥蛋黄酱酿馅鱿鱼卷

4 人份

- 400克鱿鱼馅（请参见第224页配方）
- 4个鱿鱼筒
- 2个熟土豆
- 几支百里香
- 1片月桂叶
- 30毫升橄榄油
- 30克黄油
- 盐
- 胡椒

制作蒜泥蛋黄酱

- 1个蛋黄
- 1茶匙芥末
- 1个煮熟的小土豆
- 4根藏红花
- 1瓣大蒜
- 250毫升橄榄油
- 盐
- 胡椒

1 准备食材。

2 用馅料填充鱿鱼筒。用牙签封口。

3 在平底锅中加热黄油和橄榄油，放入百里香、月桂叶和酿馅鱿鱼，将它们加热至变色。盖上锅盖，继续用小火焖30分钟。

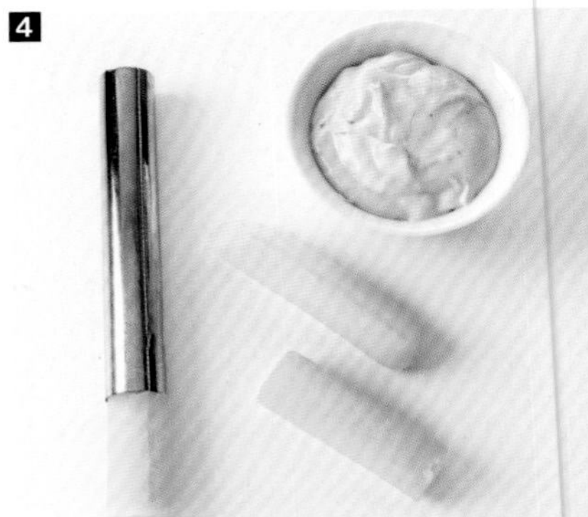

4 用不锈钢钢管将土豆制成圆柱体。制作蒜泥蛋黄酱：混合搅拌蛋黄、芥末、盐和胡椒粉，加入土豆泥、藏红花和大蒜碎，加入橄榄油。将酿馅鱿鱼切成圈，摆盘。搭配蒜泥蛋黄酱食用。

酸甜虾夷扇贝

4 人份

- 4个虾夷扇贝及其贝壳
- 半个菠萝
- 30克蜂蜜
- 1个黄胡萝卜
- 1个橙色胡萝卜
- 100克带荚豆
- 1个橙子
- 1个柠檬
- 1个红葱头
- 20毫升橄榄油
- 50克黄油
- 盐
- 胡椒
- 粗盐

1 准备食材。

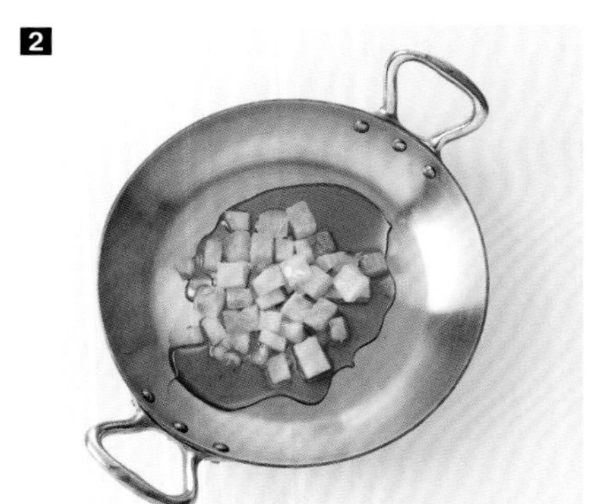

2 在平底锅中加热橄榄油，放入菠萝丁和蜂蜜，用小火煮3分钟，取出备用。

3 将贝柱放入贝壳中，用盐和胡椒调味，加入一小块黄油，将它们放在盛有粗盐的盘子中，放入预热至100℃的烤箱中烘烤7分钟。

4 将胡萝卜切丁，将豆角切成三角形。在沸腾的盐水中将它们煮3分钟至变色，捞出沥干水分，在锅中放入剩余的黄油，用100毫升水熔化，倒入橙汁和柠檬汁，用打蛋器搅拌乳化，加入糖渍菠萝、胡萝卜和豌豆。从烤箱中取出扇贝，将调味酱汁浇在贝壳中，装饰摆盘。

刺山柑黄油鳐鱼翅

4 人份

- 4个180克重的鳐鱼翅
- 1根胡萝卜
- 1根韭葱葱白
- 1个洋葱
- 1瓣大蒜
- 1片月桂叶
- 2支百里香
- 1束欧芹
- 60克刺山柑
- 100克面包屑
- 10毫升橄榄油
- 100克黄油
- 盐
- 胡椒

1 准备食材。

2 将胡萝卜、韭葱葱白、洋葱、大蒜和香料放入2升水中煮10分钟，用盐和胡椒调味。放入鳐鱼翅，浸煮6分钟。

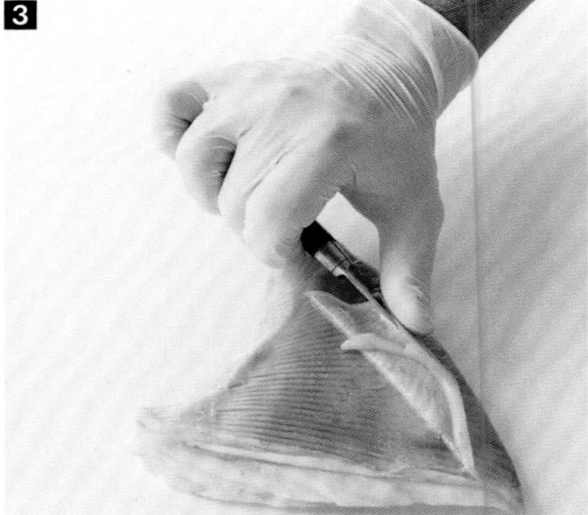

3 将鳐鱼翅取出，控干水分，用刀小心地去掉鱼皮，保温。

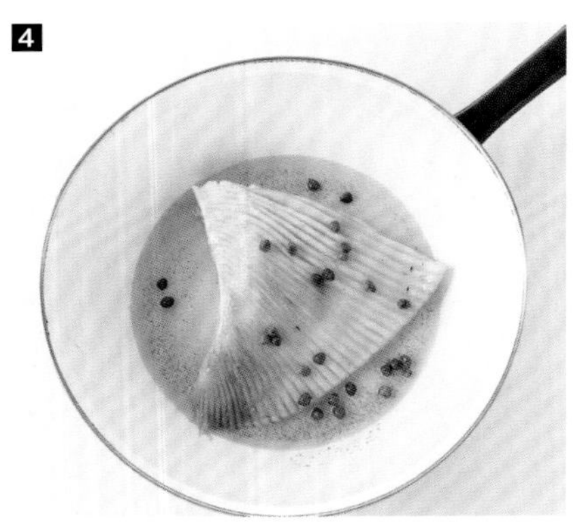

4 用中火将黄油熔化，加热至变色，放入刺山柑。将刺山柑黄油浇在鳐鱼翅上，撒上少许面包屑，搭配烤土豆上桌。

蔬菜鳟鱼卷

4 人份

- 8片120克重的带皮鳟鱼柳
- 1个黄色胡萝卜
- 1个橙色胡萝卜
- 1个葱白
- 200克块茎芹
- 几片罗勒叶
- 100毫升干白葡萄酒
- 80克黄油
- 盐
- 胡椒
- 红色浆果

1 准备食材。

2 将所有蔬菜切丝，将鳟鱼柳去骨，用盐和胡椒调味。

3 切出4个长方形烘焙纸，刷上少许黄油刷，撒上盐、胡椒粉和红色浆果碎。

4 铺上蔬菜丝和罗勒碎。将2片鳟鱼鱼柳鱼肉朝外卷起，浇上白葡萄酒，撒上黄油屑，用锡箔纸包裹。在预热至180℃的烤箱中烘烤6分钟，摆盘。

煨章鱼足

4 人份

- 2个重900克的章鱼足
- 2个洋葱
- 2瓣大蒜
- 1个黄色胡萝卜
- 1个橙色胡萝卜
- 2支百里香
- 1片月桂叶
- 1个葱白
- 500毫升红酒
- 20克玉米淀粉
- 3个口蘑
- 30毫升橄榄油
- 30克黄油
- 盐
- 胡椒

1 准备食材。

2 将章鱼足处理洗净，将其冷冻24小时后室温解冻。这样会使章鱼肉更加柔软。将水倒入砂锅中煮沸，加入1个洋葱、1瓣大蒜、去皮的胡萝卜、百里香和月桂叶，用盐和胡椒调味，放入解冻的章鱼足，用小火煮45分钟，待自然冷却后，捞出沥干。取出胡萝卜。

3 将洋葱、蒜瓣和葱白切碎。放在砂锅中用橄榄油和黄油中火加热。将章鱼足切成长度约5厘米的段，放入砂锅。

4 倒入红酒，煮至浓稠。加水，用盐和胡椒调味。盖上盖子，用小火煮20分钟。捞出控干章鱼，倒入玉米淀粉并搅拌，收汁。加入煮好的胡萝卜和蘑菇碎，继续煮5分钟。搭配意大利面条摆盘。

欧芹蒜香汁烩竹蛏

4人份

- 1千克竹蛏
- 20毫升橄榄油
- 200毫升干白葡萄酒
- 2支百里香
- 1片月桂叶
- 1个红葱头
- 2瓣大蒜
- 1束欧芹
- 1个柠檬榨汁
- 100克甜黄油
- 盐
- 胡椒

1 准备食材。

2 将竹蛏在冷盐水中浸泡12小时。换水，继续浸泡2小时。捞出沥干水分，然后用吸水纸擦干。

3 在砂锅中加热橄榄油，加入白葡萄酒、百里香、月桂叶、葱碎，最后放入竹蛏，盖上盖子并用大火加热。捞出沥干。

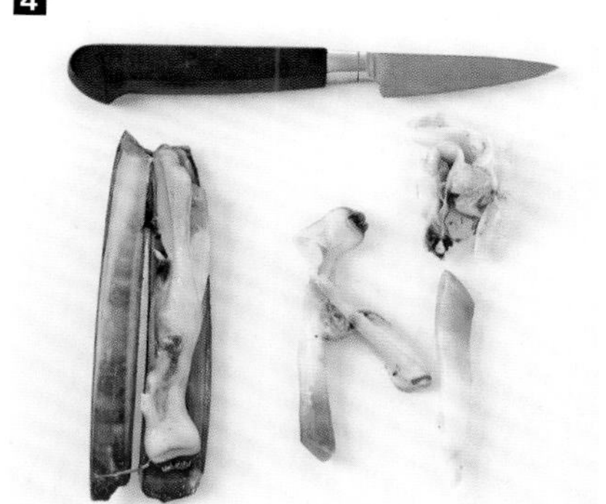

4 将竹蛏去壳，取下内脏。将竹蛏肉切成小段。

5 准备欧芹蒜香酱汁。切碎大蒜和欧芹，将它们与柠檬汁混合，然后加入黄油搅拌，用盐和胡椒调味。将欧芹蒜香酱汁倒入竹蛏壳中，放入竹蛏肉段。在预热至180℃的烤箱中烘烤5分钟。即可享用。

滨螺佐香芹芥末蛋黄酱

4 人份

- 500克滨螺
- 1个洋葱
- 2小支百里香
- 1片月桂叶
- 1个蛋黄
- 1茶匙芥末
- 100毫升葵花籽油
- 40克红色、黄色和绿色甜椒
- 几根细香葱
- 1/4个块根芹
- 1个澳洲青苹果
- 盐
- 胡椒

1 准备食材。

2 用清水将滨螺冲洗2遍后倒入锅中，加入洋葱、百里香和月桂叶，加水浸没滨螺。慢煮12分钟，待其自然冷却。

3 将滨螺去壳。用牙签卸下螺盖，将滨螺肉向外拉出。

4 制作芥末蛋黄酱。将蛋黄和芥末酱混合搅拌，用盐和胡椒调味，缓慢加油乳化。将辣椒切丁，加入细香葱碎和滨螺，与一半的芥末蛋黄酱混合搅拌。将块根芹和青苹果切丝，与剩余的芥末蛋黄酱混合。用芥末蛋黄酱、块根芹和苹果圈成圆形。在圆中放入拌好的滨螺。上桌。

杂鱼汤

4 人份

- 1千克杂鱼：
  - 鲂鮄
  - 鳎目鱼
  - 鲉
  - 海鳗
  - 鲱鲤
  - 几只海螃蟹

汤料

- 1支茴香
- 1根胡萝卜
- 1个洋葱
- 1根韭葱
- 450克番茄
- 2小支百里香
- 1片月桂叶
- 100毫升茴香汤
- 160克蛋黄酱
- 1根藏红花蕊
- 50毫升橄榄油
- 盐
- 胡椒

1 准备食材。

2 准备汤料。

3 将鱼和螃蟹切块。

4 砂锅中倒入橄榄油，将切成薄片的茴香、胡萝卜、洋葱和韭葱用中火炒5分钟。加入番茄碎、百里香和月桂叶，用盐和胡椒调味，加热2分钟。

5

6

7

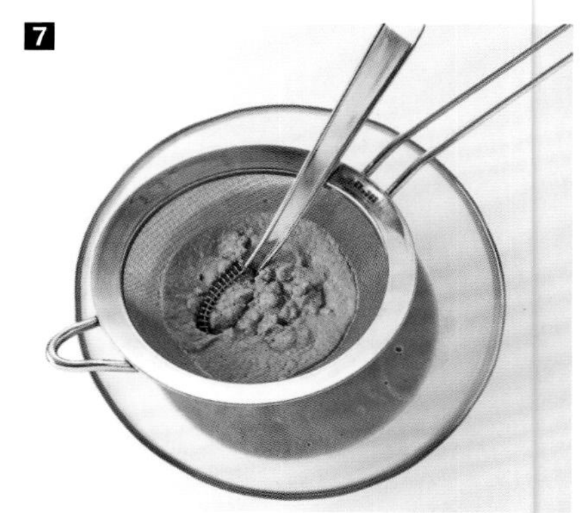

5 加入鱼和螃蟹，加水。盖上锅盖，用小火慢炖30分钟。

6 将汤倒入搅拌机中搅碎。

7 过筛，重新加热，加入茴香。制作鱼汤酱汁：将蛋黄酱与藏红花混合搅拌。杂鱼汤可搭配蒜香烤面包和鱼汤酱汁一同上桌。

精制蛾螺冻

4 人份

- 20个蛾螺
- 2小支百里香
- 1片月桂叶
- 1个洋葱
- 6片明胶
- 60毫升酱油
- 30毫升米醋
- 60毫升清酒
- 2克鲜姜
- 80克海菜
- 100毫升米浆
- 1个柚子
- 一些鸡油菌泡菜
- 50克口蘑
- 盐
- 胡椒

1 准备食材。

2 用清水将蛾螺冲洗几遍，将它们倒入锅中。加水浸没蛾螺，放入百里香、月桂叶和洋葱，用盐和胡椒调味，烧开水，用小火煮30分钟。

3 沥干蛾螺。用牙签剔掉螺盖，取出螺肉，去掉内脏。将去壳的螺肉放回煮制的水中，放入冰箱冷却。

4 制作冻汁。将明胶在水中软化。将酱油、米醋、清酒和姜末一同烧开，离火，加入明胶丝，过滤。将蛾螺肉放在垫有保鲜膜造型模具中，撒上切碎的海菜，倒入冻汁，静置冷藏4小时。将蛾螺冻脱模，切成三角形，搭配奶油米糊、葡萄柚片、鸡油菌和海菜摆盘。

小茴香泡沫缀锦蛤

4 人份

- 1千克缀锦蛤
- 30毫升干白葡萄酒
- 1瓣大蒜
- 1小支百里香
- 1片月桂叶
- 几根小茴香
- 10毫升豆浆
- 盐
- 胡椒

番茄汤配料

- 500克番茄
- 100克彩椒
- 75克黄瓜
- 15克番茄酱
- 15克面包屑
- 1汤匙雪利醋
- 40毫升橄榄油
- 盐
- 胡椒

1 准备食材。

2 将缀锦蛤在盐水中浸泡45分钟，在清水中反复洗净，倒入砂锅，加入白葡萄酒、大蒜、百里香和月桂叶，用盐和胡椒调味，大火煮熟，去壳。过滤烹饪汤汁。

3 将用于制作蔬菜汤的所有蔬菜去皮，放入烹饪汤汁，用盐和胡椒调味。

4 将小茴香焯水，然后放入热豆浆打发，用盐和胡椒调味。也可以将甜椒切成圆圈状用于装饰。将番茄汤倒入汤盘，将蛤肉放入三个壳中，加入小茴香泡沫。

鲜贝辣味香肠炖锅

4 人份

- 1千克贝类
- 300毫升干白葡萄酒
- 2小支百里香
- 1片月桂叶
- 1根胡萝卜
- 1瓣大蒜
- 2个去皮洋蓟
- 2个番茄
- 4个熟洋蓟底
- 60克辣味香肠
- 50毫升橄榄油
- 30克黄油
- 盐
- 胡椒

1 准备食材。

2 用水彻底清洗贝壳以去除沙子。将它们倒入砂锅中，加入白葡萄酒、百里香、月桂叶。用盐和胡椒调味，大火煮至开口。过滤烹饪汤汁。

3 用橄榄油将胡萝卜丁、大蒜碎和切块洋蓟煎出水，加入烹饪汤汁，用盐和胡椒调味。盖上盖子，用小火煮10分钟。

4 将番茄切丁。用少许橄榄油将洋蓟煎至变色。切碎香肠，在平底锅中煎烤。捞出砂锅中的所有食材，加入黄油。轻轻搅拌并继续煮2分钟。用欧芹碎、胡萝卜片和香肠装饰摆盘。

秘制牡蛎

4 人份

- 16个牡蛎
- 100毫升干白葡萄酒
- 1个红葱头
- 10克小胡椒
- 25毫升小牛肉汁
- 30克姜
- 1瓣大蒜
- 40克糖
- 40毫升香油
- 140克酱油
- 240克番茄酱
- 200克番茄
- 几根细香葱
- 盐
- 粗盐

1 准备食材。

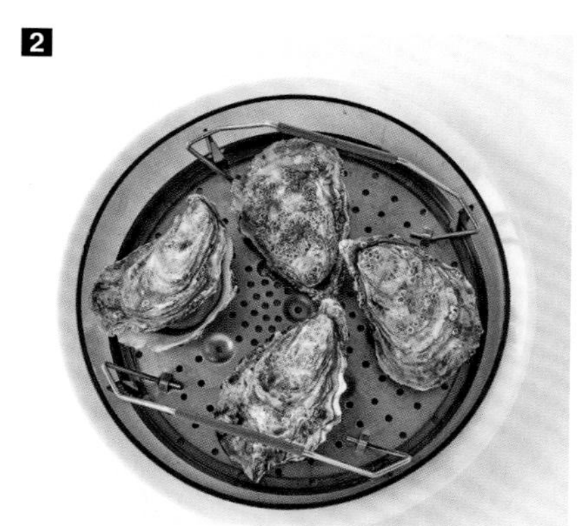

2 将牡蛎放在蒸笼中蒸制，开口后继续蒸30秒钟。

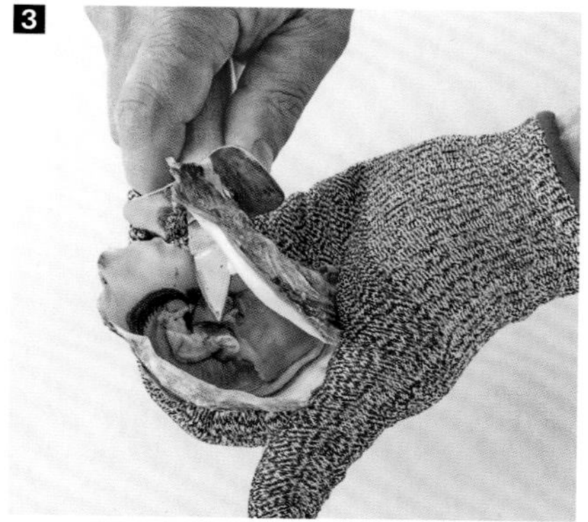

3 用戴手套的手握住牡蛎，将刀刃插入牡蛎壳。旋转刀片，分开牡蛎壳。

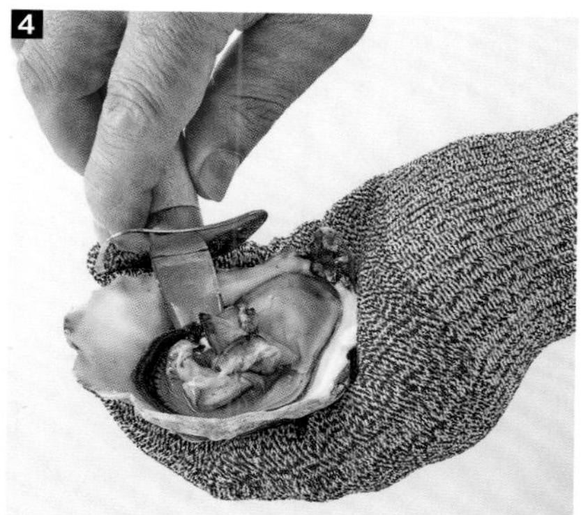

4 牡蛎的闭壳肌已收缩，剥去牡蛎壳，用刀片取出牡蛎肉。

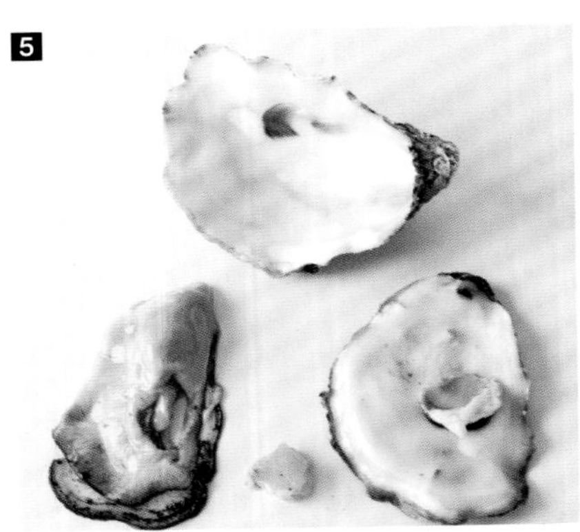

5 去除贝壳碎片，保留牡蛎壳。

6 在平底锅中，将白葡萄酒、葱碎和胡椒高火煮沸，加入小牛肉汁，烧开，过筛后留存备用。

7 准备调味料。将姜和蒜切碎，与糖、香油、酱油和番茄酱混合搅拌。用调味料腌制牡蛎，冷藏1小时。

8 在贝壳中倒入番茄丁、细香葱碎和温牛肉汁，将贝壳放在粗盐上固定。

菠萝咖喱龙虾

4 人份

- 4个重500克的熟龙虾
- 60克龙蒿
- 1个鸡蛋
- 1个蛋黄
- 185克液体奶油
- 500克菠萝肉
- 1个柠檬（榨汁）
- 1/2茶匙咖喱
- 1/4茶匙香菜粉
- 10毫升橄榄油
- 30克黄油
- 盐
- 胡椒

1 准备食材。

2 制作龙蒿软糕。将龙蒿焯水后搅碎，与鸡蛋、蛋黄和125克奶油混合搅拌，加入盐和胡椒调味。放在刷过油的模具上，蒸15分钟。脱模后保温。

3 在榨汁机中将菠萝肉搅碎，倒入锅中，加入柠檬汁、60克奶油、咖喱和香菜粉，撒上盐和胡椒。用小火收汁。

4 给龙虾去壳。在平锅中加热黄油，快速煎龙虾，使其略微着色。在每个盘子的底部浇上菠萝咖喱汁，摆上龙虾肉和龙虾钳，搭配龙蒿软糕，装饰摆盘。

花椰菜海胆

4 人份

- 12只海胆
- 150克花椰菜
- 2个鸡蛋和2个蛋黄
- 190克液体奶油
- 20克黄油
- 盐
- 胡椒

1 准备食材。

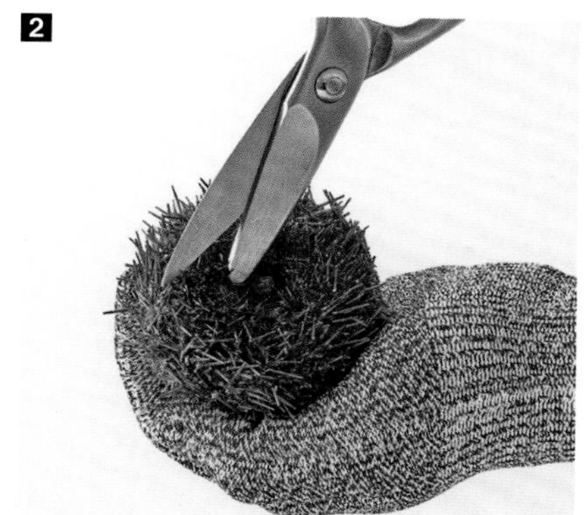

2 用戴手套的手拿着海胆，另一只手从口处剪开。

3 4 继续剪开外壳并将其拆下。

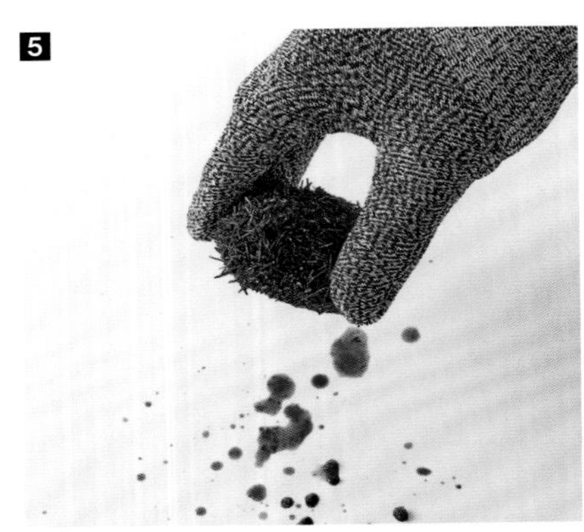

5 将海胆倒过来，在案板上摇动，以去除沙子和碎石。

6 用勺子轻轻地取出海胆黄，然后仔细清洁4个海胆壳。

7 在沸腾的盐水锅将花椰菜用小火煮15分钟，捞出沥干。将其与鸡蛋、蛋黄、一半海胆黄、奶油和黄油混合搅碎，用盐和胡椒调味。过细筛成花椰菜海胆泥。

8 将另一半海胆黄放入海胆壳中，然后倒入花椰菜海胆泥。盖上保鲜膜，蒸10分钟。用剩余的海胆黄和花椰菜摆盘，上桌。

蔬菜

60 种技巧 · 500 个步骤

蔬菜每天都陪伴着我们!

本书的这一部分是一个邀请，用于探索，如此您就不必烦恼在厨房里遇见一天出现两次的蔬菜。更重要的是，让您相信蔬菜是灵感的来源。

蔬菜的颜色、质地、形状和上市品种丰富多样，对我而言，蔬菜是当代食品领域的佼佼者，但是盘中食物的乐趣不止于此。蔬菜制备需要一些准备时间，搭配优质的器皿，结合精湛的切割技术，经过充满敬意的烹饪，方能保持甚至增进蔬菜的营养、质地和风味。

我希望在这部分学到的一切可以助您入门，您将熟悉各种蔬菜烹饪技巧，这也将成为您发掘自我创造力的起点。

蔬菜常用工具及概述

常用工具介绍

各类刀具

刀具是令烹饪成功的必备工具，也是烹饪的乐趣所在。虽然优质的不锈钢刀片较为昂贵，但也请选择它们，您将感受到它们的与众不同。优质的刀片令剥皮或切割轻而易举。

每次用刀后都应洗净。保持从刀背开始擦拭，直到锋利的刀刃。

不要将刀散放在抽屉中，以免损坏刀刃或刀尖。

每周至少磨一次刀，最好使用带有槽且质地坚硬的钢制磨刀石。

小刀（UN COUTEAU D'OFFICE）

削皮、切削、转动、切片、切条、切丁、雕花……小刀实在太有用了。由于小刀用途广泛，刀片的内部略微弯曲，因此是烹饪中使用最多的工具。

传统削皮器（UN ÉCONOME CLASSIQUE）**和刀片削皮器**（UN ÉCONOMEÀ LAME）

削皮器可令水果去皮，同时使果皮的厚度最小。这一点很重要，因为大部分维生素都集中在果皮下。

削皮器主要分为两类：传统削皮器是固定刀片，带有用于挖洞的尖端。刀片削皮器带有旋转刀片，便于调整果皮的厚度。

这一切与人体工程学有关，需要熟悉蔬菜的拿法以及去皮的动作。

陶瓷刀（UN COUTEAU EN CÉRAMIQUE）

陶瓷刀锋利无纹路，具有避免食物氧化的优势。这是保持蔬菜中营养的要素。

厨师刀（UN GRAND COUTEAU）

宽而长的刀片便于切薄片及切丝。用手握好刀柄，可以使刀片规律运动并顺利切割。

切割时需要一把好刀，也需要训练。初期不要尝试快速切菜。

案板（UNE PLANCHE À DÉCOUPER）

案板是烹饪中必不可少的工具。案板要大且轻巧，以便轻松地将蔬菜直接倒入平底锅或盘子中。案板的材料应选择木质或聚乙烯材质。不要选择由金属或玻璃制成的案板。

使案板稳定的小窍门：在案板下垫一块湿布或多张湿润的厨房用纸，以防止案板滑动。

切片器（LA MANDOLINE）

通过调整切片器的刀片间距，可以快速切出蔬菜薄片。

日式切片器实用且方便，但不能像传统的立式切片器一样切出厚度不一的蔬菜片。同样，需注意末端的锋利刀片，以免划伤手。

蔬菜概述

烹饪方法

煮（LA CUISSON À L'ANGLAISE）

煮是指在盐水中烹饪食物，食材在冷水或沸水时下锅。这种烹饪方法被广泛使用，缺点在于会损失可溶性矿物质。根据蔬菜的类型（胡萝卜、韭葱、芹菜等），可将煮蔬菜的水用于烹饪意大利面、米饭或汤。

焖（LA CUISSON À L'ÉTUVÉE）

焖是将蔬菜切成小块并用少许油煎熟，然后加水没过食材，用小火加热并盖上锅盖。蔬菜必须等大，并且不能混合太多，以便均匀受热。焖菜的汁水可用于调味料或果汁。

蒸（LA CUISSON À LA VAPEUR）

蒸制有利于保持蔬菜风味和质地，温度可控制在60~100℃。

炒（LA CUISSON AU WOK）

炒制可令切成薄片的蔬菜快速完成烹饪。蔬菜因此得以保留颜色和脆爽。

通常采购产自生态农业（指有机农业及生物动力农业）的蔬菜，它们有时价格更高，但优势明显：蔬菜表皮富含营养物质，采购当季蔬菜，尊重种植者并鼓励短循环及就近消费。

蔬菜

大蒜、红葱头和洋葱

大蒜、红葱头和洋葱几乎出现在所有酱汁中，我们差不多快忘记这些调味品属于蔬菜。这些球茎属于蒜科家族，由于具有芳香和疗愈的特点，它们已经被种植了数千年。

洋葱

洋葱的使用历史悠久且种植广泛，在餐馆的招牌上或酱汁中随处可见它的踪影。洋葱全年均有出售，价格低廉且有益健康，在刀的切割下，洋葱具有挥发性的分子会弥散在空气中，刺激我们的眼睛。

窍门：将洋葱提前冷冻或在冷水中去皮。

品种

洋葱有不同的形状、大小和颜色：长的、平的、圆形、椭圆形、钟形，或大或小，颜色有黄色、红色、白色……它的姐妹红葱头拥有更多颜色，如灰色和棕色。塞文山脉甜洋葱（L'oignon doux des Cévennes）和罗斯科夫粉洋葱（le rosé de Roscoff）享有法国原产地命名保护认证标识（AOC）。

时令

自6月起，约有40种可被储存的新洋葱上市。将洋葱晾干后，可供一年四季使用。成束的白洋葱需要在完全成熟前被采摘。

采购

选择质地紧实的洋葱，变软是洋葱开始腐烂的迹象。洋葱表面应光滑而富有光泽，没有污损。绿色而硬挺的茎是洋葱束新鲜的标志。

生食还是熟食?

生食或熟食是由洋葱的品种决定的！白洋葱束、红洋葱和粉洋葱具有甜味，因而倾向于享用其原生态的味道，常直接用于沙拉中。白色和黄色的洋葱在煮熟后会失去辣味，使菜肴带有甜味。而味道更细腻的红葱头则生熟皆可。

储存

洋葱可在冰箱里保鲜几天。为防止洋葱发芽，可将其置于避光阴凉干燥处，这样能保存三个月。要注意冰箱或酒窖的湿度。

制备

用刀尖将洋葱皮上的外层表皮剥离。切掉洋葱的根须。根据用途将洋葱切片或切块。

注：这种制备方法同样适用于红葱头。

经典菜肴

安德里亚比萨（LA PISSALADIÉRE）：配油渍洋葱、橄榄和鳀鱼的面包

洋葱汤

印度酸辣酱

大蒜

大蒜的独特气味取决于硫的含量。因此，各产地的大蒜具有不同的口味，要么是珍馐美味，要么难以下咽。

在厨房中称为“蒜头”的块茎含有许多自然繁殖的芽，即蒜苗或蒜瓣。

品种

大蒜有许多种：新鲜、晾干或熏制的，红色、白色、紫色或珍珠色的。黑蒜像松露一样珍贵。黑蒜会在炎热和潮湿的环境中缓慢焦糖化，其独特的颜色和质地赋予其特别的风味。洛特雷克粉蒜（L’ail rose de Lautrec）、洛马涅白蒜（L’ail blanc de Lomagne）、德龙蒜（L’ail de la Drôme）和阿勒厄烟熏大蒜（L’ail fumé d’Arleux）享有地理保护认证标识。

采购

用手指按压，选择质地紧实且坚硬的大蒜，蒜瓣无发芽迹象。

生食还是熟食?

大蒜生熟皆可食用！将生蒜末加入调味或菜肴中，有利于保留其营养成分，有益健康。

烤蒜：将蒜连皮煮熟，然后放在烤箱中烤。蒜瓣将变成奶油状。将蒜带皮漂洗6次，在沸水中煮几分钟，以抑制硫化物形成。

可将大蒜全部或切碎放入热油中，为各种菜肴调味，如：炖菜、酱汁、炸蔬菜……

时令

春季，新鲜的大蒜成捆上市。蒜瓣柔软而香甜。夏季，晒干、编织起来或散装的大蒜开始上市。大蒜是全年有售的产品。

储存

新鲜的大蒜购买后应放在冰箱中，在10天内食用。

晒干的大蒜可在常温、干燥的地方保存。请注意避光保存，以防止大蒜发芽。晒干的大蒜既不能保存在冰箱中，也不能保存在潮湿的酒窖中，否则可能会使大蒜腐烂。

制备

从大蒜头上取下一瓣，用刀尖将大蒜顶部的蒜皮剥离，切掉根部，根据用途将大蒜切片或切丁。

如果蒜瓣存放时间较长，建议将其切成两半，去掉中心部分。因为久置会令大蒜的中心部分变得辛辣、苦涩且不易消化。如果有霉菌，需要将其清除。

经典菜肴

蒜泥蛋黄酱（L’AÏOLI），也用来命名以鱼和蔬菜为原料炖煮的传统的地中海菜肴

香芹大蒜黄油也用于填充贝类和蜗牛

蔬菜蒜泥浓汤（LE PISTOU）

洋蓟

洋蓟是原产于地中海的菊科花卉植物。在洋蓟开花前，我们食用的是由其叶子和心材组成的头状花序。食用洋蓟源自野生刺菜蓟。在16世纪，凯瑟琳·德·梅迪克西斯（Catherine de Médicis）将洋蓟引入法国种植。

品种

洋蓟有两种，主要取决于花蕾的形状：圆锥形的，如普罗旺斯紫洋蓟（le violet de Provence）或胡椒洋蓟（le poivrade）；球形的，如布列塔尼大洋蓟（le gros camus de Bretagne）。

在购买时，通常大洋蓟按头出售，而胡椒洋蓟按束出售（一束五支）。

时令

洋蓟的上市期从5月至11月底。菲尼斯太尔省（Finistère）和阿摩尔滨海省（Côtes-d'Armor）出产的洋蓟占法国总产量的80%。

采购

洋蓟必须紧实而坚硬。不要选择过熟的洋蓟，它们的底部有很多绒毛（不可食用）。洋蓟的叶片必须紧密，片片相接，不可有黑斑，茎干必须为绿色且质地坚硬。以上两者是洋蓟新鲜的保证。

生食还是熟食?

洋蓟应熟食。在锅中加入冷盐水，小火煮25分钟。洋蓟在烹饪的水中冷却后，取下叶子并吃掉其白色部分。需要去掉洋蓟底部的绒毛。

没有绒毛的紫色洋蓟薄片可以作为配菜。紫色洋蓟可像大洋蓟一样煮制，由于它的叶片更薄，因此煮10分钟即可。如将紫洋蓟去皮，也可放入砂锅中蒸熟。

储存

在厨房中，可把洋蓟的茎浸泡在花瓶里，在购买后两天内食用。也可将洋蓟存放在冰箱中3至4天。一旦煮熟，最好当天食用，以免产生有毒物质。

制备

1

1 将洋蓟的顶部放置在工作台的边缘，并用一只手握住它。用另一只手快速掰下茎干，不要用刀切，这样可以去掉中心位置的绒毛。

2

2 剥去外层的叶子，然后将洋蓟放在装有冷盐水的锅中煮25分钟。在水中冷却。

经典菜肴

酿馅洋蓟

油醋汁或柠檬调味洋蓟薄片

四季比萨

绿芦笋和白芦笋

如果将芦笋定义为多年生蔬菜植物，则芦笋是根出条，即地下生长的芽。芦笋是来自地中海盆地和小亚细亚的野生物种，自从罗马人种植以来，其颜色和大小变化很大。由于芦笋无法机械化种植，必须人工培育和采摘，因而它一直是一种精致且相对昂贵的蔬菜。

品种

芦笋有白芦笋、绿芦笋、紫芦笋和野芦笋：近年来，菜农已培植了多种早熟或晚熟品种，但多样的颜色同时带来了或多或少的苦涩味道。白芦笋是在地下生长的。而绿芦笋和紫芦笋需要通过阳光合成叶绿素。朗德沙地芦笋（L'asperge des sables des Landes）享有地理保护认证标识。

时令

芦笋的上市期很短，冷冻和高温灭菌会影响芦笋的味道和质地，所以应适时享用。根据产地和品种的不同，上市期从3月至6月。

采购

芦笋通常成捆出售，也有散装的。芦笋应具有结实而有光泽的尖端。在茎的末端折断芦笋，如茎干脆嫩，则芦笋新鲜。

生食还是熟食?

传统上，烹饪芦笋通常采用蒸煮的方式，但如今，厨师常将芦笋切薄片生食，为菜品增加脆嫩感。您也可以在油锅中将芦笋快速煎炒。

储存

在购买后请尽快食用，因为芦笋会很快变干。随着芦笋中的糖转变为淀粉，它们会呈木质。将芦笋用湿布或纸巾包裹，可在冰箱中存放两天。

制备绿芦笋

切开芦笋的根部。用刀尖沿芦笋茎划上去，剥去外层的“芦笋壳”。将芦笋平放在工作台上，将芦笋切成2厘米长的段。不要折断芦笋。

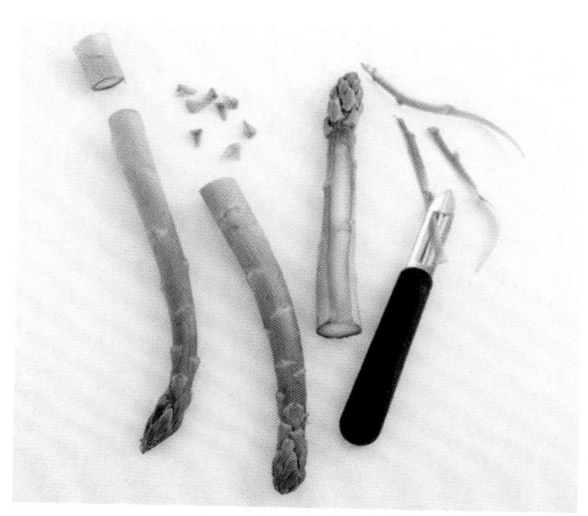

注：根据绿芦笋和紫芦笋的大小和新鲜度，制备方法也有所不同。优质的芦笋不需要去皮，只需去芽，即去掉麦穗状的尖端。

制备白芦笋

将芦笋平放在工作台上，将芦笋切为2厘米长的段。不要折断芦笋。

切掉芦笋的根部。

经典菜肴

什锦酱温白芦笋

绿芦笋溏心蛋

茄子

茄子出现在法国餐桌上的时间较晚。茄子起源于印度和中国，经丝绸之路贸易传播，随后这种充满阳光感的蔬菜在地中海沿岸国家广受赞誉。茄子的种植广泛、菜品多样，令它如公主一般获得大众的欢迎。

品种

茄子有多种尺寸和形状，从迷你茄子到巨大的圆茄子，有长条形、球形、椭圆形，还有各种不同的颜色：白色、紫色、斑马纹、粉红色、绿色，当然还有常见的深紫色茄子。

时令

茄子从7月开始上市，8月和9月均有售卖。受天气影响，上市期有时会延长到10月。

采购

新鲜的茄子表面光滑、紧实并富有光泽，带有绿色的梗。采摘时需要小心，因为茄子不喜欢震动。成熟后的茄子会有苦味，因而需要在成熟之前采摘。建议选择那些较小的茄子。如果菜农能区分出茄子的性别，请选择不含种子的公茄子。取较粗的茄子夹馅，取最细的茄子炖煮或煎炒。

生食还是熟食?

因为茄子有苦味，所以必须熟食。您可以将茄子放在漏勺中，撒上粗盐，使茄子脱水。这样可以减少茄子的苦味，同时也能使茄子不会过分吸油。

储存

茄子可在冰箱中存放3至4天。如果选择冷冻保存，需要先将茄子煮熟。

制备

将茄子洗净并晾干。切下茄子梗，根据需要切成茄子片或茄子丁。如果茄子的皮较厚，可将其切掉。

经典菜肴

茄子鱼子酱

焖茄子

穆萨卡（LA MOUSSAKA）（译者注：希腊菜肴，用茄子、肉馅和奶酪等制作）

鳄梨

鳄梨原产于中美洲，它的名字可直译为“森林黄油”。法国自20世纪70年代开始进口鳄梨，尽管鳄梨在法餐中属于较新颖的食材，但是广受欢迎。从植物学的角度看，这种植物是热带树种，但如今在科西嘉岛也有种植。

品种

在鳄梨的生产国种植着不同品种的鳄梨。不同品种的鳄梨外观差异不大，颜色或深或浅，绿色的果皮或光滑或粗糙。但是，鳄梨的大小可能有高达三倍的差距：从小鳄梨到纳巴品种的大鳄梨。这些差异赋予了鳄梨果肉和气味的细微差别。

时令

鳄梨全年均有销售。由于品种差异，收获时间也有所不同。鳄梨的生产国可实现全年不间断供货。在科西嘉岛，鳄梨的采摘季为1月至5月。

采购

鳄梨是跃变型果，即鳄梨的成熟与乙烯有关，对从树上采摘下的鳄梨同样适用。在采购时，最好选择较小或还不成熟的鳄梨，以便在家中继续成熟。如果要加快鳄梨的成熟过程，可放置于苹果或香蕉附近。用手指按压鳄梨，如有柔韧感，即可食用。注意，鳄梨不易保存。鳄梨对震动较敏感，请小心处理。

生食还是熟食?

有的厨师会将鳄梨煮熟，但鳄梨更适宜生吃。鳄梨可以搭配蛋黄酱、油醋汁，也可以将鳄梨切成条或丁混入沙拉中。鳄梨富含脂肪，可为鞑靼肉酱或沙拉增添黏稠感和润滑度。

储存

鳄梨可在室温下保存3到4天，这主要取决于鳄梨的成熟程度。如果鳄梨已经成熟，请通风保存。但不要等待两天以上。

制备

将鳄梨切成两半，将两部分朝相反的方向旋转，以分离鳄梨。用刀将果核取出。用手或用刀剥去果皮。即刻加入柠檬以避免氧化。

经典菜肴

墨西哥鳄梨酱（LE GUACAMOLE），用柠檬和鳄梨泥制成

鳄梨、葡萄柚配鲜虾沙拉

鳄梨雪葩

莙荙菜

莙荙菜（bette）是甜菜（betterave）的“亲戚”。前者为食用茎叶而种植，后者一如其名字（译者注：甜菜主要用于制糖，其名称betterave中的rave有舞会之意），专供享乐。蔬菜类植物在中世纪备受赞誉，因为在饥荒时期可用蔬菜来煮汤充饥。莙荙菜的受欢迎程度在过去的几个世纪中持续下降，只有地中海依然种植莙荙菜。近年来，茎叶颜色多样的莙荙菜新品种重新占据了餐桌。

品种

莙荙菜有很多名字，很难将它们区分开来，比较常见的有la bette à carde、la poirée、les côtes de bettes，这种植物具有肉质优良的茎。莙荙菜的茎是白色的，深绿色的叶子有明显的叶脉。有些可以达到两米高。随着莙荙菜家族的扩大，出现了叶片和茎干不同的多个品种：叶片有金色、绿色、带有红色叶脉，有深浅不一的凹凸黄色、粉色、红色和橘色。菠菜莙荙菜和莙荙菜苗通常直接生食，可用于沙拉中。

时令

莙荙菜通常在早春上市，根据产地有所不同。

采购

莙荙菜几乎总是成捆出售的，但也有部分品种按整颗或按重量出售。蔬菜根部清晰的切口是新采摘的标志。新鲜的莙荙菜拥有坚硬的白色茎干而不会变成褐色，并且叶片色泽明亮而茁壮，没有枯萎迹象。

生食还是熟食?

莙荙菜生熟皆可食用。菜叶和菜梗切片可用于制作沙拉或三明治。菜叶可像菠菜一样放在有油的平底锅中煎煮。可在菜梗上撒干酪，然后焗烤、做馅饼，也可搭配米饭或面食。

储存

莙荙菜可在冰箱的蔬菜抽屉中储存。最好用湿布进行包裹，以保持菜叶新鲜。 需在2至3天内食用。

制备

1

1 切掉莙荙菜的底部，切下菜梗。

2

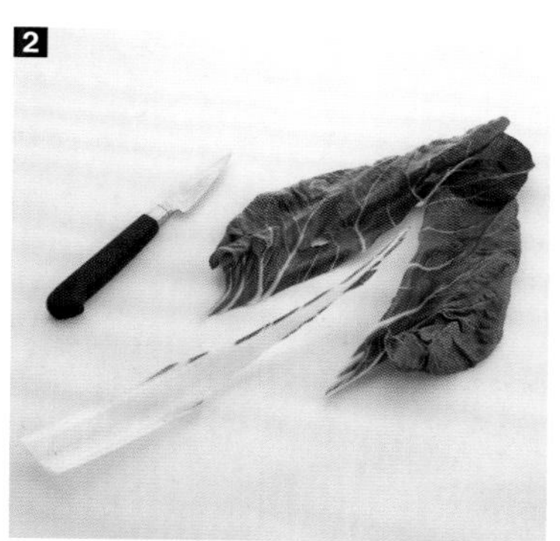

2 用一把小刀从中央部分切开，取下叶片。

3

3 将梗部切断而不完全切开，然后根据其厚度去皮或纤维。较小的莙荙菜可以直接食用。在烹饪或准备之前，要彻底清洗菜叶和菜梗。

经典菜肴

莙荙菜馅饼
莙荙菜饺子
奶油烙莙荙菜

甜菜

甜菜属于藜科，与莙荙菜同科。栽培莙荙菜主要为了食用叶子，而栽培甜菜则主要为了食用根部。几千年来，甜菜从欧洲的野生品种演变为蔬菜，在形状和颜色上都发生了许多变化。古老的甜菜品种克拉伯丁（crapaudine）是红色的长条状，基奥贾甜菜（chioggia）则带有白色叶脉的粉红球形，它们漂亮的颜色适用于摆盘装饰。

品种

历经数十年针对圆形红甜菜的研究后，目前大约有三十余个或长或圆的甜菜品种，它们拥有不同的颜色，如红色、黄色和白色。有些甜菜根切开后呈现不同颜色的同心圆，但煮熟后会消失。最好用于生食，以保留它们的原样。

时令

夏季收获的甜菜优于结霜时收获的。但这是一种菜农可在地窖里的沙子中存放数月的蔬菜，因此在市场上长期有售。

采购

未经加工的生甜菜必须质地坚硬且无损伤。小而嫩的甜菜更加紧实，叶片湿润。甜菜煮熟后，在刀下会变得柔软嫩滑。在处理甜菜时，要当心甜菜红色的汁水。它会弄脏手和衣服。

生食还是熟食?

甜菜生熟皆可食用。切碎的甜菜可像胡萝卜一样使用，可切丁用于沙拉中，也可切片或切丝用于给前菜上色。可加奶酪烤制，也可炉烤、炭烤，它甜美润滑的口感在甜品中也有不错的表现！

储存

甜菜可在冰箱里的蔬菜抽屉中存放一周。之后，它将变得柔软。

制备

1 熟克拉伯丁甜菜：用小刀切掉顶端，切掉外皮。然后将其切成条或丁。

2 熟红色圆甜菜：与克拉伯丁甜菜采用相同的制备方法。若要生食甜菜，请使用蔬菜削皮器将其去皮。

经典菜肴

罗宋汤（LE BORTSCH）

野苣甜菜沙拉

胡萝卜

胡萝卜已成为一种大众蔬菜，在不同的气候区域被广泛种植和食用。与欧洲防风不同，胡萝卜的起源尚不确定，可能是来自地中海盆地的一种野生植物。在植物学上，胡萝卜颜色的演变也因国家而异。从19世纪开始，这些根类植物渐渐由紫色、白色和黄色演变为现代胡萝卜的橙色。如今在菜农的努力下，市场上又重现了各种颜色和形状的胡萝卜。

品种

胡萝卜有几百个品种，具有不同形状：长条形、半长条形、短的、圆锥形，圆柱形；具有不同颜色：白色、黄色、橙色、红色、紫色。胡萝卜在各地的名称各不相同，取决于它在当地栽培的结果。如克雷昂斯胡萝卜（la carotte de Créances）法国科坦登半岛的沙土中生长，具有特殊的口味，因而享有法国原产地命名保护认证标识（AOC）。

时令

胡萝卜一年四季均有上市。新鲜的胡萝卜在早春时节上市，各产地有不同的早熟和晚熟品种。胡萝卜可以长期存放，能够越冬。

采购

胡萝卜通常散装或成束出售。胡萝卜必须质地紧实，无污渍或裂纹，顶部牢固。早熟胡萝卜较嫩，比晚熟的胡萝卜鲜美多汁。不要购买太大的或顶端变色的胡萝卜，它们的中心部分通常是木质的。

生食还是熟食?

胡萝卜生熟皆可食用。直接生食胡萝卜可充分利用其营养价值。胡萝卜可磨碎、切丝、切丁，可蒸、烤、炖，用于沙拉、三明治、卷饼、春卷……处理冷冻的胡萝卜时，可先用少许糖和高汤炖煮，直至变软。

储存

新鲜的胡萝卜应存放在冰箱的蔬菜抽屉中，并应在购买后的两天内食用完。否则，胡萝卜将会变软。散装的胡萝卜可在冰箱里存放一个星期。对于久置的胡萝卜，可将其切成3厘米长的段以良好保存。

制备

将胡萝卜的顶部和根部切掉2厘米。使用蔬菜削皮器将胡萝卜去皮。可将胡萝卜切片、切丝、切丁或切碎。采摘较早的胡萝卜皮较薄，可直接用刀刮擦去皮。

经典菜肴

胡萝卜是蔬菜，也是调味品，可为许多菜品增添香气：浓汤、火锅、腌扁豆……

薇姿气泡水胡萝卜

胡萝卜牛肉

白茎芹

芹菜是欧洲的伞形科植物，这类植物通常使用其茎和球茎。17世纪，不再野生的芹菜分化为两个品种：白茎芹和块根芹。芹菜在厨房中通常具有双重用途；叶子充当调味品，而菜梗部分充当蔬菜。

品种

芹菜有许多不同品种，各品种外形相似，但成熟时间、茎叶长度、颜色深浅及厚度各不相同。芹菜通常成束或散装售卖。

时令

根据产地不同，芹菜的成熟期自春季延续至秋季。

采购

选择叶子茁壮的芹菜，芹菜茎的颜色从深绿色到嫩黄色不等，茎部不可有污损、紧实脆嫩。球茎上的切口清晰且湿润。

生食还是熟食？

芹菜生熟皆可食用。可将生芹菜切碎，加入沙拉、鞑靼牛肉、西班牙凉菜汤或浸入开胃小菜中。在蔬菜汁中，芹菜以其颜色和香气占据霸主地位。芹菜的茎部可用于各式菜肴：炖菜、蒸粗麦（Couscous）、炖贻贝等，也可在芹菜上撒干酪炖煮、蒸制或油煎。

储存

作为调味品，芹菜可在冰箱中存放10天。将芹菜用湿布包裹，以防止其变干，同时防止芹菜的香气渗透到其他食品中。如选择生食，则只能保存2至3天，否则芹菜将不再脆爽。

制备

切下芹菜细茎，然后切下芹菜叶，用它们来进行调味。用蔬菜削皮器去皮，去掉叶脉，根据食谱将芹菜切段、切片、切丝或切丁。请仔细清洗并晾干。

经典菜肴

焗芝麻菜酿馅芹菜段配白酱、帕玛森奶酪条

块根芹

块根芹的祖先是沼泽野芹菜，尽管它的叶片很招摇，但却并不为众人所知。直至文艺复兴时期，它的茎长成了美丽硕大的结，人们才开始对它产生兴趣。19世纪，块根芹在烹饪中被广泛使用。这种蔬菜具有极浓的香味，它白色的果肉可用于制作芹菜盐。

品种

与白茎芹一样，不同的品种会影响块根芹的成熟早晚和球茎大小，但不会改变其外观。

时令

市场上，新鲜的块根芹从7月开始上市，上市高峰季节是秋天至首次霜冻。在寒冷季节，菜农对块根芹的保护可使其在整个冬季均有出售。

采购

如果去掉其羽毛状的叶子，很难从块根芹粗糙并沾有泥土的表皮上判断新鲜程度。底部的切口应该清晰。用手掂量，块根芹必须质地紧密，有时其中心会有空洞。建议选择中小尺寸的块根芹，较大的块根芹通常呈纤维状。

生食还是熟食?

块根芹生熟皆可食用。磨碎的块根芹与蛋黄酱搭配可制成著名的芹菜蛋黄酱（le céleri rémoulade）。在朴素环境下，芹菜会给生食的蔬菜或意大利调味饭增添生气。可使用柑橘来防止块根芹氧化。块根芹煮熟后可以单独食用，也可以搭配汤、菜泥或砂锅菜。烹饪块根芹大约需蒸煮十几分钟。块根芹也可剁成菜泥。可加入一些土豆来弱化菜泥浓重的味道。炸块根芹片味道也不错。

储存

块根芹可在冰箱的蔬菜抽屉中可保存一周。

制备

1 切掉块根芹茎的底部和顶部。

2 将块根芹放在案板上。用一只手握住，另一只手用刀将块根芹去皮。

经典菜肴

辣味蛋黄酱（LA RÉMOULADE）

块根芹慕斯

蘑菇

自人类诞生以来，蘑菇一直是人们的主要食物。蘑菇的品种多样、季节性强且具有强烈而独特的香气。从古至今，我们一直试图驯化牛肝菌、松露和其他餐盘之王。如今，法国真菌协会（la Société Mycologique de France）列出了242种可食用菌，大概可以满足美食家们的胃口。

品种

在法国，人工栽培的蘑菇包括：口蘑（champignons de Paris）、北风菌（pleurotes）、椎茸（shiitakés）和松露（truffes）。亚洲人的栽培范围更广，其中包括本占地菇（hon-shimeji）和金针菇（collybie）。市场上常见的野蘑菇有：牛肝菌（cèpes）、羊肚菌（morilles）、鸡油菌（girolles、chanterelles）、羊角菇（pieds-de-mouton）、灰喇叭菌（trompettes-des-morts）……

时令

人工栽培的蘑菇在市场上全年可见，但野生菌却仅在一年中气候适宜的季节中出现。春季采摘羊肚菌，夏季采摘牛肝菌，冬季采摘松露，而秋季是野蘑菇的丰收季节。

采购

口蘑应质地结实，颜色均匀无斑点，菌盖与菌柄连接紧密。蘑菇的品种众多，新鲜标志各不相同，很难归纳总结出统一特征。一般而言，需要尽量缩短蘑菇购买和取货的间隔时间，以避免蘑菇脱水、弯曲或腐烂。最好选择小一些的蘑菇。在选购时可以闻一闻，选择气味宜人的蘑菇。

生食还是熟食?

口蘑生熟皆可食用。生口蘑可用于沙拉、鞑靼牛肉。口蘑会很快氧化，因此要洒上柠檬汁。熟制口蘑可选择在锅中炖煮或酿馅放入烤箱，需小心拿捏蘑菇渗水和脱水之间的平衡。口蘑可加入到馅料、面条和调味料中……口蘑生食适宜搭配白葡萄酒，而熟制口蘑则适宜搭配桃红葡萄酒。北风菌适宜熟食，烹饪建议可参考口蘑。

储存

蘑菇最好在购买当天食用。否则，请在盘子上摊开，放在冰箱的蔬菜抽屉中。不要放在密闭的塑料袋中，这样会使蘑菇腐烂。

制备

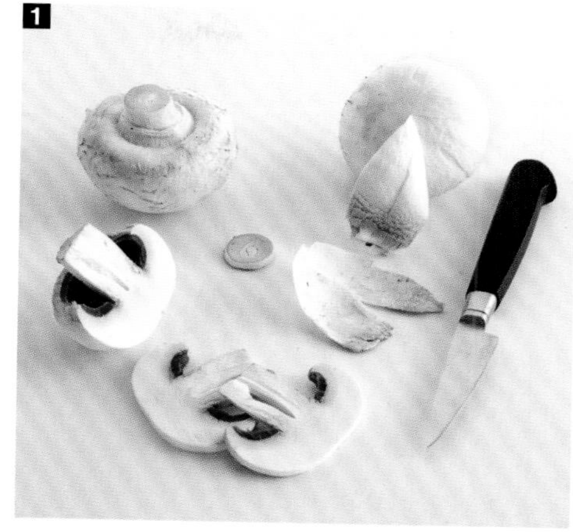

1 口蘑制备：用小刀切掉口蘑柄的根部。剥去菌盖边缘到顶部的口蘑外皮。将口蘑根据食谱切成适宜的形状。

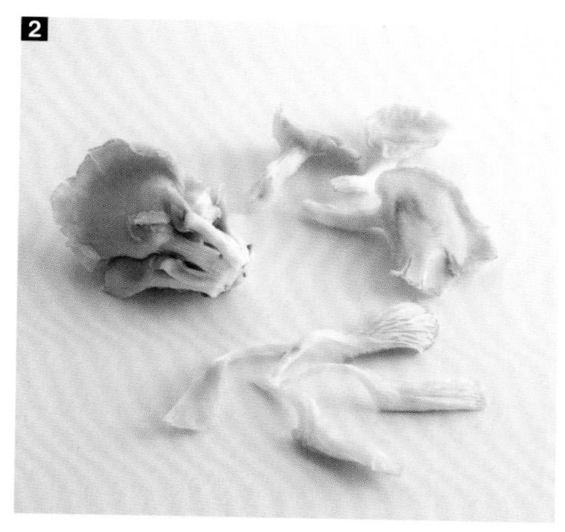

2 北风菌制备：切掉蘑菇柄的根部。根据蘑菇的大小，将其轻轻撕成两瓣或四瓣，以便均匀烹饪。对于其他各种蘑菇，通常切掉蘑菇柄。如果蘑菇很脏，请彻底擦拭或迅速清洗，并立即用布擦干，否则它们会吸水。

经典菜肴

蘑菇煎蛋
家禽酿馅蘑菇
意式烩饭

皱叶卷心菜

卷心菜家族体量庞大，在过去的几个世纪中一直稳定增长。自从被培植以来，因易于种植而成为欧洲的主要蔬菜。卷心菜的一大优点是在冬天多产！在这个十字花科的谱系中，包含近380种蔬菜。除常见的白菜外，您可以找到各种您所需要的形状、大小、颜色及味道。

品种

甘蓝、羽衣甘蓝、包菜、皱叶卷心菜、紫色卷心菜、莲花白等。卷心菜萎缩的茎使其叶子可嵌套形成密度不一、呈圆形或椭圆形的近球体。最近，亚洲白菜开始出现在法国的蔬菜摊位上，如北京大白菜、小白菜。

时令

卷心菜是优质的越冬蔬菜，从秋天到春季可以买到来自不同产地的各种卷心菜。

采购

嫩皱叶卷心菜的质地坚硬，其紧密而有光泽的叶子在手指下嘎吱作响。外层叶子翠绿而不泛黄是新鲜的象征，具有清晰呈乳白色的基部。其他品种的新鲜标准相同：外层叶子不枯萎、与球形心叶和乳白色的茎紧密包裹。

生食还是熟食?

将卷心菜熟制可去除一些不易消化的硫化物。只需在两种浓度不一的盐水中泡洗几分钟即可。为保留卷心菜的营养，建议蒸制，但也可以缩短烹饪时间。实际上，时间越长，生成的硫化物越多。为了保持卷心菜叶子的美丽绿色，烹饪结束后可将其浸入冰水中。切碎的莲花白和紫甘蓝可直接加入沙拉中食用。

储存

卷心菜可在冰箱的蔬菜抽屉里存放一周。

制备

1

1 用刀尖切下卷心菜的柄。去掉外层枯萎或损坏的叶子。

2

2 剥下卷心菜的叶子，用小刀剔除较粗的叶脉。在醋水中迅速浸泡后沥干。

经典菜肴

酿馅卷心菜

炖卷心菜

酸菜炖肉

球茎甘蓝

在第二次世界大战期间，球茎甘蓝、芜菁被广泛种植和食用，是配给蔬菜的主要品种。球茎甘蓝属于十字花科，质地细腻。这种兼具药用和食用价值的蔬菜已被种植千年，在历经几十年冷落后，如今重新在市场上出现。

品种

根据球茎甘蓝的成熟早晚、根茎大小和颜色差异分为几个不同品种。球茎甘蓝的外层颜色可以是紫色或浅绿色，但果肉为白色。

时令

球茎甘蓝根据其产地和成熟期，上市时间从春季一直延伸到秋季。但菜农可将其保存至冬季出售。

采购

球茎甘蓝的叶子应该结实有活力。不要购买体积太大的球茎甘蓝，它们通常会木质化。

生食还是熟食?

球茎甘蓝生熟皆可食用。可将其切碎或切成薄片，与面包黄油一同食用，它的味道和口感类似于萝卜。可以将其煮熟后切片、切条或切丝，然后进行煎炸或炖煮。球茎甘蓝可快速烹饪完成：蒸制、炖煮或油焖几分钟即可，烹饪时长主要取决于切块大小。刀切质地较软即烹饪完毕。

储存

球茎甘蓝可在冰箱的蔬菜抽屉里存放一周。

制备

用小刀切掉根部去掉顶部的叶子。然后用削皮器削皮。

经典菜肴

辣蛋黄酱球茎甘蓝

抱子甘蓝（LE CHOU DE BRUXELLES）

抱子甘蓝（又名布鲁塞尔芽菜）是一种长得很高的白菜，其茎高可达1.5米，心叶可发展出许多腋芽。在食堂中，通常能见到被煮过的抱子甘蓝，味道辛辣且带有不诱人的黄绿色，简直伤害了这种比利时民族引以为傲的蔬菜。抱子甘蓝抗极寒，可作为冬季蔬菜，不需要太多制备即可上桌。

品种

培育选种使抱子甘蓝种类繁多，各品种的成熟时间或早或晚，但外观基本一致。除了红宝石色的品种外，抱子甘蓝的芽多为紫色。

时令

新鲜的抱子甘蓝在秋季首次上市，冬季是上市旺季。

采购

选择质地紧实的抱子甘蓝，叶子应紧紧地包裹在心叶上。

生食还是熟食?

抱子甘蓝通常为熟食。只需将其在沸腾的盐水中烫几分钟，然后浸入冰水中即可。如此可使它更易消化，并保持其美丽的绿色。可根据需要煎炒、烘烤或炖煮，注意不要煮得太久。蒸熟的抱子甘蓝可作为配菜，还可以配上一块黄油和一点海盐。也可尝试生食，将其切碎，然后加入土豆沙拉中。

储存

抱子甘蓝可在冰箱的蔬菜抽屉里存放一周。

制备

切掉底部，可根据需要去除外围的叶子，迅速洗净后晾干。根据食谱可整个烹饪，也可切半或切成薄片。

经典菜肴

抱子甘蓝土豆泥

花椰菜

花椰菜原为叙利亚卷心菜，于15世纪末被引入欧洲，经过不断筛选改良，增加了花椰菜的花序数量和洁白程度。杜巴里夫人花椰菜浓汤得名于路易十五挚爱的女人，提升了花椰菜的知名度。直至20世纪，花椰菜的改良品种才实现全年种植，从而使其成为卷心菜家族中种植数量最多的蔬菜。

品种

花椰菜有许多早熟、晚熟或野生的品种，因此花椰菜的花序数量、结构以及洁白程度有所差异。最近，我们发现花椰菜有许多不同颜色：黄色、紫色、橙色或绿色，但颜色的变化不会改变其味道。

时令

花椰菜是可全年上市的少数几种蔬菜之一。

采购

市场上的花椰菜主要有三种形态：头冠被叶子包裹、半冠状心叶半露或叶子已去除。更倾向于选择完整的花椰菜，这种花椰菜保存更完好。请检查花椰菜是否洁白干净，花序紧密，叶子茁壮。切开的底部呈白色是花椰菜新鲜的标志。

生食还是熟食?

花椰菜生熟皆可食用。可将生的花椰菜与玉米碴磨碎混合，用香醋汁或蛋黄酱调味。也可以将小花散开，搭配开胃小菜，或用切片器切碎，为沙拉增加松脆感。熟制花椰菜应快速蒸煮，以免产生硫化物。根据花椰菜的大小烹制约10分钟。煮至变软。可加入几滴柠檬汁以保持其洁白。也可以将其切成薄片，在炒锅加油煎炸几分钟。

储存

带叶子的花椰菜可存放在冰箱的蔬菜抽屉中，叶子为其提供了营养储备，虽然这样占用了更多空间，但可以保存大约一周。否则，请在购买后的两天内食用。

制备

用小刀削掉菜梗部分，剥去叶子。切掉花蕾，不要保留太长的茎。花椰菜的茎略呈木质。将花椰菜快速浸入醋水中，然后晾干。

经典菜肴

杜巴里夫人花椰菜浓汤
奶油烙花椰菜

西蓝花和罗马花椰菜

在十字花科家族中，西蓝花和罗马尼亚花椰菜是两朵来自意大利的头状花序小花。经过长期的演化，拥有了与众不同的花朵形态：西蓝花的花序未被叶子遮挡，富含叶绿素，从而带来了由绿色至蓝紫色的美丽过渡色；而罗马花椰菜则是心叶明显凸起，颜色由嫩绿至黄色。它们兼具漂亮的外形和美味的口感，跟随着意大利移民的脚步，日益频繁出现在世界各地的餐桌上。

品种

西蓝花有许多早熟或晚熟品种，花茎长短不一，但这种变化不会改变其外形和味道。罗马花椰菜也是如此。

时令

西蓝花主要在法国布列塔尼省种植，因为当地的气候较温和。西蓝花可全年上市，从6月至10月是上市旺季。罗马花椰菜则是秋冬蔬菜。

采购

西蓝花：西蓝花底部茎的切口应清晰且湿润，这表明采摘时间不长。请勿选择花序稀疏且变黄的西蓝花。

罗马花椰菜：底部茎的切口清晰，叶子茁壮，花序紧密包裹表示罗马花椰菜新鲜的标志。

生食还是熟食?

西蓝花和罗马花椰菜均生熟皆可食用。可将它们磨碎或切成薄片，适合加入鳄梨奶油酱或在烹饪最后时刻加入烩饭。

可将它们快速放入沸腾的盐水中煮熟，然后浸入冰水中。这样会使它们保持颜色和酥脆感。同时也可避免产生不易消化的硫化物。

储存

二者皆可存放在冰箱的蔬菜抽屉中。西蓝花应在购买后的两天内食用。如果保留了罗马花椰菜的叶子，可存放4至5天。

制备

罗马花椰菜制备方法与花椰菜相同（请参见第287页）。

西蓝花制备

1 用小刀将花蕾从花茎上拆下。用醋水将其快速洗净后晾干。

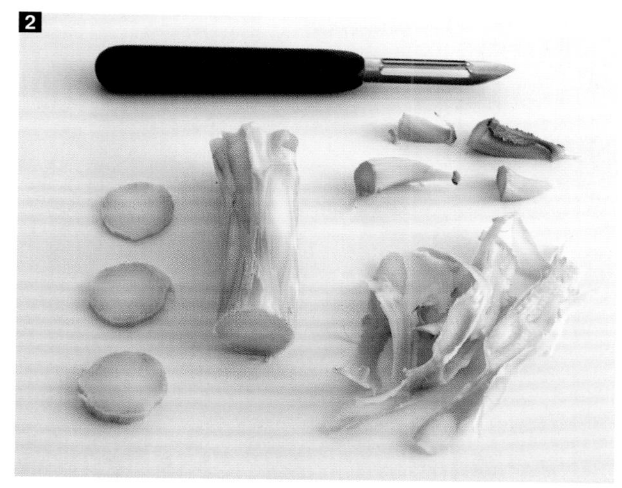

2 生的花茎富含风味和紧缩感。切下叶子，然后将其去皮并去除木质化的部分，切片或切丁。可用少许橄榄油、几滴柠檬汁和海盐调味。

经典菜肴

奥雷基耶特花椰菜配凤尾鱼

奶油焗罗马花椰菜

黄瓜

黄瓜含水量达96％，因而也被称为gourde（意为水壶）。黄瓜原产于炎热的非洲和印度，在那里，这种蔬菜常被当地居民用于止渴。黄瓜的栽种可以追溯至公元前5000年，在《圣经》中也曾提到过它。食用历史悠久的黄瓜如今依然为夏季的餐桌带来凉爽新鲜。

品种

深绿色的细长荷兰黄瓜在市场上随处可见。与葫芦科的许多蔬菜不同，黄瓜没有苦味。在全世界种植的黄瓜中，有许多形状、大小和颜色不一的品种。常见的是较小而多刺的黄瓜，果皮呈颗粒状，它在南部备受赞赏，较小的品种常被用于开胃菜。

时令

黄瓜是一种阳光型蔬菜，根据其生长区域差异，黄瓜的上市期在5月至10月。

采购

黄瓜的顶端应非常紧实，果皮呈均匀的绿色，光滑且无斑点或瘀伤。

生食还是熟食?

黄瓜通常用于制作沙拉、奶昔和鞑靼牛肉。它能够在不经意间带来新鲜脆爽。但是在亚洲菜肴中，黄瓜也常与大蒜、辣椒等香料一起快速炒制，赋予黄瓜更鲜明的味道。

储存

黄瓜可在冰箱的蔬菜抽屉中存放5至6天。

制备

可用蔬菜削皮器将黄瓜去皮，然后根据食谱将黄瓜切切丝、切片或切丁。如要切出美丽的效果，请将黄瓜间隔去皮。如果希望带果皮食用，请将黄瓜仔细清洗并晾干，以充分保持营养。如果黄瓜的种子很多，请使用挖球勺去籽。

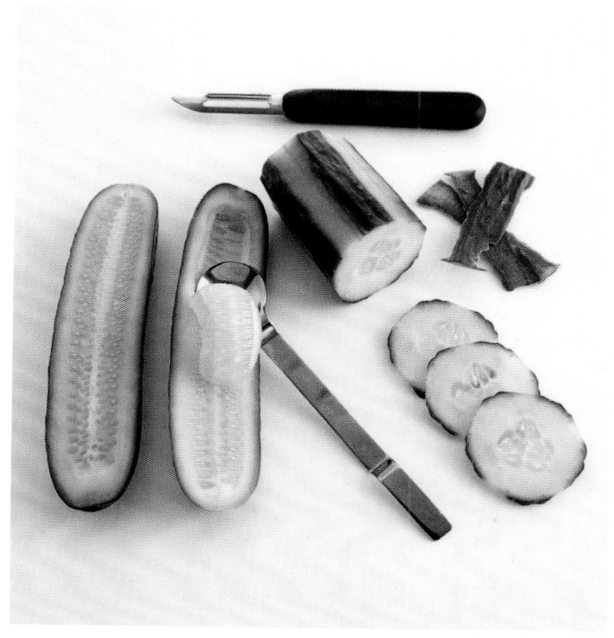

经典菜肴

希腊酸奶黄瓜酱（LE TZATZIKI）
奶油黄瓜沙拉

西葫芦

让法国人品尝到西葫芦的味道花费了几个世纪的时间。这是法国人的顿悟么？不，是饮食革命！自发现美洲以来，人们开始在普罗旺斯地区以外种植这种阳光型植物，进而在地中海盆地种植。由于西葫芦需要在成熟之前采摘，故法语中的蔬菜西葫芦有后缀“ette”（译者注：法语西葫芦为gourgette，后缀“ette”意为小）。西葫芦柔嫩的果肉和微妙的风味使其为许多菜肴增光添彩。值得一提的是，西葫芦的花朵也可以食用。

品种

西葫芦有很多品种，可以完美适应不同的气候和产区。深绿色的长形西葫芦曾长期占据着市场，如今可选择各种不同的形状和颜色：圆形、长形、迷你的；黄色、白色、虎斑色或淡绿色。

时令

根据产地的差异，西葫芦的上市期在5月至10月。

采购

西葫芦必须质地紧实，花梗的切割处清晰湿润，这表明西葫芦采摘时间不长。西葫芦的颜色随种类而变化，深绿色西葫芦并不比浅绿色西葫芦成熟，重要的是果皮有光泽，没有污渍或瘀伤。倾向于选择较大的雌花，以备填充。花朵必须状态良好，没有枯萎迹象。

生食还是熟食？

西葫芦生熟皆可食用。生食时建议选择较小的西葫芦：切片、磨碎或切丁。它们非常适合用于生食蔬菜丁、生牛肉片和塔布勒酱中，以便增加爽脆的口感。西葫芦几乎不需要烹制。在蒸汽中制备约2分钟，在锅中加少许橄榄油煎炒制备5至6分钟。如制作酿馅西葫芦，应预先将西葫芦烫3分钟。

储存

西葫芦可在冰箱的蔬菜抽屉里存放一周。

制备

可将西葫芦洗净并晾干，无须去皮，切掉花梗的末端，根据食谱切片、切丝或切丁。

经典菜肴

蔬菜烩菜

普罗旺斯酿馅西葫芦

炒西葫芦花

南瓜

南瓜是来自美洲的野生蔬菜植物，是天然的大型植物，拥有奇怪的形状和颜色。南瓜种类繁多，以致难以分类。南瓜属于葫芦科，在地面以爬蔓的方式生长。当然，它们只能待在地上一动不动，无论是小南瓜还是大南瓜，它们沉重的身躯令它们无法在藤蔓末端自由摇曳。

品种

市面上常见的南瓜品种有：南瓜（potiron）、小南瓜（potimarron）、冬南瓜（courge butternut）、普罗旺斯麝香南瓜（courge musquée de Provence）、狂欢节南瓜（carnival）、节日南瓜（festival）、意大利面南瓜（courge spaghetti）、浆果南瓜（courge du Berry）……

时令

除飞碟瓜（pâtisson）在夏季收获外，其他南瓜都是在9月至霜冻期收获的。由于南瓜的果皮很厚，因此将它们储存在干燥阴凉的地方可以保存数周，菜农可在整个冬季进行销售。

采购

南瓜应质地紧实，果皮有光泽，没有污损或裂缝，花梗良好附着。南瓜在出售时通常切成固定的大小。请要求菜农现场切割，以确保南瓜的新鲜度，从而保留易在空气中氧化的维生素。请尽量探索不同南瓜的各种烹饪方法。每个南瓜都有特定的风味：不同的甜度、粉状或水状的质地、淡而无味或纤维明显，这些决定了南瓜用途：炖汤、焗烤、煎炸、酿馅或做成蔬菜泥等。

生食还是熟食?

通常将南瓜煮熟食用。南瓜适宜切块炖汤。可将南瓜蒸制几分钟，直至变软，然后可用于焗烤或制成馅饼。南瓜的果肉已经含有很多水，蒸煮会令其淡然无味，用橄榄油和香料烘烤也是如此。

生南瓜切丁可加入沙拉、意大利面、意大利调味饭或鞑靼牛肉中。南瓜温和而甜美的味道也适宜用于甜点。

储存

完整的南瓜可在阴凉干燥的地方存放几周。南瓜切开后，应将其用保鲜膜包好，放入冰箱的蔬菜抽屉中，在两天内食用完毕。

制备

将南瓜切成两半。用勺子将南瓜掏空，刮净瓜瓤。可将南瓜分成几个部分，然后沿轮廓去皮。可根据需要将南瓜切丁或切片。南瓜皮可以食用。

经典菜肴

南瓜汤

南瓜挞

菊苣

在欧洲，野生菊苣的演变经历了漫长的过程，这种菊苣属植物被人类之手赋予了如今的外观，菊苣品种众多，颜色多样，例如胭脂菊苣、红菊苣、苦菊等。如栽培时无光照，可以使其白叶泛黄，更重要的是会限制酪胺形成，酪胺是造成苦味的物质。1878年，第一批菊苣出现在布鲁塞尔的巴黎中央市场，在那里，植物园负责人开始了菊苣的栽培。待若干年后，菊苣才成为北部地区的“公主”。

品种

菊苣有若干个不同的名字，如chicon、chicorée、witloof，这是由于菊苣在早期有许多杂交品种，但这不会影响其形状和颜色。而现在我们在市场上看到的胭脂红菊苣是比利时菊苣和菊苣的杂交品种。

时令

菊苣是一年生的绿叶蔬菜，冬天是菊苣的生长旺季。近年来，菊苣在11月至次年4月的产量有所增加。

采购

菊苣的心叶应当被其叶片紧密包裹。不要选择叶片嫩黄部分转绿的菊苣，这样的菊苣更苦。将菊苣切开后，底部会略带粉红色，而不能是黑色。

生食还是熟食?

菊苣生熟皆可食用。生菊苣可切成薄片制成沙拉，或将其整片叶子搭配羊乳干酪奶油与开胃酒一同享用。

可将菊苣在添加少许黄油的锅中翻炒，或快速炖煮。在制作奶油焗菜前，最好焯水后再放入焗烤锅中。

如煮制菊苣，可加一点糖以减少苦味。将菊苣沥干水分后，在吸水纸上晾干。

储存

可将菊苣用包装纸包好，保存在冰箱的蔬菜抽屉中。在购买后4天内食用。

制备

用小刀将菊苣的底部切掉。将菊苣切成两半。如有必要，请去除稍硬且苦的白色菜心。洗净后用吸水纸擦干。菊苣碎可用于沙拉。

经典菜肴

菊苣配火腿

芝麻菜果仁菊苣沙拉

菠菜

菠菜起源于一种小亚细亚的野生植物，这种戟状野菜的果实有刺。自文艺复兴以来，菠菜逐渐被种植培育，并被广泛食用，成为我们如今常见的样子。更确切地说，因时令与产地的差异，菠菜分为多个不同品种，其中包含水生及陆生品种。

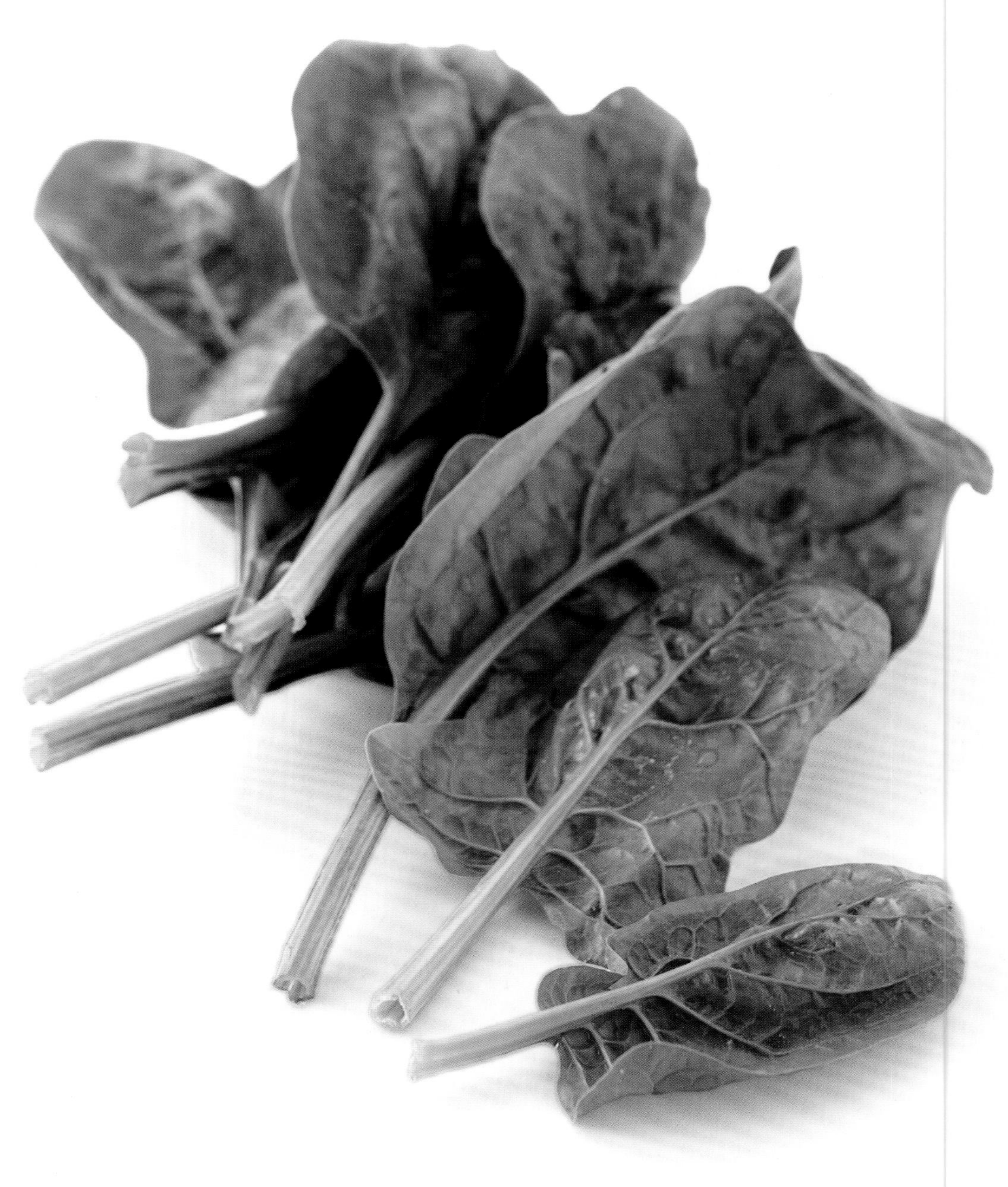

品种

菠菜种类繁多。有的品种叶片宽厚，如同冬季巨人，可以抵御寒冷。有的杂交品种具有直立的特性，可实现机械化收割。

时令

长期以来，菠菜一直是出色的冬季植物。如今，许多菠菜品种耐热或早熟，令菠菜几乎可以全年生产。冬季的菠菜叶片大而厚，而夏季的菠菜叶片薄而嫩。

采购

菠菜叶应是鲜艳的深绿色，叶片湿润而有活力，没有枯萎迹象。在市场散装售卖时，可轻易辨别菠菜的新鲜程度。而装袋的菠菜则较难以辨别新鲜程度。

生食还是熟食?

菠菜生熟皆可食用。

传统上，叶片较厚的冬季品种需要烹饪，但可以将较小的嫩叶加入沙拉生食。烘烤时，可先将菠菜放在无油的锅中烹饪几分钟，其间持续搅拌，使菠菜出水。在按照食谱烹饪前，可将菠菜用黄油、奶油或调味酱快速脱水。您也可以将其蒸煮或用一点黄油和大蒜进行煎炸。无论选择何种方法，必须快速完成。最后，将菠菜切成条状放入意大利面或意大利调味饭中。高温会使菠菜熔化。

储存

散装菠菜必须在购买当天食用。将蔬菜清洗干净后，用湿布包裹可存放在冰箱的蔬菜抽屉中。请勿挤压。

制备

用手将菠菜的叶片和茎部一分为二。在洗手池中清洗，去掉尘土。沥干水分后晾干。

经典菜肴

菠菜底菜肴（À LA FLORENTINE）
菠菜意式馄饨

茴香

茴香具有浓烈的香气，即使闭上眼睛也能分辨得出来，这种香气归功于茴香中丰富的精油。除充当药品外，茴香作为调味品也受到人们的普遍欢迎。在希腊神话中，茴香是受到神灵眷顾的野生植物，直到文艺复兴时期开始被种植，但茴香一直没有适应法国北方的气候。如果我们能够在温暖较低的纬度种植茴香，它一定会收获更多喜爱。而如今，茴香通常只出现在地中海地区居民的餐桌上。

品种

有关茴香鳞茎的说法是错误的，茴香实际上是一种多叶蔬菜，由于其叶子相互重叠，以致茎部膨大。根据品种的不同，其茎部大小、粗细及形状不一，可能或多或少带有甜味。最受欢迎的品种是佛罗伦萨茴香（le fenouil de Florence）和花园茴香（le fenouil des jardins）。如在成熟之前采摘，小茴香会变得越来越柔软和香甜。

时令

茴香有早熟和晚熟品种，几乎全年均有上市。法国南部的甜茴香在冬季采摘，而春季的茴香由法国其他地区供应。

采购

茴香需羽叶茁壮。球茎硬实，呈现美丽的珍珠白色并带有绿色的叶脉，无斑点或瘀伤，基底切口清晰湿润。

生食还是熟食?

茴香生熟皆可食用。可将生茴香用切片器切碎，洒上橄榄油。也可切成小块，为番茄沙拉增添酥脆感。

可将茴香榨汁制成绿色的奶昔，或搭配开胃酒用脆面包条蘸食。

将茴香与水芹一同烹煮，堪称冬季靓汤的代表。可作为红烧肉或鱼类菜肴的配菜。

将茴香蒸熟，再撒上帕玛森芝士奶酪，会令人联想起意大利。

根据茴香的大小和切面，可蒸煮或油焖约十分钟，直至茎部变软。

储存

茴香可在冰箱的蔬菜抽屉里存放一周。在采购后不要放置太久，因为茴香老化后会变黏。

制备

用刀子剪下茴香的根部，然后剪掉羽叶。用羽叶为预制品、肉汤、蔬菜泥调味。取下茴香茎部外层的叶子，因为外层叶片通常会木质化。将茴香茎部洗净，晾干后切成两半，去掉茎部较硬的心。按食谱需求切碎。如制备小茴香，只需要去除茴香底和羽叶即可。

经典菜肴

茴香薄片配柑橘瓣

茴香鳟鱼

糖渍茴香

蚕豆

蚕豆可谓历史悠久的蔬菜。考古发掘证明，蚕豆在近东地区和地中海盆地地区的存在可以追溯到公元前几千年。因其易于保存，蚕豆曾是一种粮食作物，这种历史令人们对蚕豆的评价喜恶参半。如今，蚕豆重新被视为重要的蔬菜，时而在国王饼中悄悄现身！［译者注：每年第一个周日是法国的“国王节”，有食用国王饼的习俗。国王饼中藏有名为“FÈVE”（即法语“蚕豆”）的雕像，吃到的人会幸运一整年。］

品种

20世纪法国种植业的强烈衰退减少了蚕豆的品种数量。法国只种植两种蚕豆，它们在颜色深浅、豆荚长短和豆粒大小上有所差异，但外观基本一致。

时令

蚕豆是一流的优质蔬菜，只在采摘后的两个月中上市。蚕豆的品种和产地会影响其成熟早晚，通常在4月至6月间上市。除春季的采摘季外，蚕豆常年以干豆形式出售。与长期贮存的蚕豆不同，新鲜食用的蚕豆是在豆粒成熟前采摘的。

采购

由于蚕豆被豆荚保护，因此很难知道豆荚里的状况。豆荚必须饱满，呈均一的绿色。如颜色不均匀或呈黄色，意味着蚕豆已变老。可剥开一个豆荚来检查新鲜度：将其弄湿并包裹在保护层中，咖啡豆将变成绿色，光滑而牢固的细腻食物。

生食还是熟食?

蚕豆生熟皆可食用。干豆必须在水中浸泡12小时，然后在盐水中煮2小时。新鲜的蚕豆可先将其剥开，然后将蚕豆焯水一分钟去皮。可将盐焗蚕豆放在吐司面包上搭配新鲜的山羊奶酪，也可放在沙拉中或制成糕点。

将蚕豆用于蔬菜大杂烩中，片刻即可完成烹饪。在起锅时可将蚕豆放入炒小牛肉或羊肉。

储存

蚕豆最好在购买当天食用，这样能够确保蚕豆酥脆。请不要将蚕豆置于冰箱的蔬菜抽屉中两天以上，这样蚕豆中的糖会转化为淀粉，豆瓣的质感将变老。请在使用前一刻剥皮。

制备

吃蚕豆要剥两次皮，但很值得！

1

1 双手抓住豆荚的两端。用两个拇指按下豆荚中部，将豆荚剥开。取出蚕豆粒。

2

2 然后必须将豆瓣脱皮。将蚕豆粒盐水焯水1至2分钟。沥干水分后倒入冰水中。用指甲划开种皮，手指施力挤出豆瓣。

经典菜肴

意式蚕豆汤、蚕豆泥或炖蚕豆搭配涂抹佩科里诺羊奶酪（PECORINO）的烤面包

四季豆

印第安人曾种植四季豆，并将其作为粮食作物。随着四季豆抵达欧洲，植物学家接受了这种理念，即让植物生长出更多种子，并干燥保存，以满足在两次收获之间的粮食需求。像对待西葫芦一样，植物学家筛选出饱满茁壮的豆荚，并在成熟前采摘：四季豆就这样诞生了！

品种

四季豆从未停止演变。在市场上交替出现了四季豆的不同品种，有的是新品种，而有的品种已经消失了，这一切都是为满足消费者的需要：优化四季豆在贮存时间、烹饪难度、口感质地及制备速度。市场上可见到绿色四季豆，有中等、细和超细三种尺寸，也有如黄油一样的黄色四季豆以及紫色四季豆。四季豆厚度不一，在去除纤维后可连豆荚一起食用。

时令

四季豆有三个月的上市期：7月、8月和9月。除上述几个月外，法国市场上的四季豆产自国外。

采购

四季豆应颜色均匀，没有污渍或霉菌。可将其切开以检查其硬度，坚硬是新鲜的标志。

生食还是熟食?

四季豆需熟食。根据其大小，可将其浸入沸腾的盐水中10至15分钟。品尝味道：四季豆应在变软的同时保持一定硬度。将四季豆浸入冰水中，以保持其美丽的绿色：经过这样处理的四季豆适合用于沙拉或与番茄、切碎的红洋葱和香草搭配食用。此外，也可将其作为配菜加热、在炒锅或砂锅中煎炒。请勿过度烹饪，否则会使四季豆失去颜色和质感。

储存

四季豆可在冰箱的蔬菜抽屉中存放3天。建议将其用包装纸包裹，以保持其湿度。

制备

用手摘掉两端，然后在中间将其折成两半。如果豆荚中有纤维，则将其轻轻地从豆荚中抽出。为了快速处理四季豆，请将它们聚成一堆，然后用剪刀或小刀去梗。注意清洗干净。

经典菜肴

四季豆配香菜猪肉

意式蔬菜汤（LE MINESTRONE）

剥荚豆（LES HARICOTS À ÉCOSSER）

当克里斯托弗·哥伦布将它们从美洲带回来时，还不知道它们将要进行怎样的激烈竞争。蚕豆、豌豆和其他欧洲小扁豆已经历了几个世纪人类强加的品种演变，并已成为栽培地区居民的骄傲。剥荚豆与四季豆的主要区别在于，它在成熟时采摘，因此豆荚干瘪不可食用，仅提供宝贵的种子。新鲜的剥荚豆在市场上以散装形式出售，与晒干装袋售卖的豆类不同，需要剥荚处理的豆角通常连带豆荚出售，并可全年储藏。

品种

红白相间的博罗特豆、白色的苏瓦松豆、绿色的小粒菜豆，许多豆角以其外观、颜色和口味著称，它们通常以菜肴或产地名称命名。潘博豆（Le Coco de Paimpol）享有原产地命名控制标识。已获得红签认证或地理产地保护认证的有塔布四季豆（Le haricot tarbais）、旺代白豆（la mogette de Vendée）和北方白豆（le lingot du Nord）。

时令

需要剥荚处理的豆类具有很强的季节性，一般在夏季末会在市场上见到很多此类的新鲜豆角。由于品种和产地的差异，8月中旬到9月底也是不可错过的时节。

采购

不要过分相信豆荚的外观。剥荚豆在完全成熟后采摘，这时豆荚通常开始脱水。可剥开豆荚检查豆粒的质量。豆粒应该硬实有光泽、颜色均匀、无霉菌。

生食还是熟食?

豆粒通常煮熟食用，添加食盐或鼠尾草等调味品，以促进消化。如果很难煮透，可加些小苏打。根据豆粒大小，在平底锅中用小火约煮制15分钟。忌大火煮沸，这样会使豆粒煮烂。

在煮后不要加盐，以免豆粒爆裂。应盖上盖子，冷却一小时。

储存

最好在购买当天食用。如不能当天食用，可用包装纸包裹以保持湿度，在冰箱的蔬菜抽屉中存放两天。

制备

将豆荚剥开、去皮。在烹饪前将豆粒冲洗干净。如果您的水比较硬，请添加少许小苏打。

经典菜肴

法式塔布四季豆什锦砂锅
蔬菜蒜泥浓汤（LA SOUPE AU PISTOU）
蜜饯番茄香草沙拉

玉米

像许多被称之为“资源”的植物一样，玉米一直为人类带来福祉：玉米是良好的粮食作物，富含营养；玉米的茎和叶可用作燃料或制造实用工具的原材料。起源于南美的玉米很容易栽培，也因此征服了其他所有大陆。玉米的颜色、大小和外观曾经时常发生改变，后来成为我们所熟知的黄色玉米棒的样子，植根于法国的传统美食中。

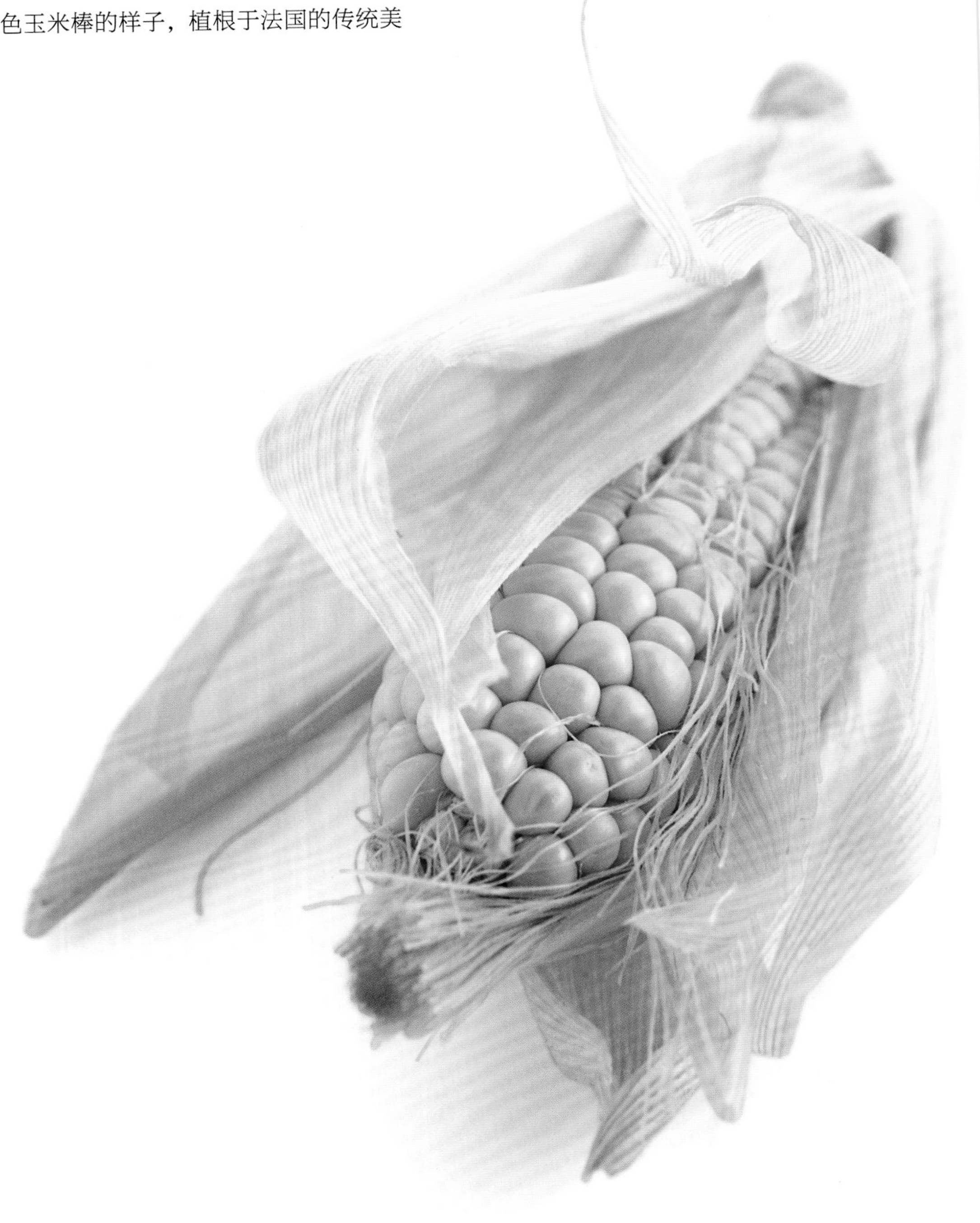

品种

我们在市场上常见的玉米品种是甜玉米。这种“特别甜”的品种是在玉米完全成熟之前采摘的，因此是一种新鲜蔬菜而不是谷类食品。根据玉米的品种，玉米棒并非全都是黄色，还有黑色、紫色、红色、白色或杂色，这些不同颜色的玉米以及迷你玉米在市场上均取得了突破。

时令

在法国，整个秋天都是新鲜玉米的上市季节。

采购

玉米淡绿色的叶子与玉米棒良好贴合，露出顶部饱满的玉米粒。玉米粒有光泽、紧实、颜色均匀，没有脱水迹象。

生食还是熟食?

玉米始终是煮熟食用的：可在盐水中煮5分钟，或在上锅蒸15分钟。玉米变色后也可在烧烤架上或烤箱中烘烤。请注意定时将其翻面，直到玉米烤黄。可将整个玉米棒装盘上桌，也可仅将玉米粒装盘。食用时，请搭配少许黄油或焦糖奶油。

储存

不易保存的蔬菜必须尽快食用，以免失去谷物乳酪状的软嫩口感，最好当天食用。玉米中所含的糖会转化为淀粉，玉米粒将出现面粉味，种皮也会变厚。可将玉米放在冰箱的蔬菜抽屉中，用玉米叶和湿布包裹，在两天内食用。

制备

切掉玉米棒的底部。将玉米叶一张一张分离。择掉顶部的玉米穗，洗净后晾干。在烹饪结束后，沿茎干滑动刀片，可使玉米脱粒。

经典菜肴

烧烤咖喱酱烤玉米棒
西班牙腊肠汤

芜菁

芜菁可以在贫瘠的土壤中生长，也在灾荒季节里为人类提供了营养，因而乡村菜肴成为芜菁绕不开的定位。芜菁的起源颇具争议，可能是从地中海盆地发展到整个欧洲，我们可以从无数流行语中看到这一特征。幸运的是，伴随着菜农和厨师的创造力，近年来芜菁重新进入了我们的视野。市场上脱颖而出的新品种被命名为“金球”，足以重塑芜菁的形象！

品种

芜菁属于十字花科大家族，品种众多，因此会产生不同的大小、形状和颜色。这种变异性在近几个世纪有所下降，只有带淡紫色领子的白色芜菁留存至今。目前我们还发现了来自南特、克鲁瓦西以及米兰的早熟芜菁。在冬季，可采摘南希的传统芜菁（le classique de Nancy），还有诺福克全白芜菁（le tout blanc de Norfolk），红色圆芜菁（le red round）带有明亮的粉红色表皮，而金球芜菁（le boule d'or）带有黄肉的果肉。帕迪汉黑芜菁（le navet noir du Pardailhan）是慢食运动的代表食品之一。

时令

提早成熟的芜菁于2月至6月收获。其他在秋天和冬天成熟。

采购

芜菁必须紧实致密，果皮光滑，没有瘀伤或污渍。

不要选择非常大的芜菁，它们可能较辛辣或是空心的。提早成熟的芜菁生长更茁壮。

生食还是熟食?

芜菁生熟皆可食用。可将芜菁切丁或用切片器切成薄片。也可使用榨汁机搭配苹果和胡萝卜榨汁。

芜菁适宜在烤箱中烘烤，也可蒸制或炖煮。传统的烹饪方法是在锅中加少许黄油将芜菁煎黄，然后倒入高汤。保持小火炖煮，直至芜菁完全吸收汤汁。为减少苦味，可撒上少许糖或加一点蜂蜜。

早熟的芜菁适宜煲汤。

储存

早熟的芜菁可在冰箱的蔬菜抽屉中存放3天。冬季采摘的芜菁可存放一周。

此外，芜菁在存放过程中会变软。

制备

1

1 大芜菁在冬季无法保存，而早熟的小芜菁通常将茎部扎成一束出售。

2

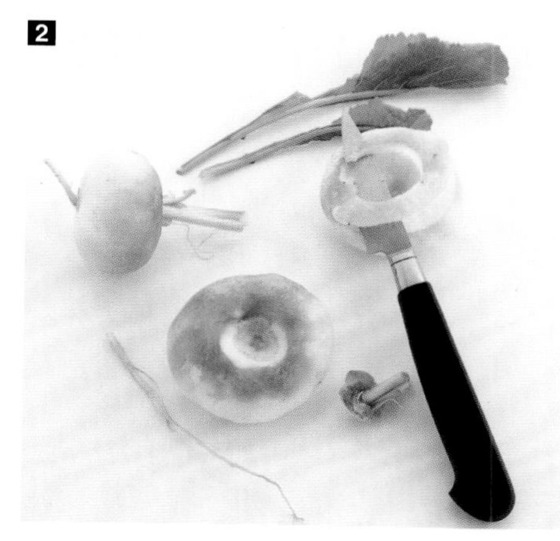

2 用小刀的刀尖在顶部切出圆锥状。切掉须根。用刀将芜菁皮削掉，或者用削皮器绕芜菁旋转两圈，以去除口感不佳的纤维和苦味表皮。对于早熟芜菁，可将其煮几分钟后去皮。

经典菜肴

芜菁火锅

马其顿芜菁炖锅

奶油焗芜菁

欧防风

作为胡萝卜的近亲，欧洲防风草曾在一段时间里大受欢迎。进入19世纪后，欧防风神奇地突破了饮食习惯的天花板。随着人们对蔬菜的饮食兴趣日益浓厚，欧洲国家对这种蔬菜消费量开始增加，这种源自中国的菊苣科的蔬菜强势回归了法国人的餐桌。利特雷法语辞典将欧防风与希腊语“万灵药”相关联。这是一种能够增添餐桌愉悦体验的美味药膳。

品种

欧防风仅有几个品种，如根西（le guernesey）、标枪（le javelin）或杜鹃（le turga），在根茎的长度上有所差异：有的较长，有的较圆。但是不同的品种外观相似，其柔软甜美的味道也趋于一致。

时令

在秋天和整个冬天都可以在市场上找到欧防风。

采购

欧防风的块茎应结实而致密，有皱纹的表皮没有污损或擦伤。不要选择太大的欧防风，它们通常已经木质化。

生食还是熟食?

欧防风生熟皆可食用。可将欧防风磨碎单独食用，或加入沙拉中与胡萝卜搭配食用。可像胡萝卜一样蒸煮或炖烧。做成汤或蔬菜泥也很可口。烹饪时间大约为20分钟，煮软即可。

储存

用包装纸包裹的欧防风可在冰箱的蔬菜抽屉中存放约两周。

制备

切掉欧防风根部的末端，然后在欧防风根的顶部切出圆锥形。使用蔬菜削皮器去皮，根据您的食谱切成方块、圆片或切丁。

如果欧防风较大，应先将其纵向切成两半，取下中间的纤维部分。

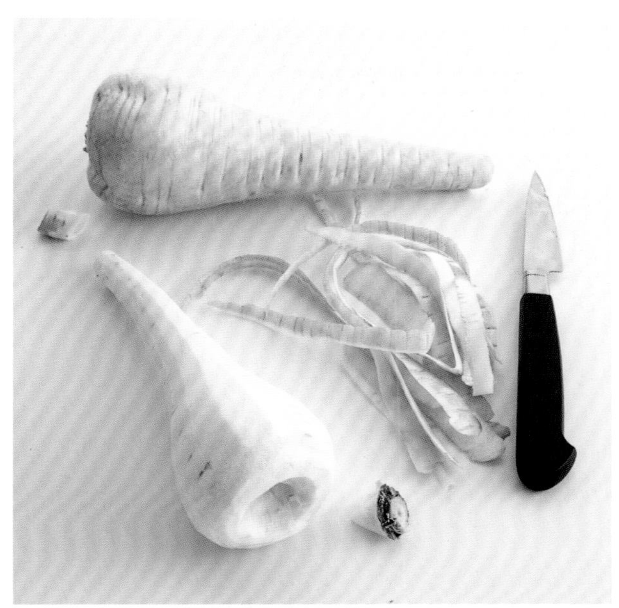

经典菜肴

爱尔兰土豆泥（LE COLCANNON IRLANDAIS）：土豆、卷心菜、洋葱和欧洲防风草制作的蔬菜泥

蜂蜜烤防风配意大利面

甜豆

甜豆是一种细腻又脆嫩的蔬菜，它的回归昭示着夏季的到来。像谷物和其他豆类一样，留存至今的甜豆已作为粮食作物被种植了几千年。由于路易十四对意大利美食的探索，摘回了未成熟的豆荚，才令干豌豆成为如今的甜豆。

品种

甜豆是豆科植物类植物，早熟的品种需要格外关注，它们的豆荚提供了柔软、甜而不粉的种子。这些甜豆被挑选出来，以适应土壤、气候和生产力，例如普罗旺斯甜豆（la douce Provence）或坎佩尔荣耀豆（la gloire de Quimper）。基本上，豆荚和豆粒此时仍是绿色的。注意要当心青紫色半生不熟的豆粒等。

时令

甜豆的上市期很短：根据原产地的差异，从5月延续至6月底。

采购

甜豆的豆荚为美丽均匀的绿色，光滑，没有斑点或脱水。最重要的是，豆粒饱满，排列整齐。采购时可要求现场剥开一个，以检查质量。

生食还是熟食？

传统上，甜豆是熟食的，但随着品种的演变，有些非常甜嫩的甜豆可以像糖果一样被生吃。蒸煮约5分钟可快速完成烹饪。检查口感：甜豆应保持柔嫩且略带脆性。离火后立即将它们浸入冰水中，以保留其美丽的绿色。

如制作蔬菜泥，则烹饪时间需要加倍。

储存

理想情况下，应在采购当天食用。甜豆中的碳水化合物会迅速转变为淀粉，使口感变老。请不要让甜豆在冰箱的蔬菜抽屉中存放两天以上。在烹饪前不要剥壳。

制备

在豆荚侧面的花柄处用拇指挤压豆荚，然后将豆粒沿着腹缝线剥下，将豆荚完全打开。取出豆粒。

经典菜肴

法式甜豆
什锦蔬菜

荷兰豆

荷兰豆在17世纪登上了路易十六的皇室餐桌，但这只是偶然为之。尽管意大利人在扩大法国蔬菜种类方面做出了许多贡献，但荷兰豆却是由法国驻荷兰大使推广开来的。而且，如果国王偏爱荷兰豆，其他人便开始效仿。经过选种，我们保留了精美的绿色豆荚，在成熟前采摘可以连同豆荚一起食用。荷兰豆之美味，会令人怀念起记忆中的美好时光！

品种

荷兰豆有早熟或晚熟的多个品种，具有令人回味的名字，如公羊角（corne de bélier）或小羊角（bamby），土壤性质会影响采摘时令及豆荚大小，但不会明显改变其外观。

时令

荷兰豆的采摘季从春季到初夏，主要取决于产地。

采购

荷兰豆的豆荚应是漂亮的绿色，均匀且有光泽。无污渍和干瘪迹象。露出一排小荷兰豆说明其状态良好。

生食还是熟食?

荷兰豆生熟皆可食用。将生荷兰豆荚切成薄片，可加入沙拉或冷汤、意大利面中，增加食物的脆嫩感。可以蒸煮约3分钟。品尝前注意：豆荚应该嫩而不软。烹饪后可将荷兰豆浸入冰水中，以保持其美丽的绿色。

储存

荷兰豆最好在采购当天食用。荷兰豆在冰箱的蔬菜抽屉中可存放一天，否则会变硬。

制备

用小刀切掉荷兰豆荚两端。如果豆荚边沿较硬，可用刀沿线切下。但首先当然应先确保荷兰豆的新鲜。

经典菜肴

洋葱土豆炖羊肉（LE NAVARIN D'AGNEAU）

葱

我们今天所见的韭葱历史并不悠久。韭葱的起源地有点模糊，埃及可能是韭葱的培植之地，韭葱的球茎被鼓励种植在覆盖有瓷砖的地面上，那时的韭葱较短。韭葱在中世纪开始变得非常流行，韭葱的茎部开始越来越长，并呈现由白至绿的渐变色。直至今日，韭葱仍是家庭主妇菜篮中不可或缺的一员。

品种

春季采摘的韭葱更细也更小，具有温和的甜味。而秋冬抵御寒冷的韭葱则更厚实。卡伦坦大葱（Le monstrueux de Carentan）能够体现这种由于季节引起的差异。

越来越多的细韭葱或迷你韭葱在成熟前被采摘。克雷昂斯韭葱（Le poireau de Créances）享有地理保护认证标识。

时令

韭葱一年四季均可供应。早熟的韭葱在春季上市，秋冬是上市高峰期。

采购

韭葱的茎干应结实且没有瘀伤，呈从白色到绿色的渐变色，叶片茂密。

生食还是熟食?

在传统烹饪中，韭葱总是熟食的。但也可以将韭葱白切成薄片，然后切成细丝，使沙拉更香脆。可将韭葱蒸煮约10分钟，直至变软。

在锅中加一点油，炒制约15分钟。

储存

韭葱可在冰箱的蔬菜抽屉中放置4至5天。可以切割韭葱的根部以利于存放。

制备

1

1 从根部切下1厘米，然后从叶片颜色最深处开始使用。最重要的是，不要将葱白部分扔掉。将韭葱洗净后，可将韭葱扎成束为炖煮菜肴调味。

2

2 去除外层葱叶，切掉葱白。将葱叶摊开，用大量水彻底清洗，以除去泥土残留物。晾干，然后进行处理：分段、切条或切丝。

经典菜肴

油醋葱汁

土豆韭葱汤

干酪葱锅

甜椒

甜椒原产于中美洲和南美洲，属于茄科。在欧洲，甜椒长期像番茄一样作为观赏植物栽培。甜椒由克里斯托弗·哥伦布（Christopher Columbus）带回，起初是辣椒，植物学家以使其成为略带辣味的可食用蔬菜。如今在各类菜肴中广泛使用的甜椒已经过了数百年的磨合期！

品种

甜椒有许多大小、长度和形状不同的品种。最普遍的是牛鼻状的，呈方形。甜椒最初是绿色或浅黄色。成熟后的甜椒根据品种而改变颜色：黄色、橙色、红色和紫色。

时令

甜椒是出色的阳光型蔬菜，根据产地，于6月至10月上市。

采购

选择果皮光滑有光泽的甜椒，梗部紧实，颜色鲜艳。避免果皮变软，质量轻，果皮有褶皱的甜椒。

生食还是熟食?

甜椒生熟皆可食用。

将甜椒丁加入沙拉，可使沙拉变得脆爽。也可与番茄一起制成离心蔬菜汁。在锅中加入橄榄油，煎炸约10分钟，制成肉、鱼或面食的配菜。蒸煮约10分钟，可制成甜椒泥。可以将其预先焯水5分钟使其变软，然后炖煮或制成酿馅放入再烤箱中。

制作烤甜椒：将甜椒放在非常热的烤箱中，直到果皮变成棕色。取出放凉。将它们轻轻地打开一半放在容器中以收集汁水。去籽。用手可以轻松去除表皮。洒上橄榄油和柠檬汁调味。

储存

甜椒可在冰箱的蔬菜抽屉中存放4至5天。

制备

切掉梗部。将甜椒切成两半。去除种子和白色的筋。果皮可保留也可用削皮器去除。

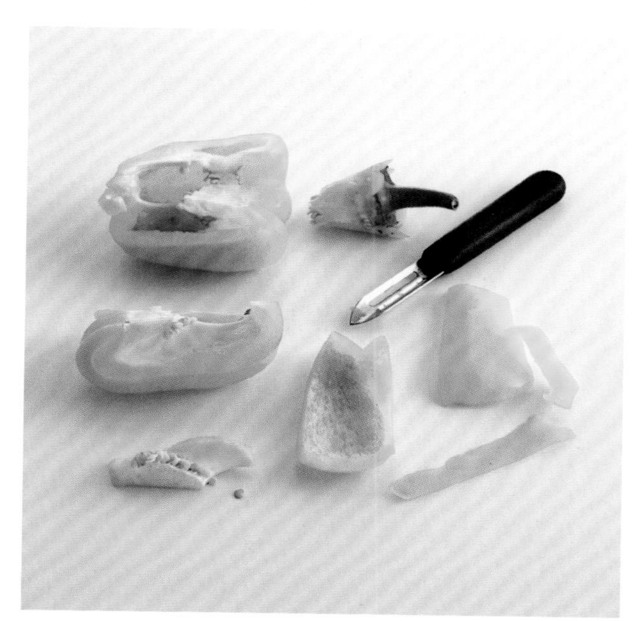

经典菜肴

番茄甜椒炒蛋（LA PIPERADE）
酿馅甜椒
巴斯克地区菜肴
什锦烩菜

辣椒

自辣椒从中美洲出发后，已成为名副其实的环球旅行者，像辣椒面一样撒遍各大洲，其形式及颜色最终定植在厨房中，根据其甜度或辣度作为调味品或蔬菜食用。为生活增添些热辣情趣是必不可少的！

品种

很难在辣椒属的茄科大家族中迷路，因为辣椒的形态和颜色差异很大，从一个国家或地区到另一个国家或地区的名字也令人印象深刻。简单地说，辣椒种子所产生的辣椒素是辣味的来源。辣椒的颜色深浅与辣味程度无关。最大的辣椒通常是最甜的，而最小的则从不辣、微辣到特辣！埃斯佩莱特辣椒（Le piment d'Espelette）享有原产地命名控制和原产地命名保护标识。

时令

辣椒是阳光型蔬菜，在7月至10月上市，具体时间取决于产地。

采购

辣椒表皮应光滑有光泽，梗部紧实。不要选择表皮褶皱的辣椒。

生食还是熟食?

生食：小心地取出种子，切成小丁，取少量装饰菜肴：汤、沙拉、意大利面、米饭、煎蔬菜。

熟食：蒸煮，制成泡菜或过筛后制成蔬菜泥。

储存

辣椒可在冰箱的蔬菜抽屉里存放一周。

制备

去掉辣椒的梗，然后切成两半。用小勺子除去种子和白色的筋。

然后进行细节处理。制备完成后，请洗净双手，以免刺激眼睛。

经典菜肴

泡菜

番茄辣椒炒蛋

北非小米饭

土豆

土豆是贴近日常生活的食材，许多传统菜肴和地方美食都证明了这一点，以致我们很难相信它在成为主角前历经了几个世纪的漫长演化。土豆起源于南美，现已成为流行全球的蔬菜：是的，我们在世界各地都可以享用它，薯条或薯片更是随处可见！

品种

土豆可根据其质地分类。

质地偏粉：可用于炸薯条、做汤或丸子。

质地坚硬：更耐煮，适宜蒸制或煎炸。

质地软糯：适宜放入砂锅中以吸收风味。

甘薯：是另一个植物属种，食用其块茎。白色或橙色的果肉很甜，非常适合焗烤或制成甘薯泥。

市场上可见一百多个品种的土豆，其中20个品种占主导地位：有黄色、棕色、粉红色或紫色，大小不一，从最小的小土豆（grenaille）到大个儿的宾杰土豆（bintje）。许多品种享有地理产地保护标识、红标认证和原产地命名控制标识。新鲜上市的土豆与经过贮藏的土豆不同。新鲜上市的土豆在成熟前收获，使其具有柔软的果肉和细腻的果皮。因此不必去皮。后者为适应贮藏，拥有厚实的果皮和富含淀粉的果肉。

时令

新鲜土豆在4月至8月的上市，具体取决于产地和品种。经储藏的土豆在秋季收获，并可在一年中的大部分时间出售。但是冬天收获的土豆最好。

采购

新鲜的土豆必须质地紧实，颜色均匀且形状饱满。没有发芽迹象，也没有黑色或绿色的斑点。建议从蔬果店少量购买。

生食还是熟食？

土豆总是熟食的。适宜所有烹饪方法。烹饪时间由品种、大小、切割方式等决定。食材变软是判断土豆变熟的主要方法。

煮土豆：先加入盐水，然后用中火加热至沸腾，使其完全煮熟而不会破裂。也可进行蒸、烤、炸、煮、炖、焗、烤……为保证均匀烹饪，请切成等大的块或条。

储存

新鲜的土豆：可存放在冰箱的蔬菜抽屉中3天。

贮藏的土豆：在阴凉干燥处避光保存数周。如没有放在冰箱中，不要放置超过10天。

制备

1

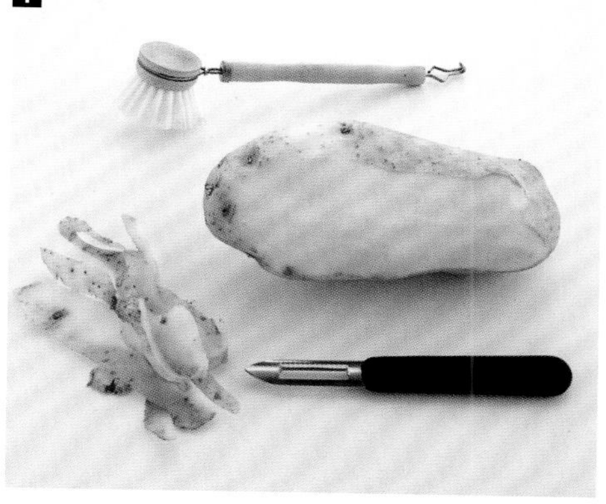

1 如果土豆表面有泥土，需要刷净。用削皮器去除果皮。快速清洗，然后在烹饪之前彻底晾干，根据食谱切成条状或立方块。新鲜土豆则只需刷净即可。

2

2 如果制备完成后不立即烹饪，请将其放入冷水中以避免氧化。

经典菜肴

土豆泥焗牛肉碎（LE HACHIS PARMENTIER）

法式奶油千层派（LE GRATIN DAUPHINOIS）

意式团子（LE GNOCCHI）

萝卜

法国谚语“连一个萝卜都没有”（译者注：法语中“连一个萝卜都没有”意为“身无分文”）证明了这种植物作为蔬菜的悠久地位，同时也证明了它对于人类的营养价值。萝卜的起源地尚不清楚，可能来自于美索不达米亚地区，但萝卜的外形与产地已发生了很大变化。毫无疑问的是，欧洲萝卜是罗马人引入的，并通过几个世纪的培育成为萝卜。长期以来，萝卜的颜色一直局限于春季的粉红色和冬季的黑色，如今，萝卜拥有着多变的外观和绚丽的色彩。

品种

萝卜的形状、颜色、味道和用途各异，难以枚举。为简化起见，我们将萝卜分为三大类：

又大又长的，如黑萝卜（le radis noir,）或白萝卜（le daïkon）；

大个球状的，如红心萝卜（le read meat）；

成捆的小萝卜：粉红色、白色的球形或长条萝卜。

时令

整个春季和夏季都是小萝卜上市的季节。而较大的长萝卜和球形萝卜是出色的冬季蔬菜。

采购

小萝卜应捆绑紧固，无斑点，萝卜缨呈鲜艳的绿色。冬季的萝卜应质地密实，没有污损。

生食还是熟食?

传统上认为萝卜应生食。小萝卜可搭配酱汁，以体现其脆爽的口感。而冬季的萝卜应切碎后洒上橄榄油，或切成薄片用于沙拉或三明治。受亚洲美食的影响，出现了新的、更甜的萝卜品种，我们也探索着用盐水腌制、用锅炒或炸烹饪方法。

萝卜缨很适宜做汤，不要把它们扔掉!

储存

小萝卜最好在采购当天食用。否则，可将其在冰箱中存放24小时。冬季萝卜可在冰箱的蔬菜抽屉里存放4至5天，湿度会很快使萝卜变软。

制备

1 小萝卜：将根和顶部切掉，保留约3厘米。用小刀刮净顶部。洗净，然后晾干。

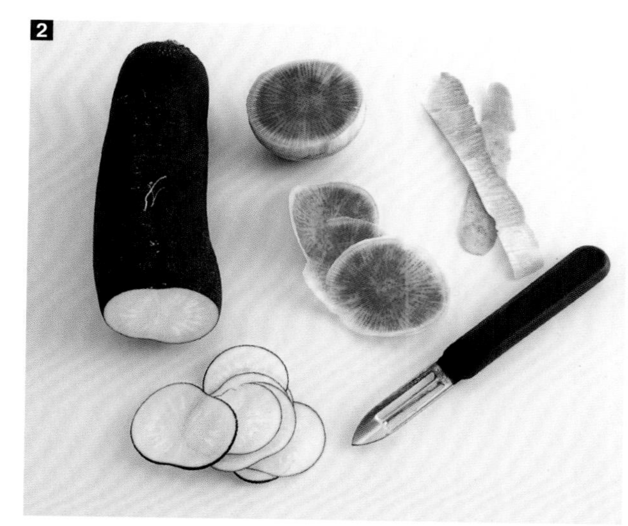

2 洗净黑萝卜，然后用切片器将萝卜切成薄片。

经典菜肴

黄油萝卜

萝卜泡菜

萝卜缨浓汤

芜菁甘蓝

卷心菜家族拥有宽广的胸怀，囊括着形态和口味各异的蔬菜。这些蔬菜有的食用叶子，有的食用花朵，而芜菁甘蓝的可食用部位是根部。芜菁甘蓝曾长期用作牲畜饲料，后经过菜农筛选，成为如今果肉略黄形似芜菁的样子。芜菁甘蓝在第二次世界大战期间被广泛食用，但此后一直被人们所忽略。如今，它正在市场上耐心等待再次登场。

品种

芜菁甘蓝常与芜菁混淆，最常见的品种是汤姆森芜菁甘蓝（le Thomson），顶部为淡紫色，而后向淡绿色和淡黄色。其他品种的甘蓝则呈现不同的颜色，拥有白色或黄色的果肉。

时令

芜菁甘蓝的采摘季从秋初至初霜，菜农了解如何将其储存，直至春季上市。

采购

用手触摸，芜菁甘蓝应坚硬密实，无污损。芜菁甘蓝气味越香，味道越辣。

生食还是熟食?

芜菁甘蓝生熟皆可食用。可用切片器切片或擦丝生食。煮一小时，或像萝卜一样蒸、炖，直至变软。芜菁甘蓝的苦味需要处理，可在盐水中加少许糖将其煮熟，或用枫糖浆使之焦糖化。可以放在汤或制成蔬菜泥，炸成蔬菜条也是不错的选择。

储存

芜菁甘蓝可存放在冰箱的蔬菜抽屉中约一周。放置太久，会使芜菁甘蓝变软。

制备

1

1 用刀切开芜菁甘蓝的顶部和根部。

2

2 使用蔬菜削皮器去皮。根据需要将其切条、切块或切丁。

经典菜肴

芜菁甘蓝适宜加入所有冬季炖煮类菜肴

火锅或北非小米饭

做汤、烙菜或制成蔬菜泥

沙拉菜

“无论蔬菜是什么品种，都被命名为沙拉”。蒙田（Montaigne）已经认识到用“沙拉”（salade）来同时命名菜肴和原材料的混乱状况。漂亮的绿色沙拉菜植物品种很多，一年四季出现在我们的餐桌上。我们今天将其作为开胃菜食用，但由于文化和时代的不同，情况并非一直如此。有趣的是，沙拉菜如今成为必须在全年新鲜享用的蔬菜。

品种

生菜是叶用莴苣。沙拉菜涉及数百个品种：野苣、马齿苋、罗马生菜、荷兰莴苣、菊苣、皱叶菊苣……

时令

沙拉菜全年有售，但有特定季节的品种。野生品种如蒲公英、野苣、皱叶菊苣、水田芹等，可以抵御严寒的冬季。而在春天，则可在市场上看到菜苗和莴苣。

采购

可以通过叶子的状态和颜色来判断沙拉菜的新鲜程度：叶片鲜嫩无枯萎迹象。切口清晰而湿润。

生食还是熟食?

沙拉菜生熟皆可食用。

生食：通常用香醋调味，也适合制作三明治、春卷和寿司。

熟食：可制作经典的法式生菜烧荷兰豆。

储存

沙拉菜不易保存，必须在购买后2至3天内食用。为保持湿度，可用包装纸包裹沙拉菜，存放在冰箱的蔬菜抽屉中。

制备

1

1 市场上的沙拉菜种类繁多。它们均需要水中清洗两次，然后用干净的布轻轻擦干。

2

2 切下沙拉菜的根部，剥下叶子。

3

3 用刀切掉大叶片上的菜梗。在水中快速洗冲洗两次，晾干。

经典菜肴

牛排配菜

朗德沙拉、佩里戈尔沙拉

蒜叶婆罗门参

这种不受欢迎的根菜几乎从我们的饮食中消失了，直到它开始被其他人食用。实际上，市场上常出售的是黑婆罗门参（la scorsonère），这是一种被西班牙人栽培并命名的野生植物，被视为蛇毒的解毒剂。与此同时，来自意大利的婆罗门参几乎不再被种植。但是，被遗忘的蔬菜并没有放弃归来，我们还能感受到来自路易十四花园的热情，他将蒜叶婆罗门参奉为愉悦味蕾和曼妙身材之源！

品种

蒜叶婆罗门参被栽培的品种很少，我们比较熟悉的品种茎部细长，由黑色表皮包裹着白色的肉。

时令

蒜叶婆罗门参从秋天开始收获，具体时间取决于其产地，但收获旺季是冬天。

采购

蒜叶婆罗门参的茎部应密实坚硬。

生食还是熟食?

蒜叶婆罗门参是熟食的。煮制约40分钟，直至变软，也可以蒸或炸。

储存

蒜叶婆罗门参可在冰箱的蔬菜抽屉中存放4至5天。

制备

切开蒜叶婆罗门参的末端，然后根据其长度将其切成两或三段。这将便于使用蔬菜削皮器去皮。立即将其放入柠檬水中以避免氧化。

如果是有机食品，请仔细刷净后切成条状，可炸成蔬菜条。为便于去皮，防止手变黑，可预先将其在冷水中浸泡1小时，或在去皮前煮熟。

经典菜肴

法式甜甜圈

甜苦掺半的蒜叶婆罗门参冰激凌

番茄

番茄遍布全球！番茄既是水果，也是蔬菜。它原产于南美洲，作为欧洲花园中的观赏植物隐居了几个世纪，终于摆脱了其邪恶茄科家族的地位。自此它广受追捧，在世界各地一年四季的各种美食中都能看到它。但是分布普遍并不意味着形态统一。番茄的品种一直在增加。

品种

番茄的品种很难一一列举，新旧番茄品种竞相在摊位上亮相。

圆的、细长的、樱桃状的、带棱的、成簇的……番茄颜色各异：红色、橙色、黄色、紫色、黑色，从菠萝番茄的渐变橙色，到绿番茄的斑马纹，这些番茄有其独特的味道。

时令

番茄是阳光型蔬菜，根据其原产地的差异，采摘季从7月至10月。

采购

优质的番茄在手指按压下富有弹性，不应过软或过硬。果皮具有美丽的光泽和细腻的颜色，没有污损。

生食还是熟食?

番茄生熟皆可食用。可用于制作生沙拉，生牛肉片，果汁等。

煮熟后的番茄可制作酱料、调味料，也可作为酿馅放入烤箱等。

在锅中用橄榄油煎2至3分钟可将番茄快速烹熟，但也可以长时间在酱汁中炖煮。

储存

在室温下，番茄可存放3至4天，存储时长取决于番茄的成熟度。请勿放在冰箱中。

制备

将番茄清洗干净。去掉梗部，将其切成两半。除去中心部分和种子。根据您的需要进行处理：切瓣、切丁或切片。

如需将番茄去皮，可在其底部切十字形切开并将其放在开水中煮30秒。取出后立即将其浸入冰水中，用刀剥去果皮。

经典菜肴

酿馅番茄

马苏里拉奶酪配番茄

菊芋

菊芋一直受到法国人的青睐。当它在文艺复兴时期登陆加拿大时，被视为一种奇特的植物。菊芋的口感极佳，导致其拥有多个不同的名字，如耶路撒冷百合或加拿大松露！菊芋成为了皇室餐桌上的重要嘉宾，在狂热褪去后，它变得平凡而普通，沦为了穷人的食物并很快被随即到来的土豆所取代！如果说第二次世界大战的短缺重启了菊芋的种植，那么在重拾遗忘蔬菜的风潮下，菊芋将会再次释放其异国风情！

品种

菊芋有多个品种，有大有小，或长或短，颜色有红棕色、粉红色或紫色。新品种的菊芋旨在提供去皮简单、无结节的块茎。

时令

菊芋不怕寒冷，冬天可以留在地下。收获季从9月至次年3月。

采购

不要对菊芋凹凸不平外表失望，这是它的天性！唯一的质量判断标准是它的硬度和密度。

生食还是熟食?

生食：磨碎或用切片器切碎后洒上橄榄油。

熟食：菊芋可蒸煮，整片或成块炖汤，也可制成蔬菜泥。菊芋切片用铁锅炒或炖也十分美味。

储存

菊芋可在冰箱的蔬菜抽屉里存放3天左右。

制备

如果菊芋表面有结块，请用刀将其剥离。如果菊芋表面较光滑，请使用蔬菜削皮器去皮。去皮后将其浸入柠檬冰水中，因为它会很快氧化。也可以选择不去皮，先在水下彻底刷一下，然后切成细条。

经典菜肴

松露菊芋酱

菊芋浓汤或炸菊芋脆片

基本技巧

切丁技巧

1 切丁（brunoise）是指将蔬菜切成2毫米见方的小方块。这是基本切割技术之一，需要掌握技巧和规律。

2 适合切丁蔬菜很多，如胡萝卜、萝卜、洋葱、鳄梨、番茄、芹菜、青椒……这种制备方式保留了蔬菜的爽脆和颜色，适宜许多菜品的制备，如馅料、酱汁、汤品等。

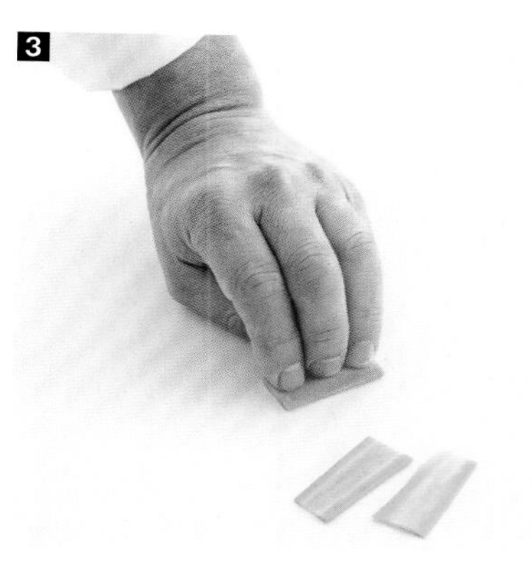

3 将胡萝卜削皮后，切成2毫米的薄片，可通过切片器进行制作。

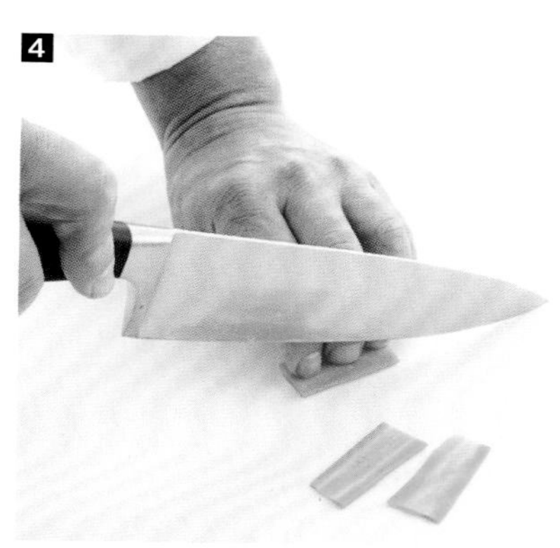

4 将手指放在薄片上，第二指节与案板垂直。他们将保护您免受刀片伤害。

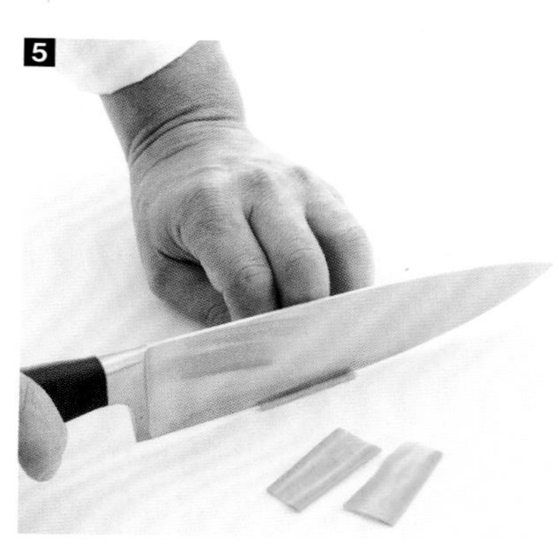

5 将刀片轻轻贴住第二指节，前后划动，随着刀片在胡萝卜片上切条。

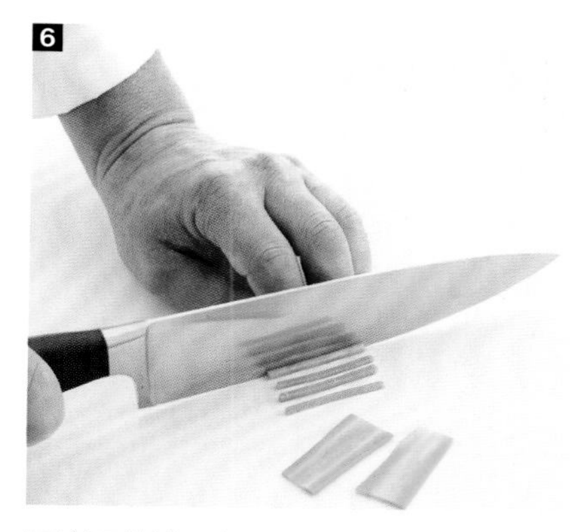

6 就可以得到细胡萝卜条。

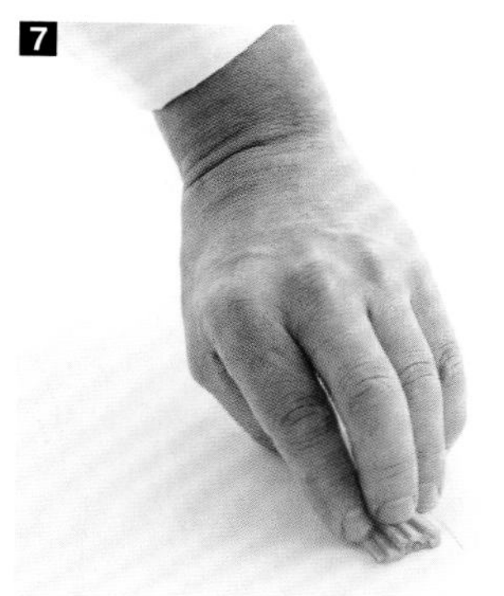

7 将手指放在胡萝卜条上，第二指节始终保持垂直。

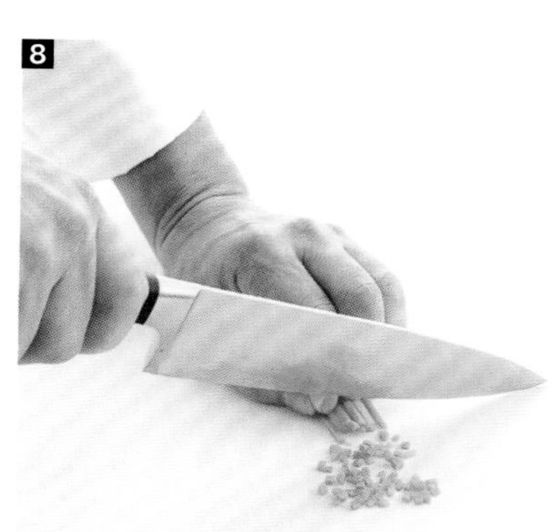

8 继续切出胡萝卜丁。

切丝技巧

1 将葱切成5厘米长的段。

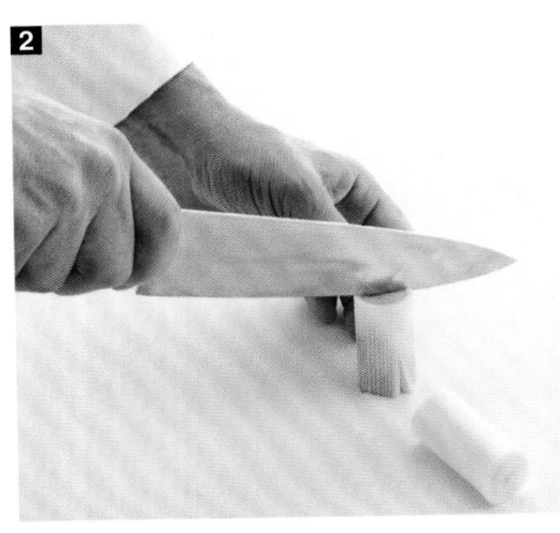

2 将每一节葱段切成两半。

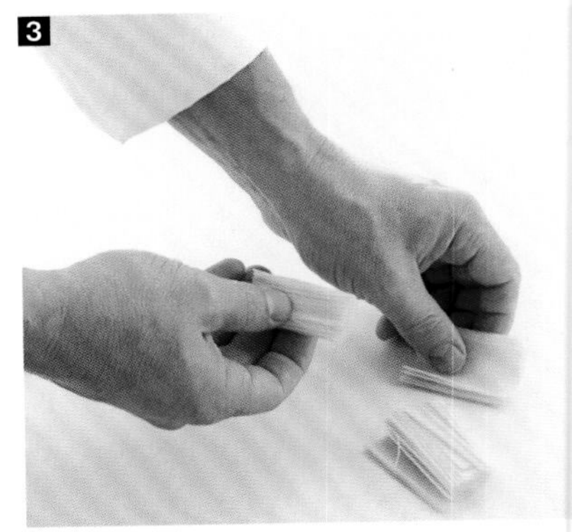

3 将两半葱段叠放。

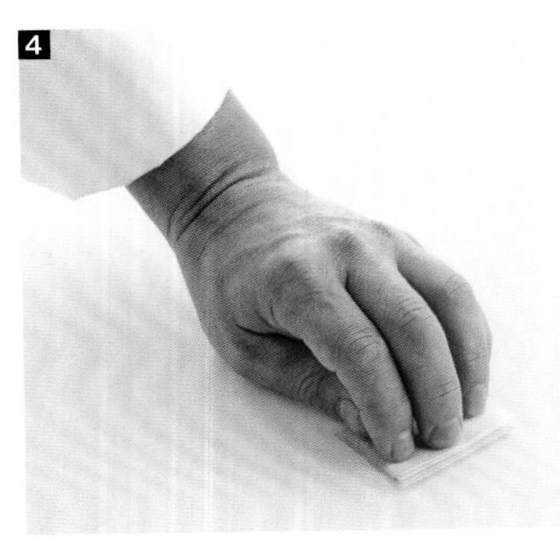

4 将手放在葱段上，第二指节垂直于案板。这将保护您免受刀片伤害。

5 将刀片轻轻贴住第二指节，前后移动，随着刀片在葱段上切条。

6 切丝即为切成较薄的条。许多蔬菜都适宜切丝，如豆角、胡萝卜、萝卜……只要掌握规律，有点耐心就能成功。要由慢至快，逐步进行。

制备胡椒洋蓟

1 将茎切开约5厘米。

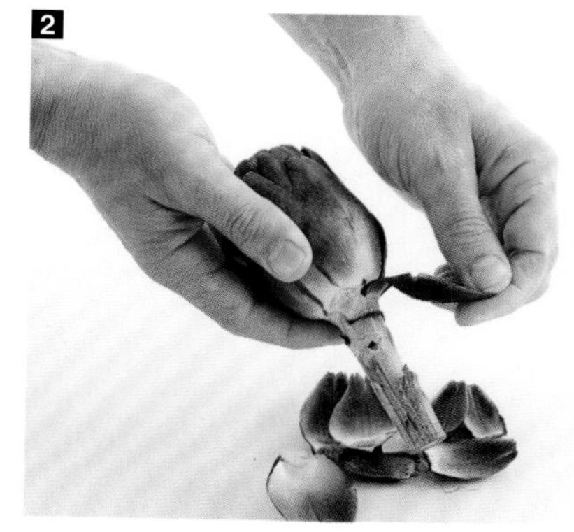

2 取下外层的叶子。

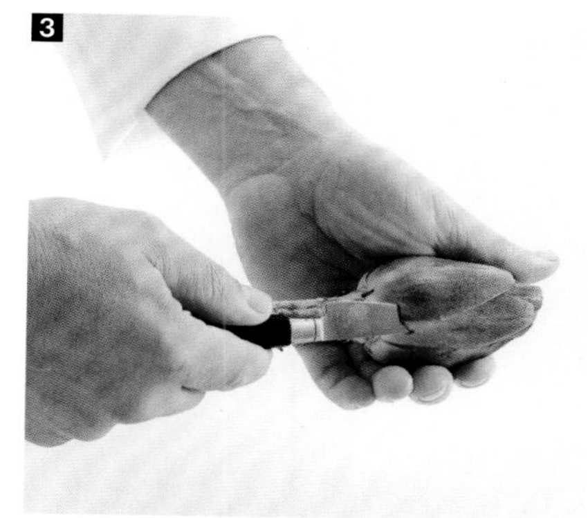

3 用一把小刀切到洋蓟的中心。

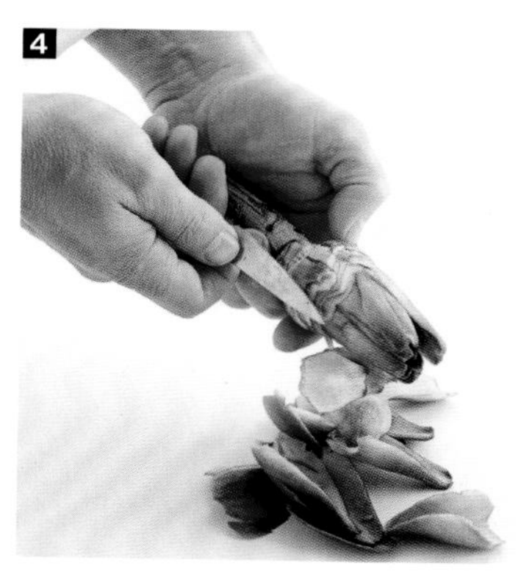

4 用一只手旋转洋蓟，另一只手切开围绕洋蓟心的叶片末端。

5 切完一整圈。

6 切掉洋蓟顶部。

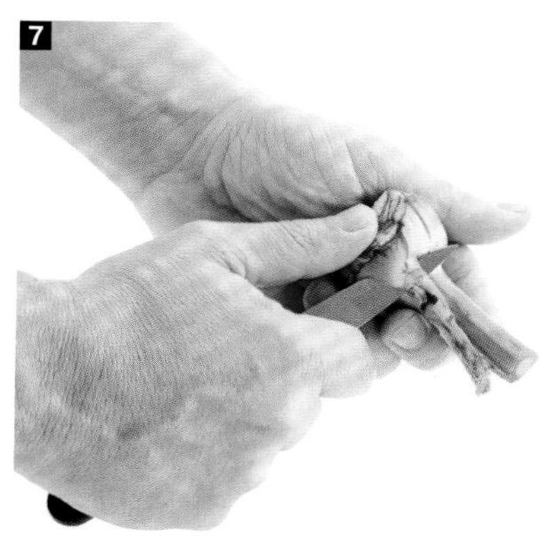

7 用刀切掉茎干至洋蓟心的外层。在整个洋蓟上重复此动作。

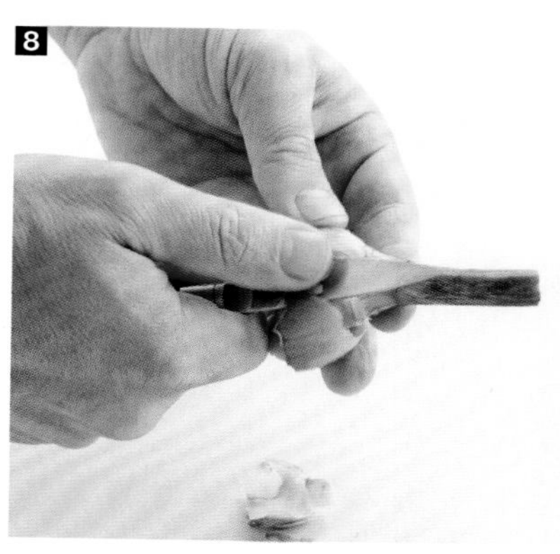

8 沿洋蓟心的形状切掉最后一层。

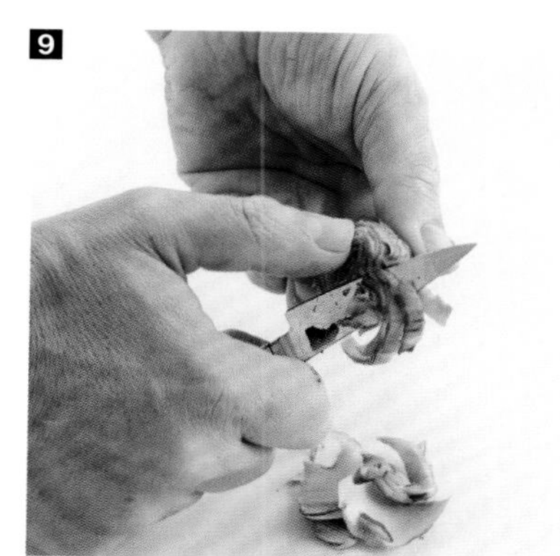

9 用刀尖修整。

10

11

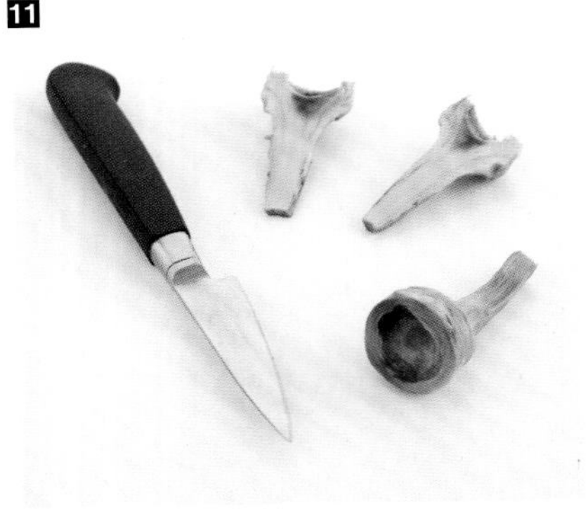

10 将洋蓟尽快浸入柠檬水中，以避免氧化。

11 晾干，然后将胡椒洋蓟切成两半，进行烹饪。

12

12 如制作经典的肉馅洋蓟，请在橄榄油中将洋蓟、香料、肉丁、胡萝卜丁和番茄丁一起煎炒。用白葡萄酒上色。加入少许番茄泥，加水直至没过食材。炖煮，直到洋蓟变软。

制备球形洋蓟

1

1 用一只手握住洋蓟柄，另一只手将洋蓟头部靠在工作台边缘。

2

2 取下外沿的叶片。将洋蓟放在冷盐水中。煮沸后，继续用小火煮25分钟。令洋蓟在盐水中冷却。

3

3 沥干水，剥下洋蓟的叶片。将叶片靠近中心的根部蘸上您喜好的酱汁：油醋汁、蛋黄酱……品尝叶片根部的肉质部分。

4

4 取下洋蓟草帽状的中心部分，去掉绒毛。

5

5 用小汤匙去掉绒毛。

6

6 用小刀削到中心部分根部的绒毛。洋蓟中心部分的底部造型极佳，品尝时可搭配荷兰酱、荷包蛋、肉馅或鱼馅。

制作薯条

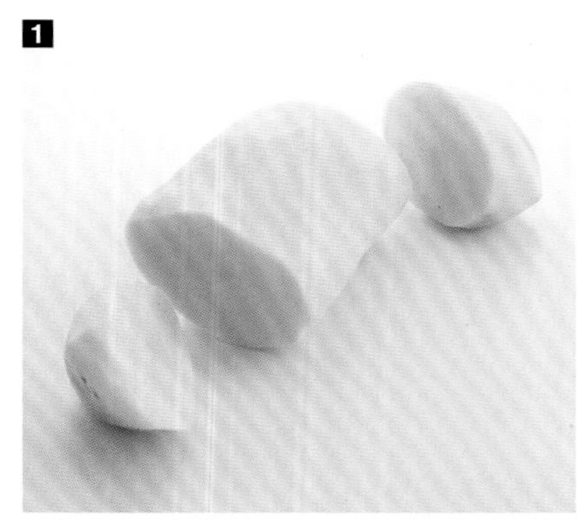

1 土豆的品质对于炸薯条的成功至关重要。最好是一个肉质呈粉状大个宾杰（bintje），它在煮熟后不会吸收太多油脂。将土豆削皮，然后切掉两端。

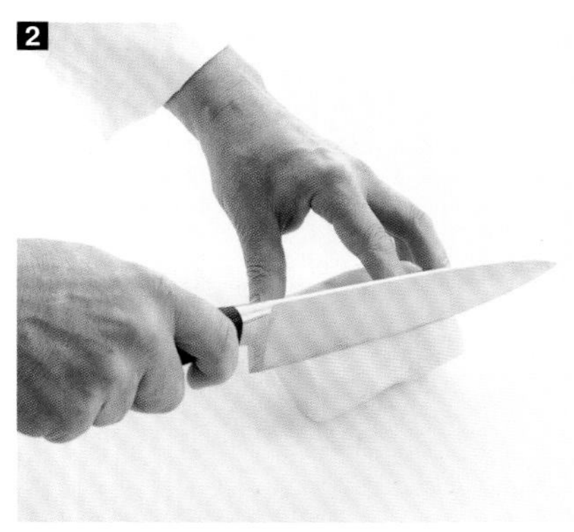

2 将土豆切成段。

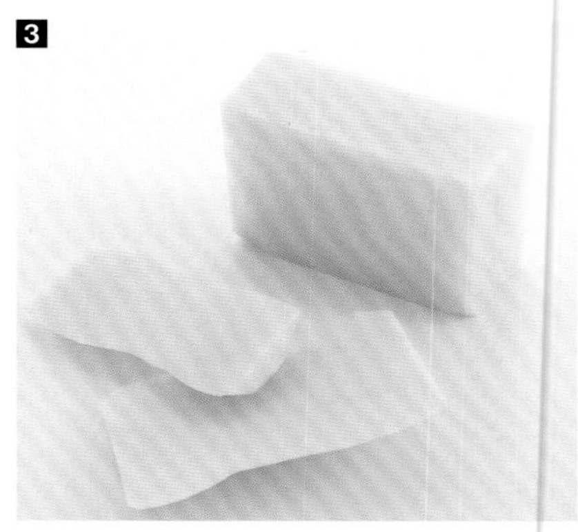

3 保留切下的土豆碎，将其加入汤中。

4 切成5毫米厚的片。

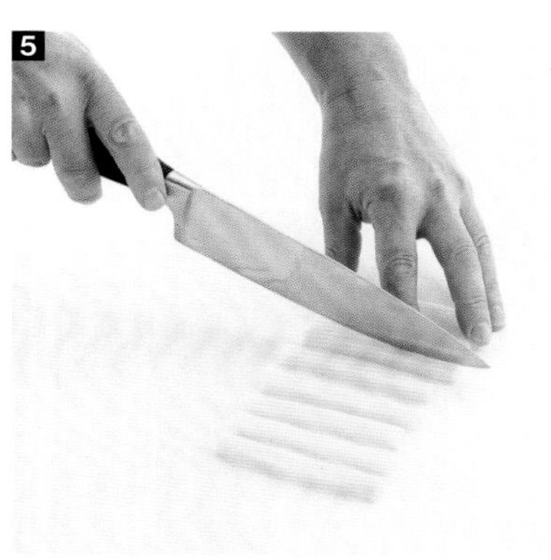

5 切成5毫米粗的薯条。尺寸尽可能均匀，以便完美烹饪。

6 将薯条浸入冷水中，捞出沥干水分，然后用干净的布彻底擦干。这样可以防止烹饪过程中溅油。

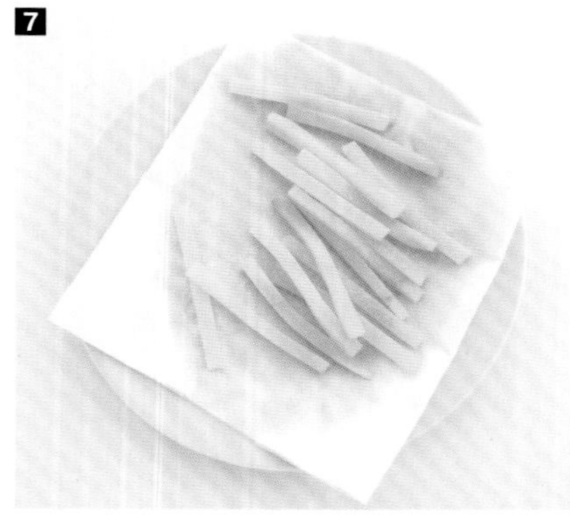

7 将油（花生油、菜籽油、鸭油、牛油或其他食用油）加热至140℃，将薯条放入油中炸4~5分钟，直至薯条变白。捞出放在纸巾上沥干油。

8 将煎锅加热至180℃。再次放入炸薯条，直到它们变成金黄色。每次制作少量，以免油脂冷却，且防止薯条结块。将薯条在纸巾上沥干，立即加盐和调味料。

制作炸蔬菜片

1 许多蔬菜都适合切片油炸，如甜菜、甘薯、胡萝卜、欧洲防风、芹菜等，例如炸婆罗门参片：将婆罗门参洗净，然后用切片器或削皮器将其切成约1毫米厚的细条。

2 将细条浸入170℃的煎锅中炸1~2分钟。将蔬菜脆片捞出放在纸巾上沥干。立即撒盐和调味料，享用脆片。因为环境空气的湿度会令蔬菜片逐渐失去酥脆感。将不同口味和颜色的蔬菜脆片混合搭配，可作为开胃菜或配菜。

制作蔬菜泥

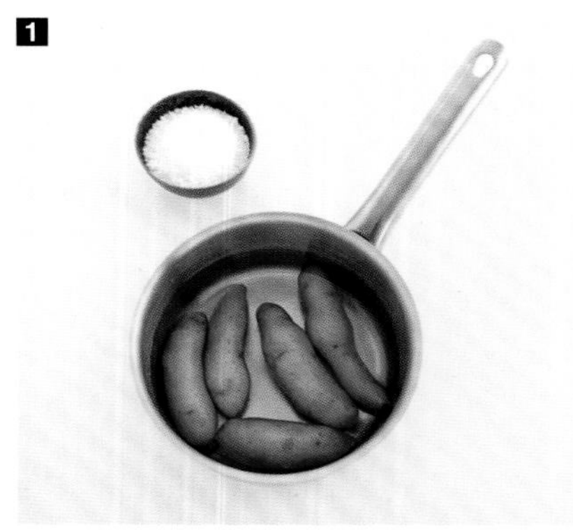

1 绿豆、胡萝卜、豌豆、芜菁等许多蔬菜都适合制作蔬菜泥。只需将它们在盐水中煮熟，然后与少许油脂混合即可：黄油、奶油、牛奶、橄榄油等，但是此原理不适用于土豆。

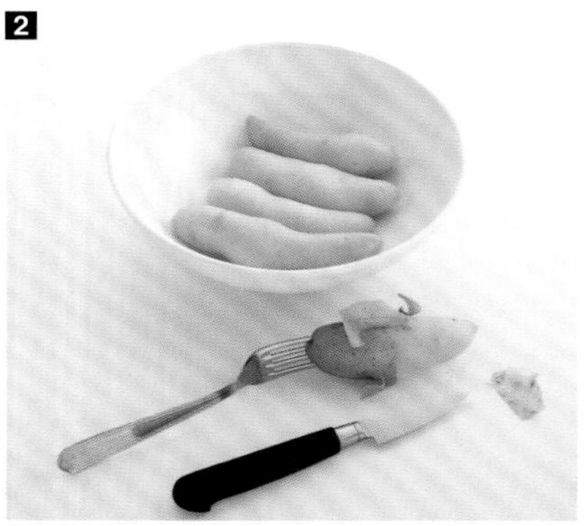

2 将煮熟后未变凉的土豆放在盐水中去皮。这样会更容易去皮。将它们放在碗中。

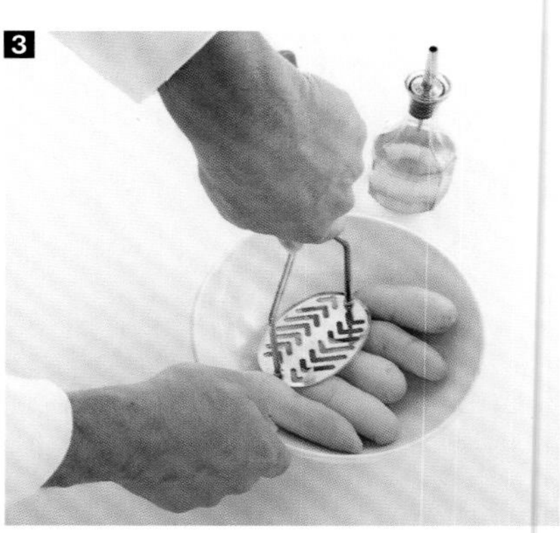

3 使用捣碎器将土豆一个个地捣碎。

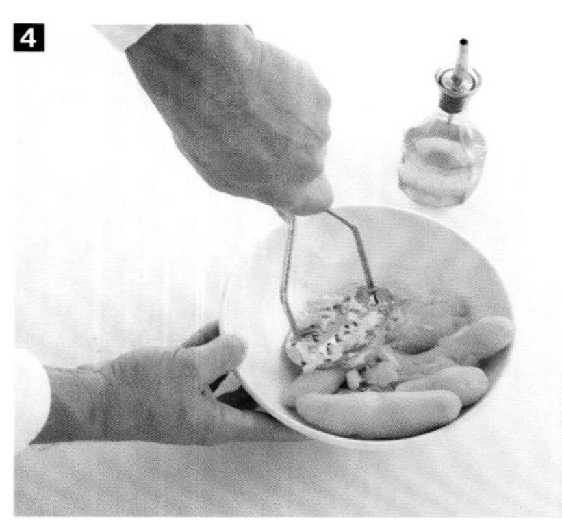

4 加入橄榄油或您偏爱的油脂，并始终使用捣碎器，直到获得所需的稠度为止。

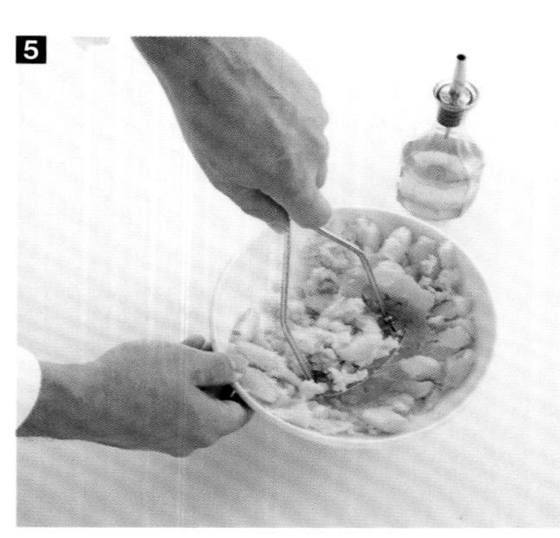

5 通过捣碎器的锯齿，可以将土豆压碎过筛。

6 捣碎器是必备的工具。不要使用食品搅拌器，否则可能会黏在一起：也就是说，变得黏稠且有弹性。

制作切槽

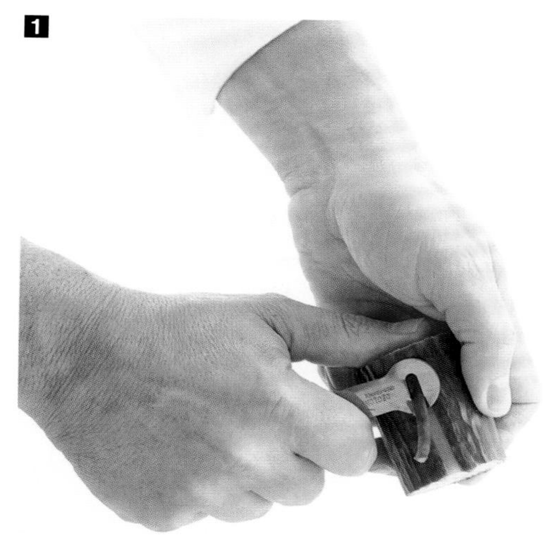

1 将黄瓜洗净并切成段。使用柠檬削皮器沿着黄瓜的果皮制作切槽。

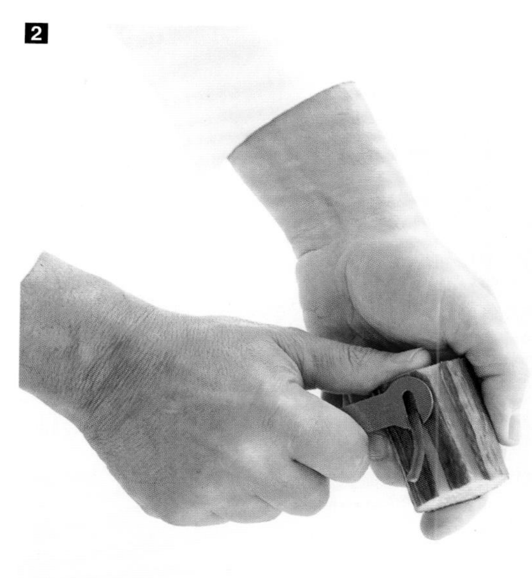

2 移动几毫米，重复此操作，在整个表面上进行此操作。

3 可以在许多果肉坚硬的蔬菜上切出凹槽，如胡萝卜、欧洲防风、萝卜、长萝卜……仅需去皮即可。

4 用水果刀将切片切成环形。切槽可为汤品及沙拉增添装饰感。

制作萝卜花

■1 洗净萝卜，去掉萝卜的顶部和根部。

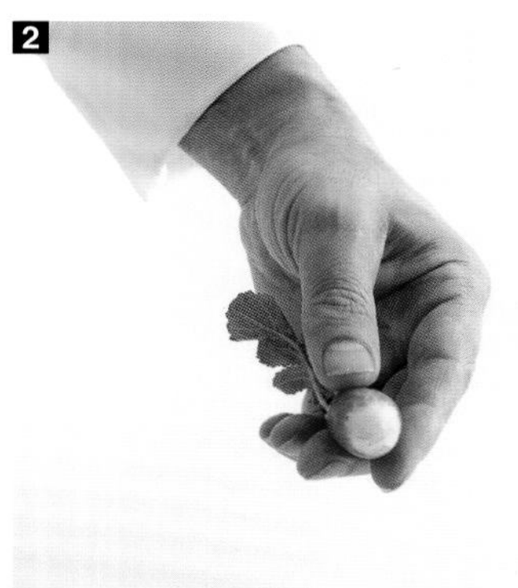

■2 用拇指和食指捏住萝卜。

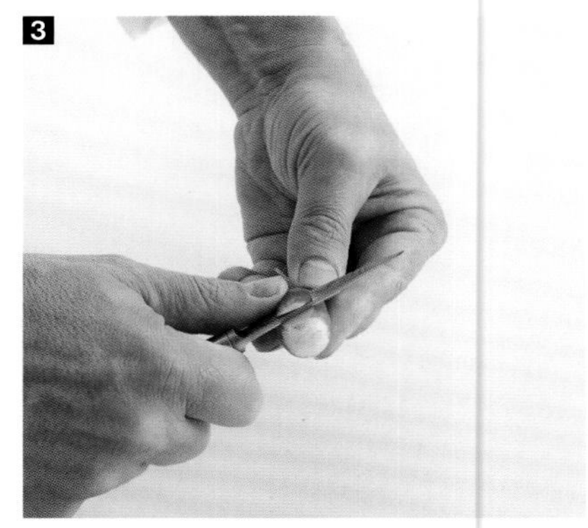

■3 使用削皮刀从萝卜根部到顶部切口。

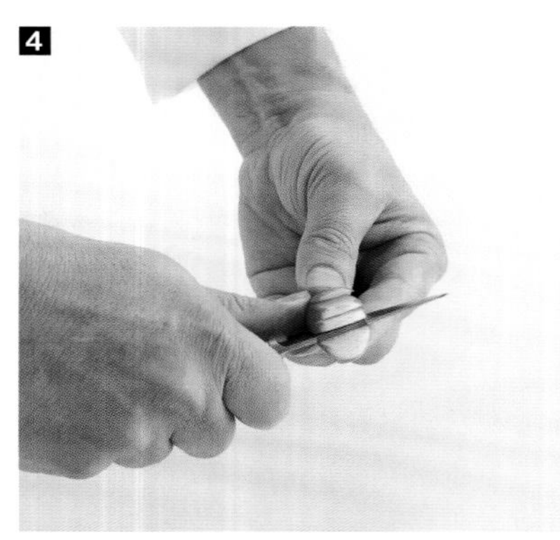

■4 移动2毫米，重复此操作。

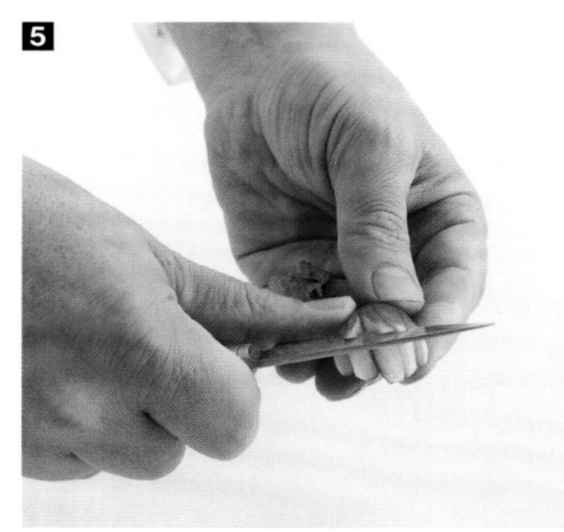

■5 旋转萝卜，然后以直角切开。

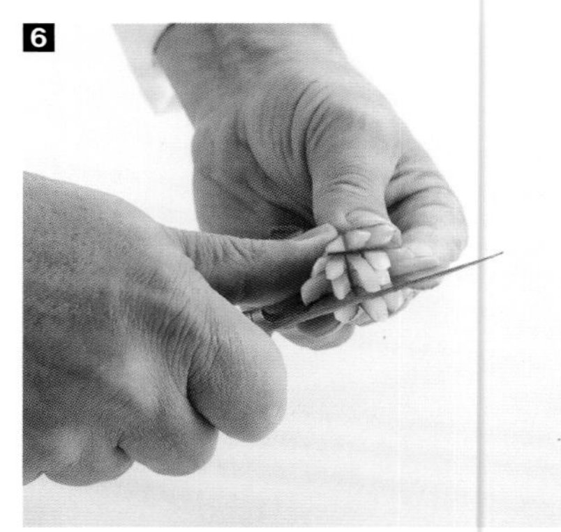

■6 整个萝卜继续此操作。

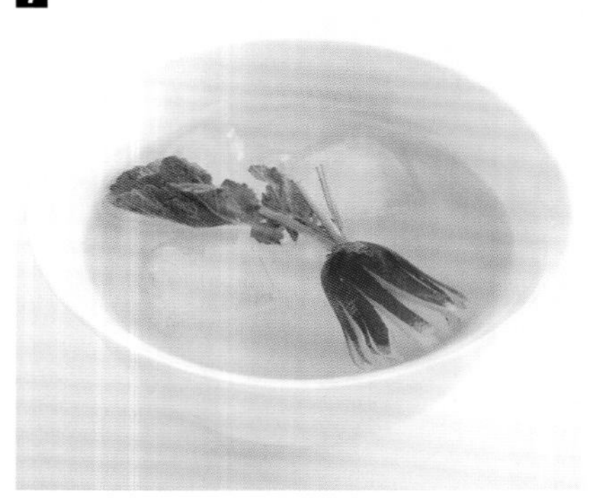

■7 将切好的萝卜泡入冰水中，使其绽放。

■8 可以将长萝卜、球形萝卜、红萝卜和白萝卜进行搭配。

制作番茄花

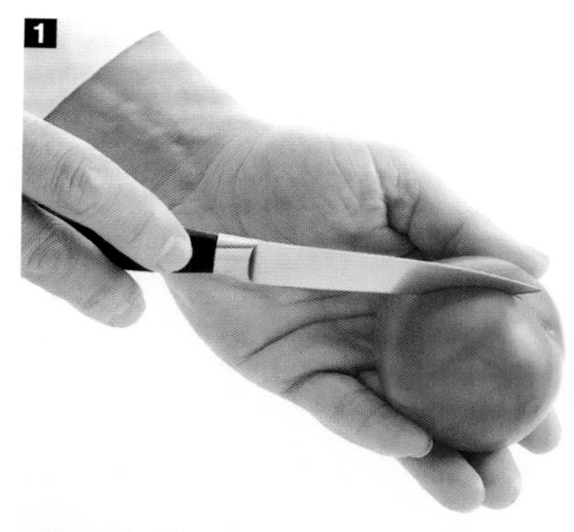

1 用手拿番茄，并用削皮刀从距花梗1厘米的底部切一个切口。

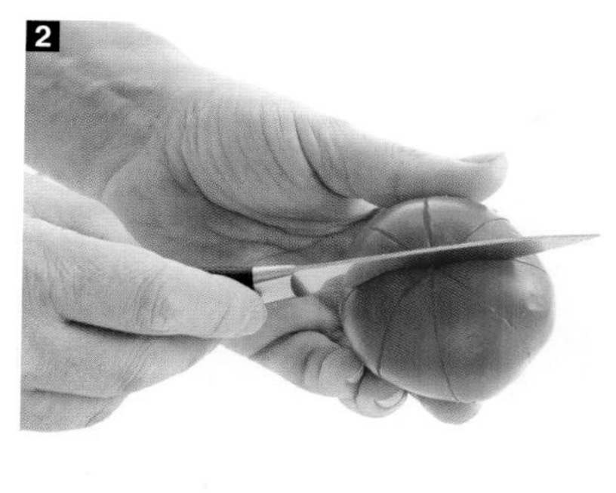

2 重复此动作，切成八瓣。

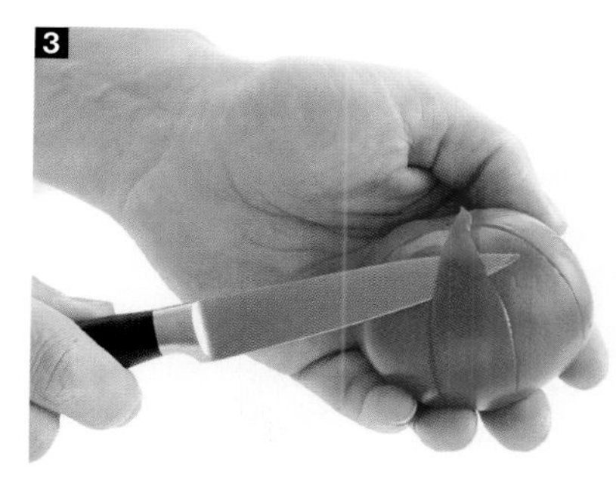

3 去掉果皮。

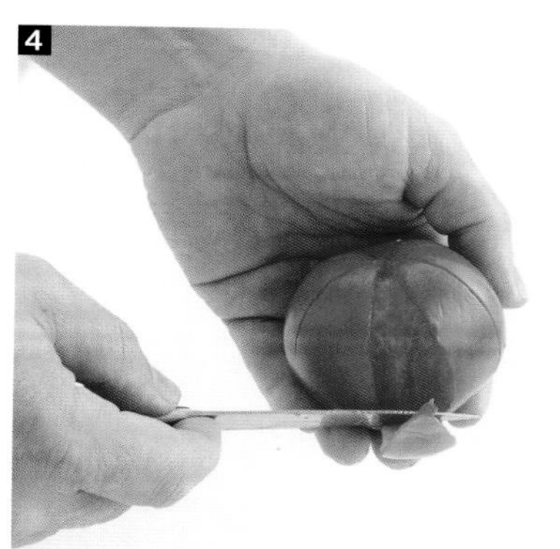

4 至此，做出第一片花瓣。

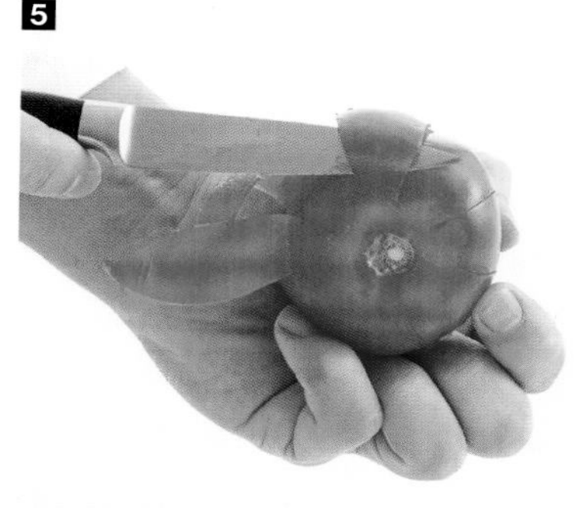

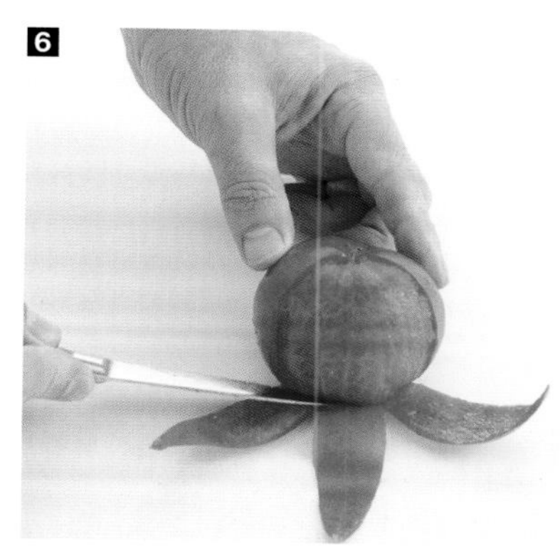

5 6 在番茄的整个表面上重复此操作。

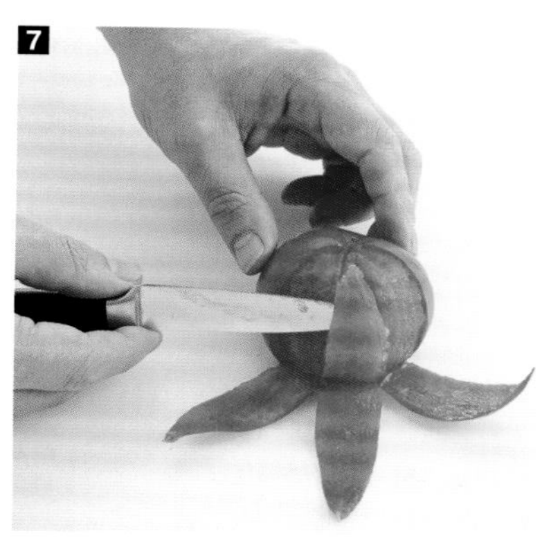

7 剥开外层果肉。

8 直到花朵完全打开。

制作蔬菜捆

① 土豆捆

1

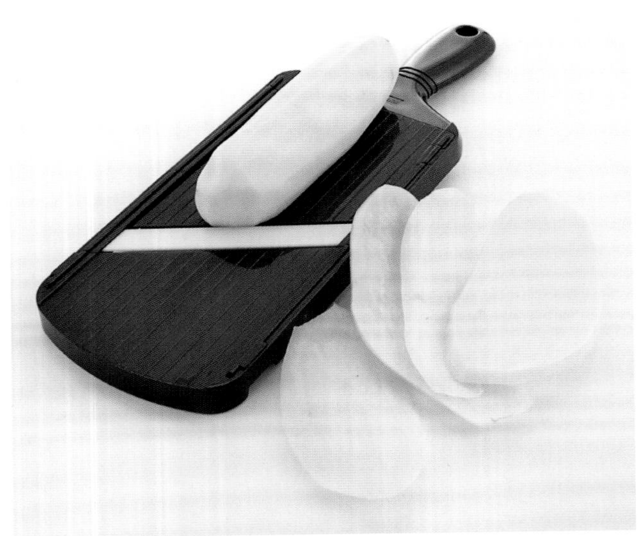

1 将土豆去皮，然后用切片器切片。请选择肉质坚硬、淀粉含量丰富的品种，例如阿芒迪娜（l'amandine）、夏洛特（la charlotte）、丰特奈之美（la belle de Fontenay）或BF15。您也可以将甘薯、胡萝卜沾上玉米淀粉使用。

2

2 切成细条。立即将薯条泡入冷水中以避免其氧化。捞出沥干水分并彻底晾干。

3

3 将薯条聚拢成小堆，并用厨用绳扎成一捆。

4

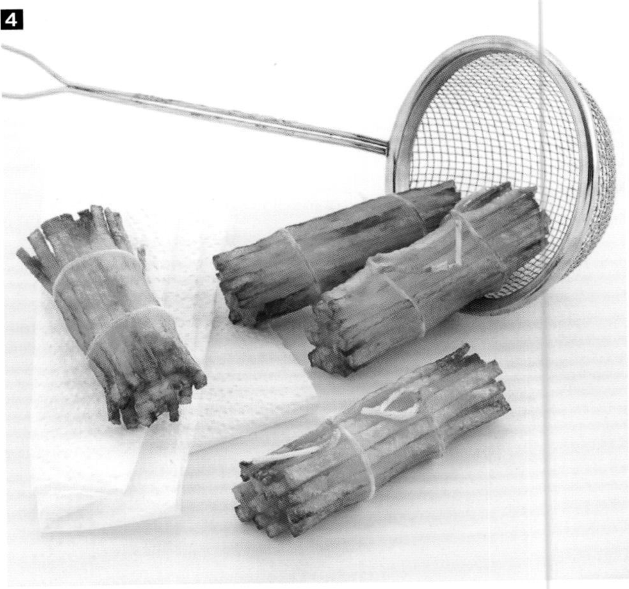

4 将捆包好的薯条浸入180℃的油锅中，直到炸成金黄色。在纸巾上沥干油脂。撒盐，即刻食用，以免失去酥脆感。

② 四季豆捆

1 将四季豆择洗干净并在沸腾的盐水中煮熟。四季豆应该保持松脆的口感。捞出后用纸巾吸干水分。

2 将四季豆捆成长度和粗细一致的捆，放在乡村火腿薄片上。扎成捆。可用木杆进行固定。

3 在锅中加少许黄油或食用油，将四季豆捆炸成褐色，即可上桌。胡萝卜和芹菜等其他蔬菜也适宜采用这种制备方法。也可以使用培根或蔬菜片进行捆扎束，生牛里脊薄片也是不错的选择。

③ 芦笋捆

1 将芦笋洗净去皮。

2 将芦笋集中起来，进行捆扎，为使其在烹饪过程中始终成捆，请注意不要绑得太紧。

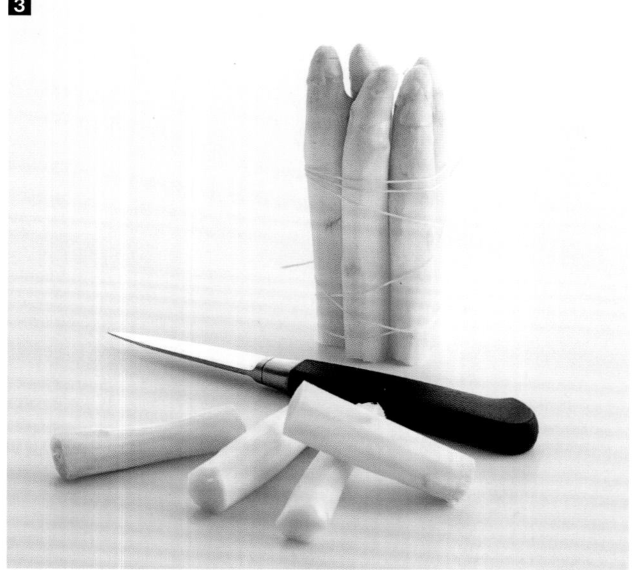

3 切掉芦笋的根部，使芦笋捆能够稳定放置。将其垂直立在一锅沸腾的盐水中，将其完全浸没，煮大约7分钟。用刀尖检查熟度。芦笋捆有助于在烹饪时受热均匀。与锅底部火力相接触的底部会以旺火煮熟芦笋最硬的部分，而芦笋较嫩的尖头受热减少，从而可以保持坚硬。

制作油浸蔬菜

油浸蔬菜，即用油脂（黄油或植物油）在较低温度下缓慢烹饪蔬菜。油脂能够令蔬菜脱水，使蔬菜的风味更突出。可置于烤箱中作为配菜的蔬菜有很多，如欧洲防风、胡萝卜、大葱、菊苣……而另一些蔬菜则可以充当香料，如番茄、茴香、洋葱、分葱和大蒜，它们会为菜品赋予独特的香味。

① 油浸番茄

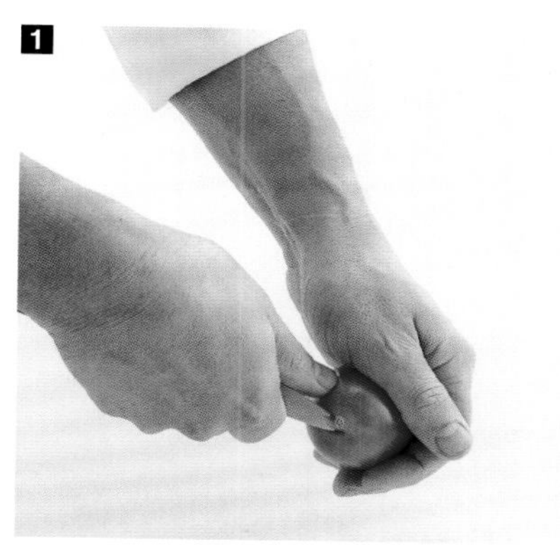

1 切下番茄的梗部。

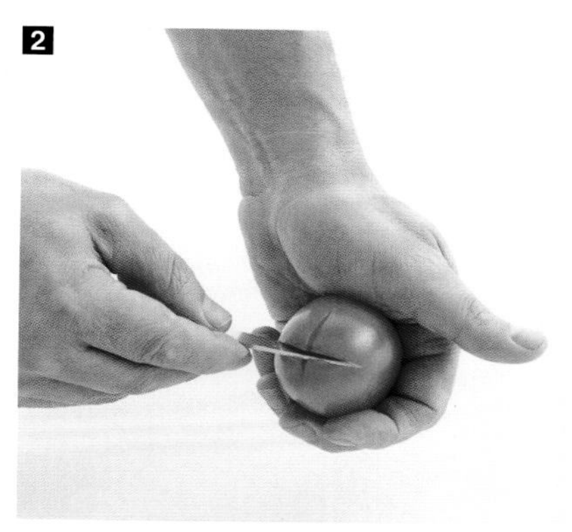

2 在番茄上划出十字形切口。

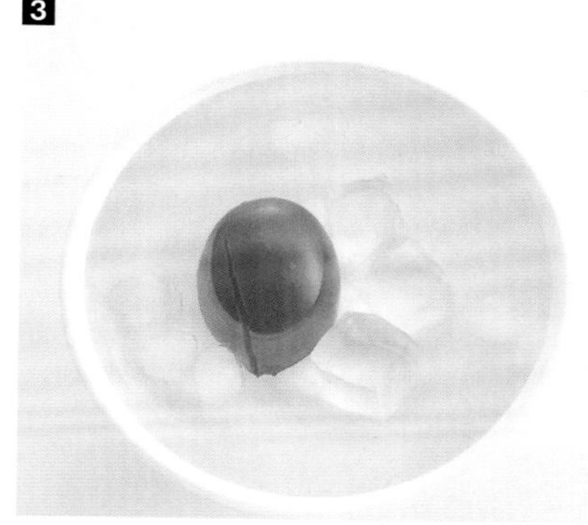

3 将番茄浸入沸腾的盐水中30秒。然后立即在冰水中冷却。

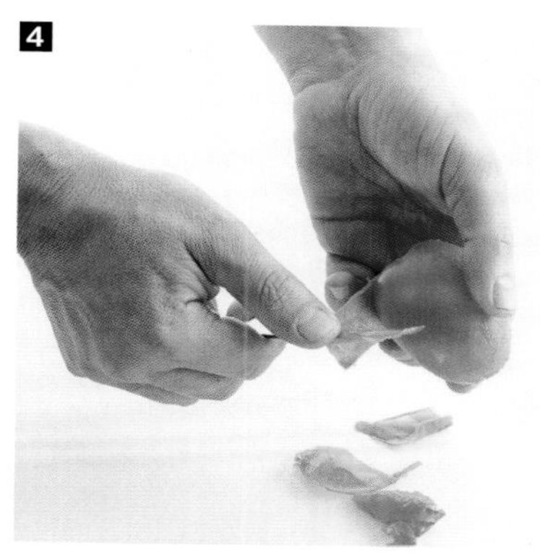

4 去除番茄的果皮。

5 将其切成四瓣，去掉种子。

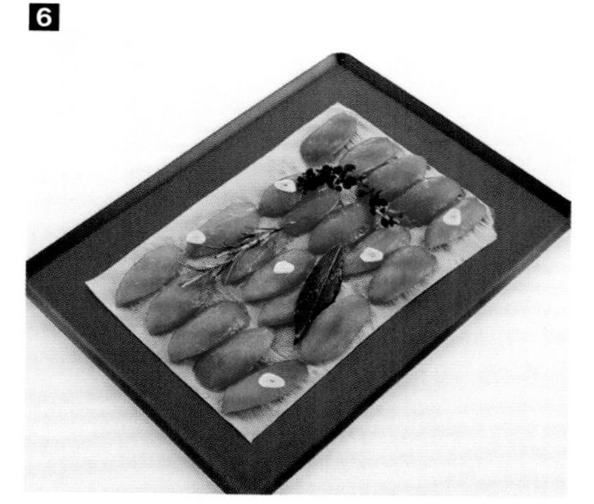

6 将番茄瓣放在覆盖有烘焙纸的烤盘上。撒上香料：大蒜片、月桂叶、迷迭香……撒上盐、胡椒粉，再加入一小撮糖，以平衡酸味。浇上橄榄油，并在预热至90℃的烤箱中烘烤4小时。

7 油浸番茄用途广泛，在三明治、沙拉、挞派、意大利面、米饭、鱼中都能看到。在番茄上市季节，可大量制作油浸番茄，泡在装有橄榄油的罐子中，冷藏保存。

② 油浸大蒜

■1 取下蒜瓣。请勿去皮，将蒜瓣放在锅中。

■2 加入香料：迷迭香、百里香、月桂叶、茴香干枝或八角。倒入橄榄油，没过蒜瓣。将油加热到70℃，并在此温度下放置40分钟。让油冷却。将油浸蒜装罐。在室温环境下，令蒜瓣泡在油中。3周内，可用它为荤菜调味：羊腿、烤肉、面和塔吉锅。用浸蒜的油可制成蒜泥蛋黄酱、油醋汁或调味烤鱼。

③ 油浸蔬菜

■1 油浸蔬菜的方法可用于去皮切成薄片的各种蔬菜：茴香、欧洲防风、洋葱、葱、萝卜等。加入香料：月桂叶、百里香、鼠尾草……然后浇上大量橄榄油。拌匀。

■2 将盖有铝箔的盘子放在预热至170℃的烤箱中烤约45分钟。用刀尖检查成熟度。蔬菜应该软嫩。将烤箱门半开，静置25分钟，在此过程中不要揭开铝箔纸。油浸蔬菜可用于荤菜及谷物的配菜，如搭配意大利面、碎小麦、藜麦等。

制作腌菜

腌菜是用作调味品的醋渍蔬菜。腌菜可以为焖锅或炖汤带来酸味，可以用甜椒、萝卜、珍珠洋葱和其他小型蔬菜来制作，如玉米棒上的玉米、西葫芦、胡萝卜、花椰菜等，为避免着色，最好使用白醋。可配以胡椒粒、芥末籽、小茴香、丁香、鲜姜。可使用腌菜来搭配冷盘或鱼类菜肴，如鲱鱼、鲭鱼或烟熏三文鱼。自制腌菜可以保存3个月，但打开罐子后，建议在10天内食用。

1

1 彻底清洗蔬菜。将萝卜的顶部和根切掉2厘米。

2

2 将蔬菜放在平底锅中。用冷水没过蔬菜。烧开并煮10分钟。

3

3 用漏勺取出蔬菜。将它们在纸巾上沥干。将170克酒精醋和120克糖或桉树蜂蜜倒入水中。烧开。

4

4 放入蔬菜，小火煮15分钟。让蔬菜在锅中冷却。将蔬菜和糖醋汁装罐。

制作印度酸辣酱

印度酸辣酱（Chutney）是用醋和糖烹饪蔬菜或水果的制备方法，可为菜肴增添酸甜的口味。您可以不添加印度美食中浓烈的香料及辣椒，用洋葱、南瓜、花椰菜或大葱作为原材料，制作出极甜的印度酸辣酱。

1 将350克红洋葱去皮切碎。

2 将它们放入装有25毫升橄榄油、35克蜂蜜和100克白醋的锅中。加入盐和胡椒粉。

3 盖上盖子，用小火炖20分钟。倒入广口瓶中，放入冰箱。请在2周内食用。可搭配炖菜、鹅肝、烤肉、羊腿、乳猪。

制作面包壳

① 咸面包壳甜菜

在面包壳中烘烤可提升蔬菜的风味和口感。缓慢烹饪的好处在于，在盐和面粉制成的面包皮保护下，浓缩了蔬菜的味道。在客人面前敲碎面包壳也是绝佳的上菜方式！

配料

- ⊙ 25克粗盐
- ⊙ 200克小麦粉
- ⊙ 1个蛋清
- ⊙ 1茶匙胡椒粒

1 准备食材。您可以用香料为面团调味：小茴香、胡芦巴、迷迭香、百里香等，选择一种带皮的蔬菜：甜菜、块根芹、土豆或地瓜等，将生甜菜在沸腾的盐水中煮20分钟。

2 混合配料，揉成均匀的面团。擀至4毫米厚。

3 将甜菜放在中间。

4 将面饼盖在甜菜根上。

5 用面饼将甜菜完全包裹住。

6 小心地将面团封口。确认在烹饪时可良好放置。

7 放入预热至180℃的烤箱中烘烤30分钟。在烤箱中静置10分钟。

8 用锯刀切开面包壳。搭配香草奶油汁、油醋汁、芥末酱或黄油均可。

② 风轮菜面包壳块根芹

配料

- 250克小麦粉
- 50克粗盐
- 3克咸味干
- 5个蛋清
- 1个蛋黄

1 准备所有食材。

2 混合面粉、盐和风轮菜，加入蛋清。充分揉匀，以获得光滑且有弹性的面团。用保鲜膜包裹面团，置于阴凉处。

3 将块根芹用水洗净，带皮在沸腾的盐水中煮20分钟。将面团擀至5毫米厚。

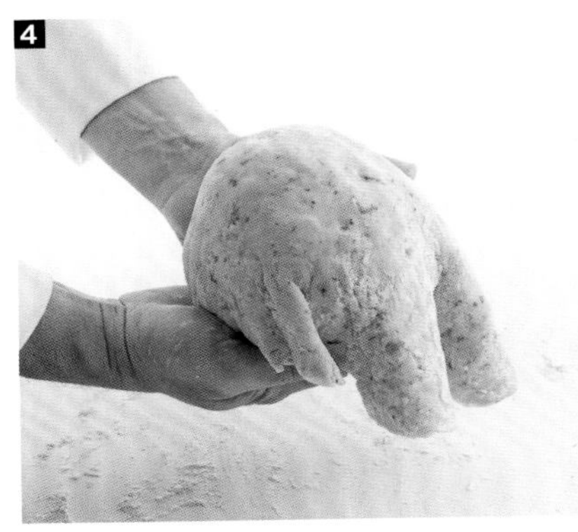

4 用面饼完全盖住块根芹。

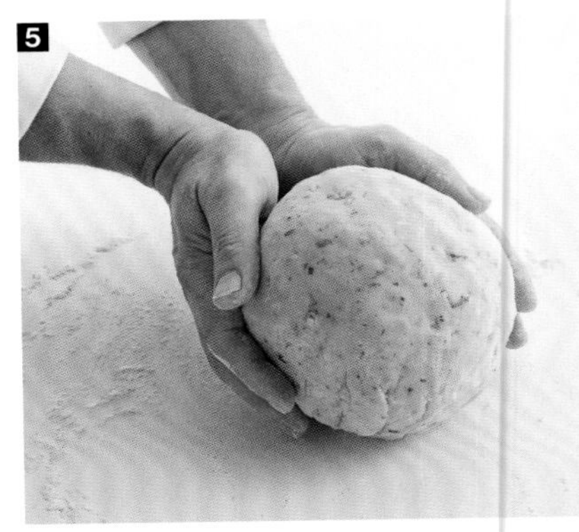

5 小心地将面团粘到块根芹上，尤其是在接头处。良好放置。

6 用刷子将蛋黄刷到面团上。通风静置1小时。

7 将烤箱预热至200℃。 在较低的架子上烘烤30分钟。烘烤结束后，在热烤箱中静置10分钟。

8 用锯刀切开面包壳。面包壳不可食用。取出块根芹，切块。洒上龙蒿黄油，奶油黄油香葱调味汁或香草奶油、油醋汁、肉汁。适宜搭配烤鸡食用。

食谱

西葫芦卷

4 人份

馅料

- 200克蟹肉
- 400克Philadelphia®奶酪
- 3克细香葱碎
- 30克橙色胡萝卜芥末酱

酸奶酱

- 1份125克原味酸奶
- 1克姜黄
- 精盐和现磨胡椒粉

1 用切片器或蔬菜削皮器将西葫芦削成2毫米厚的薄片。

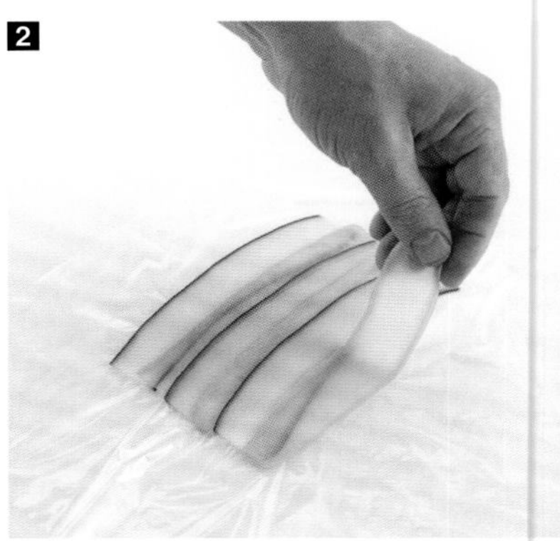

2 将西葫芦片叠放在保鲜膜上。

3 混合馅料。将其放入裱花袋中，在西葫芦片上挤出等宽的条状。

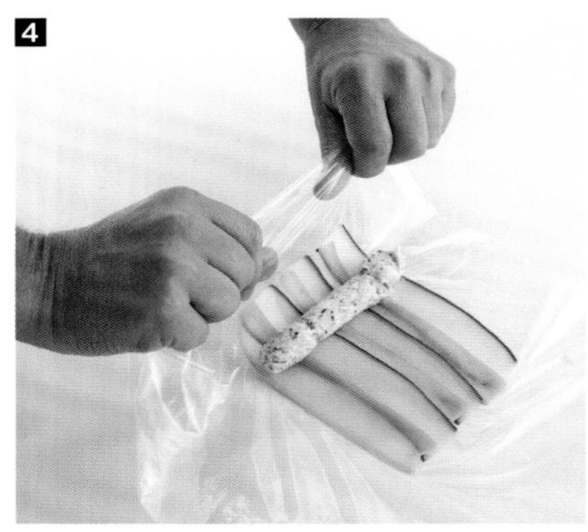

4 提起保鲜膜，然后将西葫芦片轻轻包裹在馅料周围。

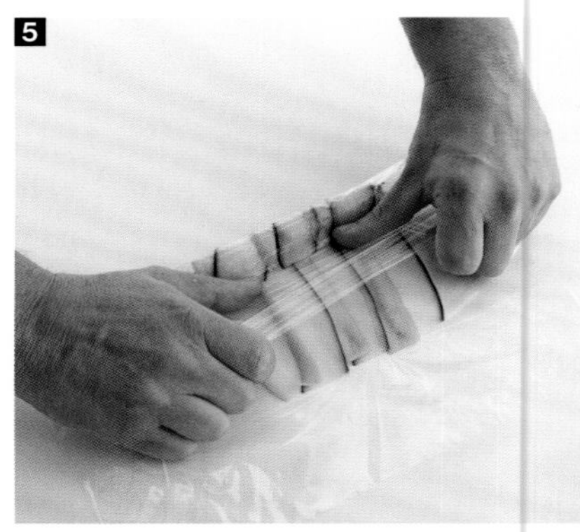

5 用拇指施加压力，拧紧。

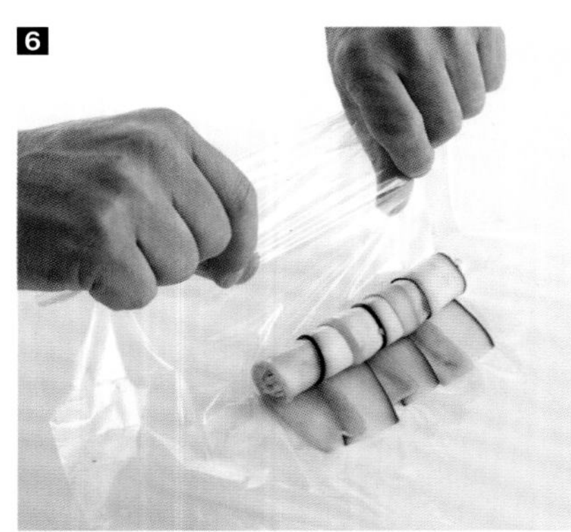

6 继续绕圈。

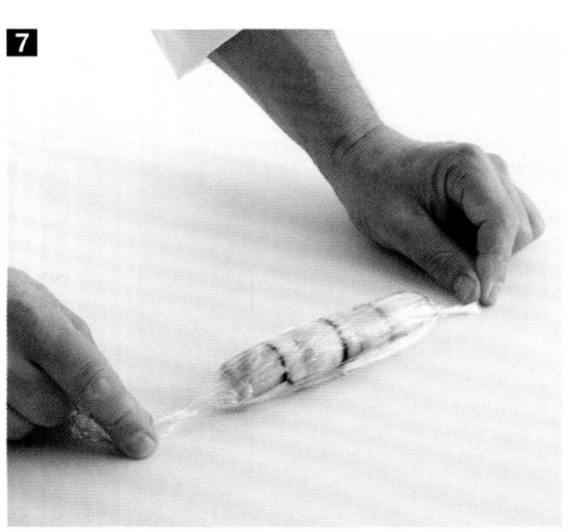

7 捏住西葫芦卷末端，拧紧，使其封闭。

8 轻微转动，使其成形。冷藏。切掉西葫芦卷的两端，装盘，可在盘中放上一些豆芽和酸奶酱。

胡萝卜意面

4 人份

- 80克干葡萄干
- 3个橙胡萝卜
- 2个黄胡萝卜
- 2个紫胡萝卜
- 少许香菜籽
- 2个八角
- 40克开心果仁

油醋汁

- 20克橄榄油
- 2汤匙蜂蜜
- 1汤匙白醋
- 1茶匙橙花水
- 细盐
- 现磨胡椒粉

蒂埃里的建议

为使菜品更具东方风味，可加入少许橙皮碎和香菜碎。

1 将葡萄干浸入一碗温水中。将橄榄油、蜂蜜、醋和橙花水混合，制成油醋汁。 加入盐和胡椒。

2 将2个橙色的胡萝卜切片，放入添加香菜籽和八角的盐水中，煮至变软。沥干，然后将它们装盘，摆成玫瑰状。

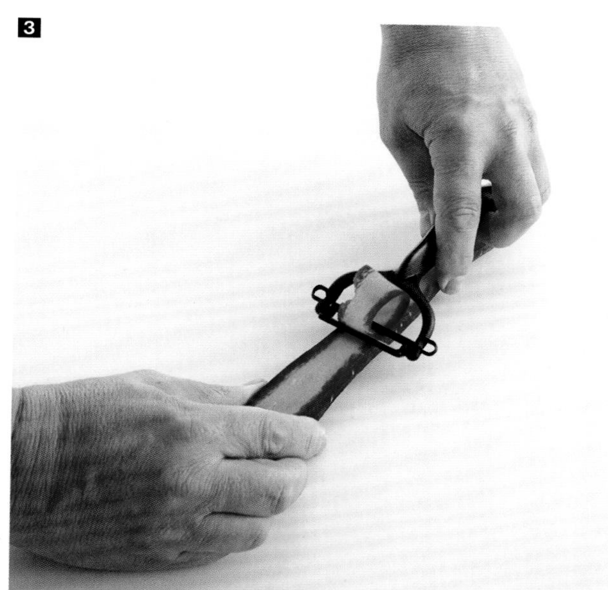

3 使用削皮器将紫色胡萝卜削成2毫米厚的片。

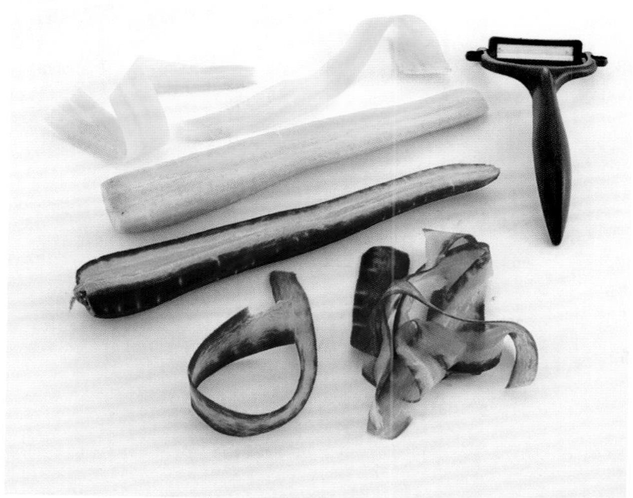

4 以相同的方式制备黄色和橙色胡萝卜。将胡萝卜意大利面条和油醋汁混合。将它们摆放在橙色胡萝卜上。加入开心果碎和葡萄干，即可享用。

三色肉馅卷

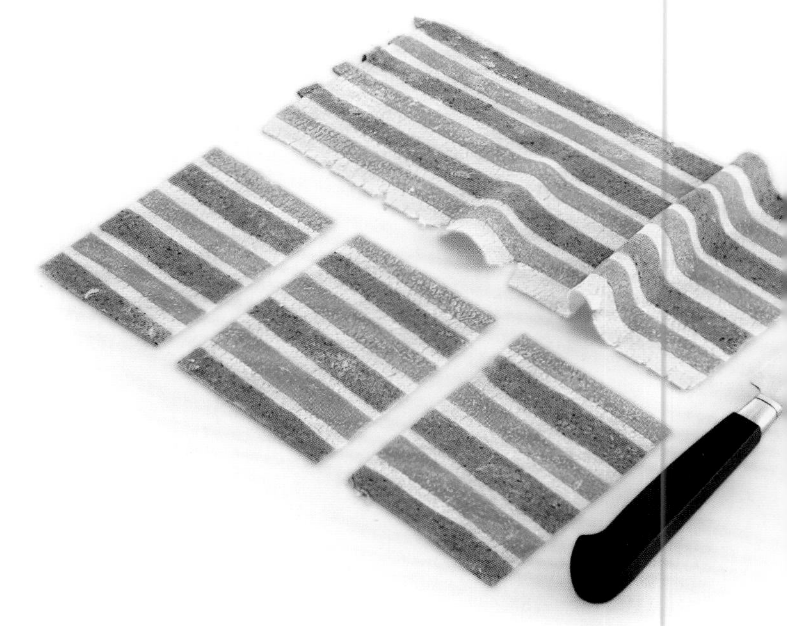

面团

- ⊙ 225克T45号面粉*
- ⊙ 75克精制小麦粗粉
- ⊙ 3个鸡蛋
- ⊙ 25克橄榄油
- ⊙ 精盐

*译者注：T45号面粉为法国面粉分类方法，指将100克小麦粉完全燃烧后，灰烬残余物重量在0.4至0.5克之间的面粉。

1 将所有配料混合在一个容器中，得到光滑均匀的糊状物。揉10分钟。将面团包裹在保鲜膜中。在冰箱中静置30分钟以上。如果您没有优质的小麦粗粉，可以用等重量的面粉代替。如果混合物太干，可加少量水。

2 要获得有色糊状物，可以相同的方式进行，用60克蔬菜泥代替鸡蛋，蔬菜可选用甜菜、菠菜、胡萝卜、新鲜香草或番茄汁。

3 将面团片铺在压面机上。然后将绿色和红色的面片切成0.5厘米宽的条。

4 将它们放在长方形的普通面团上，并轻轻按压两端，以使其牢固黏合。

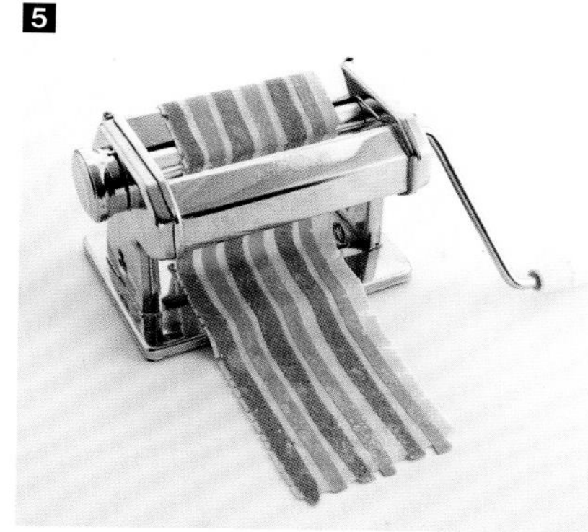

5 调整压面机的厚度，将面片在压面机中通过三次。

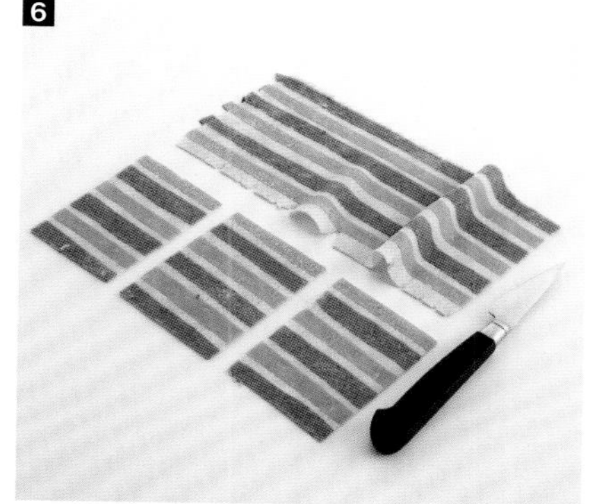

6 在面片上切出12厘米长、9厘米宽的长方形。将3升水和30克粗盐放入平底锅中烧开。用小火将长方形面片分多次在锅中煮2分钟。捞出沥干面片后浸入冷水中。

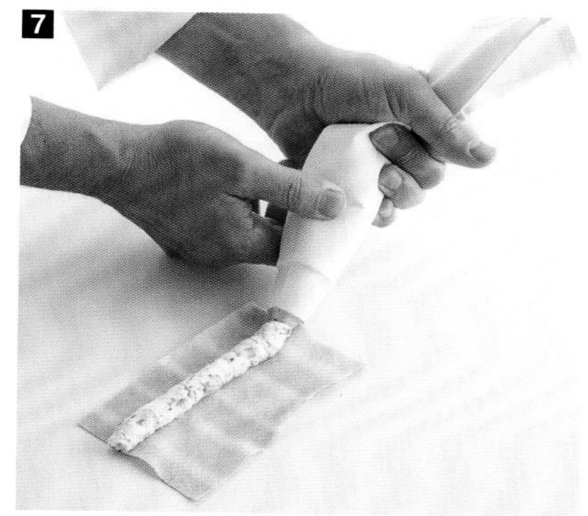

7 用500克沥干的新鲜山羊奶酪、50克胡萝卜丁、3克香芹碎做馅。加入盐和胡椒。将馅料装入裱花袋中，在面片上挤出条状。

8 将肉馅卷包起来。放入冰箱。在盘上用紫苏芽和琉璃苣花装饰。浇上少许番茄酱。

南瓜意式丸子

4 人份

- ⊙ 700克南瓜
- ⊙ 60克半咸黄油
- ⊙ 90克小麦粉
- ⊙ 1个鸡蛋
- ⊙ 1个蛋黄
- ⊙ 盐
- ⊙ 胡椒粉

蒂埃里的建议

在精致的食谱中，南瓜可与传统的意式丸子搭配组合：可做成南瓜泥、南瓜球和烤制的立方体。为菜品增添蔬菜元素。

1 将南瓜去子，去皮。获得600克南瓜肉。洗净南瓜子。将南瓜子晾干，并在油中炸几秒钟。

2 将南瓜切成方块。在铸铁砂锅中，用中火将黄油加热至起泡。放入南瓜块。盖上盖子，用小火煮20分钟，偶尔搅拌。将铸铁锅从火上移开，加盖静置10分钟。 与面粉和鸡蛋混合。加入盐和胡椒粉。

3 4 放入煮沸的盐水中，每升水中加10克盐。用2茶匙制作丸子。在盐水中煮3至4分钟。在纸巾上沥干。将意式丸子尽快装盘，浇上橄榄油和炸南瓜子。

土豆意式丸子

4 人份

- 500克紫薯（vitelotte）
  或宾士土豆（bintje）
- 220克小麦粉
- 1个鸡蛋
- 40克黄油
- 盐

蒂埃里的建议

如果希望摆盘精致，可为菜品搭配五颜六色的蔬菜：豌豆、芦笋尖、胡萝卜片、发芽的种子等，再洒上熔化的黄油并点缀盐花。

1 根据土豆的大小，将土豆和土豆皮在沸腾的盐水中煮20至30分钟。煮至变软。

2 趁热剥皮，磨碎。

3 加入面粉、鸡蛋、黄油和盐。用刮铲搅拌，然后用手混合。将面团揉至光滑均匀。将面团分成拳头大小。将面团卷成2厘米厚的卷，切成3厘米长的小段。

4 将这些面团在叉子齿上滚动，并轻轻按压，为面团增添纹路，然后放在撒有面粉的托盘上。将盐水烧开。去掉面团上多余的面粉，将它们少量倒入沸水中。当它们浮出水面时，用漏勺捞起。洒上橄榄油和帕玛森干酪碎，即可享用。

蔬菜馅意式馄饨

4 人份

- ⊙ 馄饨面团
- ⊙ 225克T45号面粉
- ⊙ 75克小麦粗粉
- ⊙ 3个鸡蛋
- ⊙ 24克橄榄油
- ⊙ 少许精盐

1 混合所有配料，获得光滑均匀的馄饨面团，揉10分钟（可使用揉面机）。

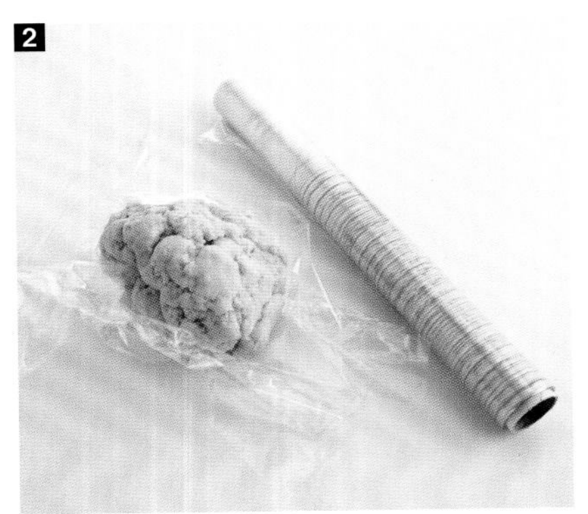

2 用保鲜膜包裹面团，在冰箱中静置30分钟以上。

3 准备馅料。将25克蘑菇、25克黄色胡萝卜和25克橙色胡萝卜切丁。切5克细香葱碎，与150克新鲜山羊奶酪混合。撒上盐和胡椒。

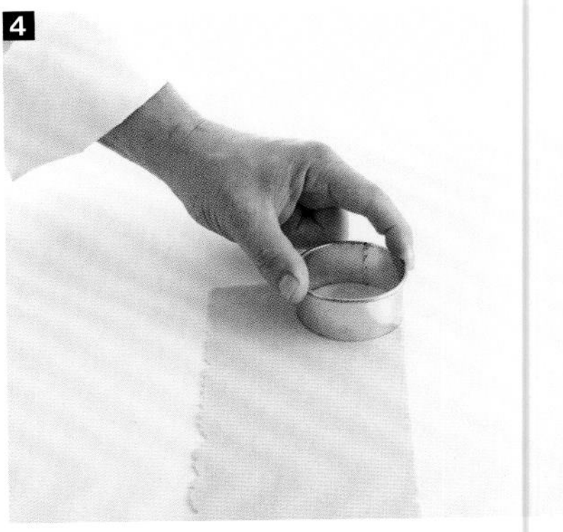

4 将面团擀成4毫米厚的面皮。使用直径为6厘米的圆环切刀切出圆圈。

5 去掉多余的面团。

6 在圆面片中心放入馅料。

7 用刷子弄湿面片边缘。

8 将面片对半折叠。

9 用手指轻按，将意式馄饨封口。

10 使用圆环切刀按压馄饨，以调整形态。

11 对所有馄饨重复此操作。

12 将馄饨放入沸水中煮3分钟。捞出沥干。将馄饨装盘。倒入少许橄榄油。撒上盐和胡椒。可根据您的口味添加几片蘑菇、甜菜和胡萝卜芽。

冬南瓜意式馄饨

冬南瓜意式馄饨的原理是用蔬菜薄片代替传统的面团。您可以使用芹菜、甜菜、红心萝卜或黑萝卜等，可直接使用或先烫1分钟使其软化。 然后根据需要选择馅料。

4 人份

- ⊙ 1个冬南瓜
- ⊙ 20克胡萝卜
- ⊙ 100克块根芹
- ⊙ 175克新鲜山羊奶酪
- ⊙ 10克香菜
- ⊙ 橄榄油
- ⊙ 盐
- ⊙ 胡椒粉

1 准备食材。将20克胡萝卜和20克块根芹切丁。

2 将80克块根芹切成小方块，并在盐水中煮20分钟。捞出沥干，捣烂。

3 将冬南瓜削皮。

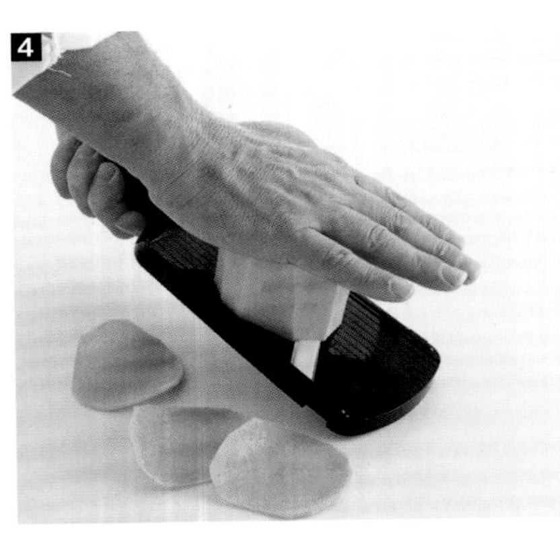

4 使用切片器将冬南瓜切成2毫米厚的薄片。

5 然后使用圆环切刀将南瓜片切成圆形。

6 在橄榄油中将胡萝卜和块根芹丁煎3分钟，直至蔬菜丁变黄。加入175克新鲜山羊奶酪和10克切碎的欧芹。加入盐和胡椒粉。

蒂埃里的建议

为制作有节日气氛的头盘，可将馄饨放入西蓝花冷汤中，撒上烤南瓜子、西蓝花薄片、嫩芽、鲜花……

7 将馅料放在冬南瓜片上。

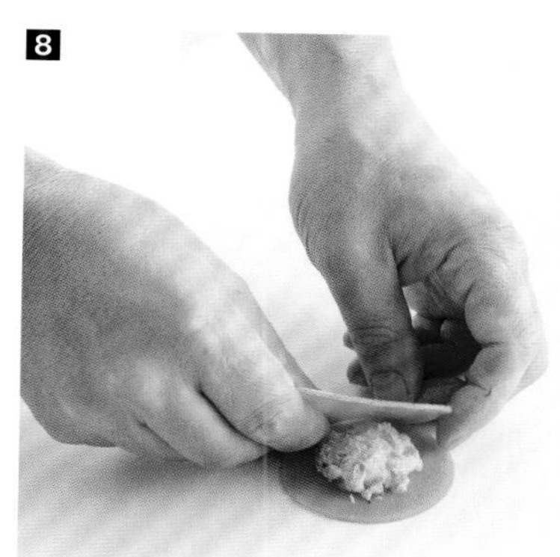

8 用冬南瓜片覆盖馅料，用食指压住边缘以使其粘在一起。品尝前要冷藏保存。

芜菁甘蓝千层

蔬菜千层是指将蔬菜薄片叠加起来的制作方式，在蔬菜薄片之间有时会添加馅料。制作蔬菜千层酥适宜选用可生食的蔬菜，如甜菜根、块根芹、西葫芦、萝卜。至于千层的馅料制作，可以发挥想象：新鲜奶酪、鳄梨果泥、番茄酱或菠菜奶酪酱。

4 人份

- ⊙ 馅料
- ⊙ 1个芜菁甘蓝
- ⊙ 橄榄油
- ⊙ 1个黄柠檬
- ⊙ 鱼子酱
- ⊙ 飞鱼卵
- ⊙ 精盐
- ⊙ 海盐
- ⊙ 现磨胡椒粉

1 准备食材。

2 用切片器将芜菁切成2毫米厚的薄片。

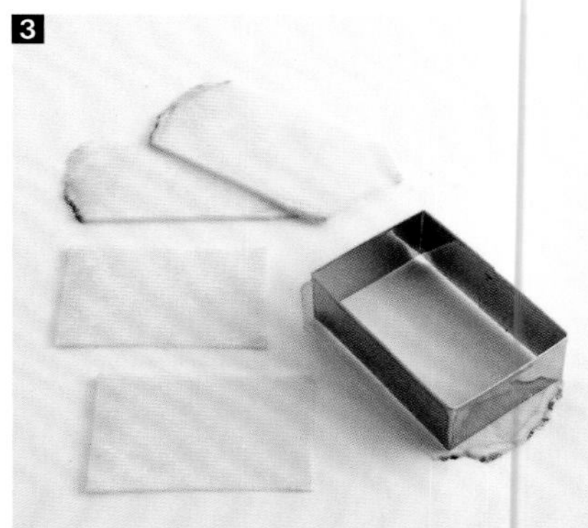

3 用切割器将薄片切成长方形。

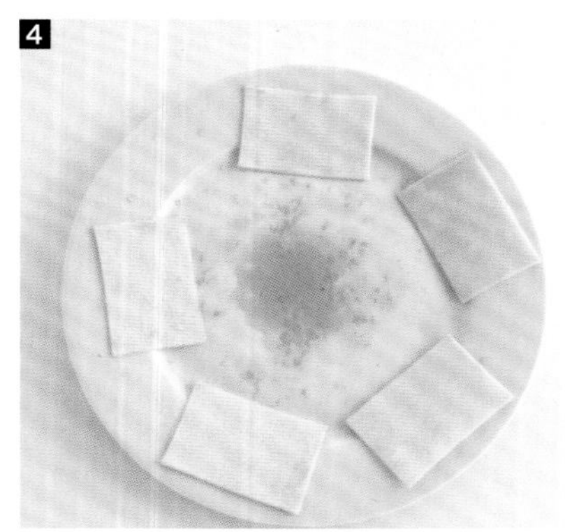

4 用橄榄油和柠檬皮涂抹薄片。撒上精盐和现磨胡椒粉，使芜菁甘蓝的汁水渗出。在室温下腌制10分钟。在吸水纸上吸干水分。

5 将馅料放入裱花袋中。

6 制作美丽的螺旋卷状装饰。

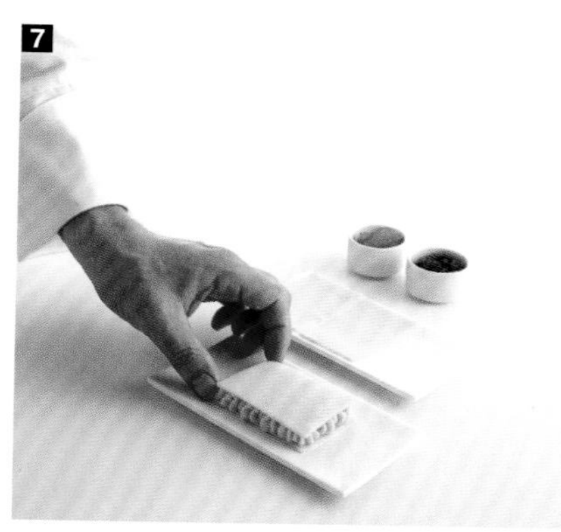

7 在上面放第二片芜菁甘蓝。

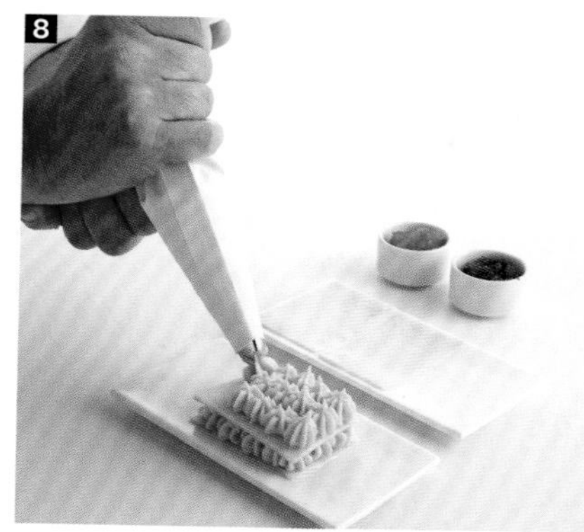

8 重复此步骤。

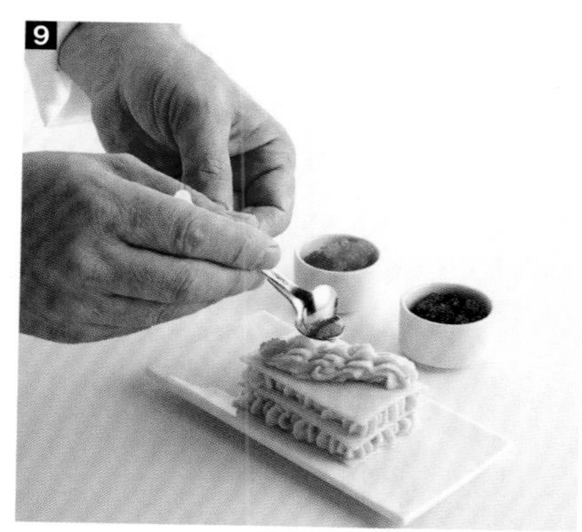

9 放置第三片。放上少许鱼子酱。

10 放上飞鱼卵。如需装饰，可以放上黄色的甜菜圆片、蔬菜嫩芽。撒上海盐和现磨胡椒粉，即可享用。

烤蔬菜千层

4人份

- ⊙ 3个西葫芦
- ⊙ 3个茄子
- ⊙ 2个红椒
- ⊙ 2个黄椒
- ⊙ 400毫升橄榄油
- ⊙ 1束罗勒
- ⊙ 盐
- ⊙ 现磨胡椒粉
- ⊙ 24厘米 × 9厘米 × 6厘米的框

1

1 将西葫芦和茄子切成5毫米厚的片。将辣椒去皮切成4块。将蔬菜平铺在盘子里。洒上300毫升橄榄油。撒上盐和胡椒粉。将蔬菜两面烤出格子。

2

2 将蔬菜放入烤箱中，然后在200℃温度下继续烘烤2至3分钟后，将蔬菜取出放在吸水纸上。

3

3 将长方形框放在盘子的保鲜膜上。在长方形框底部放上烤茄子。

4

4 撒上胡椒粉，然后放入西葫芦。重复这个步骤，直到蔬菜用完。

5

6

7

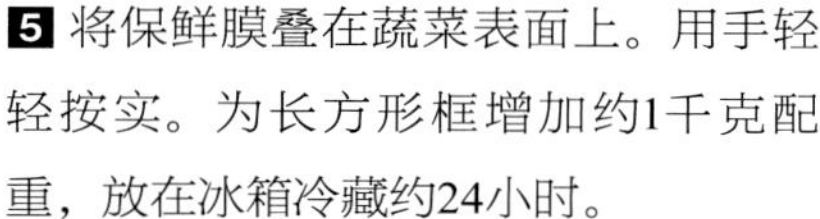

5 将保鲜膜叠在蔬菜表面上。用手轻轻按实。为长方形框增加约1千克配重，放在冰箱冷藏约24小时。

6 7 轻轻地压住烧烤蔬菜，将其脱模。将罗勒与剩余的橄榄油混合，搅碎成泥。加入盐和胡椒粉。将蔬菜千层切成4份，淋上罗勒油后分别装盘。用迷你烤蔬菜卷和苜蓿芽点缀。与什锦香草沙拉和乡村烤面包一同上桌。

蔬菜杯

杯子适宜制作许多精致的蔬菜美食。将新鲜的、熟制的、松脆的和奶油状的蔬菜搭配在一起，可以感受不同的质地和口感。不同的颜色叠加出多变的组合，为舌尖带来无尽享受。

4人份

- 12个熟绿芦笋
- 40克熟蚕豆
- 40克熟豌豆
- 400毫升煮芦笋的汤汁
- 4克明胶片
- 100克脂肪含量35%的液态奶油
- 盐
- 现磨胡椒粉

1 准备食材。

2 将芦笋尖切成3厘米长的段。切成两半。

3 在平底锅中，将一半的芦笋、蚕豆和豌豆混合在一起。用芦笋汤汁小火加热。

4 将加热过的蔬菜搅拌成蔬菜泥。将泡软的明胶加入冷水中，加入奶油，加入调味料，倒入气罐，使用2个气弹。将食材放入冰箱。将剩余的一半蔬菜放入各个杯中。加入蔬菜奶油花，用一些花瓣装饰，即可享用。

蔬菜清炖肉汤

清炖肉汤（consommé）是由浓郁汤汁过滤得来的。在肉汤中会加入各种食材：肉丁、蔬菜丁或蔬菜丝、细面条……我们可以制作肉汤或家禽汤。这里推荐一款集中各种口味的蔬菜清炖汤。这款清炖汤简单而神奇，会令所有人一饮而尽！

蒂埃里的建议

为提升这款清炖汤的美感，可添加新鲜的香草并在蔬菜上做出凹槽。建议尝试加入切片松露或烤扇贝。

1 在烤架上将洋葱变黑，这样可使汤汁呈现美丽的金色。在洋葱汤锅中加入一截葱白、1个胡萝卜、几块萝卜和块根芹和1片月桂叶。加入3升水。加盐，用小火煮3小时后过滤，备用。

2 将芹菜、1个黄色胡萝卜和1个橙色胡萝卜切丁，备用。

3 澄清混合物制备。将1个胡萝卜、1个洋葱和1段葱白切丁。将蔬菜丁与西芹混合。将2个蛋清打发，使其略带泡沫，然后倒在蔬菜末上。混合以上食材，在冰箱中静置30分钟。

4 将清汤和澄清混合物倒入锅中。轻轻煮沸，用木勺搅拌，以防止蛋清粘在底部。转小火并停止搅拌。煮1小时，直至汤汁表面结皮。所有杂质应包裹在蔬菜碎中。用勺子钻一个洞，以评估清炖汤的透明度。

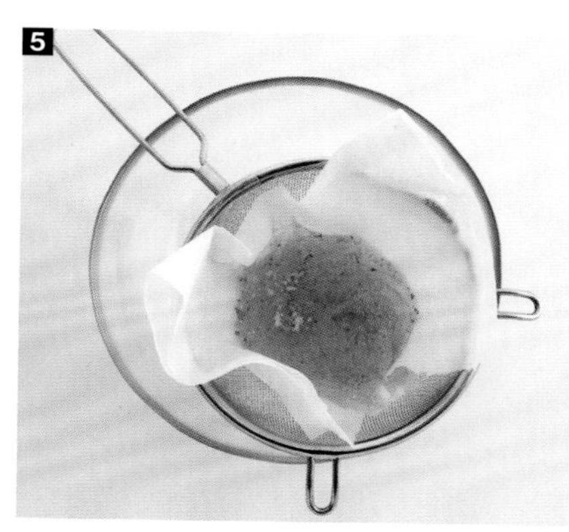

5 用纱布滤网过滤。

6 重新加热过滤后蔬菜清炖汤。装在碗中上桌。

菊芋浓汤

汤是一种基础菜品，通过将一种或多种蔬菜煮熟然后搅拌，更容易品尝到蔬菜的味道。根据蔬菜的品种，可制作热汤、冷汤或五颜六色的各类汤品，搭配烘烤的谷类、奶酪屑、油煎面包块、薯片或鹅肝条，可以将最平淡的蔬菜汤变成御用菜肴！

1 制作1人份菊芋浓汤需准备3个菊芋、1个柠檬，以及橄榄油、盐和胡椒粉若干。

2 将菊芋去皮。浸入冷柠檬水中，以避免其氧化。

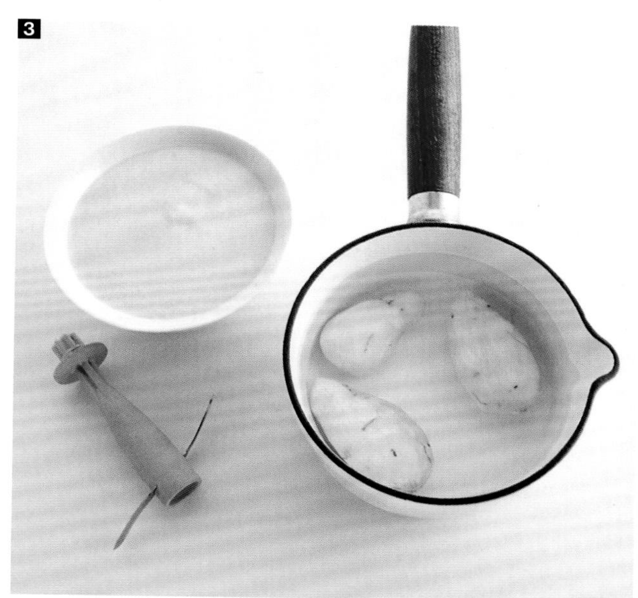

3 用中火在冷盐水中煮约20分钟，直至变软。沥干水分，然后加入少量煮菊芋的水，以获得所需的浓度和质地。加入橄榄油，保温 。

4 将一个菊芋去皮，用切片器切片。将菊芋片放在170℃的煎锅中煎1~2分钟，成为酥脆的菊芋片。 将汤放在碗中，加入新鲜的香草、菊芋片和少量橄榄油。撒上一小撮现磨胡椒粉。

蔬菜蘸酱

蘸酱主要用于搭配开胃菜，如面包脆棒、薯片、蔬菜条……最著名的是希腊酸奶黄瓜酱（tzatziki）以及墨西哥鳄梨酱（guacamole）。多彩的酱料可用各类蔬菜来制作，如甜菜、胡萝卜、西葫芦、西蓝花等，为增加风味，可加入香料、香草与橘皮。也可加入橄榄油、芝麻、坚果来调整口感。

玉米蘸酱

配料

- ⊙ 2个玉米棒
- ⊙ 75克Philadelphia®奶油奶酪
- ⊙ 20克胡萝卜丁
- ⊙ 2克细香葱碎
- ⊙ 盐
- ⊙ 现磨胡椒粉

1

1 将玉米棒在沸腾的盐水中煮20分钟，然后将其脱粒。

2

2 将玉米粒与搅拌成泥。加入胡萝卜丁和细香葱碎。撒上盐和胡椒。可搭配爆米花享用。

鳄梨酱

配料

- 175克鳄梨
- 20克柠檬汁
- 5克红辣椒
- 10克红洋葱丁
- 细盐
- 现磨胡椒粉

1 去掉鳄梨的果皮和果核。立刻与柠檬汁、盐和新鲜胡椒粉搅拌。

2 过筛后倒入碗中，撒上辣椒和红洋葱。

芸豆蘸酱

配料

- 125克新鲜芸豆
- 2瓣大蒜
- 1片月桂叶
- 2汤匙香油
- 2汤匙柠檬汁
- 1汤匙芝麻酱
- 盐
- 现磨胡椒粉

1 将剥出的芸豆在冷水锅煮熟，加入1瓣蒜和1片月桂叶。小火煮40分钟。

2 将另一瓣大蒜剥皮并切碎，将其与香油和柠檬汁搅拌。将沥干的芸豆与芝麻酱、香油、柠檬汁和大蒜的混合物搅拌并过筛。调味。食用时可搭配切碎的香菜或紫苏芽。

韭葱挞

蔬菜挞的原理基本相同，分为三个步骤：制作油酥挞皮，制作馅料，然后预煮蔬菜。所有蔬菜都应预先煮好并沥干，以免浸湿面团影响使用。

4人份

葱泥和馅料

⊙ 1千克韭葱

⊙ 20克黄油

⊙ 5个鸡蛋

⊙ 400毫升含35％脂肪的液体奶油

⊙ 100克埃蒙塔尔奶酪碎

⊙ 盐

⊙ 现磨胡椒粉

油酥面团

⊙ 250克小麦粉

⊙ 125克黄油

⊙ 1个蛋黄

⊙ 50毫升水

⊙ 5克盐

1 准备食材。

2 将葱切碎，绿色占三分之二。用黄油在平底锅中将其油炸25分钟。撒上盐和胡椒粉。

3 将面粉过筛。将黄油切成小块放在面粉上，用手指铺开。加入蛋黄、水和盐。 混合均匀。用保鲜膜包裹面团，在冰箱中放置30分钟。 将面团揉成模具的大小。 用刀除去多余部分。

4 用叉子在馅饼的底部扎孔。将葱泥均匀分布。

5 将鸡蛋和奶油搅拌，撒上盐和胡椒粉，然后倒在挞皮上。

6 加入埃门塔尔奶酪碎。在预热至180℃的烤箱中烘烤30分钟。可趁热享用，也可放至温热搭配蔬菜沙拉。

法式凤尾鱼挞

这是法国普罗旺斯地区的特色菜：将洋葱凤尾鱼馅料放在挞皮上在烤箱中烘烤。为灵活组合这种以面包面团为基料的食谱，可以发挥想象力，充分运用冰箱中的食材，例如番茄、朝鲜蓟、芦笋、西葫芦、火腿、奶酪、橄榄等。烹饪结束后，可撒上新鲜的香草或芝麻菜、帕玛森干酪或博福尔奶酪屑。

4人份

面包面团

⊙ 10克新鲜面包酵母

⊙ 250克T45号面粉

⊙ 20毫升橄榄油

⊙ 2克盐

馅料

⊙ 12个白洋葱（每个约80克）

⊙ 2汤匙橄榄油

⊙ 2小支百里香

⊙ 1片月桂叶

⊙ 20克凤尾鱼酱或10条油浸凤尾鱼

⊙ 10条盐渍新鲜凤尾鱼

⊙ 20个法国尼斯橄榄

⊙ 胡椒粉

1 准备食材。

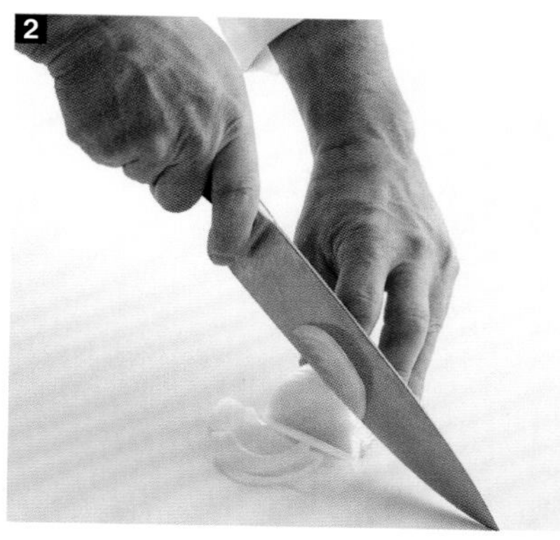

2 将洋葱去皮，前后划动厨师刀，将洋葱切碎。

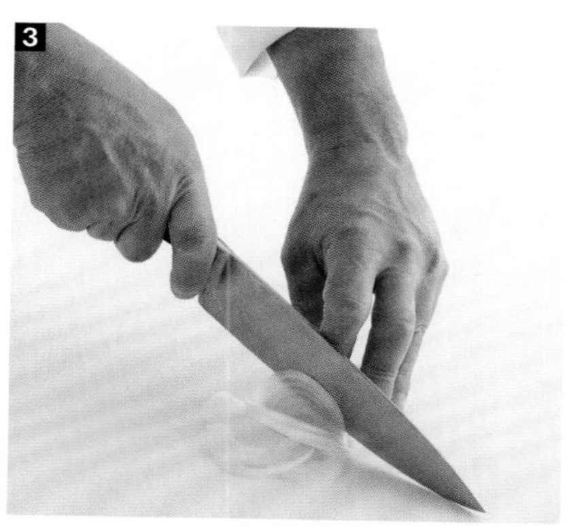

3 在洋葱的表面逐渐挪动握住洋葱的手指，令食指第二指骨垂直于刀的刀片，以防被刀划伤。

4 用小火将洋葱在橄榄油煎黄。加入百里香和月桂叶。盖上盖子，用小火焖煮30分钟。放凉。加入凤尾鱼酱，与油煎洋葱搅拌。

5 制作面包面团。在碗中将酵母放入15毫升的温水中搅拌。将盐和橄榄油倒入面粉中。搅拌后，加150毫升水。揉捏面团，直到面团变软。将面团揉成球，用保鲜膜覆盖，在室温（20℃）下静置30分钟。

6 将面团在模具中摊开。用叉子的齿在面皮上戳洞。加入油煎洋葱、凤尾鱼和橄榄。在预热至230℃的烤箱中烘烤8分钟。稍提起面团，检查是否烤熟。上菜前撒上大量胡椒粉。

法式蔬菜冻

法式蔬菜冻的制作方法与蔬菜挞相似，需将蔬菜预先熟制并制成馅料。由于不加入面团，所以法式蔬菜冻质量更轻。法式蔬菜冻可用各类蔬菜制作。为满足自己的食欲，可添加奶酪、香草、坚果、榛子、松子……

4 人份

⊙ 500克西蓝花
⊙ 200克豌豆
⊙ 200克四季豆
⊙ 4个鸡蛋
⊙ 200毫升脂肪含量35％的液体奶油
⊙ 精盐
⊙ 现磨胡椒粉
⊙ 20厘米×8厘米的烘烤碗

1 准备食材。

2 取300克西蓝花，并在盐水中煮5分钟。捞出沥干，放在吸水纸上。对豌豆和四季豆重复此步骤。将剩余的西蓝花切成小朵，放入盐水中煮15分钟。沥干水分后搅拌，得到细腻光滑的蔬菜泥。

3 将鸡蛋和奶油混合，加入冷西蓝花泥、豌豆和切成小段的四季豆。撒上盐和胡椒粉。将部分馅料倒入烘焙碗底。将西蓝花放在中间。

4 将其余的馅料倒入烘焙碗中，在180℃的烤箱中烘烤30分钟。品尝前需冷却并在冰箱中放置12小时。

红椒慕斯
西班牙海鲜饭

蔬菜慕斯来源于蔬菜泥，能够赋予菜品可口的味道和漂亮的色彩。蔬菜慕斯可使用生蔬菜制作，如番茄、鳄梨等；也可采用煮熟的蔬菜制作，如胡萝卜、菊芋、欧洲防风、土豆……

4 人份

慕斯

- ⊙ 300克红椒
- ⊙ 1滴橄榄油
- ⊙ 1小支百里香
- ⊙ 1个新鲜蒜瓣
- ⊙ 2克明胶片

西班牙海鲜饭

- ⊙ 12个西班牙大贻贝
- ⊙ 12只蛤
- ⊙ 250克滨螺
- ⊙ 8只大虾
- ⊙ 15克洋葱碎
- ⊙ 一撮藏红花花蕊
- ⊙ 150克西班牙短米（bomba）
- ⊙ 50克豌豆
- ⊙ 25克红椒
- ⊙ 25克青椒
- ⊙ 1个红辣椒
- ⊙ 橄榄油
- ⊙ 精盐
- ⊙ 现磨胡椒粉

1 用洋葱汁煮贻贝、蛤和滨螺，将这些去壳后保温。用橄榄油将虾煎熟，保温。

2 将红椒削皮并去籽，切成条状。将其放入锅中，加入少许橄榄油、百里香、蒜末、盐和胡椒粉，加盖炖30~40分钟。

3 将食用明胶片放入冷水中软化。沥干红椒并搅拌，过筛。

4 加入沥过水的明胶。红椒酱应保持温度，以便良好混合。倒入气罐，加入2个气弹，室温保存。

5 在炒锅中加入少许橄榄油。将洋葱煎至出水，无须着色。加入藏红花蕊，再加入米饭。在米饭呈珍珠状时加盐，然后一点一点添加热水，煮18分钟。加入预先处理的豌豆、青椒碎、辣椒碎、加热的虾和贝类。

6 用圆形模具将米饭放在盘子上。用虾和贝壳摆盘。用力摇动气瓶，用慕斯装饰，即可享用。

烤蔬菜——意式茄子奶酪卷

许多蔬菜都适宜烘烤。只需将它们切成薄片或条状，刷上大量橄榄油，用香料调味，再用高温烤制：铁板烧、明火烧烤或烤箱烘烤……可以食用烤蔬菜，也可以将烤制蔬菜用于装饰物，还可以开发新食谱：蔬菜冻、意式奶酪卷、沙拉或比萨。

蒂埃里的建议

用作头道菜时，可在每盘中放3个意式奶酪卷，搭配一片生菜，并用细香葱和蔬菜嫩芽进行装饰……

4人份

- ⊙ 1个茄子
- ⊙ 橄榄油
- ⊙ 400克沥干的新鲜山羊奶酪
- ⊙ 50克胡萝卜丁
- ⊙ 2克细香葱碎
- ⊙ 6片生火腿
- ⊙ 盐
- ⊙ 胡椒粉

1

1 将洗净的茄子切成薄片。

2

2 在每片茄子上刷上橄榄油。撒盐。将茄子片放在烤架上，烤出烘烤的纹路，直到茄子变软。在吸水纸上冷却。

3

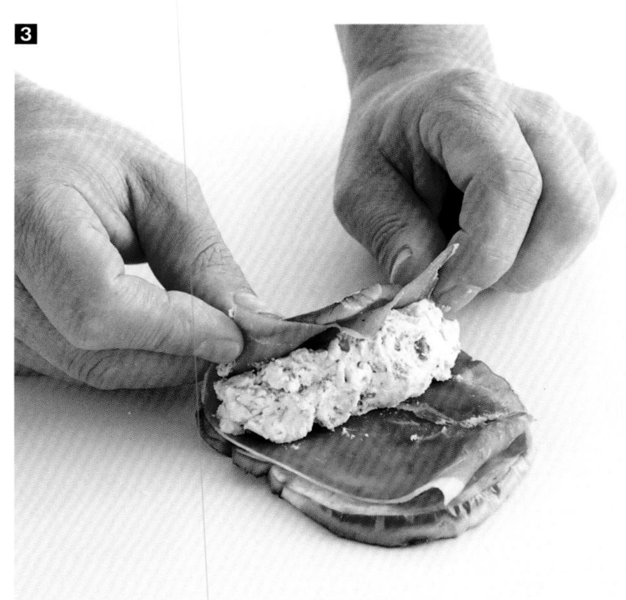

3 将山羊奶酪与胡萝卜丁和细香葱搅拌。将生火腿片切成与茄子相同的宽度。在每片茄子上，铺上火腿、山羊奶酪馅和辣椒。

4

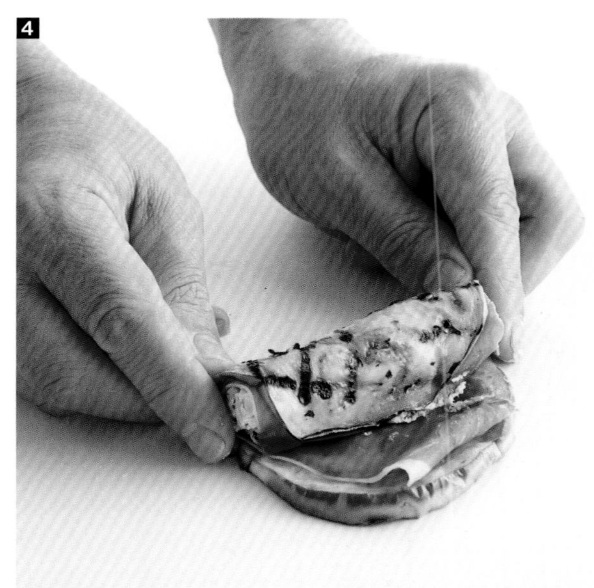

4 轻压，使奶酪卷紧实。如有必要，可剪掉奶酪卷的末端。冷却。可用作开胃菜。

酿馅西葫芦和酿馅番茄

4 人份

- 4个中等大小的圆番茄
- 4个较圆的西葫芦
- 6汤匙橄榄油
- 盐

馅料

- 1片酵母面包
- 50毫升脂肪含量35％的液体奶油
- 300克肉碎
- 1个鸡蛋
- 75克洋葱、胡萝卜和芹菜酱料
- 盐
- 现磨胡椒粉

蒂埃里的建议

该食谱是基本的烹饪方法。您可以根据自己的喜好来调整食材：新鲜香草、凤尾鱼、大蒜、乡村火腿丁……

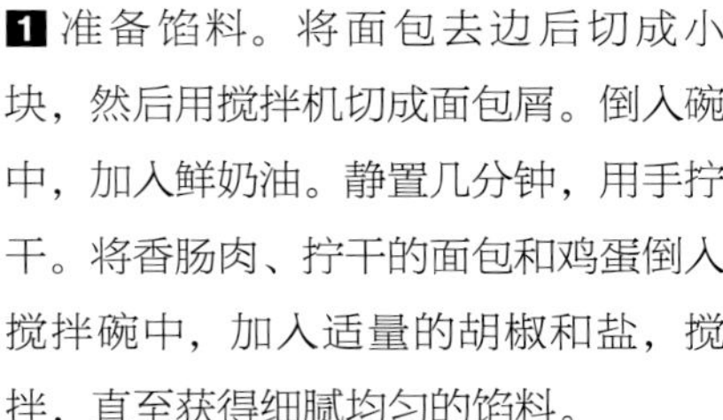

1 准备馅料。将面包去边后切成小块，然后用搅拌机切成面包屑。倒入碗中，加入鲜奶油。静置几分钟，用手拧干。将香肠肉、拧干的面包和鸡蛋倒入搅拌碗中，加入适量的胡椒和盐，搅拌，直至获得细腻均匀的馅料。

2 加入油渍洋葱、芹菜和胡萝卜。将番茄和西葫芦洗净，在梗部切开。

3 用挖球勺掏空蔬菜。

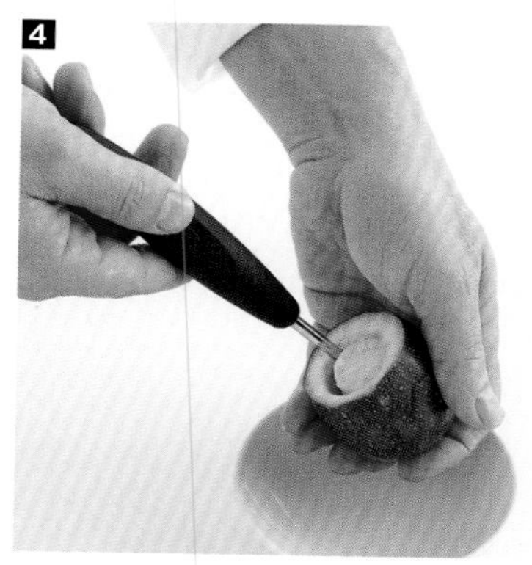

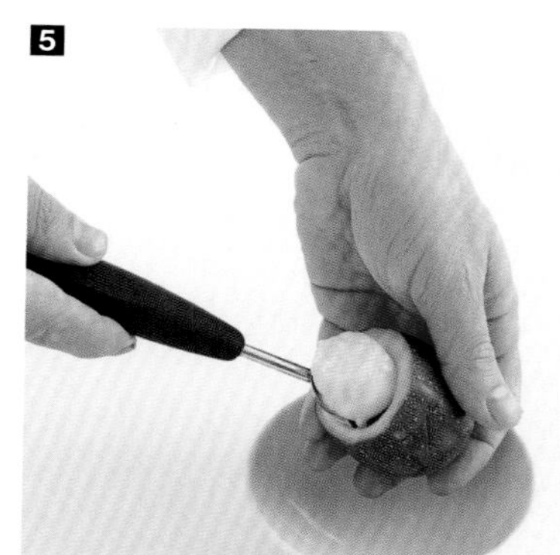

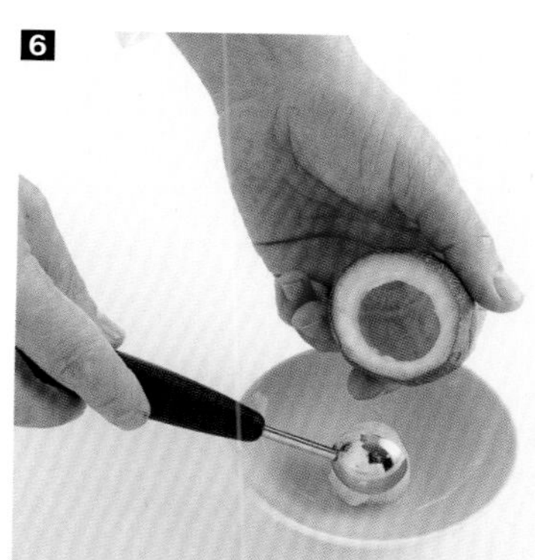

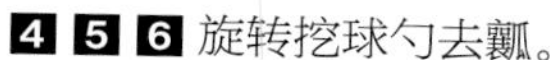
4 5 6 旋转挖球勺去瓤。

7 在番茄内部加盐，然后将其倒扣在吸水纸上。将馅料分成两部分。将番茄瓤添加到番茄馅料中，将西葫芦瓤添加到西葫芦馅料中。

8 将填馅的蔬菜放在烤盘中。洒上橄榄油，然后在预热至200℃的烤箱中烘烤25分钟。将烤箱温度降低至160℃，继续烹饪10分钟。在菜品温热时上桌。

酿馅卷心菜

4 人份

- ⊙ 1个美丽的绿色卷心菜
- ⊙ 1片乡村面包
- ⊙ 50克含35％脂肪的液体奶油
- ⊙ 50克黄油或橄榄油
- ⊙ 2个胡萝卜切丁
- ⊙ 1瓣大蒜切末
- ⊙ 1个洋葱切碎
- ⊙ 250克肉末
- ⊙ 2个鸡蛋
- ⊙ 香菜碎
- ⊙ 盐
- ⊙ 肉豆蔻

蒂埃里的建议

酿馅卷心菜也可以用于砂锅炖肉。可在锅中加入25毫升鸡汤、3汤匙橄榄油和2个切成小块的番茄。在加盖的砂锅中小火烹饪45分钟。

1 准备食材。

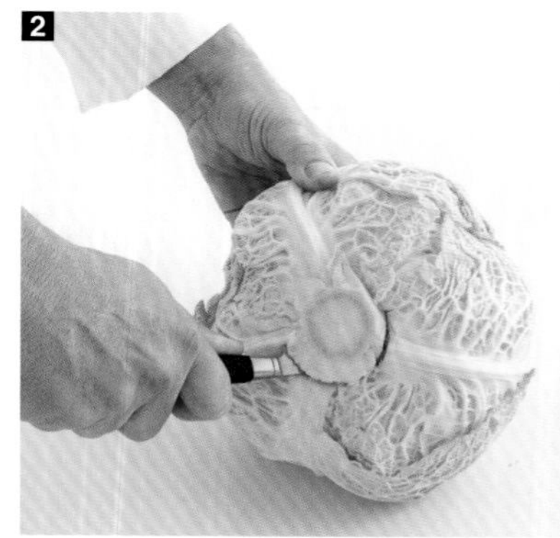

2 如果卷心菜的外层叶片有损伤，剥去外层叶片。用小刀切开中心位置，去除菜心处。

3 将卷心菜叶从心叶上取下，然后与心叶一同在不加盖的盐水锅中煮5分钟。捞出放入冰水中冷却，捞出彻底沥干。

4 制备馅料。将面包碎放入鲜奶油中。用中火将胡萝卜丁、蒜末和洋葱碎在黄油中煎黄。然后加入肉末和切碎的菜心。用中火烹饪5分钟。从火上移开后加入鸡蛋、香菜碎、奶油和面包屑，搅拌。撒盐，然后加入肉豆蔻调味。

5 用布或吸水纸将卷心菜叶擦干。

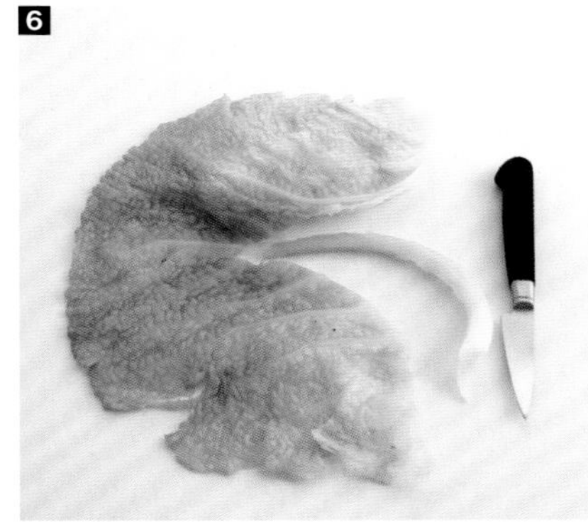

6 从叶片上取下中心处的菜梗。

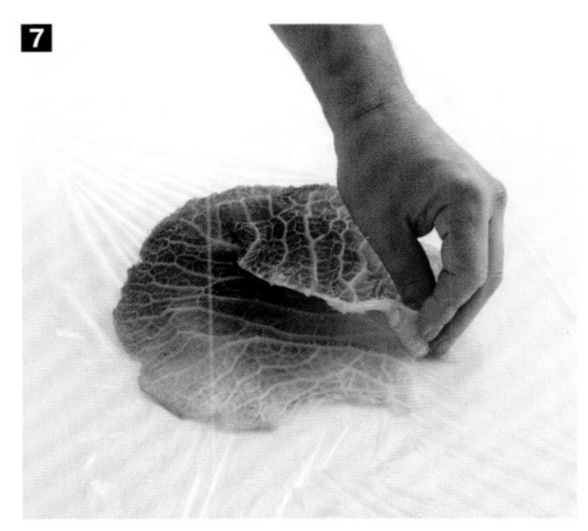

7 将第一片菜叶放在保鲜膜上，左右端重叠以去除缝隙。

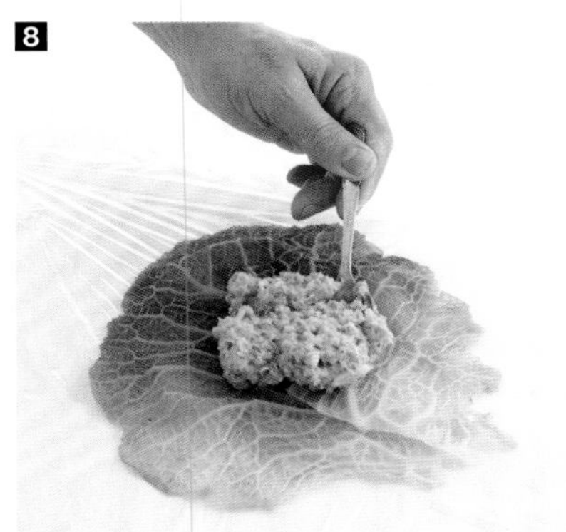

8 在叶片上放少量馅。

9 用刮刀抹匀。

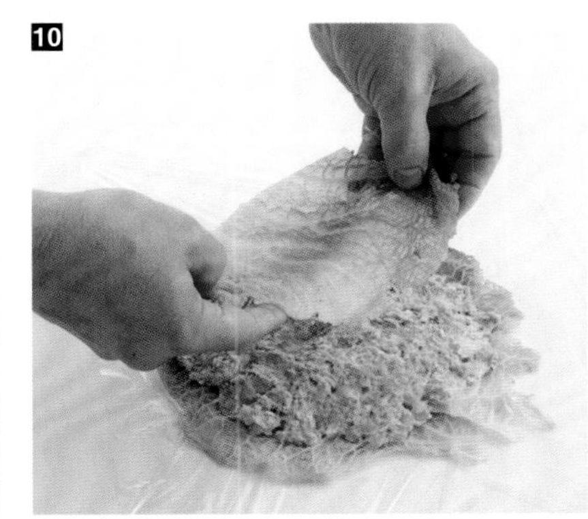

10 再放一片菜叶。

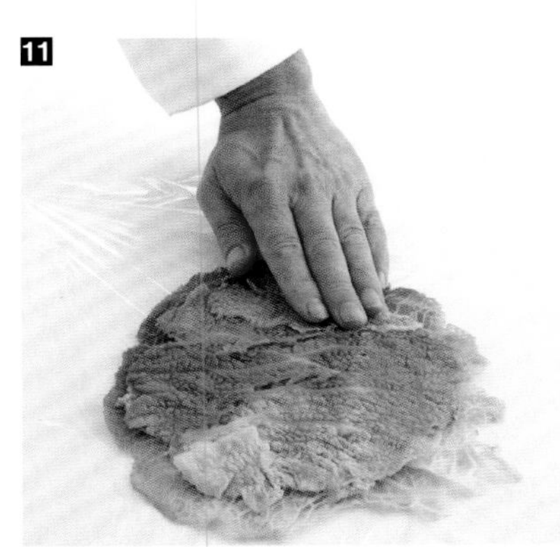

11 轻轻铺平。

12 重复上述步骤，直到用完所有馅料。

13 聚拢保鲜膜的四角。

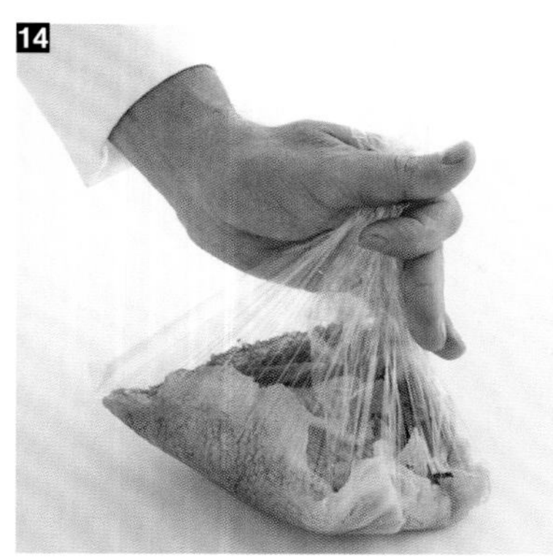

14 形成球状。

15 转动保鲜膜，将卷心菜收紧。

16 将保鲜膜打结。将酿馅卷心菜浸入水中，也可浸入热蔬菜或家禽肉汤中，并用小火煮45分钟。取出卷心菜，切成薄片，淋上肉汁或番茄酱。

酿馅莙荙菜

1 将莙荙菜叶在沸腾的盐水中煮2分钟，然后放在冰水中冷却，捞出沥干，并彻底晾干。

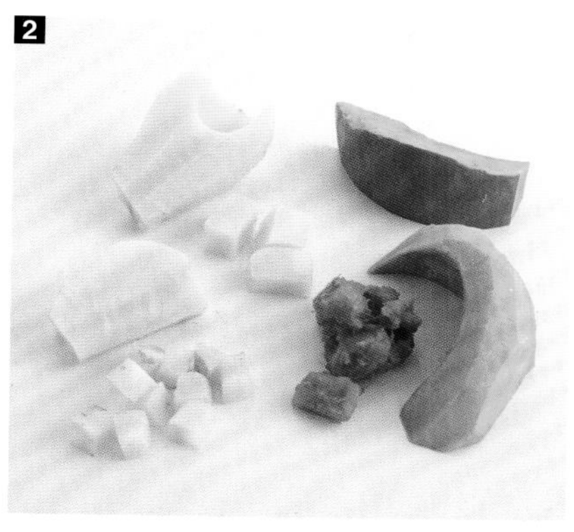

2 制备馅料。将欧防风和块根芹切成小块，煮熟。用橄榄油煎南瓜，直到南瓜的水分完全蒸发。搅拌后调味。

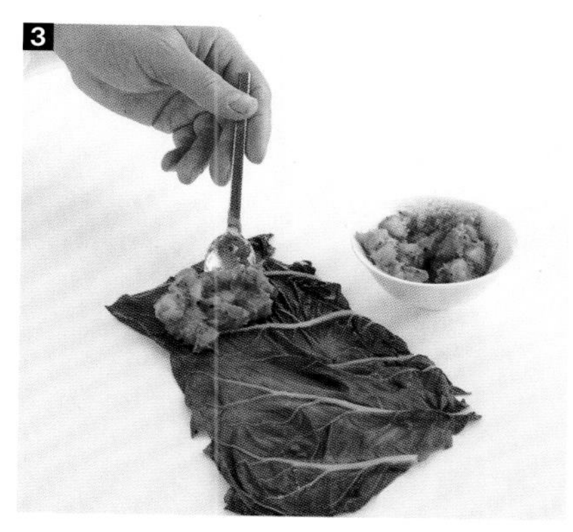

3 把莙荙菜叶子切成长方形，放上馅料。

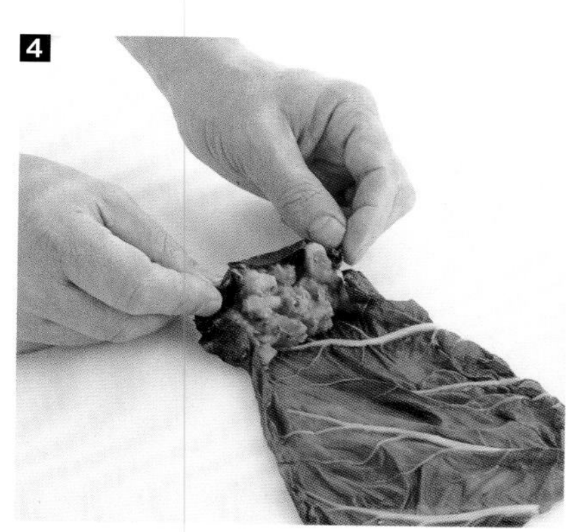

4 将莙荙菜的边缘盖到馅料上。

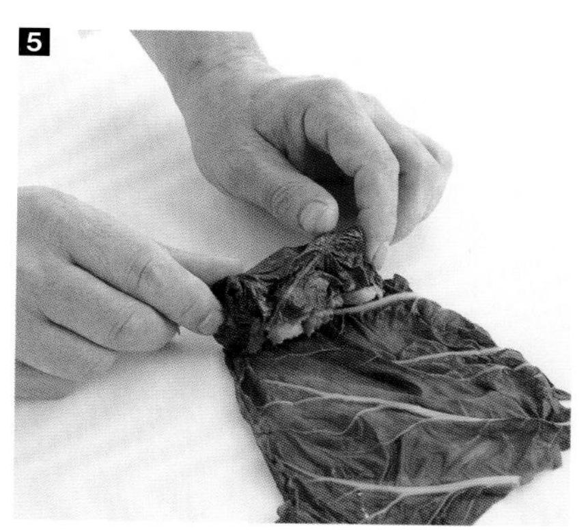

5 轻轻包裹。

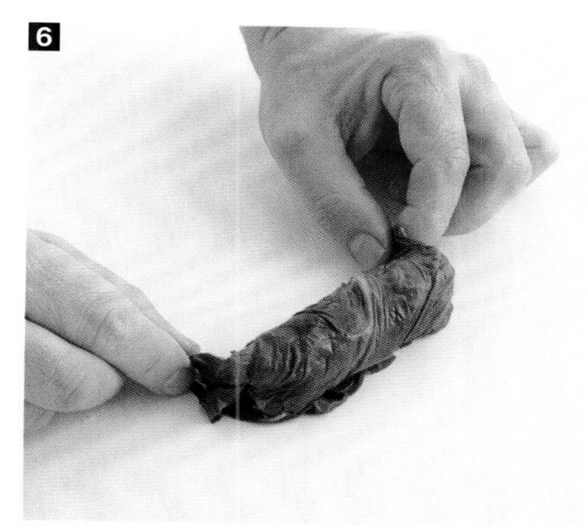

6 将两端折叠在蔬菜卷下面。

7 将橄榄油刷在蔬菜卷上。

8 蒸制约4分钟。烹饪完成后，搭配香辣的酸奶酱和咖喱即可享用。

花椰菜饭

蒂埃里的建议

要制作精致的酱汁，请将100克的水煮芝麻菜、150克的液体奶油和150克的豆浆搅拌均匀。撒上盐和胡椒粉，使酱汁乳化。

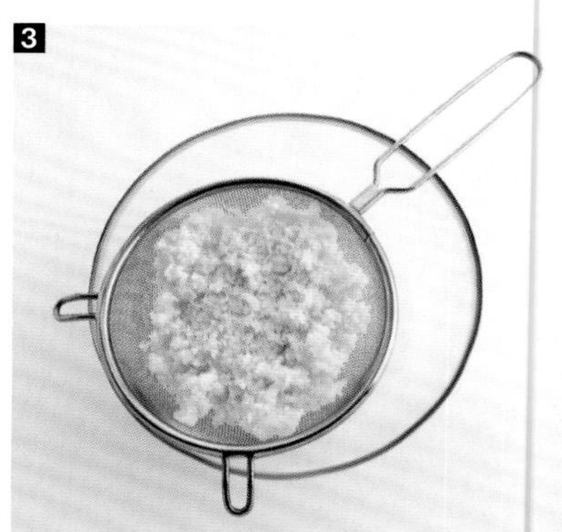

1 洗净并切掉花椰菜的顶部。将食材放在搅拌碗中。

2 加少量水，搅拌，得到花椰菜颗粒。

3 将花椰菜粒过筛。

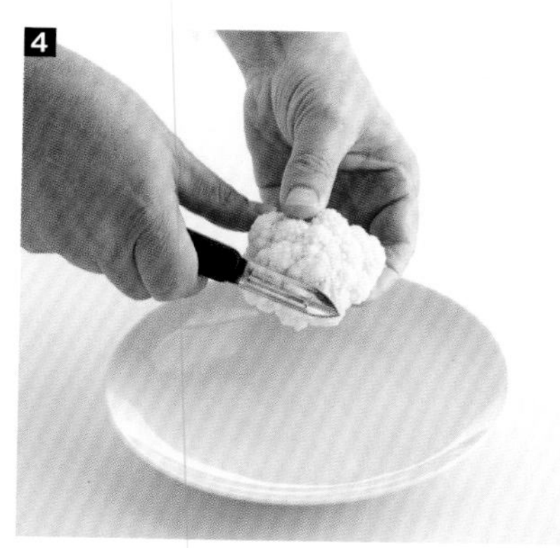

4 可以用削皮刀轻易完成上述步骤。

5 用削皮的方式来制作花椰菜颗粒。

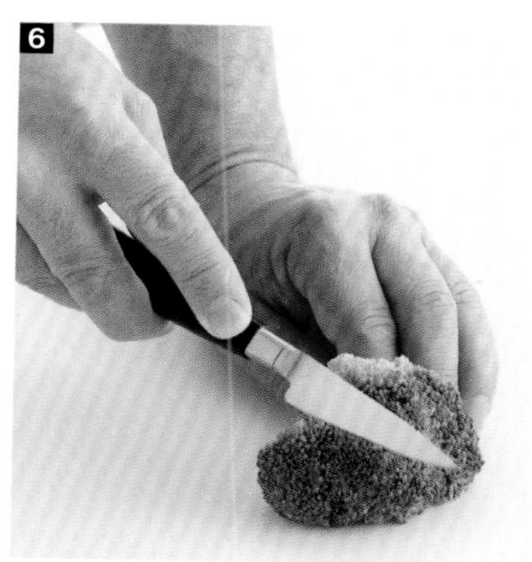

6 用一把优质的刀也能实现这一步骤。

7 许多蔬菜都适宜用这种方式切碎：西蓝花、彩色花椰菜等。

8 要制作原创的开胃菜，可将不同颜色的花椰菜粒与香醋或蛋黄酱搭配组合，将其放置在水煮小型蔬菜围成的圆圈中，并淋上橄榄油。

黄瓜筒

1

1 将黄瓜洗净，然后切成约5厘米长的段。

2

2 用挖球勺去瓤，注意不要刺穿底部。

3

3 将蔬菜切丁：甜椒、番茄、洋葱、胡萝卜……加入橄榄油和醋调味。撒上盐和胡椒粉。加入切碎的新鲜香料：薄荷、芫荽等。

4

4 将蔬菜丁放进黄瓜段中。冷藏后可作为头盘小菜享用。

萝卜筒

4人份

- ⊙ 1升贻贝
- ⊙ 500克蛤
- ⊙ 150毫升干白葡萄酒
- ⊙ 20克白洋葱薄片
- ⊙ 12个虾
- ⊙ 1根长萝卜
- ⊙ 200毫升脂肪含量35％的液体奶油
- ⊙ 一撮藏红花蕊
- ⊙ 35克熔化的黄油
- ⊙ 250克去壳滨螺
- ⊙ 盐
- ⊙ 胡椒

1 清洗贻贝及其他海鲜，将它们倒进加入白葡萄酒、洋葱和胡椒的锅中。盖上锅盖并加热，直到它们开口。将其去壳后榨汁。剥去虾皮。

2 将长萝卜去皮，切成5厘米长的段。将萝卜放在沸腾的盐水锅中煮约10分钟，然后在冷水中冷却。

3 使用圆柱形的切刀，将每段萝卜切成漂亮的筒状。

4 将其加入汤中。

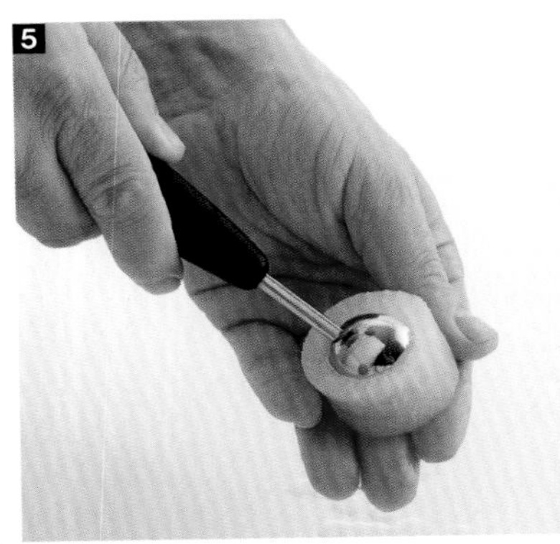

5 用挖球勺将萝卜段挖空，不要刺穿底部。

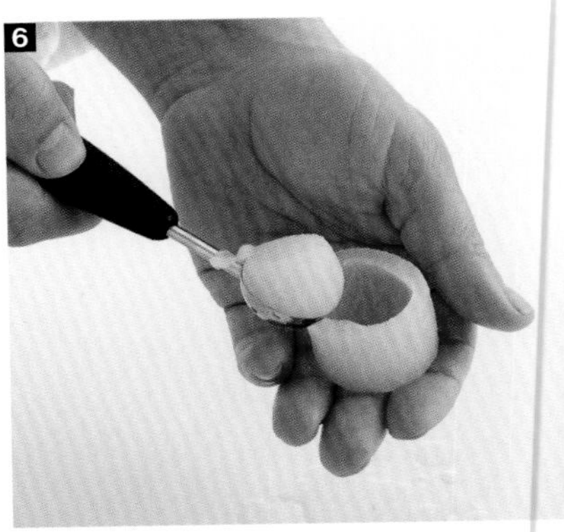

6 保留挖掉的部分。

7 将煮贝类的汤汁倒入锅中。加入奶油和藏红花收汁。加入贝类、虾、滨螺和萝卜丁。用小火重新加热。

8 将贝类及调味品加入萝卜筒。浇上熔化的黄油然后在预热至200℃的烤箱中烘烤5分钟。与剩余的酱汁一起摆盘。盘中可添加花朵、嫩芽或甜菜丝……

油炸虾球

安的列斯群岛的油炸鳕鱼丸（ACRA）举世闻名，但是我们可以用许多蔬菜替代鳕鱼：西葫芦、蘑菇、韭葱、胡萝卜……只要将它们切成丁或削碎，然后根据您的喜好加入香草或香料为面团调味。可趁热搭配开胃酒，蘸上柠檬或您喜欢的酱汁：番茄酱、蛋黄酱、鸡蛋黄油嫩葱汁……

4人份

- 350克小南瓜
- 200克生虾
- 80克小麦粉
- 7克发酵粉
- 600毫升全脂牛奶
- 6个蛋清
- 2汤匙欧芹碎
- 盐
- 现磨胡椒粉

1

1 准备食材。

2

2 将南瓜去皮擦丝。

3

3 将虾去壳，切成5毫米见方的小丁。

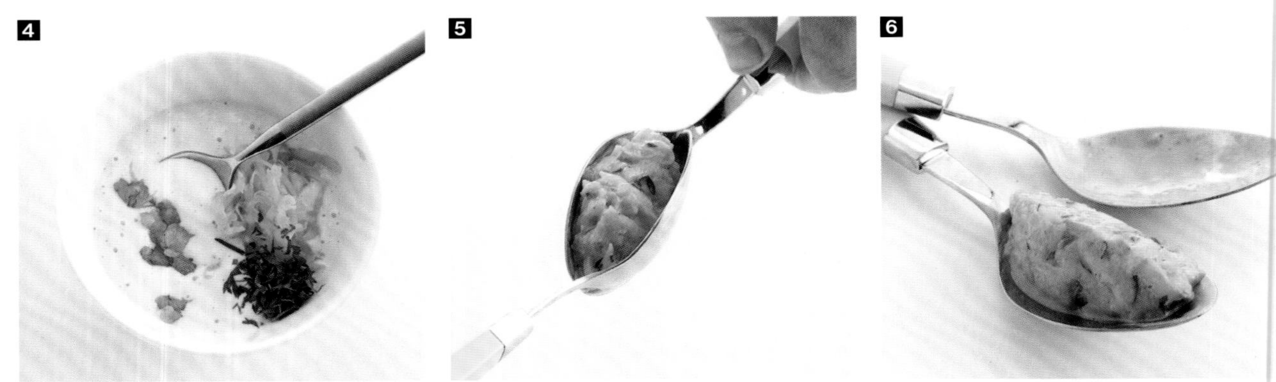

4 将面粉和发酵粉在碗中混合，缓慢倒入牛奶、搅拌均匀，加入蛋清。面团应该光滑。加入虾块、磨碎的胡桃和欧芹碎，撒上盐和胡椒粉。

5 6 用2个大汤匙将它们制成丸子。

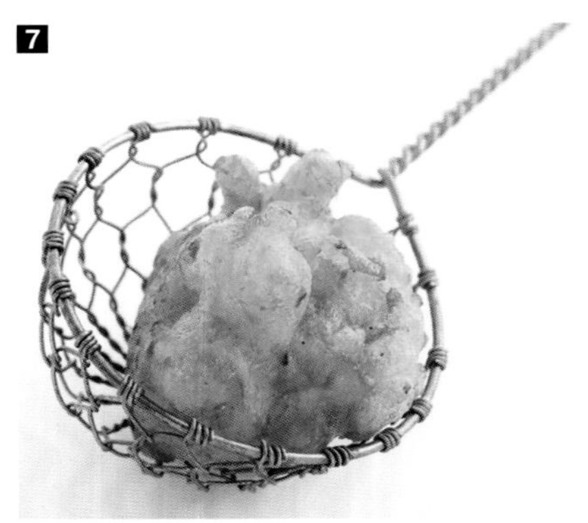

7 将丸子轻轻放入预热至180℃的油中。炸4~5分钟，直至变色。

8 将虾球在纸巾上沥干。即可享受虾肉的柔软和面团的酥脆。建议与炸欧芹搭配食用。

口蘑意式煨饭

口蘑意式煨饭用口蘑替代米饭蘑菇，并采用同传统食谱一样的制作方法。可以将口蘑与其他蔬菜一起使用，例如芹菜、豆芽、南瓜或番薯。

4人份

- ⊙ 1千克口蘑（选择大且白的口蘑）
- ⊙ 200克牡蛎蘑菇
- ⊙ 4个大个棕蘑菇
- ⊙ 2汤匙橄榄油
- ⊙ 1个白洋葱
- ⊙ 75克黄油
- ⊙ 180毫升白葡萄酒
- ⊙ 180克脂肪含量35％的液体奶油
- ⊙ 12根细香葱
- ⊙ 100克帕玛森奶酪屑
- ⊙ 盐
- ⊙ 现磨胡椒粉

1 准备食材。

2 洗净蘑菇。先将蘑菇切成5毫米厚的片，然后切成5毫米见方的丁。将牡蛎蘑菇和棕色蘑菇切成条。

3 用橄榄油翻炒蘑菇条。撒上盐和胡椒粉。保温。

4 将洋葱在黄油中煎出汁，无须着色。撒上盐和胡椒粉。加入口蘑丁小火加热1分钟出汁，不着色。撒上盐和胡椒粉。 倒入白葡萄酒并收汁。加入奶油。继续小火烹饪3~4分钟。加入调味料。将蘑菇条放在意式烩饭上摆盘。撒上切碎的细香葱和帕尔玛奶酪屑。

奶油焗菜：白酱

富含酱汁和奶酪的奶油焗菜能够驯服蔬菜的味道。基本制作原理是将一种或多种蔬菜焯水预制并制作调味酱。将奶酪烘烤变色，可以制作出简单而亲切的菜肴，足以吸引所有人。

配料

- ⊙ 35克黄油
- ⊙ 35克面粉
- ⊙ 1升全脂牛奶
- ⊙ 肉豆蔻
- ⊙ 盐

蒂埃里的建议

使用像菊苣一样富含水分的蔬菜时，奶酪酱汁应更浓稠，以免奶油焗菜太潮。

少放点牛奶。可添加香料（斯佩莱特辣椒）或奶酪，使酱汁更具个性。

1 准备配料。

2 在足以容纳牛奶的平底锅中制备肉汤：先用小火将黄油熔化。

3 加入面粉。混合搅拌。黄油应顺滑无结块。用小火煮约5分钟，不要停止搅拌。

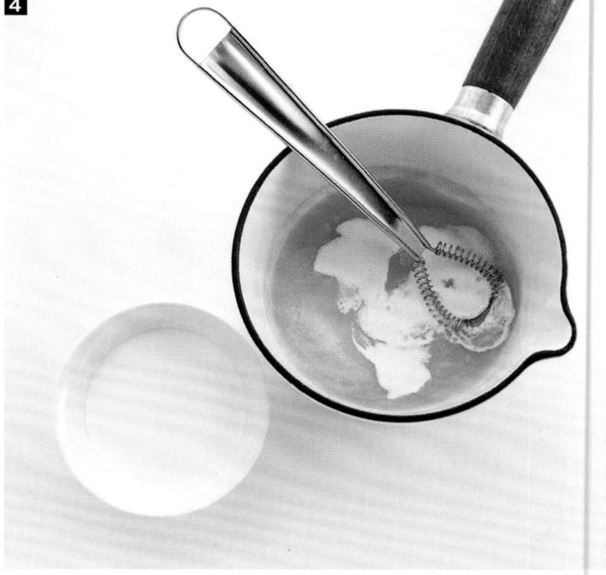

4 缓慢倒入牛奶，并继续搅拌约10分钟，保持小火。奶油酱会变稠。加入磨碎的肉豆蔻和盐。

三文鱼烙菊苣

1 将菊苣在沸腾的盐水锅中煮20分钟。

2 将菊苣切成两半。去掉菊苣有苦味的菜心。将它们放在纸巾上沥干。

3 在每半个菊苣上放入几片香芹，然后用烟熏三文鱼片卷起来。

4 将少许奶油酱倒入脆皮焗菜盘的底部。然后放入三文鱼菊苣卷。

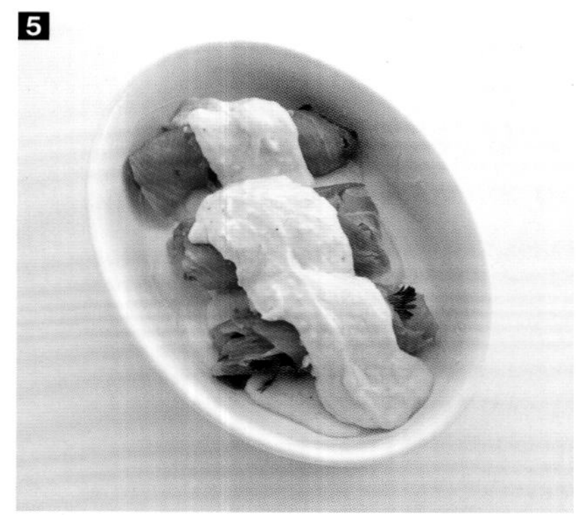

5 涂上调味酱。可撒上一些奶酪屑。在预热至180℃的烤箱中烘烤15分钟。可搭配小菊苣和樱桃萝卜沙拉食用。

法式奶油千层派

4人份

- ⊙ 600克土豆
- ⊙ 375毫升全脂牛奶
- ⊙ 250克脂肪含量35％的液体奶油
- ⊙ 1瓣大蒜
- ⊙ 盐
- ⊙ 胡椒
- ⊙ 肉豆蔻

1 准备食材。

2 将土豆削皮，切片后立即浸入冷水中。

3 将未剥皮的蒜瓣加入煮沸的牛奶和奶油。撒上盐和胡椒，然后加入切碎的肉豆蔻。缓慢倒入沥干的土豆片。小火煮15分钟后从火上移开，静置10分钟。

4 将土豆片在焗烤盘中摆成一层，倒入少许牛奶和奶油。重复此步骤，直到所有食材用完为止。放入预热至185℃的烤箱中烘烤15分钟。食用时可搭配绿色蔬菜沙拉。

复合酱汁

蛋黄酱

1

2

1 将1个蛋黄与1勺芥末和几滴柠檬汁混合。撒上盐和胡椒。

2 打蛋器乳化的同时加入橄榄油。选择味道较平淡的油，如花生油或葵花籽油。 像制作油醋汁一样，为使酱汁更具特色，可以添加其他香料：埃斯佩莱特辣椒、咖喱、匈牙利辣椒粉……可加入新鲜的香草泥、一点番茄酱或白胡椒粉。为营造顺滑的口感，可加入打发的蛋白。

搭配不同口感、颜色、体积的蔬菜可制作多种沙拉。可以发挥创造力，充分利用切块、组合以及生熟组合。使用切刀来制作几何形状，用挖球勺制成小珠。您会使蔬菜成为制作精美菜肴的美丽原料。

油醋汁

2

1 油醋汁的基础配料包括一勺醋和三勺油。加入盐和胡椒粉，然后混合乳化。在上桌前浇在沙拉上，以免醋酸灼伤蔬菜。

2 为增添滋味，可使用不同口味的油：橄榄油、芝麻油、菜籽油、南瓜子油、葵花籽油、豆油。为避免损失营养，最好使用有机冷榨油。

醋带有令人惊奇的香气。几滴柠檬或橙汁同样可以增添酸味。可以加入香料、大蒜或葱碎、番茄蜜饯及橄榄碎来使您的香醋个性化。加入蜂蜜、芝麻、坚果或松子等种子也是不错的选择。如需让调味料更辣，可以加一点芥末。

复合沙拉

1 将3片切成菱形的莴苣叶放在盘子上。

2 放上1个生菜心。

3 然后放2片紫甘蓝叶子。

4 加入一小撮菊苣叶和一小撮蒲公英叶。

5 一些切成三角形的甜菜或萝卜，以及一片蘑菇。

6 淋上油醋汁并撒上辣椒粉。

圆形复合沙拉

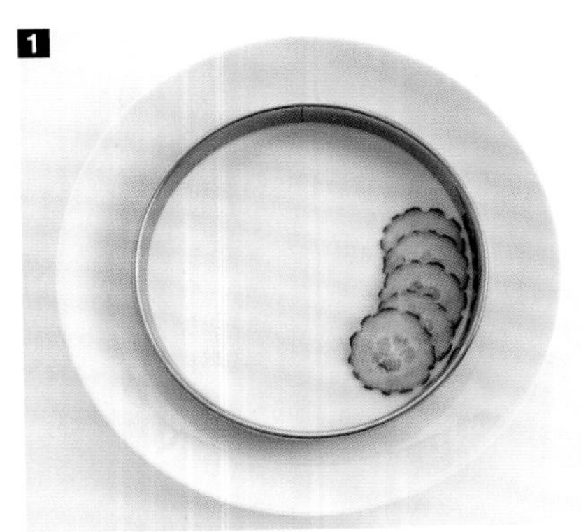

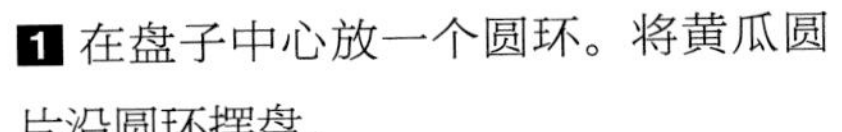

1 在盘子中心放一个圆环。将黄瓜圆片沿圆环摆盘。

2 继续用红萝卜片摆盘。

3 在中心放一些混合沙拉叶子。

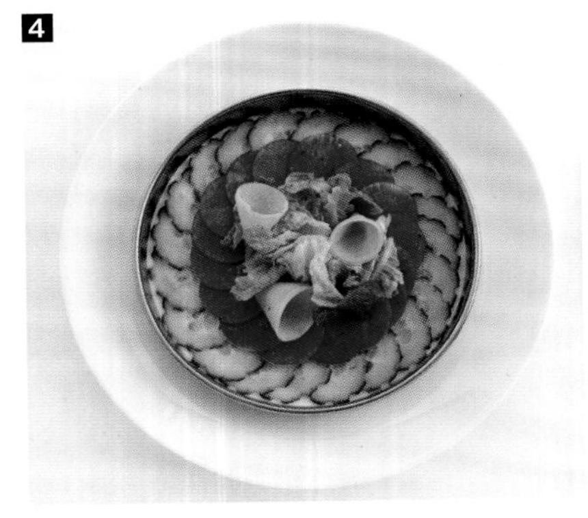

4 添加一些圆锥形胡萝卜装饰：用切片器将胡萝卜切成薄片，然后将其洗净，在盐水中浸泡几分钟后卷成圆锥形。

5 加入一些嫩芽。取下圆环。建议在上桌前调味。

卷状复合沙拉

1

2

3

1 在盘子中心放一个圆环。将黄瓜片贴在圆环边缘。

2 在中央放置莴苣菜心。

3 加入一些紫甘蓝。

4

4 取下圆环，用蛋黄和切槽蔬菜进行装饰。建议在上桌前调味。

意式萝卜片

意式蔬菜片是指将蔬菜用切片器切成薄片，例如萝卜、芦笋、蘑菇、卷心菜、南瓜、芜菁等。它保留了蔬菜的清爽、色泽和营养。通过淋上大量的橄榄油、海盐和胡椒，这道制作简单快捷的菜肴能在最后时刻带来美好的开胃体验。

1 仔细洗净黑萝卜。将一个红萝卜和几个樱桃萝卜去皮。

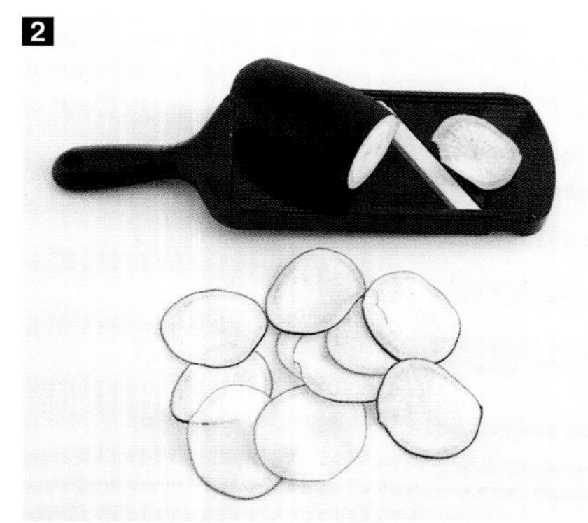

2 用切片器将黑萝卜切片。

3 将蔬菜片放在盘子中，撒盐。静置10分钟后冲洗，然后轻轻挤压。这种制备方法可弱化萝卜的辣味。

4 将所有切碎的萝卜摆盘。淋上橄榄油。加入几缕新鲜的香草。放一小撮海盐和现磨胡椒粉，即可享用。

胡萝卜蚕豆番茄华夫饼

蔬菜可以用在许多菜肴中，令传统的华夫饼、法式薄饼和俄式软厚饼迎来一股新风，可加上少许土豆、西蓝花、菠菜、豌豆、芦笋尖，也可加入番茄丁、胡萝卜丁、西葫丁……

8个华夫饼

- 250克小麦粉
- 2克盐
- 30克细砂糖
- 3个鸡蛋
- 350毫升全脂牛奶
- 100克熔化的甜黄油
- 80克胡萝卜碎
- 80克熟蚕豆
- 20克番茄酱

1

1 准备食材。

2

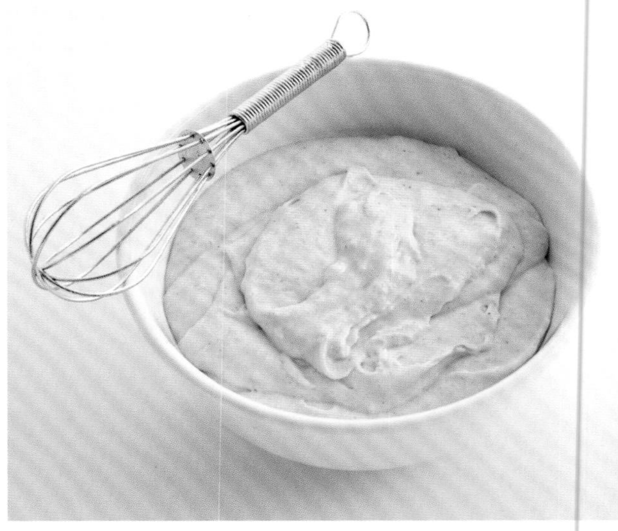

2 在碗中将面粉、盐和糖混合。在中央处打入鸡蛋。使用打蛋器进行搅拌，使面粉与鸡蛋搅匀。然后逐渐倒入冷牛奶和熔化的黄油。得到光滑均匀的糊状物。

3

3 在华夫饼机中加入您喜欢的配料：胡萝卜、蚕豆或番茄酱，拌匀。

4

4 将生面团倒入预先加热的华夫饼模具中。烹饪至变色。用小刀将华夫饼边缘切整齐。搭配绿色沙拉叶子并浇上喜欢的酱汁：香草蛋黄酱、蒜香奶酪酱……即可享用。

芝麻菜俄式软饼

4人份

- ⊙ 100克芝麻菜
- ⊙ 1瓣大蒜
- ⊙ 40克烤松子
- ⊙ 60毫升橄榄油
- ⊙ 100克黑麦粉
- ⊙ 2个蛋黄
- ⊙ 6克发酵粉
- ⊙ 120毫升全脂液体奶油
- ⊙ 120毫升全脂牛奶
- ⊙ 4个蛋清
- ⊙ 精盐
- ⊙ 现磨胡椒粉

1 准备食材。

2 在沸腾的盐水锅中将芝麻菜烧水5分钟后沥干。将其与去皮的蒜瓣、松子和橄榄油混合。撒上盐和胡椒粉。

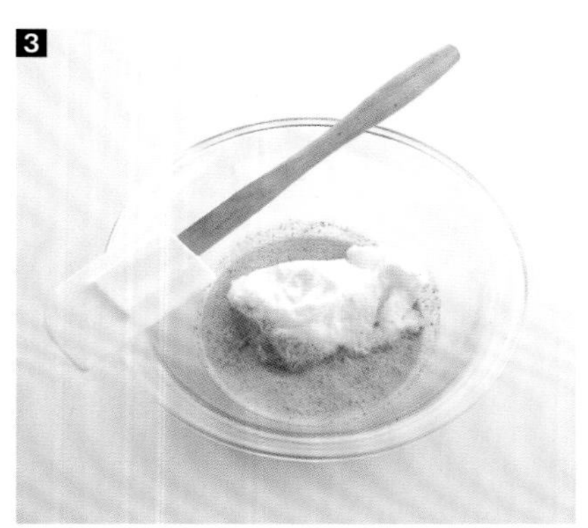

3 在碗中将面粉、蛋黄和酵母混合。加入奶油和牛奶，搅拌。当面团搅拌均匀时，加入蛋清。

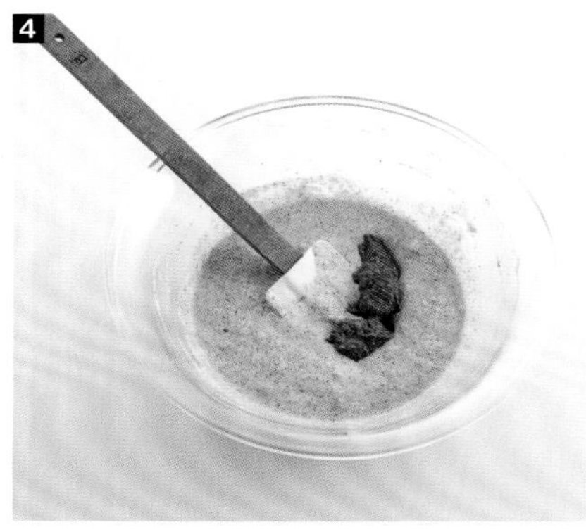

4 加入40克芝麻菜泥。

5 将混合物倒进加入黄油的热锅中。每面用小火烹饪约5分钟。俄式软饼外酥里嫩。重复以上步骤。搭配沙拉和剩余的芝麻菜香蒜酱趁热享用。

普罗旺斯奶酪蔬菜饼

普罗旺斯奶酪蔬菜饼（tian）源于一种当地菜，它在当地语言中指在烤箱中缓慢烘烤的蔬菜。它是体现普罗旺斯居民灵魂的传统菜式，其中含有充满阳光的蔬菜：番茄、西葫芦和茄子。但是我们也可以使用其他蔬菜：土豆、萝卜、菊芋、洋葱……

4人份

- 1个洋葱
- 50毫升橄榄油
- 4个番茄
- 2个西葫芦
- 1个茄子
- 几根风轮菜
- 80克新鲜帕玛森奶酪
- 细盐
- 现磨胡椒粉

蒂埃里的建议

可以加入少许香醋和柠檬汁，再撒上橄榄碎。

1

1 准备食材。

2

2 将洋葱去皮切碎。在10毫升橄榄油中小火烹饪约20分钟。撒上盐和胡椒粉。

3

3 将番茄、西葫芦和茄子洗净，切成薄片。然后将茄子片切成两半。

4

4 将油渍洋葱放在盘底，加入油和风轮菜。轻轻在上面放几片茄子。

5 继续放置西葫芦圆片。

6 然后交替摆上番茄。

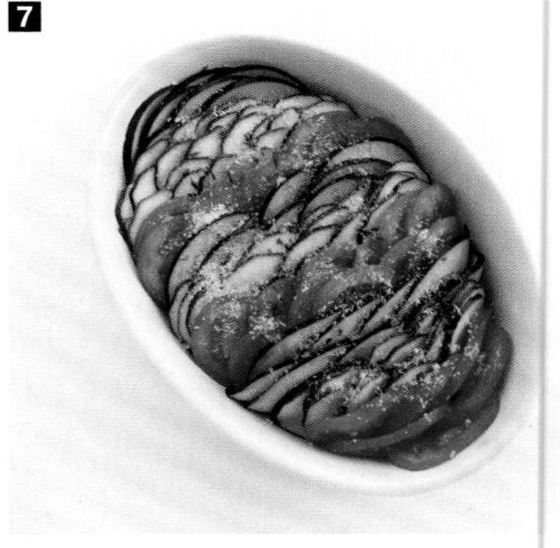

7 重复此步骤直到用完所有蔬菜。撒上帕玛森奶酪和剩余的风轮菜。洒上剩余的橄榄油。撒上盐和胡椒粉。用烘焙纸盖住盘子。

8 放进预热至200℃的烤箱中，烤10分钟。取出烘焙纸，继续烹饪10分钟。上菜前，在烤箱中加热10分钟。

蔬菜冻

制作二十余个半球

- ⊙ 400毫升蔬菜、肉或鱼汤
- ⊙ 10克明胶片
- ⊙ 25克西芹丁
- ⊙ 25克胡萝卜丁
- ⊙ 25克黄瓜丁
- ⊙ 25克胡椒粉
- ⊙ 25克萝卜芥末酱
- ⊙ 细盐
- ⊙ 胡椒

1 在平底锅中用小火加热高汤。加入已在冷水中软化的明胶片。充分混合直至明胶片完全溶解。

2 将少许高汤倒入半球形模具的底部。

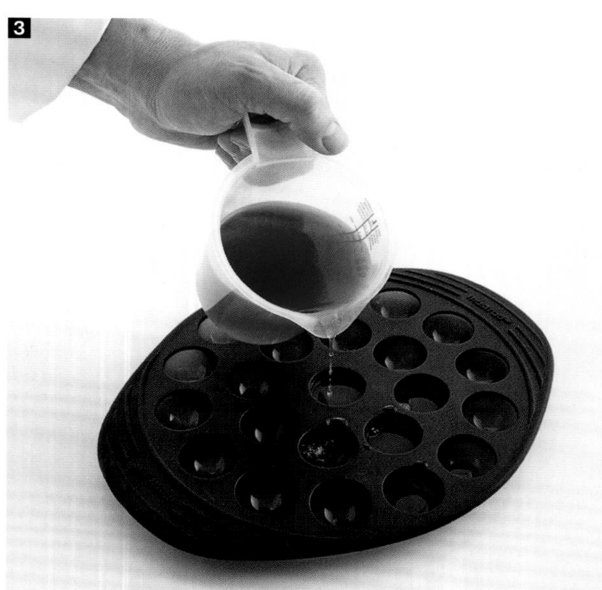

3 4 在碗中，混合所有蔬菜丁。撒上盐和胡椒粉。在每个半球中加入一茶匙蔬菜丁，再倒一点高汤。在冰箱中静置2小时以上。可脱模用作开胃菜。

抱子甘蓝蔬菜炖锅

炖锅可使许多蔬菜在高温烹饪下快速变熟。因此保留了蔬菜的质地、颜色和营养。只需加入少量黄油或橄榄油，就可以烹饪一种或几种蔬菜。加入大蒜、洋葱、培根、香草（百里香、迷迭香）和香料调味。最后撒上切碎的新鲜香草：罗勒、细香葱、香菜……

4人份

- ⊙ 400克抱子甘蓝
- ⊙ 70克熏培根
- ⊙ 3汤匙橄榄油
- ⊙ 160克杏鲍菇
- ⊙ 80毫升禽类高汤
- ⊙ 盐
- ⊙ 现磨胡椒粉

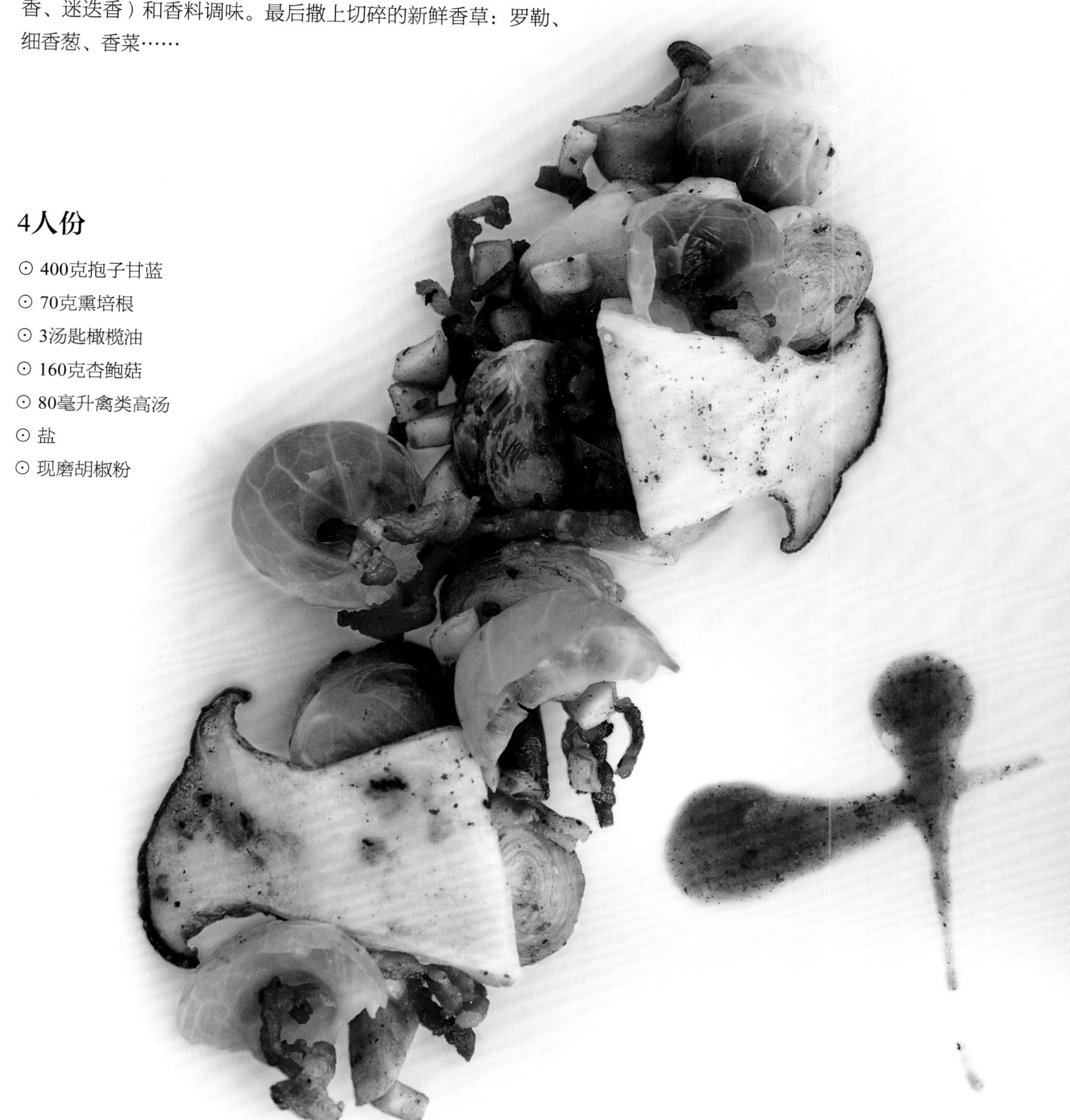

1 准备食材。

2 切掉抱子甘蓝的根部。如外层叶片已损伤，需将其择掉。在沸腾的盐水焯水15分钟。用冰水冷却它们。捞出沥干水分，然后切成两半。

3 将熏培根切成2毫米粗的丝。在平底锅中加入一汤匙橄榄油，将培根煎制变色。用切片器切出2片杏鲍菇片，将剩下的部分切丁。

4 将抱子甘蓝放入加一汤匙橄榄油的锅中加热约3分钟后起锅保温。

5 在加入1汤匙橄榄油的锅中煎杏鲍菇片和杏鲍菇丁，直到获得漂亮的颜色。撒上盐和胡椒粉。起锅保温。

6 将禽类高汤在平底锅中收汁。将蔬菜和培根摆盘。洒上酱汁装饰。即可享用。

水果

75 种技巧 · 600 个步骤

水果是一年四季都能享用的美味!

在本章中，我将与您一起探索三十余种水果。如此一来，即便水果一天三次出现在您的盘子中，也不会令您感到厌倦。水果是大自然的礼物，是人间天堂和富足美好的象征，许多谚语、词汇、历史事件及传说故事都印证了这一点。这些珍宝具有多样的质地、颜色和口味，它们与我的地中海血统共同组成了我生命里不可或缺的一部分，同时也构筑了我的灵感源泉。对我而言，水果是不可忘却的情感记忆。在我的童年，我的生活节奏常被水果采摘打乱，我也常沉醉于果酱、蜜饯及手工糕点的美味。在“水果”这一章中，所有建议均是为了使您快速了解水果。希望本章能够帮您入门，成就您的奇思妙想。

水果常用工具及概述

常用工具介绍

各类刀具

刀具是令烹饪成功的必备工具，也是烹饪的乐趣所在。虽然优质的不锈钢刀片较为昂贵，但也请选择它们，您将感受到它们的与众不同。优质的刀片令剥皮或切割轻而易举。

每次用刀后都应洗净。保持从刀背开始擦拭，直到锋利的刀刃。

不要将刀散放在抽屉中，以免损坏刀刃或刀尖。

每周至少磨刀一次，最好使用带有槽且质地坚硬的钢制磨刀石。

小刀（UN COUTEAU D'OFFICE）

削皮、切削、转动、切片、切条、切丁、雕花……小刀实在太有用了。当然，您必须拥有一个好帮手！购买优质的刀具绝不会令您后悔。由于小刀用途广泛，刀刃处略微弯曲，因此是烹饪中使用最多的工具。

传统削皮器（UN ÉCONOME CLASSIQUE）**和刀片削皮器**（UN ÉCONOMEÀ LAME）

削皮器可将水果去皮，同时使果皮的厚度最小。这一点很重要，因为大部分维生素都集中在果皮下。

削皮器主要分为两类：传统削皮器是固定刀片，带有用于挖洞的尖端。刀片削皮器带有旋转刀片，便于调整果皮的厚度。

这些与人体工程学有关，需要熟悉蔬菜的拿法以及去皮的动作。

陶瓷刀 （UN COUTEAU EN CÉRAMIQUE）

陶瓷刀锋利无纹理，具有避免食物氧化的优势。这是保持水果中维生素的要素。

波纹刀（LE COUTEAU DENT DE LOUP）

波纹刀可以规则地锯切柑橘、甜瓜或西瓜，以便在盘子上进行漂亮的展示。

厨师刀（UN COUTEAU EN CÉRAMIQUE）

宽而长的刀片便于切薄片及切丝。用手握好刀柄，可以使刀片规律运动并顺利切割。

切割时需要一把好刀，也需要训练！初期不要尝试快速切水果。

案板（UNE PLANCHE À DÉCOUPER）

案板是烹饪中必不可少的工具。案板要大而轻巧，以便轻松地将水果直接滑入平底锅或盘子中。案板的材料应选择木头或聚乙烯。不要选择由金属或玻璃制成的案板。

使案板稳定的小窍门：在案板下垫一块湿布或多张湿润的厨房用纸，以防止案板滑动。

切片器（LA MANDOLINE）

通过调整切片器的刀片间距，可以快速切出水果薄片。如果切片器没有保护壳的外壳，请注意末端的锋利刀片，以免划伤手。

日式切片器实用且方便，但不能像传统的立式切片器一样切出厚度不一的水果片。同样，需注意末端的锋利刀片，以免划伤手。

柠檬擦丝器（LE CANNELEUR）

在将水果切成薄片之前，可以先用柠檬擦丝器在水果上做出装饰性的切口。它也被用于柑橘类水果的果皮擦丝。

去核器（LE VIDE-POMME）

去核器可以用来掏空苹果或梨，这种工具不会破坏水果的外形。

水果概述

我通常采购产自生态农业（指有机农业及生物动力农业）的水果。此类水果的确有时价格更高，但优势明显：

- 果皮富含营养物质及珍贵维生素；
- 采购过程尊重果农的生产劳动，鼓励短循环及就近消费。

世界上有数百种水果，无法一一列举。本章挑选了具有较高市场占有率且大多在法国有种植与栽培的三十余种水果。一些奇特的水果已融入了法国的文化和美食，因此本章也包括了这部分水果，例如菠萝或香蕉。

我还要提一下水果的营养价值。水果是健康的好朋友。为利用好水果的优势，餐前制备水果应注意适量。最好的做法是即刻享用新鲜水果，因为维生素会在空气中氧化。否则，请保持将水果置于通风处并用干净的布盖住。

请参考您的菜谱进行采购。例如成熟的杏子非常适合果酱或派，但很难切丁。

注意关注水果的时令：当季水果质量更高且价格低廉。在冬季生产的草莓或樱桃，它们会带来更高的碳排放量却缺少甜美的味道。

最后，请接纳各种水果的颜色和形状。这一切赋予菜品创新的口味及精美的摆盘。

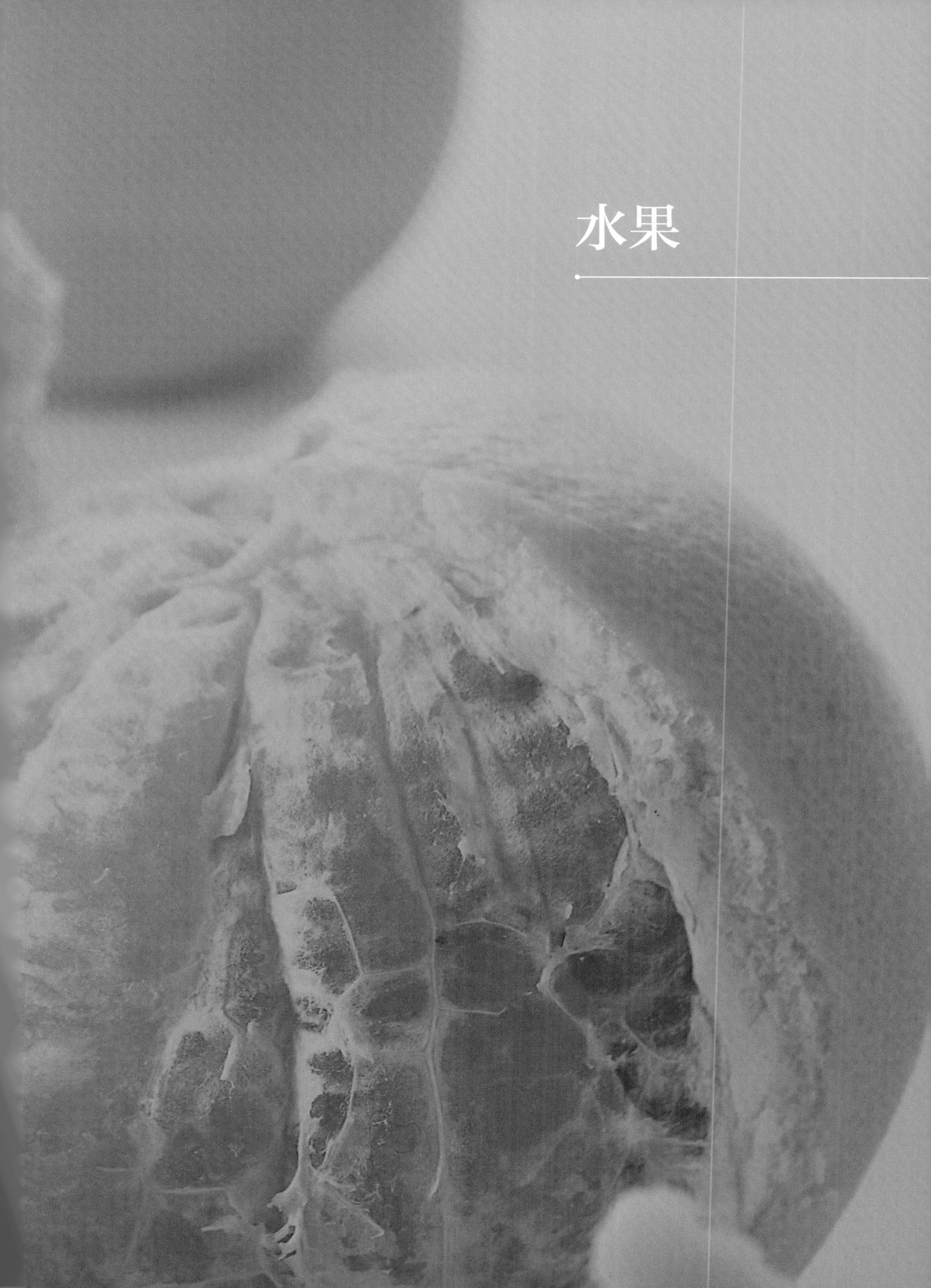

水果

杏

在中国，杏是野生的，直到被中东的亚美尼亚人栽种培植，杏的拉丁文名称：prunus armeniaca（译者注：prunus armeniaca意为亚美尼亚杏）体现了这一点。在法国，杏的普遍种植可追溯至16世纪，尤其多见于气候适宜的地中海地区东南部。在路易十四统治时期，杏才真正开始被大量使用。杏的果皮和果肉呈现美丽的橙色，其色彩被作家吉奥诺（Giono）诗意地喻为“阳光的印象”。它是夏季的珍珠，常被用于甜品，偶尔也在菜肴中出现。

品种

法国产的杏子大约有40种，其大小、质地和口味各不相同。通常为人所知的是水果摊上的品种，如牧羊人（le bergeron）、普罗旺斯橙黄（l'orangé de Provence）和鲁西永红杏（l'abricot rouge du Roussillon）。最受欢迎的杏子来自三个产地：罗纳河谷（Rhon Valley）、鲁西永地区（Roussillon）和嘉德-克罗地区（Gard-Crau），这些地区温暖和煦的春天有利于杏树早日开花。

时令

杏子的品种丰富、产地众多，自5月至9月均有上市。然而，杏子的生产旺季是从6月至8月。

采购

杏子应选择多肉而柔软，果皮光滑无损并散发出果香的。杏子颜色的深浅是其品种特征，与其成熟度无关。

储存

这种精致的水果最好在购买两天内食用，但可以在常温环境下保存3天。此后，它会开始腐烂，炎热的气候会加速腐败。不要将杏子放在冰箱里，这样会使其丧失香味并变硬。不要将杏子堆叠起来，最好将它们分散放在盘子里。

制备

在水果的制备中，杏子制备较为简单。制备杏子无须剥皮，只需在冷水中快速冲洗，将其一分为二即可去除果核。杏子也可生食，切四瓣放入沙拉中，或一分为二放入糖浆。

杏子可以用于许多甜点和糕点的制作。

在炖煮、炉烤或架烤时，用杏子辅以蜂蜜和迷迭香，可作为家禽、羊肉或新鲜奶酪的配菜，为菜品带来浓郁的香气。

蒂埃里的建议

新鲜杏子、杏干或杏脯都能够制作出美味的甜品或菜品，也可以用作酸醋调味汁或印度酸辣酱中的调料。作为一个法国南方人，我喜欢将杏脯加入橙花烤饼或用于制作薰衣草味马卡龙。

经典菜肴

杏子挞

杏子塔吉锅

可全年享用的杏子果酱、果脯和糖浆

苦杏酒（L'AMARETTO），意大利杏仁利口酒

菠萝

传说中，菠萝是赠送给克里斯托弗·哥伦布的欢迎礼物。长期以来，这种富有荣誉感的水果一直为王室或贵族的餐桌贡献着异国情调。直到20世纪80年代，它才成为常见的时令水果，出现在菠萝果汁、菠萝糖浆或混合开胃酒中的脱水菠萝块之类的消费品中。菠萝还渐渐成功地取代了塔廷馅饼中苹果的地位！

菠萝的独特外形和香气征服了整个法国。作为水果篮中的舶来品，即便是仅使用菠萝薄片，也能为菜品带来一丝热带的阳光气息！

品种

世界上有很多种菠萝，但各产区出口的菠萝主要为5个品种。卡宴（le cayenne）是最常见的品种，这是一种可重达4千克的庞大水果，果肉淡黄而多汁。小维多利亚（le petit victoria）是较少种植的品种，但由于该品种的酸甜口感能够实现完美平衡，因而受到厨师的高度重视，需求量越来越大。

时令

得益于全球不同产区的接力生产，菠萝全年均可供应，尽管如此，10月至次年4月是菠萝供给最充足的时段。

采购

可以通过触觉和嗅觉来选择优质的菠萝。菠萝的颜色从绿色至铜色不等，但这并不是菠萝的选购标准，菠萝的颜色仅取决于其地理产地。将菠萝置于掌中，菠萝必须肉质紧实并散发香味。

菠萝的叶子应呈绿色并茁壮生长。尽管菠萝的果皮很厚，但果肉极易受损。请注意检查菠萝表面，不可有污损或发霉变质。

储存

像所有热带水果一样，菠萝不喜欢受凉！它在室温下最多可储存5天。为加速菠萝的成熟，可以把菠萝与香蕉放在一起。

新鲜菠萝的质量主要取决于其采摘日期。采摘太早，菠萝是酸的；采摘太晚，菠萝肉会变成棕色。摘菠萝就像赌博！菠萝适合充当配菜，便利实用的保存方法是将菠萝放入天然糖浆。

制备

将菠萝做成船形盛放新鲜水果是最简单的处理方法：去除菠萝叶，然后将菠萝纵切成四份。去掉木本的中心部分，然后用刀片分开果皮和果肉。将菠萝切成小块。可将菠萝进行炖煮或用少量黄油和糖将其炉烤至焦糖化。菠萝可与香料搭配，如香草或姜。最后还有必要了解，菠萝蛋白酶是一种存在于菠萝果肉中的酶，如果您想要在意式奶油布丁（panna cotta）中加入菠萝，请不要添加明胶。

蒂埃里的建议

可将菠萝炸成菠萝条，或将脱水菠萝块放入沙拉或早餐谷物中。菠萝也很适合用来做西班牙冷汤（gaspacho）。为制备西班牙冷汤，我会准备好新鲜的番茄汁，搭配上配有葡萄柚的干酪面包片。菠萝适宜搭配龙蒿和青苹果，也适宜与虾串在一起。

经典菜肴

传统焦糖蛋糕

法国甜甜圈（LES BEIGNETS）

夏洛特蛋糕（LA CHARLOTTE，由戚风蛋糕卷与慕斯蛋糕组合成圆形皇冠状蛋糕）

香蕉

香蕉的果肉含有丰富的淀粉、糖和矿物质。几千年来，在种植香蕉的各个热带地区，它一直在帮助着营养不良的人们。香蕉已经成为法国第二大消费水果，如今在法国口语中被提及的“拥有香蕉”足以证明香蕉带来的快乐（译者注：在法语惯用语中，“拥有桃子”表示生活快乐美满，近年来常被误用为“拥有香蕉”）。

品种

我们需要区分水果香蕉和蔬菜香蕉。后者的淀粉不会变成糖，这使其具有淀粉的口感，并必须经过烹饪。世界上约有50余种香蕉，果实呈椭圆形、圆形、直的或弯的，具有不同的颜色和大小，我们常见的香蕉来自卡文迪许基因组：波约（poyo）、大矮人（grande naine）和小矮人（petite naine）。这些茁壮的品种足以适应长途运输。它们的果肉在质地和香气上有微妙的差异。

时令

香蕉的连续生产使其全年均可供应。

采购

香蕉的储存温度不能低于12℃。如果香蕉的果皮上有褐色斑点，说明曾遭遇骤冷，导致其味道和质地发生改变。另一方面，如果触摸香蕉时肉质紧实而表皮的黄色却带有褐色斑点，说明香蕉正在品尝期，应即刻食用。

储存

香蕉是一种跃变型水果，也就是说它在采摘后会继续成熟。你可以选择绿色的香蕉，让它在室温中变为黄色。但要全程远离冰箱。

制备

品尝香蕉的天然风味不需要使用其他工具，只需用手撕开外皮即可食用。

香蕉适用于各种制备方法：生食、油炸、炉烤或旺火烧。如用于生食，例如用在沙拉中，可加入柠檬以避免香蕉氧化。

蒂埃里的建议

当香蕉用于火焰烧水果或旅途蛋糕时味道很好。当香蕉与菊苣一起搭配火腿和奶油白汁，或放在咖喱等辣味菜肴中，也会制造惊喜。当制作开胃酒小点心时，可将香蕉切成片并用乡村火腿包裹，然后串成串，可生吃或烧烤。把香蕉与棉花糖穿在木扦上，浸入巧克力喷泉，也是非常不错的儿童零食。

经典菜肴

香蕉圣代
奶油焦糖香蕉
香蕉甜甜圈和香蕉蛋糕

樱桃

在文学作品中，樱桃季昭示着春天和青春，因为这种来自欧亚大陆的小型水果的时令很短，令人们来不及尽情享用。除非把樱桃贮藏在白兰地中！自中世纪以来，樱桃开始在法国种植，同一时期法国也引进了各种蔷薇科的有核水果，如桃子或杏子。

樱桃是小型水果，但名气却很大。它在全球生产的200多万吨蛋糕中占据了举足轻重的地位。

品种

我们无法确定樱桃在多少个国家种植，因为很多气候条件都适宜樱桃生长。在法国，人们选种了十几种甜樱桃，在水果摊上可以看到各种不同形状、规格和颜色的樱桃，如胭脂红、橘红色，甚至黑色。樱桃中的80%为布莱特樱桃属，其中包括波兰特樱桃（la burlat）、萨米特樱桃（la summit）及紫红樱桃（la reverchon），主要用于酿酒和烹饪。

时令

樱桃最早于5月开始上市，最晚于8月结束采摘。樱桃的上市旺季是6月的4个星期。

采购

不要犹豫，只选最美！挑选那些结实、有光泽、没有斑点或枯萎，果柄紧紧系牢的樱桃。樱桃的颜色深浅与其成熟度无关，但与樱桃品种相对应。

储存

注意小心轻放！樱桃较薄的果皮使其无法避免温度或霉菌的影响。最好将樱桃置于室温保存并在当天食用，在高温环境下更要按此执行。如在冰箱里存放两天，食用时需提前30分钟取出，以找回被寒冷抑制的樱桃味。

制备

用冷水冲洗，然后用布或纸巾擦干。残留的水分会加速樱桃腐败。如果要将樱桃捣碎，需要用刀将樱桃切开，取出樱桃核。如果需要制备大量樱桃，可使用更为高效的水果去核器。樱桃通常被当作新鲜水果直接食用，但也常因其酸甜的口感用于各种烹饪：果酱、糕点、糖浆、酸辣酱和甜点的黄油煎，在白肉或家禽的菜肴中也用于摆盘装饰。

蒂埃里的建议

将樱桃切成两半，用八角茴香、肉豆蔻或罗勒在鸭油中煎炸，用作鸭胸的配菜。您还可以在45℃的烤箱中，将樱桃果汁倒在盖着防油纸的盘子上放置8小时，使其脱水，制成水果皮。水果片有光泽、光滑并且干燥。可将水果皮切成条状，然后做成小卷：可直接食用或沾白奶酪食用。

经典菜肴

法式车厘子面糊布丁（译者注：法语原名LE CLAFOUTIS，音译名克拉芙蒂）
樱桃黑森林蛋糕配绵羊奶酪

柠檬

柠檬是柑橘属的水果，具有三种用途：它可以作为水果出现在许多菜谱中，可以作为散发着迷人香味的草药，也可以作为酸醋调味汁或酸辣酱中的酸化剂。除此之外，柠檬的各个部分都有用处：柠檬的果皮像它的果肉一样实用！正因如此，柠檬是厨房中不可或缺的存在，拥有欧盟地理标志保护认证标识（IGP）的芒通柠檬也成为法国的骄傲。

品种

市场上的黄柠檬品种不多，其中包括维尔拉柠檬（verna）、尤力克柠檬（eureka）和维拉法兰卡柠檬（villafranca）。柠檬的区别在于果皮厚度，是否有核，果实大小和多汁程度。黄柠檬在成熟前是绿色的。而绿柠檬即酸橙（lime），是酸橙树的果实。酸橙树无刺，气味清新，富含果汁。鱼子酱柠檬的珠状果肉令人联想起鱼子酱的颗粒，为大厨的厨房带来了新的创意，与之类似的还有柚子、梅尔柠檬、佛手柑和青柠。

时令

柠檬树是四季开花的植物，也就是说，柠檬一年可以开花四次。但其开放最密集同时也带来最大收获的花期是在地中海地区的冬季。

因此，全年都能看到法国以及其他国家生产的柠檬。

采购

柠檬的果皮必须颜色漂亮，无霉菌斑点。将柠檬放在手中掂量，柠檬必须具有良好的密度并略坚硬。如需使用柠檬的果皮，请选择有机或未经处理的产品。

如果希望使用果肉，更建议挑选皮薄的柠檬。

储存

柠檬在常温环境下可放置一周。随时间推移，柠檬将变得柔软而多汁。柠檬在冰箱中可存放2至3个星期。

制备

将柠檬用冷水冲洗并晾干，然后用刀或削皮器进行削皮。

小心削去柠檬表皮。白色的部分非常苦。将柠檬握住，以便榨汁。然后将柠檬切成两半，用手或榨汁机挤压。将柠檬像橙子一样剥开，以取出柠檬肉。切掉柠檬的两端，用刀刃伸入果皮和果肉之间，自下而上切开。也可将柠檬切成圆形或段形。柠檬可用于香醋、腌料、沙拉，并为各类菜肴带来生机与活力，如用于意式烩牛膝、面拖鳎鱼或罐焖鸡！

蒂埃里的建议

柠檬是我绕不开的水果，因为酸味在厨房中很重要。柠檬可以调整味道并平衡油腻的菜品，如烟熏三文鱼、果汁或酱汁。菜太咸了么？来几滴柠檬见证奇迹吧！

正如柠檬的果汁会为鱼带来奇妙的味道，它的果肉和果皮用在糕点中也十分不错，柠檬还可用于装饰性菜肴的摆盘。

经典菜肴

柠檬挞

柠檬焖肉

酸柠檬汁腌鱼（LE CEVICHE）

栗子

长久以来，栗子一直是一种资源植物。对于那些使用栗子的各部位进行取暖和制作各类物品的人来说，栗子是一种福利。栗子树曾被称为“面包树”，它在贫瘠、酸性土地或山地生长，当遭遇饥荒，栗子便成为谷物的替代品。尽管长满了刺，但这种小型果的产量还不错。阿尔代什省栗子（l’Ardèche）刚获得了法国原产地命名保护认证标识（AOC），科西嘉岛栗子（Corse）已获得了欧盟原产地命名保护认证标识（AOP），它们周边的栗子是厨师们的新选择。栗子是节庆活动的象征，谁能想象没有栗子的圣诞餐桌是怎样的?

品种

法国有超过700个品种的栗子，市场上常见的栗子产自东南和西南地区高地，如科西嘉岛、阿尔代什省、科雷兹省和多尔多涅省。它们有着漂亮的名字，玛丽古勒（marigoule），贡巴乐（comballe）、布绪（bourrue）或红嘴（bouche rouge），具有细腻和香甜程度不一的果肉。

时令

栗子是秋天的果实，由于种类和地区的不同，栗子的成熟期从9月中旬至10月下旬，为森林徒步提供了新目标。

采购

果皮光泽闪亮便是好兆头！拿在手中掂量，果壳和果仁之间不能有空隙。要检查是否有虫孔。要查看是板栗（Châtaigne）还是马栗（marron）？马栗是马栗树的果实，不可食用。但是板栗也常被称为“Marron”（译者注：Marron一词在法语中指马栗、栗色，也常用来表示栗子），因为它的果仁没有碎在壳里（译者注：Châtaigne一词在法语中另有用拳击打之意）。板栗更大，通常用于制作蜜饯栗子。

储存

在烹饪中小心栗子的坚硬外壳！栗子不易保存，可以存放3至4天，最好是在凉爽处。在非时令期，可以考虑使用栗子粉。

制备

制备栗子需要有点耐心。将栗子浸入一大碗冷水中，去掉漂浮起来的栗子：这些栗子是干燥或空心的。用刀尖，在栗子尖端划出十字切口。

- 在平底锅、烤箱或壁炉中烤制约20分钟。用刀子去除果壳，小心不要烧伤手指。
- 水煮：将栗子放入冷水中，煮沸后继续煮三分钟。捞出沥干，然后用刀剥去果壳，去掉果仁上的薄皮。栗子可加入各种甜品和菜品，在锅中用黄油煎、糖渍、制成栗子碎或栗子粉。栗子也可用于制作面包、法式薄饼、糕点、馅料、砂锅和配菜。

蒂埃里的建议

传统上，栗子常用于馅料、油炸蘑菇和野味菜肴。当它与鳕鱼一同裹上铝箔纸烹饪，会产生惊人的效果。栗子在肉汤和蔬菜浓汤中的表现也不错。可以将栗子用削片器制成薄片，鳞状排列在肉或扇贝上。我特别喜欢用栗子粉制作意大利式丸子或为蛋糕配上奶油栗子酱。

经典菜肴

栗子火鸡
栗子蛋糕（LE MONT-BLANC）
冰糖栗子

小柑橘

小柑橘是柑橘家族硕果仅存的小姑娘！它的名字来源于克莱门神父，他将酸橙树的花粉授至橘树的花朵上。这一举动令小柑橘踏上了成功之路。由于小柑橘无核，因而将橘子挤出了市场。如今，橘子仅用于制作精油。

占据优势的小柑橘摇身一变成为了柑橘家族的“小公主”，其偏爱的王国是科西嘉岛。在那里，获得欧盟地理标志保护认证标识（IGP）的小柑橘高达85%。而还没来得及说出遗言的原生橘子，已被空前芳香且近乎无核的杂交橘子所取代！

品种

科西嘉岛小柑橘通常在柄上有两片小叶子。小而圆，薄薄的果皮覆盖着汁水丰沛、略带酸味的果肉。

其他小柑橘品种主要来自西班牙或摩洛哥，因品种差异具有或圆或扁的形状，有的顶部扁平，有的皮厚，有的皮薄，有的果皮光滑，有的果皮粗糙，有清新或浓郁的芳香，果肉有酸有甜。

时令

由于进口小柑橘的品种差异，其上市或早或晚，自10月至次年4月逐渐增多，11月至次年1月是小柑橘普遍上市的时节。

采购

小柑橘的橙色不是其成熟的标志，科西嘉小柑橘在上市初期并未褪去绿色，但味道仍然非常不错。小柑橘必须紧实，没有斑点。果皮紧贴果肉是新鲜的标志。如果要使用果皮，请选择有机小柑橘。

储存

小柑橘在购买后可常温放置3天。但为了避免脱水，最好放进保鲜盒中冷藏，这样可延长一周保质期。

制备

小柑橘是最容易剥皮的柑橘类水果。用拇指划开果皮，然后剥开。分成四瓣。去掉带苦味且难消化的白色细丝。我们通常将小柑橘作为新鲜水果直接食用，但小柑橘在烹饪时也很美味，可以用少许黄油和蜂蜜进行煎炸和焦糖化。切成四瓣的小柑橘可放在甜的或咸的沙拉中。小柑橘适宜搭配野苣或茴香。它也可以用来制作冰沙、凝乳或解冻肉类。

蒂埃里的建议

如果把小柑橘切成两半并轻轻地剥开，就可以用小柑橘的果皮作为食物的容器，例如鲷鱼。我也喜欢在酸辣酱中添加小柑橘，用来替代酱汁中的醋，放在汤和热红酒中。可在烹饪前预先使用小柑橘的果皮，令制备物充满芳香。

经典菜肴

柑橘果酱、烤小柑橘或柑橘糖
橙香法式煎饼
巧克力火锅

榅桲

尽管处于苹果和梨的包围中，榅桲仍然在蔷薇科水果中占有一席之地。在古希腊，榅桲被称作恩底弥翁苹果或库多尼亚梨。显然，它被认为难以烹饪，却能赋予菜品无与伦比的芳香。在法语的日常用语中，榅桲也并不讨好，黄得像榅桲一样意思是脾气不好，塞得像榅桲一样满意思是喝多了。长期以来，厨师们努力探索，希望找到榅桲除制作果冻之外的其他用途，却没有在等待中探索出新鲜菜品，因为这种古老水果的上市期与草地上的幸福一样短暂。

品种

全世界现存有十几种榅桲树，在东南和东北地区主要种植三个品种，其颜色、涩味和果肉香味有着细微差别。根据它们椭圆的程度分为两组：接近梨或接近苹果。

时令

需要日照且成熟周期长的榅桲是秋季最后采摘的水果之一。根据原产地的不同，成熟期从10月至11月。别错过它，因为它在法国的产量并不大。

采购

榅桲必须穿着漂亮的黄色连衣裙，果肉紧实并散发着异香，没有污损。

它在生长期间覆盖在果皮上的绒毛必须褪干净，这表明榅桲在采摘时已经成熟。

储存

榅桲可以在室温中可存放一周。除此之外，榅桲需要放置在凉爽通风处，以避免枯萎。像苹果一样，榅桲可以存放几周。

制备

榅桲的果肉非常涩，几乎是酸味的，其颗粒状质地不会通过烹饪改变，使用糖可以弱化这些缺点，导致榅桲的用处长期以来一直局限在榅桲果冻和榅桲饼。

榅桲的制备类似于苹果。它的果肉和果皮非常紧实，必须用把好刀。在烹饪前可将榅桲果肉放在柠檬水中，因为它的果肉会很快氧化。榅桲总是煮熟后再吃。其丰富的果胶令他成为果酱和冰品中的王子。但它也可以在菜肴中用于提味：可用百里香和月桂叶配一点黄油炖煮或将榅桲放在小锅中烧熟以制作肉类的配菜。

蒂埃里的建议

为了更易剥皮，可将整个榅桲放入滚水中煮约10分钟，这样会使果皮变得柔软。

可将榅桲像苹果一样融入甜品或菜品。我特别喜欢用榅桲搭配奶酪拼盘（巴斯克羊奶酪、萨莱尔奶酪、阿邦当斯奶酪……）和烤面包。不失为一大乐事！

经典菜肴

榅桲果冻或榅桲饼
法式苹果挞
烤野味配菜

无花果

如果说“一半无花果，一半葡萄”这种描述（译者注：“mi-figue, mi-raisin”是法语谚语，意为真假参半）令人感到模糊或困惑，那么其植物学上的怪异更是毫无疑问的。您见过开花的无花果树以及其花朵逐渐变成果实的过程吗？实际上，无花果的众多种子是在果肉中结果，无花果的果肉实际上是无花果的花托，昆虫及噬菌体在无花果内部进行授粉。这是植物的壮举，它将花朵变成了果实……也是因为这个原因，五千多年来，地中海盆地以其杏花而不是无花果花的壮丽绽放而闻名！

品种

世界上现存700多种无花果，主要包括白色、紫色、红色、绿色或黑色。但究其根本，我们主要区分两个品种，分别在春季和秋季结果，均在夏季种植。在法国，无花果的生产主要集中在地中海沿岸。生长在盖波河谷的索莱斯无花果（La figue de Solliès）享有欧盟原产地命名保护认证标识（AOP）和法国原产地命名保护认证标识（AOC）。

时令

根据无花果的产地和品种，在从6月至11月的很长一段时间里，我们均可在市面上找到它。

采购

无花果必须多肉、紧实而柔软，并在果柄处覆盖一层糖粒，这是无花果新鲜和成熟的标志。一旦采摘，无花果便不再熟化。

储存

注意，无花果非常不易保存！最好在购买当日食用。无花果是水果中的小公主，它不能忍受等待或待在冰箱里，否则会发酵。请勿散装存放，而应将其放在凉爽的地方，并轻放在盘子上。

制备

制备极简！无须脱皮。快速冲洗并立即干燥，以防止其吸水。除去果柄上较厚的部分，然后将无花果打开一半。您可以连同果皮一起来品尝无花果，或用勺子将它的果肉切成小块。

如果要将无花果切成薄片，请使用锋利的刀，以免刀片的压力将无花果压碎。要将其酿馅，可在花梗上做一个十字切口。用手指挤压底部。无花果将张开。洒上蜂蜜，再加入一些帕尔玛奶酪刨花和芝麻菜叶子可充当开胃菜，或加一勺香草冰激凌制成甜点。

如果直接食用无花果，可将其切成片或瓣，加入白色奶酪，在水果沙拉中食用。

无花果也适宜在烤箱中烤，或与黄油和香料一起煎锅。

经脱水处理的美味果酱可全年享用。

蒂埃里的建议

无花果是非常诱人的果实，适宜多种组合。可用作酸辣酱、果酱、水果挞搭配白布丁或奶酪拼盘。我喜欢制作无花果面包，尤其是将其与新鲜的鹅肝酱一起切成薄片。

经典菜肴

冰糖蜂蜜香草帕尔玛火腿裹鸭胸炖无花果

草莓

草莓与无花果有一些共同点：草莓整个表面散落的小黄色颗粒是草莓真正的果实，而草莓的红肉实际上是一个容器，是其果实的支撑物。但在品尝草莓时，这种植物学特点并不会令人感到尴尬。重量仅为10克的草莓是重要的芳香剂，它的名字来自拉丁文fragantia，意为香气扑鼻。在法国，野草莓曾是在野外采摘的水果，直到18世纪才培育出智利草莓和美国草莓的杂交品种。在布列塔尼地区，由于其冬季气候温和，适宜草莓生长，也使普卢加斯泰多拉市闻名于世。

品种

市面上能见到的草莓种类众多，有朱红或胭脂红的，圆的、椭圆的或心形的，果肉或酸或甜，具有或浓或淡的香气。

佳丽格特（Gariguette）、希格兰（cigaline）、玛拉波斯（mara des bois）或希福罗特（ciflorette）是值得记住的草莓品种。实际上，这些植物正在不断演变以防止退化。佩利哥（Perigord）草莓是唯一获得欧盟地理标志保护认证标识（IGP）的草莓。

时令

根据草莓的不同品种，其上市期从3月到初次霜冻。因此，冬天的草莓大多来自南半球或西班牙。

采购

芬芳、清新、美丽的绿色领子和均匀的色泽，这些都是挑选草莓的标准。如果选择放在托盘中的草莓，请翻转草莓以检查其是否被压碎或发霉。草莓颜色的深浅取决于它的品种，而不取决于草莓的成熟度。

储存

草莓没有果皮，因此非常不易保存，应在购买当日食用。草莓冷藏不宜超过一天，并应在食用前一小时将其取出，以恢复草莓因温度降低而被抑制的果香。

制备

将草莓在冷水中迅速冲洗并立即晾干，以防止草莓吸水。用刀尖去蒂。切成两半或薄片。使用一把锋利的刀是关键，这样可以防止草莓在刀片下压碎。生熟草莓均可食用，熟食常见果泥、果酱、脱水果干。

草莓被广泛用于糕点和甜片，也可在香醋、沙拉配番茄或蓝鳍金枪鱼生牛肉片中调味。还可以做成鳄梨调味酱或搭配滴有墨西哥香醋的撒丁岛佩科里诺干酪。

蒂埃里的建议

在制作儿童餐时，可将草莓做成糖果冰块：将草莓放在冰块托盘，倒入柠檬水并冷冻。厨房中通常使用香草与草莓搭配，但草莓与罗勒和大茴香的搭配同样令人印象深刻。尝试下草莓干法式米布丁吧，超级美味！

经典菜肴

草莓挞

浆果

覆盆子、醋栗、桑葚、黑醋栗和蓝莓，浆果充满诱惑。近年来，在美味之余，它们还被发现富含丰富的营养价值。

历经几千年的筛选，这些野生浆果渗透进文化领域，常成为地区的标志性特产。尽管生产者付出了努力，但由于浆果的采摘需要耐心细致，且不易储存，使其价格昂贵，只能偶尔消费。

小浆果典型的酸味颇有用处，且带有童年的气味。享用它们的最佳方式是直接在森林或果园采摘。

时令

根据品种和产地，浆果的上市期从春季至夏季。

采购

确保浆果既没有被压碎也没有干瘪，无霉菌痕迹。

储存

浆果不易储存，对温度敏感并需要小心处理，必须在当天完成制备和食用。否则，要将它们在通风处放置24小时。注意，冷藏会改变他们的香味。

制备

将浆果在冷水下快速冲洗并立即在纸巾上轻轻擦干。小心，它们会染色！将它们加入水果沙拉、谷物麦片、乳制品、果汁、沙冰、果酱、果冻，或放在馅饼上……混合它们，搅拌成混合果酱。

蒂埃里的建议

浆果是“金融家”调味汁（译者注：“金融家”调味汁是一种用小牛胸腺、蘑菇等做成的酱汁）中必不可少的组成部分，它们通过其微妙而特别的酸味抵消酱汁中的甜味。浆果能够与开心果、香料和胡椒完美搭配。请将它们大胆地用于摆盘装饰中，这样有助于提升菜肴的展示效果。

覆盆子

覆盆子是欧洲的野生植物，自20世纪50年代，覆盆子的栽培开始发展起来，特别是在法国科雷兹省（Corrèze）。

覆盆子无须处理便自带无与伦比的珍贵香气，这使其成为厨房里的宠儿。只需要一点鲜奶油或一层糖霜就已足够。这种果实质地脆弱，必须小心处理，以免将其压碎。覆盆子可生食，也可用于酱汁中或放置于芝士蛋糕上，为菜品增添一丝独特的酸味。

醋栗

醋栗源自北欧国家，现有大约50个品种：红、粉红或白醋栗、鹅莓、杂交醋栗（caseille）。醋栗多汁且酸，常用于糖果或果酱中，以刺激味蕾，或用于菜肴中，令鲭鱼或熏鲑鱼焕发活力。

桑葚

桑葚本是野外荆棘上生长的果子，近来已被栽培，但在法国的产量仍然很低。它是真正的黑珍珠，果肉异常多汁且香气浓郁，能够制成美味的果酱或果泥。野生的桑葚果体较小，但更美味。

在夏天临近尾声时，若途经乡间小道，请务必选购这一水果，用它可以轻松制作出美味的馅饼，它也是烤鸡绝佳的配菜。在使用要当心，桑葚特别容易染色！

黑醋栗

黑醋栗的小浆果非常酸，果肉多汁，主要用于制作果冻、果酱和利口酒，当然还有国际知名的勃艮第黑醋栗奶油。凭借其独特的香味，黑醋栗是烹饪过程中的珍贵盟友，它为甜点增色，也同样适宜制作咸味酱汁或成为肉酱及烤鸡的配菜。黑醋栗应在冷水下快速冲洗并在纸巾上轻轻擦干。

蓝莓

蓝莓是生长在酸性土壤上的小型野生灌木的果实。它有着异常独特的甜味，越来越受到消费者的青睐。为了满足市场需求，现在可以在市场上买到已种植的品种。 种植的蓝莓果实更大，更不易碎，不易染色并可在冰箱中保存5至6天。但是野生品种那无与伦比的味道逐渐消失了……

蓝莓需在冷水下快速冲洗，然后在纸巾上轻轻擦干。可将蓝莓加入各类甜点：奶油、布丁、蛋糕、乳制品或馅饼。蓝莓也可用于菜肴中，如制作沙拉或放入涂抹肉类或家禽的酱汁。

百香果

想要了解这种奇异的水果为何具有如此美丽的名字，与其探讨其植物学的原因，不如去闻一下它美妙的香气。

百香果是从属于西番莲家族的藤本植物，它美丽的心形花和荆棘冠冕一般的奇异花瓣启发了19世纪的天主教徒，使其成为基督受难的象征。百香果源自巴西，现已遍布各大洲，在欧洲的温室中也有种植。

品种

在南美洲，百香果被称为maracuja，根据其颜色、形状和大小而分类。市场上常见的百香果多数具有深紫色的外壳，偶尔也会见到黄色的百香果。

时令

百香果是全年上市的热带水果。然而值得一提的是，百香果在冬天上市量更大。

采购

百香果在成熟时具有光滑的树皮样纹路。它越丑越好！注意掂量一下它的重量：如果百香果太轻，意味着果实脱水并且果肉稀少。

储存

百香果在室温下可存放3至4天，它的外观会逐渐发生变化。请勿冷藏。

制备

可用锋利的刀将百香果切成两半，注意避免令刀片将其压碎。用勺子将果肉取出。可直接食用。如果你想去掉黑色的种子，可放在漏斗中过滤。在制作果泥时，可添加百香果的果肉。百香果拥有特别的酸味，可直接加入各种甜点或菜肴中：饮料、油醋汁、糕点、乳制品……

蒂埃里的建议

可将百香果的果壳用作开胃菜的容器。也可以用几滴百香果果汁为油腻的菜肴增添酸味。

我喜欢用腌制的百香果搭配虾仁，或与巧克力进行组合。

经典菜肴

芝士蛋糕、意式烤蛋糕或巴巴蛋糕配法式扇贝片

石榴

在希腊神话、古兰经以及圣经中都提到了石榴，这一点并不令人意外。石榴的果肉由约400粒鲜红艳丽而紧实的种子组成，足以代表诸多象征意义：生育、力量、繁荣、性感和永恒。正因如此，几千年来，各种艺术形式都表现了石榴：从埃及石棺到徽章，从中世纪的绘画到建筑。自石榴展示了它的美妙汁水，便成为一种不会过时的古老水果。它是抵御严冬的一枚营养“炸弹”！

品种

根据产地的不同，石榴分为很多品种。在市场上，有来自西班牙的mollar和tendrar以及来自以色列的wonderfull（译者注：石榴种类众多，这几个品种没有对应的中文名称，国内资料均直接引用原外文名称，建议保留原文）。

时令

石榴上市期从10月开始持续至次年3月，11月至次年1月产量最多。

采购

由于品种的差异，石榴的颜色或深或浅。请注意观察其果皮部分：光滑、有光泽、没有污渍或损伤。切记掂量一下：越重的石榴越多汁。

储存

石榴厚实的果皮使其能够长时间保存：常温下可保存十几天，冷藏可保存2至3周。

制备

为避免自己被石榴喷溅出的汁水弄脏，可将石榴切成两半。

收集石榴籽有两种方法：在一个大碗上，用擀面杖敲打石榴皮。如果石榴成熟，石榴籽将很容易脱落。或者也可将石榴分开，用拇指按压白色部分，去除石榴籽。

石榴总是生吃的，因为其果粒会因受热而爆开。

将石榴加入沙拉，搭配烟熏三文鱼，并倒上辣酱，会带来略酸的浓郁味道。

蒂埃里的建议

可将石榴用作杯子蛋糕的装饰，一定“小女人”气息十足！将石榴加入油醋汁会带来酸味以及爽脆的口感。石榴也可为果汁带来颗粒状的颜色和冰沙般的口感。

经典菜肴

黎巴嫩格拉纳达的蜜糖石榴汁

柿子

柿子这种水果有着美丽的橘色，它在自然界中的色彩与军队黄绿的卡其色毫无关联（译者注：在法语中，Kaki有柿子和卡其色两种含义）。当树叶变为火红色，是柿子收获的季节。由于柿子番茄状的果肉异常细腻，因而必须精心挑选，以避免伤害其甜蜜的果肉。在气候温和的地方，均种植有更易储存的柿子。

品种

全世界有几百种柿子。我们将柿子分为两类：一种柿子在成熟前果肉较涩，在非常成熟时才上市，可生吃。另一种柿子肉质坚实，也称苹果柿子，耐储存，需要去除果皮、经过制备或像苹果一样食用。

时令

柿子在地中海气候地区广泛种植，于10月至次年1月上市。

采购

应选择那些有点软，但果皮光滑的柿子。柿子上不能有损伤痕迹，果柄需要保持良好。

储存

如果果肉略涩的柿子完全成熟，则非常不易保存。在室温下，可将其小心放入盘中，最好在购买后的当天或次日食用。肉质坚实的柿子可保存5至6天。

制备

对于果肉较软的柿子：将柿子打开一半，用小勺品尝其融化般的果肉。而对于另一种柿子，应将其在风凉处放置约20分钟，使其果皮变硬，更易剥离。不同品种的柿子可能有易于分离的黑色小种子。苹果柿子：取下果柄，可将其剥得像苹果一样。柿子几乎总是生食的，可以用柿子制作果酱、果味冰糕或将其添加到各种甜点和糕点中。

蒂埃里的建议

我喜欢将柿子加入用米醋、油、酱油和大蒜腌制的生牛肉片中，为菜品增添几分亚洲风味。柿子非常适合搭配野味或烹饪猪肉。但请注意，不要让柿子过熟。

经典菜肴

中国新年柿饼

猕猴桃

由于果皮的铜绿色与新西兰国鸟鹬鸵（KIWI鸟）的羽毛颜色相近，所以新西兰人称猕猴桃为KIWI果。在冷战时期，它畅销美国是得益于它神圣的名字：中国醋栗，源于美国人对中国热爱！猕猴桃自20世纪初开始在法国种植，其起源的植物actinide为高产的藤本植物，靠棚架支撑，易于采摘。猕猴桃风味独特、颜色清新并富含维生素C，这使它成为冬季的焦点，有时甚至令与其互补的橙子黯然失色。

品种

长期以来，海沃德猕猴桃一直在市场上占据着主导地位。近年来，猕猴桃开始趋向多样化，可以产出大小、汁水程度和甜度不同的果实。我们还发现了拥有黄色果肉并带有轻微苹果味的猕猴桃。阿杜尔猕猴桃（Le kiwi de l'Adour）享有欧盟地理标志保护认证标识（IGP）。

时令

法国生产的猕猴桃从11月开始采摘，上市期至次年4月。在其他生产国，例如新西兰，可保证全年有售。

采购

如果选择成熟的猕猴桃，请立即食用。猕猴桃摸起来要柔软，没有任何腐败迹象。

储存

猕猴桃是跃变型水果，可以在果实收获后成熟。您可以选购较硬的猕猴桃，将它放在装有香蕉的水果盘中，在室温下用一周时间成熟。如果果实已成熟，不要等待太久，因为猕猴桃可能会腐坏发酵。如果不想立即食用，要将其放在冰箱中。

制备

在猕猴桃良好成熟后，可将它切成两半，用勺子取食果肉。食用猕猴桃需要剥皮，请先切开果皮，然后除去果皮顶端的坚硬部分，再用小刀削掉果皮。可根据您的菜谱将其切成薄片、小丁、块状或一切四瓣。它美丽的绿色和酸甜的味道使其成为许多甜点的亮点。猕猴桃通常可以直接食用，但您也可以用它制作果酱或蜜饯。可以尝试将其与熏制的鱼、虾或碎肉放在一起，以使肉制品调味酱汁更酸更浓稠。注意不要将猕猴桃与牛奶混合，因为水果中包含的actinide酶会使其变性。

蒂埃里的建议

在制备果酱时，请将猕猴桃放在研磨机而不是搅拌器中。因为猕猴桃的黑色种子会散发出苦味。可将猕猴桃与绿咖喱或红色浆果等香料混合使用，可突出其果肉的酸味。将猕猴桃放在铝箔纸中，可与海鲜或白色鱼片良好搭配。

经典菜肴

猕猴桃挞

荔枝

荔枝是融合了玫瑰和葡萄味道的小珍珠，在四千年前的中国文学中就有记载。中国官员向皇帝进贡这甜蜜的金子以示敬意，这同时也昭示着年终庆典的开幕。像欧洲的樱桃一样，这种珍贵水果上市期短暂，这为它赢得了“中国樱桃”的绰号。

品种

野生和培育的荔枝在香味、果实大小上具有细微的差别，有的还有着非常形象的名字，例如“风吹寮”。但是大部分上市的荔枝为Kwai Mi品种（译者注：Kwai Mi是从中国引入夏威夷的荔枝品种）。

时令

在法国，南半球产的荔枝在11月至次年1月上市。在6月、7月上市的荔枝来自泰国或以色列。

采购

荔枝是非跃变型的水果，建议选择成熟的果实，并优先选择带有分枝的成簇果实，以有效保障其风味。请您尽量选择大个的果实以免令人不快的意外：比如果核大而果肉少！如果荔枝覆盆子红色的外壳变成黄色，是硫黄处理过的标志。不要选择果壳破损的荔枝，选购前请品尝一下以确保果实多汁。

储存

在室温下放置24小时后，荔枝的外壳会逐渐失去美丽的红色转为棕色。要在购买后3天内食用，否则荔枝会变干。如果没有及时食用，要通风保存。

制备

用指甲或刀尖在荔枝上切一个缺口，然后剥开果皮。像食用樱桃一样品尝它，要小心果核！若要将荔枝用于菜品中，请用小刀将其削皮。荔枝可用于许多甜点：从经典的水果沙拉到蛋白水果蛋糕（Pavlova）。荔枝可以让熏鱼口感更柔软，也可作为牛油果鞑靼剑鱼的果粒配菜。

蒂埃里的建议

在冰糕、蛋白杏仁饼干或水果奶油布丁中，荔枝和玫瑰是神圣的组合。可以试试将荔枝与茉莉或紫罗兰搭配：同样会带来精致的口感和意想不到的效果！

经典菜肴

荔枝沙冰

PIERRE HERMÉ的伊斯巴翁蛋糕

芒果

在芒果为众人所知并在法国销售之前，人们如何在格乌兹塔明尼葡萄中发现芒果的香气呢？事实上，在众多国家均有种植的芒果直到1970年才登上法国人的餐桌，而且还是秘密的。如今，芒果已融入了我们的日常生活，如果没有它，很难想象怎样描述许多葡萄酒的芳香气息。芒果无与伦比的芬芳，略带松节油的味道，使我们想起了芒果树的血统：这种伟岸的树高达25米，属于古老的漆树科家族。

品种

大家都无法统计芒果的品种：数以百计或数以千计？上市芒果的主要品种包括：阿米莉、吉尔、肯特或哈登，芒果的分类取决于芒果的味道、多汁、纤维质地和远距离运输耐受程度。它们的颜色多样，有绿色、橙色或红色，也可能与上述三者略有差异。

时令

芒果在各纬度均有种植，可全年产果。12月和春季是采摘高峰。

采购

不要被芒果的颜色所迷惑，颜色取决于芒果的品种。绿色并不表示芒果不成熟。必须将芒果轻轻拿在手中，以测试芒果在手指压力下的柔韧性。加入沙拉的芒果应该选择较硬的，制作果酱的芒果应选择较软的。

储存

芒果是跃变型水果，在香蕉的帮助下，芒果会在空气中静静地成熟。如果您购买了成熟的芒果，要在当天食用。芒果会很快发酵并变成纤维状。切勿将芒果放入冰箱。

制备

清除果核后，请小心将芒果削皮并切成薄片或方块。如果要切成刺猬状：可从果核的两侧自下而上切片。你将获得两片果肉。用小刀将果肉按对角线分格，然后果肉略微卷曲以露出那些立方体果肉。

芒果主要以生食为主，常作为果酱、冰糕、慕斯的原料。可将芒果切成小丁或小块，用在很多菜谱中：甜的或咸的沙拉、虾鳄梨调味品、鞑靼鱼肉……但可将芒果煮熟与家禽或鸡肉一起制成果酱或煎炸肉。芒果也可以和鱼一起食用。

蒂埃里的建议

我喜欢在汤中加入薄荷。可用切片器将芒果切成薄片，然后用模具将其制成饺子状。在饺子封口之前，将您选择的馅料（甜的或咸的）与新鲜的奶酪、鳄梨丁和细香葱一起放入。还有一个同样不寻常的建议：将芒果放在三明治中代替番茄。

经典菜肴

芒果酸辣酱、芒果冰沙、芒果酸奶奶昔
咖喱鸡
香辣番茄炖芒果

哈密瓜

在法国人最喜欢的水果排行榜上，哈密瓜名列第三。由于哈密瓜制备便利且肉质爽口，使其成为夏季必备品。但是在哈密瓜的原产地非洲大陆，它却没有获此殊荣！其实，哈密瓜历经了几个世纪才改变其葫芦科蔬菜的地位。在品尝它时，我们曾需要用胡椒和醋调味。相较于西瓜，当时的它更接近黄瓜。直到在卡瓦永市（Cavaillon），它被法国化，并命名为cantaloup（即网纹瓜），才成为了果肉多汁而甜美的水果。它在安茹（Anjou）、夏朗德（Charente）和图拉恩（Touraine）被逐渐引种和杂交，都兰地区的方言将它称为“绒球”（le pompon）。随着铁路的修建，哈密瓜的销售范围日益扩大，这朵被教皇喜爱且被龙萨和大仲马推崇的精英之花成为一种受欢迎的水果。

品种

哈密瓜分为许多种，它们的形状或圆或长，其果皮有光滑和粗糙的、有绿色或黄色的，也有的带有浮雕质感，比如网状瓜。果肉有白色、浅黄色、绿色或橙色，兼顾味道和香气。黄色的夏朗德甜瓜（charentais）或网纹瓜（cantaloup）是法国消费最多的哈密瓜品种。上普瓦图（Haut-Poitou）、奎西（Quercy）和瓜德罗普岛(Guadeloupe)的哈密瓜享有地理保护标志认证。

时令

法国的哈密瓜在6月至9月上市。

采购

选择哈密瓜需要用鼻子、手和眼睛。瓜越香就越成熟。用手掂一掂，哈密瓜必须质地紧致、密度良好。观察哈密瓜的梗部，以梗部容易脱落为佳，如果有细小的裂缝，说明它已经完全成熟：可以食用。

储存

根据哈密瓜的成熟程度，可常温放置2至3天。理想情况是放在10℃左右的阴凉处，但不要放在冰箱中。对哈密瓜来说，冷藏的温度太低，还会让其他食物上沾上哈密瓜的气味。

制备

将哈密瓜一分为二，然后用勺子挖掉种子和瓜瓤。根据用途对其进行精细处理：切片、挖球、切成方块。哈密瓜通常直接生食，本身也可作为新鲜水果单独食用，可将哈密瓜加入水果沙拉、奶昔或刨冰，也可将其与火腿一起串成串用作开胃小食。还可以将哈密瓜与橄榄油、盐和百里香一起煎烤或烘烤几分钟，制成白肉或鱼的佐料。哈密瓜适宜做水果冰，或者与新鲜的香草、薄荷、细香葱或罗勒以及奶酪片一起放入汤中，还可以搭配甜草莓。

蒂埃里的建议

制作开胃小食的妙招：将哈密瓜切成两半，然后用挖球勺将果肉挖成哈密瓜瓜球。将哈密瓜完全倒空，并用瓜球、马苏里拉小球和切碎的罗勒装饰。放上橄榄油、盐和现磨胡椒，插在木扦上展示。您也可以将果肉削成片，把果肉绕成圈，制成甜瓜玫瑰，这样能够得到精美的摆盘装饰。

经典菜肴

帕尔玛火腿配波尔图哈密瓜

椰子

椰子是一种奇异的水果，拥有坚硬防水的外壳，既能漂洋过海，又能供人吃喝！的确，具有异国情调的椰子是少数几种无须加工就能离开原产地并在其他地方生长的稀有物种。从沙滩奔向大海，直至在另一片沙滩上搁浅，这段旅程会持续数周之久。但是椰子只适合在热带海岸的沙质土壤中生长。也正因如此，椰子成为阳光假期的象征！

品种

只有一种椰子树生产水果椰子，这种树属于棕榈树。

时令

椰子是热带水果，一年四季均可收获，但从11月至次年2月是销售高峰。

采购

根据椰子的用途，我们可以选择不同成熟度的椰子。一开始，椰子的含水量大。在椰子成熟时，水几乎变成了果肉。这令人很难选择，因为椰子在外壳上仅提供一个线索：其底部的三个黑点（称为椰子眼）不能有发霉的迹象，并且经得住手指按压。您可以摇动椰子以检查椰子壳中是否有椰汁。

储存

在厚厚的外壳包裹之下，椰子可常温保存数月。但若一旦打开，要立即食用，否则椰子的果肉将很快变干，汁水会发酵。如果不能尽快食用，可将椰子用保鲜膜包裹，在冰箱中放置一天。

制备

打开椰子必须通过工具！可用螺丝刀刺穿椰子眼，收集椰汁。然后，使用木槌或擀面杖将果核敲成两半。用刀子或切片器收集果肉以制成椰子片或椰蓉。椰子可直接食用，也可烘干或烧烤食用。椰子的果肉磨碎经压榨可制成椰奶。可以将椰奶加入甜品或菜肴中以增加润滑感。可将新鲜或烘过的椰蓉加入可用新鲜薯条沙拉、麦片、汤，或配合鱼或家禽制备。经压榨的果肉可用于糕点中。椰子水或椰奶是搭配饮料、鸡尾酒、沙冰的好选择，也可用于甜点和炖煮的菜肴。

蒂埃里的建议

将糖、米粉、小麦淀粉与椰奶混合，这样会得到一个用于蒸制美味圆球的面团。椰蓉可以搭配餐前小食和甜点，如松露巧克力，也可以撒在白巧克力蛋糕上。这将制造出美好的视觉效果和美味的食物！

经典菜肴

椰子岩
各类咖喱菜（鸡、鱼、羊等）

橙子

橙子曾是国王的礼物，只有在圣诞节期间才有机会获得。如今的橙子同样珍贵：芳香细腻的花朵、凝聚精油的树皮、多汁的果肉和丰富的维生素C使橙子成为用途众多的重要水果。橙子以每年五千万吨的速度生产，受到全世界的赞誉。诗人保罗·艾吕雅（Paul Éluard）写道："地球蓝得像一个橙子。"橙子起源于中国是永恒的共识，几千年来从未被否认过。

品种

在柑橘令人难以置信的多样化家族中，我们可以列出四类：上桌或入口的橙子，如脐橙，大约占四分之一；榨汁的橙子，如瓦伦西亚橙（valencia）；摩洛橙（moro）或血橙（sanguinelli）带有鲜红血液般的颜色特征；苦橙仅用于果酱和精油产品。

时令

整个冬季，摊位上都有法国橙子的踪影，在12月达到顶峰。其他生产国接管了全年其他时段的供应。

采购

橙子必须紧实，没有任何污渍或霉菌。根据您的用途来选择品种，以免失望。橙子的多汁程度、酸度和香味各不相同。如果您偏好天然的调味方法，可使用橙皮。

储存

橙子在常温下可保存4至5天。冷藏可保存两个星期。

制备

给橙子剥皮时，可用小刀先切掉底部和顶部。然后依橙子的轮廓去掉果皮。剥掉苦味的白膜，将橙子分成片或瓣。

橙子可用在水果沙拉、菠菜或羊莴苣沙拉中。橙汁会为醋汁或调味汁增加酸味。橙皮常见于糕点、在鱼类或贝类（如扇贝）菜肴。橙皮与巧克力是天作之合，尤其是在著名的橙皮巧克力（orangette）中。

蒂埃里的建议

像柠檬一样，橙子在烹饪中不可或缺，它为菜肴带来香气和酸度，是提升菜品的好帮手。可将橙皮干燥后放在密闭的盒子里，根据需要将橙皮用在调味酱汁、蔬菜汤、肉汤或香氛中。

经典菜肴

橙子鸭

肉桂橙子

木瓜

木瓜原产于美洲大陆，如今遍布全球的热带地区。木瓜含大量种子，因而是极具象征意义的食物，它甜美的果肉散发着淡淡的芬芳，也蕴含着小小的宝藏：木瓜蛋白酶，这是一种可以激活蛋白质分裂的酶。因此木瓜经常与肉类搭配使用，以软化肉质并促进消化。但是，这一优点似乎并未传达到法国，尽管法国的海外省也生产这种水果，法国人却对此一无所知。在法国，木瓜仅是混在开胃酒里的小方块，在此过程中它流失了大量营养。希望木瓜能够摆脱在法国水果消费市场中的异国水果地位。为我们的健康值得这样做！

品种

在众多木瓜品种中，因果肉量大、气味芳香、易于运输成为上市销售产品的木瓜有三种：果肉为橙色的苏罗木瓜、日升木瓜和果肉为红色的亚马逊红木瓜。

时令

由于木瓜是热带水果，因此全年都可以在水果摊上买到，产于留尼汪岛的木瓜上市期是从1月至4月。

采购

如果要在购买后立即享用木瓜，必须兼顾木瓜的外形和手感。木瓜的果皮一定是黄色的，可能略带斑纹。在掂量木瓜时，要感受它果肉的紧实度和柔软度。在木瓜完全成熟后，要尽快食用，否则木瓜的果肉会发酵。最好用保护网包裹木瓜，因为它对震动非常敏感。

储存

如果木瓜是青色的，请在室温中静置几天，使其自然成熟。像所有热带水果一样，不要将木瓜放进冰箱。

制备

只需将木瓜切成两半，取出种子，像甜瓜用勺子一样食用。也可根据用途将木瓜切成方块或薄片。木瓜通常直接食用，也可以放在烤箱中烘烤或做成果酱。

像桃子一样，可将木瓜添加到甜点中，也可加入菜肴中：鞑靼鲷鱼、沙拉或意式生牛肉片。

如果木瓜还是绿色的，可像蔬菜一样食用。把木瓜擦成丝，将生木瓜与绿柠檬和橄榄油 拌在一起。

蒂埃里的建议

我会将木瓜用作调味料，加入烤鱼或胡萝卜和卷心菜的沙拉中。只需将其磨碎，然后与香油和切碎的红辣椒混合即可。

木瓜在沙冰中与其他可口的水果配在一起时非常可口。与巧克力的结合令人惊讶：在烹饪结束时，可在成熟的木瓜糊中加入黑巧克力片，无须煮沸。也可将木瓜用在一片烤奶油蛋卷上，或充当松饼或蛋糕的夹心。

经典菜肴

烤蟹肉青木瓜沙拉

西瓜

西瓜是水果摊上最大的水果。像南瓜一样，西瓜与大型葫芦科有亲缘关系，生长时需要浇大量的水，因为西瓜自身的95％是水！西瓜是来自非洲的礼物，在阳光下，它的果肉供人解渴及果腹。它是法国夏季餐桌和野餐篮中必不可少的水果，仅用牙齿就可以在街边吃掉。西瓜也可以与其他菜品、调味品甚至啤酒完美搭配。在亚洲，常将西瓜的果皮雕琢成雕塑般的艺术品。

品种

无数种西瓜被种植在世界各地。法国西瓜的主要产区在普罗旺斯-阿尔卑斯-蔚蓝海岸、科西嘉岛和鲁西永省，这些产区提供了绿色果皮、红色果肉和黑色瓜子的西瓜，如糖宝宝（sugar baby）。但是在其他地方，西瓜也可呈椭圆形、果肉呈白色或黄色。

时令

根据品种的不同，西瓜的成熟或早或晚。由于产区的差异，法国的西瓜主要上市期在6月至9月。

采购

西瓜的果皮必须是光滑的。注意要掂一掂西瓜，以确认其重量和紧实度。西瓜庞大的体积利于在邻里间分享。如果长时间暴露在空气中，要切下西瓜的气眼以保证其新鲜度并避免营养流失。可将西瓜存放在冰箱中，在之后的几个小时内食用。

储存

完整的西瓜可在常温下保存一个星期。在高热环境下，建议在冰箱贮存。对于已经切开的西瓜，建议尽快食用。

制备

拿一把大刀。将西瓜放在稳定的切菜板上，将西瓜开一半。然后切成四片。如有必要，用勺子或回形针剔掉种子。西瓜主要用于直接食用，可用挖球勺制作瓜球，然后加入沙拉、馅饼、乳制品或水果串中。可与番茄和橄榄油混合制作酱汁，也可制成冰沙。

蒂埃里的建议

用餐时，不要将西瓜球装满半个西瓜。可将西瓜球、甜瓜球、马苏里拉奶酪和小番茄一同装在瓜皮中，也可将它们串成串。西瓜皮可以用作鸡尾酒的容器。在炎热的夏季，我通常将西瓜切成薄片，搭配洒上橄榄油和四川花椒的新鲜奶酪。

经典菜肴

菲达奶酪碎沙拉配薄荷叶

桃子、油桃和离核油桃

伟大的征服者亚历山大大帝带回了桃子，这一欧洲古波斯的古老果实。但自中世纪以来，它从未真正征服法国人。如果说，在亚洲，桃子的寓意遭到滥用，如幸福、生育甚至长寿。那么在法国，我们的关注点集中在桃子那脆弱的果肉和天鹅绒般的果皮所带来的极致性感，因此，桃子有许多引人回味的名字，如维纳斯的乳房或梅赫伦的少女。桃子主要产自气候宜人的法国东南部，桃子的特征很难识别并很难与当地风土建立联系，因此不易获得法国原产地命名保护认证标志（AOC）或欧盟地理标志保护认证标识（IGP）。但这并不能阻止尼姆、鲁西永，以及其周边地区的白色、黄色、粉红色或橙色桃子成为夏季必不可少的组成部分。

品种

桃子、扁桃、油桃或离核油桃同是桃属（Prunus persica）。桃子有白色、黄色、橙色或血红色的果肉，每一种都有其特定的风味和香味。但不要混淆：无论油桃还是离核油桃都不是桃李之间的杂交品种，它们是因自然突变而产生的品种。法国有300多种桃子。大多数的桃子是用英文名称注册的。

时令

在法国，6月至8月是桃子大量上市的时节。早熟的桃子自5月开始上市，而晚熟的桃子直到9月才在市场上露面。

采购

注意，桃子是非常脆弱的水果！桃子适合用手小心地在摊位上码成美丽的金字塔形，尽量不要选那些散装的桃子。用手指轻轻按压，以测试桃子的柔软度。将桃子靠近鼻子：桃子必须带一点香气。桃子的果皮上不可有任何污损或干枯。

储存

桃子是一种跃变型水果，即收获后会继续成熟。桃子通常在成熟之前被采摘，以防止在运输过程中的损坏。但这是最好不过的选择了。桃子在室温环境下不能放置3天以上。超过这一时限会令桃子干瘪。请勿将桃子存放在冰箱中。

制备

用桃子调味可以不剥皮。为此，最好选用有机的桃子并迅速冲洗擦干。如果桃子已成熟，那么很容易剥皮。若非如此，可将桃子浸入沸水中20秒，然后立即放入冷水中降温。桃子的果肉极易被氧化。如果不能立即食用，可加入几滴柠檬汁。像其他新鲜水果一样，桃子可以做成蜜饯、果酱、油炸或烤成菜肴或甜点。它可与香草、柠檬百里香、迷迭香、马鞭草或薰衣草搭配，也可浸入芳香的糖浆中。

蒂埃里的建议

将桃子切成薄片，用切碎的龙蒿和葡萄柚胡椒粉（来自尼泊尔的辣椒粉）制成调味料，配合烤肉或烤鱼会令菜肴充满生命力，带来惊人的效果。还可以用白桃做汤，辅以马鞭草，或将桃子在树莓汁中浸泡。或者来一杯鸡尾酒吧，只需用新鲜的桃肉搭配普罗塞克起泡酒（prosecco）。

经典菜肴

蜜桃冰激凌
桃子烧鹅肝

灯笼果

灯笼果与它的亲戚番茄同根同源，属于茄科。几个世纪以来，这两种植物都被认为是有毒的，仅供观赏。如果说如今的番茄是国际巨星，那么灯笼果依然羞羞答答，只能充作为餐盘边沿的装饰水果。它原产于南美，在法国尼斯地区秘密种植。它美丽的名字d'amour-en-cage（法语意为笼中之爱）富有诗意，令人联想起陶醉在圣杯中的心，这值得消费者在厨房里使用它。哪怕仅是为菜品增添一点甜味都有很棒的效果！

品种

灯笼果有很多变种，并不是都能食用。市面上常见的主要是秘鲁灯笼果（pruinosa）或墨西哥灯笼果。这两种灯笼果看起来很像，但一个有点酸的芒果味，另一个是明显的李子味。墨西哥灯笼果是紫色的，带有绿色的脉络，果肉有柠檬味。

时令

法国灯笼果从8月开始收获，至霜冻结束。得益于其他生产国，灯笼果可全年供应。

采购

灯笼果总是被放在托盘中售卖，很难检查其新鲜度。应确保花萼和浆果没有干瘪迹象。

储存

灯笼果保质期长，可以在室温下保存2至3个月。请勿在冰箱中冷藏。

制备

将包裹着灯笼果的叶片，在水下快速冲洗并立即晾干。灯笼果可以直接食用，也可以切成两半，像樱桃番茄一样，用于许多菜肴和甜品。灯笼果可添加至沙拉中，配以熏鱼、贝类或奶酪。也可用锅与肉或家禽一起炖煮。灯笼果的酸味在糕点、果酱和蜜饯中效果奇佳。

蒂埃里的建议

在灯笼果上涂焦糖或巧克力可制成小小的糖葫芦。在冷盘中，灯笼果可以代替酸菜。在烤鸡时，我喜欢将黄色的灯笼果与红色樱桃番茄搭配组合。而在甜点中，灯笼果可为樱桃沙拉带来酸味。

经典菜肴

香草灯笼果酱

鸭胸煎灯笼果

灯笼果水果蛋糕

梨

日常语言中的“将梨一分为二”（译者注：“Couper la poire en deux”为法语谚语，意为达成协议）证明了梨子的柔韧。这种柔软的水果原产自小亚细亚，在近千个品种中，上市的仅有十几种。永别侯爵夫人（Adieu marquise）、可爱（mignonne）、女人大腿（cuisse-madame）、垂涎欲滴（mouille-bouche），这些美丽的名字证明了梨子的柔嫩和多汁。占据主导地位的是考密斯梨（comice）和威廉姆斯梨（williams）。幸运的是，爱好者们在温室中保护了梨子的生物多样性。随着消费者与日俱增的好奇心以及对当地小生产者的青睐，让我们打赌，这些漂亮的梨子将再次向我们展示其独特的底蕴。

品种

梨主要分为两类：夏梨的采摘季从7月中旬至9月，例如威廉姆斯（la williams）和古蒂（la guyot）；秋冬梨的采摘季直至11月，例如欧洲梨（la conférence）、哈代（la beurré-hardy）或帕斯-卡桑（la passe-crassane）。

梨可以在采摘后经过很长时间再出售，因为它能够在地窖或冰箱中良好保存。每个品种的梨在颜色和形状上都有独特之处。它们的果肉或多或少，或甜或苦，多汁程度不一，酸度或香气也不同。萨瓦开胃梨（Les poires de Savoie）享有欧盟地理标志保护认证标识（IGP）。

时令

在法国产的梨子中，夏季梨从7月至10月采摘。秋季梨从8月至次年4月均可采摘，在12月达到采摘高峰。

采购

梨的果皮应没有任何污损腐败痕迹且果柄附着良好。如果您想在购买当天食用，则梨应具有柔软的触感。

储存

在一周内，梨在室温下可持续成熟。如果不希望梨子继续成熟，请将其保存在冰箱中。

制备

使用削皮器去皮。将梨切成两半，去掉种子以及从果柄到底部的纤维部分。如果不想立即食用，可以加入柠檬以避免其氧化。

若是有机梨，可品尝其果皮。只需冲洗并晾干表皮上的水即可。可将梨切成薄片、切瓣或切丁用于水果沙拉或菊苣或野苣的沙拉中，并与肉类、家禽和野味一起煎炸。

梨在甜品领域也占据了一席之地，可用于水果挞、英式面包、蛋糕和冰激凌。

注意！梨子的果肉会煮出很多水。梨子还是糖浆的神圣锦囊，她可以捕捉到细微的香气：八角茴香、香草、肉桂、生姜……

经典菜肴

香草梨配巧克力慕斯

布鲁耶尔洋梨挞

苹果

拥有数百万年野生历程的苹果是果园的先驱。这位“老太太”可谓如同“大明星”一般举世闻名，因为苹果是法国人最喜欢的水果。苹果悠久的历史说明它在世界各地，在各种文化、神话和宗教中都具有强大象征意义。要逐一列出苹果的品种需要数千页。苹果持续激发着研究人员的好奇心。我们可以在哈萨克斯坦找到原始的苹果。你猜怎么着？为应对病虫害，密集型农业需要使用35种杀虫剂，而苹果却可以抵抗各类疾病。对于全世界640亿个苹果来说，这是个好消息！

品种

尽管苹果的品种繁多并在全世界拥有惊人的产量，但摊位上常见的苹果只有十几种。金帅（goden）、嘎啦（gala）、粉红女郎（pink lady）、加拿大香蕉苹果（reinette grise du Canada）、史密斯奶奶（granny-smith）、布雷本（braeburn）等。

利穆赞（Limousin）苹果（金黄色）拥有欧盟原产地命名保护认证标识（AOP）。萨瓦（Savoie）苹果拥有欧洲地理标志保护认证标识（IGP）。

用肉眼看，苹果的颜色分为黄色、绿色、红色或青铜色，而亲口品尝，则可以根据苹果的性质来区分它们：芳香程度、香脆程度、汁水丰沛程度以及甜度或酸度。为解决这一复杂的分类问题，我们将苹果分为两类：可直接入口的水果苹果和厨用苹果。

时令

法国苹果自8月下旬开始收获，直至11月结束。苹果可保存在地窖或冷藏室中，直到全部用完。

采购

苹果的果肉必须紧实，果皮光滑，无斑点、污损或干瘪，散发出淡淡的香味。

储存

苹果在室温下可以保存数天。但是为了保持其脆嫩和多汁，最好将其保存在冰箱中。在食用前30分钟将其取出，以恢复其香味。

制备

建议您选择有机苹果，在冲洗晾干后连同果皮一起咀嚼。否则，请用削皮刀削皮，然后再用去核器去籽。

请根据用途对苹果进行精细处理：切瓣、切片或切丁。

请使用柠檬以避免其氧化。

生熟苹果皆可用于菜肴或甜品中。

苹果的烹饪方法可以是烤、炖、榨汁、蜜饯、果冻、果泥、水果挞、英式面包、煎炸、法式甜甜圈或脱水苹果干。它可以为菜肴带来些许酸味。

苹果适合搭配黑色或白色香肠或家禽。可以用来烹饪的苹果品种很多，例如加拿大的香蕉苹果（la reinette gris）。

蒂埃里的建议

用切片器将苹果切成细条。放入布里干酪或卡门贝干酪。夯实，将制备物表面沾上面包屑，然后炸成小千层酥的样子。可与蔬菜沙拉一起上桌。这种秋季水果非常适宜搭配坚果和榛子。可添加少许枫糖浆烘烤片刻。实在是唾手可得的美好享受！

经典菜肴

塔丁挞

苹果黑布丁

苹果酥皮蛋糕

李子

这种小型水果被诗人法布尔·代格朗汀（Fabre d'Eglantine）赋予了充满革命感的阴性名字（译者注：法语名词区分阴阳性），成为了法兰西共和历果月的第一个果品（译者注：果月是法兰西共和历的第十二月，相当于公历8月18至9月16日，李子日为8月18日），其备受赞赏的地位是不容置疑的。

自中世纪以来，绿色、黄色或紫色的李子一直很受欢迎，并在法国的各个花园中广泛种植。现有2000余种的李子，这些李子经过杂交，有的成为地区的骄傲：南希的黄金李子（mirabelle）、阿根的李子（prune）、阿尔萨斯的大紫李（quetsche）、蒙托邦的皇家李子（royale）或埃皮纳伊的荣耀李子（gloire），这些李子在法国人的心中全然保留了夏季小王后的地位。

品种

名为克劳德王后（La reine-claude）的李子是绿色的李子，这种李子的产量占法国李子产量的三分之一以上，包括三个品种：乌兰李子（Oullins）、金李子（Dorée）和巴韦李子（Bavay）。李子有紫色、蓝色、黄色或红色，呈椭圆形或圆形，有着黄色、橙色或绿色的果肉。它们的口味存在许多细微差异：甜度和多汁程度不一。洛林地区的黄金李子（La mirabelle de Lorraine）享有欧盟地理标志保护认证标识（IGP）和红色标签认证。脱水后的恩特李子将成为阿根李子干（le pruneau d'Agen），后者拥有欧盟地理标志保护认证标识（IGP）。

时令

在法国，李子的采摘季自7月开始。采摘季主要为8月至9月，但可延续到10月。在这四个月之后，法国市场上的李子来自其他国家。

采购

李子必须柔韧而不柔软，果皮无污损痕迹。果霜（pruine）是覆盖某些品种的乳白色面纱，这是李子新鲜的标志。如果水果经过冷藏，在室温下将继续成熟。

储存

如果在李子成熟时采摘，则不易保存且需要小心处理，应将其在常温下保存，避免散装放置并在购买后的两天内食用。

否则，可将李子在冰箱中冷藏放置4至5天。在食用前30分钟将其取出，因为寒冷会抑制李子的味道。

制备

只需将李子快速冲洗并晾干。用刀将其切成两半并将其去核。无须去皮。李子可以生食，用于新鲜水果拼盘、水果沙拉或搭配奶酪串成串。各类烹饪方法均适用于李子：油炸、烘烤、制果酱、酸辣酱。李子适宜与香料搭配：香草、茴香。李子在甜品界也占据着重要位置，如制作水果挞、蛋糕和法式水果蛋糕。李子还可以为烤家禽带来美妙的酸味。

蒂埃里的建议

李子适合用于制作酸辣酱，配以砂锅炖菜或鹅肝酱。

在蜂蜜变色至焦糖化时，加入切成小方块的李子和白色的香醋。炖20分钟。加入泡过水的白葡萄干，然后冷却变凉。

另一个新颖的搭配是将黄金李子切半去核并放入虾或碎螃蟹的小罐中。

经典菜肴

黄香李挞
李子干奶油蛋糕
醋李子

葡萄

在被人类驯化种植之前，在很长一段时间里，葡萄一直是野生藤本植物。然而，当人们关注食品储存时，其脆弱的果实令葡萄只能充当新鲜食用的水果。人类如有神助一般将葡萄发酵，开始饮用葡萄酒。直到文艺复兴时期，枫丹白露的金色莎斯拉葡萄使我们不仅可以用葡萄酿酒，也可将葡萄作为餐桌上的水果来食用。从那时起，这种最古老的果实时刻准备着。收获前的葡萄就如同置于火上的牛奶，时刻被关注着。欧洲人会在新年除夕来临之际品尝十二颗葡萄，这一传统在信仰领域具有强烈的象征意义（译者注：欧洲人有在新年钟声敲响时吃完十二颗葡萄的传统，预示来年十二个月平安喜乐）。

品种

根据颜色，水果葡萄可分为三种：白色、黑色和粉色。但是葡萄的果肉紧实程度、果粒和葡萄串大小也是葡萄的分类指标。常见的黑色葡萄有汉堡麝香葡萄（le muscat de Hambourg）、阿方斯莱弗宁葡萄（l'alphonse-lavallée）常见的白色葡萄有莎斯拉葡萄（le chasselas）和意大利葡萄（l'italia）。最著名的粉色葡萄是红地球葡萄（Le red globe）、摩萨克莎斯拉葡萄（Le chasselas de Moissac），旺图麝香葡萄（le muscat du Ventoux）享有法国原产地命名保护认证标识（AOC）。

时令

由于产地和种类的不同，法国当地的水果葡萄在6月至10月上市。

采购

葡萄是非跃变型水果，必须选择成熟的葡萄。新鲜的葡萄串上像覆盖着乳白色的面纱，葡萄表皮必须光滑有光泽。果皮无污渍，没有干枯或发霉迹象。

储存

理想的做法是在购买次日将葡萄置于室温下食用。葡萄可在冰箱里保存两天。在置于室温30分钟后，葡萄能够恢复被低温所抑制的香气。

制备

将葡萄在流水下快速冲洗，彻底擦干，以免残留水分使其腐烂。根据用途，可以将葡萄去皮并剔籽。生熟葡萄皆可食用，可配合众多烹饪方法：鲜食、榨汁、晒干，可烤或炖，也可制成蜜饯。

葡萄可被添加到许多可口的菜肴中，带来典型的酸味体验：制作白菜或茴香沙拉、酸味菜肴或肉汁。与羊奶酪（roquefort）或昂贝圆柱乳酪（Fourme d'Ambert）也是极好的搭配，还可以再来一盘乡村火腿或熏鱼。

蒂埃里的建议

为了获得良好的装饰效果，可将葡萄浸入轻轻搅拌的蛋清中，使其结霜，然后撒上冰糖。在室温下干燥至少3小时。

将科林斯葡萄干与鹅肝搭配会为圣诞双人晚餐增添一份小幸福。

经典菜肴

葡萄烩鹌鹑
葡萄干布丁
葡萄干面包

大黄

大黄有点像是水果家族的入侵者。从植物学的角度出发，它被归类为茎类蔬菜。但是她略带酸味的果肉富含糖分，这使它被用在许多甜品中，成为新的组合。

这种草本植物原产于亚洲，由马可·波罗（Marco Polo）引入欧洲，主要因为其药用特性而被种植。直到18世纪，它才成为一种蔬菜，但它一直是餐饮中常用的蔬菜，大黄的叶子可以用作黄油或奶酪的包装。喜欢它的盎格鲁-撒克逊人用大黄碎屑搭配苹果，以中和苹果的酸味。如今，将大黄搭配扇贝或加入蛋糕中也很棒！

品种

大黄品种分为粉茎品种和绿茎品种。粉茎品种代表为米拉（mira）或瓦伦丁（valentine），绿茎品种代表为歌利亚（goliath）。

时令

大黄的上市期非常短暂，从4月底至6月。在9月有可能第二次收获。

采购

建议去除大黄有毒的叶子。大黄茎必须紧实、脆嫩，末端没有氧化或干枯的痕迹。

储存

大黄需要新鲜食用。储存时，要用略微蘸湿的纸巾包好大黄，它在冰箱中可保存两天。

制备

将大黄在冷水中冲洗以除去残留的土壤，然后将其干燥。切开末端。

如果茎很细，请不要剥皮。将大黄切成薄片。如果大黄茎长且宽，则将其去皮以除去细丝。

通常将大黄煮熟食用，加入炖菜或制作果酱。

大黄含水量大，需先将其在碗中浸软。可将大黄用糖盖上几个小时，这样可以去除植物中的水。

大黄通常用于面团、挞、蜜饯。常与苹果、草莓搭配。也常与香料、香草、姜和肉桂一起焦糖化。许多厨师建议将其生食，可切成薄片、煎炸或与橄榄油一起炖，以搭配鲈鱼肉、扇贝或家禽。

蒂埃里的建议

制作大黄挞时，为避免稀释面团，可撒上杏仁粉或饼干碎。

将大黄与鹅肝一起烹饪是非常有趣的体验。

我喜欢将大黄与萝卜一起使用，也可加入番茄酱或糖渍蔬菜丁，以增添一点酥脆感。

经典菜肴

大黄挞

糖煮草莓

基本技巧

李子果脯

1

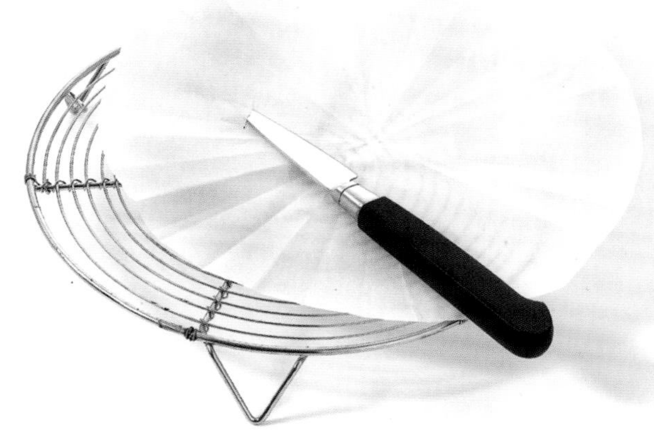

2

1 果脯会浓缩水果的风味和营养，这种方法适用于很多水果：苹果、桃子、梨、杏、李子等。

基本原则：选择完美、有机、没有瘀伤且成熟度适中的水果。切出与烤架同等大小的烘焙纸，然后用刀尖刺穿。

2 将经过清洗、干燥和去核的李子隔几毫米放在烤架上。在预热至46℃的烤箱中烘烤10小时。

3

4

3 待李子降温后，用刀尖取下。

4 李子果脯可用在蛋糕、谷物棒、水果沙拉或生蔬菜中。在室温下，它们可以在密闭容器中保存几个月。

制备菠萝

1 取一把锋利的刀。将湿布垫到切菜板下以使其稳定。

2 切下菠萝的冠状叶。

3 削掉菠萝底。

4 将菠萝直立放置，在菠萝果皮和果肉之间自顶部到底部滑动刀片，剥离果皮。

5 根据需要旋转菠萝。

6 将菠萝去皮。

7 将去皮后的菠萝拿在手里。

8 用小刀划出一条凹槽以去除菠萝眼。

9 **10** 在将菠萝眼除净之前，依次在相邻菠萝眼处沿对角线切开切口。

11 **12** 沿着从底部到顶部的对角线，在整个菠萝的表面上进行反复操作。

13 检查菠萝底的稳定性。

14 从冠状叶上取出一些三角形的叶子。

15 将它们摆放好，以完成装饰并在自助餐上展示。

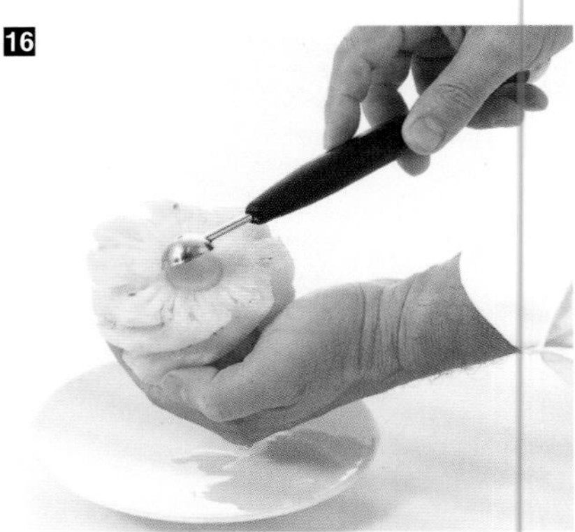

16 也可以用挖球勺将其挖出。

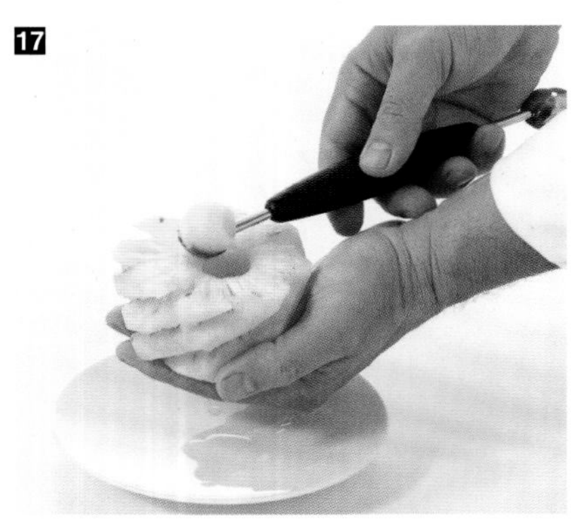

17 制作水果球并去除菠萝内核。

18 搭配红色浆果、橙子、李子瓣、椰子屑、冰激凌球或香草奶油进行装饰。

制备柠檬汁

1 清洗并晾干有机柠檬。拿出一个制造凹槽的削皮刀（canneleur）。

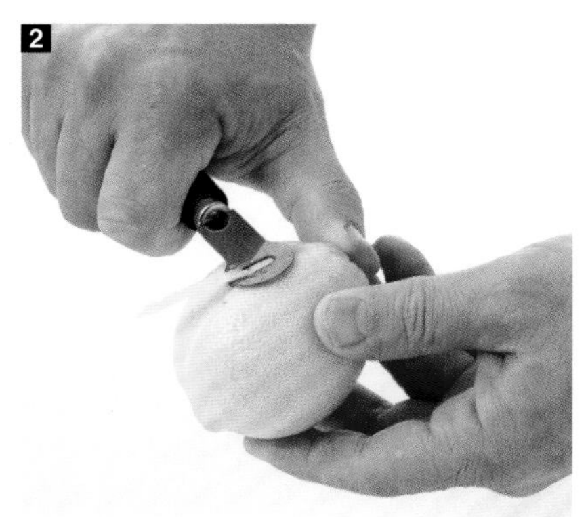

2 从柠檬的顶部到底部削出第一个凹槽。

3 在柠檬的整个表面上，每隔半厘米重复此操作。将果皮剥掉，以备他用。

4 将带凹槽的柠檬切成薄片，将柠檬片放入装饰盘中。

制备复古风格柠檬

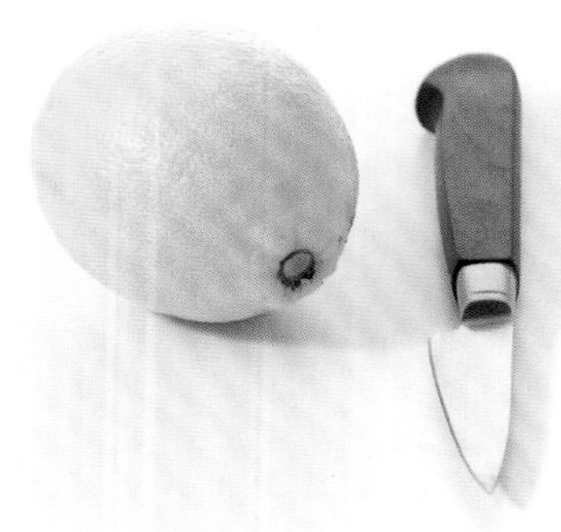

1

1 洗净并擦干柠檬。取一把小刀。

2

2 向柠檬的中心斜切。

3

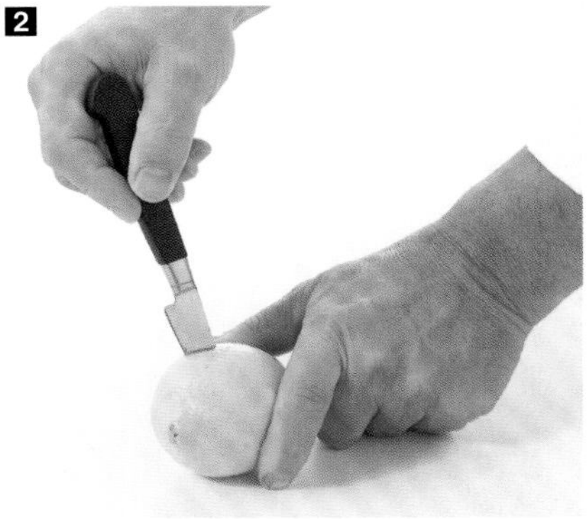

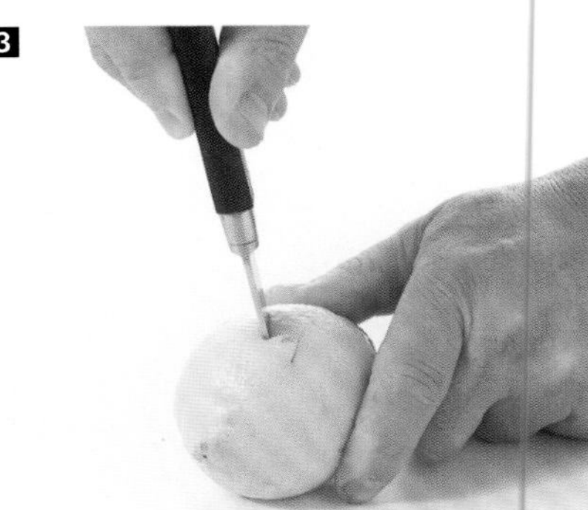

3 在另一个方向上重复以形成锯齿状。

4

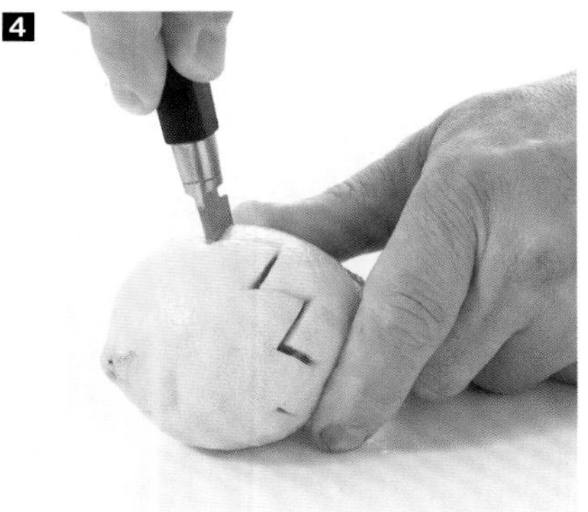

4 继续沿中心线交替切开切口，并确保切口尽可能规则。

5

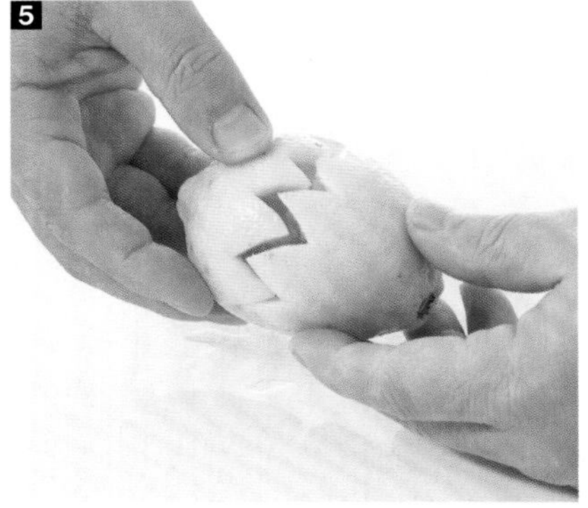

5 沿柠檬切割一整圈后，将其分成两部分。

6

6 如有必要，可切掉柠檬底以方便放置。

7

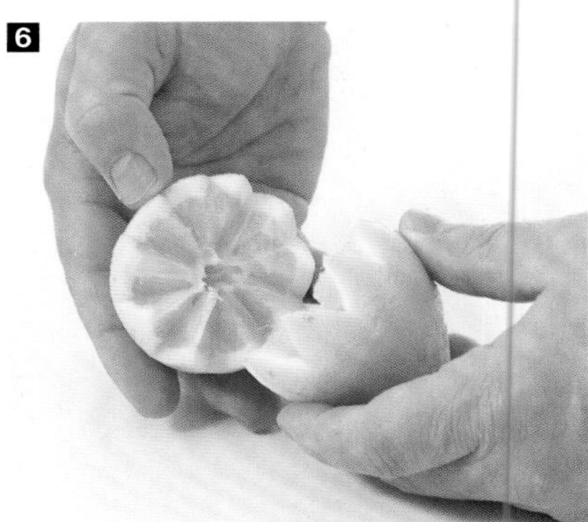

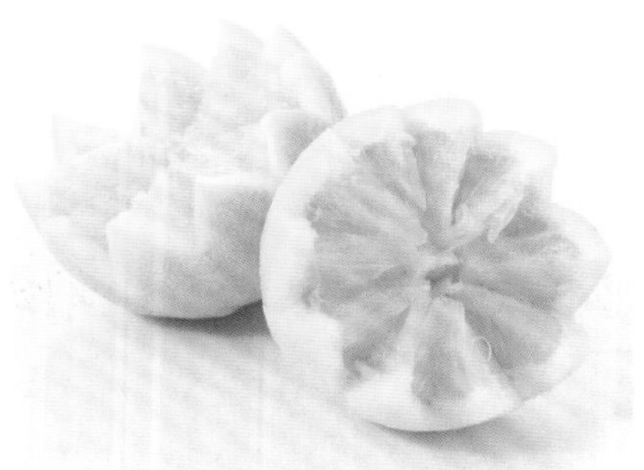

7 如此制备的柠檬可用来装饰鱼或贝壳类菜肴。

制备果泥

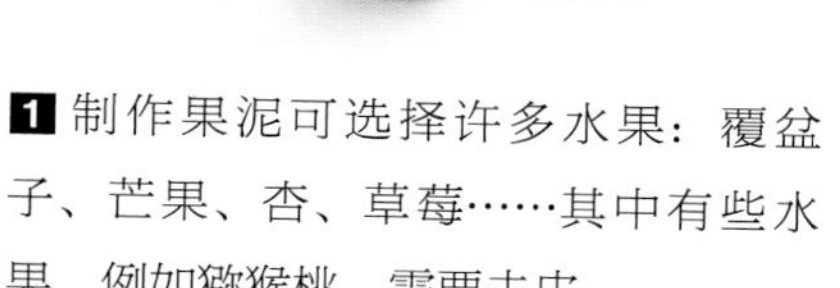

1 制作果泥可选择许多水果：覆盆子、芒果、杏、草莓……其中有些水果，例如猕猴桃，需要去皮。

2 切割完两端后，将刀片从果皮和果肉之间下刀，从顶部到底部切下。

3 在猕猴桃四周重复此操作。

4 将其切成方块，然后在搅拌机中搅拌。

5 将果泥倒入筛子中，用大汤匙沿两侧挤压果肉。

6 就可以得到质地细腻、不含苦味黑色种子的果泥。

葡萄削皮和去籽

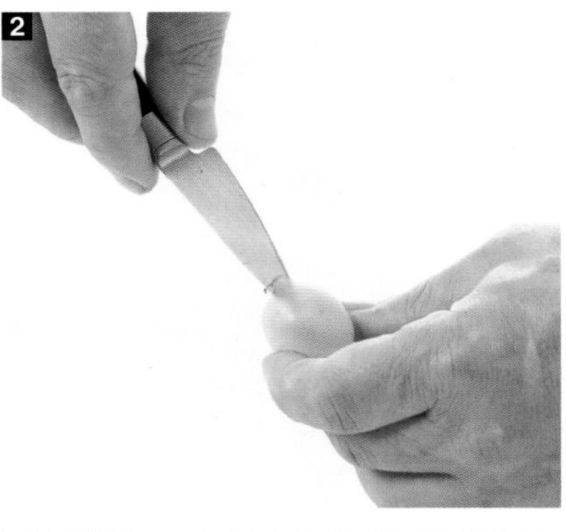

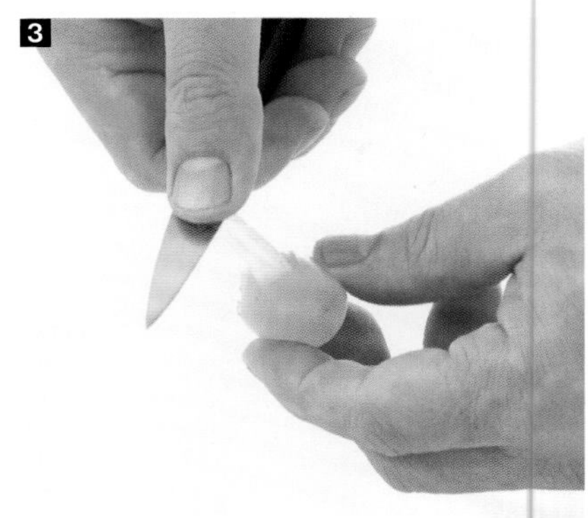

1 葡萄削皮是件一丝不苟的工作。为了更轻松完成，可以选择意大利的白葡萄色。品尝水果的趣味值得为此付出努力，例如，将葡萄放进添加香料的锅中与鹅肝一起煎制。

2 用削皮刀的尖端在葡萄梗的位置上横向切开一个切口。

3 小心去除果皮。

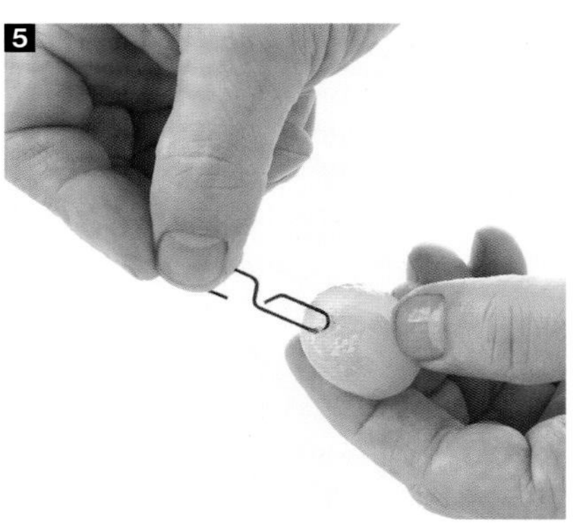

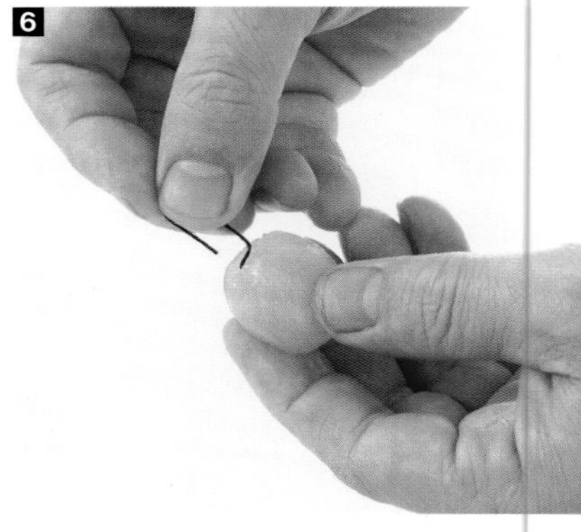

4 重复操作。

5 用回形针制作一个钩子。

6 将其插入葡萄的中心。

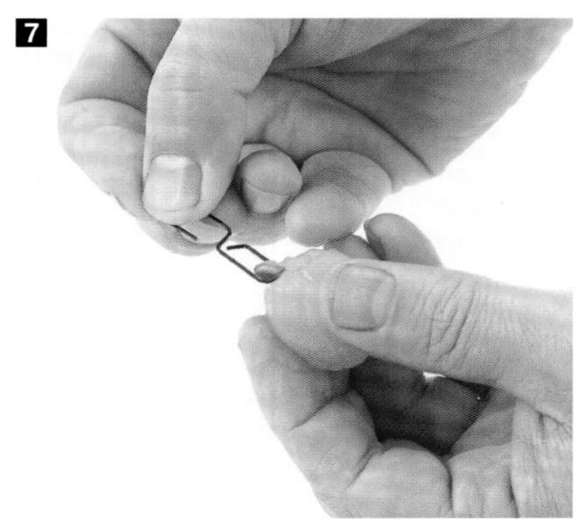

7 轻轻拉动以取出葡萄籽。

8 按需重复此操作。

制备栗子

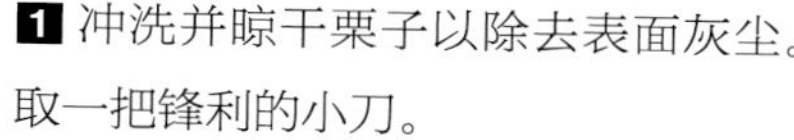

1 冲洗并晾干栗子以除去表面灰尘。取一把锋利的小刀。

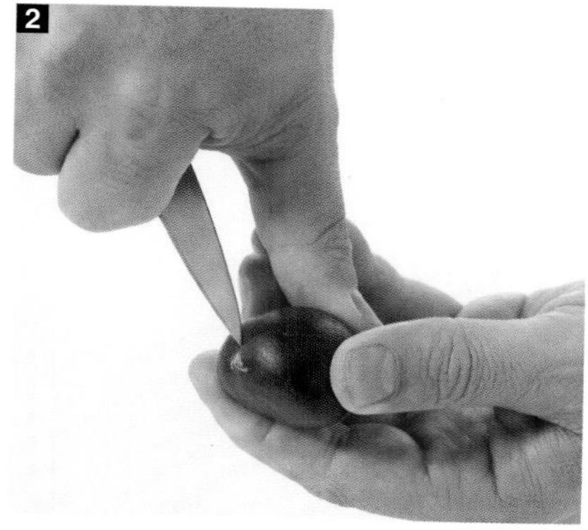

2 从栗子的顶部到底部切一个切口。

3 每个重复四次。

4 将栗子放在盘中，放入预热至160℃的烤箱中烤制约30分钟。如有壁炉，可以在炭火上放置10分钟。

5 让栗子冷却一阵，以免被烫伤。

6 用一把削皮刀剥掉栗子皮。

7 将它们浸入开水中浸泡2分钟。捞出沥干水。

8 去除包裹栗子的薄膜。

9 可以用切片器将它们切成薄片，然后油炸。或者在澄清的黄油中与蘑菇一起煎炸。

10 在甜味菜肴中，可将栗子煎炸然后沾上白砂糖，它们会为甜点带来酥脆的风味。

制备榅桲

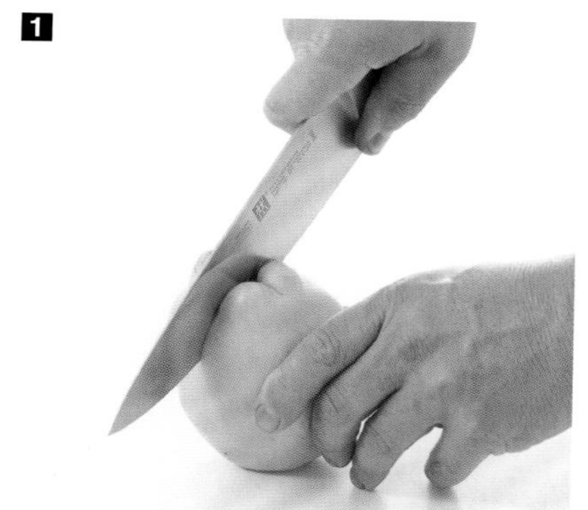

1 冲洗并晾干榅桲。取一把锋利的厨师刀。

2 将榅桲切成两瓣。

3 切成四瓣。

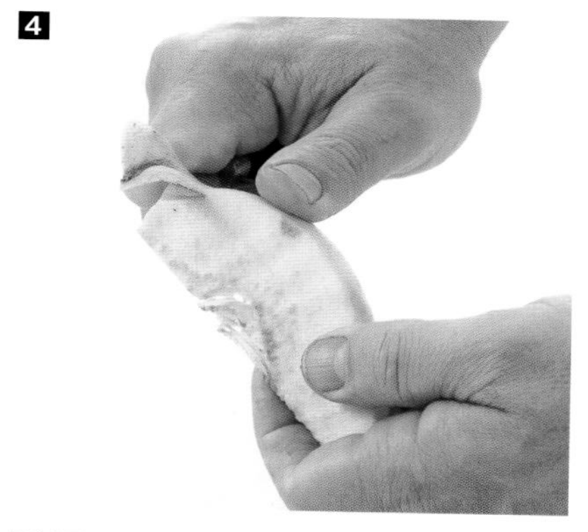

4 5 用小刀去除坚硬的果皮，不必小心翼翼。

6 剔除果核。

7 立即将果肉浸入柠檬水中。榅桲的果肉氧化得很快。根据食谱在烹饪之前晾干。

8 如果要制成果冻，可以将其与果皮一起放入色拉碗中，并盖上糖。冷藏12小时（请参见第539页果冻）。

制备石榴

1 取一把锋利的厨师刀，小心放置。

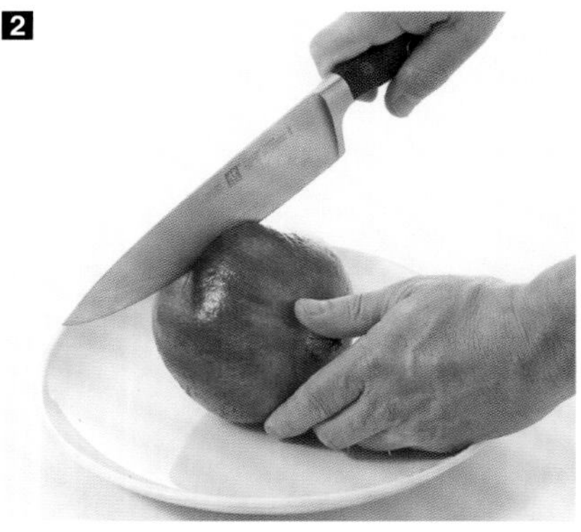

2 3 将石榴一分为二。

4 将石榴放在沙拉盘上方，用刀背敲击石榴。

5 如果石榴良好成熟，石榴籽将轻易脱落。

6 另一种方法：用手指轻轻按压，使石榴的各部分分离。

7 用拇指剥离石榴籽。

8 对另一半进行同样的操作。

制备芒果刺猬

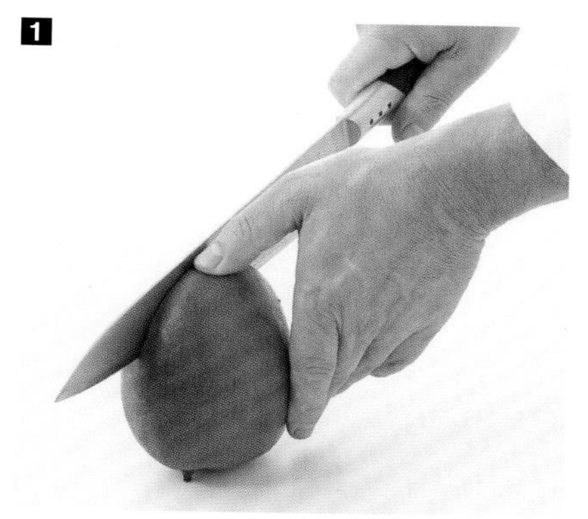

1 将拇指放在芒果顶部以确认果核的厚度。

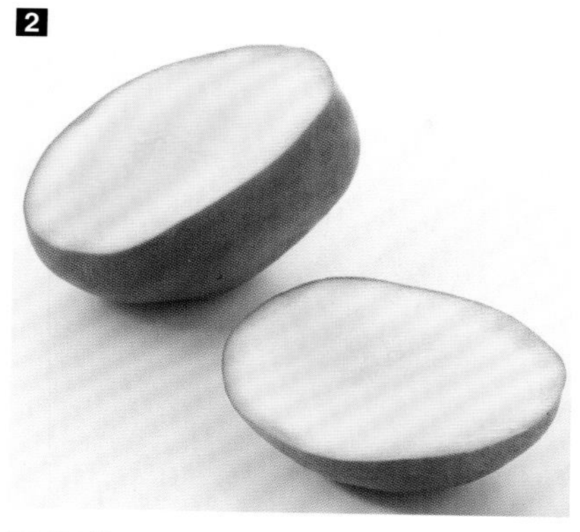

2 沿着果核自上而下滑动刀片，以分离芒果两侧的果肉。

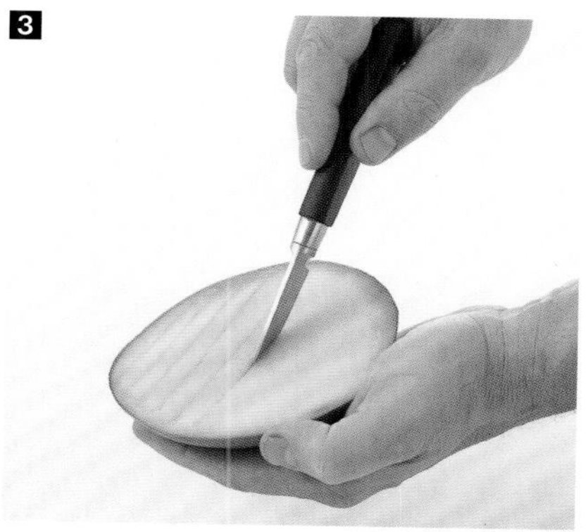

3 用一只手拿着果肉，另一只手用刀子在果肉上划间距约1厘米的平行线条。注意不要划破果皮。

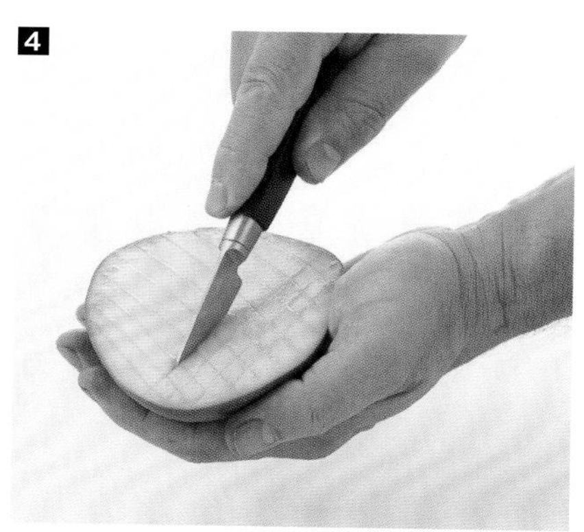

4 将果肉旋转四分之一，然后重复以上动作。

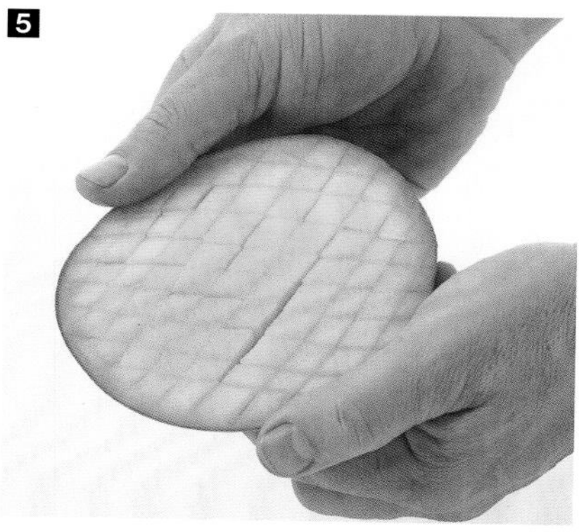

5 双手持果肉。

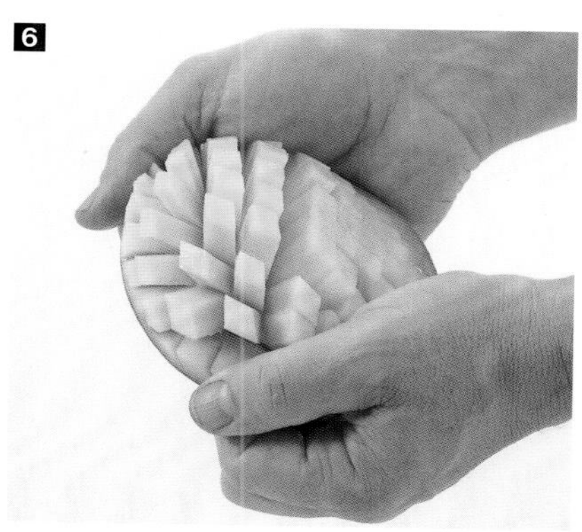

6 在芒果果肉背面小心地用手指施加压力。

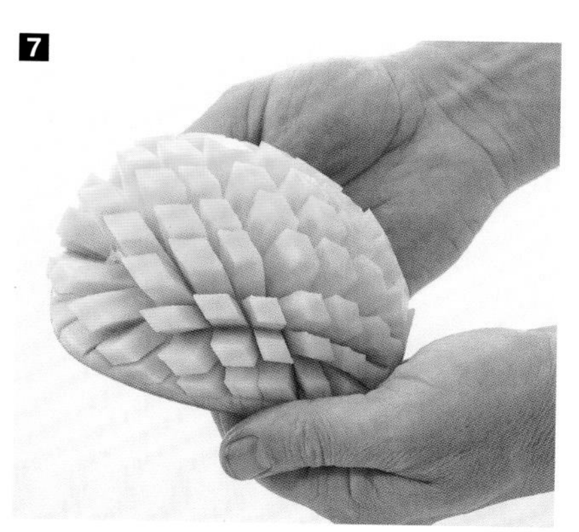

7 果肉呈网格状。

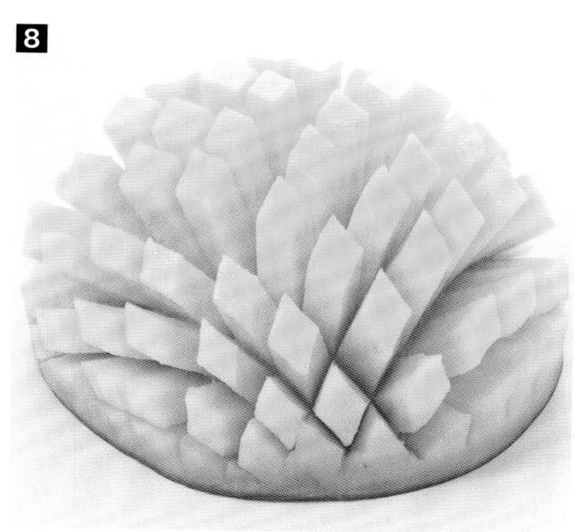

8 用于甜点装饰的刺猬诞生了。

制备水果球

1 水果球是用挖球勺制成的。最适宜制作水果球的水果是瓜、苹果、梨、芒果和西瓜。

2 将勺子的空心侧放在西瓜的果肉上。

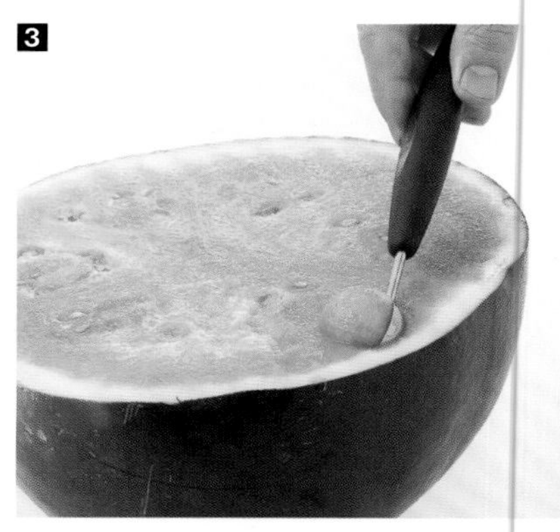

3 对勺子施加压力的同时转动勺子。

4 获得成形的水果球。

5 重复此操作。

6 将水果球放入水果沙拉中，或在开胃酒阶段与奶酪一起串成串。将水果球放在奶油水果馅饼上或奶油糕点上也很美味。

制备椰子

1 在水龙头下快速冲洗椰子以清除灰尘和纤维。使用开瓶器或螺丝刀在顶部的眼上打两个孔。

2 将椰汁收集在碗中。

3 一只手握住椰子，另一只手用擀面杖敲击椰子中心位置。转动椰子敲击多次。去除果皮上的纤维。

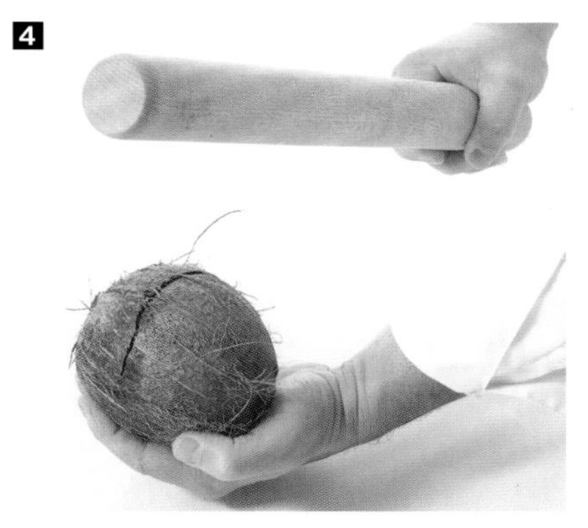

4 然后重击一两次将椰子分开。

5 将椰子分成两半。

6 沿着椰子壳转动小刀的刀片。

7 边切边分离果肉。

8 对另一半进行相同操作。

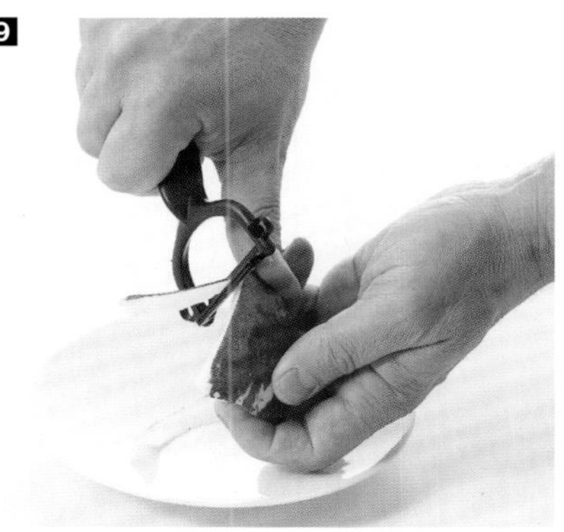

9 使用削皮器处理椰肉。

10

10 将果肉放在椰子水中冷藏，以保持其新鲜、洁白和酥脆。将椰肉放入水果沙拉、奶昔、奶油或水果派中。也可以将椰肉在户外干燥2天，然后放在铝箔纸中烤制或在咖喱鱼中使用。

柑橘削皮

1 这种削皮方法同样适用于葡萄柚、柠檬和橙子。去掉果实的顶部和底部。

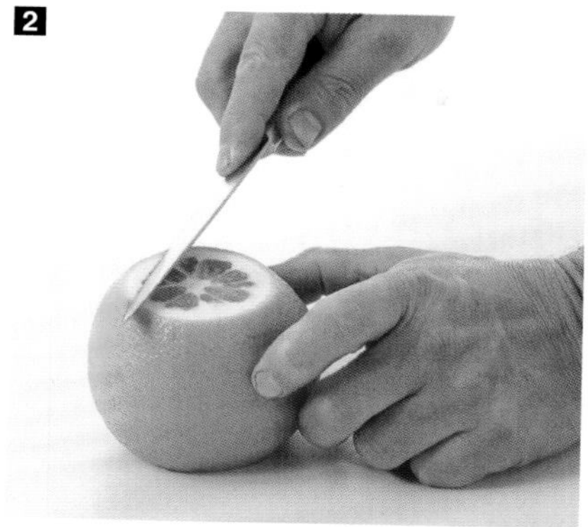

2 将刀片在果皮和果肉之间转动。

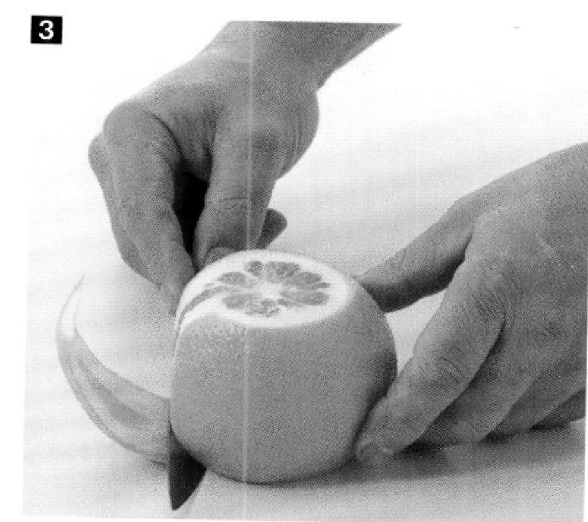

3 沿着水果轮廓从上到下削皮。

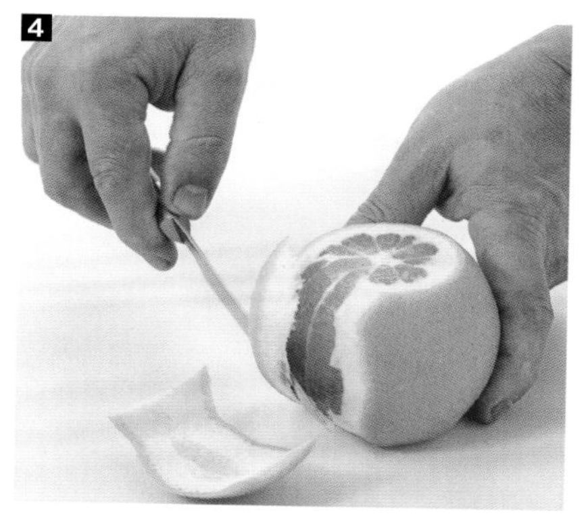

4 在整个水果周围上重新此操作，不要留下任何白色果皮。

5 橙子剥皮完成。

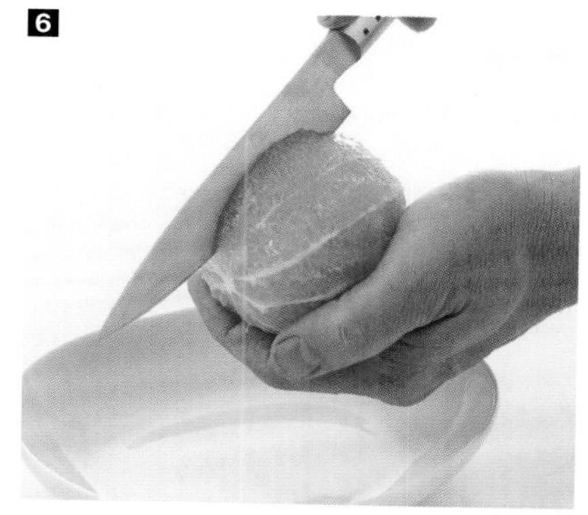

6 一只手握住橙子，放在碗上。

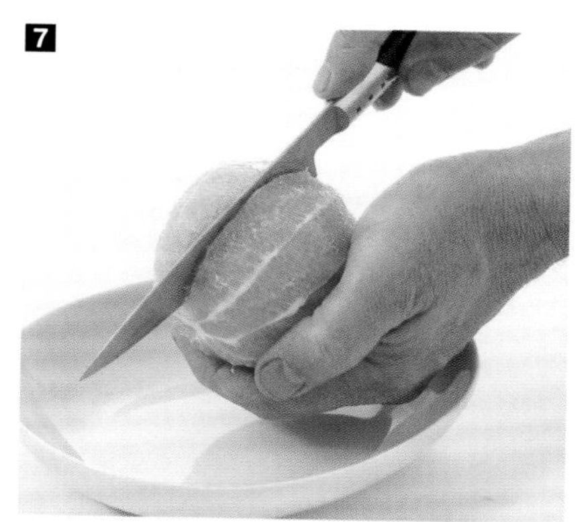

7 **8** 用刀子在白色薄膜间推拉切，剥离果肉。

9 重复此操作。

10

11

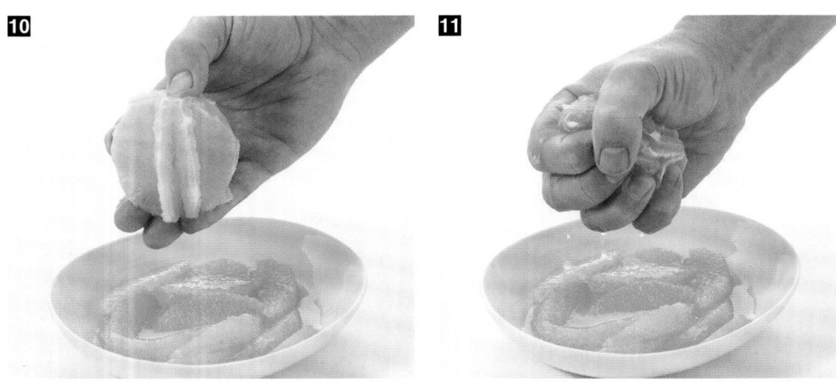

10 11 在碗上挤压剥离橙子的其他部分。

12

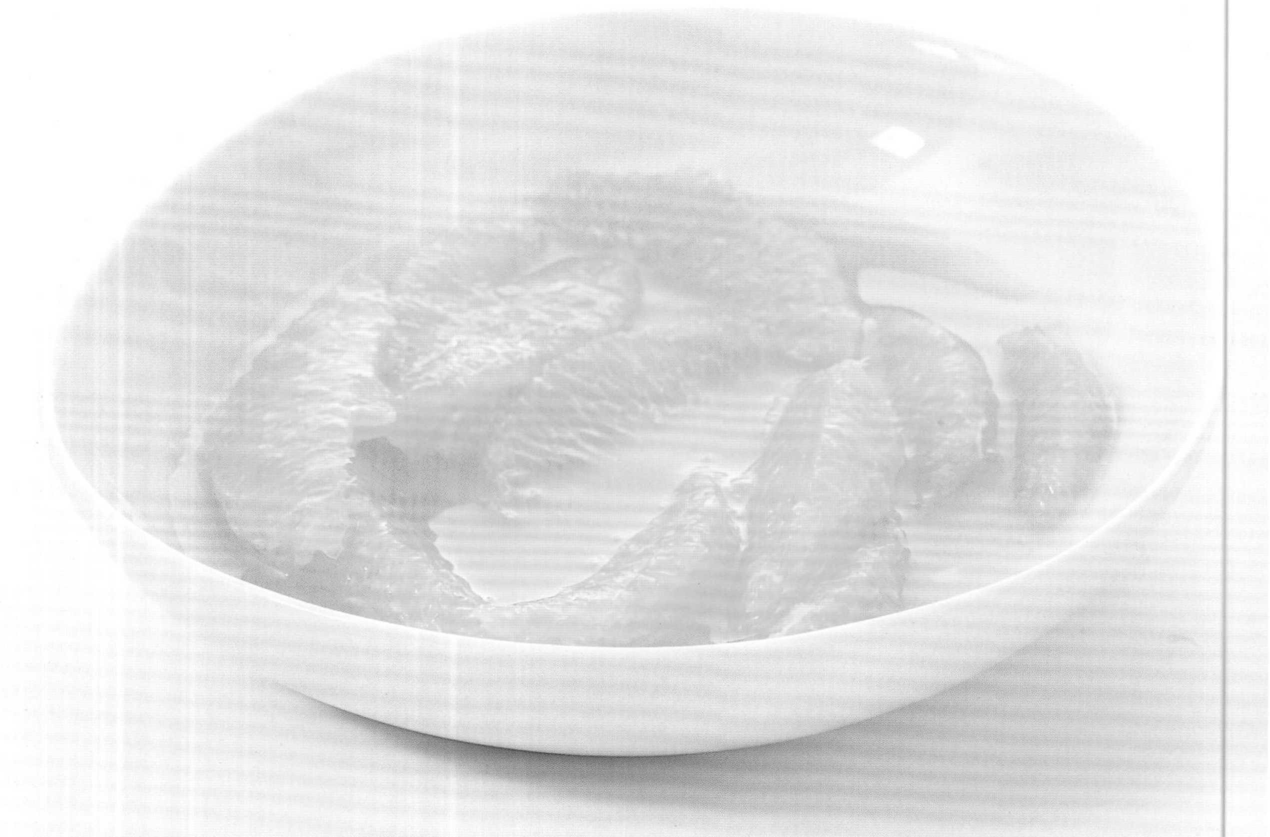

12 在品尝果肉时，可添加桂皮。可以将橙子放入水果沙拉，也可以搭配鸭胸肉一起炖烧或者用于甜品装饰。

食谱

果汁

离心果汁

通过离心机可以获得不含果肉的混合果汁，可以在果汁中加入马鞭草、薄荷或柠檬、百里香等蔬菜和草药。提取果汁后要尽快饮用，以感受果汁的新鲜可口并获取丰富营养。如果不能尽快饮用，请添加几滴柠檬以防止果汁氧化。

压榨果汁

柠檬、橘子、橙子、柚子等柑橘类水果可用压榨的方式获得果汁。但是，如果想获得没有果肉的果汁，例如将其整合到酱汁中，则需要将其过滤。

请将柑橘类果汁与其他水果混合，以获得口味更丰富的饮料，例如胡萝卜汁、芒果汁或甜菜汁。

如果希望在散步后喝一杯舒适的饮料，可将柠檬、苹果、黄瓜、香菜和栗子蜂蜜汁略加热。

混合果汁

如果没有离心机，可以将许多果肉较软的水果混合加入搅拌器或插入式搅拌器。可添加几滴柠檬汁以防止氧化。

各类夏季水果都适合制作混合果汁：草莓和桃子、杏和黑醋栗。在冬季，可将梨与芒果或木瓜等热带水果搭配在一起。通过这种美妙的方式，可以在日常食用多种水果。

我最喜欢的搭配组合：杏子、桃子、薰衣草、胡萝卜、生姜、薄荷草莓、树莓、红心菜、埃斯特拉·贡绿苹果、茴香、黄瓜、芹菜。

菠萝黄瓜香菜汁

4人份

⊙ 1个菠萝　⊙ 1个黄瓜
⊙ 1/2束香菜

1 准备食材。

2 将菠萝去皮，然后切成大块，使其能够放进离心果汁机。

3 将菠萝块倒入离心机，然后压榨。

4 加入香菜榨汁，将黄瓜洗净并切成薄片。

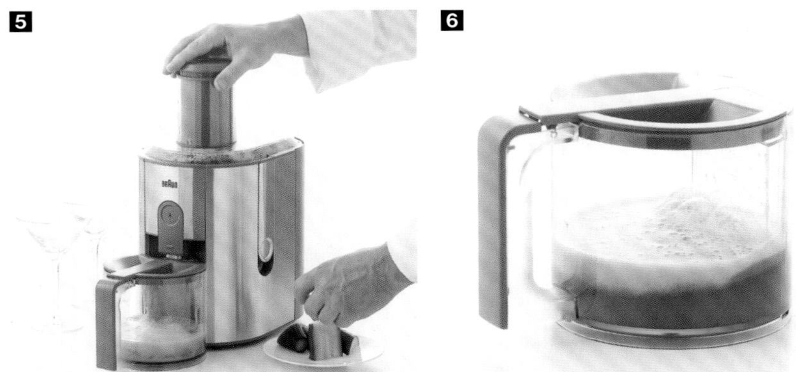

5 6 饮用前要充分混合果汁。可在杯子边缘上放几片苹果，并撒上少许糖粉进行装饰。

葡萄柚汁配桃红葡萄酒和水果冰

4人份

- ⊙ 红色浆果若干
- ⊙ 2个粉红葡萄柚
- ⊙ 3克生姜
- ⊙ 200毫升普罗旺斯桃红葡萄酒
- ⊙ 薄荷叶

1 准备食材。

2 洗净红色浆果，串上木扦。倒入凉开水并冷却。

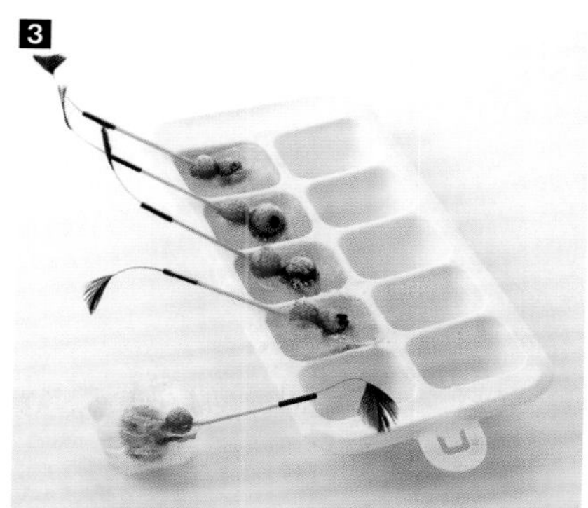

3 放入冰箱。

4 将葡萄柚对半切开，榨汁。

5 收集200毫升果汁。

6 将生姜去皮。

7 混合葡萄柚汁与桃红葡萄酒。

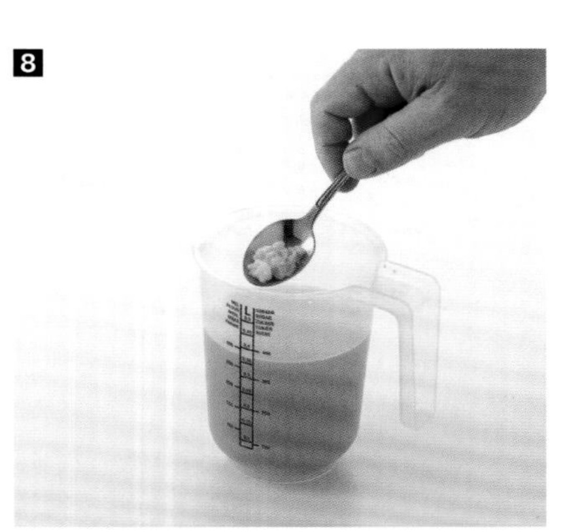

8 加入生姜末，混合。饮用时搭配水果冰及薄荷叶。

西瓜哈密瓜汁

4人份

- ⊙ 400克哈密瓜
- ⊙ 200克西瓜
- ⊙ 60克纯酸奶
- ⊙ 2片新鲜薄荷
- ⊙ 2滴塔巴斯哥辣酱
- ⊙ 1滴雪利酒醋

蒂埃里的建议

将哈密瓜、西瓜球与薄荷叶串在吸管上，用来装饰玻璃杯。还可以在混合果汁中加入一茶匙伏特加酒。

1 准备食材。

2 将哈密瓜与西瓜去皮、去籽并切成大块。将所有原料放入搅拌机中。

3 充分混合以榨取细腻的果汁。饮用前，在冰箱中放置30分钟。

奶昔和沙冰

奶昔

奶昔来源于魁北克，意为“冰冻的奶”。冰激凌经过混合和搅拌，配合空气作用，赋予了这种食物柔软和轻盈。请在制备后立即品尝。

我最喜欢的搭配

白桃，桃子雪葩配白蔓越莓香醋，杏仁牛奶，炒黍麦。

沙冰

Smooth是一个英语形容词，意为“油腻的”。沙冰的灵感源自在饮料中添加一种可以起乳化作用的原料，例如酸奶或奶油。它不仅会赋予饮品天鹅绒般的柔软感，还会削弱某些水果的酸度。

我最喜欢的组合

橙子，熟胡萝卜和香蕉白奶酪，羽衣甘蓝，牛油果和豆浆，醋栗汁，奶油栗子酱。

椰子奶昔

4人份

- ⊙ 200克椰子冰激凌
- ⊙ 6个冰块
- ⊙ 200克椰奶
- ⊙ 50克芒果丁
- ⊙ 2勺核桃粉
- ⊙ 烤椰蓉

蒂埃里的建议

为增添果汁杯的装饰效果，可以加入芒果丁和烤椰子粉。

1 准备食材。

2 将冰激凌、冰块和椰奶倒入搅拌机中。

3 搅拌，同时保持盖子稳定。将原料逐步混合，直至形成柔软的质地，即可饮用。

苹果奶昔

4人份

- ⊙ 500克水煮梨
- ⊙ 125克香草冰激凌
- ⊙ 25厘升苹果汁
- ⊙ 5粒四川花椒

蒂埃里的建议

为增添果汁杯装饰效果，可配上一个苹果玫瑰花。

1

1 准备食材。

2

2 将所有原料放入搅拌机中。

3

3 搅拌片刻以获得果汁氧化的质地，即可食用。

草莓大黄沙冰

4人份

- ⊙ 250克大黄
- ⊙ 500克草莓
- ⊙ 125克浓酸奶
- ⊙ 50克红糖
- ⊙ 2片薄荷叶

蒂埃里的建议

为增添果汁杯装饰效果，可加入半个草莓和几片薄荷叶。

1 准备食材。

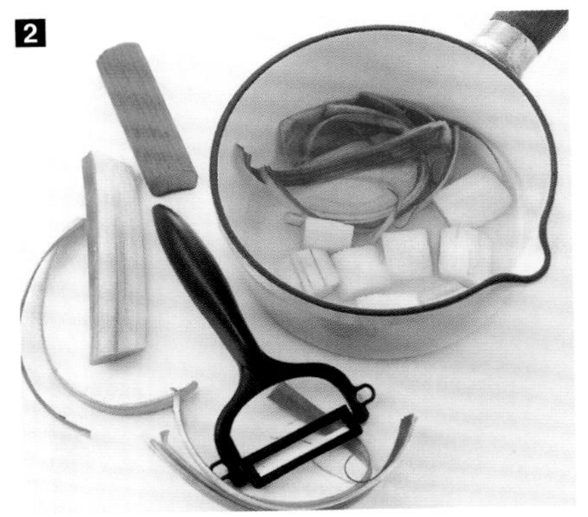

2 将大黄去皮，切成小块。放入加糖的水中，用中火煮约2分钟。用刀尖检查烹饪情况。捞出沥水并冷却。

3 洗涤并晾干草莓。将草莓去蒂，一分为二。

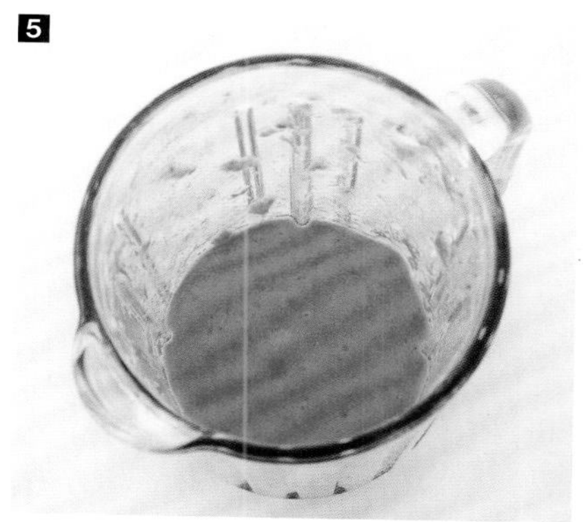

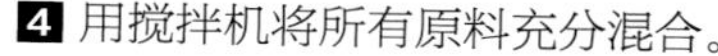

4 用搅拌机将所有原料充分混合。

5 搅拌至光滑和奶油状。即可食用。

芒果百香果椰子沙冰

4人份

- ⊙ 1个芒果
- ⊙ 2个百香果
- ⊙ 125克浓酸奶
- ⊙ 125克椰奶
- ⊙ 50克红糖

蒂埃里的建议

为增添果汁杯装饰效果，可在果汁上添加一朵奶油花。

1 准备食材。

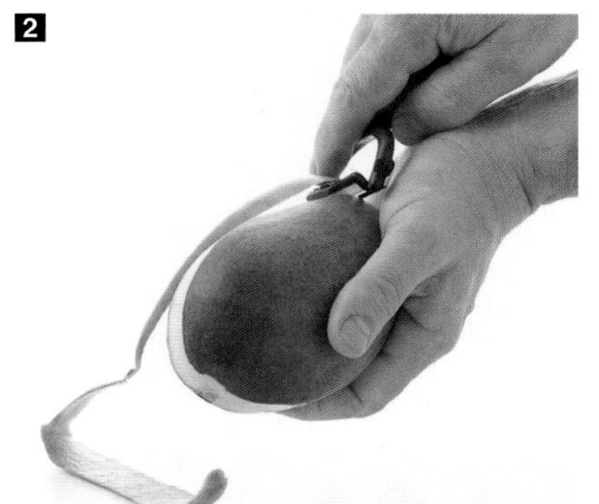

2 用削皮器将芒果去皮。

3 用刀自芒果顶部切到底部，切下果肉。

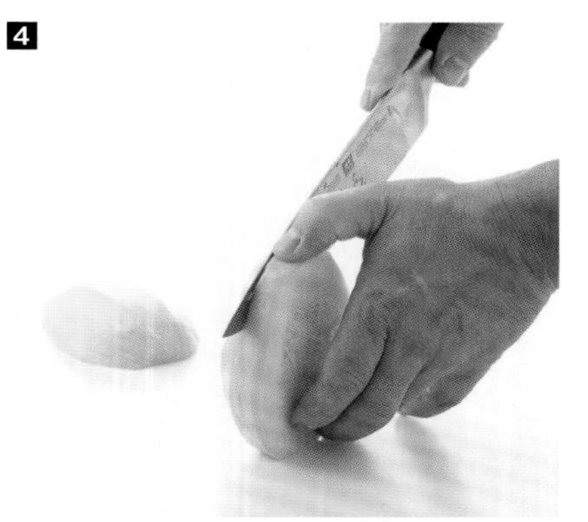

4 重复此过程，切下芒果的另一片果肉。

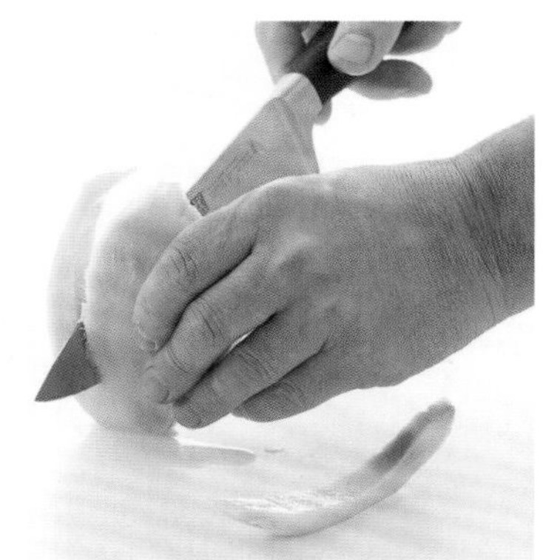

5 切下剩余的果肉。

6 将果肉切成小块。

7 切开2个百香果，用勺子榨汁。

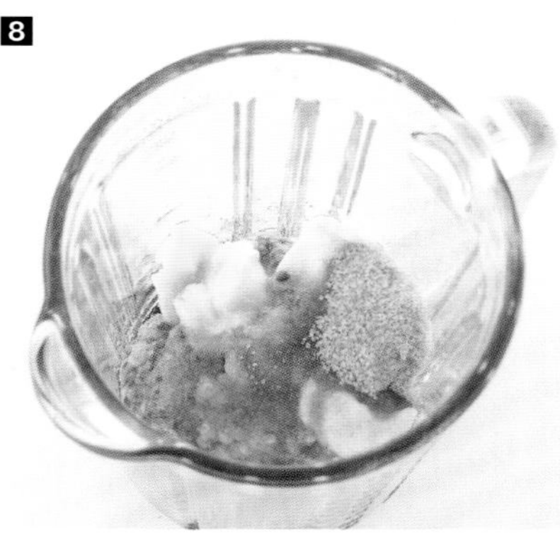

8 将所有原料在搅拌机中充分搅拌。

9 逐步混合，直至获得光滑乳脂状的质地，即可享用。

果酱和果冻

果酱

制作果酱是将水果浸入糖中的烹饪方法。将水果制成果酱，不仅可以保存水果，还可以弱化部分水果（如木瓜或醋栗）的涩味或酸度。传统上，制作果酱通常使用等重量糖和水果。如今的趋势是减少糖的含量。制作果酱的秘诀在于其烹饪过程必须尽可能短，从而保留果胶。 有的水果需要补充果胶，例如苹果或柠檬，但可以从市场上买到富含果胶的糖。

请选择良好成熟没有瑕疵的水果。如果原料中某个水果过熟会导致果酱腐坏。如果没有果酱盆，请使用铸铁锅。

果冻

果冻的名字源于其质地，有的水果由于果胶含量高，效果比其他水果更好。与制作果酱不同，制作果冻仅使用果汁。覆盆子、醋栗、黑莓或木瓜是经典的果冻原料，也可尝试玫瑰、黑加仑或榅桲果冻。如果没有果酱盆，可以使用铸铁锅。

果酱制作基础

李子酱

⊙ 制作2罐果酱（每罐500克）
⊙ 1.4千克李子
⊙ 800克细砂糖
⊙ 1个黄柠檬

1 准备食材。

2 将李子洗净、晾干并磨碎。在冰箱中将李子用糖和柠檬汁浸泡整晚。可酌情添加切碎的香草荚。

3 将富含果胶的果仁包裹在纱布中，制成纱布包。

4 用绳子扎紧。

5 将浸泡过的李子倒入砂锅中。加入纱布包。烧开。

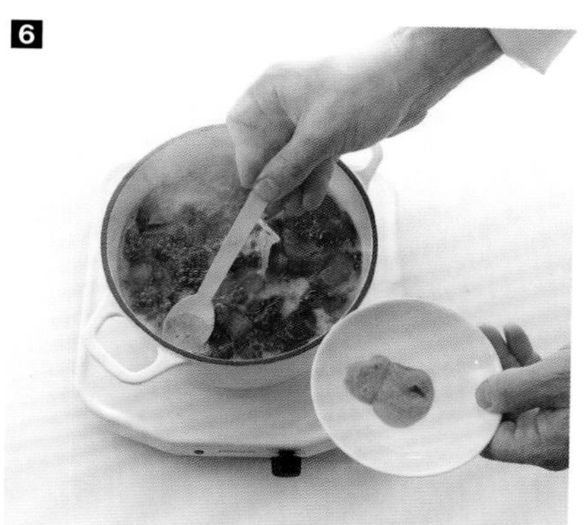
6 沸水煮7分钟，用木勺撇去浮沫。

7 同时，将罐子洗净晾几分钟。

8

8 将果酱罐放在干净的毛巾上自然晾干，不要擦拭它们。

9

9 在盘子上倒一些果酱来检查果酱的烹饪情况。果酱必须快速冻结。若非如此，要再继续煮2至3分钟。

10

10 取出纱布包和香草荚。将罐子装满。

11

11 盖紧盖，然后立即将其翻转到布上，静置冷却。

红色浆果果酱

制作2罐果酱（每罐500克）

- ⊙ 1千克红色浆果，根据上市情况采购（黑莓、醋栗、覆盆子、草莓和蓝莓）
- ⊙ 1个黄柠檬
- ⊙ 500克果胶糖（Confisuc®）
- ⊙ 1个香草豆荚
- ⊙ 1个肉桂棒
- ⊙ 5个八角

蒂埃里的建议

将果酱罐放在冰箱中，等待3天后再品尝。

1

1 准备食材。

2

2 洗净并晾干所有水果。将它们倒入碗中。加入柠檬汁、糖、刮净并切成薄片的香草荚以及其他香料。盖上保鲜膜，放置在冰箱中浸泡整晚。

3

3 将浸软的水果和香料倒入锅中，煮沸。煮8分钟，在此过程中用木勺搅拌。然后按照李子酱的装瓶过程进行操作（请参见第533页）。

Fruits Rouges

柑橘酱

制作2罐果酱（每罐500克）

- 12个有机苦橙
- 2个有机柠檬
- 2千克细砂糖
- 2升水

1 准备食材。

2 冲洗并晾干橙子。将10个橙子切成薄片。

3 取2个橙子和1个柠檬榨汁。

4 将橘子片、果汁、糖和水倒入一个大沙拉碗中，盖上保鲜膜，在冰箱中浸泡24小时。

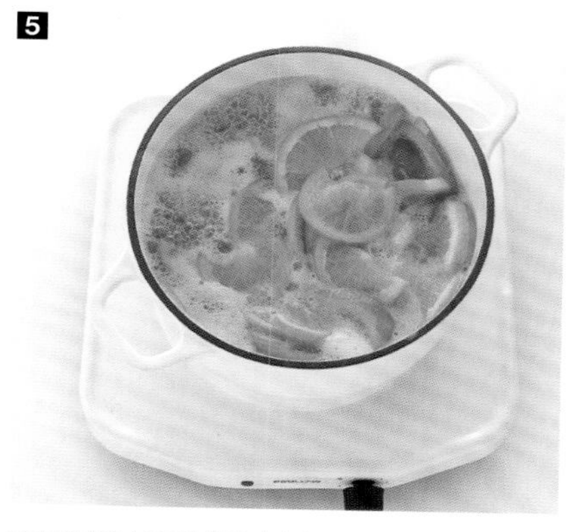

5 将所有浸渍液倒入锅中。烧开后，用小火煮2小时，定时搅拌。 然后按照李子酱的装瓶过程进行操作（请参见第533页）。

DIVIN

榅桲果冻

制作2罐果冻（每罐500克）

⊙ 2千克榅桲

⊙ 1个黄柠檬

⊙ 白砂糖：用量取决于所得果汁的重量。

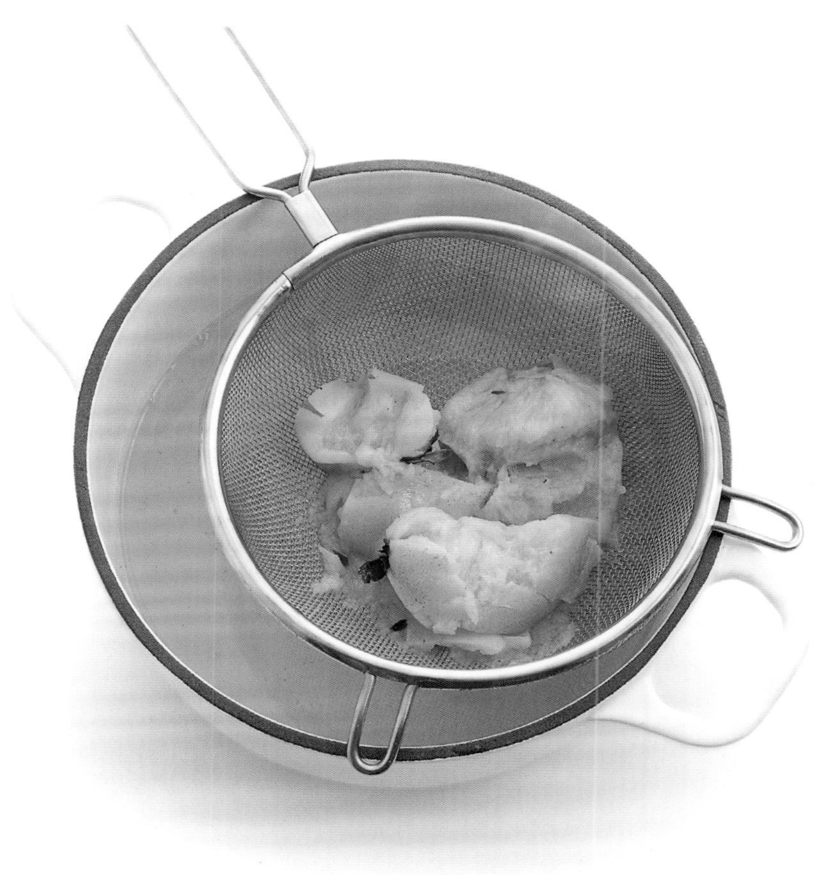

1 准备食材。

2 仔细清洗榅桲以去除其白色薄膜，然后将其晾干。将它们切成小块，不要剥皮。将榅桲块放在砂锅中，加入冷水，直至原料完全浸入水中。

3 烧开，然后小火煮45分钟。

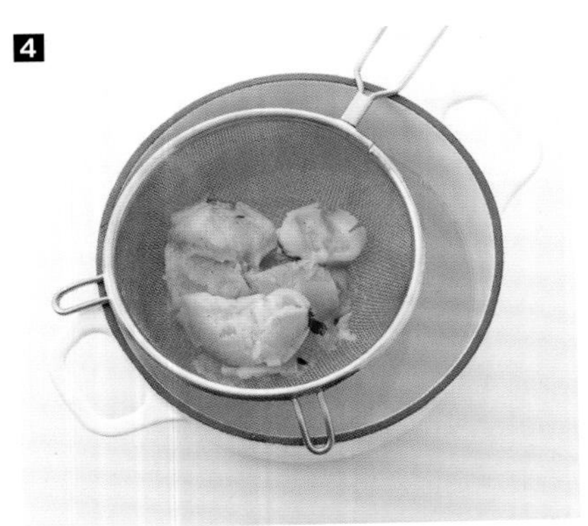

4 将砂锅中的内容物过滤，收集果汁。收集果肉以制作榅桲饼（请参见第507页）。

5 称量果汁。在砂锅中，倒入与果汁等重量的细砂糖。加入柠檬汁。烧开后继续用小火烹饪约1小时，并定时搅拌。在糖浆黏稠时停止烹饪。

6 按照与李子酱相同的步骤装罐（请参见第533页）。

7 将罐子静置24小时。

覆盆子奶油果冻

8 人份

- 150克白色树莓
- 1片明胶
- 100克红树莓
- 50毫升水
- 25克糖
- 400克炼乳
- 1块海绵蛋糕
- 20余个红色和白色的树莓、薄荷叶及花瓣用于甜点装饰

1 准备食材。

2 清洗白色树莓并过滤。将其与炼乳一起搅拌。

3 在冷水中软化明胶片。将红树莓倒入装有水和糖的锅中。用小火煮约3分钟。

4 过滤，然后加入搅拌过的明胶。待覆盆子果冻冷却。

5 将果冻放入糕点袋中。

6 用果冻填充白色树莓。

7 在每个盘子的底部倒入白色树莓奶油冻。加一块蛋糕。装饰红树莓和填馅的白色树莓。辅以薄荷叶、花瓣。在炼乳中添几滴树莓果冻。

沙拉

概念介绍

要制作精美的沙拉，不能忽略装盘展示。不同切割的大小，如块、片、丁、条或丝，能够突出水果的质地和风味，而富有创造力的搭配组合让水果联系在一起，也可将水果与甜咸味的蔬菜搭配。为保持水果的质地、颜色和新鲜度，不要过早准备沙拉。

切丝技巧

1 取一碗柠檬水。将有机史密斯苹果洗净并擦干。

2 用锋利的刀将苹果切成约5毫米厚的薄片。

3 在果核的另一侧进行相同的操作。

4 将3片苹果堆在一起。

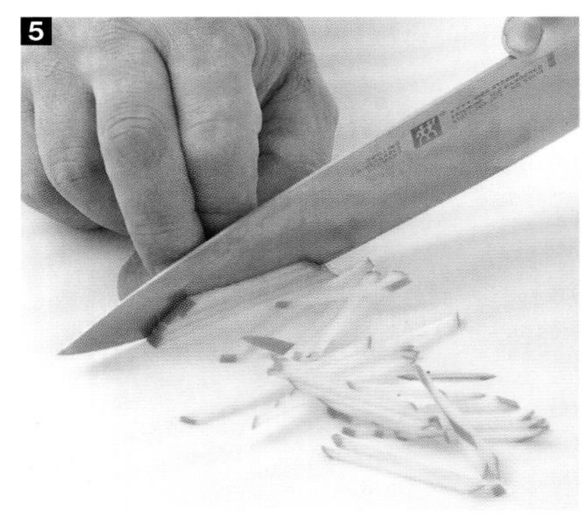

5 用刀切出5毫米粗的丝。

6 将苹果丝浸入柠檬水中以防止氧化。使用前在纸巾上控干水分。

切片技巧

1 准备一碗装满冰块的水。

2 用削皮器在去皮的大黄上削切。

3 立即将大黄片浸入冰水碗中。

4 低温使大黄片卷起并使薄片变硬。用它们来完成沙拉的装饰。

切圆环技巧

1 将猕猴桃去皮。

2 将其切成约5毫米厚的圆片。

3 为避免压碎水果，重要的是使用锋利的刀。

4 使用圆环钳来制造完美的圆环。

切块技巧

1 洗净并晾干有机李子。

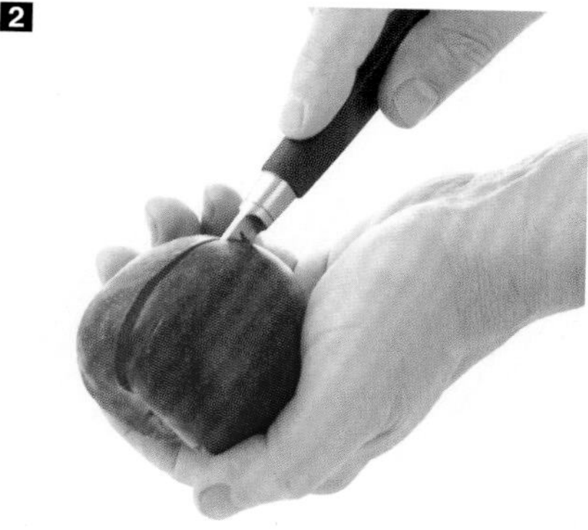

2 将其沿果核一分为二。

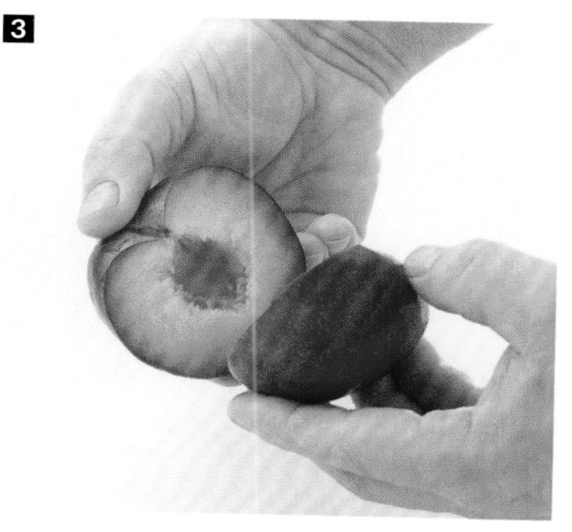

3 取下两瓣果肉。

4 取下果核。

5 将果肉切成2份。

6 7 将刀片倾斜45°，按照水果的弧度切分。

8 切片过程始终遵循水果的曲线。

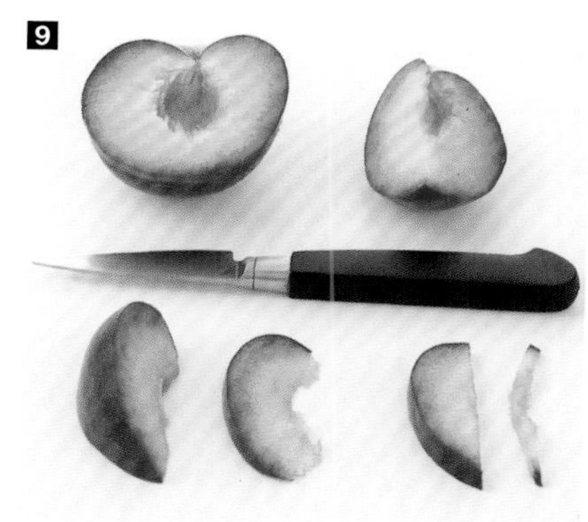

9 切割中间部分以完成操作，就可以得到完美的切片，适宜制作合格的水果馅饼。

切方块技巧

1 修整去皮的芒果。

2 切掉其末端以获得长方形。

3 切掉弯曲的部分。

4 将长方形部分一分为二。

5 保留切下的部分用于制作沙冰。

6 切成约1厘米粗的小条。

7 8 将小条切成相同大小的方块。

9 这种切割方法可以用于苹果、梨、桃子、哈密瓜、西瓜等。

经典水果沙拉

1 准备糖浆。将橙皮、柠檬片、切碎并刮净的香草荚放入锅中，加入几粒胡椒、500毫升水、100克细砂糖、20毫升朗姆酒或力娇酒，烧开，关火，浸泡直至冷却。

2 根据采购情况准备食材，将切成薄片的猕猴桃、切片的柑橘和李子、苹果球、去皮和去籽的葡萄、芒果块等放入碗中，倒入冷却的糖浆。上菜前30分钟腌制。

红色浆果沙拉

10 人份

- ⊙ 800克红色、草莓
- ⊙ 15个白草莓
- ⊙ 15个红树莓
- ⊙ 15个白树莓
- ⊙ 15个黑莓
- ⊙ 30个蓝莓
- ⊙ 30个红醋栗
- ⊙ 30个白醋栗

1 准备食材。

2 将草莓切片，在每个盘子上将草莓片叠放，做成长方形。

3 将剩下的红色和白色草莓切碎，将其铺在草莓长方形的底部。

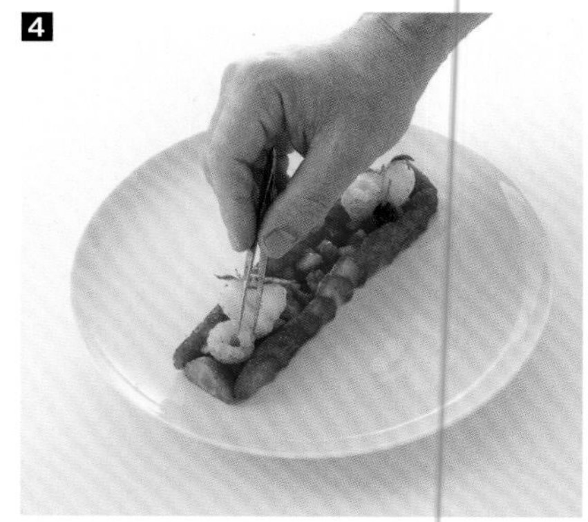

4 **5** 用镊子小心地放置其他水果。

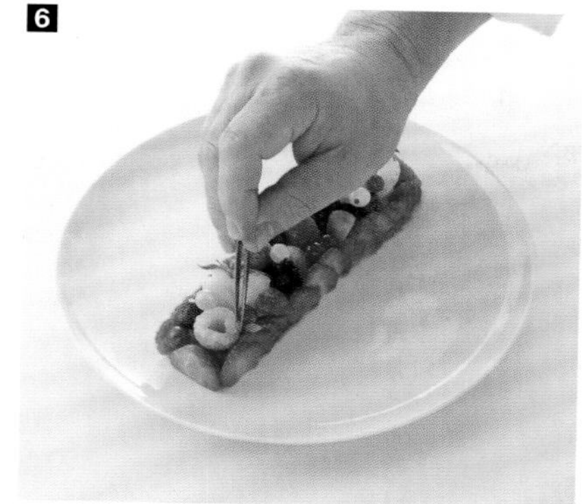

6 加入薄荷叶。

7 小心放置花瓣。

8 新鲜食用。可撒上少许糖粉或添加树莓酱增添美味。配合杏仁长蛋糕和贝壳甜蛋糕食用。

咸沙拉

6 人份

- ⊙ 2个苹果柿子
- ⊙ 3个绿色、黄色和樱桃番茄
- ⊙ 1个牛油果
- ⊙ 1把菠菜叶子
- ⊙ 1个红洋葱
- ⊙ 水田芥
- ⊙ 3个百香果
- ⊙ 1个芒果

1 准备食材。

2 将一个苹果柿子切成薄片，然后在盘子底部铺开。

3 放入3片绿色番茄。

4 加入2或3片黄色番茄。

5 加入几片牛油果。

6 放置2或3块樱桃番茄。

7 撒上菠菜叶子。

8 在第二个苹果柿子中放入几个芒果圆柱。

9 提前一天腌制洋葱。将100毫升水、100毫升醋和135克细砂糖一起煮沸。将红洋葱去皮切成薄片。将腌渍汁倒在洋葱上，盖紧，放凉，然后将它们放在盘子上。

10 小心放置水田芥。

11 加入几滴百香果香醋。

12 百香果香醋配方：将3个百香果、3汤匙橄榄油和1厘米磨碎的姜混合在一起。加入盐和胡椒。

绿色沙拉

6 人份

- 2个猕猴桃
- 2个史密斯奶奶苹果
- 1小串意大利葡萄
- 2个绿柠檬
- 1/2个甜瓜
- 2个杨桃
- 100毫升糖浆（请参见第549页）
- 12片大黄片
- 一些迷你猕猴桃（可选）

1 准备食材。

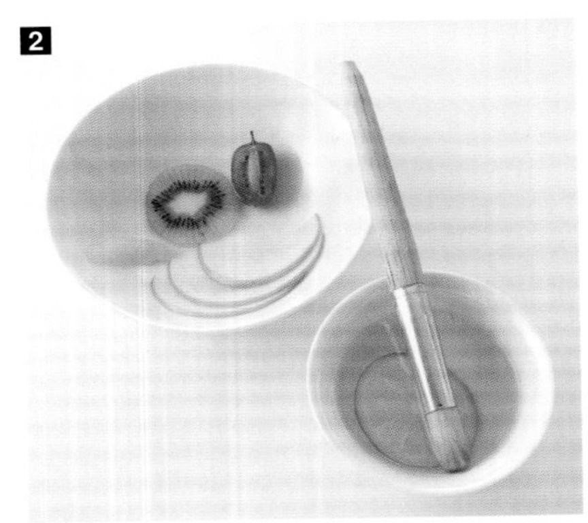

2 猕猴桃去皮，切成薄片。将苹果切丝。将葡萄去皮并去核。柠檬切片，去除薄膜。将甜瓜和杨桃切成小方块或小段。用大量糖浆浸泡水果。

3 在每个盘子里放一个圆圈。按照其轮廓放置水果块。

4 添加苹果片。

5

5 放一些葡萄。

6

6 摆放切片的猕猴桃和柠檬。

7

7 取走圆环。用苹果片制成小圆锥，与杨桃放在一起。

8

8 加入一些大黄片和苹果丝。

9

9 要完成装饰，可以添加一些嫩芽。冷却糖浆，视口味酌情添加。

水果挞

概念介绍

这是面团、水果和众多可能的奇妙组合！

生熟水果、发酵或未发酵的面团均可用于制作水果挞。但是要注意，某些水果（梨、桃、李子）的水分可能浸入面团。

解决方法：分别烹饪再组合搭配。或在馅饼皮上撒上杏仁粉，它将吸收水分。即在塔皮上涂抹可可黄油。

面团制作完成后，将其用保鲜膜包裹，静置1小时。这可以防止面团黏在案板上，也不必添加太多面粉。如果您有揉面机，可以添加香料。注意，制作挞皮要迅速，不能反复揉制！肉桂粉、可可粉和柑橘皮都可以为面团增添新的风味……

咸面团

8 人份

- ⊙ 250克面粉
- ⊙ 125克糖
- ⊙ 5克发酵粉
- ⊙ 125克黄油
- ⊙ 1个蛋黄
- ⊙ 1撮盐

1 准备食材。

2 混合面粉、糖和酵母。搅拌入预先切成小方块的冷黄油。

3 用指尖捏合混合物，使其呈沙质。

4 加入蛋黄，然后加入精盐。

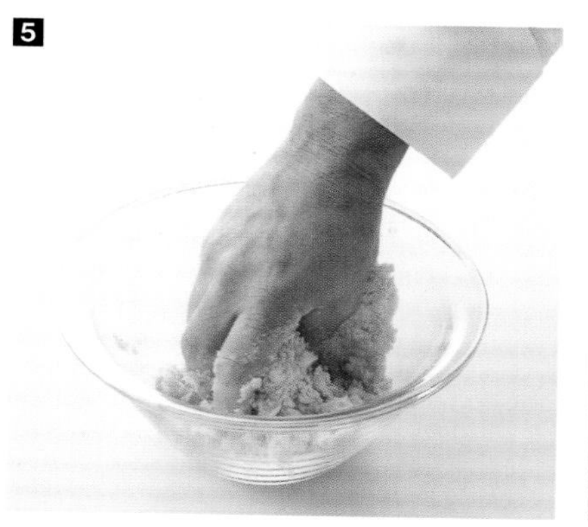

5 快速揉面，以获得光滑的面团。

6 盖上保鲜膜并在阴凉处静置1小时。

甜面团

8 人份

- ⊙ 250克面粉
- ⊙ 90克糖粉
- ⊙ 30克杏仁粉
- ⊙ 1/2个香草荚
- ⊙ 150克黄油
- ⊙ 1个鸡蛋

1 准备食材。

2 混合所有干性原料。加入香草荚和切成小块的冷黄油，搅拌。

3 用指尖捏合混合物，使其呈沙质。

4 加入鸡蛋。

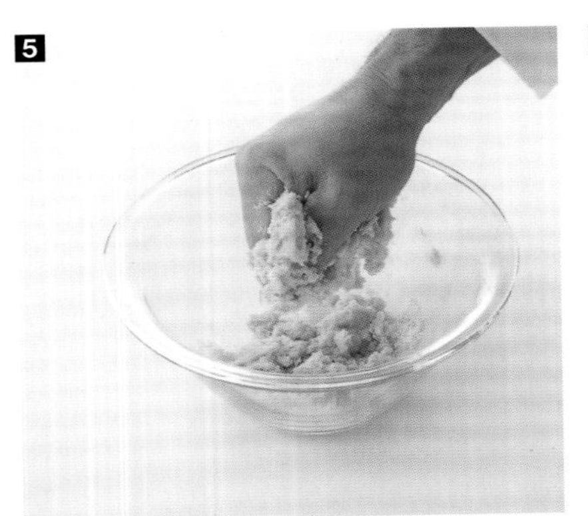

5 快速揉面，以获得光滑的面团。

6 盖上保鲜膜并在阴凉处静置1小时。

精致苹果挞

4 人份

- ⊙ 2个金苹果
- ⊙ 1个柠檬
- ⊙ 一卷保鲜膜
- ⊙ 50克黄油
- ⊙ 25克红糖

蒂埃里的建议

从烤箱取出后，无论苹果挞的温度如何，均可直接食用，也可与一小勺香草冰激凌或焦糖搭配食用。也可以在馅饼上撒上玫瑰果仁糖碎。

1 准备食材。

2 将苹果削皮。用柠檬擦苹果表面，以防止氧化。

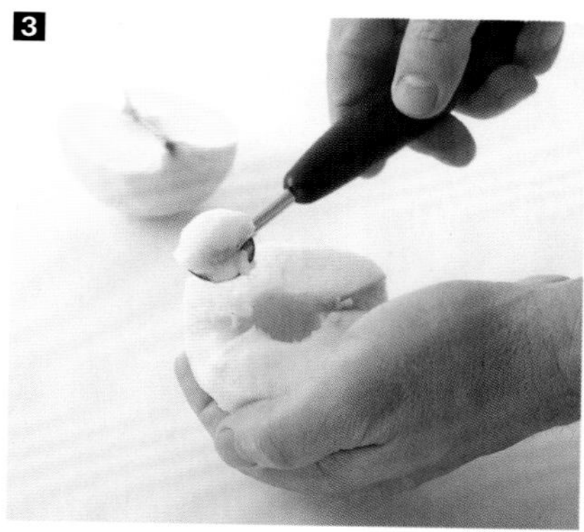

3 将苹果一分为二，然后用挖球勺将其去核。

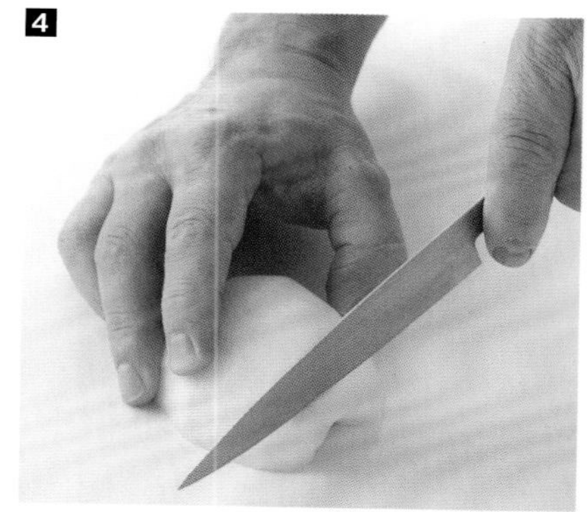

4 切下苹果的末端。

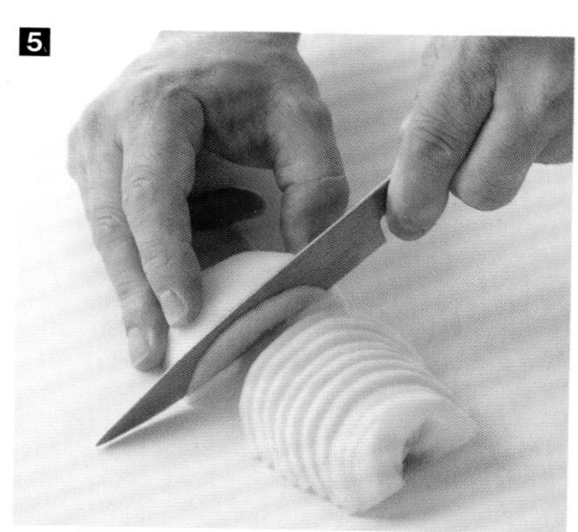

5 将苹果切成薄片，并尽量保持规则。对另一半苹果重复以上动作。

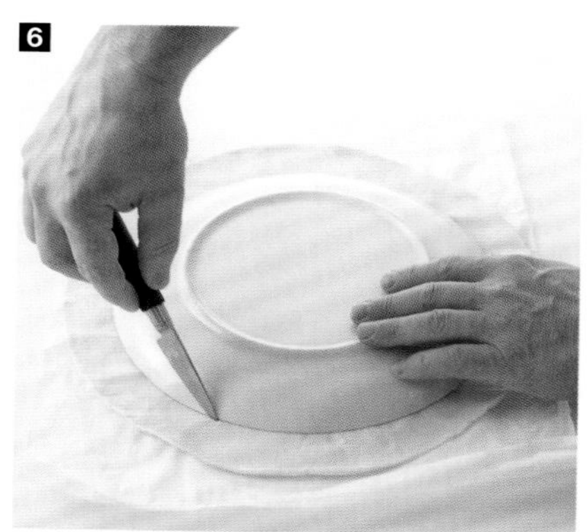

6 用盘子盖在挞皮上画一个圆。

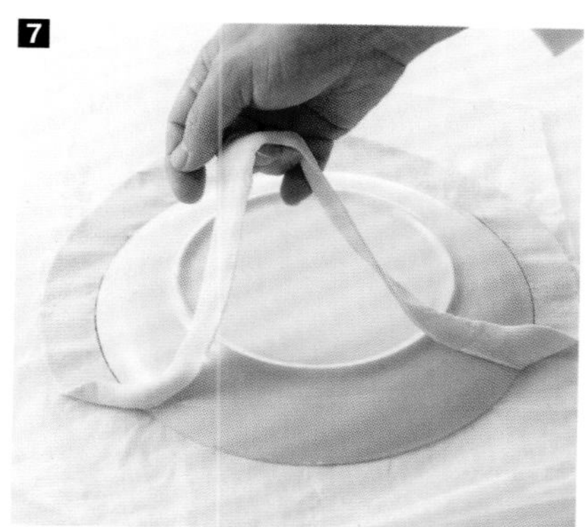

7 去除多余的部分。

8 用叉子在挞皮底部扎孔。这样可以防止面团在烹饪时胀气。

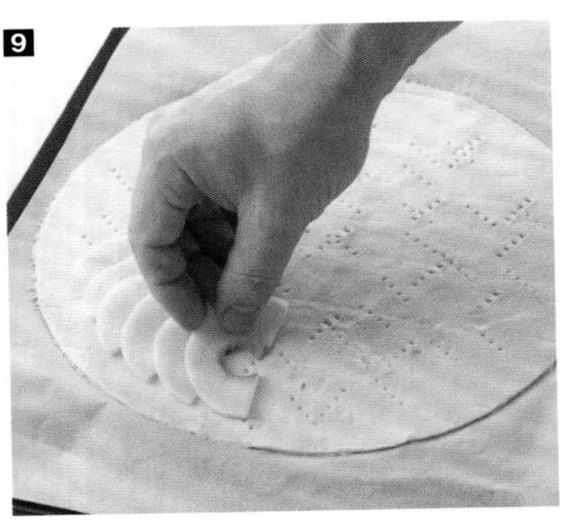

9 将苹果片放置在距离挞皮边缘1厘米处，并尽量在每片之间留出相同的空间。

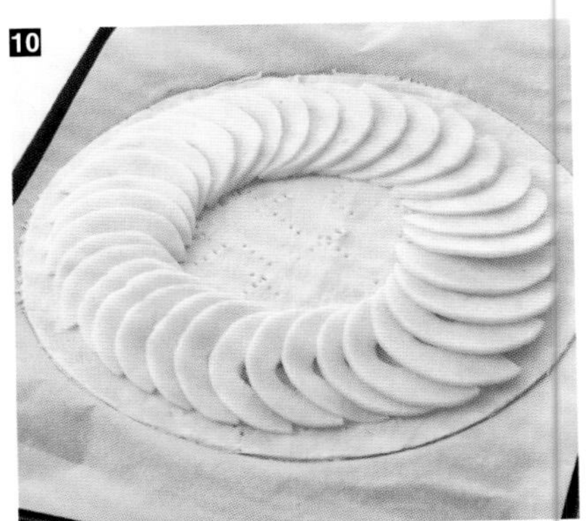

10 摆放好第一圈苹果。

11 然后沿反方向放置苹果。

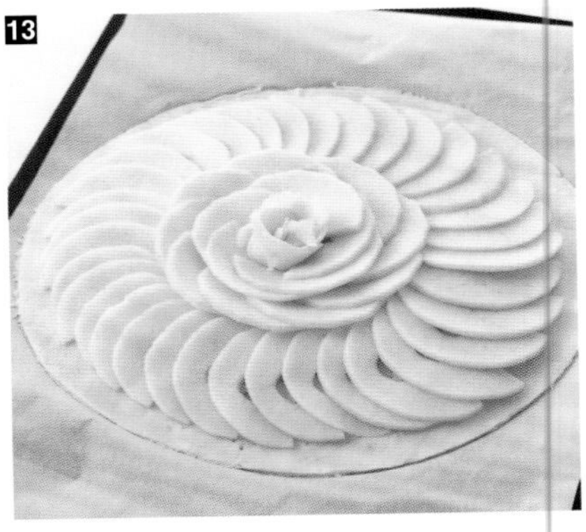

12 13 用苹果片继续填充中心，使之呈玫瑰状。

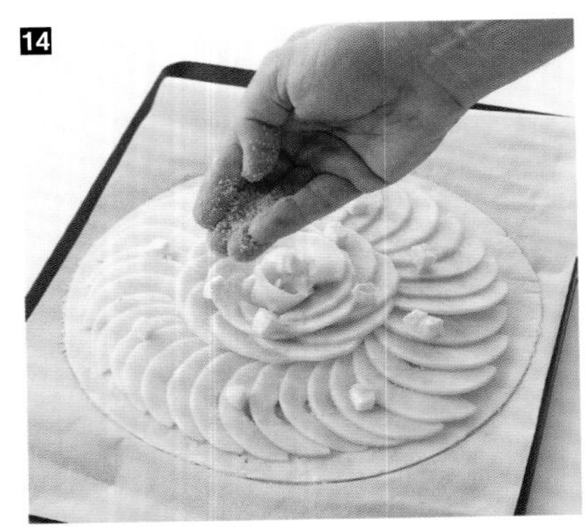

14 将烤箱预热至180℃。放上20克黄油，并撒上红糖。

15 烘烤25至30分钟。

杏仁梨挞

4人份

- 125克碎面团
- 75克黄油
- 75克糖粉
- 75克杏仁粉
- 1个鸡蛋
- 2个水煮梨

1 准备食材。

2 用擀面杖擀面团，然后将面团放在模具（直径18厘米）中。去除边缘多余的部分，并用叉子在底部扎孔。

3 用刀尖背面在馅饼的边缘上做划痕状装饰。

4 将黄油、糖粉、杏仁粉和鸡蛋混合均匀，放入裱花袋并装饰挞皮。

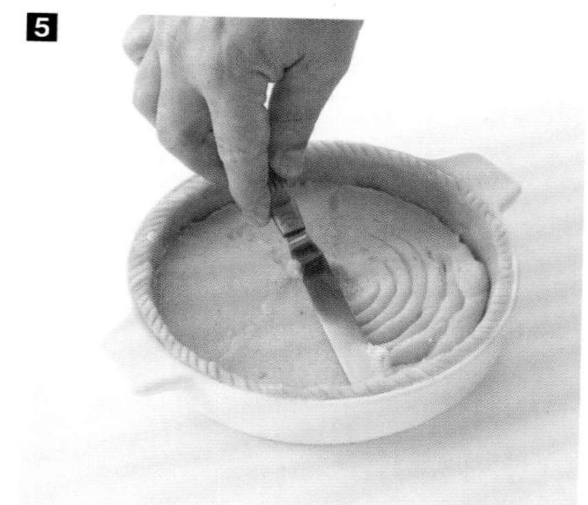

5 用刮刀抹平表面。

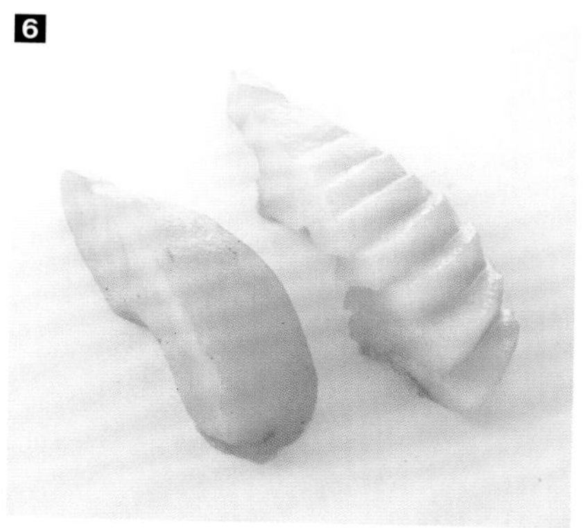

6 将梨切成4份，然后将每个四分之一的部分切成薄片，不要切断。

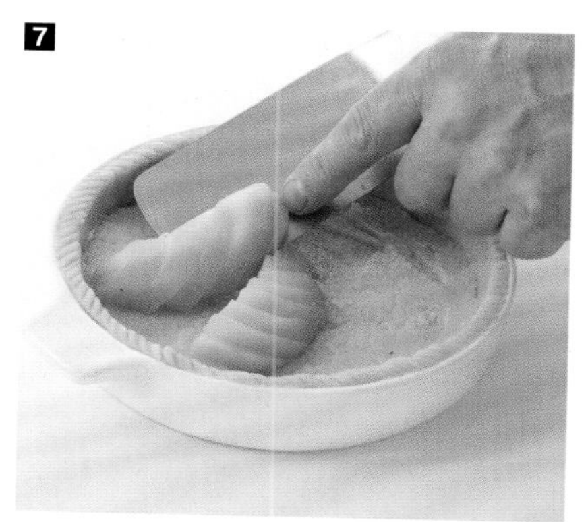

7 将每块水果用抹刀小心地放在馅饼壳上。

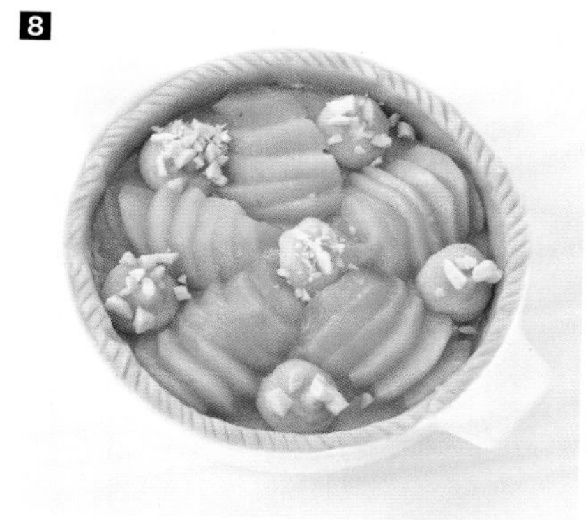

8 装饰其他部分，然后加入少许杏仁碎。在预热至180℃的烤箱中烘烤20分钟。

草莓挞

4 个草莓挞

⊙ 250克甜面团（请参见第558页）
⊙ 25个草莓
⊙ 500克卡仕达酱

1 准备食材。

2 将面团放入模具。用叉子在挞皮上扎孔，盖上豆子或鹰嘴豆，以防止面团在烹饪时膨胀。在预热至170℃的烤箱中烘烤12分钟。

3 在为草莓挞涂奶油之前，先让挞底冷却。将草莓切成四瓣。

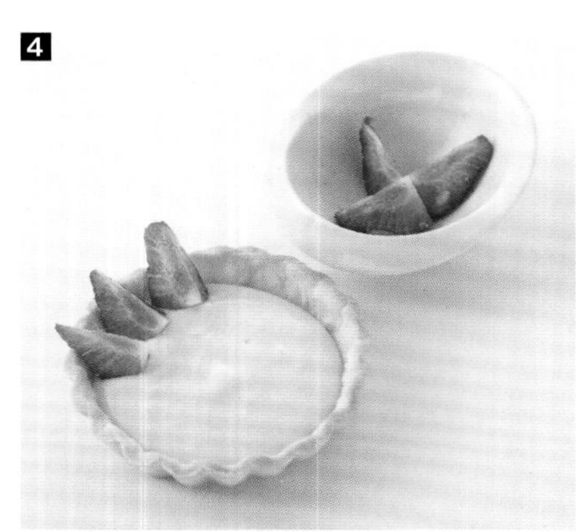

4 将草莓沿边放置。

5 根据喜好，可添加花瓣，例如紫色罗勒叶。请即刻享用。

6 也可以将草莓切成条状进行装饰。

葡萄柚挞

4 个葡萄柚挞

- ⊙ 180克肉桂焦糖饼干（Speculoos）
- ⊙ 75克软黄油
- ⊙ 75克红糖
- ⊙ 2个粉红葡萄柚

1 准备食材。

2 用叉子将肉桂焦糖饼干碾碎。

3 将黄油加入碎饼干和红糖中，搅拌均匀。放置与模具尺寸相同的烘烤纸。

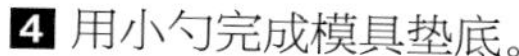

4 用小勺完成模具垫底。

5 夯实，使表面光滑。冷藏1小时。

6 剥去葡萄柚的皮，取出果肉。

7 让挞底脱模。将果肉放置在挞皮上，使其略微重叠。用薄荷叶和醋栗进行装饰。请即刻享用。

糕点

樱桃蛋糕

6 人份

- ⊙ 240克樱桃
- ⊙ 500毫升牛奶
- ⊙ 5000毫升液体奶油
- ⊙ 1/2个香草豆荚
- ⊙ 100克细砂糖
- ⊙ 2个鸡蛋
- ⊙ 40克淀粉

蒂埃里的建议

水果蛋糕（clafoutis）的制作方法适用于许多水果：李子、杏、香蕉、树莓……注意不要过分稀释水果。可以用橙花水和杏仁的苦味进行调味。从烤箱中取出后，务必撒上一些糖粉或香草糖。黄色和红色的樱桃番茄是超凡的奇妙组合。

1 准备食材。

2 将樱桃洗净。将去核的樱桃放在涂抹过黄油的模具底部，撒糖。

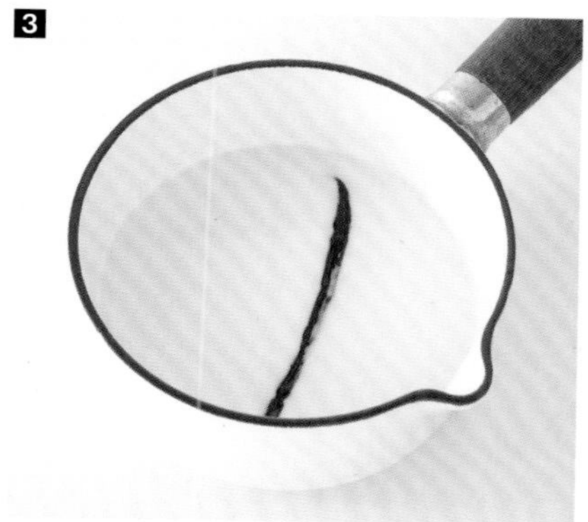

3 将牛奶煮沸，加入切开并刮净的香草荚。

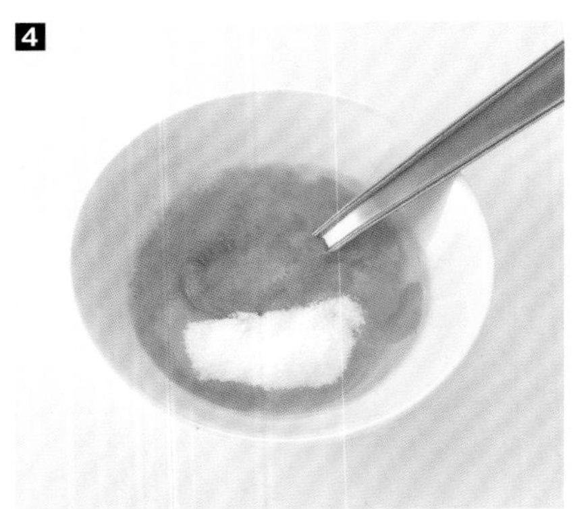

4 将糖和鸡蛋在碗中打匀。

5 搅拌，直至混合物起泡。

6 加入玉米淀粉、奶油和沸腾的牛奶，通过搅拌获得光滑的原料。将混合物倒在樱桃上。在预热至180℃烤箱中烘烤20分钟。

灯笼果迷你蛋糕

6 人份

- ⊙ 200克灯笼果
- ⊙ 60克米粉
- ⊙ 35克杏仁粉
- ⊙ 70克细砂糖
- ⊙ 3个鸡蛋
- ⊙ 130克黄油
- ⊙ 100克芒果丁
- ⊙ 100克椰子片

蒂埃里的建议

我非常喜欢灯笼果的独特酸味，这种酸味也可以来自其他水果，例如树莓、黑醋栗或杏子。它可以与多种干果组合，如坚果、榛子、葡萄或蜜饯。若是更贪婪一些，还可以在迷你蛋糕上加上柠檬糖浆。使用杏能够让小蛋糕看起来更具光泽感。

1

1 准备食材。

2

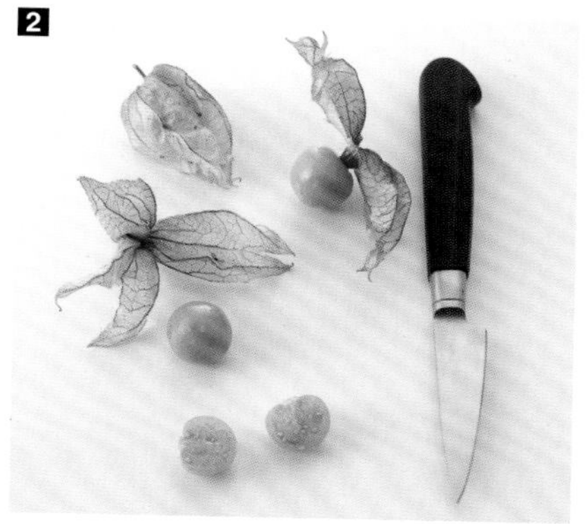

2 从灯笼果的叶片中取出果实。洗净，然后切成两半。

3

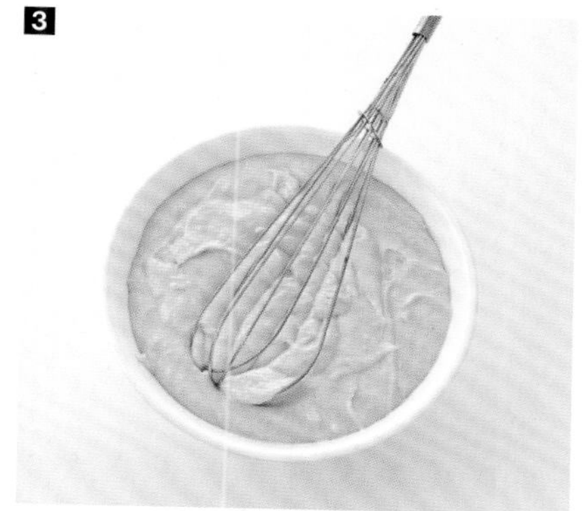

3 搅拌面粉、杏仁粉、糖、鸡蛋和熔化的黄油，直到获得均匀的混合物。

4

4 加入灯笼果、芒果丁和椰子片。

5

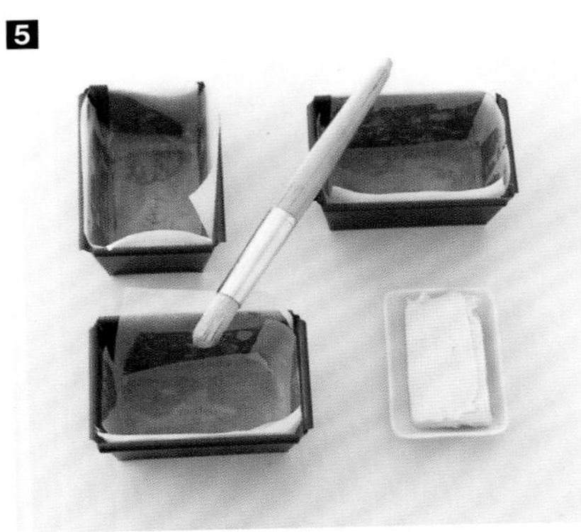

5 在迷你蛋糕模具中垫上烘焙纸。用黄油涂抹。

6

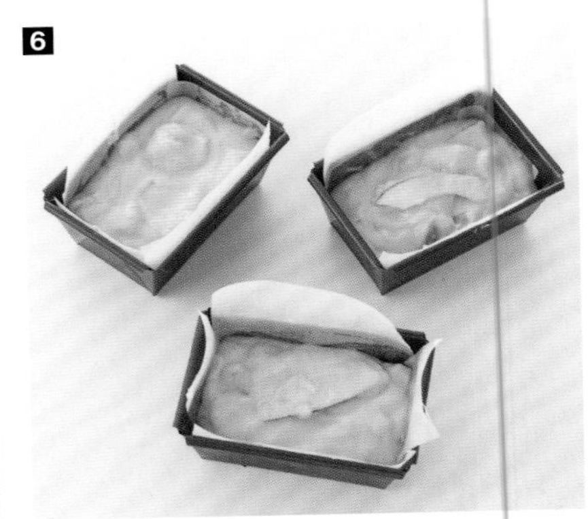

6 填充至3/4，并在预热至170℃的烤箱中烘烤约30分钟。

7

7 用刀尖检查烹饪情况。使用的刀片必须干燥。冷却后脱模。

百香果软蛋糕

8 人份

- 10克新鲜面包酵母
- 50毫升牛奶
- 225克T45号面粉
- 3个鸡蛋
- 50克黄油
- 18克细砂糖
- 4克盐

1 准备食材。

2 用温牛奶稀释酵母。在搅面机中，将面粉、牛奶、酵母及2个鸡蛋以中速搅拌2分钟。

3 加入黄油，搅拌2分钟。

4 加入最后一个鸡蛋，搅拌5分钟。

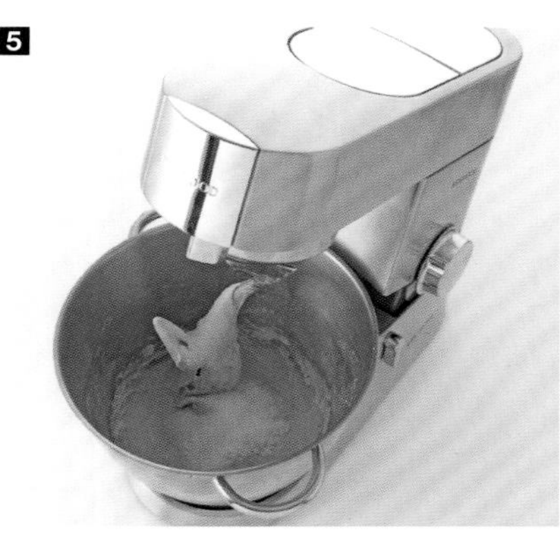

5 加入糖和盐，再次搅拌2分钟。

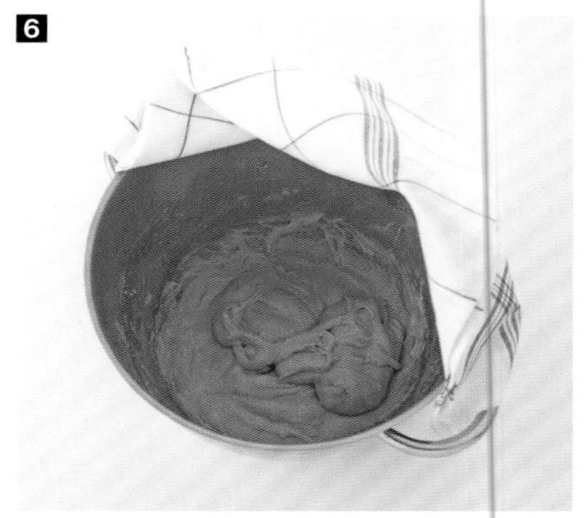

6 在用布覆盖的和面碗中静置发酵45分钟。

7 面团膨胀一倍。

8 用手放气。

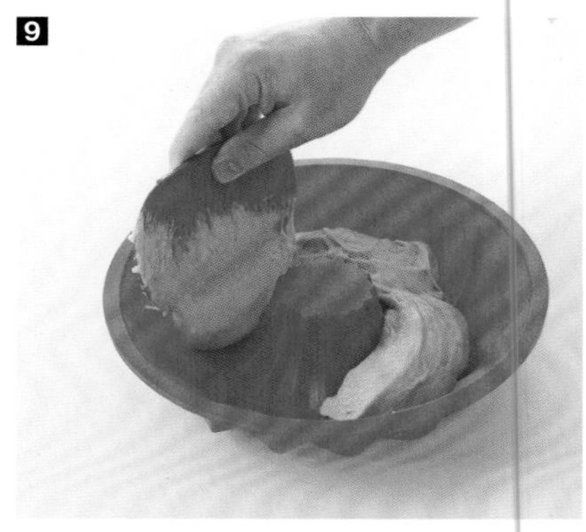

9 将混合物放在模具上。

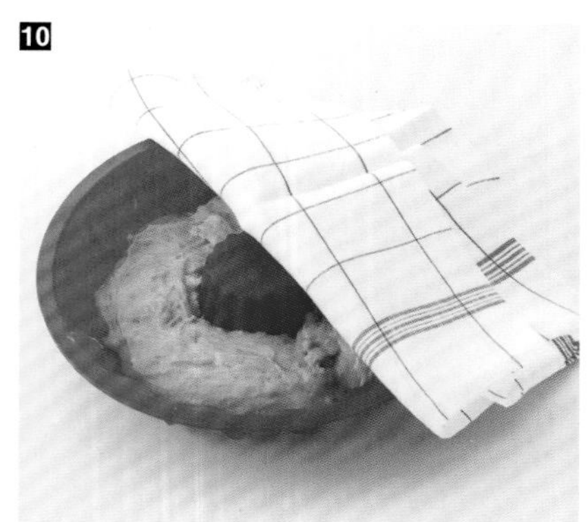

10 用布盖上盖子，静置45分钟。

11 面团再次膨胀一倍。在预热至185℃的烤箱中烘烤25分钟。

12 准备浸泡。将1个柠檬和1个橙子榨汁。取3个百香果的果汁，与朗姆糖浆混合（请参见第549页）。

13 将蛋糕放在架子上冷却。

14 放入空心盘中，然后淋上百香果糖浆。待蛋糕吸收后，重复浸泡，直至完全吸收。

15 准备新鲜水果。切片柑橘、杨桃片、柿子片、芒果片或猕猴桃片……加上一点打发的甜奶油。

16 在蛋糕内部用水果装饰，滴一些鲜奶油，即可享用。

桑葚奶油果酱吐司

6 人份

- ⊙ 75克黑莓糖浆
- ⊙ 一打饼干
- ⊙ 200克桑葚
- ⊙ 2片明胶
- ⊙ 400克炼乳
- ⊙ 250毫升液体奶油

1 准备食材。

2 将模具框放在铺有硫酸纸的盘子中。

3 将桑葚糖浆用少许水化开。将饼干用糖浆略微浸泡。

4 将饼干放在模具框的边缘。

5 将饼干依次排列，顶端对齐。视需求可再次浸泡。

6 取50克桑葚一切为二，摆放整齐。

7 取100克桑葚压碎，然后过滤成桑葚汁。

8 在一碗冷水中软化明胶。取出明胶，然后将其放在热炼乳中稀释。将鲜奶油打发。将炼乳小心拌入奶油中。

9 将炼乳分成两半。在其中一份中，加入桑葚汁。

10 倒入一半炼乳。

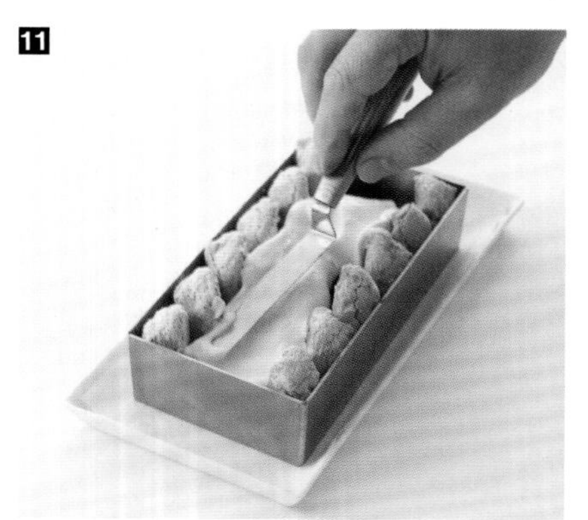
11 用抹刀抹平。

12 在中心放置一行桑葚。

13 盖上桑葚奶油。

14

14 静置并冷却3小时。将奶油果酱吐司移到大盘子中。用一些桑葚和醋栗装饰。

慕斯

概念介绍

质地在味道的感知中起着重要的作用，慕斯具有轻柔的质感，带来奶油般的印象。为实现这一效果，需要具有乳化制剂性质的生奶油、蛋清或大豆卵磷脂。

玫瑰荔枝慕斯

10 份

- 5片明胶
- 250毫升液体奶油
- 125克炼乳
- 500克荔枝
- 20毫升玫瑰水

1 准备食材。

2 在一碗冷水中软化明胶。打发奶油，将软化后的明胶放在热炼乳中稀释。将奶油、炼乳以及玫瑰水混合。

3 将荔枝切丁。

4 将奶油倒入模具中。

5 撒些荔枝丁。

6 让荔枝沉入奶油中。

7 加入更多的荔枝丁。

8 用奶油覆盖。置于阴凉处至少3小时。取出盘子。加入黑加仑糖浆和玫瑰花瓣。

百香果慕斯

10 人份

- 5片明胶
- 8个百香果
- 60克细砂糖
- 300克半熟的鹅肝酱
- 5克胡椒粉

1 准备食材。

2 在一碗冷水中软化明胶。制备300毫升百香果果汁。用平底锅将其加热，然后加入软化的明胶和糖。搅拌百香果汁，将其温度保持在15℃，直至其呈现黏稠的质感。

3 将鹅肝切成小块。撒上胡椒粉，并将它们串在木扦上。

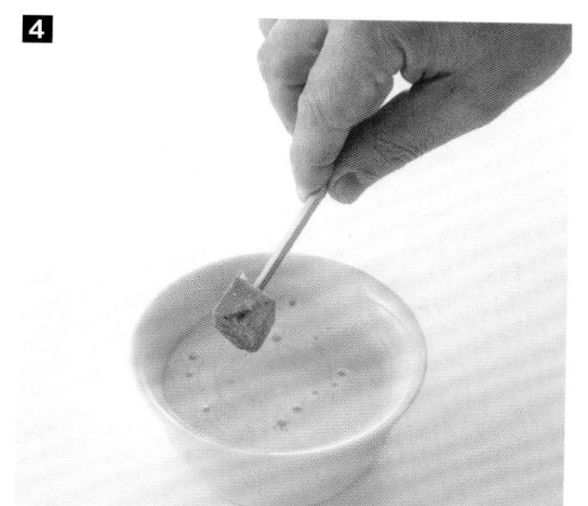

4 将鹅肝依次浸入百香果慕斯。

5 令百香果慕斯均匀地涂在鹅肝表面。将鹅肝的木扦放在装有小扁豆的杯子中。为享受鹅肝的美妙质地，请即刻享用。

浆果杏仁糖

4 人份

- ⊙ 125毫升牛奶
- ⊙ 125毫升液体奶油
- ⊙ 100克粉色杏仁糖
- ⊙ 15克细砂糖
- ⊙ 5个蛋黄
- ⊙ 一些蓝莓、黑醋栗和黑莓

1 准备食材。

2 将牛奶和奶油加热，并加入杏仁糖，直到变成美丽的粉红色。

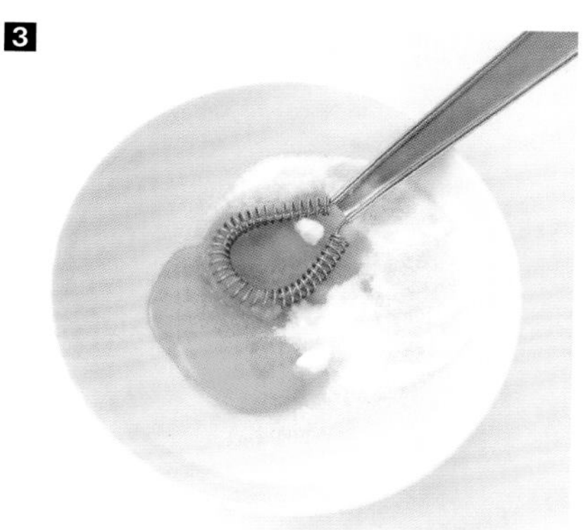

3 将糖和蛋黄打发。

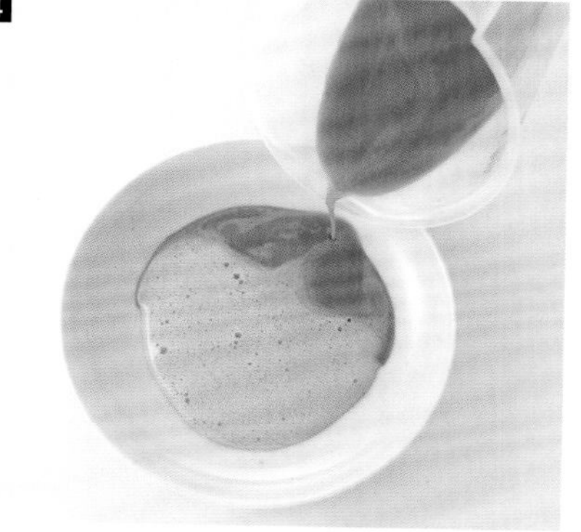

4 加入奶油和牛奶。拌匀后倒入模具，在预热至90℃的烤箱中烘烤1小时30分钟、冷却。在上桌时，放上浆果和杏仁糖。

奶油柿子嫩豆腐

4 人份

- ⊙ 400克嫩豆腐
- ⊙ 2个柿子
- ⊙ 70克细砂糖
- ⊙ 4个杏子

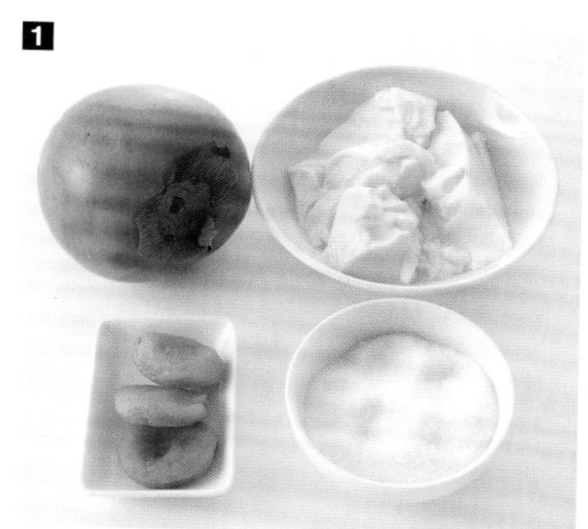

1 准备食材。

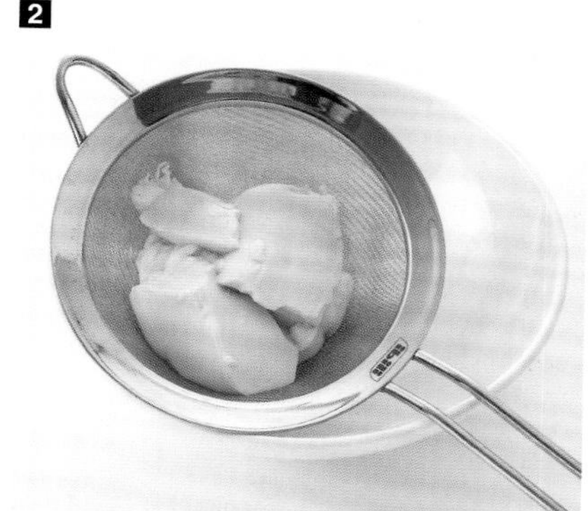

2 沥干豆腐。

3 用勺子挖出柿子果肉。准备300克。

4 将豆腐、糖和柿子果肉倒入搅拌机中。

5 先设置为慢速。

6 逐渐加速，持续3分钟。

7 食材质地必须细腻轻盈，可延长搅拌时间。

8 将杏子切成小丁，然后加入奶油馅中。装入玻璃杯。请即刻享用。

冰点

概念介绍

冰点中包括许多甜点，冷冻水果主要分为三种。冰激凌是将水果掺入含有鸡蛋、奶油或牛奶的装置中，使其具有乳脂状的质地。果汁冰糕是用混合果肉或果汁和糖浆制成的，因此突出了水果的味道。冰沙与果汁冰糕的质地不同：由于温度低，需要用叉子刮擦冰沙以产生闪闪发光的效果。

栗子冰激凌

4 人份

- 250克香草栗子酱
- 200克炼乳
- 5个新鲜栗子

蒂埃里的建议

制备过程中最好使用制冰机。您可以将这个配方中的栗子换成其他水果，水果块或果泥，例如草莓、覆盆子。可加入杏仁、山核桃或开心果以增加口感。我最喜欢的搭配：杏、蒙特利玛牛轧糖、薰衣草。

1 准备食材。

2 混合栗子酱和炼乳。让混合物冷却12小时。放进制冰机或冰激凌机。

3 煮栗子（请参见第505页）。使用切片器将栗子切成薄片。

4 用热锅将栗子烤干。上桌前，在放有烤栗子片的冰激凌中加入一勺碎饼干。

柠檬雪葩

4人份

- ⊙ 200毫升有机柠檬汁及柠檬皮
- ⊙ 150克细砂糖
- ⊙ 5克稳定剂
- ⊙ 500毫升牛奶
- ⊙ 40克薄荷叶

蒂埃里的建议

您可以将黄色柠檬换为绿色柠檬，将薄荷换为龙蒿。

1 准备食材。

2 剥掉柠檬皮并榨汁。

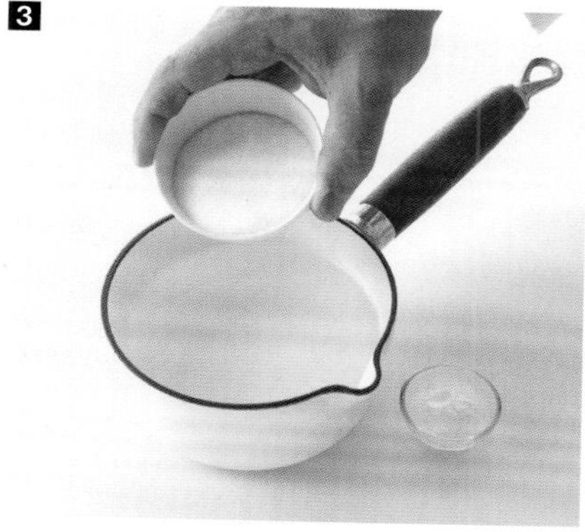

3 在小锅中加热200毫升水，加入糖和稳定剂以获得糖浆。

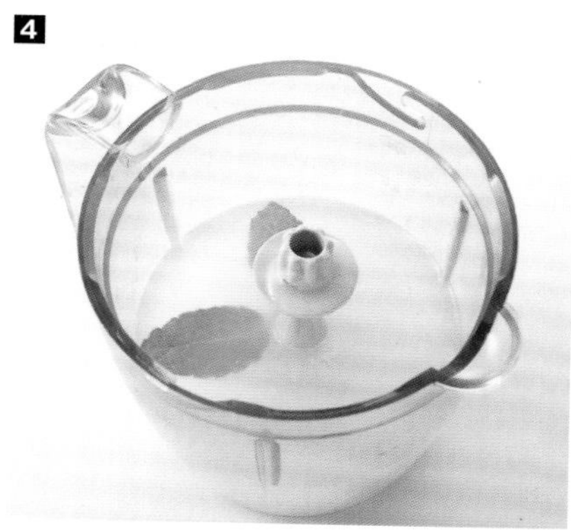

4 混合柠檬汁、牛奶、糖浆和薄荷叶子。在常温下静置12小时完成醇化。

5 过滤，然后加入柠檬皮。放入制冰机或冰激凌机。

西瓜冰沙

4 人份

- ⊙ 1个西瓜
- ⊙ 1块羊奶酪
- ⊙ 芝麻菜叶子
- ⊙ 20毫升埃斯佩莱特辣椒调味的西瓜汁
- ⊙ 盐和胡椒
- ⊙ 香料

1 准备食材。

2 在500毫升水中加入25克糖、5克精盐和香料煮沸：八角、粉红胡椒、1/2的香草荚和1个肉桂棒。将香料冷却，过滤。

3 将西瓜切成12根10厘米长的瓜条。

4 将西瓜棒倒入冷却的香料汁中腌渍，并放入冰箱中冷藏24小时。

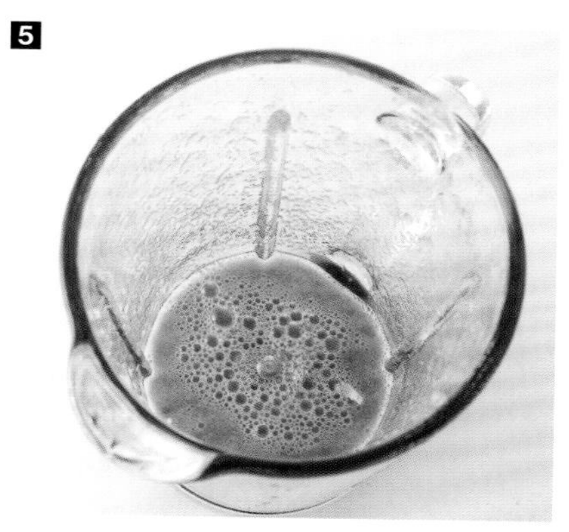

5 将500克西瓜与80克糖、1份柠檬汁混合。

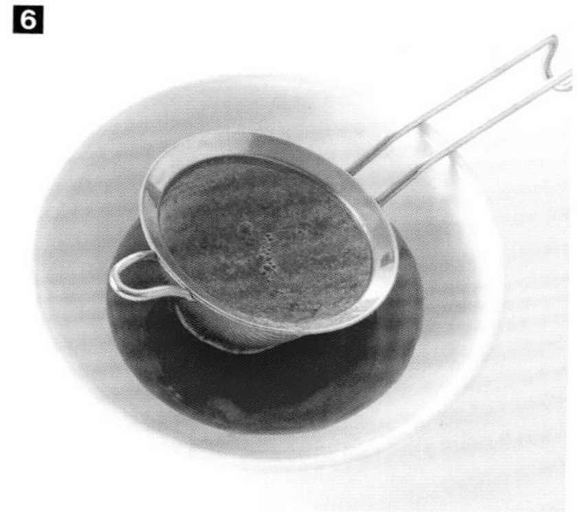

6 过滤，倒入盘中使其冷冻。

7 用叉子刮擦以获得冰沙质地。

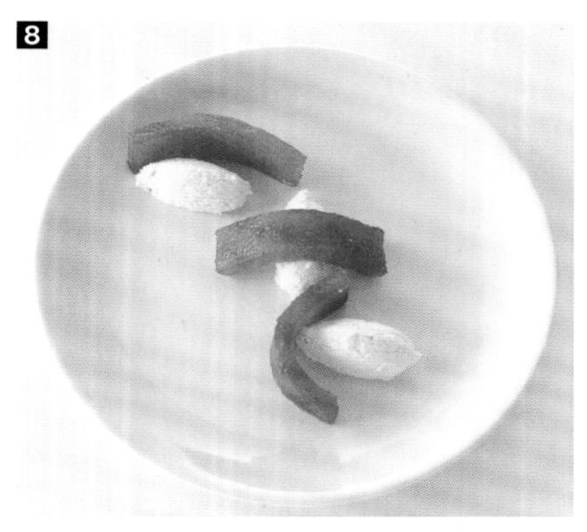

8 在每个盘子中放入3块羊奶酪。放上3块腌制西瓜条。

9 加入芝麻菜叶子、豆芽和醋栗。

10 点几滴西瓜汁。

11 在最后一刻放上冰沙。立即上桌。

英式面包（CRUMBLE）和法式甜甜圈（BEIGNET）

概念介绍

英式面包是一种由脆饼组成的甜点，上面覆盖着一层水果。您可以选择单独一种水果或选择一些搭配组合，如：草莓、香蕉和开心果、苹果、柿子和坚果、梨和芒果。注意！一些水果，尤其是梨，会大量出水。最好单独烹饪。建议将面团的一部分换成榛子或核桃粉，以避免面团变软，同时可加入肉桂、香草、藏红花、姜黄或绿茴香籽等香料。

爆米花英式面包

4 人份

- ⊙ 20克姜
- ⊙ 100克黄油
- ⊙ 100克面粉
- ⊙ 50克燕麦片
- ⊙ 100克杏仁粉
- ⊙ 100克细砂糖
- ⊙ 8个黄桃瓣
- ⊙ 一些新鲜杏仁

1 准备食材。

2 将姜去皮，切成姜末。在碗中倒入黄油、面粉、谷物片、杏仁粉、糖和姜。

3 用指尖揉捏碎屑，以获得沙质的黏稠感。

4 将黄桃瓣和杏仁放在黄油盘中。

5 用碎屑盖住。在预热至180℃的烤箱中烘烤约15分钟。当面包屑呈现出漂亮的颜色时，烹饪结束。

6 冷却后撒上爆米花。

秋季英式面包

4 人份

- ⊙ 8个新鲜无花果
- ⊙ 20克黄油
- ⊙ 70克红糖
- ⊙ 8个杏干
- ⊙ 100克石榴籽

英式面包原料

- ⊙ 100克黄油
- ⊙ 100克面粉
- ⊙ 100克杏仁粉
- ⊙ 100克细砂糖
- ⊙ 1个鸡蛋
- ⊙ 1/2香草豆荚

1 准备食材。

2 混合英式面包所有食材。

3 做成球状。用保鲜膜包住并静置1小时。

4 摊开面团。切成8条，其余的切成方块。

5 在预热至180℃的烤箱中烘烤10分钟。

6 将4个无花果洗净，每个切成4瓣。其余4个无花果切成薄片。用黄油和红糖在中火上煮10分钟。

7 将杏切成小丁。将无花果切片贴在玻璃壁上。然后加入秋季英式面包的所有其他食材。如果想要让菜品更美味，可以加上一朵奶油花。

法式炸水果

4 人份

- ⊙ 苹果
- ⊙ 香蕉
- ⊙ 柠檬
- ⊙ 酸浆

面团配料

- ⊙ 125克面粉
- ⊙ 5克新鲜面包酵母
- ⊙ 150毫升温水
- ⊙ 25克黄油
- ⊙ 1个鸡蛋
- ⊙ 油炸用油

1

1 准备食材。

2

2 准备水果。将苹果和香蕉切成薄片，加柠檬以防止氧化。卷起灯笼果的叶子。

3

3 将面粉和酵母加水混合，并加入熔化的黄油和蛋黄。加入打发的蛋白。捏住灯笼果的叶子将其浸入面团。

4

4 将它们包裹好。

5

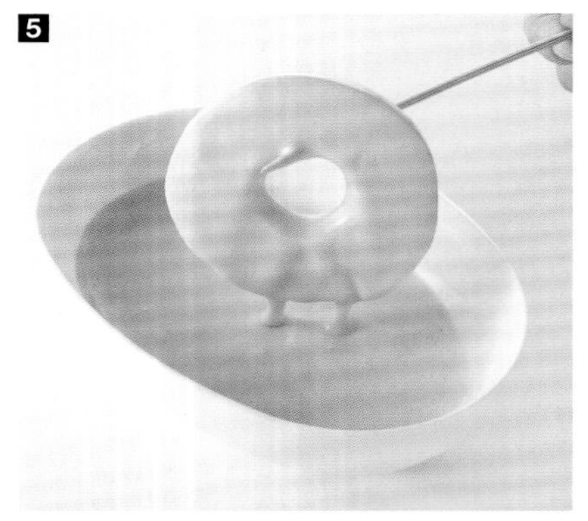

5 使用木扦对其他水果进行相同的操作。

6

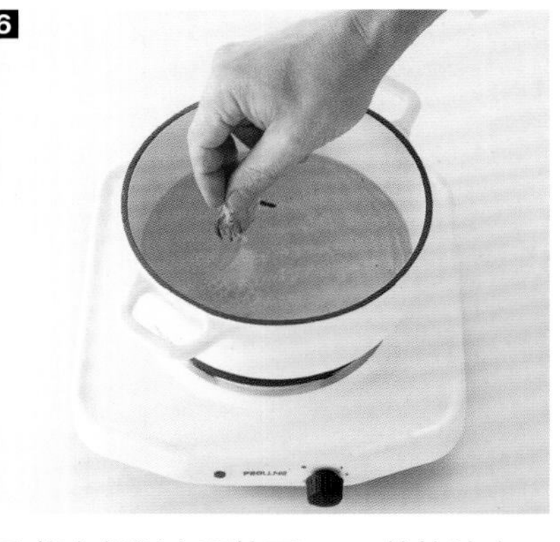

6 将它们浸入预热至180℃的热油中。炸2至3分钟。

7

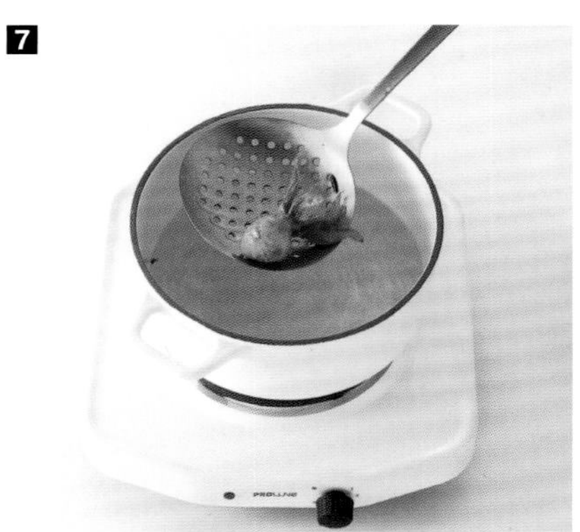

7 炸水果呈美丽的金色。

8

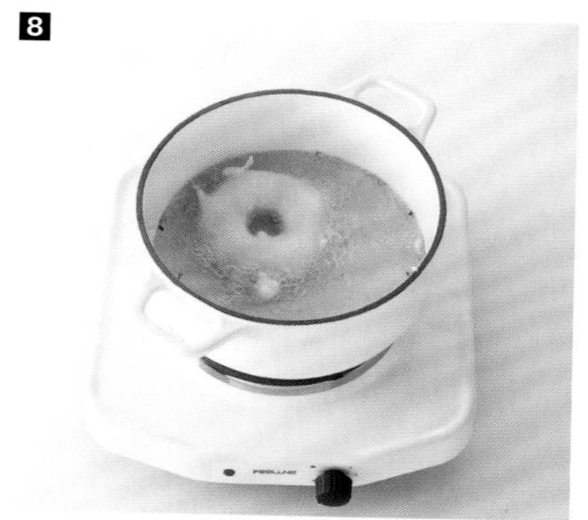

9

10

8 9 重复此操作，直至用完所有食材。

10 将法式炸水果放在纸巾上。

11

11 撒上糖粉后，请即刻享用。

果泥

概念介绍

制作果泥是针对整个水果或块状水果的烹饪方法，在制作过程中，可能会添加糖或黄油。通过小火慢煮约20分钟，可将水分从水果中提取出来，并同时保持水果的质地。推荐使用底部不同于铸铁锅的平底锅。

我最喜欢的组合

大黄、草莓和桑葚
波旁香草配梨和苹果
埃斯特拉贡浆果草莓

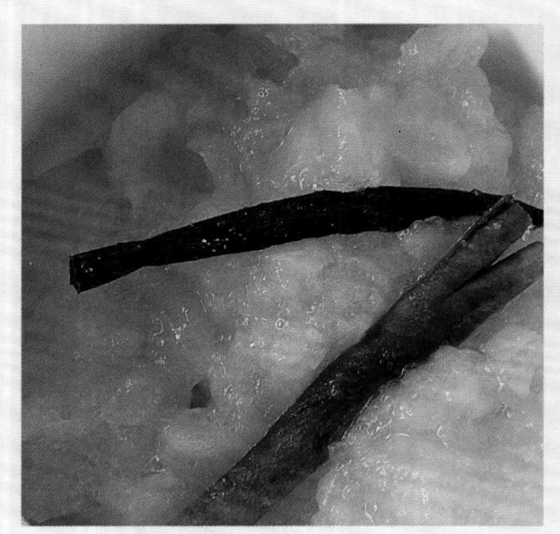

苹果泥

4 人份

- ⊙ 5个皇家嘎啦苹果
- ⊙ 20克黄油
- ⊙ 70克细砂糖
- ⊙ 1个肉桂棒
- ⊙ 1个香草豆荚

蒂埃里的建议

为了增添几分活跃感，我加了酸橙汁。糖可以使水果良好焦糖化，但是苹果足够甜，因此不必加糖。

1 准备食材。

2 将苹果去皮切成小方块。

3 将黄油、糖、肉桂、刮净的香草豆荚放入锅中。

4 小火炖20分钟。冷热品尝皆可。

百香果椰子木瓜泥

4 人份

- ⊙ 2个木瓜
- ⊙ 2个百香果
- ⊙ 100克新鲜椰子
- ⊙ 70克红糖
- ⊙ 20克黄油
- ⊙ 1个香草豆荚

1 准备食材。

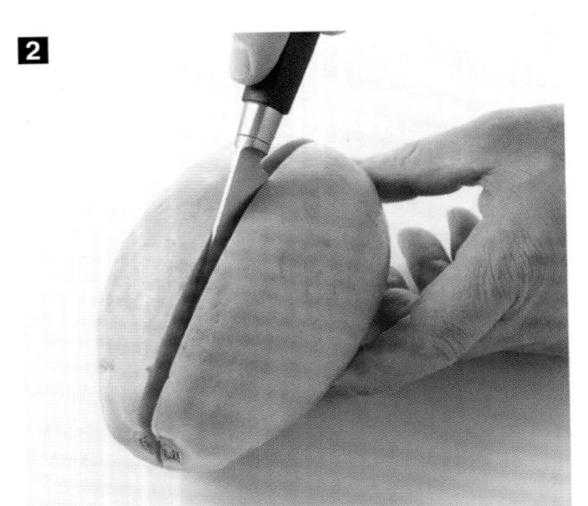

2 将木瓜切成两半。

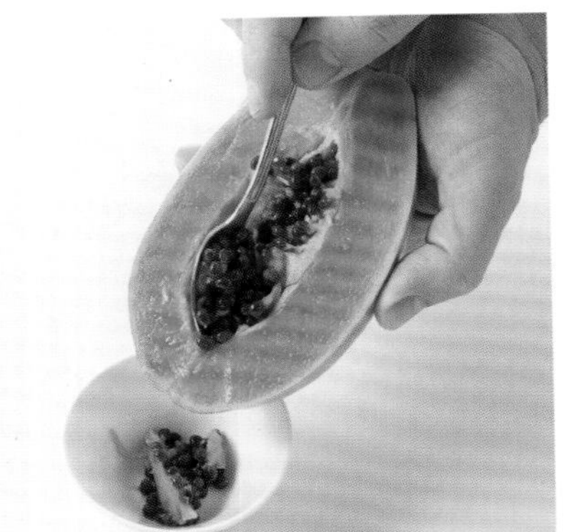

3 用勺子取出种子。

4 用刀或削皮器将木瓜去皮。

5 将木瓜切成片。

6 将木瓜切成方块。用勺子挖出百香果的果肉。

7 用削皮器制作椰子片。

8 在平底锅中，将糖用高温焦糖化。加入木瓜块，小火煮10分钟。然后加入黄油和刮过的香草荚，放入百香果。继续煮5分钟。

9 从火上移开并加入椰子片。放凉。佐奶酪或直接上桌。

烤水果

烤菠萝

4 人份

- 1个菠萝
- 1升水
- 140克细砂糖
- 香料（香草、八角、肉桂、2克四香粉）
- 30克黄油
- 100克红糖

1 准备食材。

2 将菠萝螺旋去皮（请参见第498页），并保留菠萝叶子。用铝箔纸包裹菠萝。

3 在平底锅中，细砂糖和香料倒入水中烧开。将菠萝浸入中火中煮30分钟。

4 熔化黄油和红糖，直到在高温下焦糖化。加入一点糖浆。放入菠萝并浇汁直到良好着色。

烤无花果

4 人份

- 12个无花果
- 40克黄油
- 10克细砂糖
- 20厘升*波尔图红酒
- 1个肉桂棒
- 1个香草豆荚
- 橙皮和橙汁

1 准备食材。

2 将无花果洗净并擦干。在每个无花果的顶部切一个十字切口。

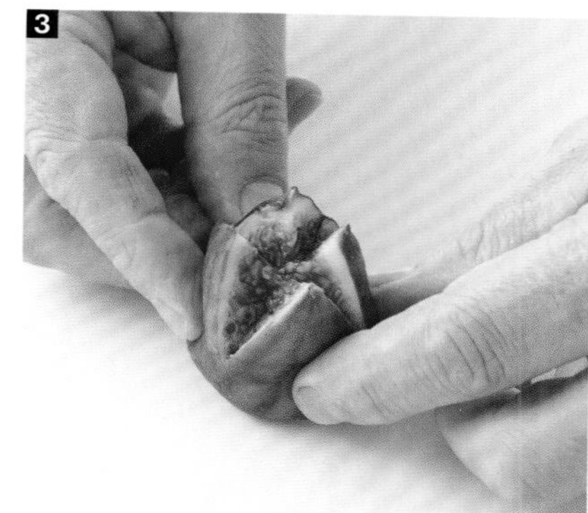

3 用拇指和食指掰开。

*1厘升=10毫升

4

4 让无花果如花盛开。

5

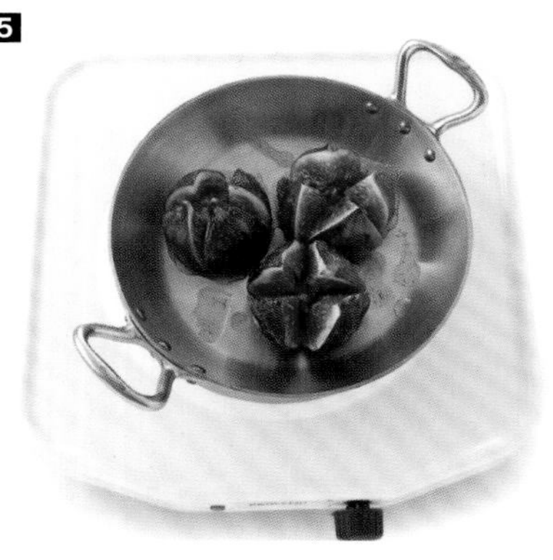

5 将黄油熔化在锅中，放入无花果，撒上糖。用中火煮5分钟。

6

6 加入波尔图红酒、肉桂粉、刮净并切碎的香草荚。

7

7 用高火加热收汁。

8

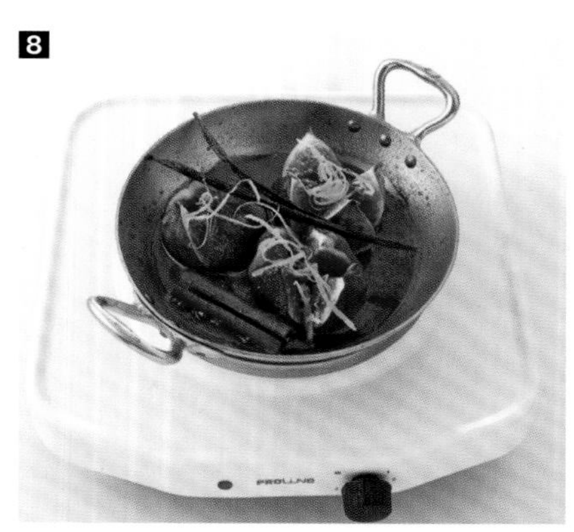

8 用橙汁溶化焦糖着色，添加百香果，即可上桌。

酒香蛋黄羹烤橘子

4 人份

- ⊙ 8个橘子
- ⊙ 20克黄油
- ⊙ 黄色柠檬皮
- ⊙ 6个蛋黄
- ⊙ 20克细砂糖
- ⊙ 5厘升波尔图干白
- ⊙ 50毫升液体奶油
- ⊙ 冰糖

1 准备食材。

2 剥去橘子皮，并切成小方块。

3 将柠檬皮用中火在黄油中煎几分钟。

4 用打蛋器持续搅拌蛋黄、糖和果肉，打发获得泡沫状的质地。

5 搅拌奶油。

6 将其添加到酒香蛋黄酱中。

7 将酒香蛋黄酱倒在烤过的橘子上。

8 从烤箱中取出的烤架很热，需放置片刻，也可以用喷枪着色。上桌前可撒上糖粉。

水果卷、鲜果丁和鲜果片

猕猴桃和芒果，草莓、番茄和橄榄的搭配是美妙的鲜果丁组合。一定要选择成熟的水果，以避免添加糖。水果必须具有相对紧实的质地，否则可能会被刀刃撞坏。若想使鲜果丁更酥脆，可加入杏仁片、开心果或英式脆饼。可搭配冰激凌、雪葩或羊奶酪一起食用。至于调味品方面，使用甜的香草橄榄油就足够了。

像制作鲜果丁一样，制作鲜果片时请选择较紧实的水果以便切片。如果您没有削皮器，可以使用锋利的刀。确保在上桌前最后一分钟准备鲜果片，以维持水果的质地、颜色和营养价值。您可以用几滴糖浆、柠檬汁或香草橄榄油令水果片保持新鲜状态。

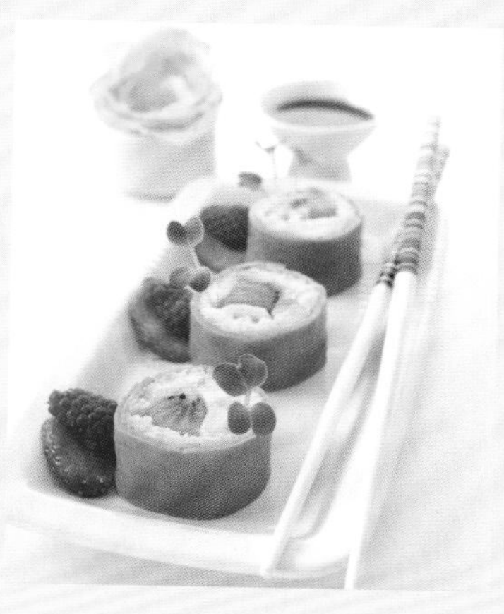

芒果春卷

6 人份

- ⊙ 1个青苹果
- ⊙ 1个柠檬
- ⊙ 1个芒果
- ⊙ 10个草莓
- ⊙ 2个猕猴桃
- ⊙ 12个直径16厘米的春卷皮
- ⊙ 一些青胡椒和醋栗
- ⊙ 200毫升黑加仑糖浆

1 准备食材。

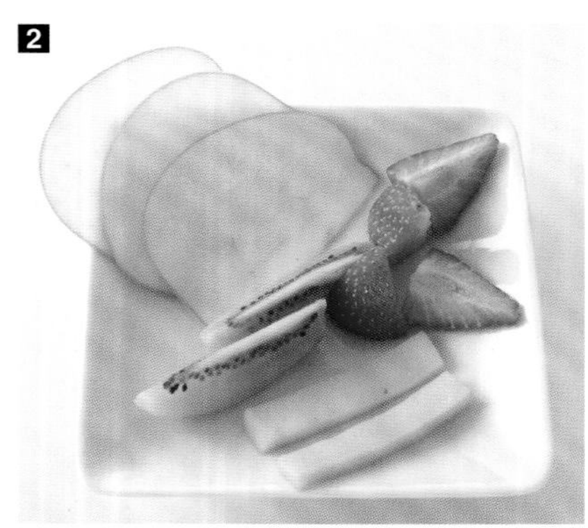

2 用切片器将苹果切成薄片，洒上柠檬汁以防止氧化。将芒果切成条状，将草莓和猕猴桃切瓣。

3 将春卷皮浸入底部有冷水的盘中。

4 待春卷皮柔软时，将其沥干，然后将其放在湿布上。

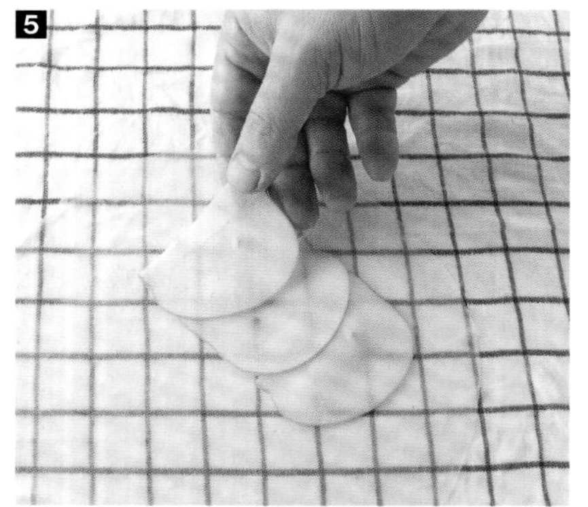

5 将3片苹果略微重叠，放在春卷皮中部位置。

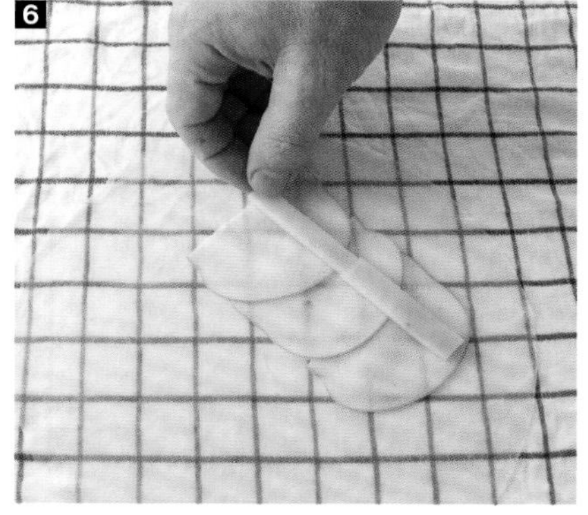

6 在苹果上放2根芒果棒。

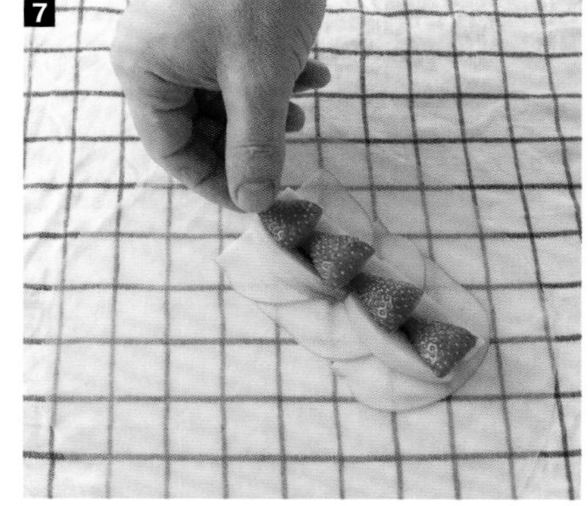

7 加入2瓣猕猴桃和4瓣草莓。

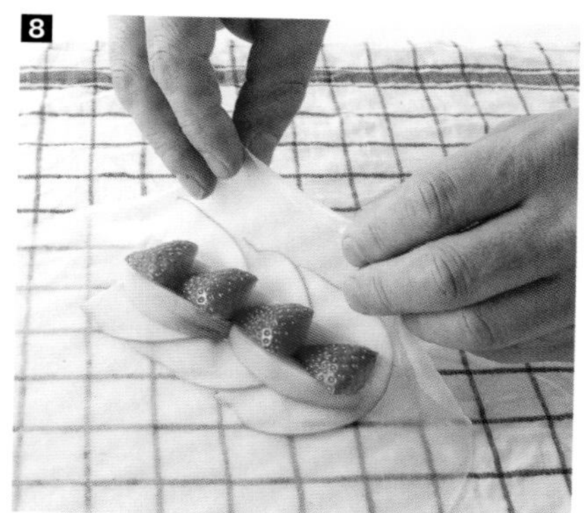

8 轻轻将春卷皮一边向中间折叠。

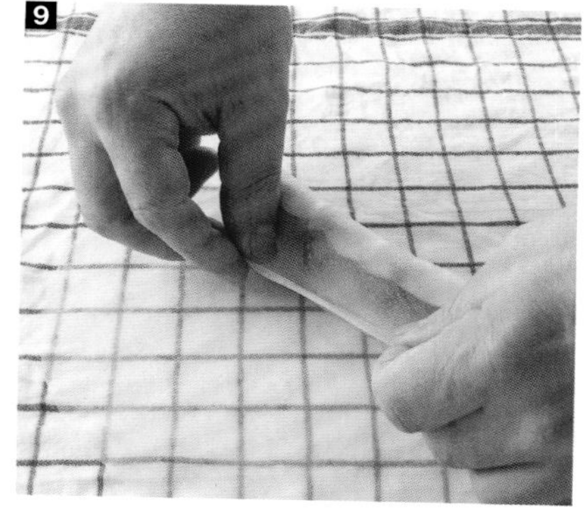

9 轻压水果，使春卷成形均匀。

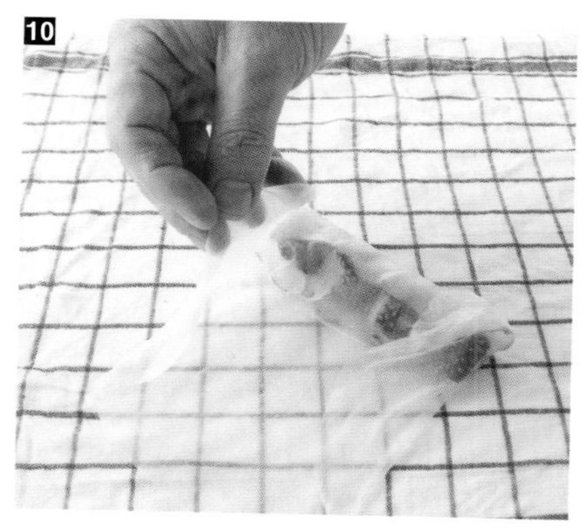

10 将春卷的侧边折在水果上。

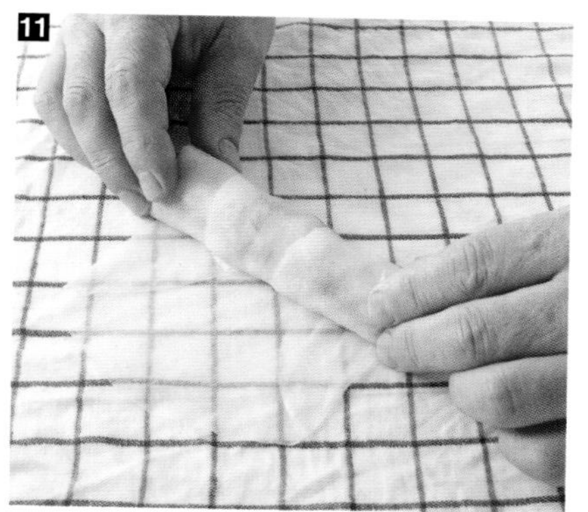

11 继续卷起来。

12 冷藏保存。食用时可搭配酱汁：将青花椒、黑加仑和黑加仑糖浆混合制作酱汁。

猕猴桃寿司

4 人份

- ⊙ 500克草莓
- ⊙ 1个黄柠檬榨汁
- ⊙ 3克琼脂
- ⊙ 3片明胶
- ⊙ 250克圆粒米
- ⊙ 1升全脂牛奶
- ⊙ 150克细砂糖
- ⊙ 50克黄油
- ⊙ 2根甘草
- ⊙ 1个青苹果
- ⊙ 2个猕猴桃
- ⊙ 8个荔枝

1 准备食材。

2 将草莓搅碎并过筛，获得300克草莓泥。在平底锅中，将果汁、柠檬汁与琼脂一起煮沸。搅拌，煮1分钟。关火，添加软化的明胶片。静置放凉。

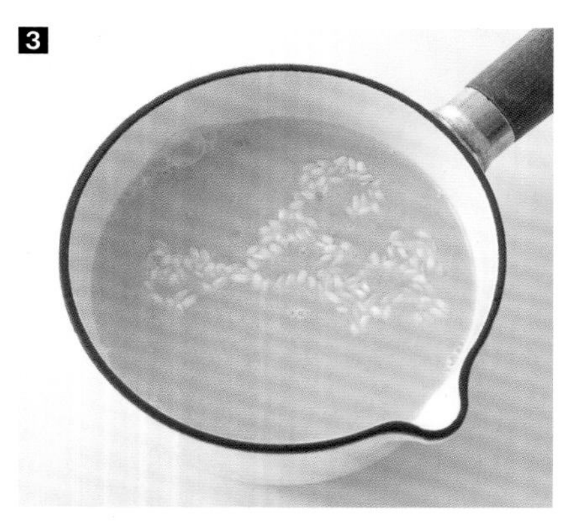

3 在平底锅中将1升水烧开。倒入米饭并煮3分钟，捞出控水。

4 将牛奶、糖、黄油和磨碎的甘草煮沸。加入米饭并搅拌均匀。在预热至180℃烤箱中烘烤约35分钟。检查烹饪状况。大米要充分吸收牛奶，呈奶油状。

5 将其倒入长方形的盘子中，铺开至5毫米厚，让其冷却。

6 将草莓酱倒在衬有烘焙纸的烤盘上，越薄越好。冷藏保存。

7 将苹果切丝，将猕猴桃和荔枝切瓣。

8 将米饭放在一张烘焙纸上呈长方形，将草莓果冻切至与烘焙纸同等大小的长方形。

9 将米饭放在草莓果冻上。

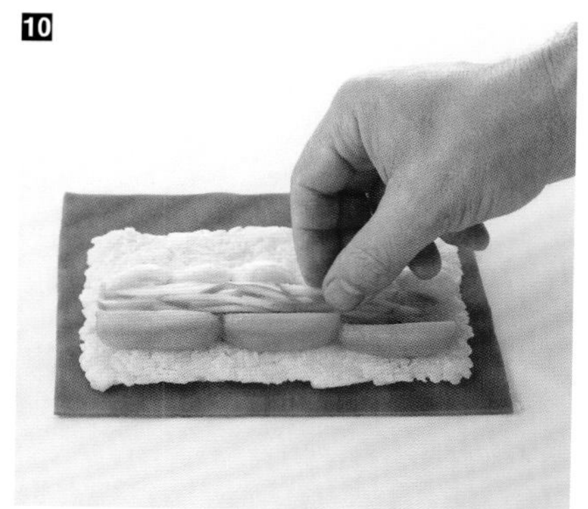

10 将水果放在中间。

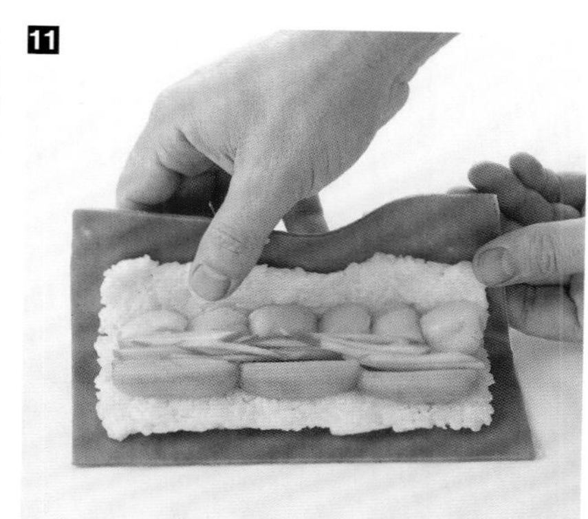

11 轻轻地卷起寿司。

12 轻压以均匀卷起寿司，然后将纸片剥离。

13 按下接缝处，将寿司小心封住。

14 切成2厘米厚的段。与红色浆果果酱一起上桌。

香蕉巧克力越式小春卷

4 人份

- ⊙ 100克椰蓉
- ⊙ 1个鸡蛋
- ⊙ 50克细砂糖
- ⊙ 1个蛋清
- ⊙ 4个香蕉
- ⊙ 半个黄柠檬
- ⊙ 4张越式春卷皮
- ⊙ 油炸用油
- ⊙ 40克红糖
- ⊙ 巧克力酱

1 准备食材。

2 将椰浆与鸡蛋和糖混合。搅拌蛋清。

3 剥掉香蕉皮。将它们横切。滴入柠檬汁以防止香蕉氧化。

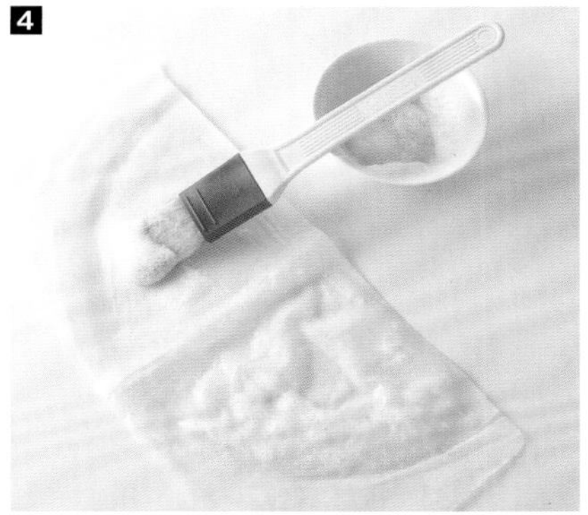

4 在半张越式春卷皮上刷上打好的蛋清。

5 椰子混合物放在中间位置。

6 在上面放半块香蕉。

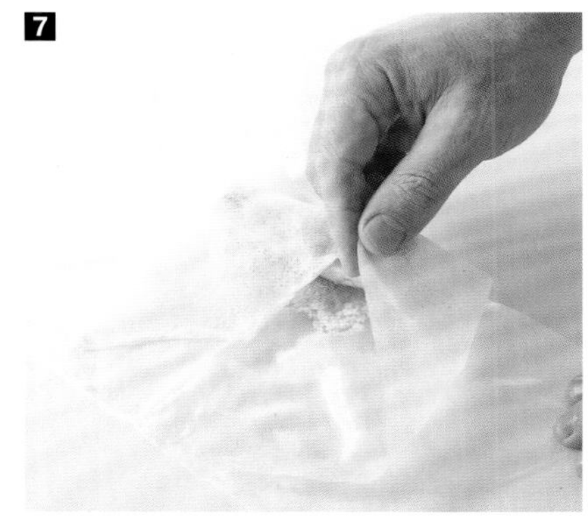

7 将越式春卷侧边折至中心位置。

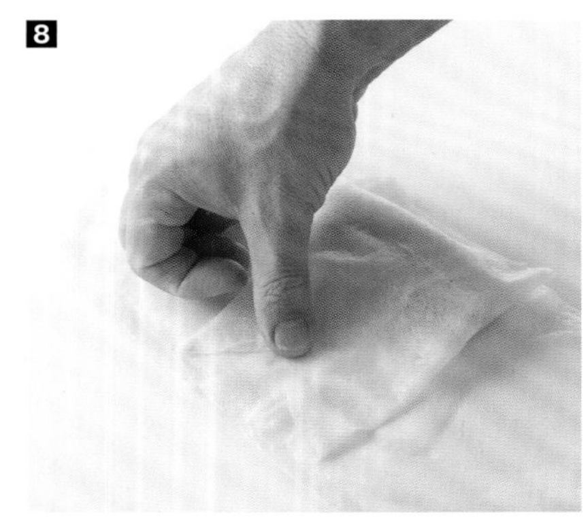

8 按住连接处以使其黏合。

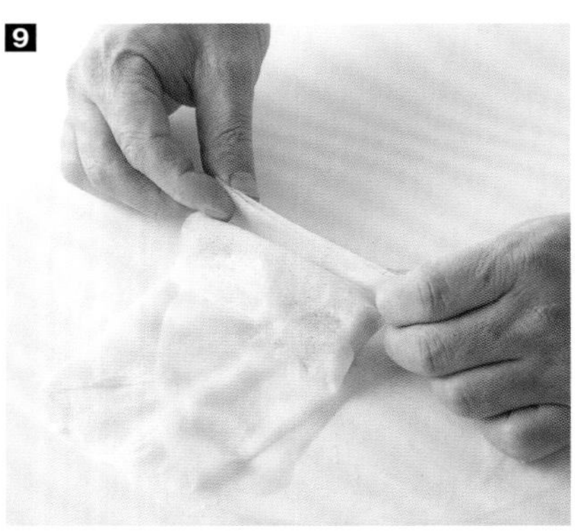

9 卷起越式春卷。

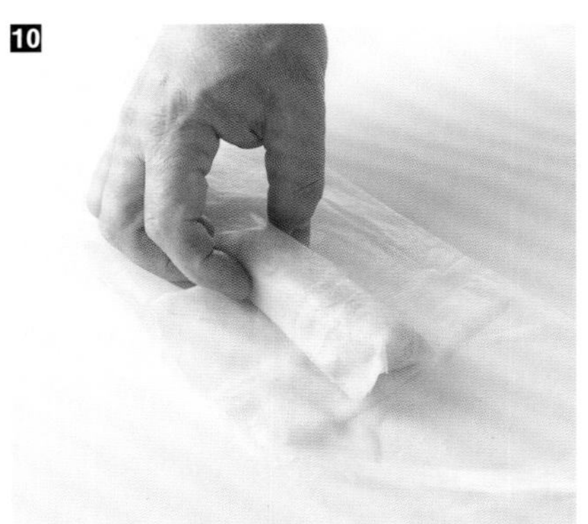

10 对其他春卷重复上述步骤。

11 将油预热至180℃，放入春卷，炸至金黄色时，捞出放在纸巾上。撒上少许红糖，并搭配巧克力酱，即可食用。

芒果香蕉挞

4 人份

- ⊙ 1根香蕉
- ⊙ 1个柠檬
- ⊙ 1个芒果
- ⊙ 1个鳄梨
- ⊙ 1个橙子
- ⊙ 5克粉红醋栗
- ⊙ 紫苏芽
- ⊙ 200毫升草莓酱

1 准备食材。

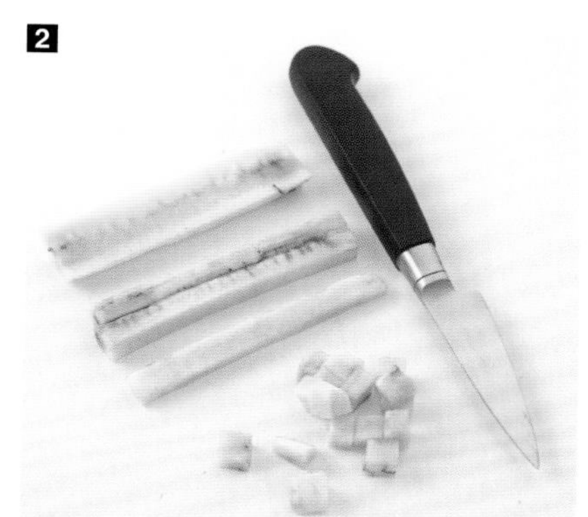

2 将香蕉去皮切成丁。滴入柠檬汁避免氧化。

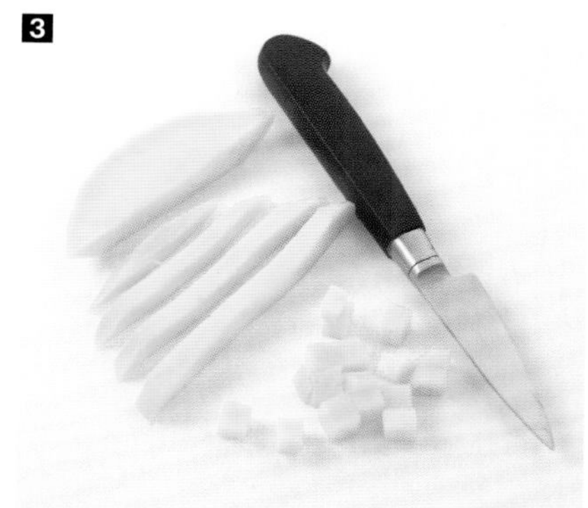

3 将芒果去皮切成丁。

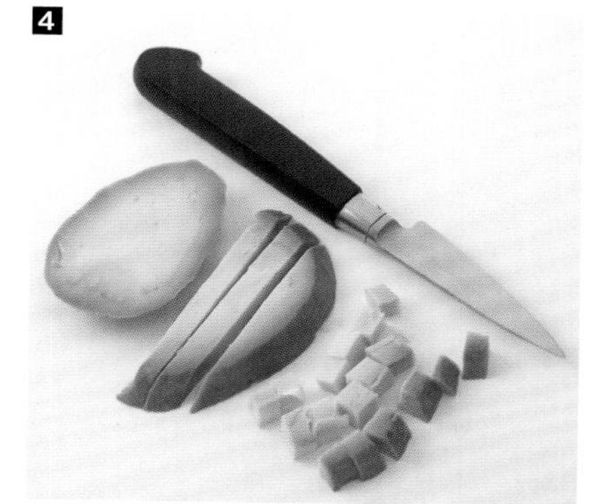

4 将鳄梨去皮切成丁，滴入柠檬汁避免氧化。

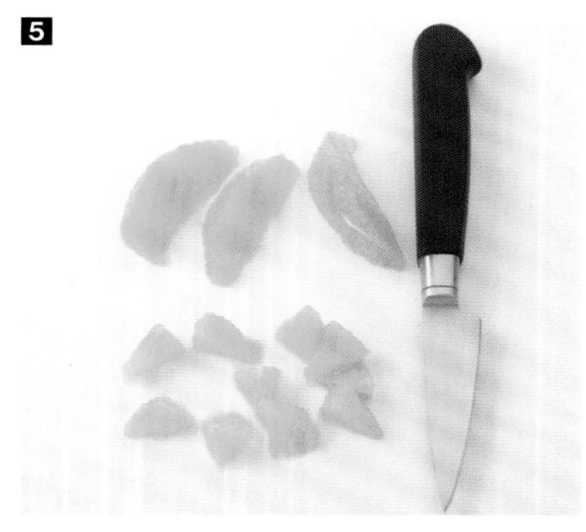

5 剥去橙子皮。只保留果肉部分，切成方块。榨汁。

6 将所有水果与橙汁轻轻混合。

7 将粉红醋栗放在筛子中，然后用勺子的背面沿筛子壁压碎。

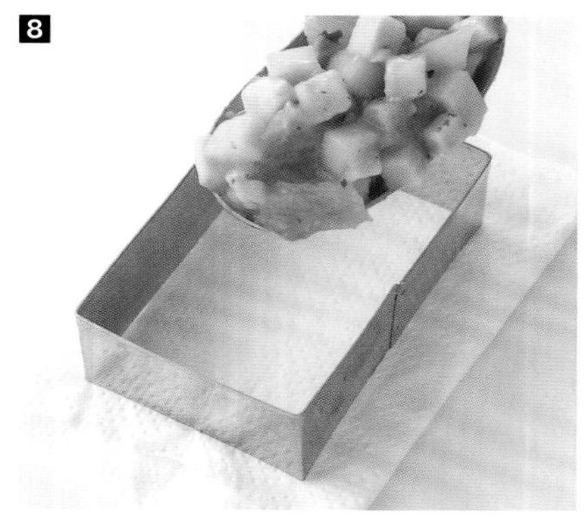

8 将吸水纸放在长方形框架下。用水果块填满。

9 用刮刀抹平表面。放入冰箱冷藏30分钟。

10 将水果方块脱模。

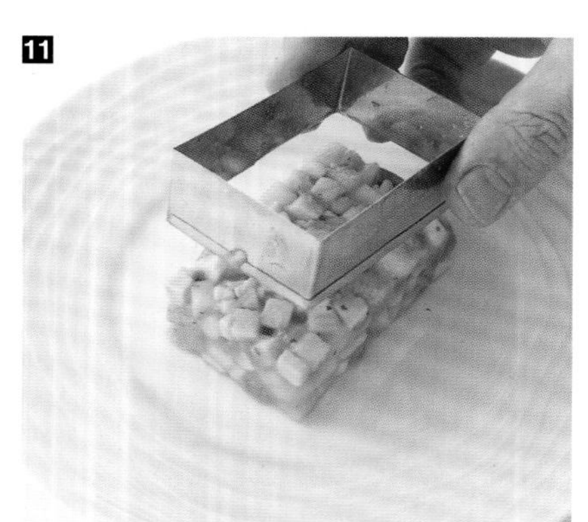

11 用紫苏芽装饰，倒入草莓酱。

火龙果片

4 人份

- ⊙ 1个白皮火龙果
- ⊙ 2个红皮火龙果
- ⊙ 4汤匙石榴香草油汁

1 准备食材。

2 切掉火龙果的末端。

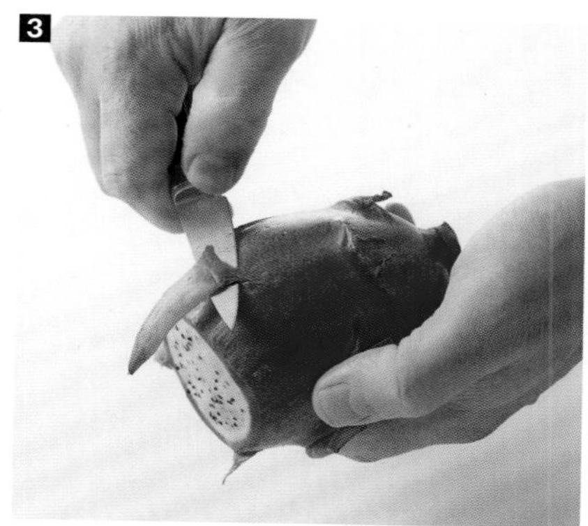
3 用刀削掉叶片。

4 用削皮器削皮。

5 用切片器将火龙果切片。将火龙果片叠放在盘子上。撒上调味料即可食用。

开心果梨羹

4 人份

⊙ 125克开心果酱

⊙ 125克糕点奶油

⊙ 4个水煮梨

1 准备食材。

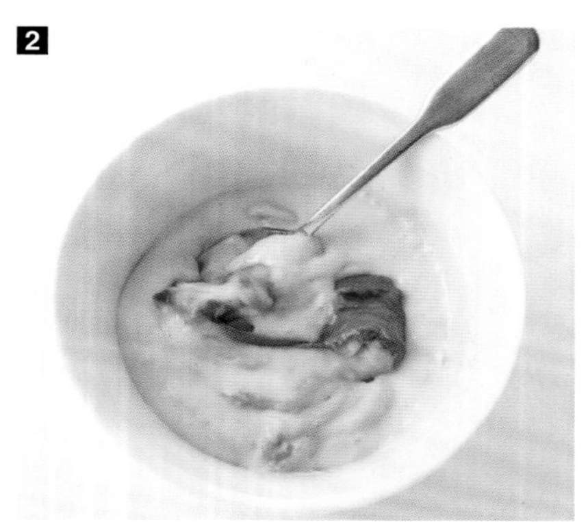

2 将开心果酱和糕点奶油混合，放入裱花袋中。

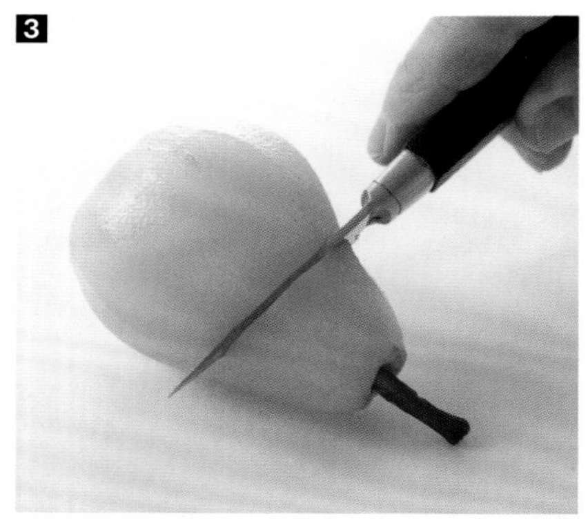

3 将煮好的梨沥干，然后切至梨柄以下3厘米处。

4 5 6 用挖球勺轻轻去核。

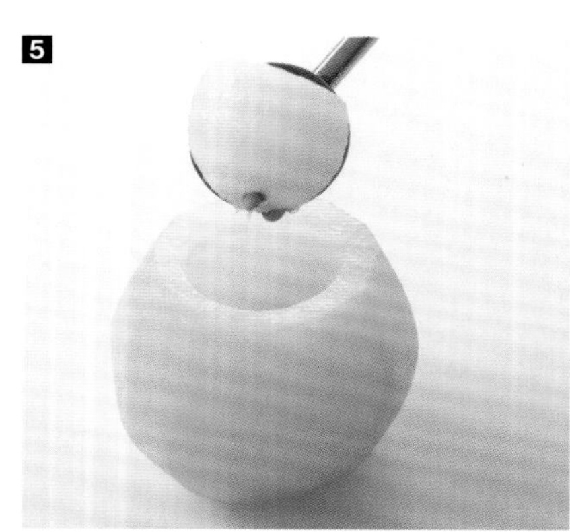

7 用开心果奶油填充梨的内部。

8 9 挤出漂亮的裱花。

10 如有必要，可盖上盖子。在盘子上装饰鲜花或嫩芽，获得美妙的效果。

法式水果软糖

概念介绍

法式水果软糖是由糖和果肉制成的糖果。天然存在于水果中的果胶可以将其凝固。最经典的是木瓜、黑加仑或苹果软糖。如今，通过加入明胶或琼脂，所有水果都可以用这种方式制成法式软糖。可尝试芒果、番石榴和卡拉曼西（小柑橘）。加入胡椒粉，例如四川花椒、尼泊尔胡椒或印度马拉巴海岸胡椒，可细腻巧妙地提升口味。

榅桲软糖

10 人份

- ⊙ 1千克榅桲
- ⊙ 300毫升水
- ⊙ 500克果酱糖
- ⊙ 1个未处理的柠檬

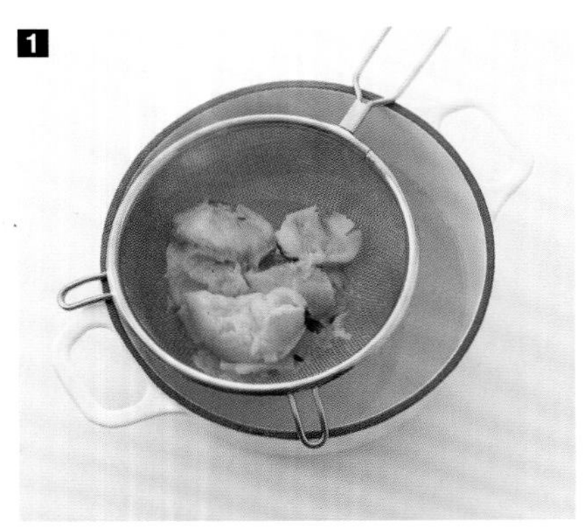

1 制作果肉时，请使用煮熟的榅桲果肉（请参见第539页）。

2 搅拌果肉。

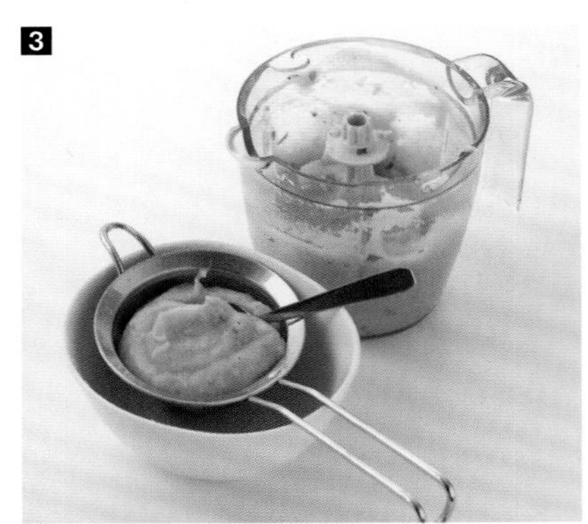

3 将果泥过滤，然后称重。

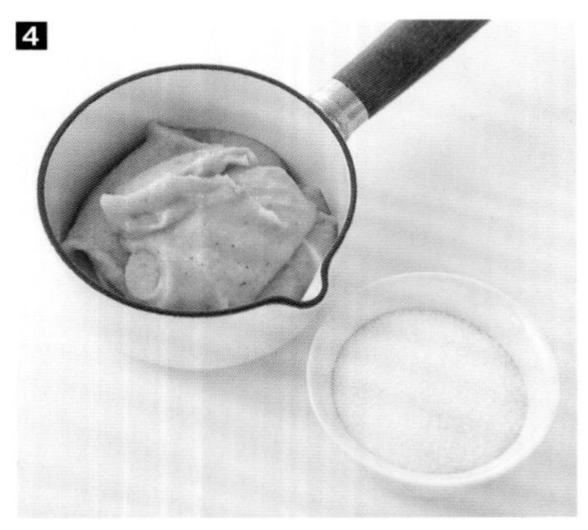

4 将果泥倒入锅中，加其一半重量的果酱糖，将其制成果浆。烧开，中火煮6至7分钟，不时搅拌。

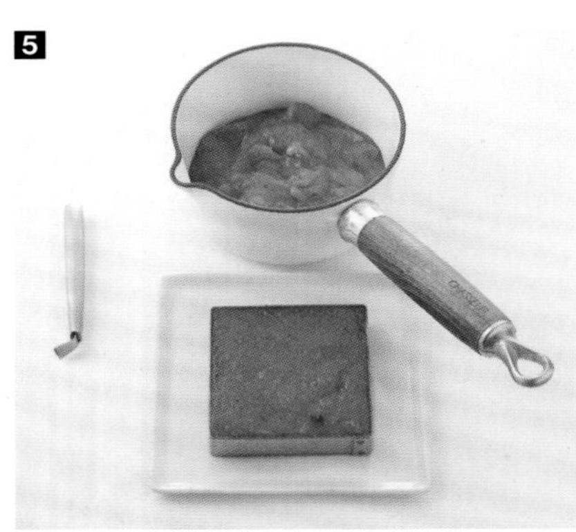

5 将果泥在2厘米高的框中定型，并在阴凉处冷却，但不要放置在冰箱中。冷却48小时，不要加盖子。

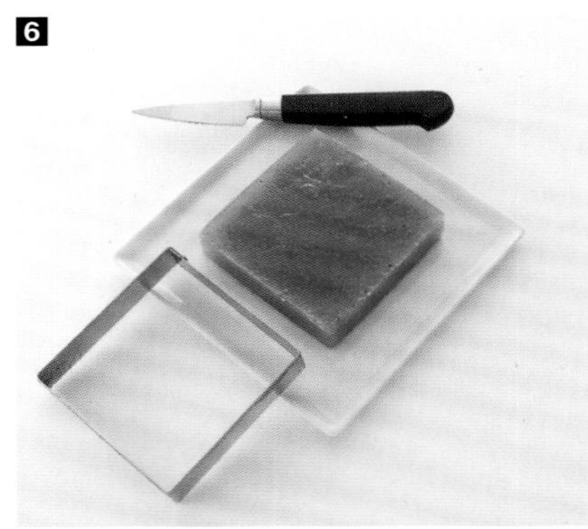

6 脱模。在室温中，可于密闭容器中存放1周。与羊奶酪搭配食用。

醋栗水果软糖

8 人份

- ⊙ 1.5千克葡萄干
- ⊙ 250克细砂糖
- ⊙ 12克果胶
- ⊙ 20克柠檬汁

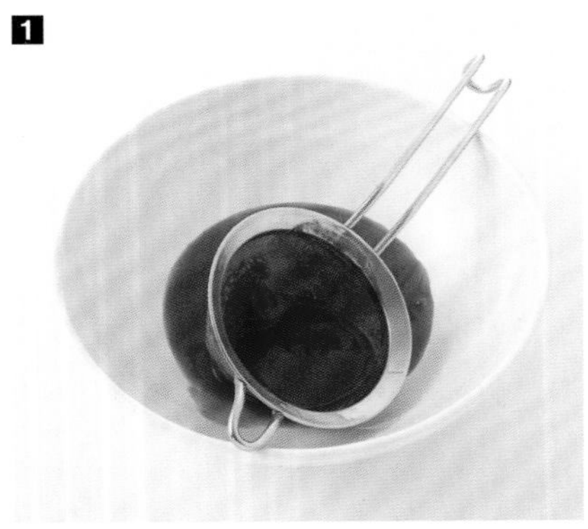

1 搅拌葡萄干并过滤，得到500克果泥。

2 将醋栗酱倒入锅中。加入糖和果胶。在107℃的温度下煮5分钟。

3 在烹饪结束时添加柠檬汁。

4 将醋栗糊倒入长方形的盘子中，使其在常温通风的环境中静置3天。

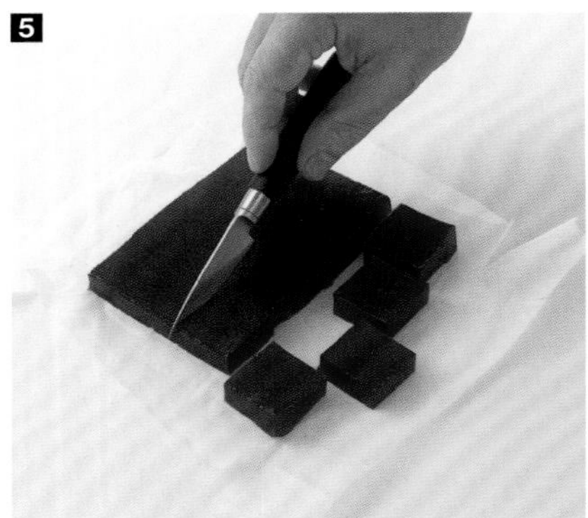

5 切成方块。

6 给它们涂上冰糖。在室温下，可于密封的容器中存放一周。

水果酱汁

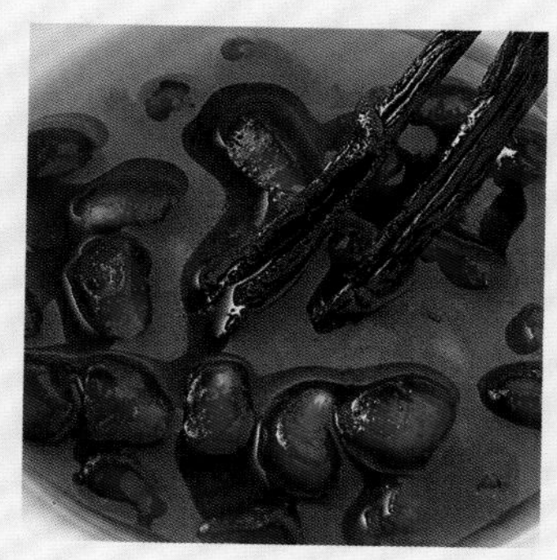

石榴香草油汁

4 人份

- ⊙ 100克石榴籽
- ⊙ 60毫升橄榄油
- ⊙ 1克姜黄
- ⊙ 半个香草豆荚
- ⊙ 盐和现磨胡椒粉

蒂埃里的建议

这是一种用于熟制蔬菜、意大利面沙拉或冷餐肉的调味料。

1

1 准备食材。

2

2 刮净香草荚。混合所有食材。

醋栗酸汁

⊙ 40克覆盆子
⊙ 20克醋栗
⊙ 60毫升橄榄油
⊙ 2.5克赫雷斯白葡萄酒醋
⊙ 盐
⊙ 胡椒粉

蒂埃里的建议

该酱汁是搭配扇贝、水煮鱼、家禽或为新鲜水果沙拉增添刺激味道的完美酱料。

1 准备食材。

2 搅拌覆盆子和醋栗。

3 过筛。

4 加入橄榄油、醋、盐和胡椒粉。

树茄果热酱

- ⊙ 1个树茄果
- ⊙ 4汤匙橄榄油
- ⊙ 30克液态蜂蜜
- ⊙ 100毫升液体奶油
- ⊙ 10克粉红醋栗
- ⊙ 盐

蒂埃里的建议

这是一种令人愉悦的浓汤，可为生菜、水煮鱼和虾提味。也可以加入蒸熟的土豆。可以用柿子或番石榴代替树茄果。

1 准备食材。

2 将树茄果切成小方块。用中火在橄榄油中炒2分钟，然后加入蜂蜜。

3 加入奶油和粉红醋栗，放盐，搅拌。

摆盘

60 个技巧·600 个步骤

如果您希望亲自下厨款待亲友，如果您已深谙厨房奥妙，或者您已是公认的烹饪高手却仍在寻求新的突破：开始摆盘吧！

为使客人满意，您精心制作了一份创意菜单，布置了一张漂亮餐桌，摆盘是您的决胜关键。本书中介绍的技巧会为您带来灵感，了解如何制作惊艳的摆盘装饰，让您的客人享受视觉盛宴！

摆盘常用工具及概述

常用工具介绍

厨师刀（LE GRAND COUTEAU）

宽而长的刀片便于切薄片及切丝。用手握好刀柄，可以使刀片规律运动并顺利切割。

小建议

切割时需要一把好刀，也需要训练！初期不要尝试快速切菜。

叉子（LA FOURCHETTE）

汤匙（LA CUILLÈRE À SOUPE）

小勺（LA PETITE CUILLÈRE）

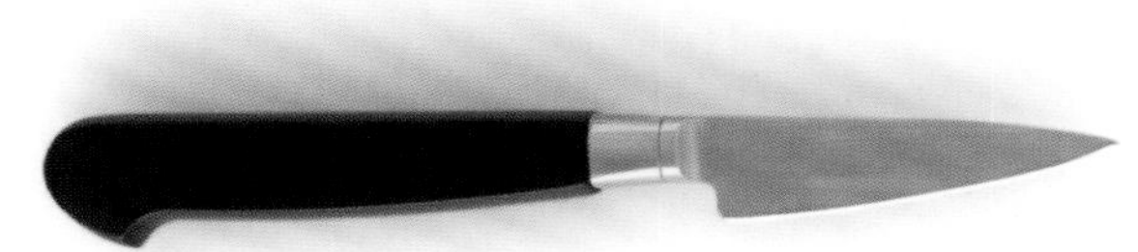

小刀（LE COUTEAU D'OFFICE）

削皮、切削、转动、切片、切条、切丁、雕花……小刀实在太有用了。当然，您必须拥有一个好帮手！购买优质的刀具绝不会令您后悔。由于小刀用途广泛，刀片的内部略微弯曲，因此是烹饪中使用最多的工具。

小建议

请勿将小刀放在洗碗机中清洗。不要将其散落放置在抽屉中。小刀清洗后应将其擦干，固定在条形磁铁吸盘上或置于刀架上。切记定期磨刀，以保持其锋利。案板材质应为木质或聚乙烯材料，不要选择金属或玻璃材质。

蔬菜削皮器（L'ÉPLUCHE-LÉGUMES）

顾名思义，削皮器可为蔬菜和水果去皮，同时使果皮的厚度最小。这一点很重要，因为大部分维生素都集中在果皮之下。

小建议

使用带有可旋转刀片的蔬菜削皮器来制作番茄花，可沿着番茄的轮廓进行操作，且保持制作番茄花所必需的螺旋形状。

旋转刀片蔬菜削皮器（L'ÉPLUCHE-LÉGUMES À LAME PIVOTANTE）

顾名思义，削皮器可为蔬菜和水果去皮，同时使果皮的厚度最小。这一点很重要，因为大部分维生素都集中在果皮之下。

小建议

削皮器主要分为两类：传统削皮器是固定刀片，带有用于挖洞的尖端。带有旋转刀片的削皮器，便于调整果皮的厚度。这一切与人体工程学有关，需要熟悉蔬菜的拿法以及去皮的动作。

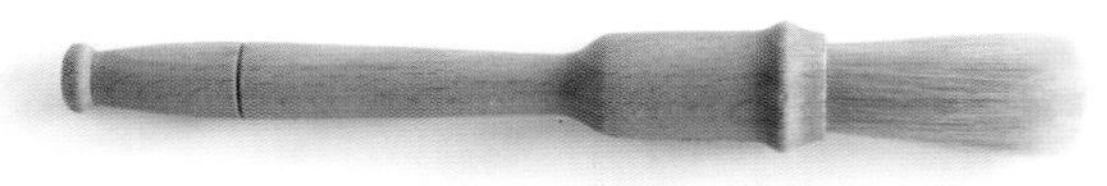

刷子（LE PINCEAU）

柠檬擦丝器（LE CANNELEUR）

借助其刀片上的凹槽，可在水果和蔬菜的表面上制出装饰槽。当蔬菜或水果被切成薄片时，这些装饰槽会显露出来。

小建议

我们使用柠檬擦丝器处理柠檬、橙子、黄瓜、蘑菇……注意，食材质地必须足够紧密。

挖球勺（LA CUILLÈRE PARISIENNE ）

挖球勺是圆头的小勺子，可用于制作蔬菜（土豆、黄瓜、胡萝卜、甜菜根等），水果（瓜、苹果、梨、桃子等）甚至奶酪球。根据需要制作球的尺寸，可选择不同直径的挖球勺。有的挖球勺两端配有的两种不同口径的勺子。

波纹刀（LE COUTEAU DENT DE LOUP）

波纹刀带有锯齿，适宜对柑橘类水果进行装饰性处理。

小建议

用小刀在一个方向交替斜切，在另一个方向规则切割，也可以达到波纹刀的效果。

黄油贝壳刀（LE COQUILLEURÀ BEURRE）

黄油贝壳刀锯齿状的圆弧形刀片便于制作出黄油的贝壳造型。

不锈钢管（LE TUBE EN INOX）

不锈钢管有不同的口径，可根据需求将面团或面片规则卷起。

小建议

如果没有不锈钢管，也可以使用一小卷烘焙纸。

切片器（LA MANDOLINE）

通过调整切片器的刀片间距，可以快速切出水果和蔬菜薄片。日式切片器实用且方便，但不能像传统的立式切片器一样切出厚度不一的蔬菜片。同时需注意末端的锋利刀片，以免划伤手。

小建议

在没有切片器时，也可以用旋转刀片式蔬菜削皮器制作薄片。为使食材变软，可以将食材焯水1分钟或撒上少许盐。

折纸锥（LE CORNETDE PAPIER）

折纸锥比裱花袋小，用于绘制极细的线条。您可以用它来装饰、书写或绘画。在没有裱花袋时，也可以折纸锥。

保鲜膜（LE FILM ÉTIRABLE）

冰格（LE BAC À GLAÇONS）

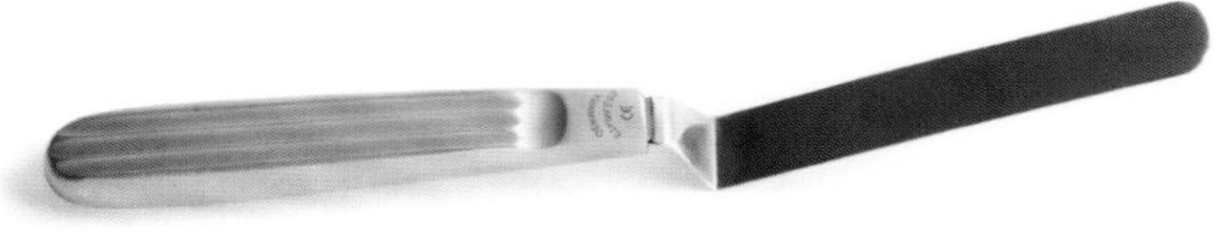

弯柄刮刀（LA SPATULE COUDÈE）

这种刮刀的刀片在手柄一侧弯曲，比传统的刮刀更易于进行菜品装饰，在浇汁和抹糖时也非常好用。

造型模具（L'EMPORTE-PIÈCE）

造型模具的边缘较薄，是厨房造型、定型及切割的必备工具。请根据需要选择直径匹配的造型模具。

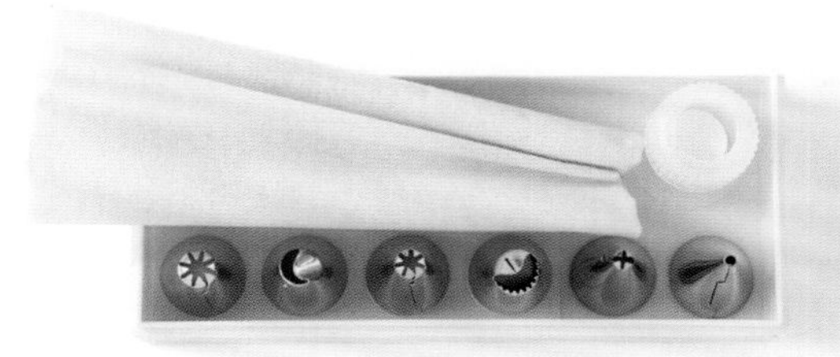

裱花袋（LA POCHE À DOUILLE）

裱花袋用于制作菜肴和甜品的装饰，锯齿状开口的裱花嘴可使装饰更为美观。

小建议

裱花袋有不同的长度和材质：一次性塑料、尼龙、棉或树脂。我偏爱使用外部防滑的裱花袋，以便良好抓握。在制作花朵造型时，要动作连贯并均匀施压以保证装饰连贯。

耐热玻璃碗（LE BOL EN PYREX）

派莱克斯耐高温玻璃（Pyrex）耐腐蚀，可用于烘烤。

酱汁瓶（LE BIBERON）

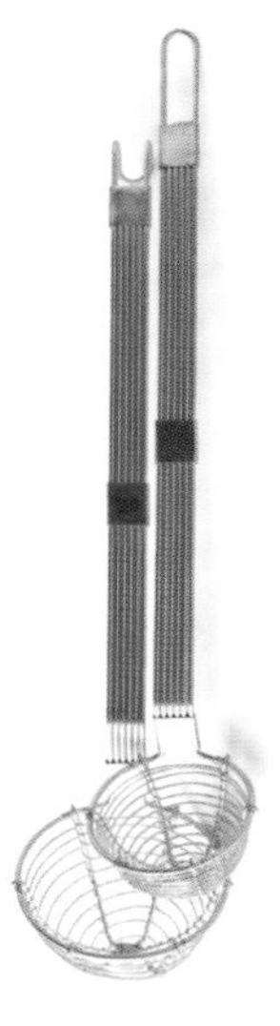

鸟巢造型模具（LE MOULE NID D'OISEAU）

鸟巢造型模具的两个滤网直径不同，可贴合起来制作肉类或蔬菜装饰。较长的手柄可以防止在烹饪时烫伤。

半球形模具（LE MOULE DEMI-SPHÈRE）

压面机（LE LAMINOIR À PÂTE）

压面机用于制作面皮，可将面皮切成意大利面、馄饨皮、烤宽面条、细面条等。

切丝机（LE ROUET）

切丝机的旋转轮可让您制作较细的蔬菜意大利面，例如胡萝卜面、西葫芦面或甜菜面。

小建议

如果没有切丝机，可将蔬菜先切成条，然后用刀细切。西葫芦、黄瓜、胡萝卜、土豆、甜菜根、洋葱、萝卜等许多蔬菜都适合这种切法。可选择生食和熟食。

摆盘概述

摆盘会增添菜品的魅力，注意：菜品本身必须足够美味！

以下是一些要遵循的规则：

- 盘子中的所有元素必须是可食用的，并要呼应菜品的味道。请思考您所使用的每一种原料，以便为其提味或装饰。摆盘要勇于创新，可使用花朵、香料、嫩芽或香草植物。
- 颜色是感知菜品的关键。通过颜色能感受到新鲜度、平衡感，烹饪的精准和调味的美妙。您必须像画家一样构图布局，力求整体和谐。
- 提前将食物在吸水纸上沥干。
- 建议选择白色的盘子，因为鲜艳的颜色和图案会干扰菜品展示。盘子尺寸必须与菜品比例适当，以免显得太满或太空。
- 请遵循盘子的形状放置菜品。在菜品和盘子之间预留空间，这会使盘子看起来明快而优雅。
- 装盘上桌必须迅速，以保持菜品的温度。

摆盘技巧源自组织力与感知力。请暂时忘却沉重的元素去专注细节。请将最易变凉的物品放在最后。如果菜品被挪动了位置或盘子上滴上了酱汁，请用干净的布擦净。

好了，就这样上桌吧！

请好好享用！

摆盘

花朵造型

萝卜花

工具

⊙ 小刀

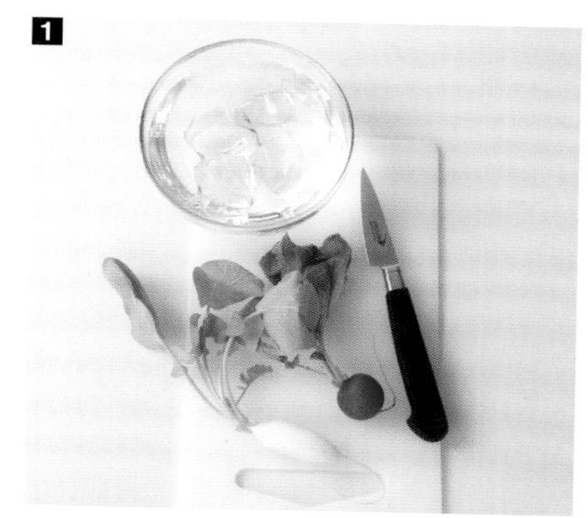

■1 该方法适用于各种颜色和形状的萝卜。

■2 取一个萝卜，用小刀切至约三分之二处。

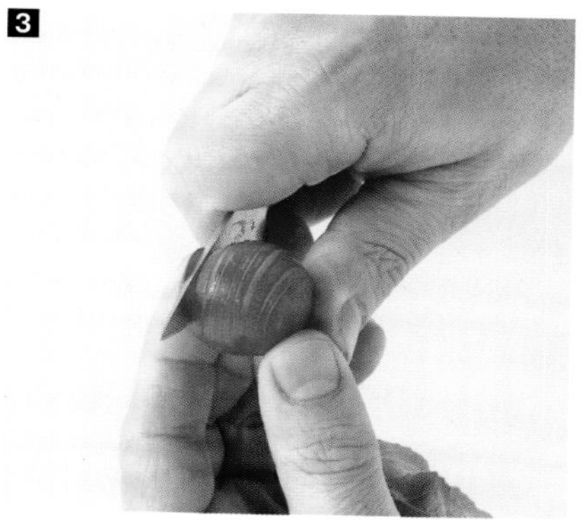

■3 切出间隔约1毫米的切口。

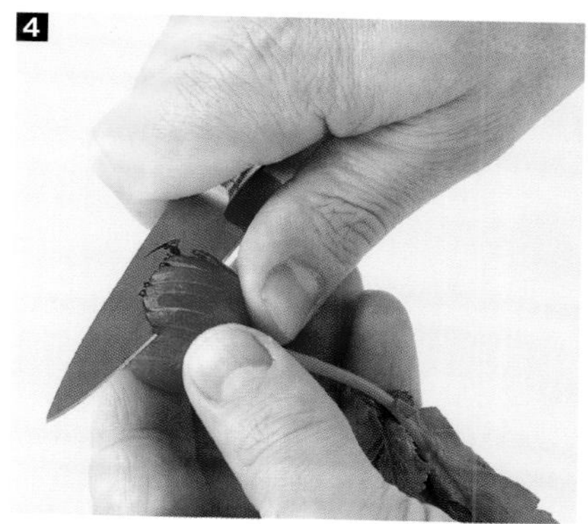

■4 将萝卜换个角度，在垂直方向重复以上步骤。

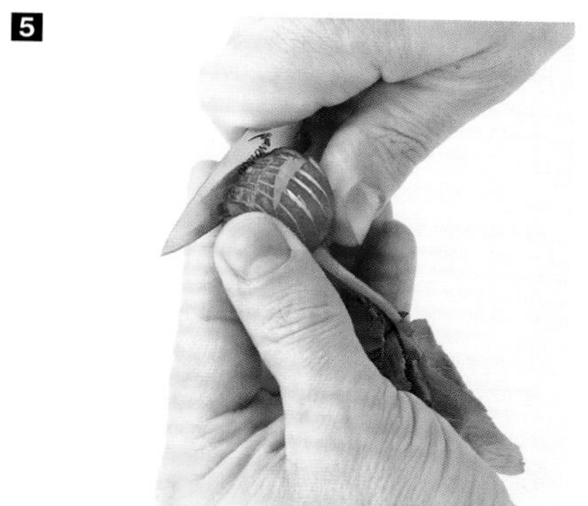

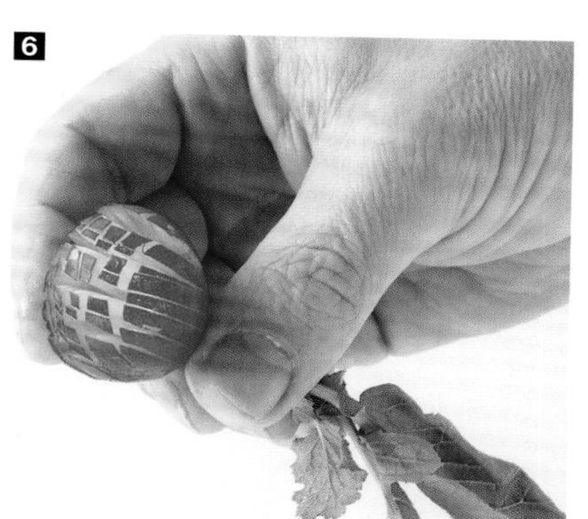

■5 ■6 切口间隔约1毫米。

■7 将萝卜浸入冰水中10分钟，获得绽放的花朵。

番茄花

工具

⊙ 蔬菜削皮器

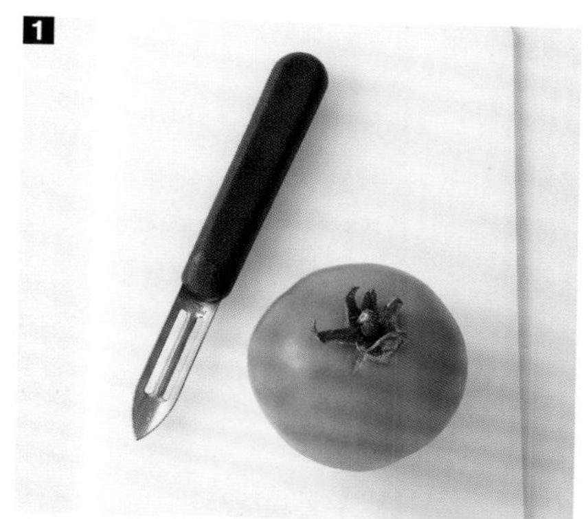

1 去掉番茄的蒂。

2 用蔬菜削皮器处理番茄。

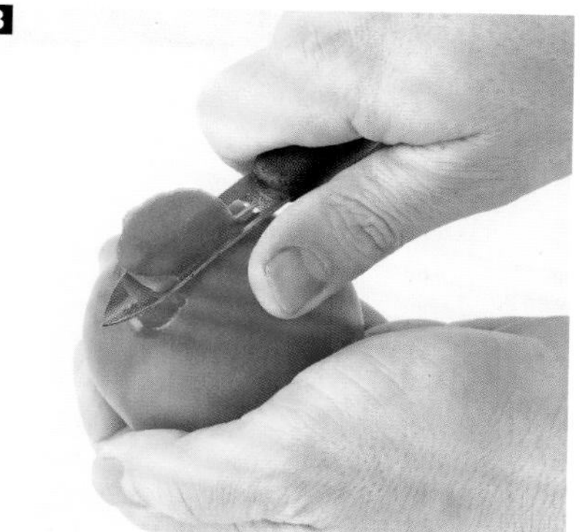

3 轻轻转动蔬菜削皮机。

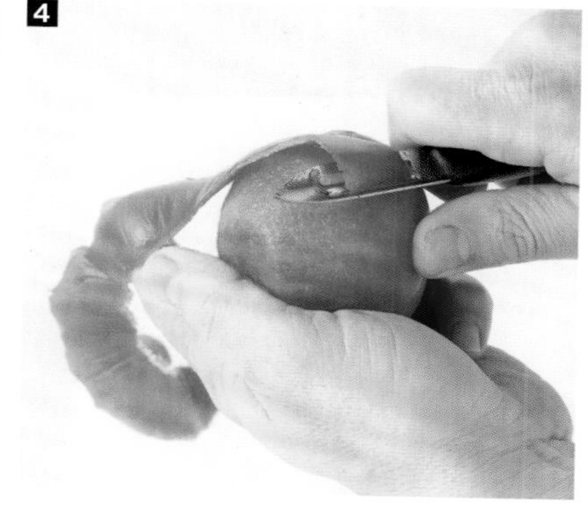

4 5 沿着番茄的形状重复此步骤，直到削到底部。

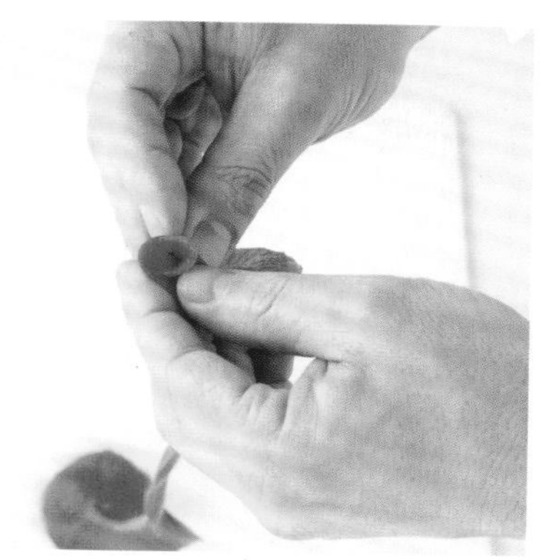

6 将果皮一面贴近手指。

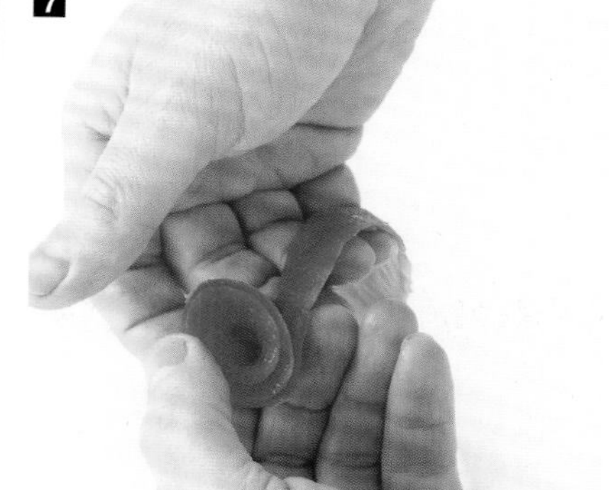

7 绕圈，直到制作出玫瑰花。

三文鱼花

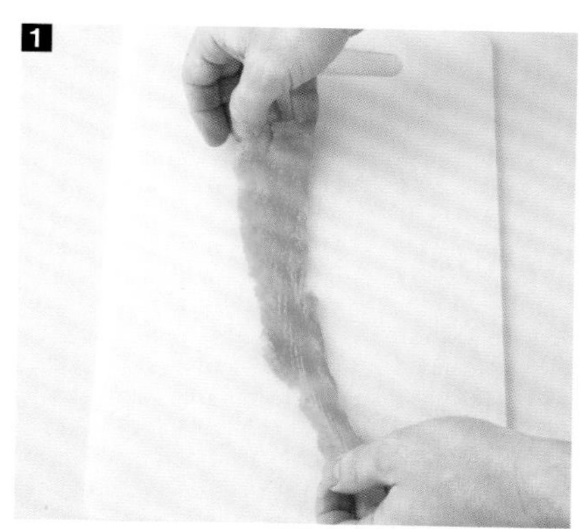

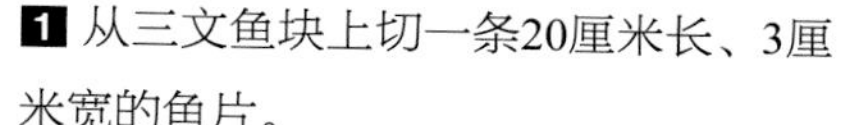

1 从三文鱼块上切一条20厘米长、3厘米宽的鱼片。

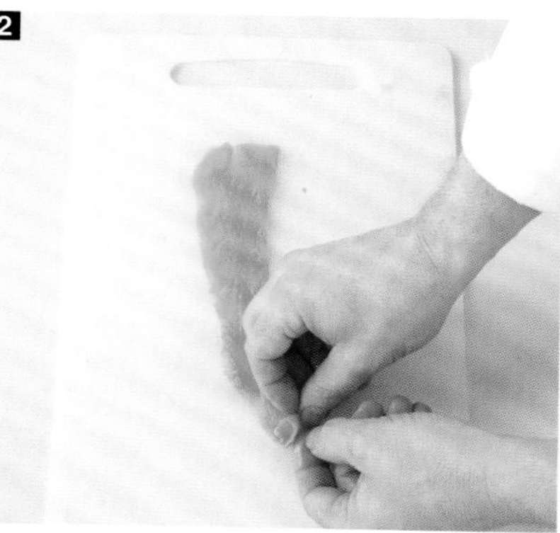

2 用手指将鱼片的一端翻过来。

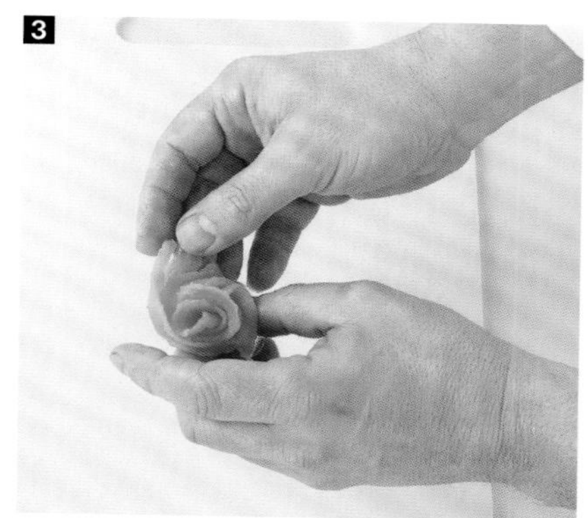

3 绕两圈，制作出玫瑰花。

雕花装饰

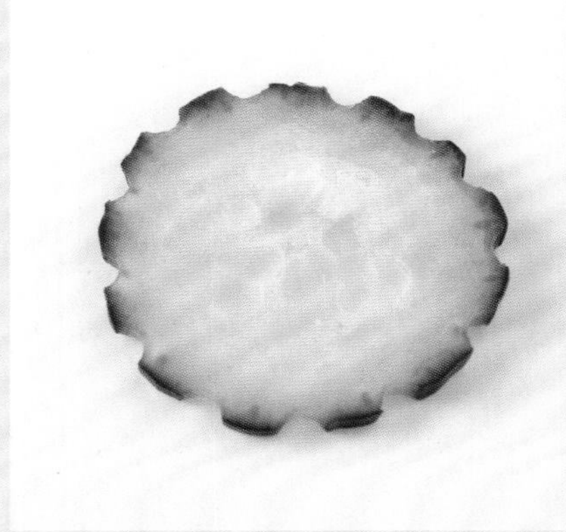

黄瓜装饰雕花

工具

⊙ 雕花刀

1 将雕花刀放在黄瓜的一端。

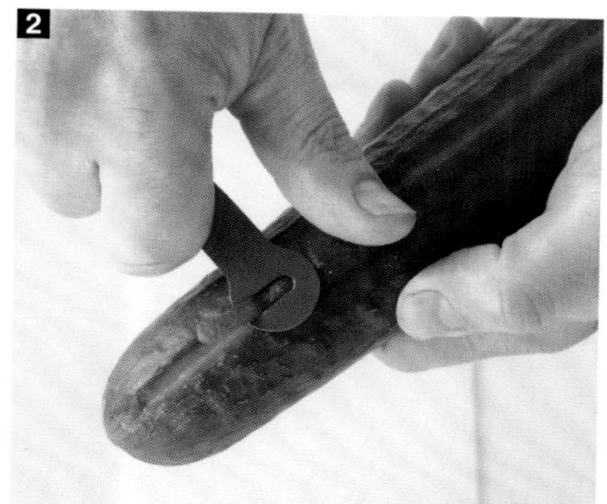

2 切出凹槽并轻轻剥去果皮。

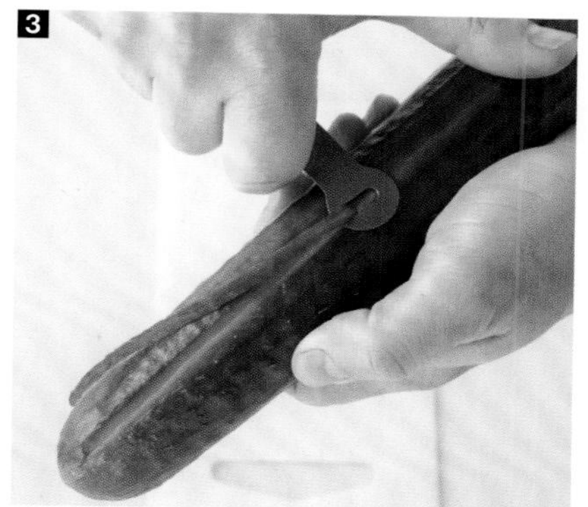

3 顺着黄瓜的生长方向继续切割。

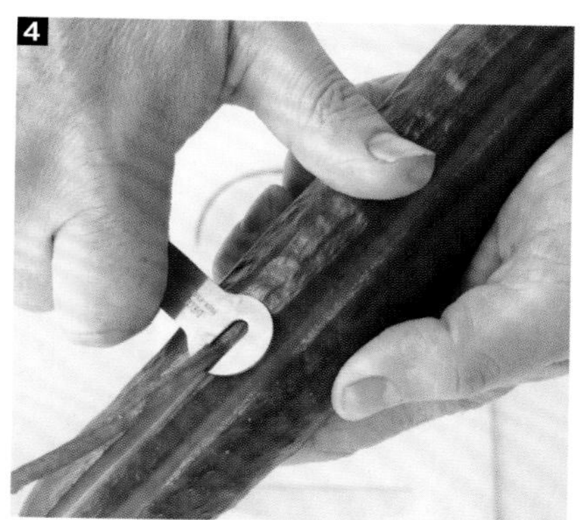

4 重复该步骤，凹槽间隔约3毫米。

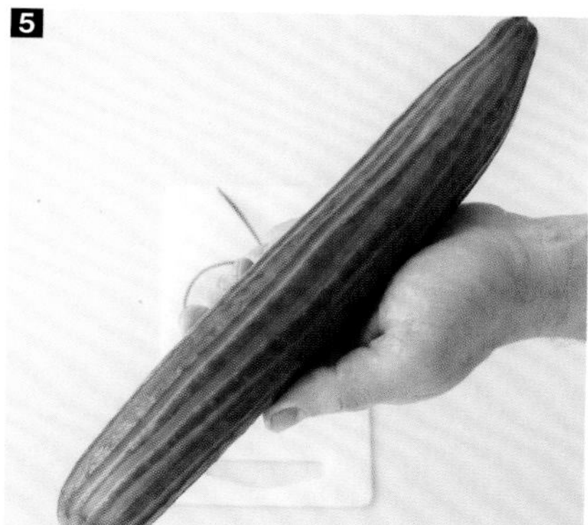

5 用此方法处理整个黄瓜。

6 用小刀将黄瓜切成薄片。

蘑菇装饰雕花

工具

⊙ 小刀

1 将小刀的刀片放在拇指和食指之间，然后将其放在蘑菇上。

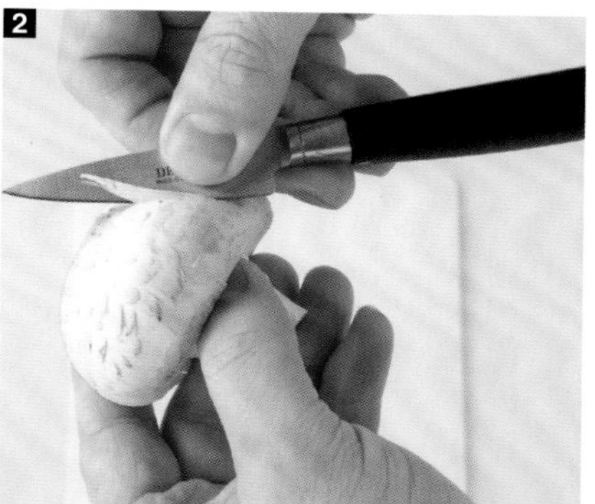

2 上下倾斜蘑菇的同时对刀片施加压力，形成对角线的雕花。

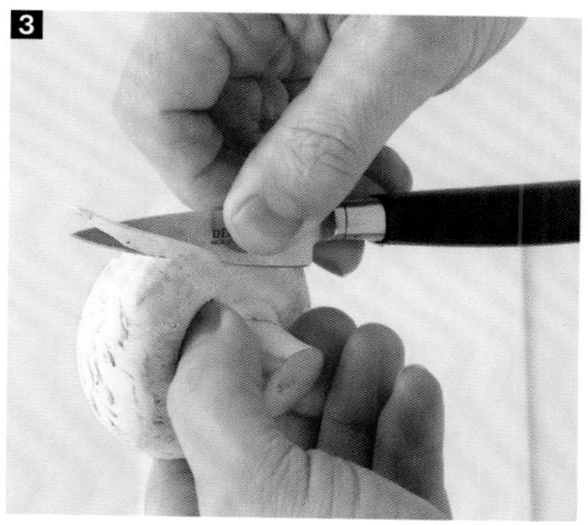

3 4 从顶部开始切口，切槽间隔2毫米，重复此步骤。

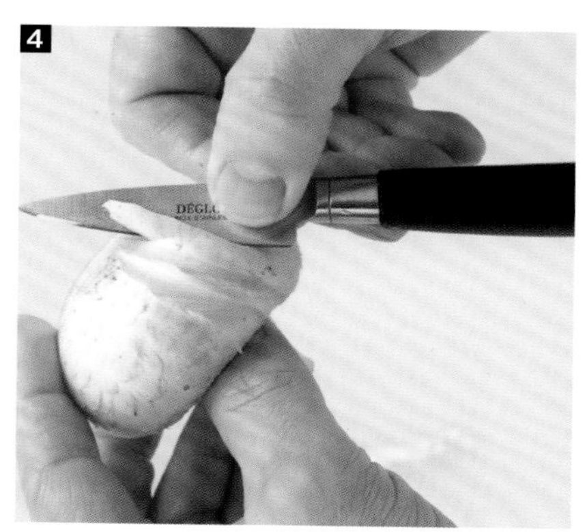

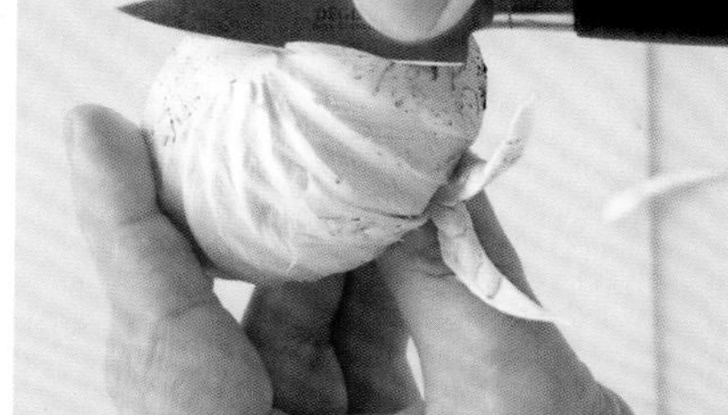

5 用这种方法处理整个蘑菇。

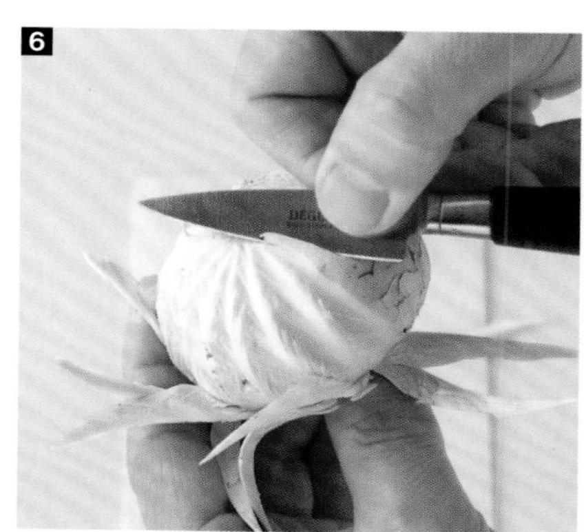

6 去掉蘑菇的表皮，并切掉菌柄。

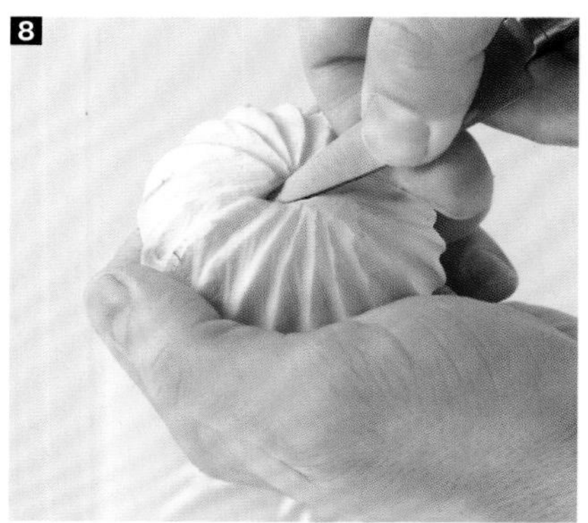

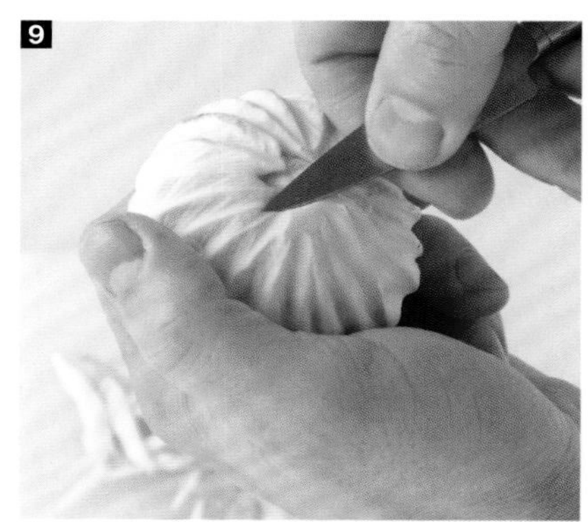

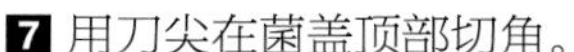

7 用刀尖在菌盖顶部切角。

8 9 移动，重复此步骤。

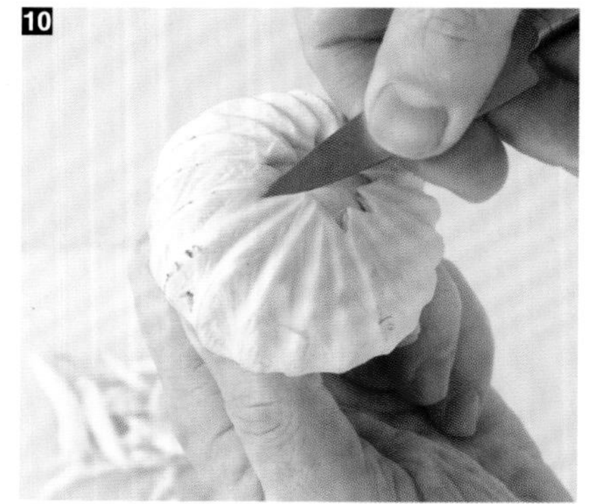

10 直到呈星星状。

哈密瓜装饰雕花

工具

⊙ 锯齿刀

1 选择一个质地紧实的哈密瓜。

2 3 用一只手按住哈密瓜并进行处理。

4 将刀片向下切至中心。

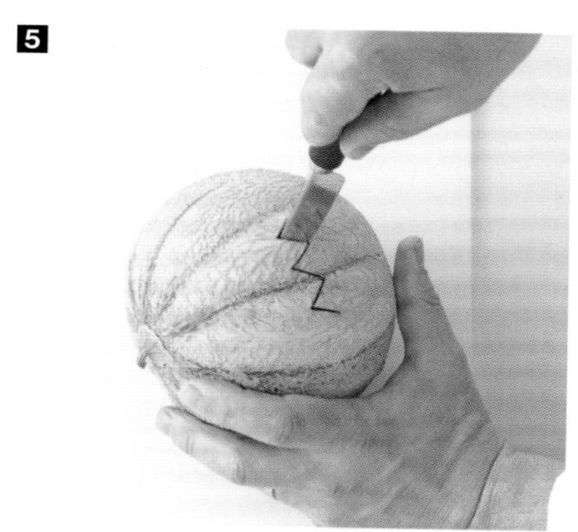

5 拔出刀片并重复第一刀的动作，注意保持等高。

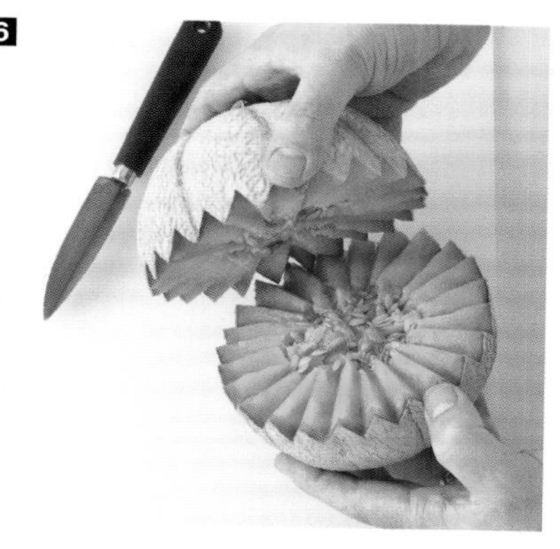

6 分开哈密瓜，然后去籽。

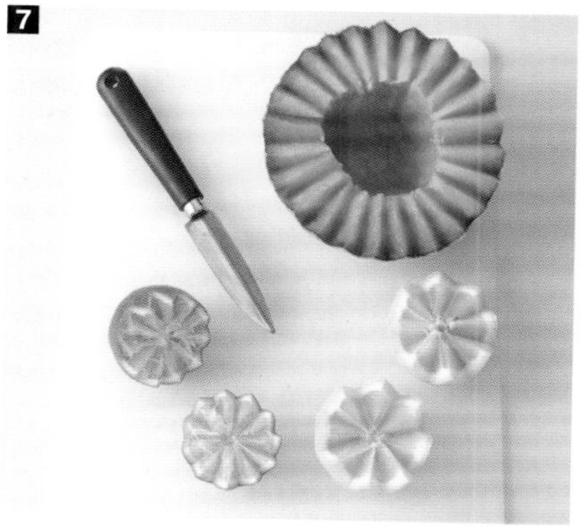

7 这种方法还适用于柠檬、橙子等许多水果。

切片装饰

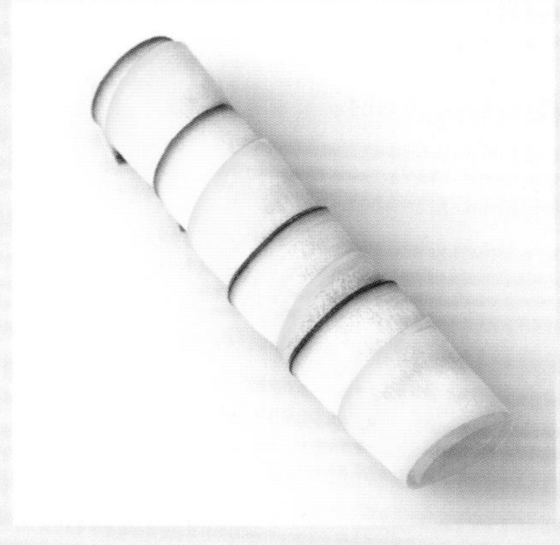

编织黄瓜

工具

⊙ 蔬菜削皮器

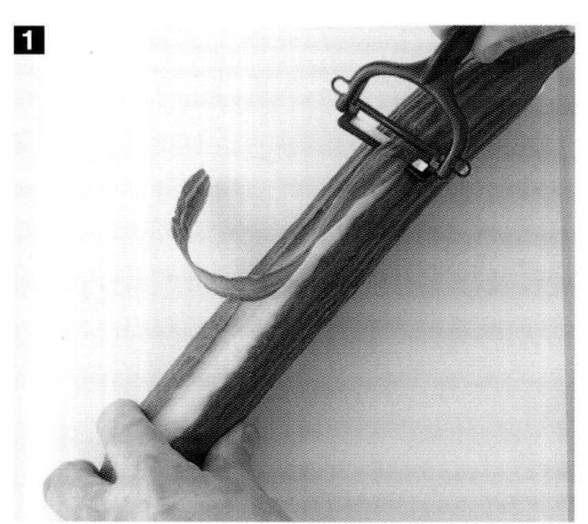

1 用一只手握住黄瓜的一端，然后用蔬菜削皮器去皮。

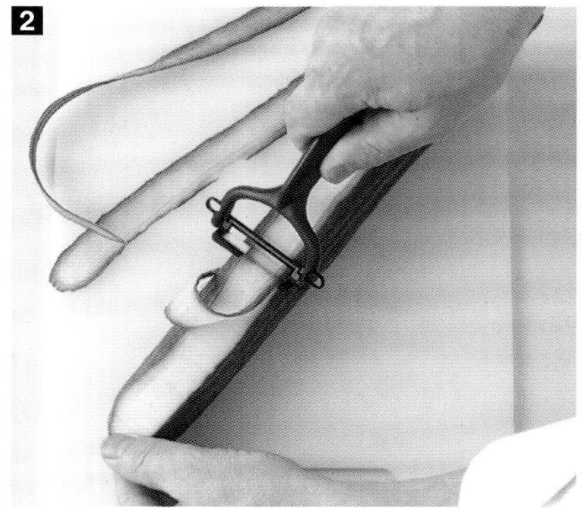

2 重复以上步骤，制作带状黄瓜薄片。

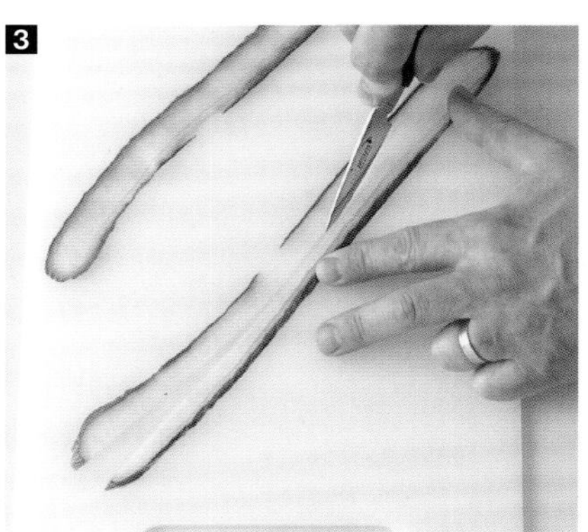

3 将黄瓜片纵向切成两半。

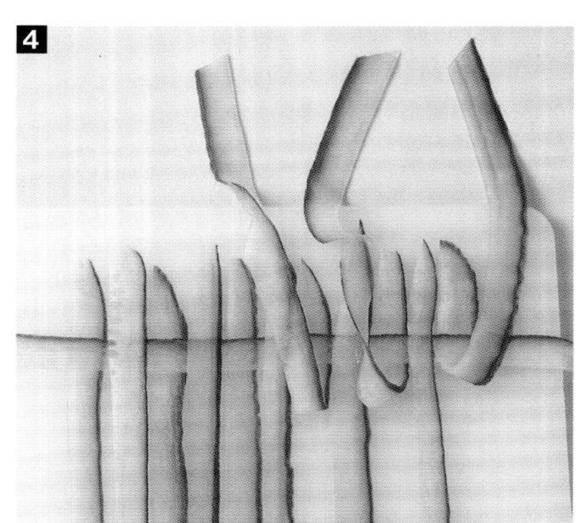

4 将若干条带状黄瓜片并排垂直放置在案板上。然后取一条黄瓜片，间隔横穿过垂直的黄瓜片。

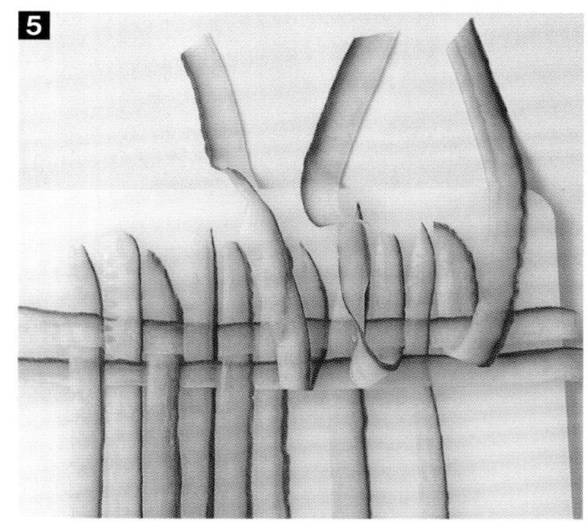

5 按相同方式处理第二条黄瓜片，但是这次穿过不同的黄瓜片。

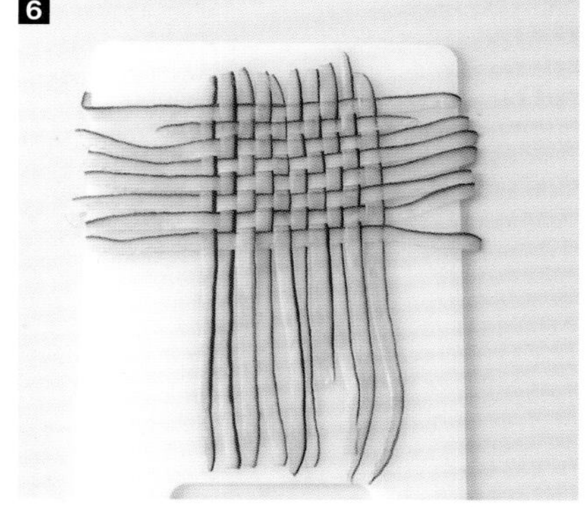

6 7 8 9 将以上步骤重复10次，完成编织黄瓜制作。

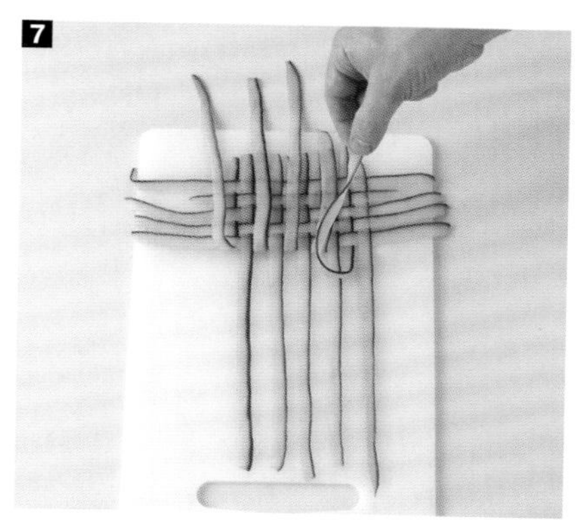

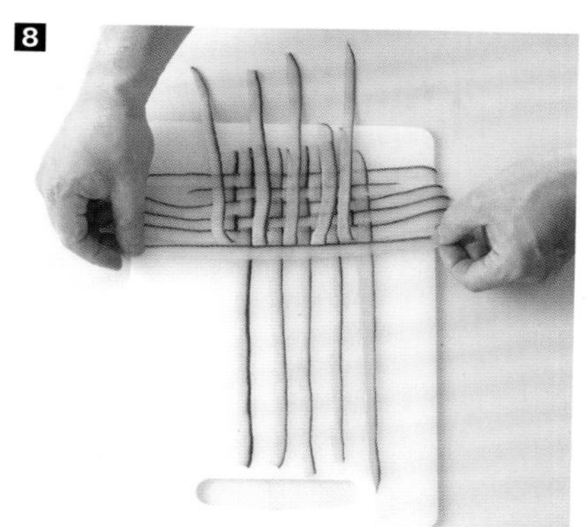

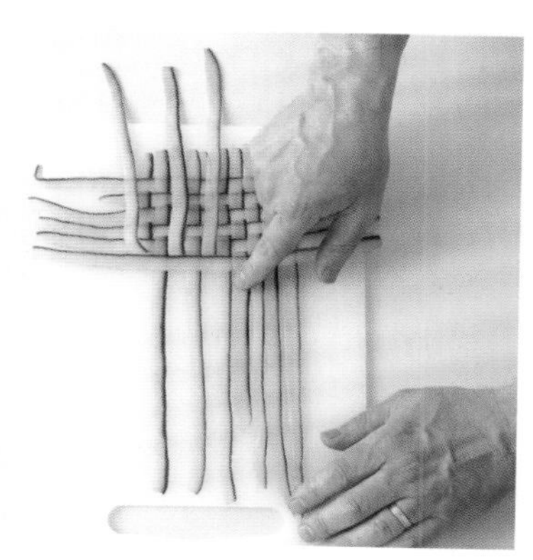

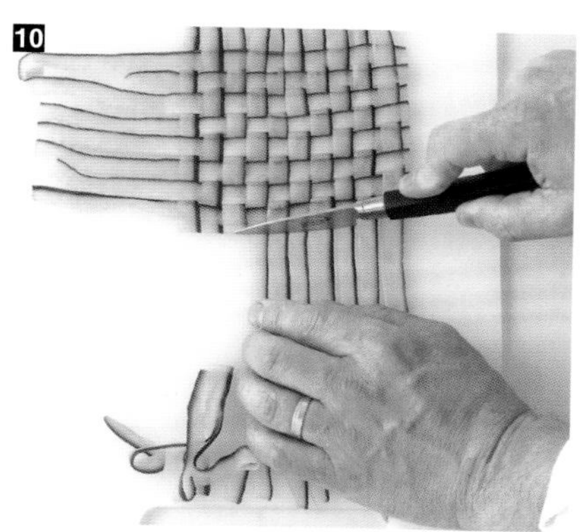

10 切掉编织物末端，获得正方形。

胡萝卜薄片卷

工具

⊙ 日式削皮器

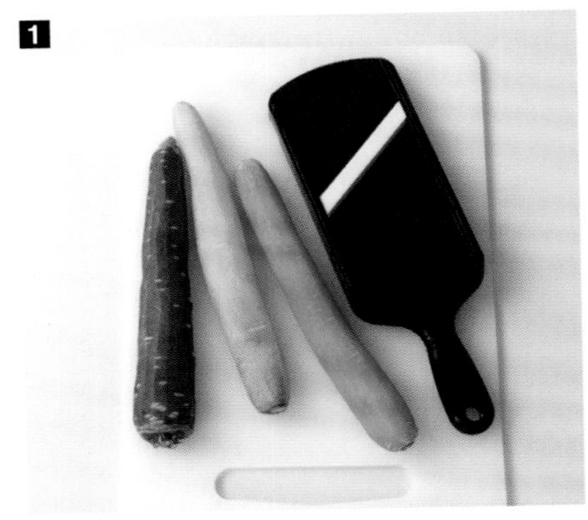

1 选择三种不同颜色的胡萝卜。

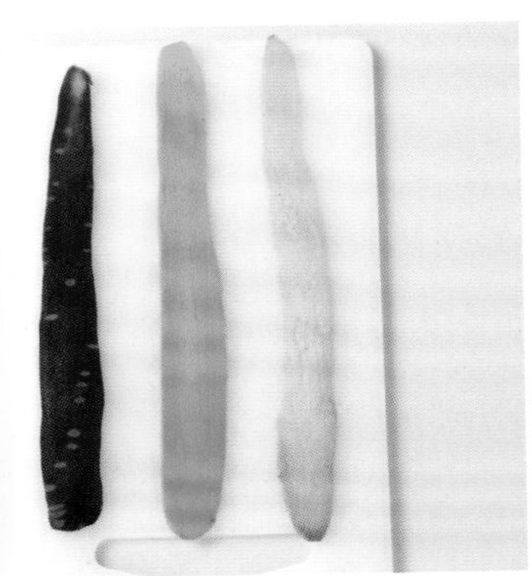

2 3 使用日式削皮器将它们切成薄片。

4 将三种胡萝卜片重叠在一起，并略微错开。

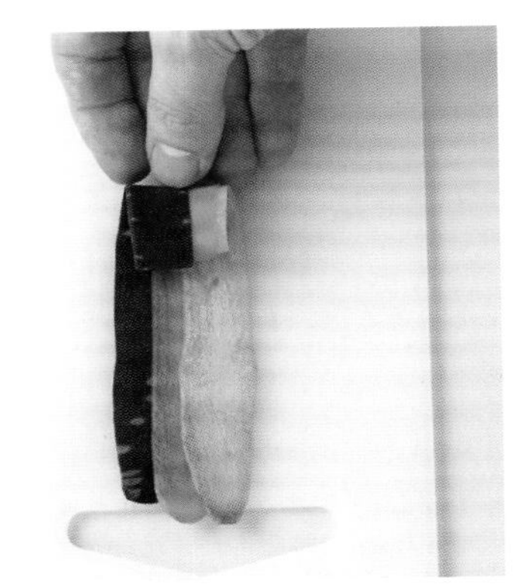

5 从一端将胡萝卜卷起来。

6 7 直至卷到另一端，完成制作。

蔬菜条

工具

⊙ 日式削皮器

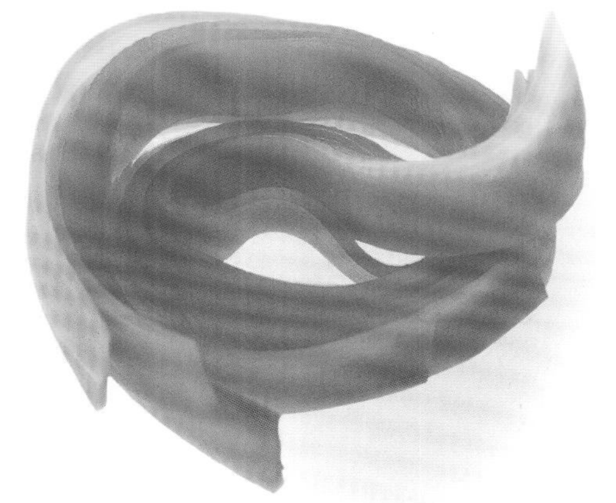

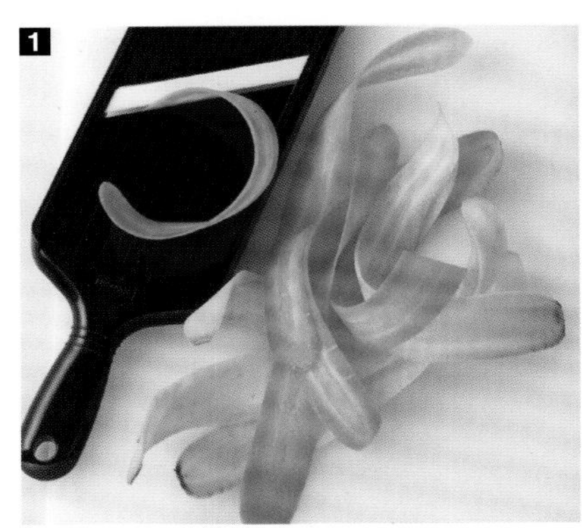

1 使用日式削皮器将不同颜色的蔬菜削成带状薄片。

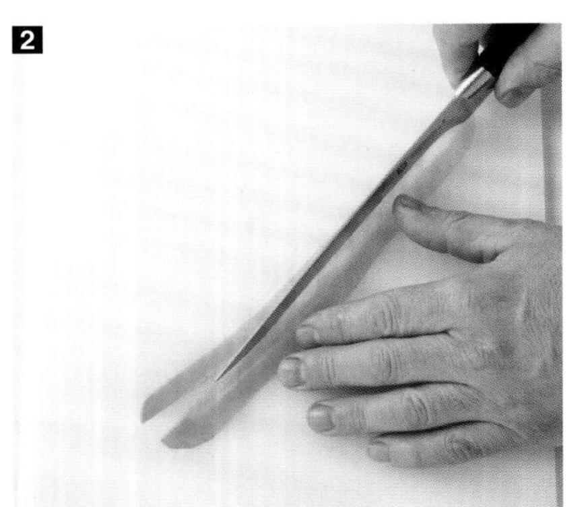

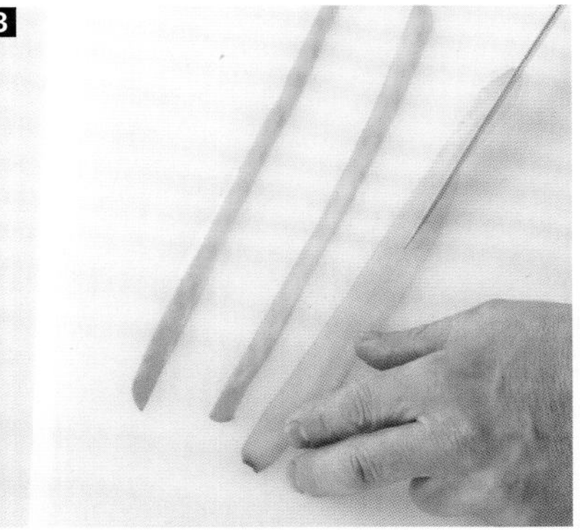

2 **3** 用削皮刀将薄片切成两半。

4 将蔬菜条放在案板上。切成相同的长度。

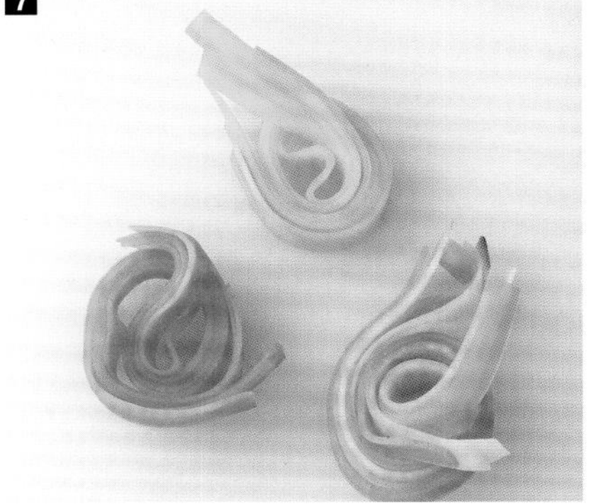

5 **6** 将五到六条蔬菜条叠放在一起。用两脚叉将其从一端缠绕至另一端。

7 将蔬菜条轻放在案板上。可以使用单色、双色或三色的蔬菜。

西葫芦卷

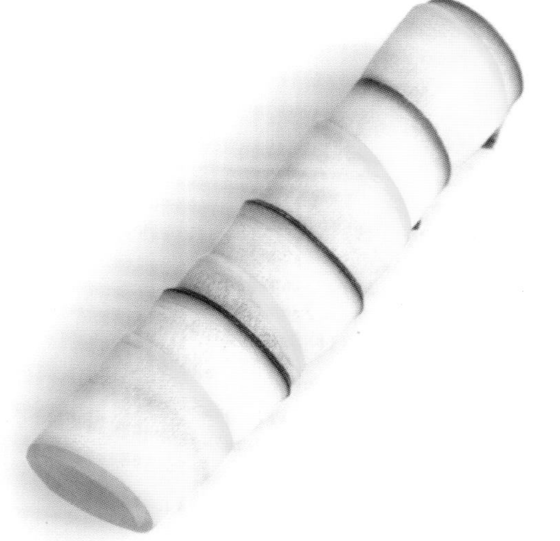

工具

⊙ 不锈钢卷筒

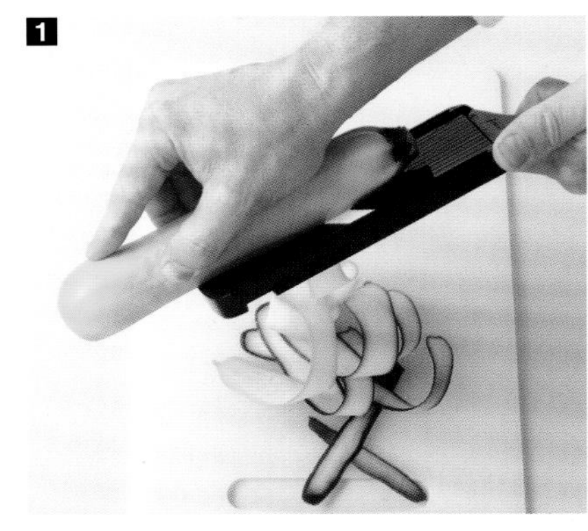

1 用日式削皮器将黄色西葫芦和绿色西葫芦削薄片。

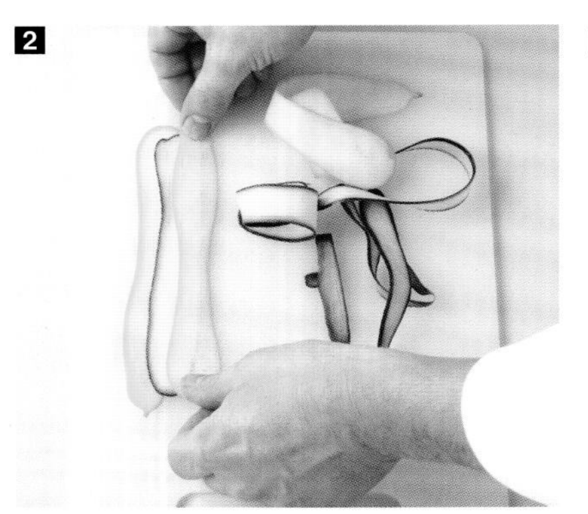

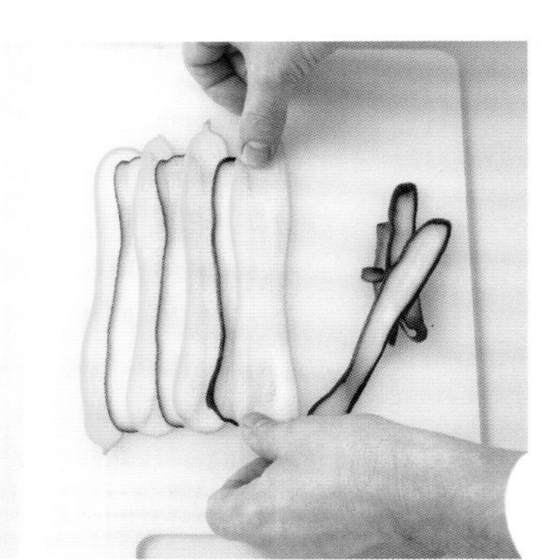

2 3 将不同颜色的西葫芦片交替铺在案板上，略微重叠。

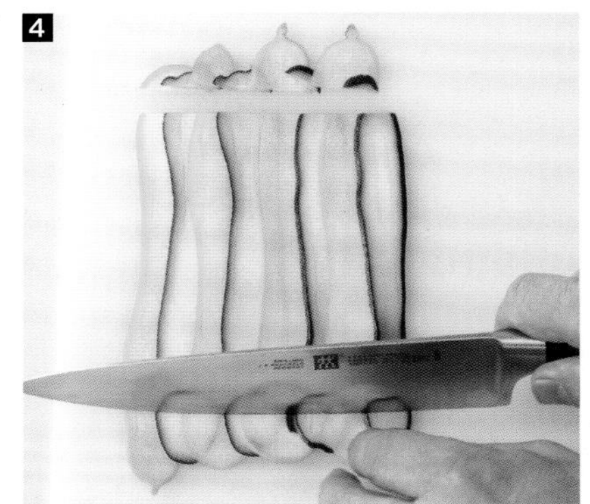

4 切掉长方形的两端。

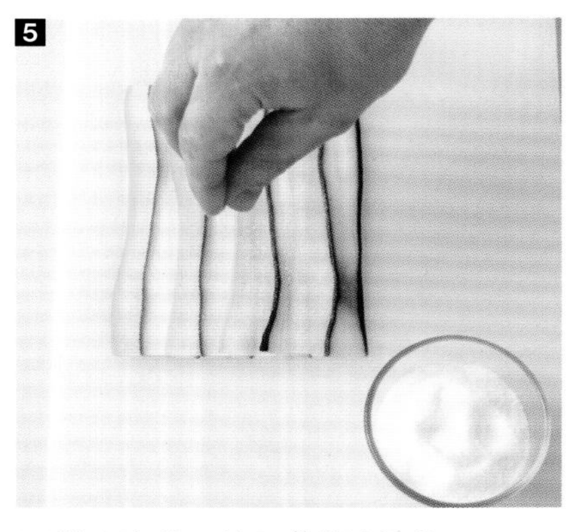

5 撒少许盐，使西葫芦片软化。

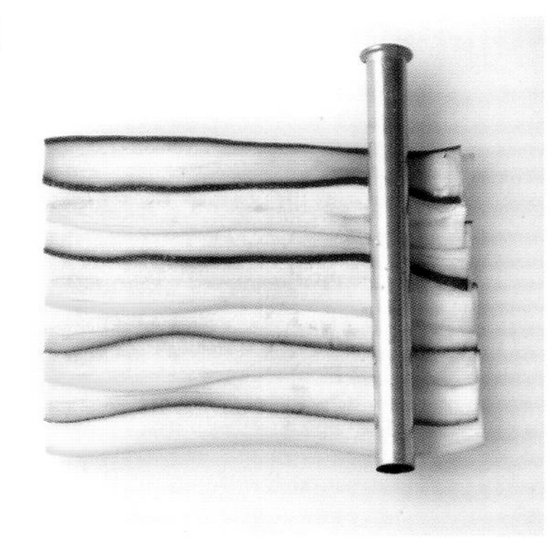

6 将不锈钢管放在薄片的一端上。

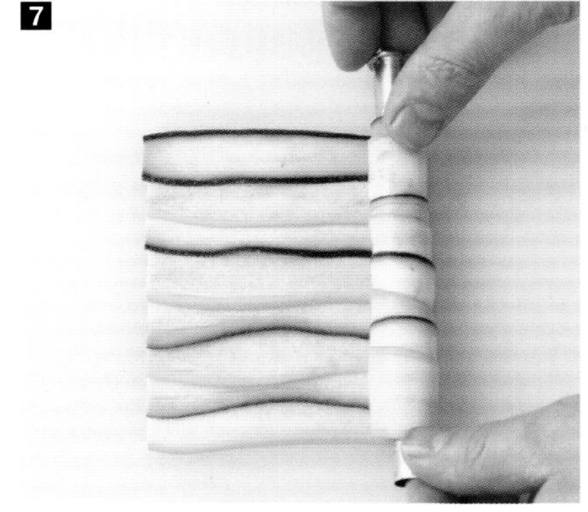

7 卷至另一端，轻轻抽出不锈钢管。

团簇装饰

刨花旱芹条

工具

⊙ 蔬菜削皮器

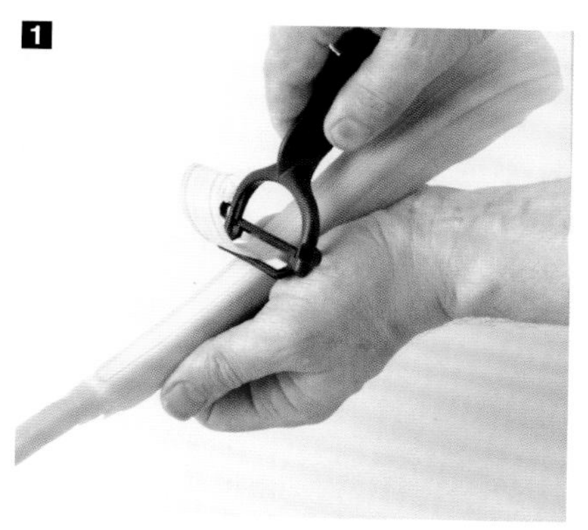

1 用一只手握住芹菜，用蔬菜削皮器用力向下按以纵向切片。

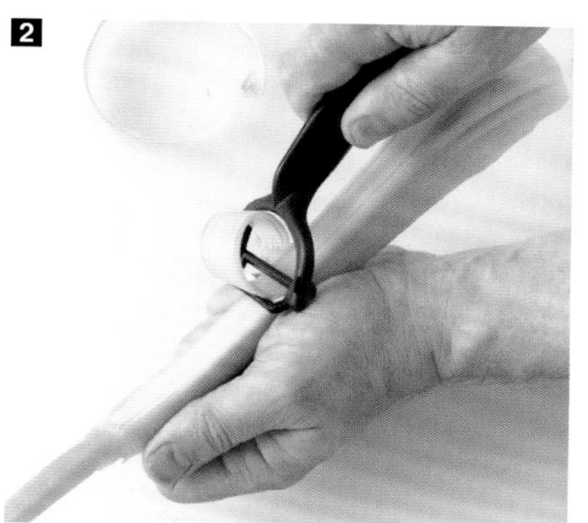

2 重复此步骤，获得新的芹菜片。

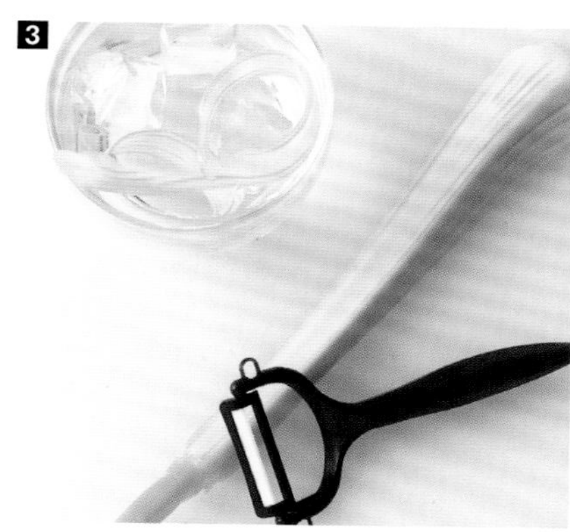

3 将芹菜片浸入冰水中10分钟，使其卷曲成螺旋状。也可以用韭葱刨花。

韭葱簇

工具

⊙ 厨师刀

1 用小刀切下约7厘米长的葱白。

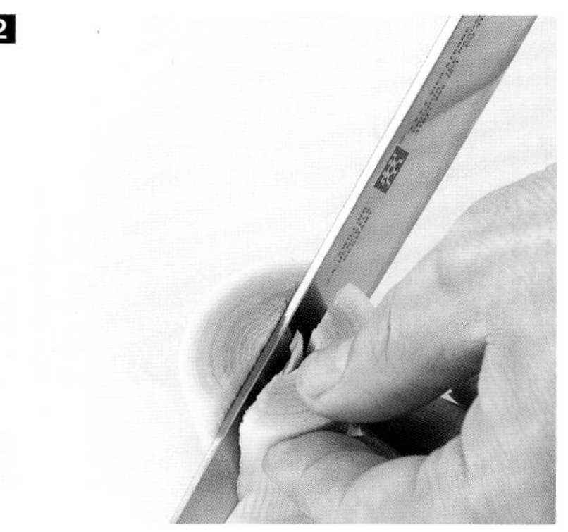

2 **3** 将每段切成两半。

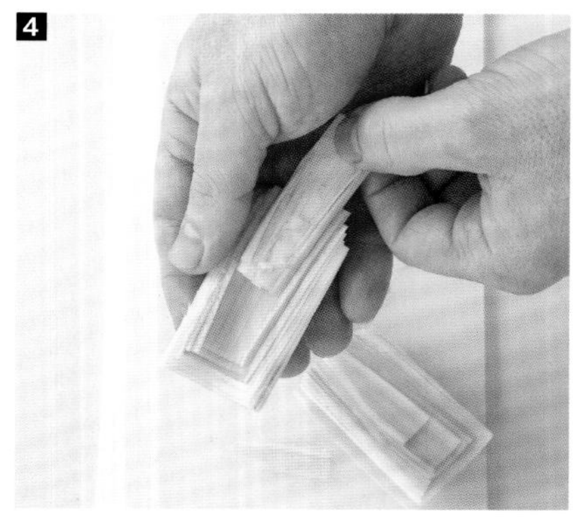

4 去掉中心部分。

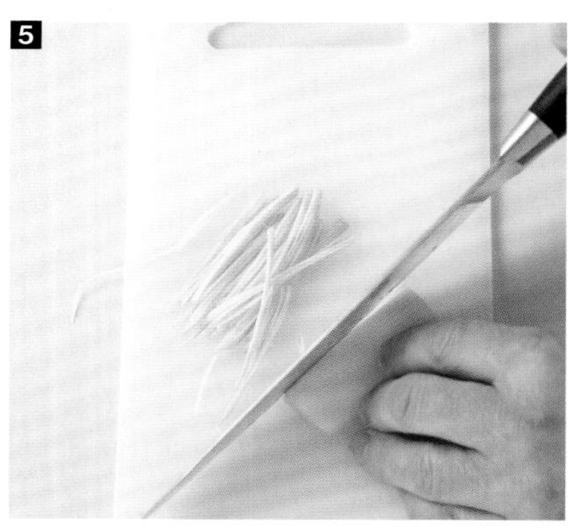

5 将葱白放在案板上，切成细丝。

6 立即放入冰水中，浸泡5分钟，使纤维变硬。捞出沥干，然后制成小灌木丛状。

黄油贝壳造型

请选择高质量的黄油，低温冷却，否则将很难制作黄油贝壳。

工具

⊙ 黄油贝壳刀

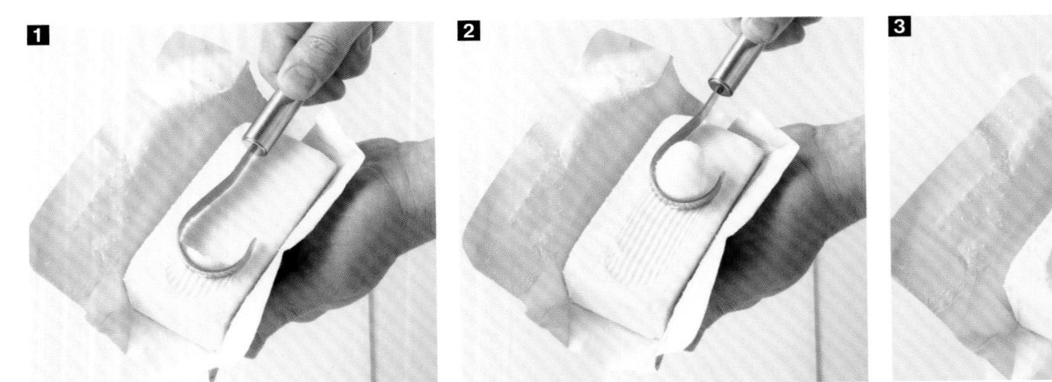

1 将黄油贝壳刀的锯齿一侧放在黄油块上。

2 **3** 将黄油贝壳刀在黄油块上移动，略施加压力，螺旋状取下黄油。

半球状装饰

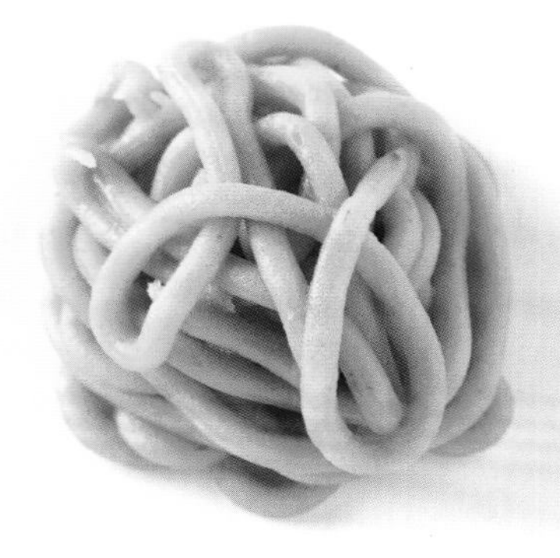

鲜奶油花环

工具

⊙ 裱花袋

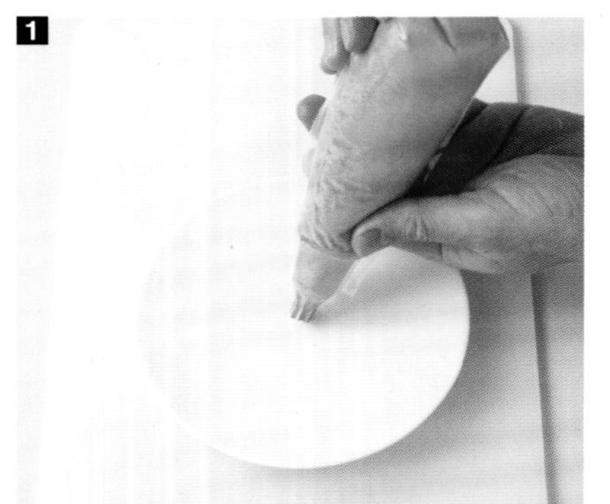

1 将鲜奶油装入裱花袋，挤到盘子中心。

2 画圈。

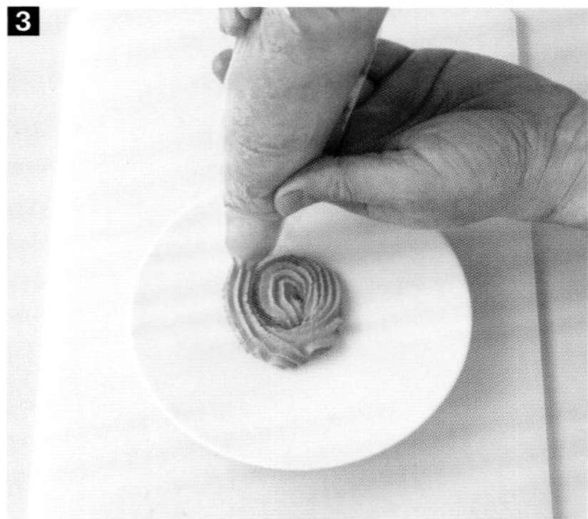

3 扩大到适宜大小。

4 制作第二层。

5 逐渐缩小圆周至所需高度。

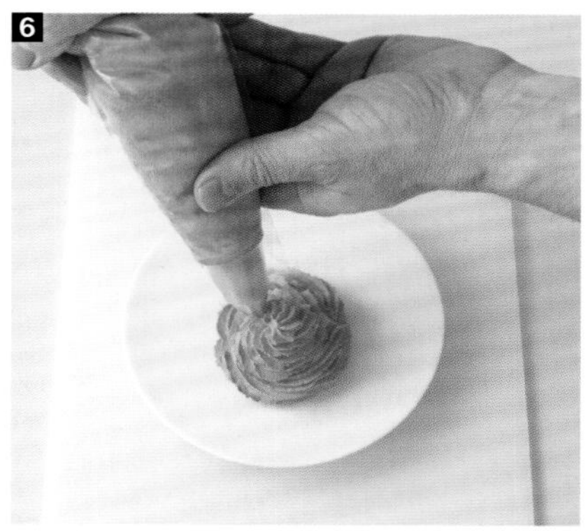

6 在撤掉裱花袋之前，先对尖端施加少许压力。

双色螺旋装饰

工具

⊙ 裱花袋

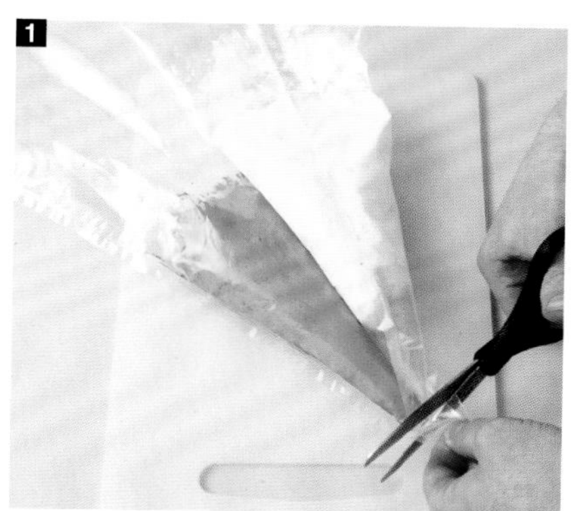

1 在两个裱花袋中装入不同的鲜奶油，然后剪掉顶端。

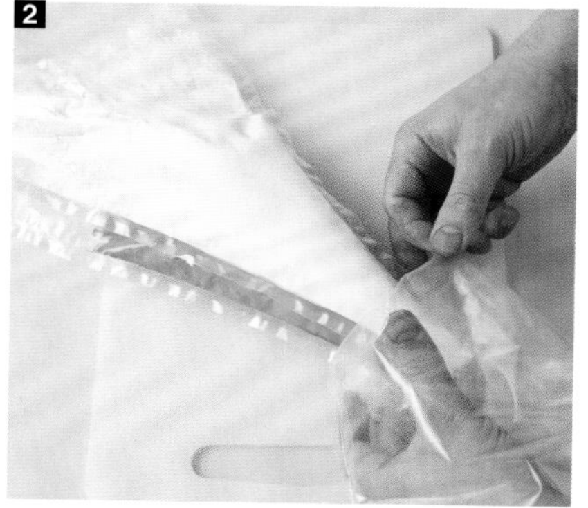

2 将一个裱花袋放在另一个裱花袋上面，然后整体放入带有插槽的第三个裱花袋中。

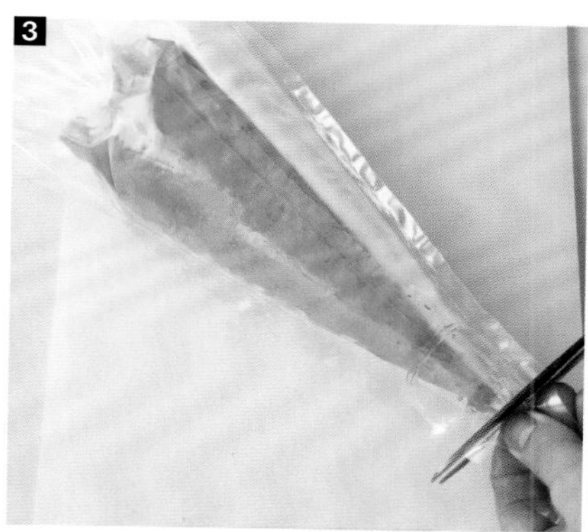

3 将两块鲜奶油调整均匀，剪掉尖端。

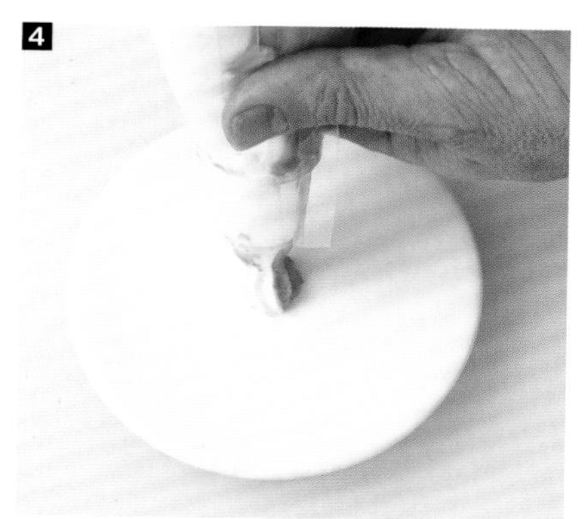

4 将口袋放在板的中央并施加压力。

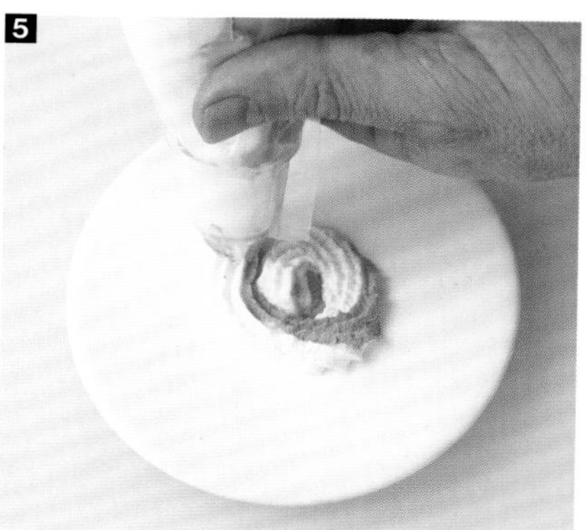

5 绕圈。

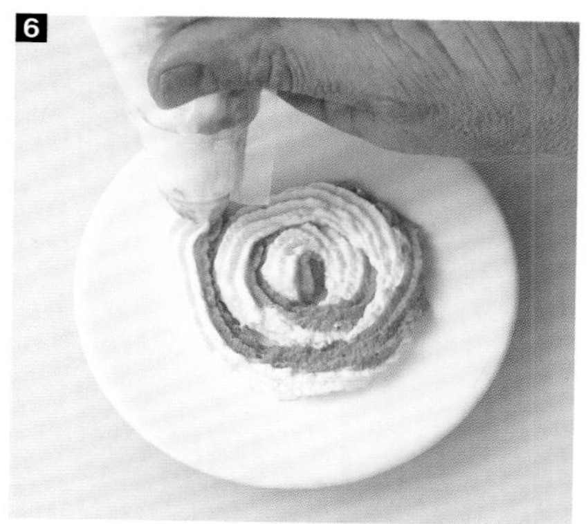

6 扩大到所需的尺寸。

7 继续制作第二层。

8 持续制作至适宜大小，向顶部施压，然后将裱花袋迅速提起。

鲜奶油绒球

工具

⊙ 裱花袋

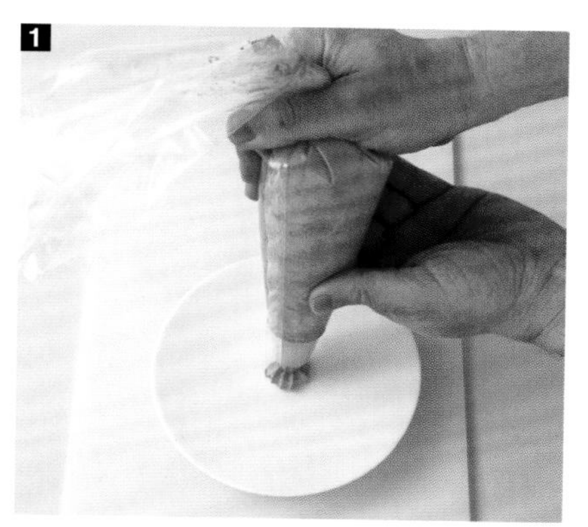

1 在裱花袋上施加压力。

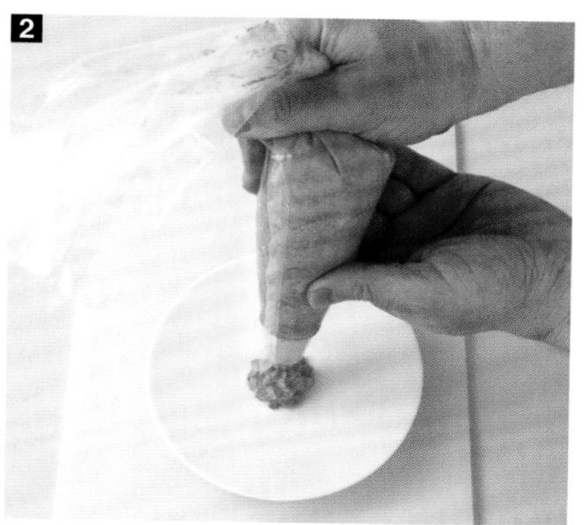

2 当达到所需的体积时，在顶部轻轻施加压力，然后再将裱花袋迅速提起。

3 通过调整裱花袋的压力，改变奶油绒球的体积。

细面条

为制作细面条并摆盘，必须选用质地较厚的奶油或土豆泥。为确保成功，可进行预先测试。

工具

⊙ 裱花袋

⊙ 21号裱花袋适宜制作细面条

1

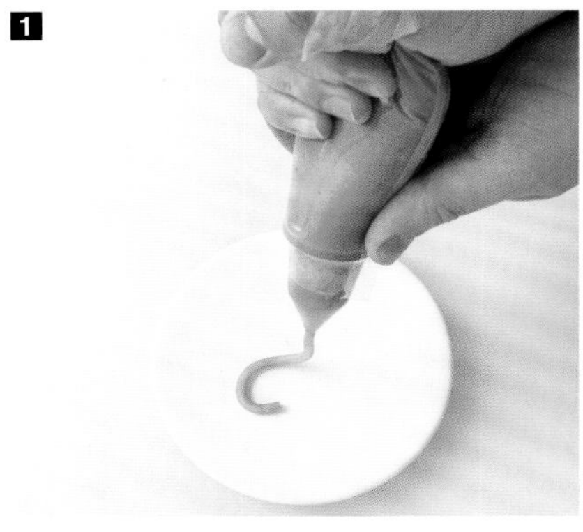

1 将裱花袋移至盘子上方。

2

3

4

2 均匀轻按裱花袋，同时画圈并来回移动，制成面条。

3 4 逐渐增加长度。

5

6

7

5 6 继续移动以增加高度。

7 获得需要的尺寸后停止。

蔬菜泥丸子

较厚的糊状物才能成形。

为使丸子成形，需要两把汤勺。您需要练习将糊状物从一把汤勺换到另一把汤勺上。这种技术也适宜制作冰激凌球。

工具

⊙ 两把汤勺

1 将汤勺浸入一碗热水中。

2 用右手的勺子取一小部分蔬菜泥。

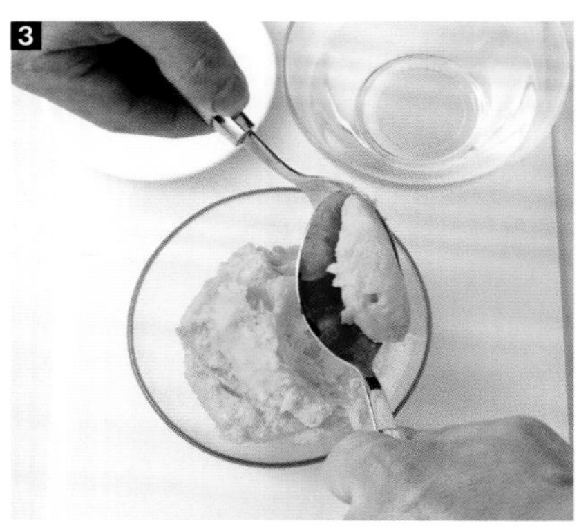

3 将这部分蔬菜泥倒到用左手握住的另一把汤勺上，在其边缘轻轻按压以使其光滑。

4 5 6 在两个汤勺间交替几次，以蔬菜泥呈丸子状。

7 将丸子放在盘子上。

蔬菜泥圆顶

质地相对较厚的蔬菜泥可制作凹槽装饰。

此技术适用于作为前菜的鹰嘴豆泥或鳄梨调味酱。

工具

⊙ 弯刮刀

1 将蔬菜泥放在浅碗中。

2 用一只手令碗自转，同时用另一只手令弯刮刀在盘子上抹出圆顶。

3 将圆顶抹平。

4 清洁碗和刮刀的边缘。

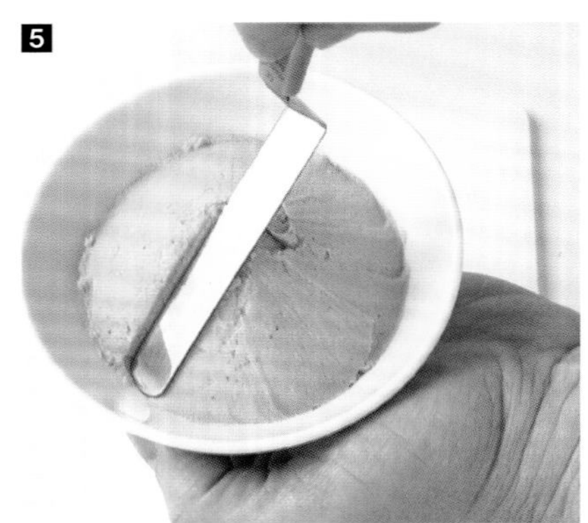

5 一只手握住碗，然后用刮刀在蔬菜泥表面压出凹槽。

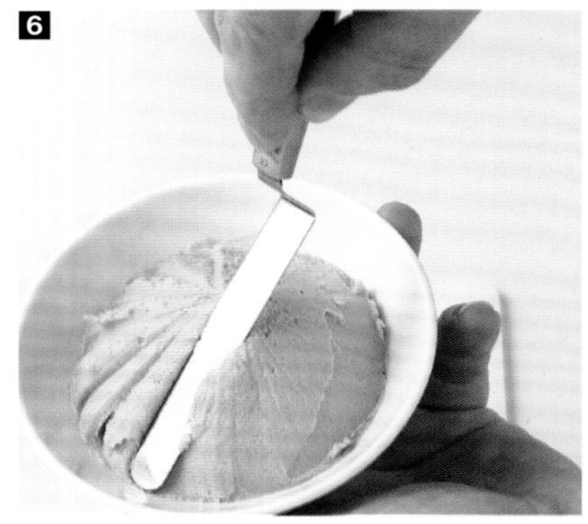

6 移动抹刀以形成新的凹槽。

7 装饰整个圆顶。

双色圆顶

为保持凹凸感，必须选用质地较厚的蔬菜泥。

工具

⊙ 裱花袋

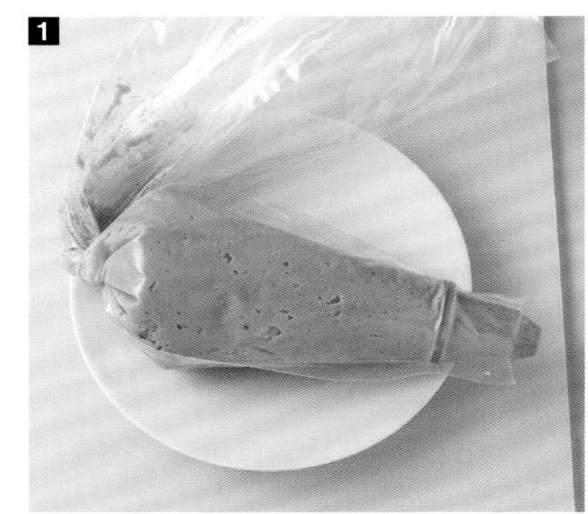

1 将蔬菜泥装入裱花袋。

2 **3** 均匀用力，轻按裱花袋，在盘子中央制成圆圈。

4 提高裱花袋，直到形成圆顶状。

5 将果酱倒入纸袋中。

6 **7** 轻轻按下纸袋，将果酱挤入凹槽。

碗形和鸟巢状装饰

蔬菜鸟巢

工具

⊙ 擦丝机

⊙ 叉子

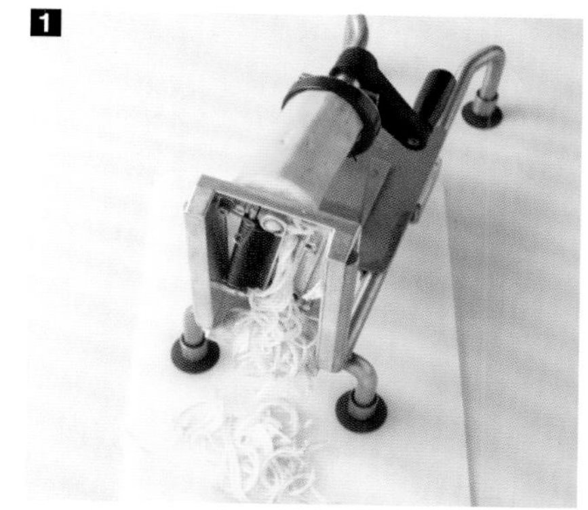

1 用擦丝机将黄色西葫芦切成细丝。

2 对绿色西葫芦和白萝卜重复此步骤。

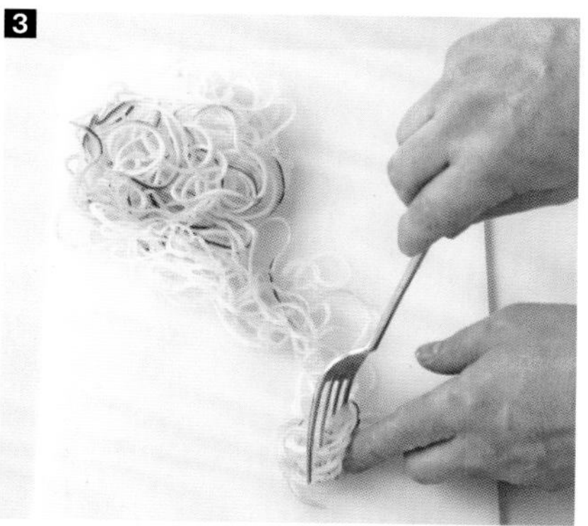

3 聚拢蔬菜，用叉子混合三种蔬菜丝。

4 5 用叉子将蔬菜丝卷起，全部缠绕起来。

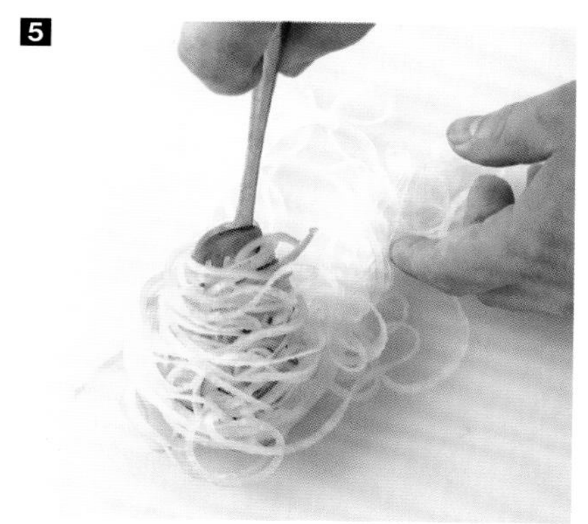

6 小心地从蔬菜鸟巢中抽出叉子。

7 用双手轻轻松散鸟巢底部，使其平稳放置。

意大利面鸟巢

请使用餐叉处理较细的意大利面，如spaghettis；用两齿叉处理较宽的意大利面，如tagliatelles。您可以使用不同颜色的面条来制作意面鸟巢。

工具

⊙ 汤匙
⊙ 叉子

1 用叉子取3至4条意大利面，然后将它们放在汤匙中。

2 旋转汤匙中的叉子，逐渐卷起所有意大利面。

3 用勺子将意大利面鸟巢放在盘子上。

薄酥饼鸟巢

土豆中的淀粉会使薄酥饼粘在一起。如果使用不含淀粉的蔬菜制作鸟巢，请使用食物“胶水”：糖浆或酱汁。

工具

⊙ 鸟巢造型模具

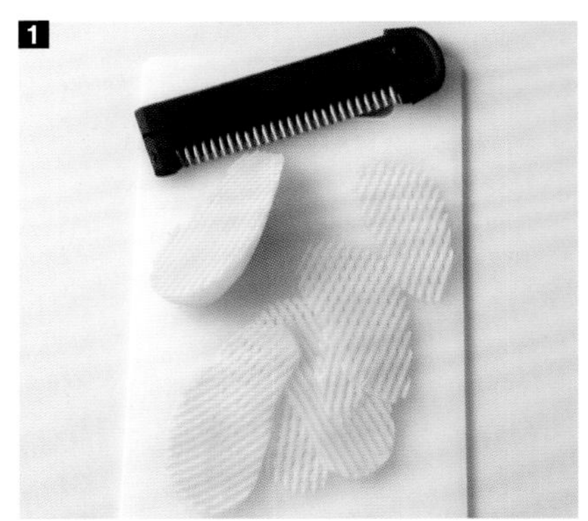

1 用切片器上的薄饼刀片将土豆切片。

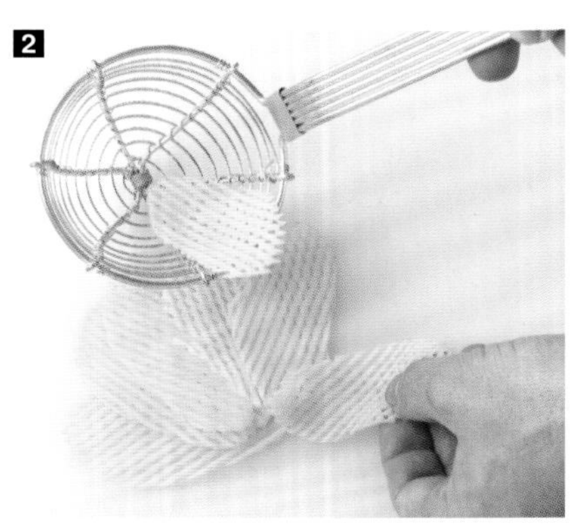

2 将第一片土豆放入造型模具下层的滤网中（即较大的滤网）。

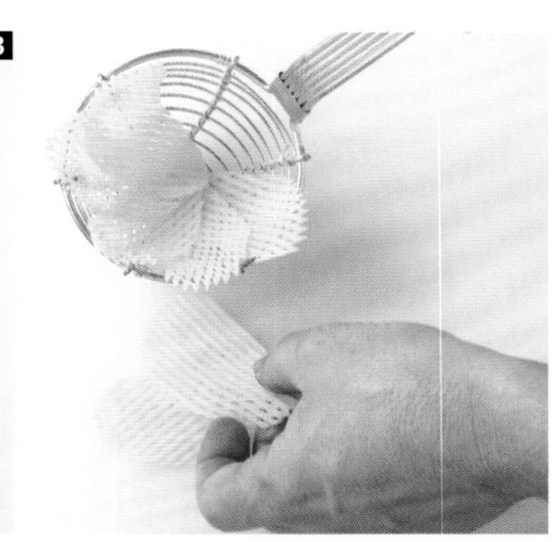

3 4 叠放下一片土豆，并继续直到覆盖整个滤网。

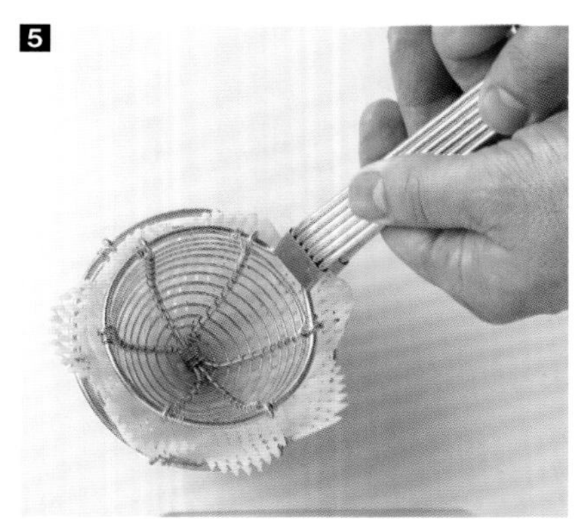

5 将上层滤网叠放在下层滤网上，浸入炸锅中，用双手按住以保持其形状。

6 当薄酥饼鸟巢呈金黄色时，取下上层滤网。

7 小心地从下层滤网上取下上层滤网，然后将其放在吸油纸上。

薄面皮碗

您需要准备两个相同大小的耐热玻璃碗。直径的大小取决于填充物的容量。请选择轻盈细腻的馅料，因为烹饪后的薄面皮非常脆弱。为了保持其酥脆的质地，请即刻使用，不要盛放含水量太多的食物（例如柑橘类水果）。

工具

⊙ 刷子

⊙ 耐热玻璃碗

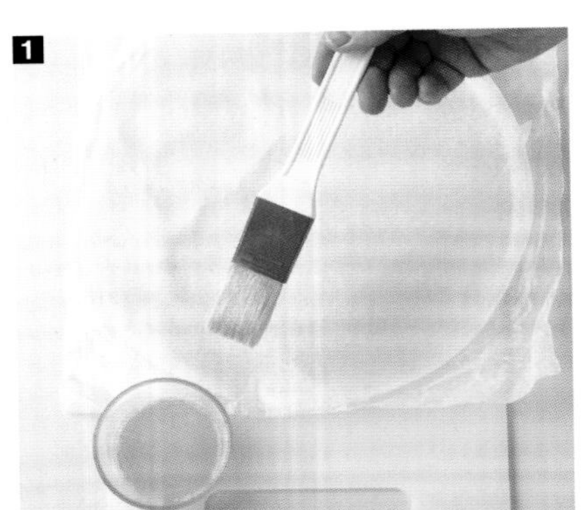

1 将熔化的黄油刷在整张薄面皮上。

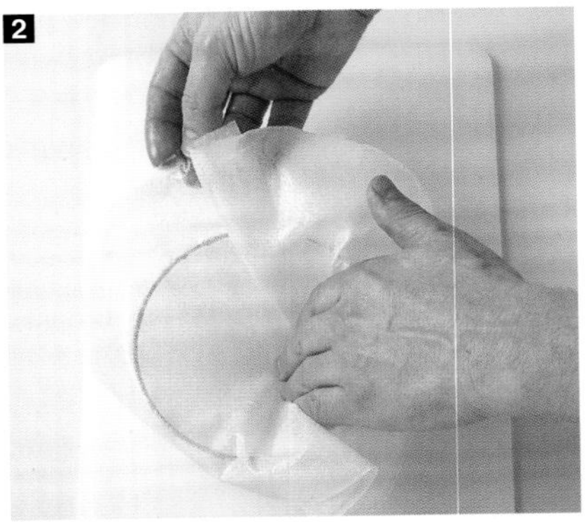

2 将薄面皮放在碗中。

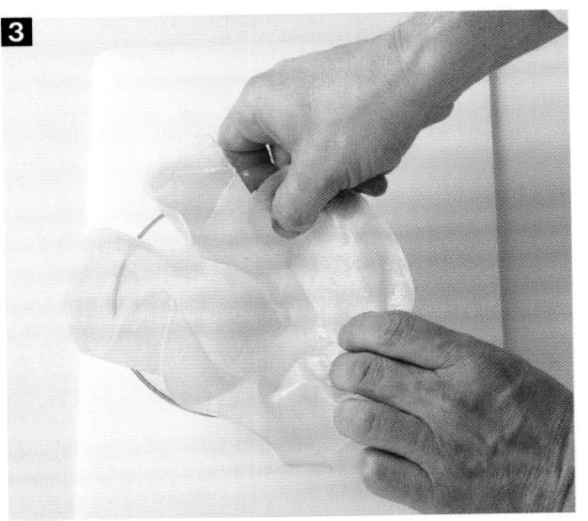

3 轻轻地折2至3次，使其周长适应碗的周长。

4 将第二个碗放在薄面皮上。

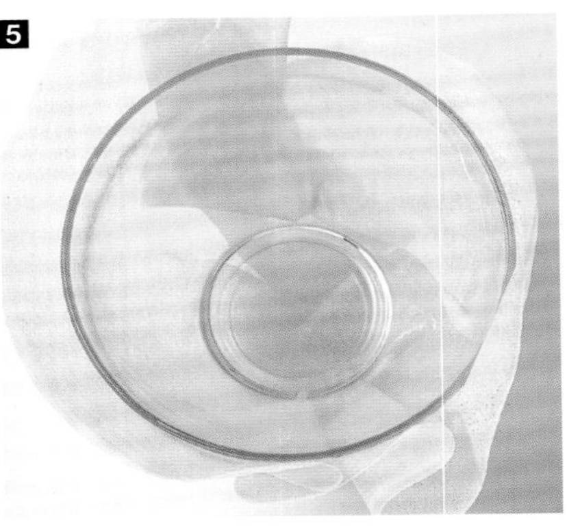

5 轻轻按压碗壁。

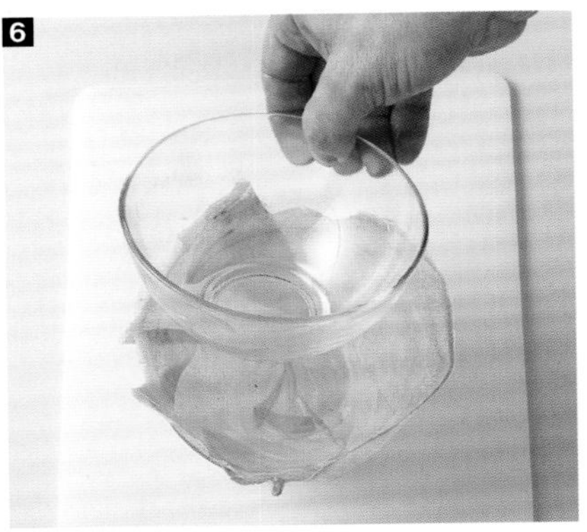

6 在预热至160℃的烤箱中烘烤15分钟。冷却后取下上层的碗。轻轻地从碗上剥下面皮。

卷心菜叶碗

您需要准备两个相同大小的耐热玻璃碗。卷心菜叶要比下层的碗略大，因为煮熟后卷心菜叶会略收缩。请注意，卷心菜叶碗非常易碎，要小心填充。

工具

- ⊙ 刷子
- ⊙ 耐热玻璃碗

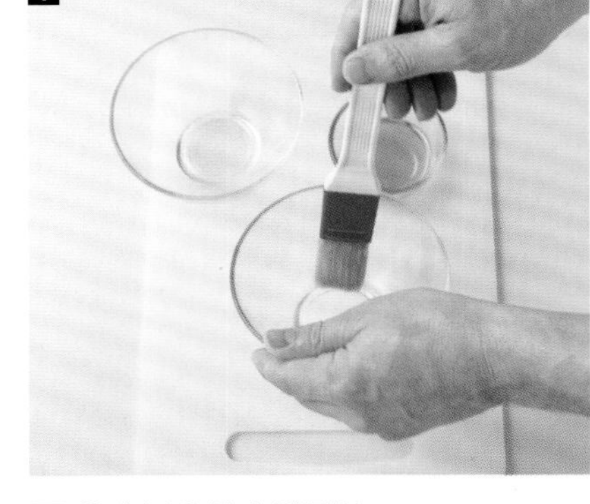

1 将底层碗的内壁刷油。

2 放2至3片去掉菜梗的卷心菜叶。

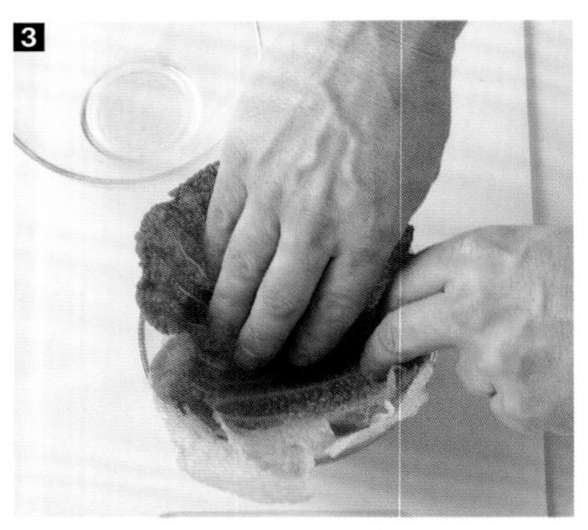

3 4 轻轻按压，将卷心菜叶粘在碗壁上。

5 将上层碗的外壁刷油。

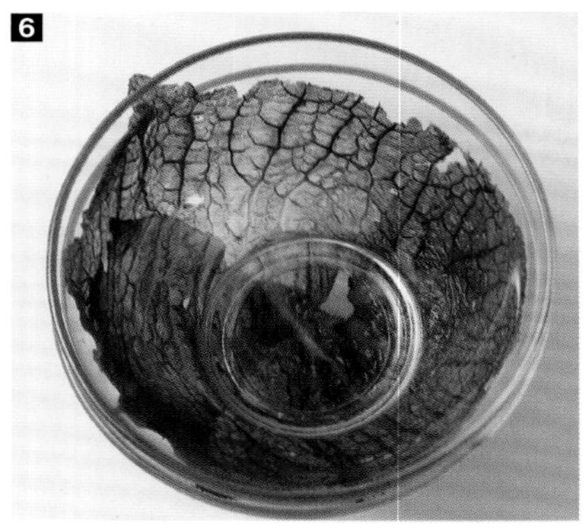

6 放入预热至160℃的烤箱中烘烤17分钟。

7 冷却后取下上层的碗。轻轻取出碗中的卷心菜叶。

印花装饰

白萝卜印花

您可以使用香芹、芫荽、细叶芹、罗勒等香草植物，只要它们的叶子小于萝卜片的直径即可。这种小装饰适用于制作沙拉、浓汤或开胃酒蘸酱。

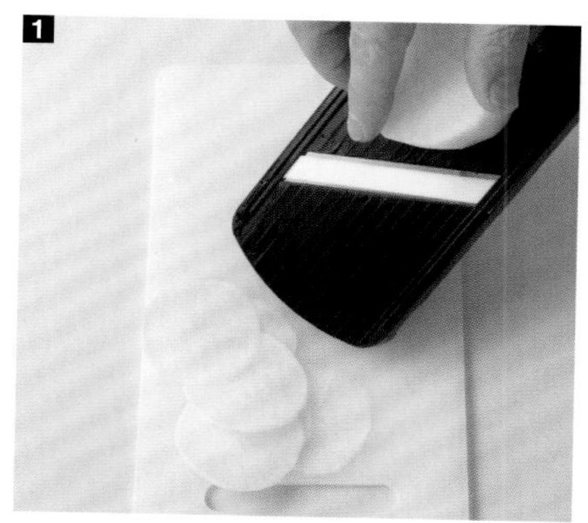

1 将萝卜去皮，用切片器切成薄片。

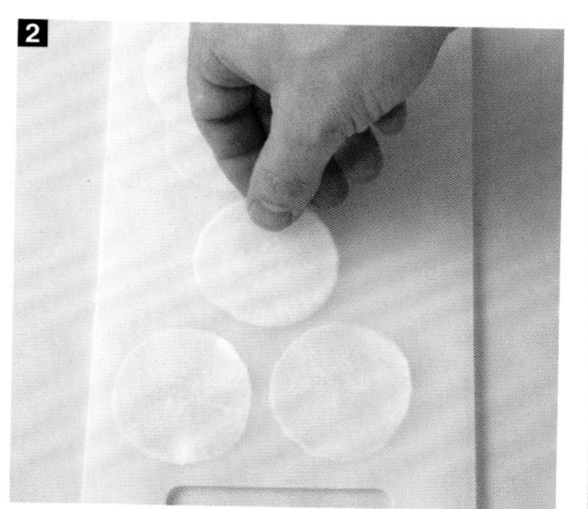

2 将萝卜片两两放置在工作面上。

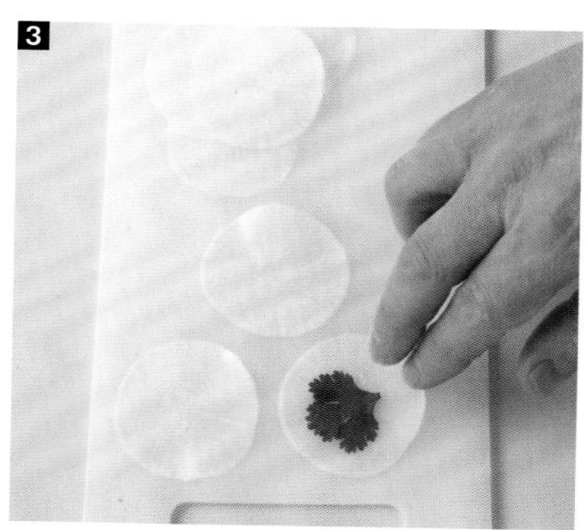

3 **4** 在薄片的中心位置放一片香草植物叶子。

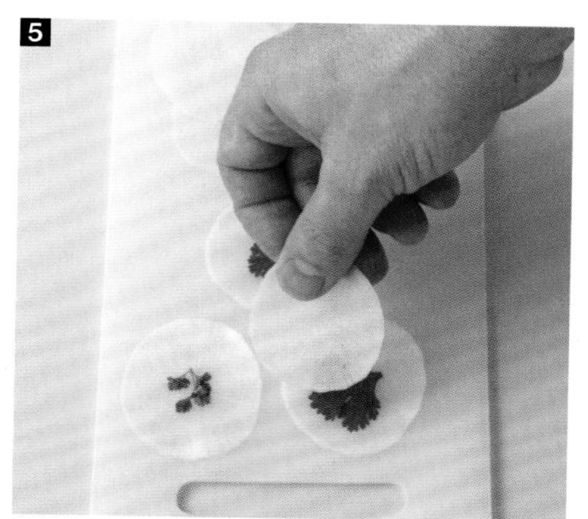

5 盖上第二片萝卜。

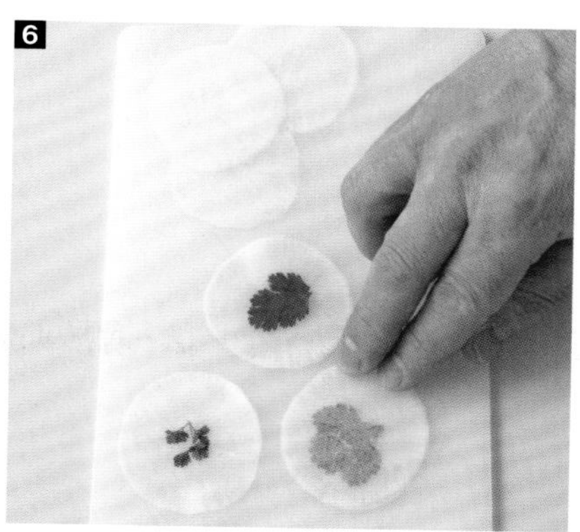

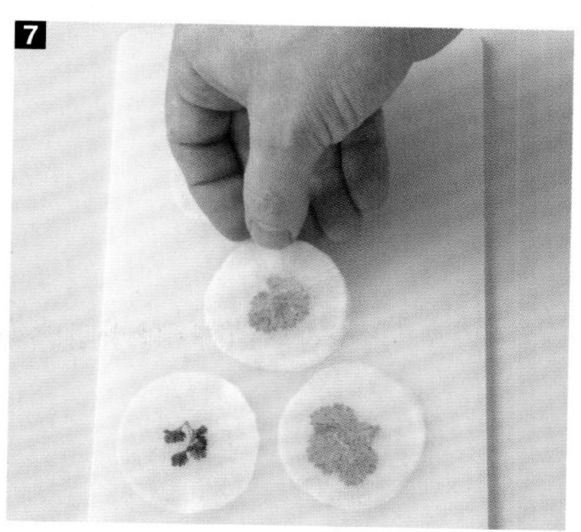

6 **7** 压紧边缘使两片萝卜贴合在一起。

菲洛酥皮印花

这种方法适宜用作开胃餐点，如代替鳄梨调味酱搭配的玉米粉圆饼，也可用于菜肴的装饰。

工具

⊙ 刷子

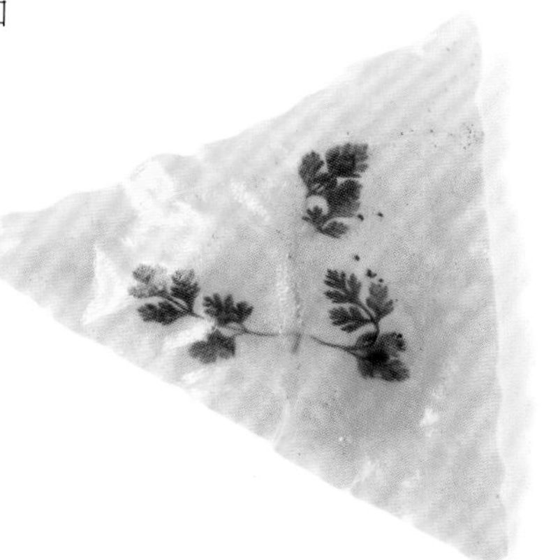

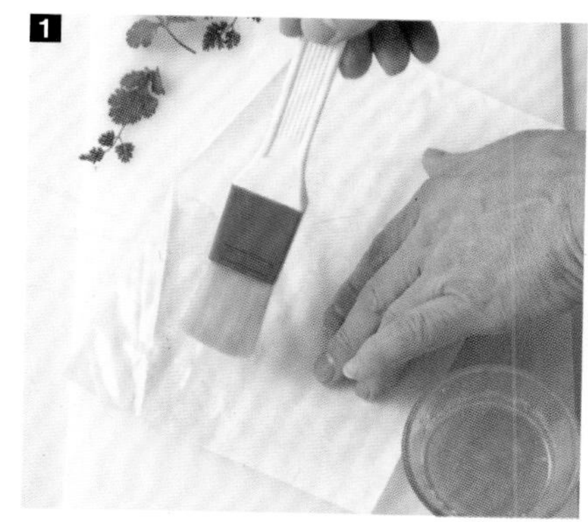

1 在菲洛酥皮上刷满熔化的黄油。

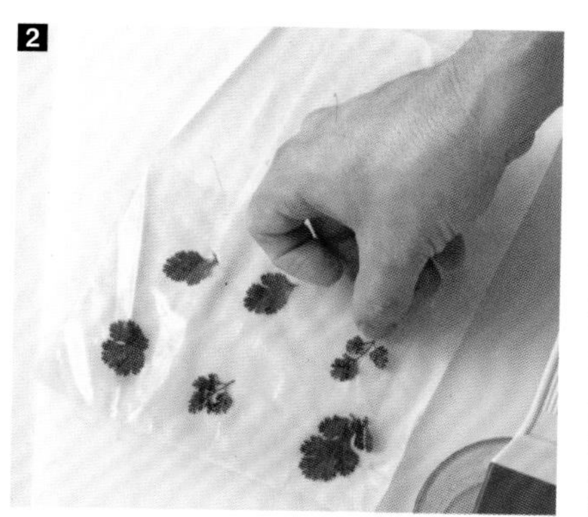

2 放上香草植物叶子，两片叶子之间保留一点距离。

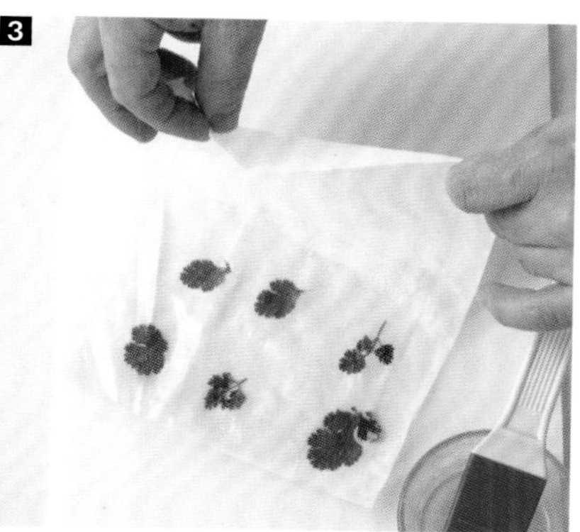

3 将酥皮后半部分折起来，盖在前一部分上。

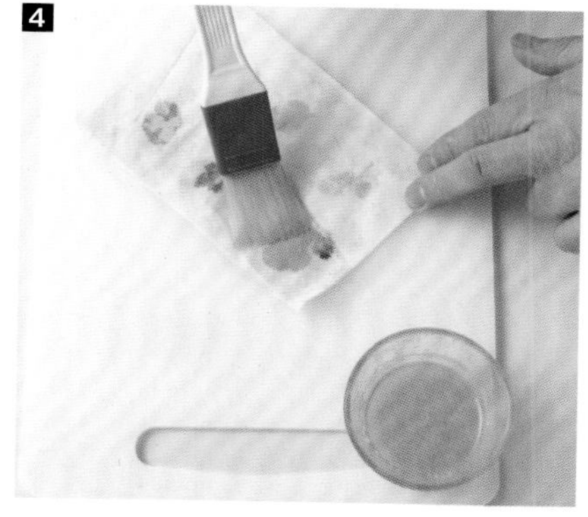

4 再次刷上熔化的黄油，使酥皮贴紧。

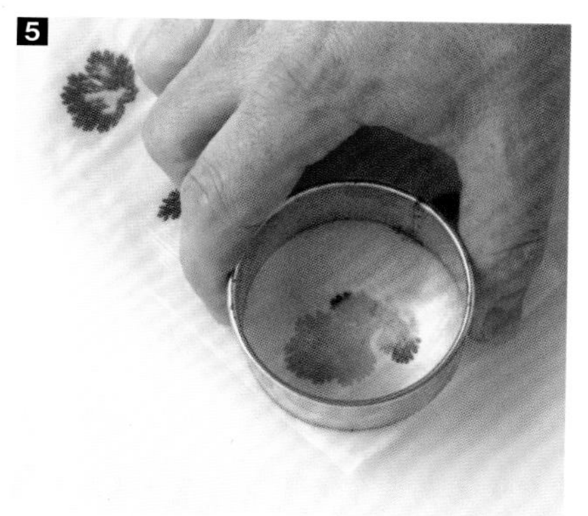

5 6 用造型模具或小刀切出所需的形状。

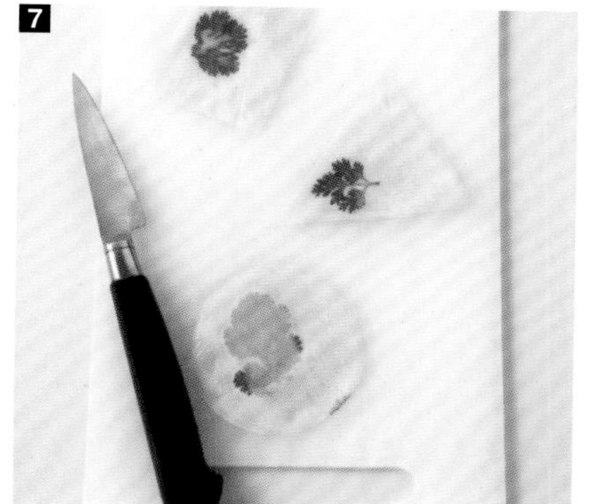

7 放在烘焙纸上，在预热至150℃的烤箱中烘烤11分钟。

新鲜面团印花

将300克面粉（建议使用T55号面粉，即灰分在0.5至0.6之间的小麦粉），3个蛋黄、2克橄榄油和2克水轻轻混合。让其用保鲜膜包裹，于室温静置，制成面团。您可以用超细小麦粗面粉代替部分面粉，这样将拥有更坚实的质感。

工具

⊙ 造型模具

⊙ 压面机

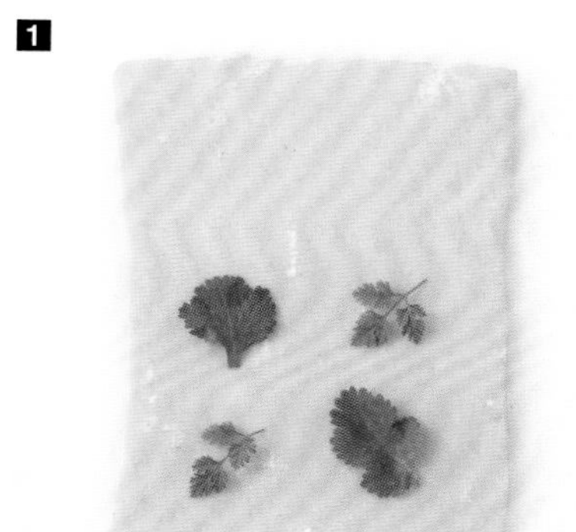

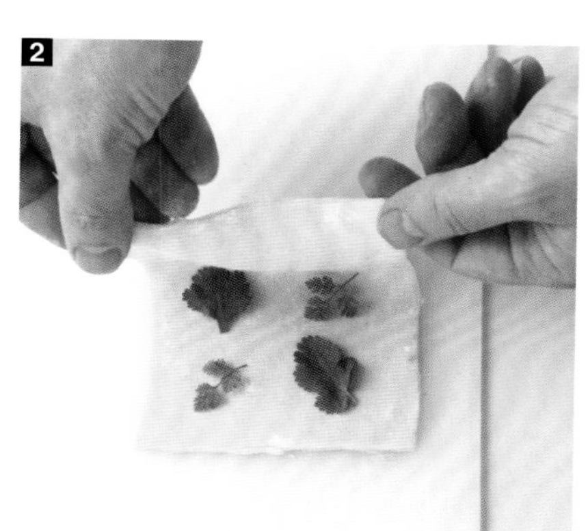

1 在长方形面团的上半部分上放几片香草植物叶子。

2 将后半部分叠放在前半部分上。

3 用压面机将面团压几次。

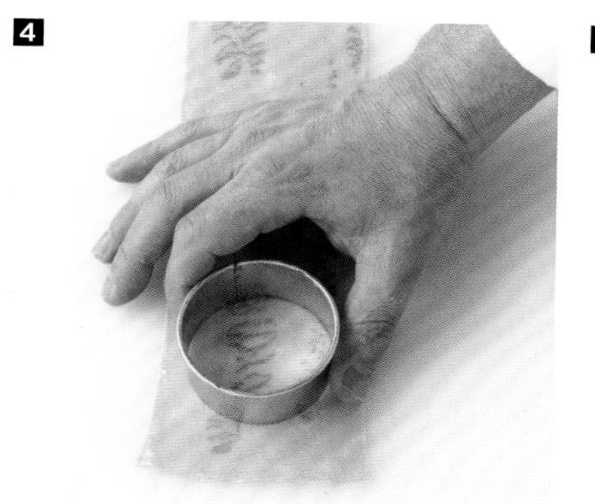

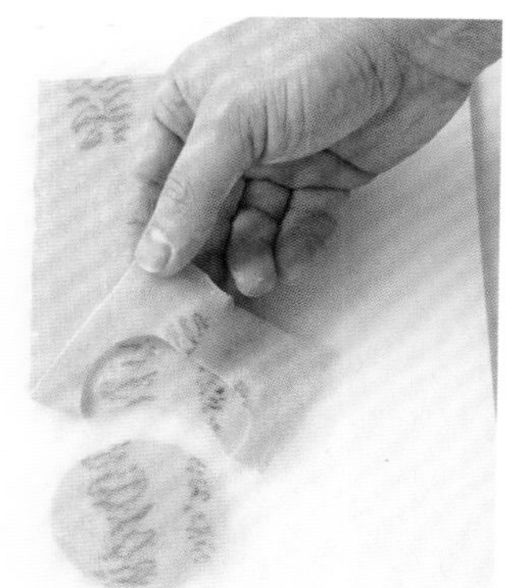

4 **5** **6** 用造型模具或小刀切出所需的形状，根据需要烹煮。

墨鱼汁面团印花

轻轻混合300克面粉（建议使用T55号面粉，即灰分在0.5至0.6之间的小麦粉）、3个蛋黄、3至4滴墨鱼墨汁、20毫升橄榄油和20毫升水，制成墨鱼汁面团。让其用保鲜膜包裹，于室温静置。您可以用超细小麦粗面粉代替部分面粉，这样将拥有更坚实的质感。

工具

⊙ 压面机

1 用墨鱼汁制作意大利面条，将它们等距放置在新鲜的长方形面团上，形成条纹。

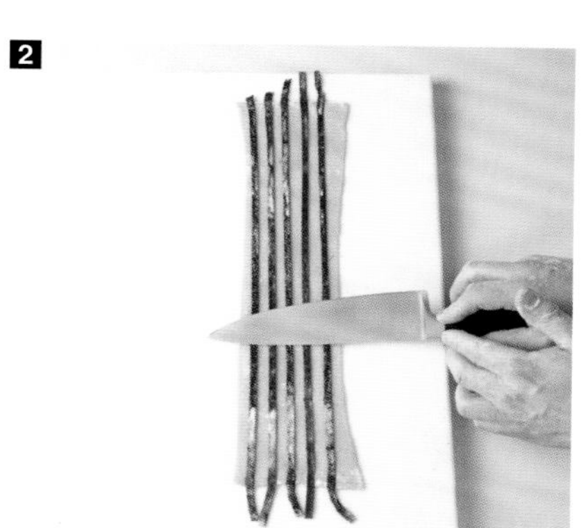

2 用刀的侧面轻轻按压面片使面条黏在上面。

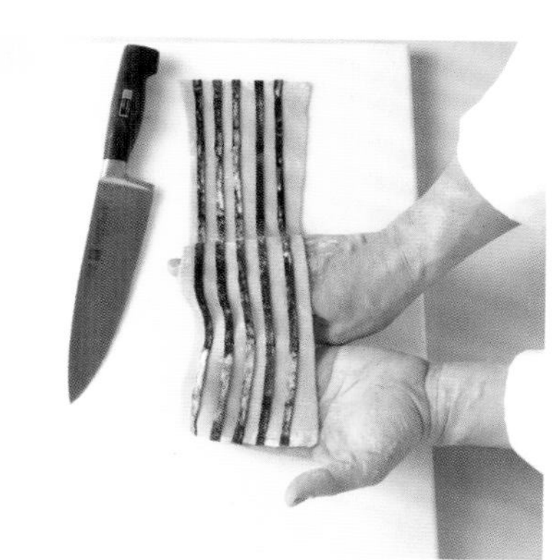

3 小心地剥离面片。

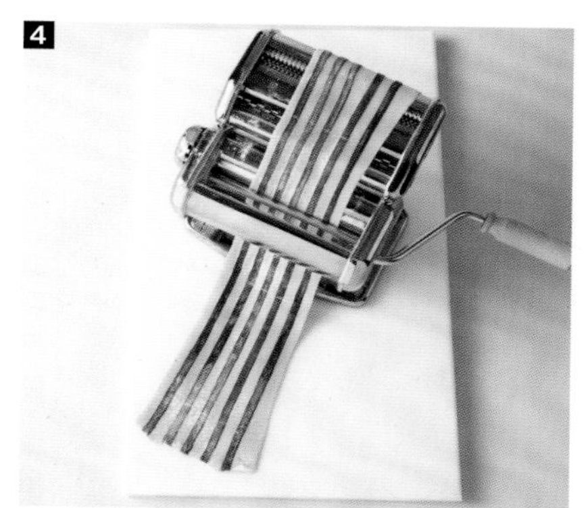

4 用压面机压2至3次。

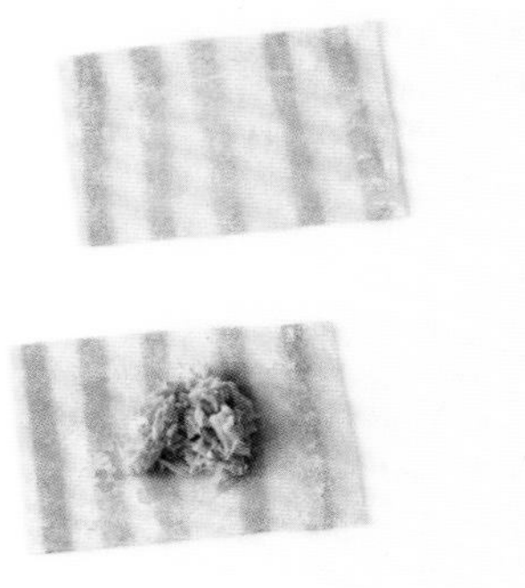

5 将面皮切成长方形，然后填料。

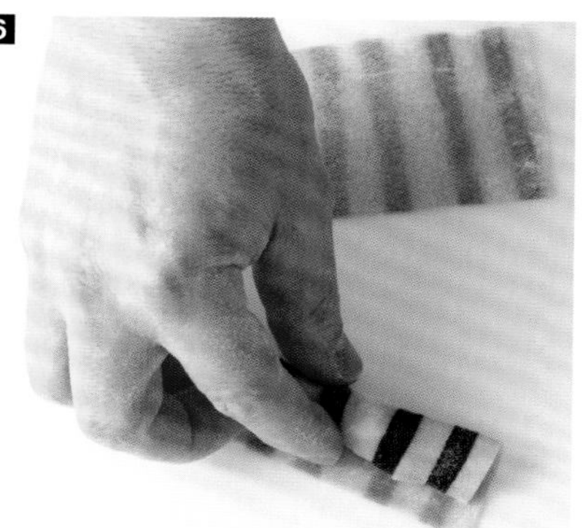

6 滚动长方形面皮。

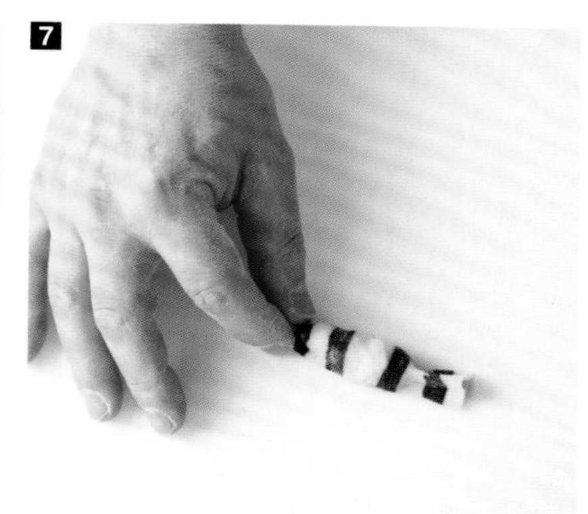

7 捏紧长方形面皮的末端。您可以制作其他形状，例如馄饨或饺子。

球形造型

奶酪球

选择新鲜的山羊奶酪以便压实。根据您的喜好选择配料：切碎的香草、香料，芝麻或小茴香种子等。

工具

⊙ 挖球勺

1 将挖球勺浸入热水中。

2 将勺子的空心面放在奶酪表面上。

3 按下并旋转挖球勺以形成奶酪球。

4 重复此步骤以制作更多奶酪球。

5 将手掌之间的球轻轻按压并塑形。

6 7 将奶酪球沾上切碎的香草或香料。如果不即刻享用，要冷藏保存。

盘丝球

这是一道东方风情特色菜，将面粉和水制成盘丝面团。您可以将其制成咸味或甜味的，放入烤箱或油炸。

1 2 从盘丝球的面条中分出几缕。将它们放在冷水中轻轻润湿，以便处理。将面条放在案板上。将大虾放在面条一端，开始缠绕。

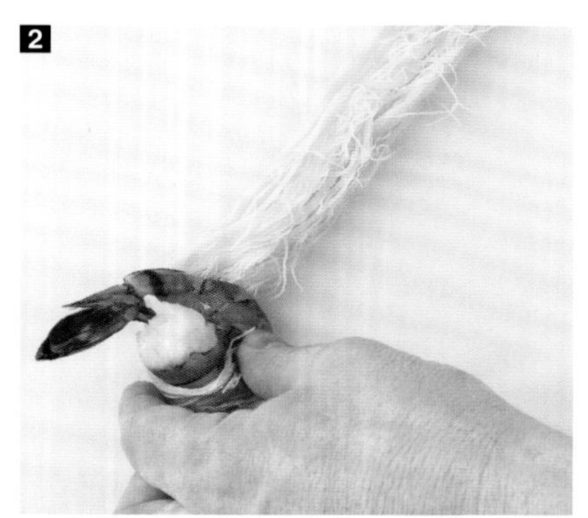

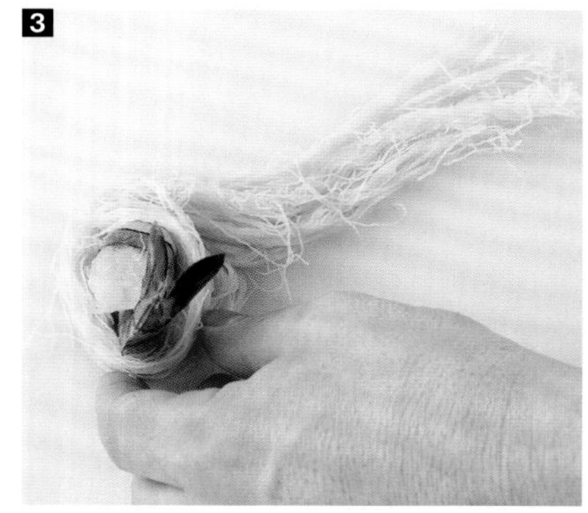

3 当绕到面条长度的一半时，将虾平放。

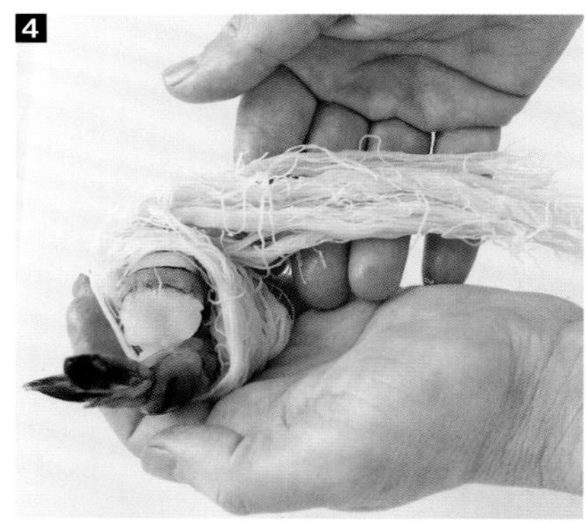

4 5 用双手完成缠绕，注意将底部和顶部包起来。

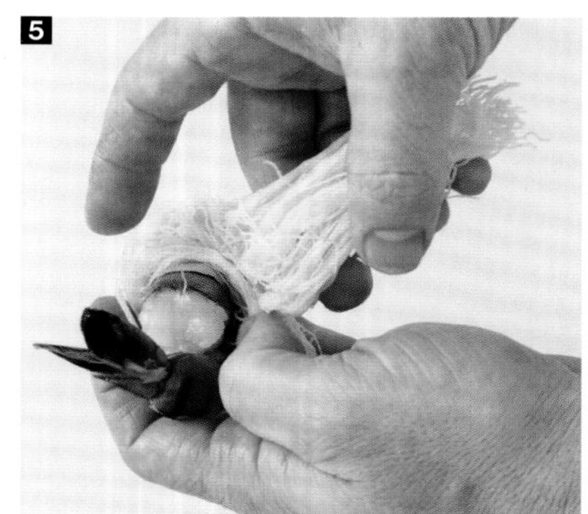

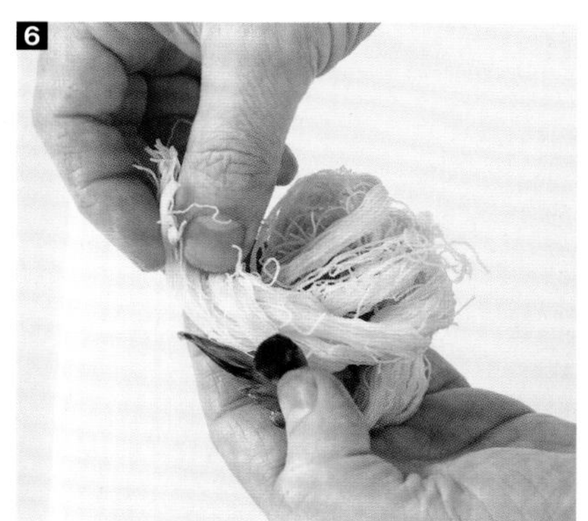

6 调整面条末端，整理成球状。

7 按紧并固定。煎炸2至3分钟，直至良好着色。

卷心菜球

您可以选择自己喜欢的馅料进行填充，也可以加入罗卡马杜尔山羊奶酪球（rocamadour）。将卷心菜球倒入水中煮熟即可完成烹饪。

工具

⊙ 保鲜膜

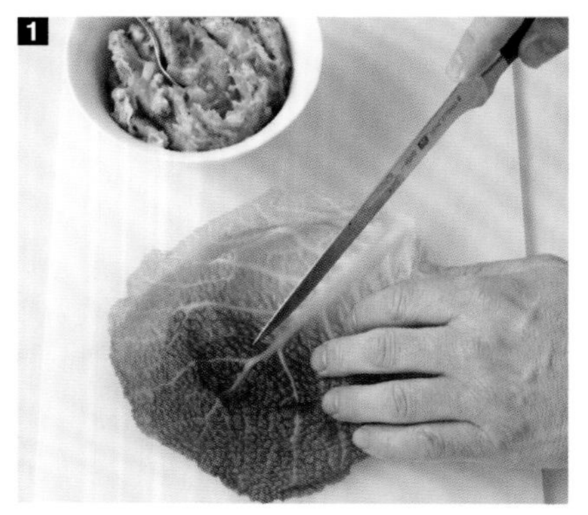

1 将煮熟沥干的卷心菜叶放在案板上，用小刀去掉菜梗。

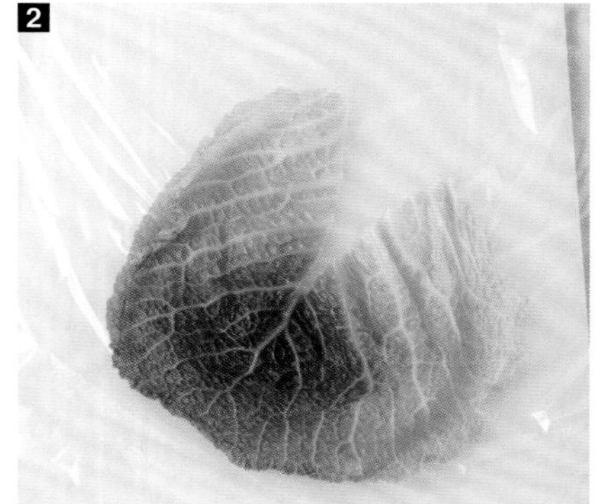

2 将叶片放在长方形的保鲜膜上。

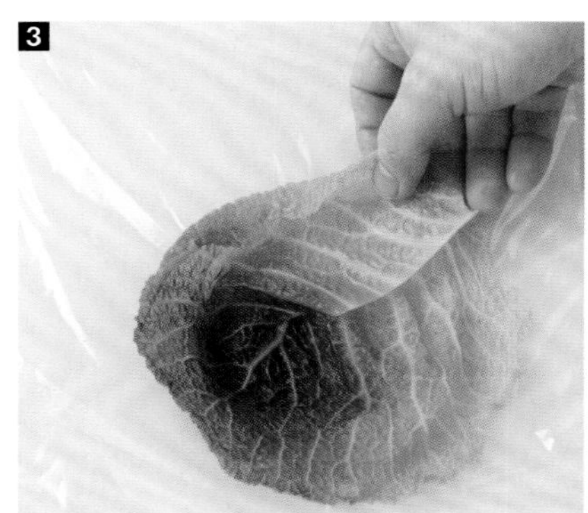

3 将切割边缘交叠。

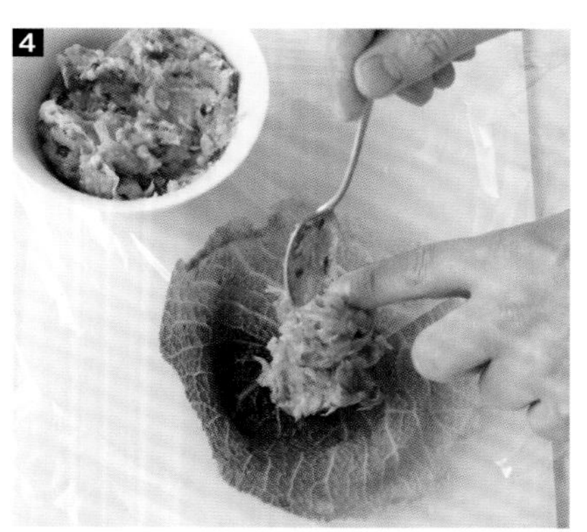

4 在卷心菜叶中心放置少量馅料。

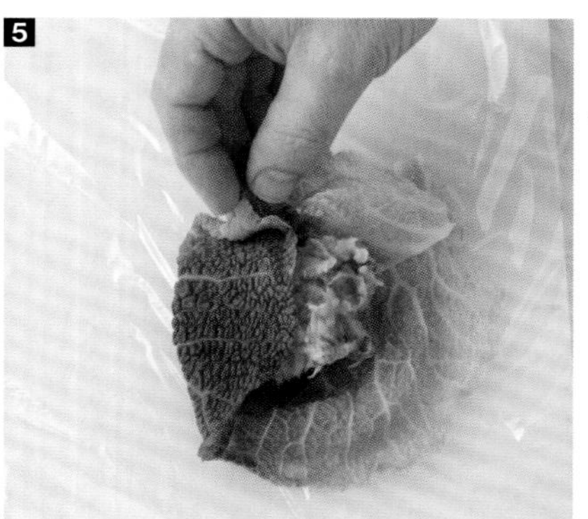

5 **6** 将卷心菜叶子的边缘依次向中心折叠以包裹馅料。

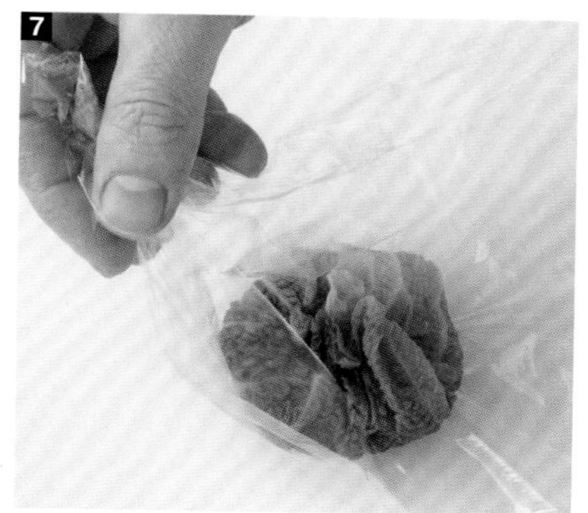

7 提起保鲜膜的边缘。

8 聚拢卷心菜球的边缘部分。

9 反方向转动保鲜膜。

10 拧紧。在打结时尽量靠近球体，以便保持形状。

用半球模具制作料理球

用作开胃餐点或配菜的小球可由多种食材组成：蔬菜、水果、肉类或谷物（如干小麦碎）浓汤。这将为料理球带来丰富的纹理和颜色。加入少许胶凝剂、明胶或琼脂可以固定料理球的形状。摆成金字塔形的料理球将为自助餐桌增光添彩。

工具

⊙ 半球模具

1 填充半球模具。

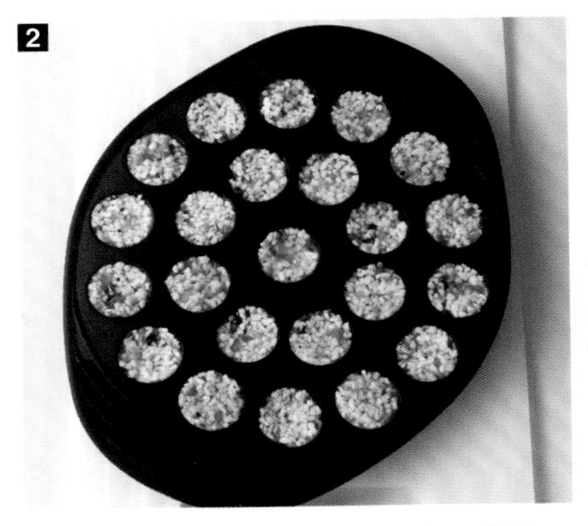

2 将蔬菜冻放入冰箱中冷藏30分钟，以使其凝固。

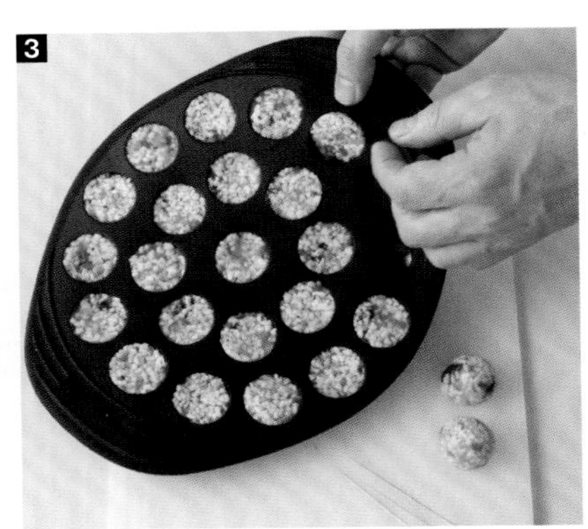

3 取出半球。

4 **5** **6** 两手各取一个半球，组装成一个球。

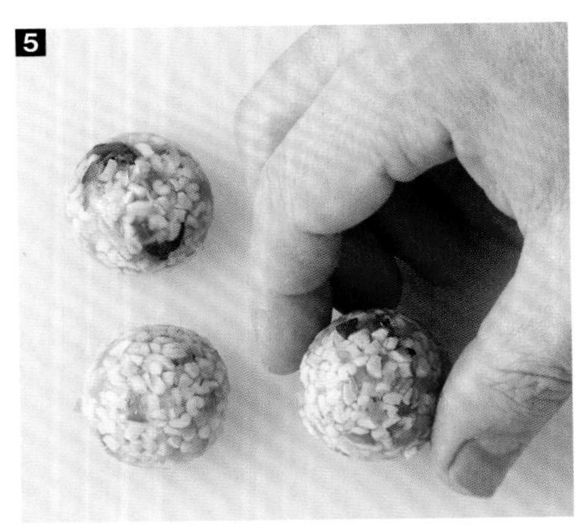

7 握住料理球，插入木扦。制作菜肴时，可浇一些新鲜的奶酪。如作为甜点，可浇上糖浆。

芒果球

需要多准备一些芒果，因为制作芒果球需要很多芒果果肉。

工具

⊙ 挖球勺

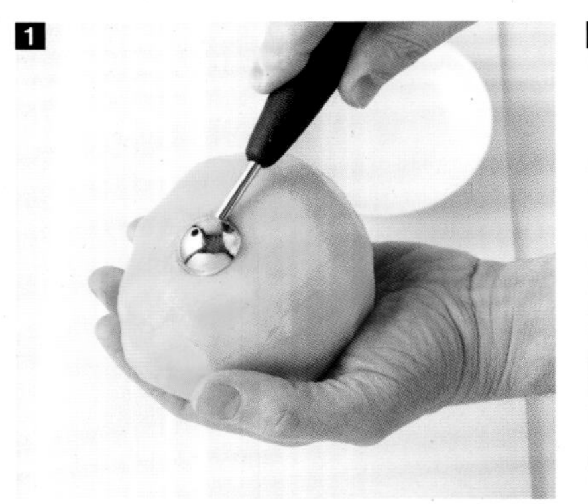

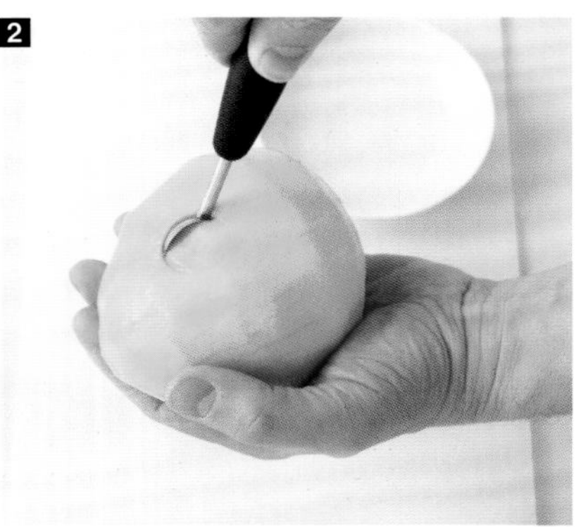

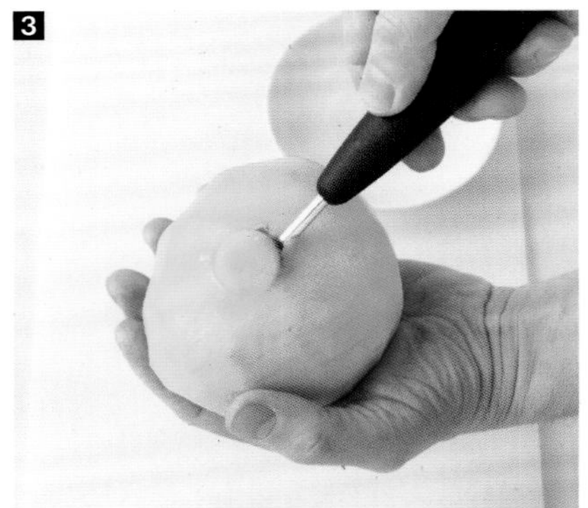

1 将挖球勺放在去皮芒果的侧边果肉处。

2 旋转挖球匙的同时施加压力。

3 4 继续转动，制成芒果球。

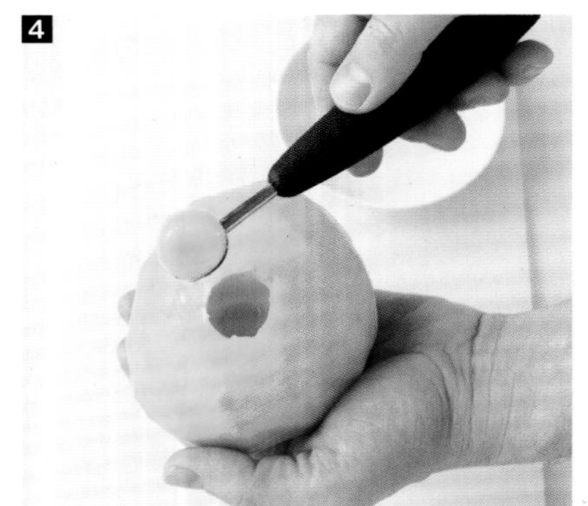

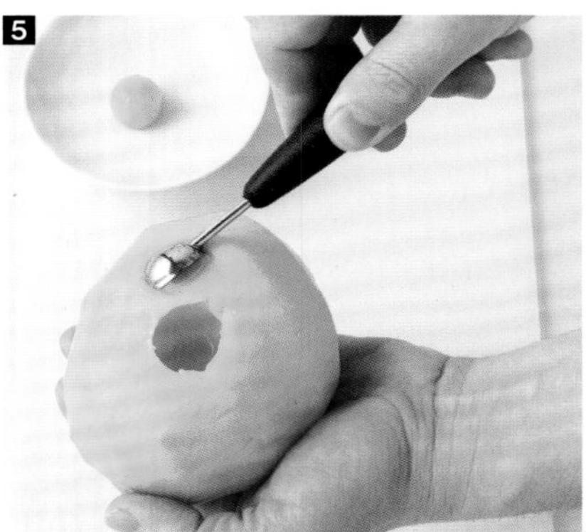

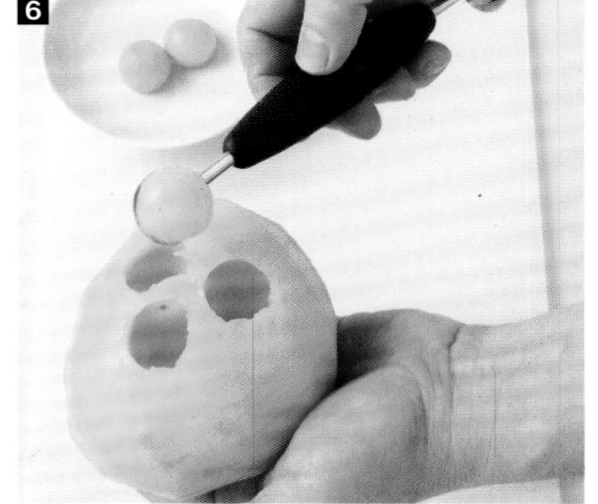

5 6 移动挖球勺，在新位置重复以上步骤制作下个芒果球。

白萝卜印花

您可以使用香芹、芫荽、细叶芹、罗勒等香草植物，只要它们的叶子小于萝卜片的直径即可。这种小装饰适用于制作沙拉、浓汤或开胃酒蘸酱。

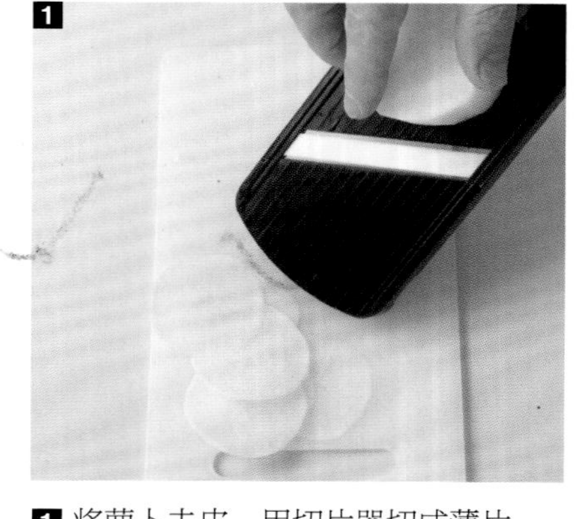

1 将萝卜去皮，用切片器切成薄片。

2 将萝卜片两两放置在工作面上。

3 4 在薄片的中心位置放一片香草植物叶子。

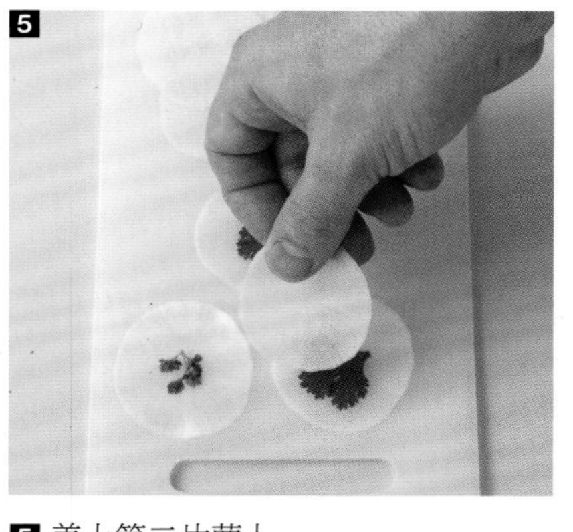

5 盖上第二片萝卜。

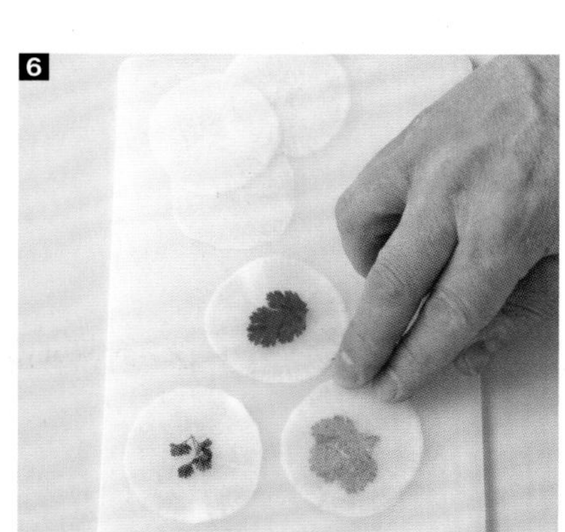

6 7 压紧边缘使两片萝卜贴合在一起。

卷类造型

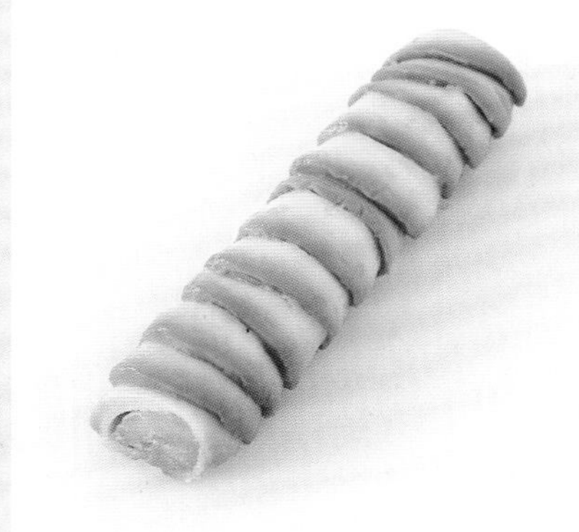

鳄梨肉馅卷

鳄梨的质量是肉馅卷成功的关键。鳄梨必须恰好成熟才能使鳄梨肉卷起来且不会破裂或散开。为搭配肉馅卷，可选用与鳄梨的甜味相称的配料做馅：虾、芒果、甜菜、螃蟹等。

工具

⊙ 保鲜膜

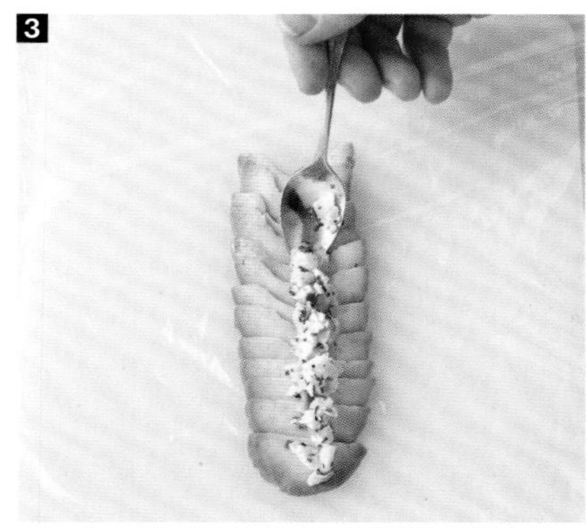

1 将鳄梨去核，然后用小刀将鳄梨切片。

2 将鳄梨片放在保鲜膜上，使其稍微重叠。

3 在中心位置放上馅料。

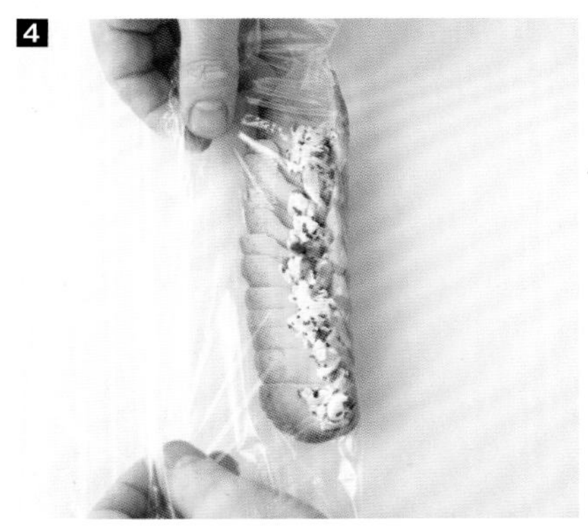

4 轻轻提起保鲜膜的一侧，使其脱离鳄梨片。

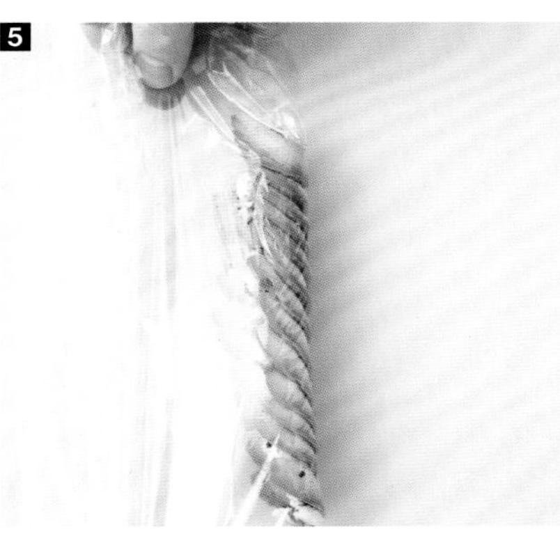

5 继续提起，令鳄梨片翻转。

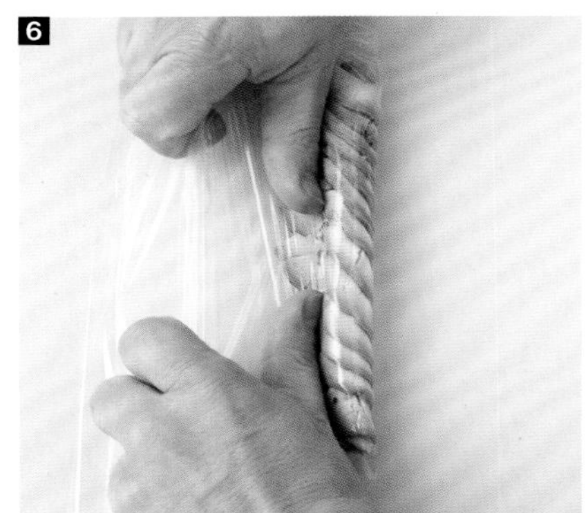

6 用拇指按住并拧紧鳄梨卷。

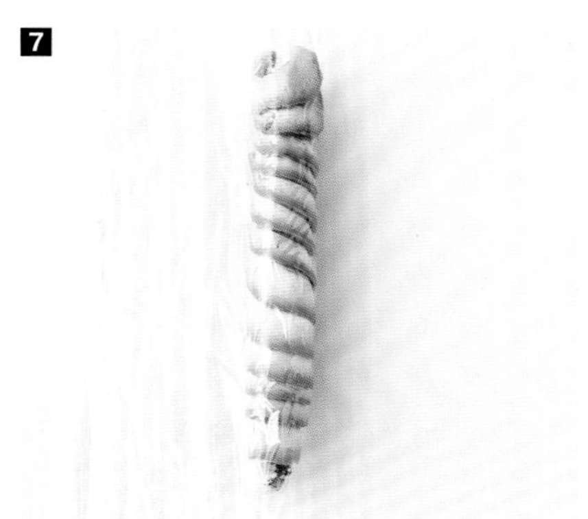

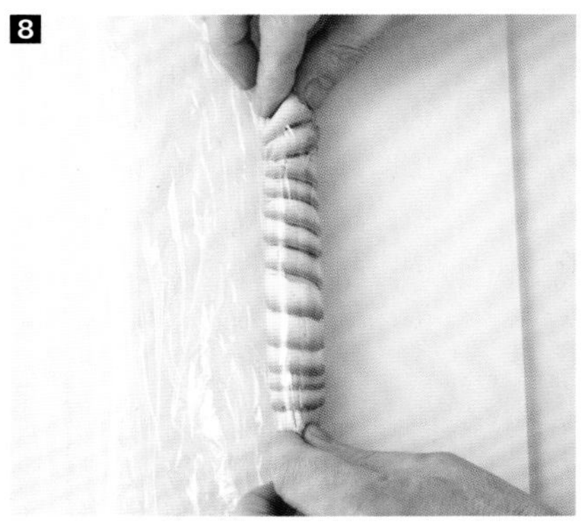

7 8 轻轻滚动保鲜膜，使其保持形状。

9 捏住保鲜膜末端并扭转，令肉卷紧实。

10 将鳄梨肉馅卷放在冰箱中15分钟以上，切开享用。

寿司

为方便制作，您可以使用寿司帘。

工具

⊙ 保鲜膜

1 将紫菜放在保鲜膜上。

2 用米覆盖一半紫菜。

3 将蔬菜条放在米饭上。

4 用手握住保鲜膜，然后将其轻轻提起到相反的一侧，以剥离紫菜。

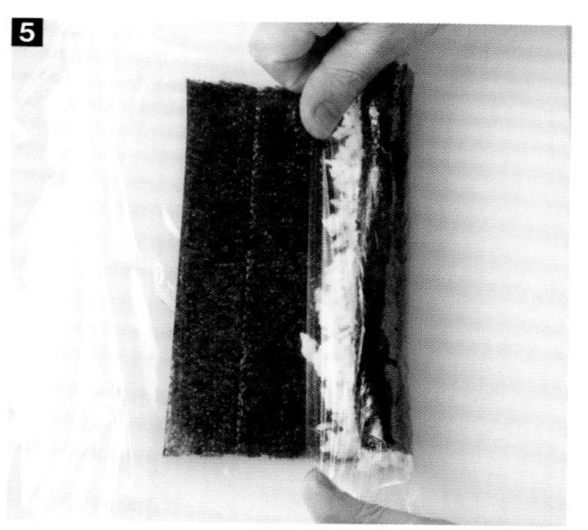

5 继续提起并翻转。

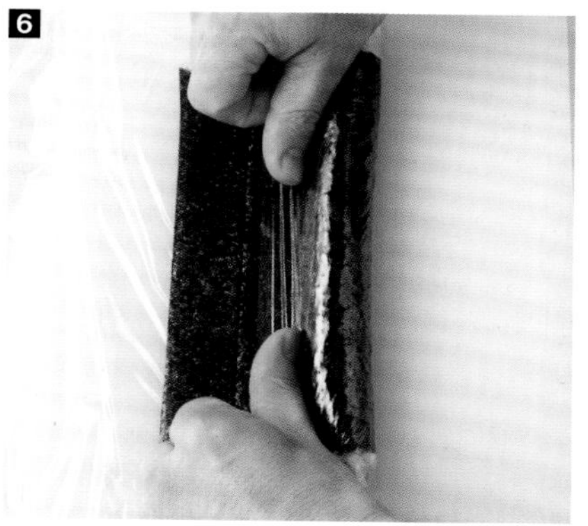

6 用拇指按住并拧紧寿司卷。

7 形成寿司卷后，滚动几次，使馅料在寿司卷中均匀分布，同时使紫菜吸收大米的水分后充分黏合。

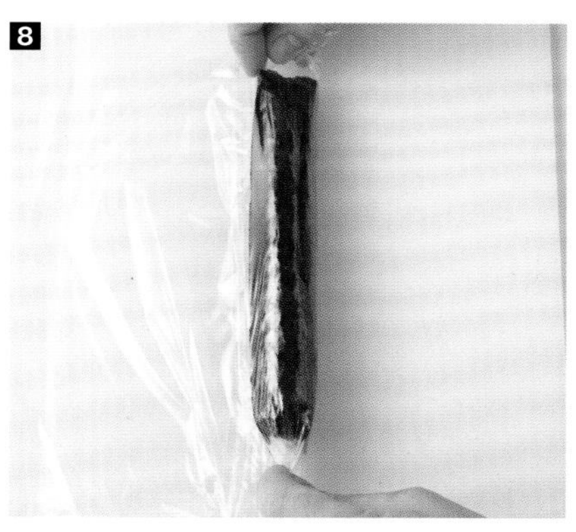

8 捏住保鲜膜两端并扭转。

9 在冰箱中放置几分钟以便于切割。

10 用小刀切出等长的寿司。

鸡肉卷

准备整块鸡胸肉。

工具

⊙ 保鲜膜

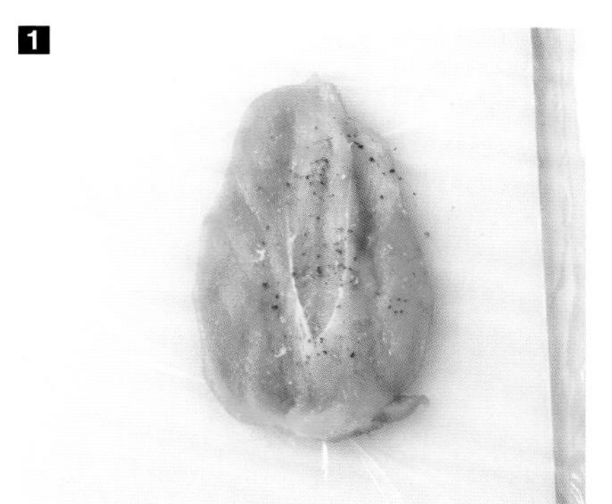

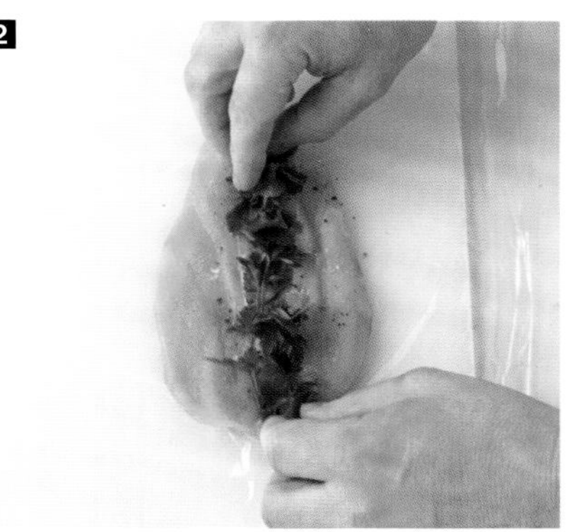

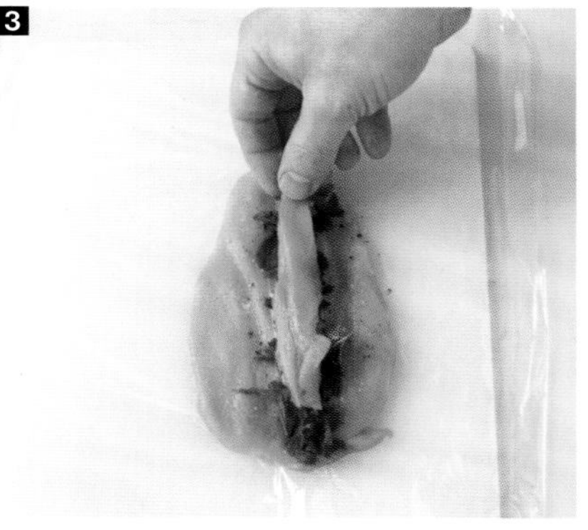

1 将鸡胸肉放在保鲜膜上。撒上盐和胡椒粉。

2 在中间位置撒上香料。

3 将鸡胸肉放在上面。

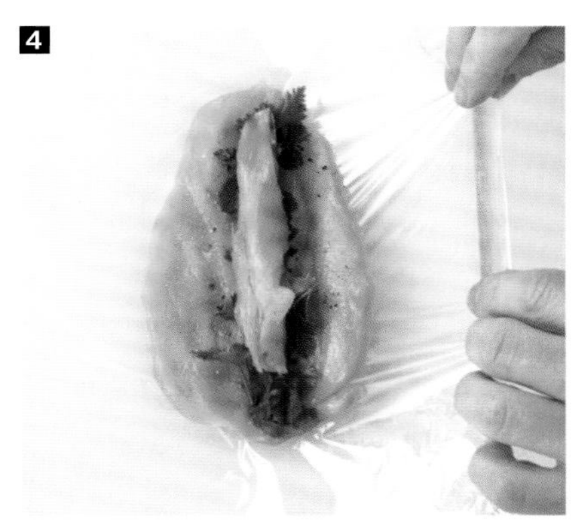

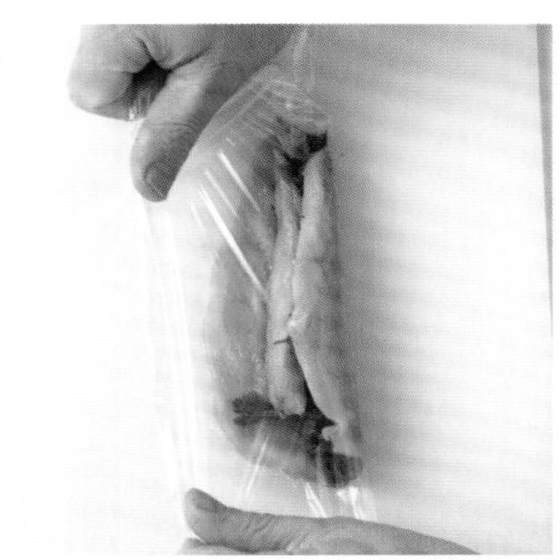

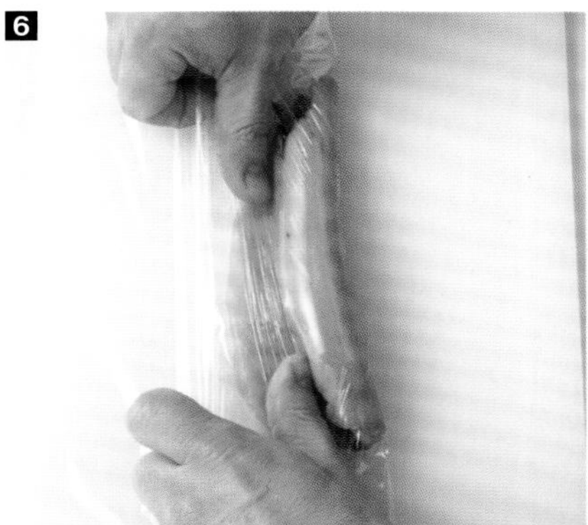

4 用手握住保鲜膜，然后将其轻轻提起到相反的一侧，以剥离鸡胸。

5 继续提起并翻转。

6 用拇指按住以拧紧鸡胸卷。

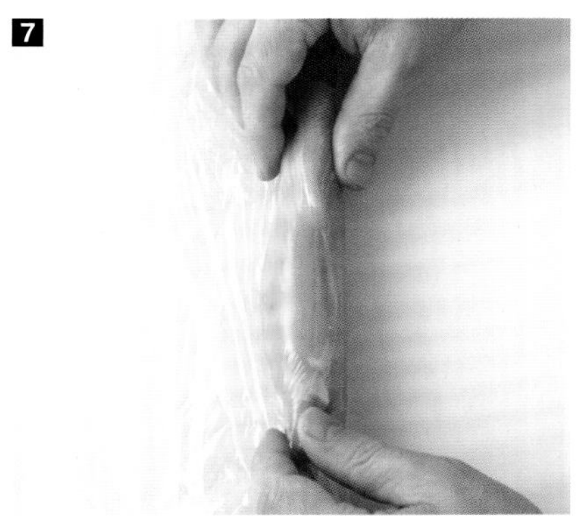

7 来回滚动几次，令鸡肉卷成形。

8 捏住保鲜膜两端并扭转。

9 将两端打结，在汤中煮30分钟。

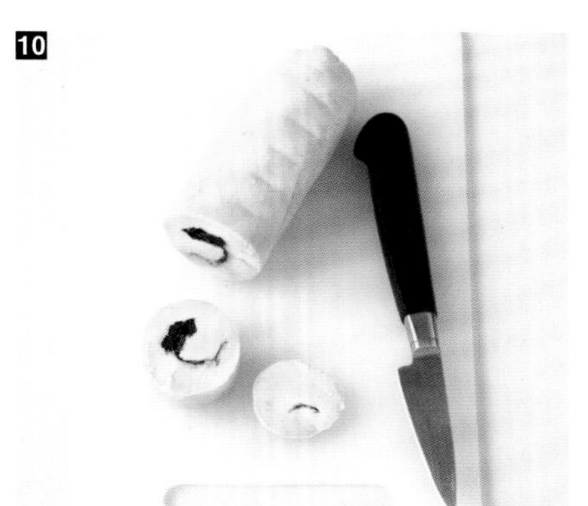

10 取下保鲜膜，然后用小刀将鸡胸卷切成薄片。

图画装饰

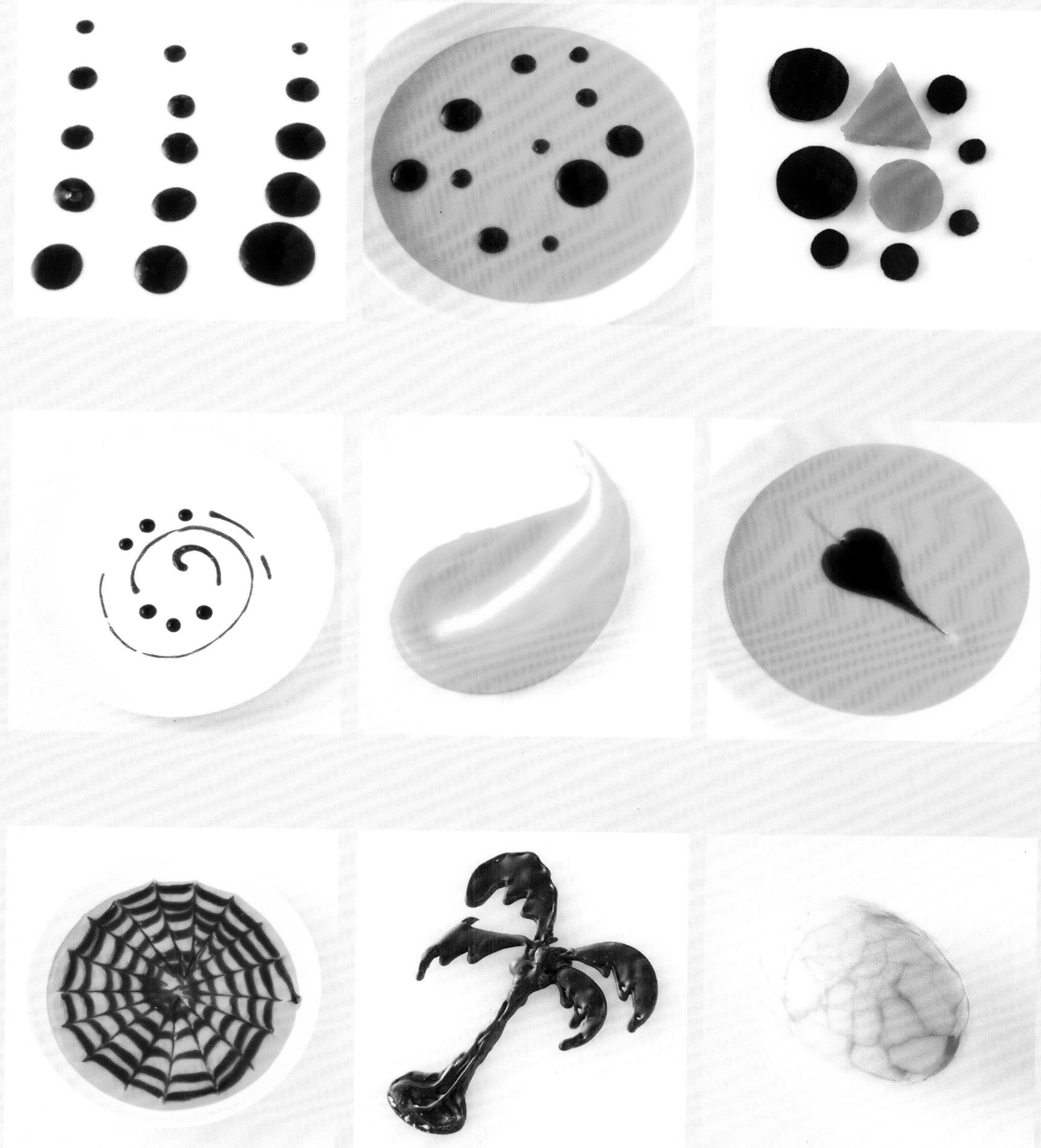

圆点装饰

为避免在盘中散开，果泥或酱汁必须浓度适宜。可提前进行测试，而后根据结果适当调整浓度。您可以用圆点、直线或曲线进行图画装饰创作。

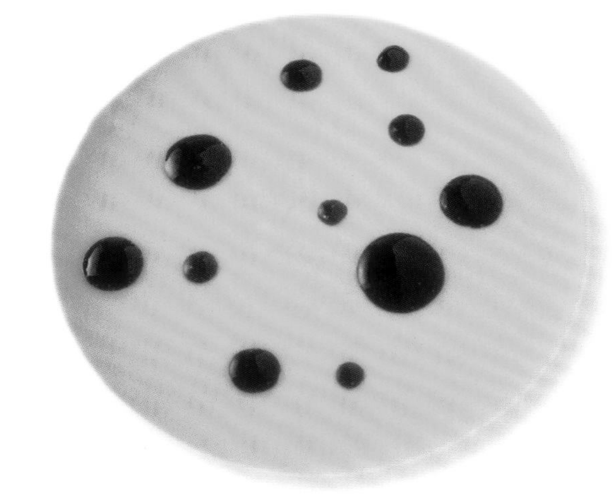

工具

根据圆点的大小，可使用小勺、滴管、纸锥（请参见第736页）或酱汁瓶，这些工具能有效提高精度。

使用小勺

1 从小勺取少许果泥。

2 用小勺的尖端将少量果泥放在盘中，轻轻按下制成规则的圆点。

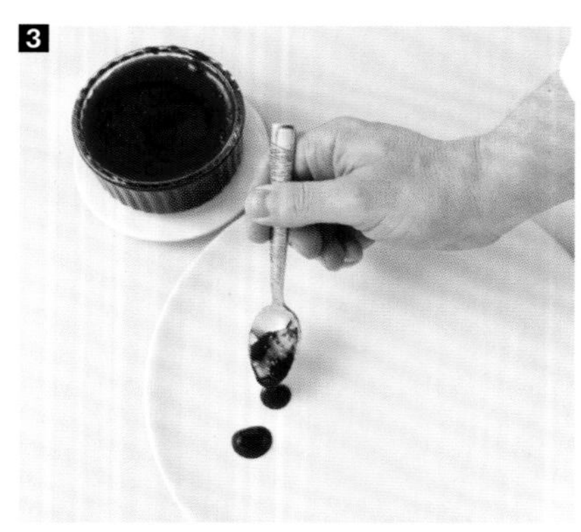

3 4 提起小勺，然后重复该动作，制作新的圆点。

使用滴管、纸锥和瓶子

1 2 3 以相同的方式进行操作，通过改变压力来调整圆点的大小。

装饰浓汤

汤汁必须足够浓稠，以避免圆点被稀释或淹没。

工具

⊙ 酱汁瓶

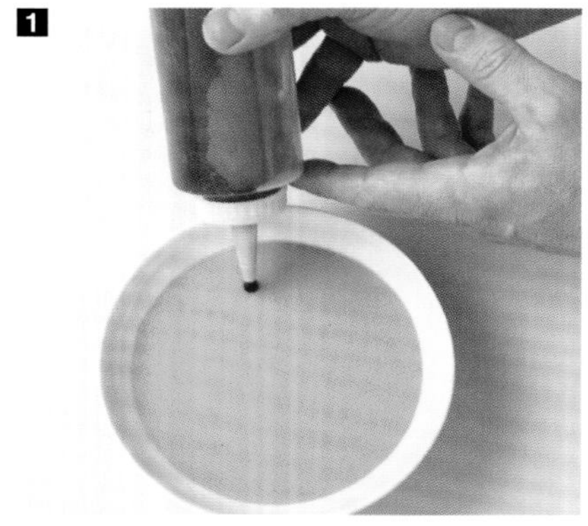

1 将酱汁瓶垂直于浓汤，按住。获得所需尺寸的圆点后提起。

2 3 制作不同的圆点和线条，完成装饰创作。

果冻装饰

在汤汁（肉汤，蔬菜汁如甜菜等，水果汁如芒果等）中加入琼脂，搅拌。在冷水中软化明胶。将汤汁和琼脂加热3分钟。加入软化并沥干的明胶，倒在案板上，静置，获得果冻。

工具

⊙ 造型模具

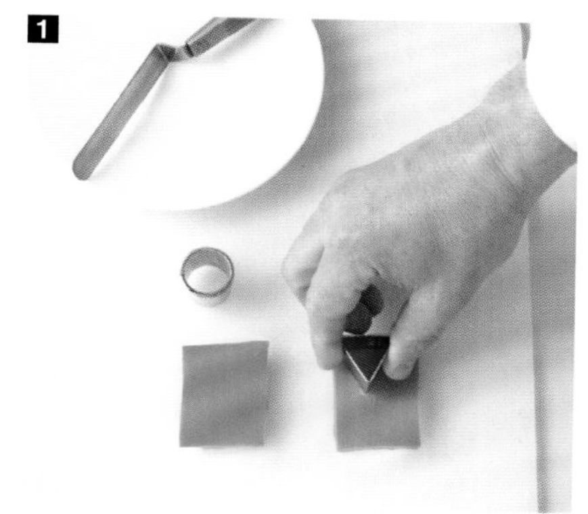

1 将造型模具放在果冻上。

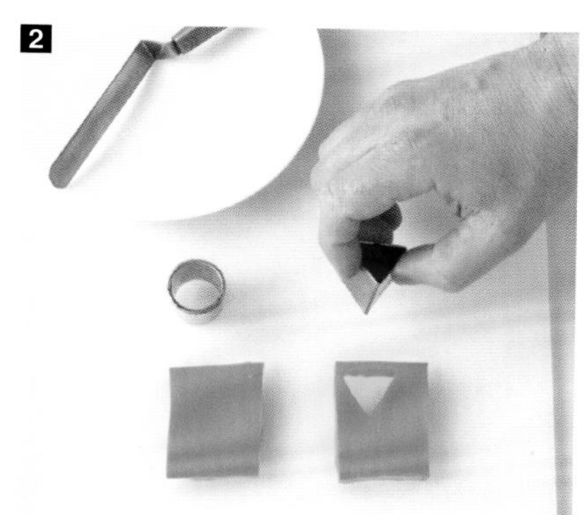

2 按压并轻轻拿起。

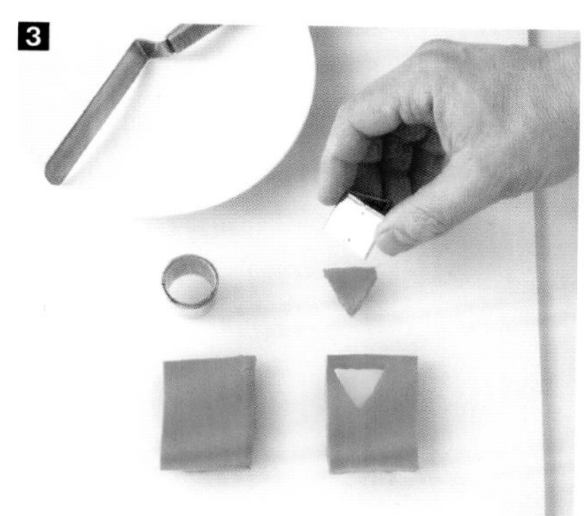

3 将切好的果冻块放在案板。

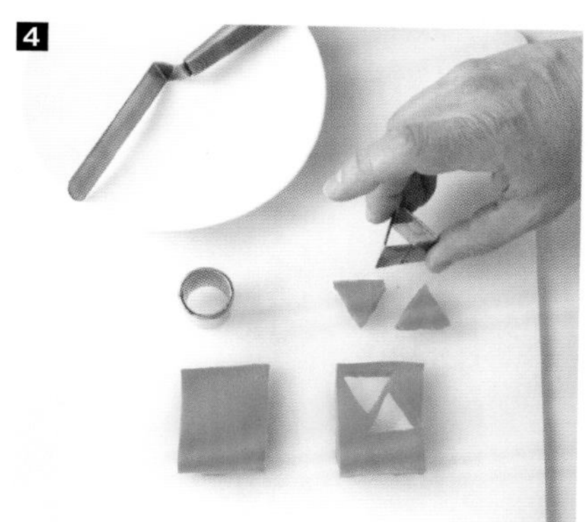

4 重复此步骤。

5 用刮刀或刀尖处理果冻块。

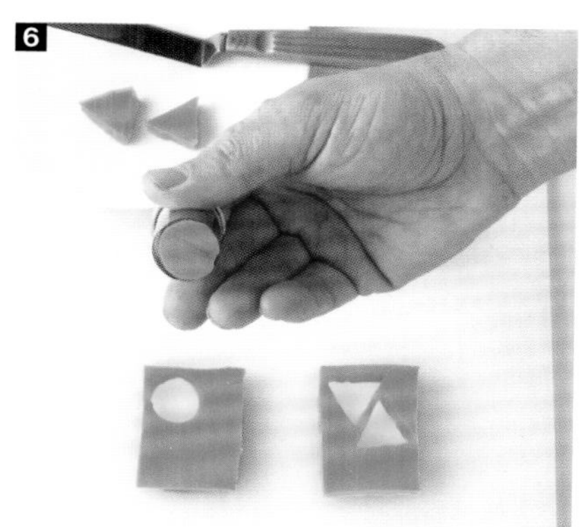

6 可以使用不同的形状和尺寸的果冻。

7 为获得更好的效果，也可使用不同颜色的果冻。

螺旋装饰

为使酱汁挂在盘子表面，酱汁的质地应略呈糖浆状。

工具

⊙ 酱汁瓶

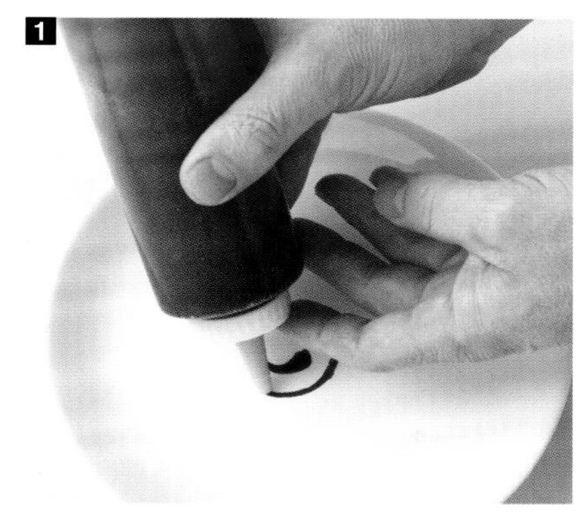

1 垂直拿起瓶子，使其尖端对准盘子中央。

2 螺旋状施加压力，就像使用铅笔一样。

3 逐步放大至所需尺寸。

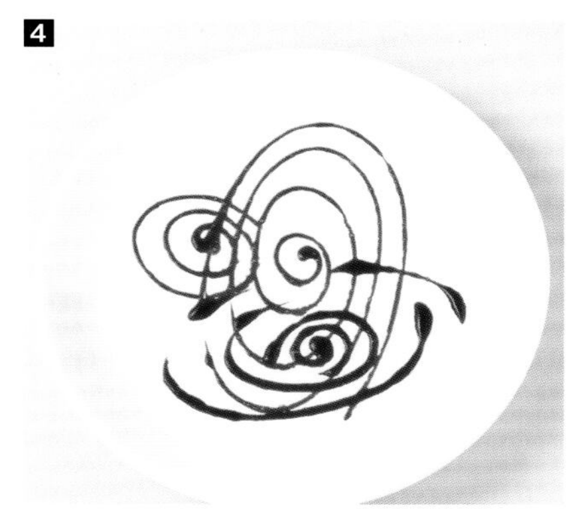

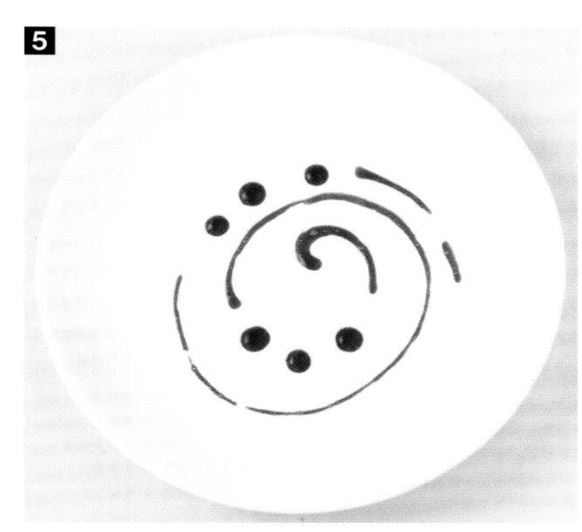

4 **5** 您可以用交错的点和线来创造图形。

逗点装饰

您可以用汤匙或茶匙将酱汁浇入逗点的凹陷处。

工具

⊙ 小勺子

1 将少量果泥放在板上。

2 用勺子的背面按住果泥，同时从中心向外抽出。

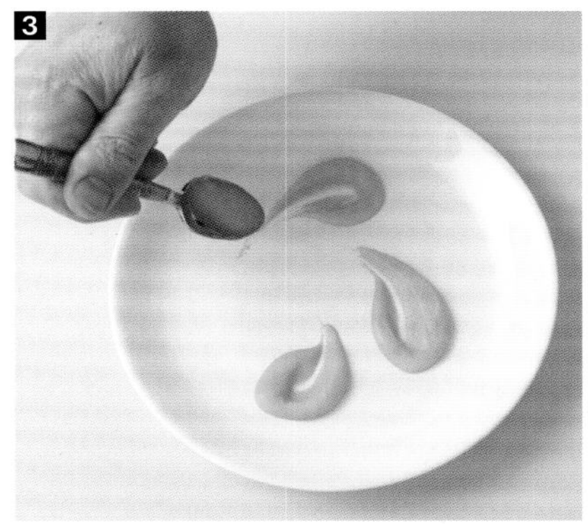

3 重复此步骤。

心形装饰

制作心形装饰的汤汁应该比奶油或浓汤的质地略稀。

工具

⊙ 小刀

⊙ 酱汁瓶

1 用酱汁瓶沿器皿的边沿点出圆点。

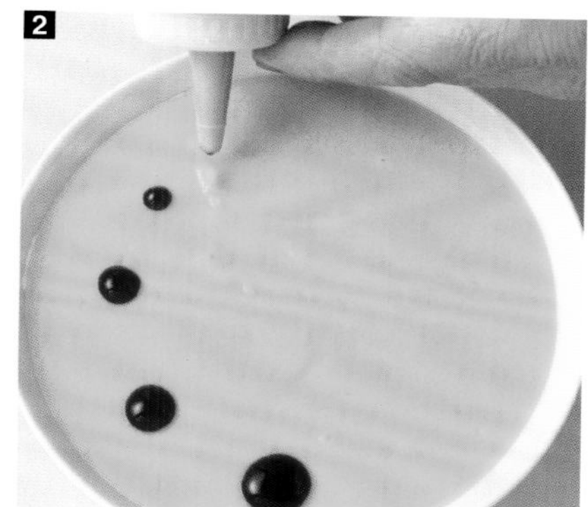

2 您可以做出大小不一的圆点以获得不同大小的心。

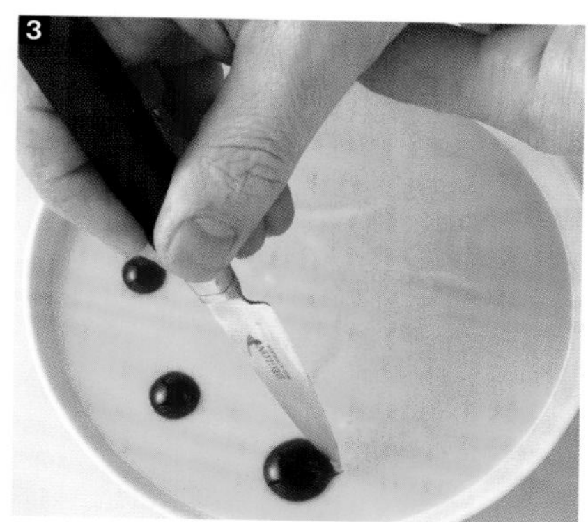

3 **4** **5** 用小刀的刀背画线，连接所有圆点。

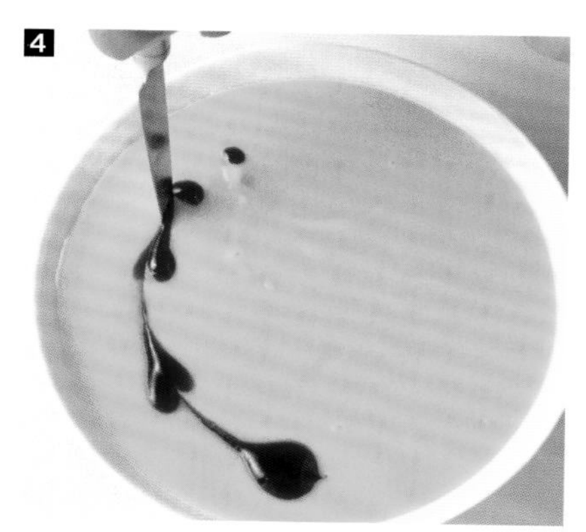

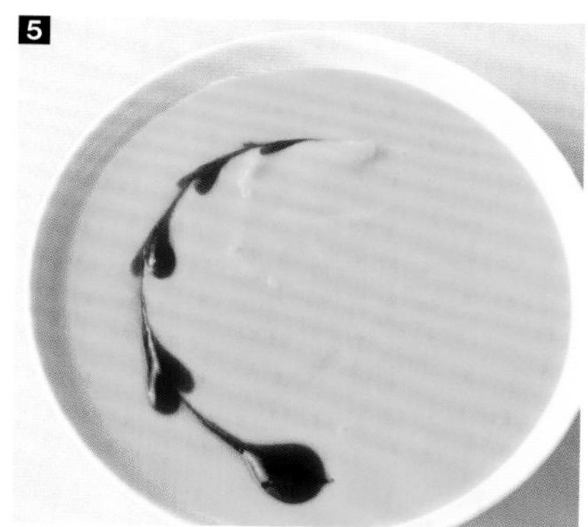

蛛网形装饰

制作蛛网形装饰的汤汁应该比奶油或浓汤的质地略稀。

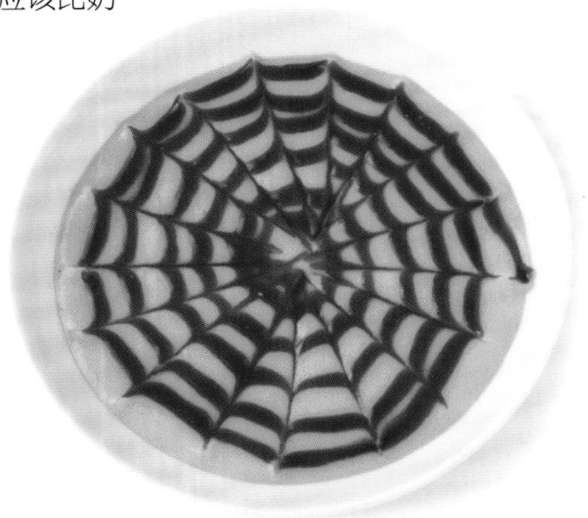

工具

- ⊙ 小刀
- ⊙ 酱汁瓶

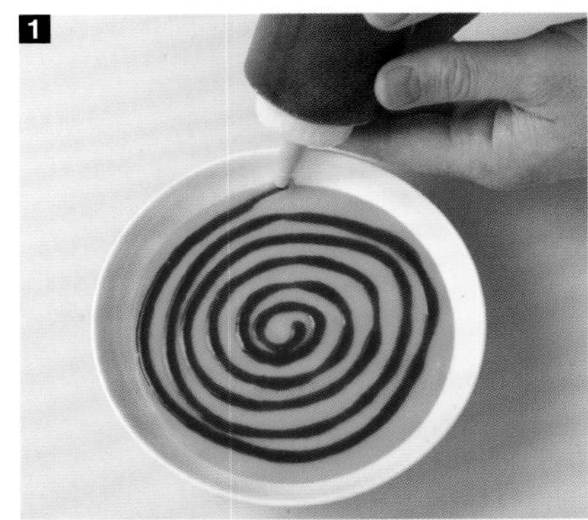

1 用酱汁瓶在表面上画螺旋状。

2 用小刀的刀背从中心到边缘画线。

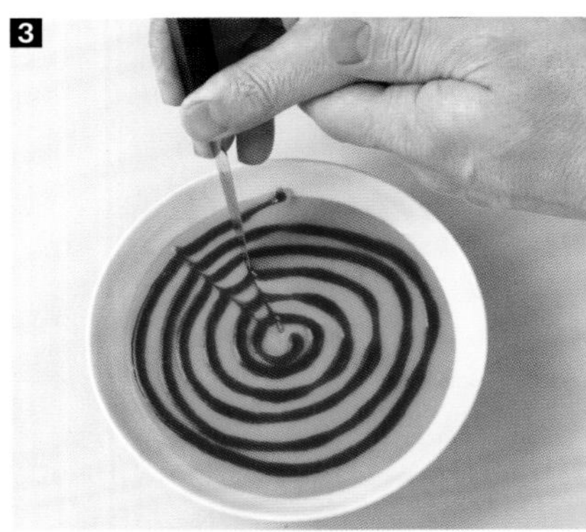

3 略微移动，重复此步骤。

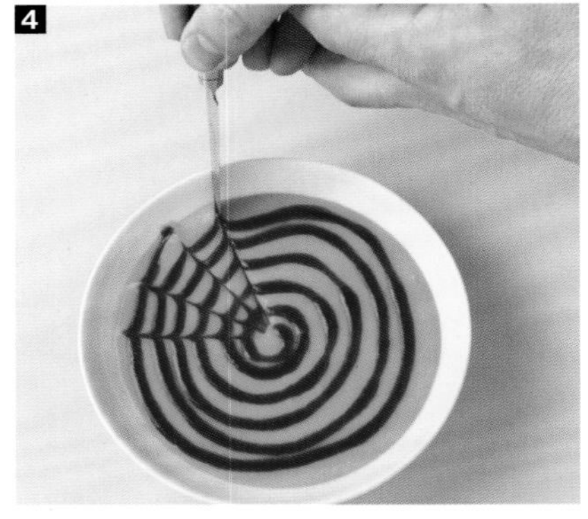

4 5 6 7 在整个表面上画线。

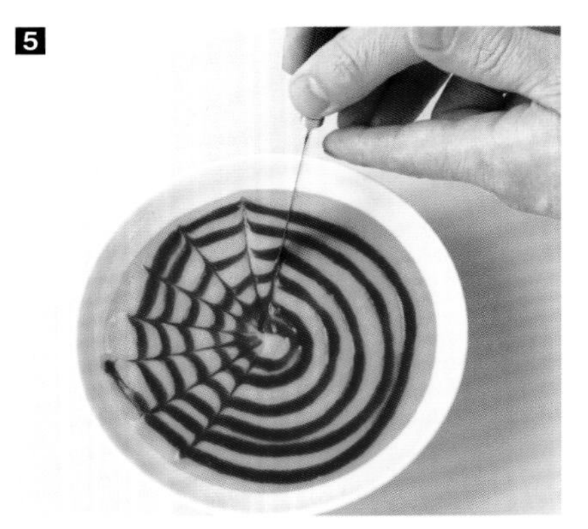

棕榈树装饰

最好在30℃左右的温度下使用黑巧克力，使其具有良好的流动性。

工具

⊙ 折纸锥

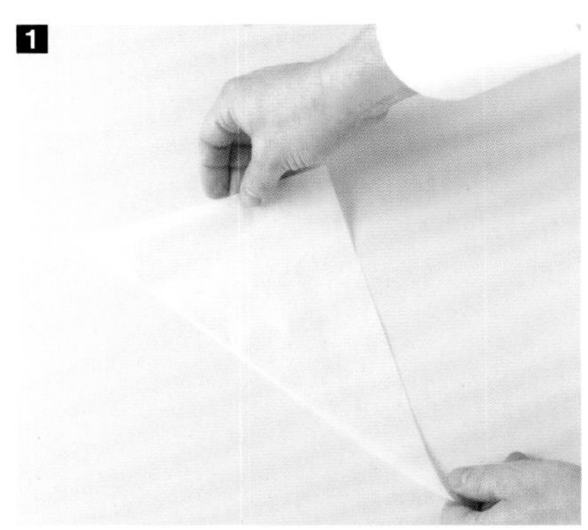

1 从一张烘焙纸上切一个三角形。

2 **3** 把三角形卷起来。

4 将一端折叠在圆锥内。

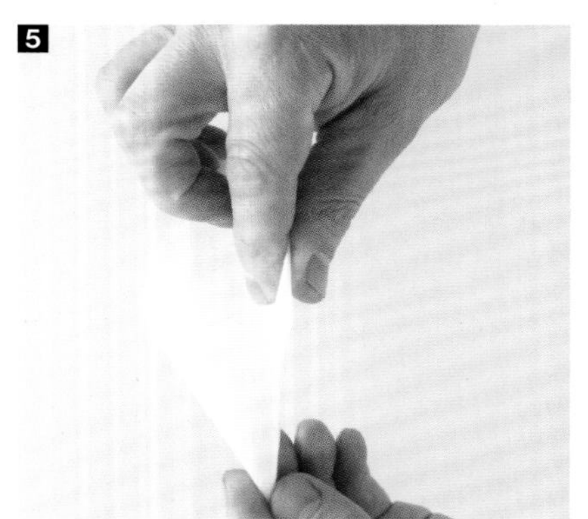

5 **6** 折叠好以闭合圆锥。

7 装一半巧克力。

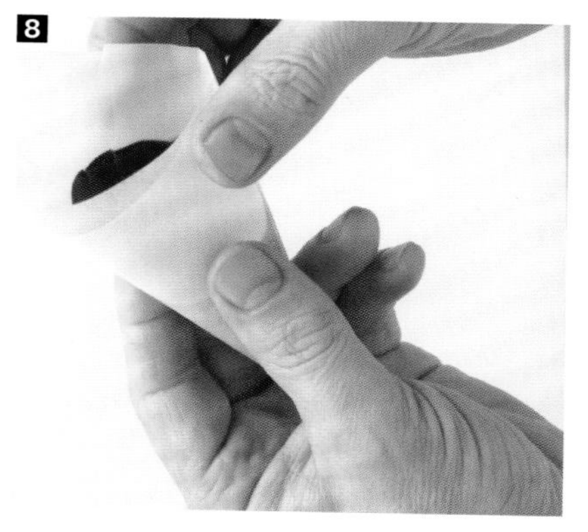

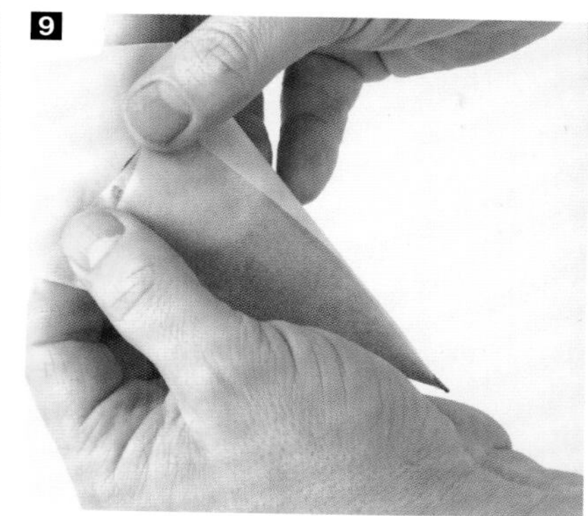

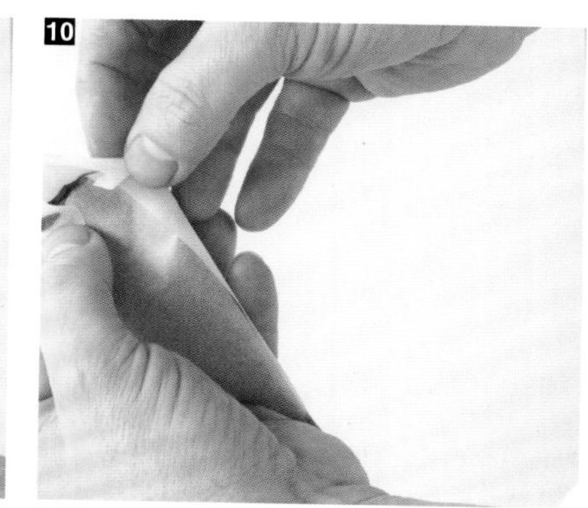

8 9 10 用手将圆锥折叠几次，将其折叠到巧克力上。

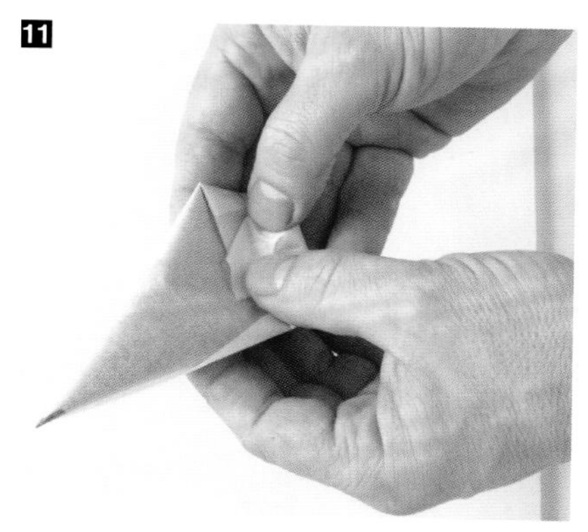

11 检查尖端的开口是否足以使巧克力流出，或使用剪刀将其切下。

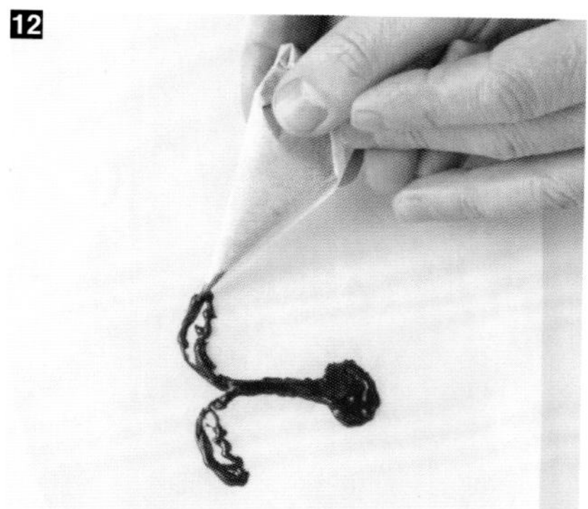

12 按住圆锥，使巧克力滴到烘焙纸上。

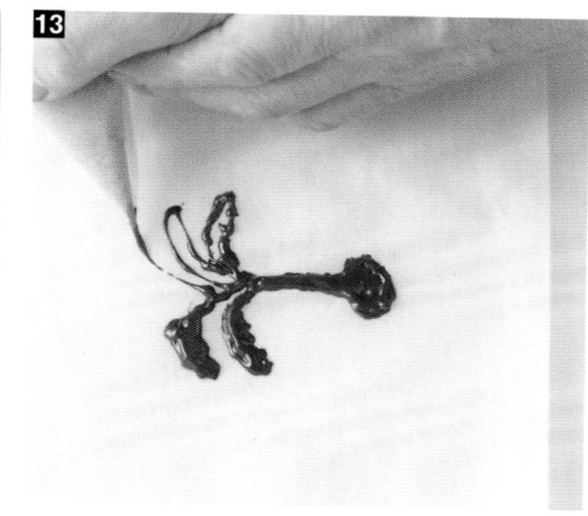

13 画一棵棕榈树。

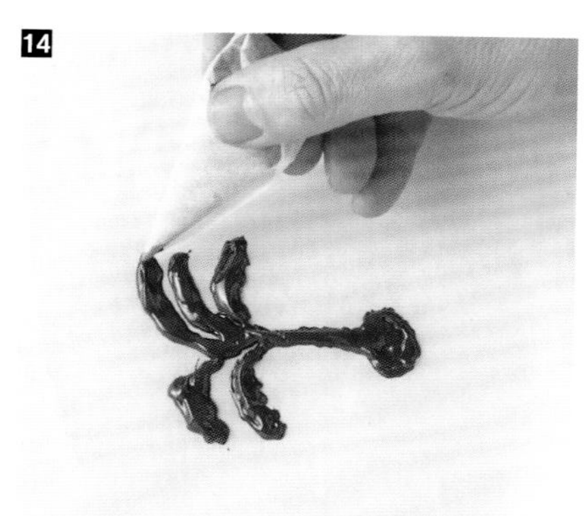

14 为图画增加厚度。

15 制作其他棕榈树，然后在室温下晾干至少15分钟。用抹刀或小刀尖将棕榈树轻轻剥下，将其作为甜点装饰。

16 您还可以用折纸锥在盘子或蛋糕上留言。

大理石花纹装饰

您也可以用其他天然染料（例如茶、甜菜汁或香料）制出大理石花纹。示例中使用了姜黄。

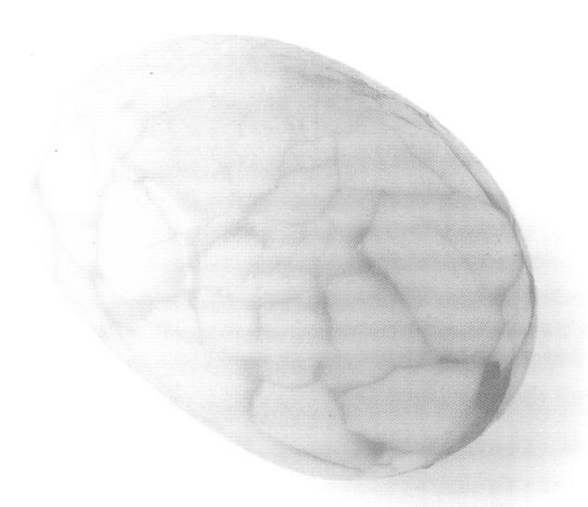

1 将鸡蛋煮6分钟。

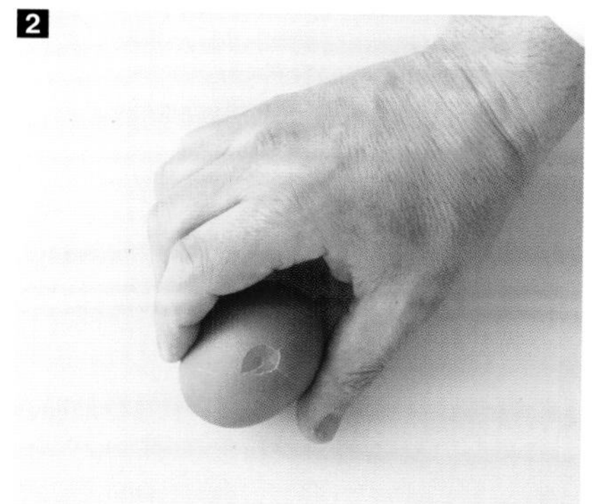

2 将鸡蛋放在案板上轻轻按压，直至蛋壳破碎。

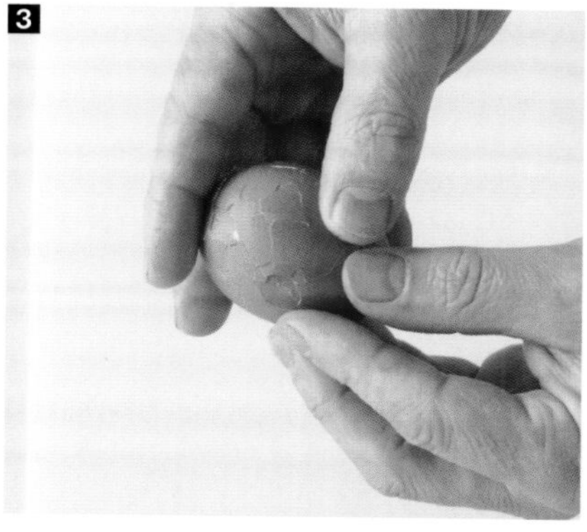

3 4 然后将鸡蛋握在手中，并用拇指轻轻按压裂缝以将其扩大。

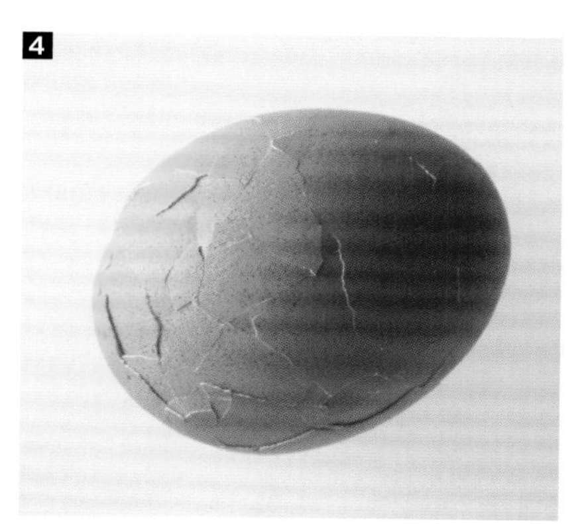

5 将鸡蛋浸入盛有姜黄的温水碗中，着色24小时。

6 剥去蛋皮，获得大理石花纹效果的鸡蛋。

面团造型

法式酥皮的装饰方法

酥皮需保持低温，以防止其过度撕裂或变形。在烹饪前几分钟应将其放入冰箱，以保持其形状。用加入少量水的蛋黄使酥皮着色，不要使用牛奶。注意，在烹饪快结束时，蛋白质可能会烤焦。

工具

⊙ 小刀

⊙ 造型模具

⊙ 刷子

1

2
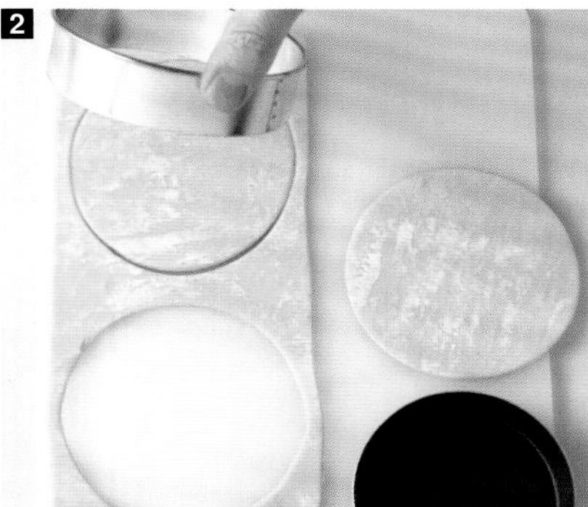

3
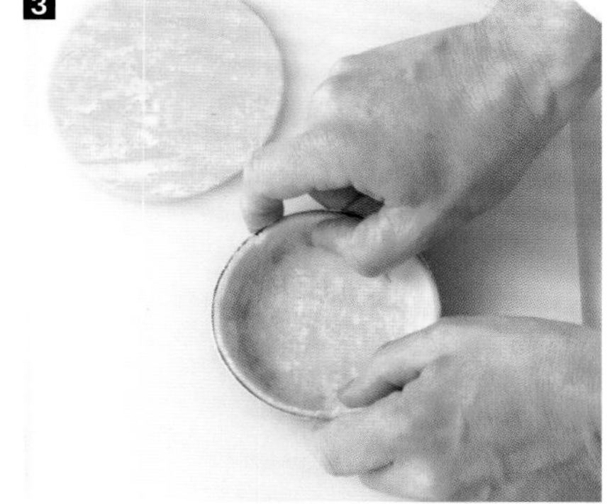

1 2 使用与模具相同直径的造型模具切出圆形酥皮。

3 将酥皮放入模具中，并用拇指按住边缘，以使面团贴牢。

4

5

6
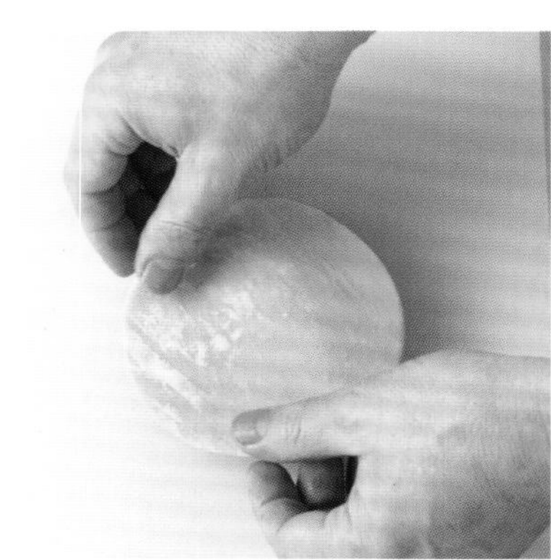

4 加入奶油馅料或喜爱的馅料。

5 6 盖上另一张圆形酥皮。

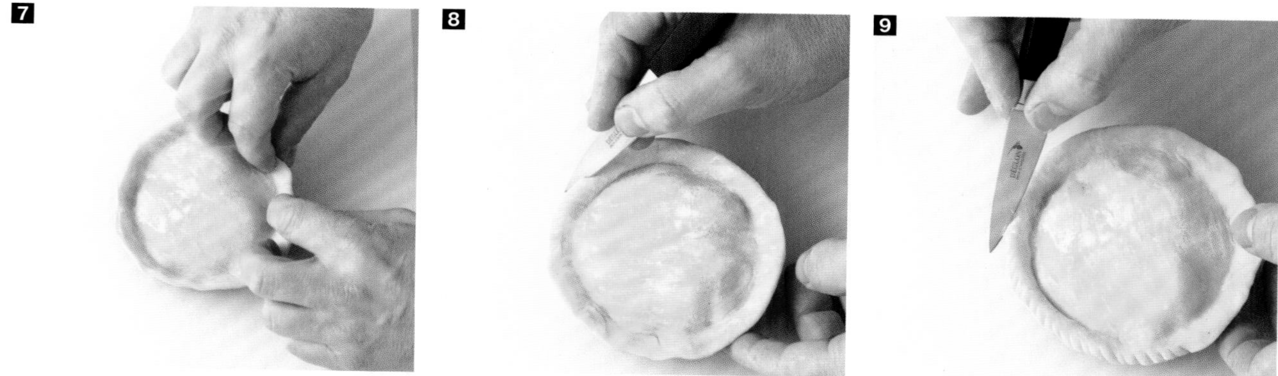

7 用拇指和食指轻轻捏紧酥皮边缘。

8 9 用小刀的刀尖切开边缘,即将酥皮边缘切成小段使酥皮密封，并在烘烤时使边缘膨胀。

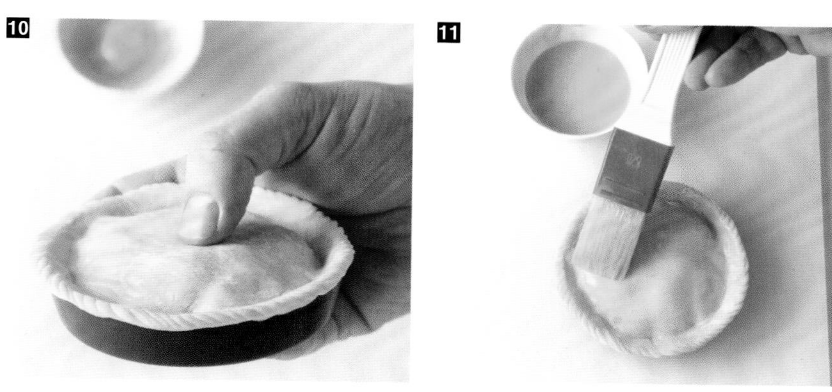

10 用拇指按掉气泡。

11 刷上加入少许水的蛋黄，为酥皮上色。

巴斯克式法式酥皮

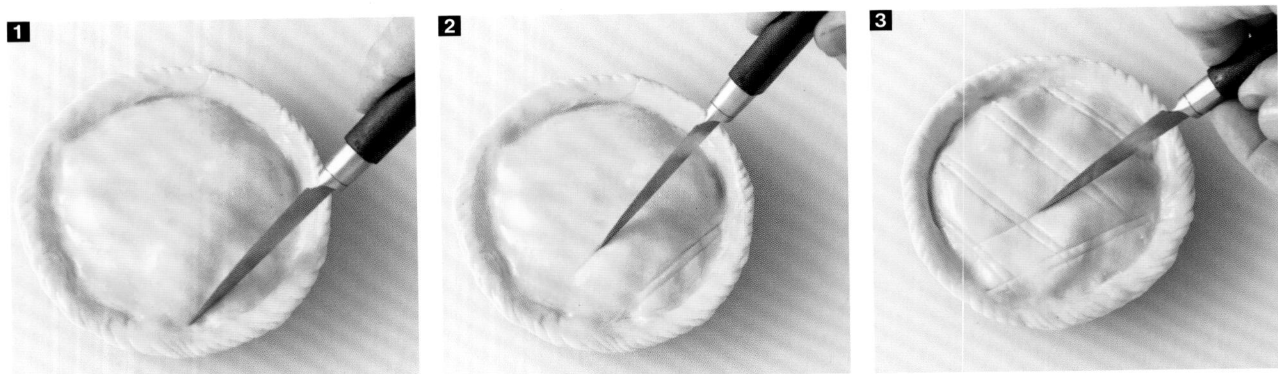

1 2 用小刀的刀背在面团上画线，然后在间隔3毫米的平行处画第二条线。可重复多次，双线间距1厘米。

3 旋转模具，画交叉线。

4 上色后在冰箱中静置片刻，放入预热至180℃的烤箱中烹饪。

皮蒂维耶式法式酥皮

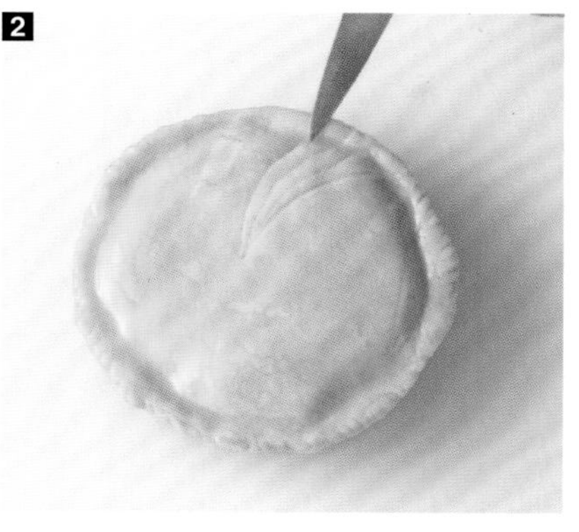

1 用小刀的刀背从中心画弧线。

2 重复此步骤，自中心起以很小的间距画弧线，直到覆盖整个表面。

3 上色后在冰箱中静置片刻，放入预热至180℃的烤箱中烹饪。

雪佛龙式法式酥皮

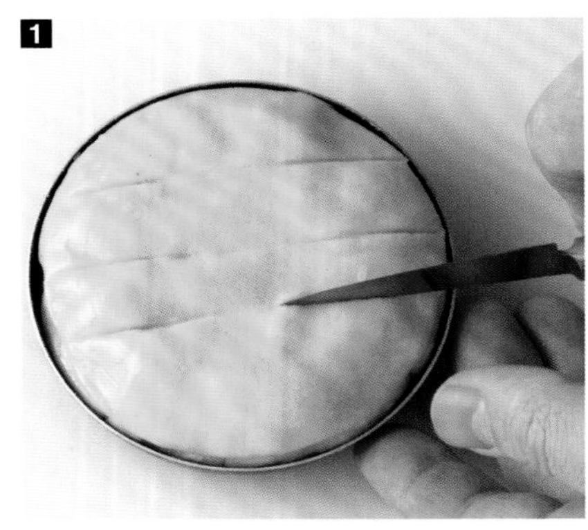

1 用小刀的刀背以相等间距画平行线。

2 在两线之间画对角线。

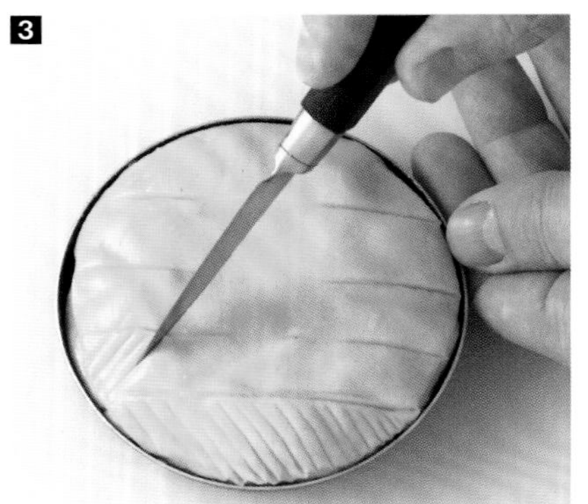

3 在整个表面上重复此步骤。

4 上色后在冰箱中静置片刻，放入预热至180℃的烤箱中烹饪。

花朵造型面团

工具

⊙ 小刀

⊙ 造型模具

1 将面团擀平后，用圆形造型模具切出圆形面皮。

2 将圆形面皮切成两半。

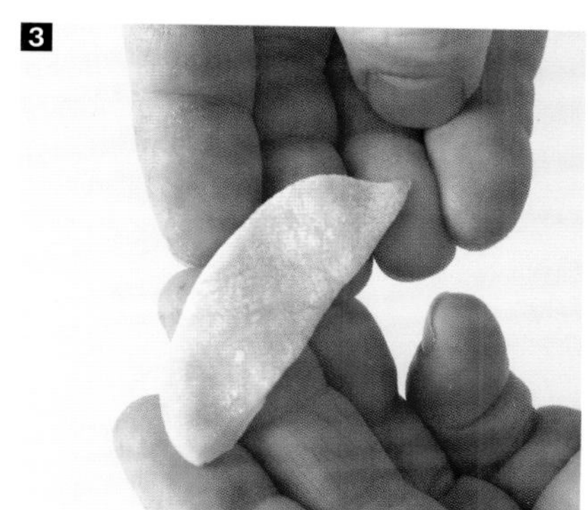

3 稍微拉长手指之间的半圆。

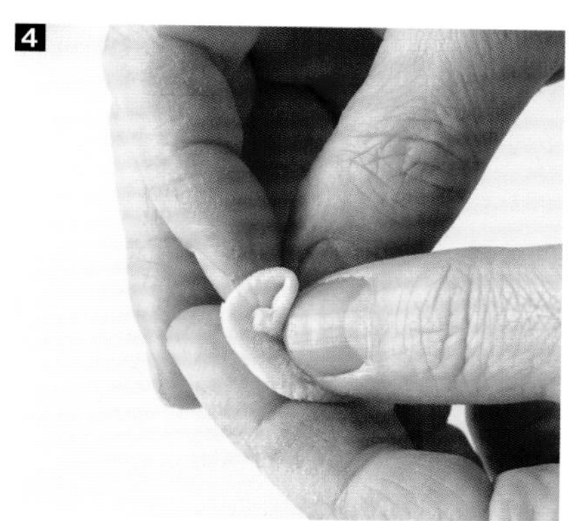

4 卷起半圆，形成玫瑰花心。

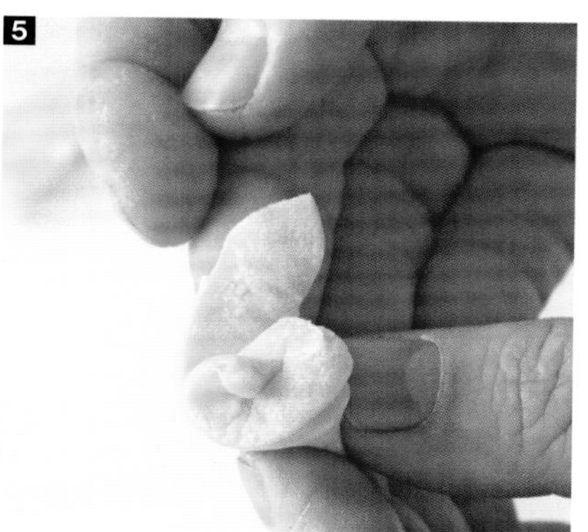

5 **6** **7** 将第二个半圆包在花心外层，在底部捏住，使玫瑰变大。

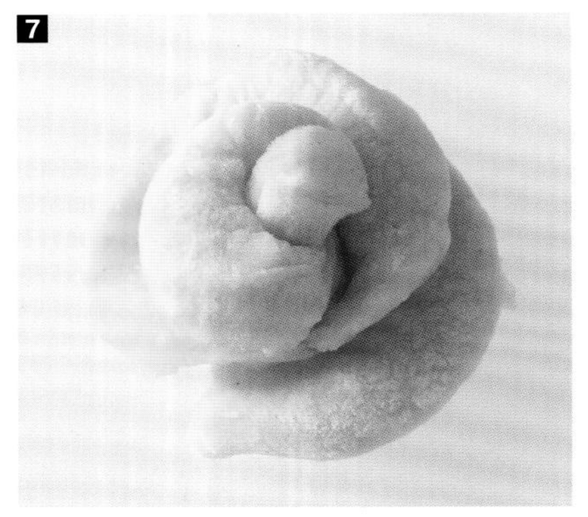

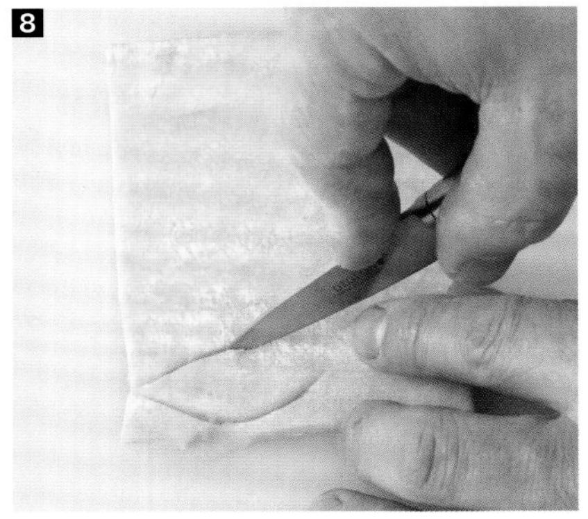

8 用小刀在面皮上切出叶子。

9 画出叶脉。

10 将叶子捏在玫瑰的底部，将花朵定型。

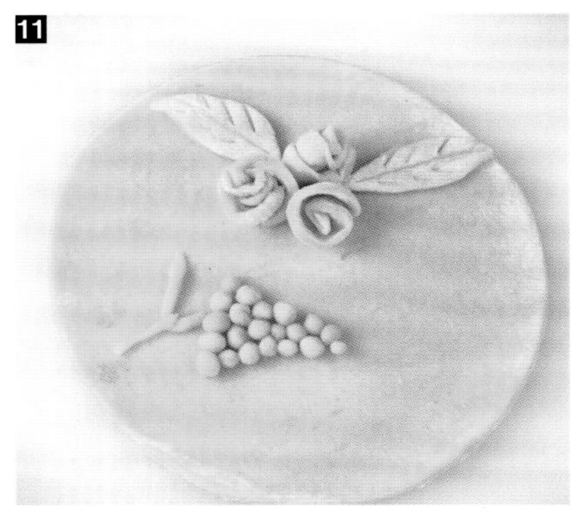

11 您可以将面球摆成三角形，制作葡萄串装饰。在烹饪前，刷上蛋黄着色。这些装饰品可以放在馅饼上，也可以盖在酥皮汤上。

鱼形装饰面团

工具

⊙ 小刀

⊙ 造型模具

1 将清膛并去鳞的鱼放在纸巾上以去除水分。调味。

2 在长方形蛋黄酥皮上涂上少许水。

3 将鱼斜放在酥皮上。

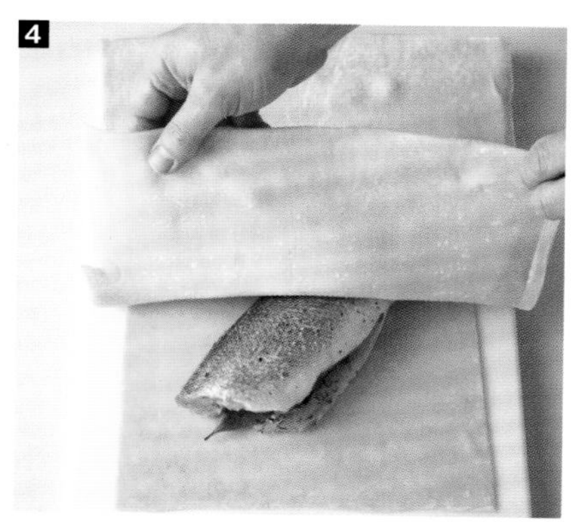

4 用另一张更大的长方形酥皮糕点盖住。

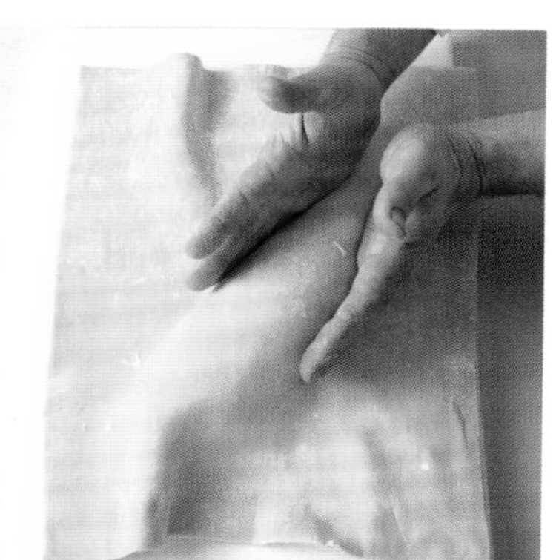

5 用手贴近鱼的形状。

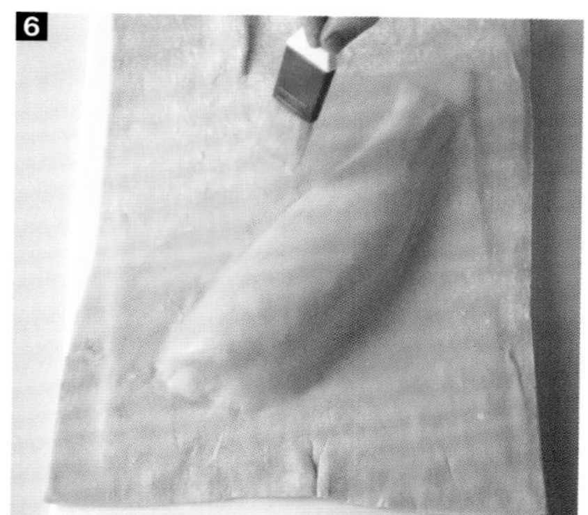

6 将蛋黄刷在整个表面。

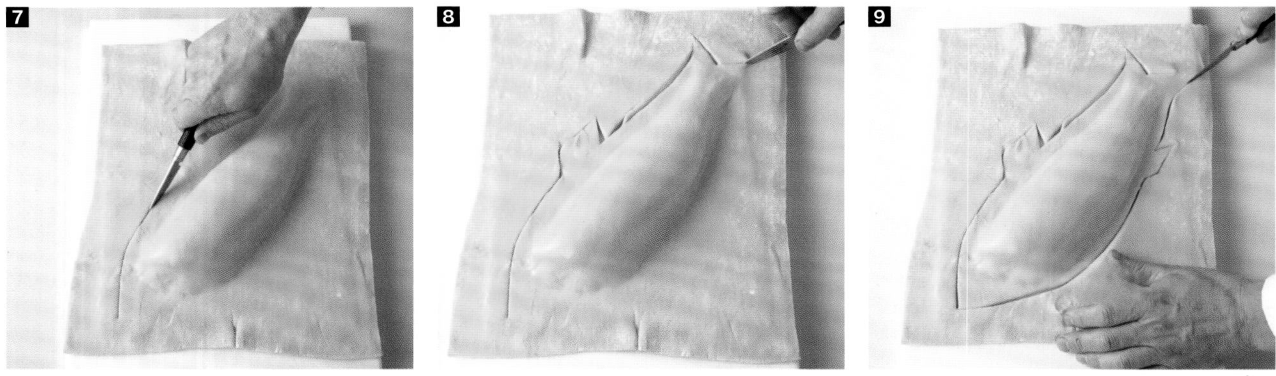

7 8 9 用小刀在边缘1.5厘米处切出鱼的轮廓，做出鱼鳍和鱼尾。

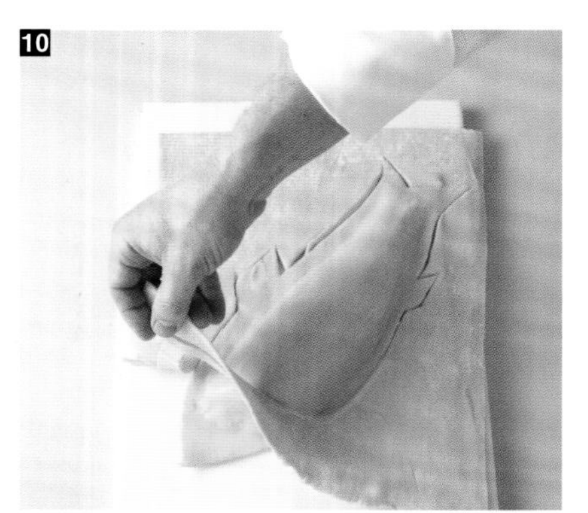

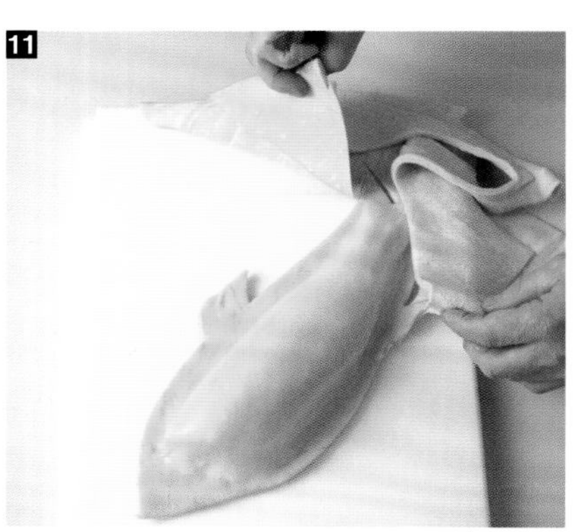

10 11 去掉多余的面团。

12 用小刀的刀尖封边，即反复做小切口以密封面团并使其在烹饪过程中膨胀。

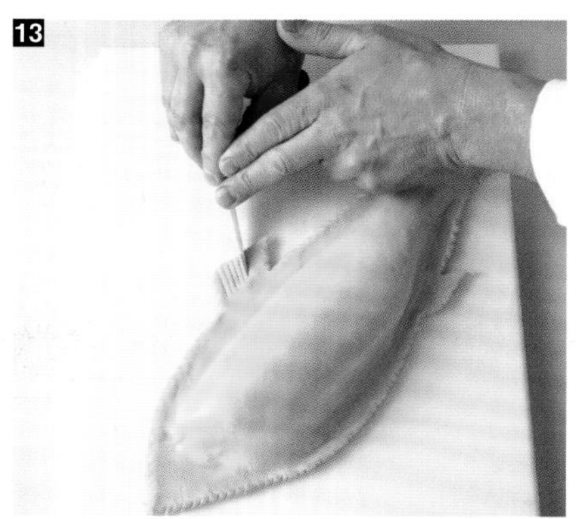

13 在鱼鳞处画出条纹。

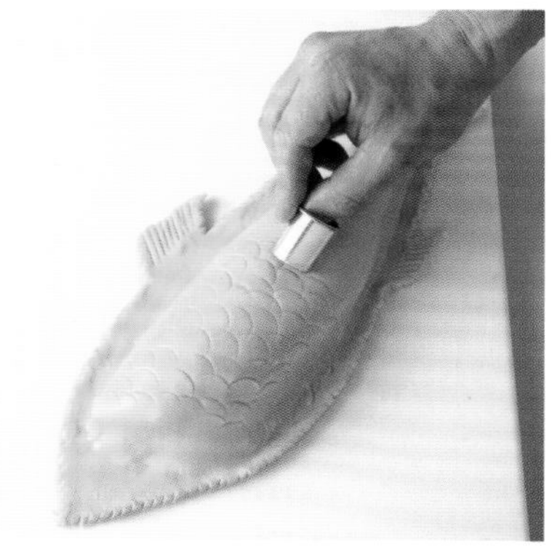

14 使用圆形造型模具，在同一条线上以一定角度连续轻推，然后移动到下一行。

15 刷上蛋黄，然后在预热至180℃的烤箱中烘烤。

帕玛森奶酪片

建议使用新鲜磨碎的帕玛森奶酪，而不是整包已磨碎的帕玛森奶酪。在烹饪时请小心，因为奶酪片易煳。您可以使用其他硬质奶酪制作奶酪片，例如美莫勒（mimolette）奶酪或格鲁耶尔（gruyère）奶酪。也用松子和芝麻进行装饰或用香料和浆果调味。奶酪片适宜用于开胃酒或沙拉。您也可以在烘焙纸上烘烤它们。为良好定型，请不要让它们靠得太近。

工具

⊙ 小刀

⊙ 造型模具

1 热锅。

2 放置圆圈，然后在表面上撒上帕玛森奶酪碎。

3 撒上薄薄的一层。

4 每面煎2分钟。

5 将奶酪片从锅上剥下，放在擀面杖上，使其呈弧形。重复该步骤以制作更多片。

糖霜和冰块造型

糖霜水果

薄荷叶、玫瑰花瓣、红醋栗、葡萄等食物有锦上添花的效果。不要从花店购买已处理过的玫瑰花瓣，要从花园里采摘。

工具

⊙ 刷子

1 彻底清洗并晾干水果和蔬菜。

2 **3** 搅拌蛋清，然后用刷子刷在黑醋栗上。

4 撒上糖粉。

5 转动，再次刷上蛋清。

6 撒糖。室温干燥。

7 撒上糖粉。

蔬菜冰块

这些小冰块可放入肉汤，为夏天提供一丝凉爽；在冬天则可以放入牛肉砂锅或鸡肉汤，体会冷热的不同感受。您可以根据喜好用纯奶油代替水，或用水果代替蔬菜。用萨瓦林模具制作的大号蔬菜冰块也可作为餐桌装饰，在中心处放置蜡烛，会有不错的效果！

工具

⊙ 冰杯

1 将冰块放入冰箱。然后将它们放在锅中融化。此步骤将去除水中的石灰，使冰块具有很好的透明度。

2 **3** 将蔬菜切丁。

4 将少量菜丁放在冰格底部。

5 交替放置不同的蔬菜，以最终呈现良好效果。

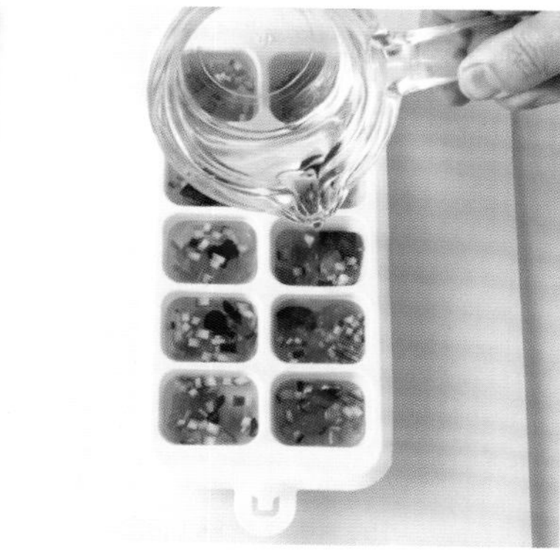

6 您可以添加花瓣或香草植物嫩芽。

7 加水冷冻。

水果果冻

您可以使用其他样式的模具。制作果冻建议先放入混有胶凝剂（如琼脂或食用明胶）的香草糖浆，然后再用橙花、玫瑰、紫罗兰调味，配以淡奶油或椰奶。将果冻块放入鸡尾酒、冰沙或水果沙拉中。

工具

⊙ 冰格

1 2 将水果放入冰格中。

3 倒入香草糖浆，将其放在冰箱中凝固后脱模。

沙拉造型

多层沙拉造型

采用上细下宽的放置方式。可根据季节、颜色、口味来选择蔬菜。将最密实的部分放在沙拉底部，越高处越轻盈。

1 在开始摆盘之前，制备所有蔬菜并略调味。

2 第一层摆放小扁豆，然后用汤匙的背面轻轻夯实。

3 依次叠放金枪鱼和玉米，重复以上步骤。

4 将蘑菇片沿着边缘放置。

5 准备胡萝卜片和甜菜片。

6 将沙拉菜叶放在中间。

7 8 卷起胡萝卜片，摆盘。

9 将甜菜片放在沙拉叶之间。上菜前淋上少许调味料。

圆形沙拉造型

沙拉底料推荐使用像番茄或熟甜椒一样较软的蔬菜，可将不同颜色和形状的蔬菜搭配起来并加入嫩芽和花朵进行装饰。

工具

⊙ 造型模具

1

1 在摆盘前请先制备蔬菜并调味。将圆环放在盘子中央。

2

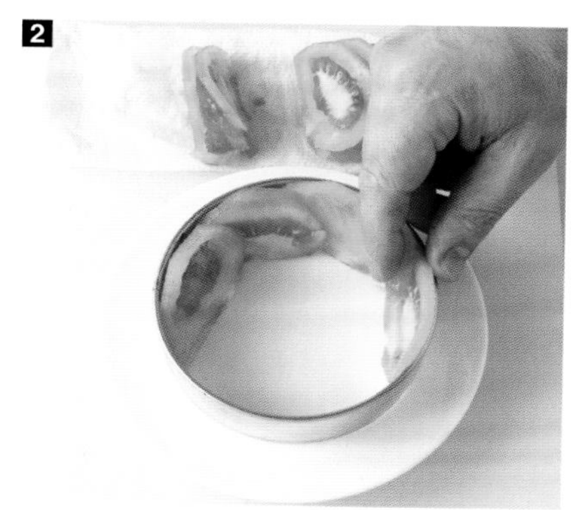

3

2 3 将番茄在圆环的边缘和底部摆放。

4 5 6 放置不同形状和颜色的沙拉菜叶子。

5

6

7

7 上菜之前请小心地取下圆环。

无规则沙拉造型

根据季节、颜色、口味来选择沙拉对的蔬菜。在摆盘前应略加调味，也可在食用前调味。将生熟蔬菜混合，然后像画家一样进行沙拉摆盘。

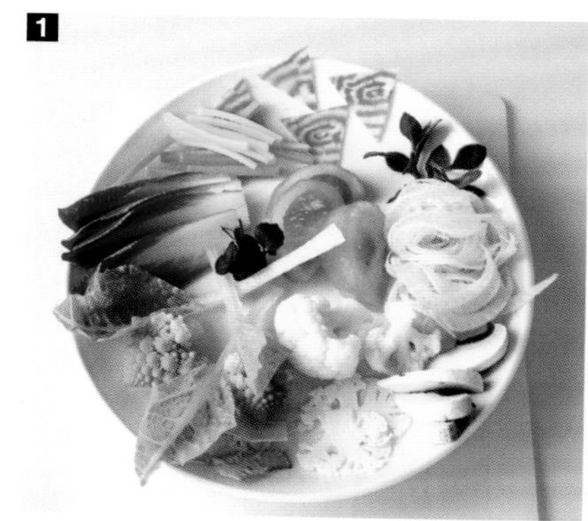

1 制备所有蔬菜。

2 **3** 将蔬菜放在盘子的底部。

4 **5** **6** 继续添加其他蔬菜，交替改变形状，颜色和纹理。

7 要增加沙拉的鲜嫩感，可以加入香草和鲜花。

WORK WORK WORK WORK
SHOP SHOP SHOP SHOP
WORK WORK WORK WORK
SHOP SHOP SHOP SHOP
WORK WORK WORK WORK
SHOP SHOP SHOP SHOP
WORK WORK WORK WORK
SHOP SHOP SHOP SHOP
WORK WORK WORK WORK
SHOP SHOP SHOP SHOP
WORK WORK WORK WORK
SHOP SHOP SHOP SHOP
WORK WORK WORK WORK
SHOP SHOP SHOP SHOP
WORK WORK WORK WORK

WORK
SHOP